中国现代农业产业可持续发展战略研究

大宗淡水鱼分册

国家大宗淡水鱼产业技术体系　编著

中国农业出版社

图书在版编目（CIP）数据

中国现代农业产业可持续发展战略研究·大宗淡水鱼
分册/国家大宗淡水鱼产业技术体系编著.—北京：
中国农业出版社，2014.4
ISBN 978-7-109-18939-3

Ⅰ.①中…　Ⅱ.①国…　Ⅲ.①现代农业－农业可持续
发展－发展战略－研究－中国②淡水鱼类－鱼类养殖
Ⅳ.①F323②S965.1

中国版本图书馆 CIP 数据核字（2014）第 036312 号

中国农业出版社出版
（北京市朝阳区麦子店街 18 号楼）
（邮政编码 100125）
责任编辑　林珠英　黄向阳

中国农业出版社印刷厂印刷　　新华书店北京发行所发行
2016 年 1 月第 1 版　2016 年 1 月北京第 1 次印刷

开本：787mm×1092mm　1/16　印张：30
字数：625 千字
定价：175.00 元

本书编写人员

主　　编　戈贤平

副主编　陈　洁

编著者　（按姓名笔画排序）

王卫民　王桂堂　戈贤平　石存斌

石连玉　叶金云　白俊杰　吕利群

朱　健　任鸣春　刘文斌　刘兴国

刘景景　许艳顺　孙盛明　李文祥

李　谷　李　忠　李家乐　邹桂伟

张静宜　张成锋　陈　洁　罗永康

赵永锋　桂建芳　夏文水　徐奇友

徐　皓　董在杰　曾令兵　谢从新

谢　骏[1]　谢　骏[2]　解绶启　熊善柏

缪凌鸿

1 中国水产科学研究院珠江水产研究所

2 中国水产科学研究院淡水渔业研究中心

出 版 说 明

　　为贯彻落实党中央、国务院对农业农村工作的总体要求和实施创新驱动发展战略的总体部署，系统总结"十二五"时期现代农业产业发展的现状、存在的问题和政策措施，进一步推进现代农业建设步伐，促进农业增产、农民增收和农业发展方式的转变，在农业部科技教育司的大力支持下，中国农业出版社组织现代农业产业技术体系对"十二五"时期农业科技发展带来的变化及科技支撑产业发展概况进行系统总结，研究存在问题，谋划发展方向，寻求发展对策，编写出版《中国现代农业产业可持续发展战略研究》。本书每个分册由各体系专家共同研究编撰，充分发挥了现代农业产业技术体系多学科联合、与生产实践衔接紧密、熟悉和了解世界农业产业科技发展现状与前沿等优势，是一套理论与实践、科技与生产紧密结合、特色突出、很有价值的参考书。

　　本书出版将致力于社会效益的最大化，将服务农业科技支撑产业发展和传承农业技术文化作为其基本目标。通过编撰出版本书，希望使之成为政府管理部门的政策决策参考书、农业科技人员的技术工具书及农业大专院校师生了解与跟踪国内外科技前沿的教科书，成为农业技术与农业文化得以延续和传承的重要馆藏书籍，实现其应有的出版价值。

大宗淡水鱼主要包括青鱼、草鱼、鲢、鳙、鲤、鲫、鲂7个品种，这七大品种是我国主要的水产养殖品种，其养殖产量占内陆养殖产量的较大比重，是我国食品安全的重要组成部分，也是主要的动物蛋白质来源之一，在我国人民的食物结构中占有重要的位置。据2012年统计资料显示，全国淡水养殖总产量2 644.5万t，而上述7种鱼的总产量为1 786.9万t，占全国淡水养殖总产量的67.5%。其中，草鱼、鲢、鲤、鳙、鲫产量均在245万t以上，分别居我国鱼类养殖品种的前五位。

大宗淡水鱼是我国水产养殖的主体，产业地位十分重要。一是青鱼、草鱼、鲢、鳙、鲤、鲫、鲂这七大养殖品种的产量占我国鱼产量的51.4%，对保障我国粮食安全、满足城乡市场水产品有效供给起到了关键作用；二是大宗淡水鱼作为一种高蛋白、低脂肪、营养丰富的健康食品，具有健脑强身、延年益寿、保健美容的功效，对提高国民的营养水平、增强国民身体素质有不可忽视的贡献；三是大宗淡水鱼养殖业是农村经济的重要产业和农民增收的重要增长点，对调整农业产业结构、扩大农村就业、增加农民收入、带动相关产业发展等方面发挥了重要作用；四是大宗淡水鱼食物链短、饲料利用效率高，其滤食性鱼类占38%、草食性鱼类占30%、杂食性鱼类占29%，是节粮型渔业的典范；五是大宗淡水鱼多采用多品种混养的综合生态养殖模式，通过搭配鲢、鳙等以浮游生物为食的鱼类，来稳定生态群落，平衡生态区系，在改善水域生态环境方面发挥了不可替代的作用。

虽然大宗淡水鱼为我国的水产养殖业发展作出了重要贡

献，但是，当前大宗淡水鱼殖产业仍存在着良种覆盖率低、资源利用方式粗放、环境制约因素突出、病害损失日益严重、产品质量存在安全隐患、养殖基础设施老化落后、养殖效益下降、水产品加工率偏低、物流和信息平台建设滞后等问题，制约了产业的健康和可持续发展。为了认真贯彻党中央、国务院对"十二五"时期农业农村工作的总体要求，紧紧抓住我国渔业发展的重要机遇期，对现代渔业产业进行系统总结，研究存在问题，谋划发展方向，寻找发展对策，从而进一步推动现代渔业建设步伐，促进渔业增产、渔民增收和渔业发展方式转变，实现我国渔业的可持续发展。根据农业部科技教育司的统一部署，国家大宗淡水鱼产业技术体系参与了《中国现代农业产业可持续发展战略研究》丛书的编写工作，并负责《大宗淡水鱼分册》的编写。本书将以国家大宗淡水鱼产业技术体系近5年研发成果为依托，全面系统总结了我国大宗淡水鱼的产业发展概况，并借鉴世界大宗淡水鱼的产业发展成就，从现代渔业发展的角度，研究分析我国大宗淡水鱼产前、产中和产后各阶段的技术瓶颈问题和产业政策问题，研究发展方向，描绘发展蓝图，从而为我国大宗淡水鱼产业可持续发展开辟新的道路。

在本书的编写过程中，农业部科技教育司各位领导对大宗淡水鱼分册的基本框架与编写大纲进行了审核与修改，国家大宗淡水鱼产业技术体系全体岗位专家及其团队成员参与了编写工作，体系各综合试验站站长及其团队成员提供了大量基础资料，体系执行专家组和首席科学家办公室对书稿进行了多次审阅、修改和补充，在此一并表示致谢。

本书可供各级政府在发展现代渔业宏观决策和广大科研人员在制定研究方向时参考使用，也可供广大水产养殖人员、技术推广人员和相关管理人员在发展现代渔业生产时参考使用。

由于时间匆忙，加上水平有限，书中不妥之处敬请广大读者批评指正。

编著者

2016 年 1 月

目录

序言

发展概况篇

战略研究篇

战略对策篇

发展概况篇

FAZHAN GAIKUANG PIAN

第一章 我国大宗淡水鱼产业发展

第一节 生产发展历程及现状

我国是一个渔业大国。我国渔业的发展，是世界渔业发展中最为耀眼的成就之一。辉煌成就的取得关键在于我国走出了一条"以养为主"的发展道路，这是我国渔业发展的最大特色。我国淡水养殖产量一直占水产养殖产量的 3/4 左右，淡水养殖业的迅猛发展，为我国农业发展、农民增收乃至整个国民经济社会的发展做出了非常重要的贡献。而作为占淡水养殖业 2/3 产量的大宗淡水鱼产业，是确保我国渔业产业稳定、城乡居民获得价格低廉的优质蛋白的重要来源。

一、我国大宗淡水鱼生产发展历程

新中国成立以来，我国大宗淡水鱼生产经历了一个高速发展的过程。从改革开放之前的数量匮乏到农村改革开放之后的产量猛增，成为"菜篮子"产品的重要组成部分，满足着国内城乡市场的需求。回顾新中国成立以来的发展过程，我国大宗淡水鱼发展大体经历以下几个阶段。

（一）改革开放以前：在大落大起中发展

新中国成立之前的淡水渔业"一穷二白"，全国淡水渔船仅 10 多万只，平均载重 1.5t，养鱼地区仅限于广东省珠江三角洲、浙江长江三角洲 5 万多 hm² 的湖荡和池塘。当时的渔民收入水平低下，生活困难，被蔑视为"渔花子"。新中国建立后，大宗淡水鱼类生产发展很快。1951 年，全国淡水渔业产量达到 51.8 万 t，捕捞量占 82％。传统淡水养鱼地区养殖产量增加，湖南、湖北等地开发成养鱼新区，淡水养鱼从无到有，湖泊养鱼发展很快。1958 年，水产部召开全国淡水养殖会议，肯定了淡水养鱼的地位。加之池养鲢、鳙人工繁殖技术成功突破和随后草鱼、青鱼人工繁殖成功，为大宗淡水鱼养殖发展奠定了苗种生产基础。这一时期，湖泊、水库等大水面养鱼有了较大发展。但随着"以粮为纲"的提出，淡水养鱼受到了排挤，在大农业当中的地位下滑。1962 年，全国养鱼产量仅为 31.5 万 t，较 1957 年下降 44％。此后经过调整，大宗淡水鱼养殖有所恢复。到 1965 年，全国水产养殖产量达到 51.4 万 t，占渔业总产量的 53%，首次超过了捕捞。此后多年，淡水养鱼在 50 万 t 上下波动。"文革时期"后，产量又连年减少。到 1978 年，我国淡水养鱼产量为 76.2 万 t，养殖水面达到 272.28 万 hm²。

养殖面积快速扩大是改革开放以前水产养殖业发展的主要带动力，也是这一时期淡水养殖业发展的主要特征之一。20 世纪 50 年代，各地大兴农田水利建设，修建了大批水库和圩堤蓄水工程，一些地方提出"以养为主，养捕并举"和"以孵为主，采孵并举"的水产发展方针，大力开发内湖、水库、塘堰放养，开始利用自然坑塘、河沟等自然水面，大大提高了我国淡水养殖的可养水面。1963—1965 年，国民经济处于困难时期，为安排好城市副食品供应，江苏省鼓励发展城郊养鱼。1965 年，南京、无锡、徐州、苏州、常州、南通、连云港、靖江、泰州、扬州和镇江 11 个城市的养鱼水面为 0.92 万 hm²，其中，池塘养鱼有 0.52 万 hm²，产量达到 5 677t，人均产量为 1.8kg。1973 年，农业部召开第一次全国城郊养鱼会议，此后，江苏发动群众改造老鱼池和建设新鱼池。1973—1977 年，11 个城市完成改造老鱼池 0.12 万 hm²，建设新鱼池 0.17 万 hm²。南京、无锡等城市还发动各行各业投入义务劳动 200 多万人次，将鱼池土方任务纳入农田水利建设计划等。1973—1977 年，共扶持资金 228 万元，1977 年全省 11 个城郊养鱼 1.22 万 hm²，其中池塘 0.64 万 hm²，养鱼13 904t，比 1965 年分别增加 0.30 万 hm²、0.12 万 hm²、增长 23.1% 和增加 1.45 倍。1958—1962 年，四川省加强农田水利建设，兴修水库塘坝。1960 年，省内人工繁殖四大家鱼成功，又兴办一批国营水产场。1966—1976 年，该省社队办渔场开始发展。20 世纪 70 年代后，水库综合经营发展很快，很多地方开始在水库投放大规格鱼种和控制鱼类种群，完善拦鱼设备，提高鱼种保存率。到 1976 年，四川全省养殖面积 13.6 万 hm²，水产品产量 4.15 万 t。

由于中央高度重视，地方各级政府积极性很高。1954—1978 年，我国淡水养殖面积从 37.60 万 hm² 增加到 272.28 万 hm²，24 年间增加了 6.24 倍。1954 年，淡水养鱼每 667m² 产量为 49.28kg。当时，养殖技术缺乏，"人放天养"，多数鱼池是利用自然坑塘和低洼地，池水浅，池底不平，渗水快，换水少，不能保水保肥，不能越冬，没有专门的供水设施，养鱼用水源不稳定。多数地区没有自己的鱼苗繁育体系，鱼苗满足不了生产需求。整个农村经济基本上是以粮食经济为主，水产养殖业发展不受鼓励，计划经济时期的水产品价格由国家控制，产销不挂钩，群众水产养殖的积极性不高，单产水平低。到 1968 年，单产水平每 667m² 为 13.18kg，仅相当于 1954 年的 26.75%。

总体来看，新中国成立到农村改革以前，我国淡水养鱼的发展水平很低，绝对产量也很低。20 世纪 80 年代以前，吃鱼对老百姓来说是一种奢侈的享受，只有逢年过节、特别重要的日子才可能消费得到。

（二）1978—1991 年：以放活为中心的发展阶段

改革开放为我国渔业发展带来了空前活力，淡水养鱼进入了新的发展阶段。十一届三中全会后，一系列有利于渔业生产政策的实行，解放了渔业生产力，广大渔民生产积极性高涨，大型湖泊、水库网箱、网栏等养鱼方式兴起，大水面养鱼从粗放到精养发展。大宗淡水鱼产量在 1986 年跃升至 295.1 万 t，年均增长率达到 35.9%，群众"吃鱼难"问题得到初步解决。到 1991 年，淡水养殖面积、单产和产量分别为 386.60 万 hm²、1 182.15kg/hm² 和 457.017 万 t，分别比 1978 年增长 41.98%、3.23 倍和 4.0 倍，年均增长速度分别为 2.73%、11.74% 和 14.79%。尤其是单产水平，呈现出节节攀升态势，年均增长速度为 9.44%。

1980 年，邓小平同志在《关于编制长期规划的意见》中谈到："要发展多种副业，发展渔业、养殖业。渔业，有个方针问题。究竟是以发展捕捞为主，还是以发展养殖为主？看起来应该以养殖为主，把各种水面包括水塘都利用起来。这也涉及责任制问题。有的就是要实行包工包产。……政策要放宽，使每家每户都自己想办法，多找门路，增加生产，增加收入。有的可包给组，有的可包给个人。"邓小平同志的讲话，为理顺经营制度、激发农民的养殖积极性明确了方向。同年，广东省提出实行养鱼联产承包责任制，鼓励农民利用零星水面，扶助家庭养鱼，实行谁养谁受益，并规定任何单位和个人不得侵犯。1984 年，广东实行分塘到户，池塘实验区一定 8 年，产品全部归自己处理，在生产队内公开投标。1987 年，广东全省淡水养殖产量比 1984 年平均增长 7.62t。1980 年，湖南祁东县实行"开标承包"的养鱼办法。随后，全省联产承包、大包干等多种形式的养鱼生产责任制普遍建立，小水面养殖业迅速发展。1984 年，根据中央 1 号文件精神，湖南渔业生产向养鱼能手集中，加上允许请帮工，延长鱼塘承包期，山塘养鱼积极性更加高涨。除衡邵盆地 67 个县市以外，洞庭湖 16 个县市和 15 个国营渔场以及湘西土家族苗族自治州、怀化等地市（州）的池塘养鱼也迅速兴起。此外，十一届三中全会后，国家对鲜鱼的购销政策逐渐放宽，各地纷纷加大对淡水养殖业的支持进行"商品鱼"基地建设，也是促使淡水养鱼迅速发展的重要原因。

（三）1992—1999 年：高速增长阶段

这一阶段是我国大宗淡水鱼生产的高速增长时期。1992—1999 年，大宗淡水鱼增长率超过 10% 的年份有 4 年，分别是 1992 年、1994 年、1995 年和 1997 年，增长率分别达到 27.52%、33.37%、18.20% 和 14.54%，这 7 年的年平均增长率为 15.7%。在这一阶段，养殖面积的稳步增加是促进产量增长的一个重要原因，但更为主要的贡献来自于单产水平的快速提高。1992 年，我国淡水养殖面积为 397.71 万 hm²，到 1999 年，淡水养殖面积达到 519.62 万 hm²，增长了 3.89%。20 世纪 90 年代之后，池塘大面积综合高产养鱼理论体系和技术体系的建立，大水面"三网"（网箱、网围、网拦）养鱼和资源增殖、施肥综合配套养鱼技术、集约化养殖技术的确立，以及暴发性流行病防治技术的突破，推动了大宗淡水鱼养殖进入新的发展阶段。

养殖者对养殖技术的不断改进，并广泛使用增氧机、投饵机等养殖设备，使养殖单产大幅度提高。三北地区（东北、西北、华北）的单产提高近1倍，实现亩产吨鱼。辽宁一般667m²1 500kg，最高可达2 000 kg以上；河南洛阳地区最高667m²可达1 750～2 000kg（表1-1）。

表1-1　1992—1999年全国大宗淡水鱼产量

单位：万t

年度	青鱼	草鱼	鲢、鳙	鲤	鲫	鳊	合计	同比增长率（%）
1992	3.568 2	104.510 6	256.396 4	78.744 7	27.635 8	19.713 3	490.569	27.52
1993	6.563 8	146.489 1	270.853 4	89.162 4	29.152 9	21.892 1	564.113 7	8.20
1994	10.988 7	192.365 1	351.885 5	124.776 8	41.871 1	30.448 5	752.335 7	33.37
1995	11.102 1	223.059 1	408.052 6	153.409 4	57.573 3	36.029 9	889.226 4	18.20
1996	11.887 2	240.790 8	391.856 5	159.151 4	68.990 5	37.914 8	910.591 2	2.40
1997	13.751 5	263.236 4	460.569 7	176.128 3	85.845 5	43.489 6	1 043.021 0	14.54
1998	15.264 6	280.751 4	469.955 4	192.797 3	103.203 0	44.928 2	1 106.899 9	6.12
1999	17.332 5	306.235 9	477.022 5	205.076 2	123.573 5	47.582 7	1 176.823 3	6.32

数据来源：农业部渔业局编制、中国农业出版社出版历年《中国渔业统计年鉴》。

（四）2000年以来：结构转型阶段

经历了前期的高速增长阶段以后，淡水养殖业进入了一个相对平稳的发展阶段。与上一个阶段相比，这一个阶段的突出特征是增长速度大幅度下降，多数年份的增长率都低于5%，其中2007年增长率为负。但与粮食生产等行业相比较而言，这一增长速度仍然不低。这一阶段，我国池塘养殖的规模继续扩大。2000年，淡水养殖面积为528.44万hm²，到2005年达到最高值，为585.05万hm²，此后，淡水养殖面积出现下降，到2008年为497.1万hm²。从产量来看，这一阶段的增长速度明显比上一个阶段放慢了。这说明，短缺时代已经过去，仅靠量的扩张已不能实现大宗淡水鱼养殖方式的持续发展。正是在这样的背景下，我国大宗淡水鱼养殖方式开始进入了发展转型阶段（表1-2）。

大宗淡水鱼养殖出现的变化有多方面的原因。在供给不断增加的情况下，市场竞争日益激烈，导致养殖效益的波动非常大。这个基本格局的形成，对我国大宗淡水鱼养殖，对整个淡水养殖业乃至整个水产业都产生了长远而深刻的影响。在此之后，养殖户养殖模式日益转向多品种混养、常规性品种与名优品种混养的方式。

表 1 - 2 2000—2012 年全国大宗淡水鱼产量

单位：万 t

年度	青鱼	草鱼	鲢、鳙			鲤	鲫	鳊	合计	同比增长率（%）
			小计	鲢	鳙					
2000	16.949 1	316.263 4	484.191 6			211.976 2	137.537 8	51.173 0	1 218.091 1	3.51
2001	18.976 8	331.091 3	491.382 8			219.322 3	152.337 4	54.111 5	1 267.222 1	4.03
2002	22.452 9	341.959 3	510.289 5			223.563 4	169.721 7	56.408 6	1 324.395 4	4.51
2003	26.949 1	349.258 5	528.801 3	338.200 9	190.600 4	226.727 4	178.903 1	52.492 7	1 363.132 1	2.92
2004	29.560 9	369.841 8	554.641 8	346.677 5	207.964 3	236.678 2	194.580 3	51.686 9	1 436.990 0	5.42
2005	32.434 7	385.710 6	570.680 3	352.477 3	218.203 0	247.466 1	208.346 8	55.292 2	1 499.930 7	4.38
2006	34.991 4	396.338 2	608.745 2	371.474 0	237.271 2	259.030 6	209.488 1	59.428 7	1 568.022 2	4.54
2007	33.126 2	355.596 3	521.094 9	307.557 8	213.537 1	222.858 5	193.712 1	57.634 1	1 384.022 1	−11.73
2008	35.980 4	370.714 6	548.343 8	319.321 0	229.022 8	235.069 1	195.550 0	59.962 3	1 445.620 2	4.45
2009	38.762 3	408.152 0	591.899 7	348.444 2	243.455 5	246.234 0	205.547 8	62.578 9	1 553.175 3	7.44
2010	42.412 3	422.219 8	615.837 4	360.752 6	255.084 8	253.845 3	221.609 4	65.221 5	1 621.145 7	4.38
2011	46.773 6	444.220 5	638.222 7	371.392 2	266.830 5	271.822 0	229.675 0	67.788 7	1 698.503 3	4.77
2012	49.490 8	478.169 8	653.917 0	368.775 1	285.141 9	289.695 0	245.045 0	70.582 1	1 786.900 4	5.20

数据来源：历年《中国渔业统计年鉴》。

二、大宗淡水鱼生产发展现状

自农村改革开放以来至今，我国大宗淡水鱼产业发展平稳，逐步形成覆盖面广、以池塘养殖为主、消费群体大、市场供求平稳的特点。

（一）大宗淡水鱼养殖总体规模大，是我国淡水养殖业发展的保障性主导品种

据《中国渔业统计年鉴》，2012 年我国大宗淡水鱼产量达 1 786.9 万 t，比上年增长 5.20%，增幅比上年提高 0.43 个百分点，大宗淡水鱼占淡水养殖总产量的比重为 67.57%。我国淡水养殖以鱼类为主，2012 年淡水鱼养殖产量为 2 334.1 万 t，占淡水养殖产量的 88.26%。淡水养殖鱼类中，大宗淡水鱼仍然是养殖的主要品种，占淡水鱼养殖产量的 76.56%，较上年下降了 1.16 个百分点。草鱼、鲢、鲤、鳙、鲫的产量均在 240 万 t 以上。淡水养殖鱼类中草鱼的产量最大，为 478.17 万 t；鲢居其次，为 368.78 万 t；鲤、鳙的产量分别为 289.70 万 t 和 285.14 万 t；鲫的产量为 245.0 万 t；鳊和青鱼的产量分别为 70.58 万 t 和 49.49 万 t。从比例上来看，目前大宗淡水鱼养殖仍是我国淡水养殖业发展的保障性主导品种，它在丰富"菜篮子"、保障城乡居民食物供给和为传统产区农民增收方面起着重要作用。

（二）大宗淡水鱼产业分布广，市场和消费平稳

目前，全国各省市都有大宗淡水鱼养殖，养殖基地从东到西、从南到北，遍布全国。大宗淡水鱼产业是一个涉及区域广、规模较大的产业，在我国水产养殖中占有重要的地位。2012年，全国大宗淡水鱼总产量达到 1 786.9 万 t，占全国水产品总产量 5 907.7 万 t 的 30.25%，同比增长 5.20%；而全国水产品增长率为 5.43%，大宗淡水鱼产量增速略低于水产品总产量增速。2012 年，大宗淡水鱼价格呈现先升后降行情，同比涨幅明显：上半年 6 个大宗淡水鱼品种价格全部上扬，平均价为 12.08 元/kg，成交总量 64.35 万 t，同比分别增长 8.49% 和 4.61%。随着成交量的逐步放大，7 月开始出现回落趋势，7~9 月价格出现连续下降。淡水鱼价格上涨的主要原因是养殖成本上涨，尤其是饲料、人工等生产成本大幅提高。投苗季节阴雨天气较多，投苗相应推迟，鱼类生长较慢，使得市场供需缺口进一步加大，导致价格连续走高。此外，油价上涨进一步加大了运输成本，也助推了水产品价格上涨。下半年由于淡水鱼集中上市，价格小幅回落。

（三）大宗淡水鱼产业在种苗、病害、饲料、养殖各环节都面临一定的矛盾和问题

种苗方面，大宗淡水鱼仍然面临优质种苗供应不足，种质混杂、退化与病害时有发生和野生种质资源保护等问题。科研经费投入不足，科技对产业发展的支撑作用有待加强，良种覆盖率低，种质资源挖掘、利用和选育水平有待提高。

病害方面，随着气候和水体环境的变化，以及养殖模式的集中化、规模化发展，淡水鱼各类病害呈现多发态势，新问题和新特征不断出现。加上疫病预防、检测工作不完善，相关药品和技术发展滞后，病害成为导致养殖生产经济损失的主要因素。

饲料方面，饲料技术发展相对滞后，难以满足高质量和高效益的要求，水产养殖安全保障水平不足，养殖者施用添加剂不当的情况较为普遍。

养殖方面，大宗淡水鱼产业基础设施落后，综合利用效率较低，抗御自然灾害的能力严重不足。现有的大多数养殖场池塘老化、设施落后、进排水不合理、病菌滋生、病害多发、综合生产能力显著下降，严重不符合现代渔业的要求，发展方式粗放。此外，社会化服务体系不健全，苗种、技术、饲料、水产品加工销售等环节中的社会化服务难以满足生产者的需求，基层水产技术推广机构资金短缺、设备落后问题明显，服务能力有限，难以提供全方位的服务。

此外，大宗淡水鱼产业发展还存在养殖户组织化水平低、政策支持不足的问题。目前，大宗淡水鱼养殖合作社很少，小规模养殖者在生产和销售中缺乏组织和指导，具有很大的盲目性，难以与社会化大市场有效对接。政策支持上，政府对于农业的扶持政策还未完全惠及水产养殖业，信贷服务、补贴保险、养殖确权、基础设施等方面要加大政策支持力度。

三、大宗淡水鱼产业的多功能作用日益显著

淡水渔业的大发展，不仅在满足城乡居民的需求方面发挥着不可替代的作用，在带动农业发展、农民增收和区域经济发展方面的作用也很明显。大宗淡水鱼生产作为我国淡水养殖业的主体组成部分，其生产的稳定发展决定了我国淡水养殖业的平稳发展，在我国经济社会发展水平日益提高的情况下，也在满足城乡居民消费需求、稳定就业、确保增收和保育环境和资源方面发挥着重要作用。

（一）在满足城乡居民水产品需求方面发挥重要作用

在我国，食鱼传统可以追溯到远古时代。鱼营养丰富，美味可口，古人将其奉为"百味之味"，将鱼作为"鲜"的极品。春秋战国时期，鱼曾被作为宗庙祭祀的贡品和赏赐馈赠的礼品。《诗经·小雅》中有"饮御诸交，炮鳖脍鲤"之句。民间有"洛鲤伊鲂，贵于牛羊"之说。鱼历来是人们喜爱的食品。鱼不但味道鲜美，还对人体有多种保健功能。迄今为止，我国城乡居民对水产品非常钟爱，对淡水鱼尤为偏爱，城乡居民消费的传统淡水品种就是"四大家鱼"。国际经验表明，随着收入的增长，消费者增加的收入首先会用于满足在低收入水平时尚未满足的食物需要，而达到中等收入时，则开始主要用于改善食物质量，增加动物性食品的消费量，在副食品消费中向"一多"（多维生素）、"二高"（高蛋白、高能量）、"三低"（低脂肪、低胆固醇、低糖盐）方向发展，而且消费者的食物消费行为将呈现个性化、多样化趋势，这就对各类食物提出了多样化发展的要求，以更好地满足人们的营养需求。鱼类富含多种营养物质，在现代社会被视为是一种健康食品。鱼类中蛋白质含量15%～20%，属优质蛋白质，鱼肉肌纤维短，蛋白质组织结构松软，水分含量多，肉质鲜嫩，容易消化吸收，消化率达87%～98%。鱼类含有的牛磺酸，能降低血中低密度脂蛋白胆固醇和增加高密度脂蛋白胆固醇，有利于防治动脉硬化；并促进婴儿大脑发育，提高眼的暗适应能力，多用于婴儿食品。鱼类脂肪含量低，如鳙为1%～3%，草鱼、鲤的脂肪含量在5%～8%，鳊脂肪含量15%，食用其脂肪替代陆生动物脂肪不易得心脑血管病。鱼类含无机盐1%～2%，包括钙、磷、钾、铜、锌、硒等。淡水鱼含碘为50～400μg。鱼肝含有极丰富的维生素 A 和维生素 D。鱼类中还含烟酸和维生素 B_1 和 B_2。鱼油含有较多的多不饱和脂肪酸，是人体健康所必需的。由于鱼类的高蛋白、高营养和低糖、低盐、低脂肪等营养学特点，使其颇受消费者青睐。此外，根据我国药食同源的中医理论，大宗淡水鱼中的鲤、鲫属于温补类，有补血、补气功效，可利尿消肿、益气健脾和通脉下乳等；青鱼有补气养胃、化湿利水、祛风解烦等功效，可治疗气虚乏力、胃寒冷痛、脚气、湿痹、疟疾和头痛等症，所含锌、硒、铁等微量元素还有防癌抗癌作用；草鱼肉性味甘、温、无毒，有暖胃和中之功效，降压和祛痰镇咳作用；鳙鱼头则营养价值丰富，有人脑细胞发育需要的卵磷脂，符合人脑吸收的氨基

酸，其含有特殊蛋白质，对小孩子的智力发育有帮助。经济发展水平越高，消费者的营养知识越丰富，对于淡水鱼的消费就会越重视。

生活习惯的改变和生活节奏加快，带动了大宗淡水鱼消费需求的增长。在淡水鱼主产地湖北、湖南、江苏等各地城市，淡水鱼餐馆遍地，在西北地区的一些中等城市，吃淡水鱼也蔚然成风，烤鱼、沸腾鱼、炝锅鱼、冷锅鱼、麻辣鱼、香辣鱼、鲫鱼火锅、仔姜鱼和鲜椒鱼头等在市场上各领风骚。

各类水产品供给充裕，极大地促进了我国食物营养的均衡供给，对满足城乡居民优质动物性蛋白的消费需求做出了重要贡献。目前，大宗淡水鱼的发展基本上达到了供需均衡，大宗淡水鱼市场价格相对于其他动物性产品和名特优产品的价格更为平稳。

（二）是农村劳动力就业的重要渠道

在传统的种植业经济当中，农民在细碎的土地上从事农业生产活动，完成从播种、经营到收获的全部操作，基本上不存在劳动分工。农村中的第一次劳动分工，是从生产部门横向展开的。一部分农户在经营"主业"——粮食生产的同时，利用闲散土地和剩余劳动时间从事林果业、蔬菜业、养殖业等"副业"的经营。由于这些"副业"需要耗费更多的劳动时间，而且有着比"主业"更多的经济收益，逐渐地"副业"变成了"主业"，这些从业农户开始变成了专业农户，农村中的第一次劳动分工产生了。随着市场经济的引入，农户经济本身发生了变化，已经不再是自给自足、封闭的经济了。专业农户大多从事集约化程度较高的非粮产业的生产，包括林果业、养殖业和特色农业等。这些产业比传统的粮食产业有着更高的经济收入，可以大幅度增加农户的收入。这些产业的发展壮大，带来了新的就业机会，使得农村剩余劳动力得以充分利用。

大宗淡水鱼养殖是劳动力密集型产业，较之于种植业，由于其劳动对象是淡水鱼类，需要精细管理，因而它对劳动力劳动时间和劳动质量的要求更高，能够吸纳大量劳动力。一些养殖户家庭虽然也同时从事多个行业，但主要精力实际上仍然放在养鱼上。总体来说，淡水鱼养殖的专门化水平是比较高的。1990—2008年，我国淡水养殖业专业劳动力年均增长速度为6.3%。正是淡水养殖业这些非粮产业的高效益，使得在当前城市吸纳了相当数量的农民工就业之后，农村经济仍然吸纳一部分素质优良的农村劳动力，而成为劳动力就业的"蓄水池"。

除了养殖户投入自有劳动外，由于水产养殖业的特点，在一些需要劳力较多的生产环节养鱼户需要雇工来解决劳动力不足的问题；规模养殖户还需要常年雇工。根据产业经济研究室调查，水产养殖户中常年雇工的占31.32%。其中，常年雇工为1～3人的占25.01%；常年雇工4～10人的占4.71%；常年雇工10人以上的占5.31%。户均雇佣季节性短工4.95人；雇佣季节性短工为1～3人的占15.66%；雇佣季节性短工为4～10人的占12.74%；雇佣季节性短工10人以上的占7.92%。这充分说明淡水养殖业对劳动力的巨大吸纳作用。

（三）是农民收入增长的重要带动力量

1978 年以来，我国渔民人均纯收入快速增加，已经从 1978 年的 93 元增加到 2012 年的 11 256.08 元，2012 年是 1978 年的 121 倍，34 年间的年均增长率为 15%。1978 年，渔民人均纯收入水平要比农民人均纯收入的 133.6 元低 30.39%，到 2012 年，渔民人均纯收入水平要比农民人均纯收入的 7 917 元高出 49.18%。

从增长率来看，渔民人均纯收入的增长率一直很高，除 1989 年为 −13% 外，其余年份均为正增长。1978—2008 年的 30 年间，1989 年之前的 10 个年份的增长率均为两位数，而在 1990—1997 年这 7 个年份，除 1990 年增长率为 5% 外，其他年份也是两位数的增长率。1998 年以来，尽管渔民人均纯收入的增长速度开始放慢，但还是维持了较快的增长。

根据产业经济研究室的调查，对于大宗淡水鱼养殖户来说，混养模式是比较普遍的，但是，养鱼收入仍可占到养殖户总收入的 91.7%。因此，对大宗淡水鱼养殖家庭而言，淡水鱼养殖是其维系生计的重要产业，也是收入增加的重要依托。

（四）对主产区经济发展具有重要的促进作用

2012 年，我国淡水养殖产值为 4 194.82 亿元，占渔业产业产值 9 048.75 亿元的比重为 46.36%，占渔业经济总产值 17 321.88 亿元的比重为 24.22%，这是自 2003 年以来连续 10 年我国淡水养殖业产值占渔业第一产业产值的比例保持在 40% 以上，连续 10 年淡水养殖业占渔业经济总产值的比例保持在 20% 以上。这充分说明，在整个渔业经济中，淡水养殖业占有重要的地位。

在淡水养殖业产值较大的江苏、湖北、广东、安徽、江西、湖南 6 省，2012 年，淡水养殖业产值占渔业第一产业产值的比重分别是 68.78%、81.78%、48.00%、77.87%、82.10% 和 91.91%，淡水养殖业产值占渔业经济总产值的比重分别是 40.75%、38.88%、22.78%、48.33%、41.36% 和 81.58%。由此可见，淡水养殖业在这些省份渔业经济中的重要地位。在一些水产资源丰富的地区，淡水养殖业的兴起不仅给渔民带来了收益，而且为地区经济和城市经济带来了新兴产业。近年来，一些地区的钓鱼、养殖观赏鱼爱好者队伍不断扩大，为休闲、观赏渔业发展提供器材、设备等各项配套服务的商家日益增多，充分表明我国渔业发展不仅顺应了形势发展的必然要求，而且也具备了开拓新领域的物质基础和客观条件。在北京市，观赏鱼养殖面积达到 0.1 万 hm²，占全国观赏鱼养殖总面积的 23%，年生产观赏鱼 2.5 亿余尾。观赏鱼养殖与展示渔业、休闲渔业、水族市场紧密联系，初步形成了一、二、三产业相互融合的产业模式。江苏、湖北、江西、四川等省还利用江湖两岸的山水风光发展新型旅游业，以游船为主，形成集赏景、娱乐、垂钓、避暑和风味餐饮于一体的特色休闲渔业。在一些水产重点县（市、区），淡水渔业在县域经济中的地位非常重要。

2012 年，安徽无为县水产行业总产值 17.1 亿元，比上年增加 1.8 亿元，增长 11.8%。农民人均渔业纯收入达 817.20 元，比上年增加 197.73 元，增长 31.92%，连续 4 年增幅超过 30%，渔业已成为当地农民增收的重要渠道。在四川眉山市，水产业吸引 16.25 万人从事养殖、运销、渔用物资供应等，其中，养殖渔农 7.5 万人。2011 年，渔农人均渔业产值达 22 790 元，比 1997 年增长 446%；渔农人均纯收入 10 250 元，是 2011 年全市农民人均纯收入 7 184 元的 1.4 倍。湖北荆州市 2007 年转变农业发展方式，变水患为水利，生产线在 23.5 米以下的非基本农田整片开发成高标准精养鱼池 0.67 万 hm²，升级改造老鱼塘 0.67 万 hm²。2011 年，全市渔民人均纯收入过万元大关。

第二节　科技发展历程及现状

一、遗传育种技术发展历程与现状

新中国成立后，特别是改革开放以来，我国对大宗淡水鱼类遗传育种研究取得了卓越成效。纵观整个科技发展过程，大致可以划分为四个阶段。

1. 第一阶段　从 1958 年开始，主要进行淡水鱼类的引种驯化及杂交育种，而且基本上是自发进行的，缺乏计划性和信息交流。此阶段最有代表性的科技成果是 1958 年"四大家鱼"人工繁殖技术的突破，改变了千百年来我国靠捕捞天然苗种进行养殖的历史，掀开了淡水养殖的新篇章。另外，把长江中下游湖泊特有的草食性鱼类团头鲂由野生变为家养，并推广到全国各地养殖，成为池塘主养或混养对象，这可视为在引种驯化方面成绩突出的代表（楼允东，1999）。我国的鱼类杂交开始于 1958 年，50 多年来，全国已先后进行过 180 多个杂交组合，其中，以鲤不同品种间杂交效果最好。迄今为止，已获得丰鲤、荷元鲤、芙蓉鲤、岳鲤、三杂交鲤和颖鲤等 6 个具有明显杂种优势的鲤杂交种，且均已通过新品种审定而被推广。另外，建鲤是我国第一个经杂交并结合生物技术人工选育而成的鲤品种，目前已在全国 30 个省（自治区、直辖市）推广，产生了巨大的经济和社会效益。我国淡水鱼类远缘杂交后代可在生产上应用的并不多，能应用的主要是鲤、鲫的属间杂交，目前为止培育出芙蓉鲤鲫、杂交黄金鲫 2 个新品种，并在生产上应用。期间在鲤的人工选育方面也进行了大量工作，经 10 年连续 6 代选育，荷包红鲤得到性状稳定的后代，经济性状较选育前显著提高，成为我国育成的第一个鲤品种。

2. 第二阶段　从 20 世纪 70 年代中期开始，在大宗淡水鱼细胞工程育种方面进行了大量的卓有成效的研究。雌核发育技术，是 50 年代后期国外首先发展起来的。70 年代末，我国也开始进行研究，现已在草鱼、鲢、鳙、鲤、鲫、团头鲂中获得雌核发育鱼，并提出了一个通过雌核发育结合人工控制性别快速建立鱼类纯系的技术途径。蒋一珪等（1983）以兴国红鲤为父本、方正银鲫为母本进行属间杂交，结果发现异源精子不仅能刺激银鲫卵子的雌核发育，而且还能影响雌核发育子代的某些性状。为区别于传统的雌核发育，他们把这种表现出异源精子生物学效应的雌核发育称之为异精雌核发育，异精雌核发育银鲫的子代称为异育银鲫。异育银鲫具有明显的生长优势，其生长速度比方正银鲫的自繁子代快34.7%，比野生鲫快1~2倍。异育银鲫的育成及其在许多地方的推广，可视为我国鱼类雌核发育研究从试验阶段进入实用阶段的开始，为世界所瞩目。异育银鲫的培育成功，不仅在经济上取得了明显的效益，而且对细胞遗传的传统观念作了重要的修正与补充。在多倍体育种方面，我国自70年代中期开始，已在草鱼、鲤、鲢、鳙、水晶彩鲫和白鲫等近20种鱼类获得三倍体和四倍体试验鱼。总的来说，我国鱼类多倍体育种研究进展较快，且开始进入实用性阶段，如刘筠等培育成功的三倍体"湘云鲫"和"湘云鲤"，刘少军等培育的湘云鲫2号。细胞核移植技术是我国著名生物学家童第周所领导的实验室首先建立起来的，并在鱼类育种上应用。我国在用细胞核移植技术选育鱼类新品种方面是有特色的，处于国际领先地位。到目前为止，我国先后获得了属间的移核鱼2种，即鲤鲫移核鱼和鲫鲤移核鱼；亚科间的移核鱼2种，即草团移核鱼和团草移核鱼；目间的移核鱼1种，即罗非鱼鲤移核鱼，共5种。其中，前4种所得的移核鱼都能长大，有的已成熟并能繁殖后代，长势良好，具有明显的杂种优势，如鲤鲫移核鱼的生长速度比亲本快20%以上，已在生产上推广养殖。陈宏溪等（1986）通过细胞核移植与体细胞培养相结合的方法，将短期培养的成鱼肾细胞的细胞核移植到同种鱼的去核卵中，成功地进行了鲫的无性繁殖研究，获得了世界上第一尾"克隆鱼"，比克隆羊"多莉"的诞生整整早了10年。我国鱼类性别控制的研究已跻入世界先进行列。

3. 第三阶段　从20世纪80年代中期开始，开展了淡水鱼类转基因的研究。转基因鱼是目前国内最早成功的一种转基因动物。早在1985年，朱作言等就率先在世界上获得转基因鲫鱼（朱作言等，1985），后来又先后获得了转基因鲤、团头鲂等，现在已获得转全鱼基因的转基因鲤，正在进行生态安全评估试验。从总体上看，我国鱼类基因转移技术居世界领先水平。但与国外相比，在基础研究和开发利用方面还有一定差距。因此，在加强基础研究的同时，还要加快开发研究的步伐，使鱼类基因转移技术尽快转化为生产力，让我们这个最早获得转基因鱼的国家成为最早实现转基因鱼商品化的国家之一。

4. 第四阶段　从20世纪90年代中期开始，开展了分子标记和基因组辅助育种技术研究。现在我国已开发了一大批用于大宗淡水鱼类种群遗传结构与多样性分析、种质鉴定与评价等，寻找与生长、抗逆等经济性状相关的简单序列重复标记（simple sequence repeat，SSR）、扩增片段长度多态性标记（amplified fragment length polymorphism，AFLP）、单核苷酸多态性标记（single nucleotide polymorphism，SNP）等遗传标记，构建了草鱼、鲢、鲤的遗传连锁图谱。已完成的鲤全基因组测序与组装，目前正在开展鲢、鳙、草鱼、银鲫、团头鲂的基因组测序与组装工作。利用分子标记和基因技术，发现银鲫的双重生殖方式，2008 年培育出异育银鲫"中科 3 号"新品种，已在全国大面积推广养殖，推广面积在 3.33 万 hm² 以上，产生了显著的经济和社会效益。

在开展鱼类育种研究的同时，我国的水产科研工作者也进行了一些基础性研究，如鱼类染色体及其组型、体色与鳞被遗传规律、数量性状遗传力、鱼类精子生物学、精液超低温冷冻保存及解冻技术、种质资源保存与鉴定、鱼类生化遗传标记、分子遗传标记和功能基因组研究。

二、养殖与工程设施技术发展历程与现状

（一）我国现代淡水养殖形成过程

我国的淡水养殖有 2 000 多年的历史，但真正获得高速发展是在新中国成立后。20 世纪 50 年代末"四大家鱼"人工繁殖技术的突破，从根本上扭转了长期以来依靠捕捞天然鱼苗的局面，使淡水养鱼进入了一个新的发展阶段。群众养鱼"八字精养法——水、种、饵、密、混、轮、防、管"内容的进一步充实、提高和发展，成为我国池塘养鱼理论和技术体系的核心内容（任敏政，1994）。以投放大规格鱼种、高密度多品种混养、高强度轮捕轮放、配合饲料和驯化养鱼技术的使用、水质调控与病害防治为主要技术内容的大面积综合高产精养技术的推广应用，以及进一步总结和发展了传统的桑基、蔗基、芽基和杂基鱼塘的养殖技术，配以畜、禽、蛋等综合养殖，形成了中国特色的科学养殖模式和良性的生态循环系统。大中水面以网箱、网围、网栏的"三网"养鱼和湖泊养殖及化肥养鱼配套技术的突破和推广，使我国大中水面养殖生产的总体水平有了较大的提高（姚宏禄，2010）。我国以现代设施为载体的集约式、工厂化养殖有了一定发展。以热电厂温排水养鱼为主的养鱼工厂有 109 家，年产鱼 50～100t，它们分布在黑龙江、苏、鲁、豫地区和新疆及河西走廊；以冷流水养殖虹鳟为主的集约式养殖场有 500 多家，分布到 22 个省（自治区、直辖市），年产虹鳟鱼 3 000～4 000t；以加温或日光温室的海淡水育苗或养成场有 1 万余家。70 年代开始，上海、北京、湖北、深圳、宁波、营口等省、市先后引进西德、日本养鳗工厂技术和设施，可年产鳗 320t、鲤 180t，带动形成了我国工厂化循环水养殖技术。我国最大的全封闭工业化养鱼厂，是中原油田的 6 000 米² 水面的养鱼工厂，年产鱼 600～660t。目前，工工化养殖主要用于鲤、鲫、罗非鱼、草鱼、虹鳟、鳗、牙鲆、对虾、鲍、鳖等品种的养殖以外，还包括苗种繁育。

（二）生态养殖科技发展历程

我国池塘养鱼历史悠久，始于殷朝，距今已有 3 200 多年。战国时期越国大夫范蠡总结出的《养鱼经》，是世界最古老的养鱼书籍。清代以来，在鱼苗的生产、分类以及运输方面有了很大发展，在华南地区出现了"桑基鱼塘"的生态养殖模式。新中

国成立以后，我国水产业得到了全面发展，取得辉煌成就，成为世界第一水产养殖大国（李家乐，2011）。俗话说"养鱼先养水"，"水"是指池塘水环境条件，包括面积、水深、水源、水质和土质等，这些条件要适合养殖鱼类快速生长和高产的要求，水质管理在池塘养殖中占据举足轻重的地位。

我国大宗淡水鱼养殖池塘的水质管理技术的发展，主要经历以下三个阶段：

1. 肥水养鱼　从明清以来，"肥水养鱼"一直是池塘水质管理的重要组成部分，鱼池所施肥料的种类主要是粪肥、绿肥和混合堆肥等。施肥前，先将肥料腐熟分解，避免在池中腐烂发酵而消耗氧气、污染水质。施肥方法有施基肥和追肥两种。在瘦水池塘及新建池塘，由于底质营养状况不佳，为了增加池塘营养物质，适应天然饵料的增长需要，需施以基肥。在饲养过程中，由于鱼类的消耗，池中营养物质逐渐减少，水逐渐变瘦，此时必须施追肥，以补充营养物质。

2. 换水养鱼，看水养鱼　20世纪60年代初期，我国池塘养鱼技术进一步提高，渔民总结出关于水的经验是池塘要有"水口"，有"水口"即指池塘必须有部分堤岸连接外河，可直接注入新水。一直以来，换水养鱼成为水产养殖最基本的手段。实施"换水"，先要"看水"。看水养鱼——"肥、活、嫩、爽"。"肥"指水色浓，透明度25～35cm，藻类数量多，浮游植物浓度20～50mg/L；"活"指水色和透明度经常有变化，包括日变化和周期性变化，日变化就是所谓的"早青晚绿"、"早红晚绿"以及"半塘红半塘绿"等，周期性变化指水色的变化具有一定的时间性和重复性；"嫩"指水色鲜嫩，鱼、虾易消化的浮游植物多，大部分藻类细胞未老化，水肥而不老；"爽"指水质清爽，水色不太浓，透明度不低于20cm，藻类含量一般在100mg/L以下。

3. 测水养鱼　随着科技的发展，人们根据科学方法对养鱼水体进行水质测试，调剂好水质，减少鱼病发生，提高养殖产量，增加经济效益。水体理化指标包括水温、pH、溶解氧、氨氮和亚硝酸盐等。

4. 节水养鱼　水源污染、水资源匮乏逐渐成为世界性的难题，节水养鱼模式应运而生。它主要包括通过原位和异位修复等各项措施来改善池塘水质，减少外来水源的引入和养殖废水的排出。节水养鱼的主要科技措施有鱼菜共生、鱼藕互惠、鱼稻共生、循环水养殖等先进模式，与节水养鱼模式配套的还有水质改良产品的发明，如微生态制剂等，可用于池塘水质、底质的改良。

（三）各地区水产养殖技术发展历程

1. 华南地区　1958年，珠江流域率先成功完成了四大家鱼人工繁育技术的研究，为我国淡水养殖业规模化产业化奠定了坚实的基础。20世纪70年代，广东万亩连片养殖池塘，在规模上为我国淡水养殖发展奠定了基础，其近几十年大面积的集约化养殖，为现在淡水渔业的发展提供了方向。华南地区典型的养殖技术，已经实现了水产养殖高效益和降低饲料成本的目的。华南地区养殖特点主要是以高产、高密度为主，养殖技术处于全国领先。从以前的单种养殖到现在搭配混养，华南地区水产养殖产业的发展不是依靠扩大养殖面积，而是通过提高水产养殖技术水平、调整养殖结构、提高养殖单产来增加养殖产量的，这些都得益于增氧机等养殖辅助设施的高效应用。当前典型的养殖模式有（以四大家鱼为例）：草鱼主养、鲫草混养、鲢鳙搭配主要品种以及立体养殖模式（结合畜禽业、草业）等模式，其发展特点是以高产、高效为目标。目前，随着养殖技术的发展，现代渔业的兴起，初步开发了集现代工程、机电、生物、环保和饲料等多学科一体的现代水产养殖区。

2. 华中地区 华中地区水产养殖历史悠久，经历了粗放型养殖、高密度精养、有机生态养殖等几个发展时期。水产养殖技术随着养殖模式和社会需求的改变不断发展，从当初一味追求产量的高产养殖技术的开发，逐渐进化到目前兼顾产量、品质和环境的水产养殖技术的推广。大宗淡水鱼养殖包括池塘养殖和大水面养殖两大类型。池塘生态学在水产养殖中的应用产生了多种鱼类混养、轮养技术，也产生了鱼、虾、蟹、贝等多种水产品混养的生产模式。20世纪70年代，稻田养鱼模式得到推广，并逐渐发展为稻、鱼、菜等多元复合种养模式。湖泊、水库等大水面的养殖技术也逐渐发展成熟，依靠天然水体的生物资源养殖鲢、鳙等鱼类，并完善了网箱养殖技术体系和大水面增养殖技术。目前，科研院所的科技支撑助推了华中地区的渔业产业发展。基于环境友好和质量安全的水产养殖技术得到研发，并形成了比较成熟的技术体系。"鱼—藕"、"鱼—稻"、"猪—沼—渔—菜"复合渔农生态养殖技术的构建，促进了农业循环生态养殖模式的开放。利用生态工程化水质调控和养殖品种结构的调整，促进了华中区水产养殖的可持续性健康发展。

3. 华东地区 华东地区大宗淡水鱼养殖历史悠久，太湖流域是我国池塘养鱼的发源地，著名的范蠡《养鱼经》就在这里写成，池塘"八字精养法"也在这里形成，"赶、拦、刺、张"联合渔法的发明成功，更使水库养鱼成为可行。改革开放初期，江苏省无锡市被农业部指定为全国水产养殖技工培训基地，对全国池塘高产养殖技术的普及起到了推动作用。为改善生态环境，在江河、湖泊、水库中以滤食性鲢、鳙养殖为主的净水渔业，近年来在华东地区成为一大特色。鲢、鳙是我国特有鱼类，在水体中滤食浮游生物，由于直接利用初级生产者而能有效增加鱼产量，成为最为广泛养殖的对象。1991—2002年的12年间，鲢、鳙养殖产量占淡水养殖总产量的35.53%。在浮游生物丰富的水域中放养滤食性鱼类，通过摄食天然饵料，或通过人工培养并不断补充饵料生物，以获得鱼产量，是一种投资少、见效快的养殖方式，且能克服与农争地、与畜争饲的矛盾，还能做到净化水质、减轻水体富营养化程度的作用。从20世纪80年代开始，特种水产养殖业呈蓬勃发展趋势，给养殖者带来了可观的经济效益。在传统鱼类养殖稳定发展的基础上，名特优新品种养殖异军突起，中华鳖、河蟹、大黄鱼、罗氏沼虾、青虾、鳗、鳜、加州鲈、长吻鮠、鲟及河鲀等一大批水产名优品种的育苗和养殖技术相继取得成功，并形成了较大的养殖规模。养殖品种结构多样化，促进了渔业生产结构的调整和效益的提高，对发展优质高效渔业起到了重要的促进作用，推动了水产养殖业的繁荣。但大宗淡水鱼养殖在华东地区仍占较大比重，其中，青鱼、鲫、鳊的产量占到全国产量的一半以上。此外，池塘循环水养殖发展迅速，将引领池塘养鱼的发展方向。

4. 东北地区 东北三省地区大宗淡水鱼养殖技术以辽宁省最具有代表性，鲤在北方地区的养殖量占池塘养鱼总产量一半左右，是北方地区大宗淡水鱼的主要养殖品种。1978—1982 年，养殖方式以自然坑塘泡沼养殖到改造成方形和不规则形池塘养殖。1983—1990 年，养殖方式由过去的粗放经营转为半精养为主。1991—1995 年，在渔业发展由乡村负责规划、修路及电路改造，个人集资开发鱼塘，谁开发谁受益的政策指导下，养殖池塘大规模开挖，养殖方式由半精养转为集约化精养，以机械投喂人工全价硬颗粒饲料为主，施肥为辅。1996—2010 年，渔业生产基本上形成了苗种繁育、成鱼养殖、饲料加工、病害防治、商品鱼销售等较为完善的产业体系，渔业经纪人、捕捞队和苗种繁育场相继兴起。养殖方式全部为机械投喂人工全价硬颗粒饲料集约化精养。鱼病防治从药物预防鱼体到逐渐转变为微生态制剂调控水质的综合防控措施。

三、病害防控技术发展历程与现状

(一) 我国水生动物疾病学科发展历程

水生动物疾病是影响水产养殖发展的重要因素，随着社会需求的变化和科学技术的发展，水生动物疾病防控理念和技术也在与时俱进。

我国鱼病学的真正发展始于 20 世纪 50 年代对"四大家鱼"寄生虫的种类鉴定和生活史研究，在同时期还开始了寄生虫病的药物防治和生态防控研究。60 年代重点对几种危害严重的细菌病的病原生物学、流行病学、病理学和防治开展了研究，特别是土法疫苗的研制和使用，揭开了我国鱼类免疫防治应用研究的序幕。60 年代末还开展了草鱼病毒性出血病的研究，灭活疫苗的研制有效地控制了该病的发生和流行，并提出了"药物防治、免疫防治和生态防治"相结合的鱼病综合防控思路。70～80 年代，在鱼病病原区系调查方面做了大量的工作，其中，最有代表性的著作是《湖北省鱼病病原区系图志》；在病原区系调查中，有关鱼类寄生虫病原区系的调查较为全面。90 年代则是病理学和鱼类免疫学的快速发展期，如嗜水气单胞菌的致病机理及灭活疫苗的研制。20 世纪后，随着分子生物技术在水生动物疾病学上的应用，如酶联免疫吸附测定 (enzyme-linked immuno sorbnent assay，ELISA) 和实时 PCR (real time PCR，RT‐PCR)，使得病原诊断进入分子水平，迅速而准确；在鱼类免疫系统特别是免疫相关分子的研究方面取得了一系列进展；另外，还运用 DNA 重组和 iRNA 干扰等技术，开始了病原微生物亚单位疫苗和核酸疫苗的研制。

总体而言，我国水生动物疾病的诊断已经由病鱼临床症状和病原形态的诊断进入分子诊断。疾病的防治从单纯的药物防治，逐渐发展到药物防治、免疫防治和生态防控相结合的综合防治思路。防控理念从单纯对病原本身的防控开始，发展到重视对养殖水环境的改善和鱼体自身免疫力的提高，如微生态制剂和免疫刺激剂的大量研制和使用。

（二）我国水生动物疾病学科发展现状

目前，我国的水生动物病害防控研究，主要集中在病原检测与病害诊断、免疫防控、生态防控以及药物防控与药物残留检测技术四个方面：

1. 病原检测与病害诊断技术　我国在大宗淡水鱼病害诊断与病原检测技术研究方面与发达国家相比，并没有明显差距。近年来，采用实时荧光定量 PCR、多重 PCR、基因芯片以及基于单克隆抗体的 ELISA 等新技术，对草鱼出血病、锦鲤疱疹病毒、嗜水气单胞菌、温和气单胞菌、爱德华氏菌等大宗淡水鱼病原的快速检测技术进行了较深入的研究，建立了草鱼出血病病毒、锦鲤疱疹病毒、鲫"鳃出血病"病毒、嗜水气单胞菌、温和气单胞菌、爱德华氏菌等快速检测技术。但在检测与诊断技术的标准化、商品化、试剂盒的开发等方面却明显落后于发达国家，建立的诊断与检测技术，如 ELISA、PCR、RT‐PCR，大多仅限于实验室和小规模田间应用，因此，还需要加大应用性强的技术和产品的研发。

寄生虫的鉴定和诊断有自身的特点，个体较大的蠕虫依然以形态鉴定为主，而一些个体较小的原生动物寄生虫，需要以分子诊断为辅助手段。由于寄生虫病的形态诊断方法需要较强的专业知识，因此，寄生虫的早期、简易、快速的分子诊断成为当前的研究方向之一。

2. 药物防控技术　目前，我国的养殖模式和养殖人员的技术水平，决定了我国大宗淡水鱼病害防控仍然以药物防治为主，但由于病原体耐药性的增强以及药物的滥用，带来了严重的环境污染和食品安全问题，使人们对渔药使用安全性的重视程度得到加强。近年来，我国在大宗淡水鱼药代动力学研究上有了良好的开端，初步建立了磺胺类、氟喹诺酮类等渔药药代动力学模型，研究了磺胺二甲嘧啶、诺氟沙星、氟苯尼考等药物在草鱼、鲤、鲫等大宗淡水鱼中的药物代谢动力学，获得了其主要药动学参数和影响因子，建立了残留的检测方法，制定了最高药物残留量标准及其休药期，提出了药物合理使用方法。对于寄生虫病防治药物，则初步建立了单殖吸虫的人工感染系统，对一些常用杀虫剂进行了杀虫效果的评价，提出了规范、有效的用药方案。如果根据这些研究结果规范药物的使用，将显著减少环境污染和提高食品安全。另外，我国在中草药鱼病防治的研究和应用方面取得了令国外同行瞩目的成绩，不仅发表了大量论文，也形成了相关产品。

3. 免疫防控技术　由中国水产科学研究院珠江水产研究所自主研发的草鱼出血病活疫苗，获得了我国首个水产疫苗生产批文。研究发现，以外衣壳蛋白 VP5‐7 基因表达的草鱼呼肠孤病毒的重组疫苗，对草鱼出血病有良好的免疫保护效果，为草鱼出血病基因工程疫苗的研制提供了重要的理论依据。初步构建了草鱼呼肠孤病毒和嗜水气单胞菌两大病原在全国淡水鱼类主养地区的分型分布图谱，并研发出 2 种草鱼出血病分型疫苗和 5 种嗜水气单胞菌分型疫苗，创建以区域为防治单元的免疫防治技术体系，使水产养殖病害防治技术逐步向精准化过渡。多种疫苗在实验室显示出良好的免疫保护效果，但是疫苗的规模化生产以及免疫途径，限制了目前疫苗产品的应用和推广。

同时，免疫增强剂也开始应用于生产，试验证明，果寡糖、壳聚糖、稀土壳聚糖螯合盐、酵母多糖、露寡糖和中草药复方添加剂等，能明显提高水产动物非特异性免疫能力。

4. 生态防控技术 水生动物疾病的发生是水环境、病原和水生动物三者相互作用的结果，其中，水环境对于病原生物的生长、传播和鱼体非特异性免疫力的影响极为重要，生态防治就是通过水质、底质等调控措施，营造有利于养殖动物健康生长的环境。目前，我国已开始对池塘底质中理化因子、底栖生物种群等进行分析，了解池塘底质的演变过程，揭示池塘底质变化与水质变化的内在关系，为水产病害的预防预报提供依据。环境改良，主要包括生物改良技术和理化改良技术。生物改良技术研究的热点是微生态技术，主要是通过对能够分泌高活性消化酶系、快速降解养殖废物的有益微生物菌株筛选、基因改良、培养、发酵后，直接添加到养殖系统中对养殖环境进行改良，市场上这类产品也十分繁多，主要是光合细菌、芽孢杆菌、放线菌、蛭弧菌、硝化和反硝化细菌等，产品类型也从单一菌种到复合菌种，剂型也从液态发展到固态，尽管这类微生态制剂产品较多，由于缺乏相关的基础研究，严重地制约了此类产品的应用效果。另外，利用水蕹菜、水葫芦、石花菜、石莼、江蓠等水生植物的养殖水体修复技术也得到了广泛应用，特别是种菜养鱼模式盛行，既有景观作用，也有较好的净化水质的作用。

四、营养与饲料技术发展历程与现状

我国水产营养与饲料技术的发展，起步于"六五"期间。1983年，国家把我国池塘主要养殖鱼类及对虾的营养需要量和饲料配方列为国家重要攻关研究项目，组织有关力量开展研究（廖翔华等，1989）。当时的研究涉及草鱼、异育银鲫、团头鲂、鲤、青鱼等的营养需求及饲料配方研究。后来，随着养殖产量的增加和养殖模式向集约化方向发展，人工配合饲料的需求越来越大，推动了水产动物营养与饲料技术的发展。从历史上看，水产动物营养研究与饲料工业大致经历的以下四个阶段（表1-3）（麦康森，2010）。

表1-3 水产动物营养研究与饲料工业的发展沿革

	1958—1970年	1980年	1990年	21世纪
发展阶段	萌芽	起步	快速发展	提高与跨越
研究状态	"拼盘"	主要营养参数	系统研究	质量、安全、规模
饲料系数	4.0～10.0	3.0～4.0	2.0～3.0	0.9～1.8

数据来源：引自麦康森，2010。

大宗淡水鱼中青鱼、草鱼、鲤、鲫、鳊大部分均可使用人工饲料进行养殖，鳙的养殖中也有部分使用人工饲料，鲢也有人工饲料养殖的尝试。目前，我国大宗淡水鱼营养与饲料技术的发展主要体现在以下几个方面。

（一）系统的营养需求研究

目前，系统地开展了青鱼、草鱼、鲤、鲫、鳊等不同生长阶段的营养需求参数的研究，已经获得了异育银鲫幼鱼阶段所有的营养需求数据、养殖中期和后期的蛋白、脂肪、碳水化合物、磷、赖氨酸、蛋氨酸的需求数据及部分其他氨基酸、无机盐和维生素营养需求数据，草鱼幼鱼主要营养素（蛋白质、脂肪、碳水化合物）、大部分必需氨基酸、维生素、无机盐的需求数据及部分养殖中期的营养需求数据，青鱼幼鱼和养成中期主要营养素（蛋白质、脂肪、碳水化合物）、幼鱼 11 种氨基酸、4 种维生素、7 种无机盐的营养需求数据，团头鲂幼鱼和养成中期主要营养素（蛋白质、脂肪、碳水化合物）、幼鱼 4 种维生素等营养需求数据，以及鲤主要营养素需求等。

（二）高效廉价配方的基础和技术

通过对不同蛋白源的比较研究，探讨不同鱼类对廉价饲料蛋白源利用的差异及其相关机制，同时结合遗传育种研究不同品系鱼类对蛋白源利用差异。一方面从营养学角度，通过氨基酸平衡、抗营养因子钝化、添加剂等技术，提高对廉价蛋白源的利用；另一方面，寻求新的品系，探讨鱼类调控蛋白利用的基因，从遗传改良的角度提高饲料的利用效率。

（三）精准投喂技术研究

不断完善养殖品种不同阶段的营养需求，建立其生长模型，估算不同生长阶段对营养素的需求量。同时，探讨养殖环境如水温、光照、氨氮等理化因子对摄食的影响，建立不同环境因子下最优的投喂模型。在进一步研究投喂节律、投喂时间、饲料组合等模式下，综合考虑养殖的总体效益，建立精准投喂技术。

（四）养殖产品品质的营养学调控技术

首先，通过配方调整，调控养殖产品的营养成分、品尝性状和屠宰性状等，研究包括不同蛋白源、脂肪源、碳水化合物等对品质影响的机制，改进配方技术，改善产品品质；其次，研究养殖产品的安全保障技术，主要研究饲料中有毒有害物质在鱼体的积累和归趋规律，研究其清除技术等；最后，研究饲料投喂模式对产品品质和安全的改善技术，如通过改变投喂量或投喂频率、改变饲料组合等，提高养殖产品的品尝性状，通过上市前的毒素清除技术，保障食品安全等。

五、加工技术发展历程与现状

我国水产品加工技术的开发，与我国渔业发展需求关系密切。解放初期，针对鱼汛季节大量鲜鱼集中上岸，而加工技术落后、缺乏制冰和冷藏能力，导致大批鱼货腐烂变质的问题，重点研究了海水鱼、虾的保鲜与加工技术，发展了海上渔获物的冷却、冰藏以及冻藏等保鲜技术及装备。20 世纪 60 年代，重点开展了干腌鱼油脂氧化防止技术的研究，开发出采用丁基羟基茴香醚（butyl hydroxy anisd，BHA）、2，6 - 二叔丁基 - 4 - 甲基苯酚或者二丁基羟基甲苯（butylated hydroxytoluene，BHT）等抗氧化的海鱼干腌技术。70 年代初，马面鲀产品开发成功，大量的马面鲀被捕捞上岸（最高时到达 20 万 t/年）。由于马面鲀属低质鱼，消费者难以接受，市场销售不畅，大量的鱼货滞留在冷库和渔港，鱼价急剧下降，导致渔业公司捕捞越多、亏损越多的局面，国家不得不迅速组织科技人员开展马面鲀加工技术攻关研究，开发出深受国内外市场欢迎的马面鲀片（干）及其生产技术，通过加工不仅解决了马面鲀销售问题，而且使之增殖几十倍，渔业公司和加工厂都获得了很好的经济效益。

进入 20 世纪 80 年代后，随着我国改革开放的深入、国民经济的快速发展，消费者对水产品的需求不断增长，水产品精深加工技术开发受到广泛关注。80~90 年代，随着我国养鳗业发展，我国积极开展了鳗的加工技术研究，成功开发烤鳗加工技术，使我国的烤鳗产品行销海外几十个国家和地区，促进了广东金曼、江苏龙山等大型水产品加工企业集团的建立和发展。80 年代后期，从日本引进了冷冻鱼糜及其制品生产技术和装备，并在上海水产学院成立了中日研究中心。同期，还先后开展了罐头、淡水鱼糜及其制品、冷冻调理食品、干制品以及复配型食品生产技术研究，推动了我国海水鱼加工业从初加工转向精深加工（江苏吴江县，1986）。

我国淡水鱼加工产业发展缓慢，长期以来由于缺乏淡水鱼保鲜、加工设施，我国淡水鱼以鲜销为主。1990 年后，随着淡水鱼产量的不断提高，鲜销压力增大，开始注重活鱼运输、加工和保鲜作业，对活鱼运输方法、传统的淡水鱼加工和保鲜技术做了一定的改进和提升。除改革了鱼罐头、咸干鱼等加工技术外，还开始对淡水鱼和鱼片进行冷藏和冻藏保鲜，产品产量逐渐增加。为解决淡水鱼、特别是低值鱼的加工转化问题，国家投资从日本引进了冷冻鱼糜及其制品生产技术和设备，还投入大量资金和人力对淡水鱼精深加工和综合利用技术等开展大量研究，开发出小包装鲜（冻）鱼丸鱼糕、罐装鱼丸等鱼糜制品、冷冻产品、干制品、腌制品和罐头产品等，在淡水鱼加工利用方面取得了可喜进步。但我国淡水鱼的精深加工还是空白，特别是约占淡水鱼养殖产量一半的鲢、鳙等大宗、低值淡水鱼的加工仍是薄弱环节，鲜活：冷冻：加工的淡水鱼的比例大体为 75：20：5；在内陆淡水鱼产区冷库数量很少，有的主产区还是空白，鱼品制冷、冻结、冷藏以及加工能力远远不能适应淡水渔业生产发展的需要。总之，我国淡水鱼加工业还存在加工品比例低、加工机械化水平与技术含量较低、废弃物利用水平不高、传统产品加工技术落后、加工品质量有待提高等问题。

近年来，随着淡水养殖产业规模的不断壮大，我国越来越重视淡水鱼加工产业的发展。在国家大宗淡水鱼产业技术体系的支持下，我国在冰温和微冻保鲜、速冻加工、鱼糜生物加工、低温快速腌制、糟醉、低强度杀菌和鱼肉蛋白的生物利用等方面取得了系列进展，研发了发酵鱼糜制品、调理鱼片、保鲜鱼头等生鲜调理鱼制品、香酥鱼片、休闲醉鱼等风味休闲鱼制品和方便鱼菜肴等方便熟食食品和低聚肽粉等营养健康类产品等一批新产品，建立了一批科技创新基地和产业化示范生产线，储备了一批具有前瞻性和产业需求的关键技术，我国淡水鱼加工关键技术和装备水平取得了明显提升。但总体来看，我国大宗淡水鱼加工产业才刚刚起步，产业规模还比较小，与国际水产发达国家及我国海洋水产品加工相比还有很大差距，发展空间很大。

第三节 种业发展历程及现状

一、种业发展历程

新中国成立前，我国大宗淡水鱼种业基本处于空白状态，渔业主要以捕捞为主，养殖业完全采用捕捞天然苗种进行养殖。新中国成立后，特别是1958年"四大家鱼"人工繁殖的成功，改变了我国千百年来依靠捕捞天然苗种进行养殖的历史，并开始建设"四大家鱼"苗种繁育场。自20世纪50年代至今，依据水产种业生产观点的转变和技术内涵的提升，大宗淡水鱼种业发展大致可分为三个阶段。

（一）有种无业阶段

1950—1960年，国家统一组织野生鱼苗捕捞和调运，定点培育鱼种就近供应养殖生产单位。此阶段大宗淡水鱼种业的发展特点：一是国家渔业主管部门每年召开天然鱼苗捕捞和调拨会议，建设鱼种培育场，定点生产，就近供应；二是积极组织科研人员开展重要养殖对象人工繁殖技术协作攻关，努力改变有种无业的局面。1958年6月和8月，在池塘中繁殖鲢、鳙鱼获得突破，这是真正意义上大宗淡水鱼种业的起航。1960年12月，国家水产部发出通知，由于"四大家鱼"人工繁殖技术的普及与推广，决定从1961年起对长江、西江等流域捕捞的天然鱼苗不再做统一调拨，宣告了有种无业阶段的结束。

（二）数量发展阶段

1961—1991年，大宗淡水鱼种业进入快速的数量发展阶段。在此期间发展种业生产的观点是扩大苗种生产规模，增加苗种生产量，满足广大养殖生产单位和养殖户对苗种的数量需求。此阶段种业的发展特点：一是大规模建设国营、集体的"四大家鱼"等苗种繁殖场（站），推广人工繁殖技术，大幅度增加苗种生产量；二是积极开展新养殖对象的驯化养殖和人工繁殖技术攻关，丰富种业内涵，扩展种业发展空间。

（三）质量提升阶段

1992 年至今，以 1991 年 12 月全国水产原良种审定委员会成立和全国水产原良种体系建设试点计划的实施为主要标志。由于数量发展阶段忽视了种质保存和提纯复壮，大宗淡水鱼种质退化现象凸显，主要表现为生长速度减慢、性成熟提前、抗逆性能下降和病害频发等。为解决这些突出问题，国家水产种业发展战略适时作出重大调整，提出建设国家水产原良种体系，推进养殖生产良种化的种业发展新思路。在苗种生产观点上强调提高质量，在生产操作上注重优质亲本的保种与生产，在技术上制订了一系列的生产技术操作规程，在科研方面加强对主要养殖对象的遗传改良，培育大宗淡水鱼优良新品种，在投资政策上重点支持与种质保存、提纯复壮和遗传改良有关的设施改造和装备提升。

二、种业发展现状

近 30 多年来，在国家及地方各级政府的高度重视下，特别在国家科技攻关（支撑）计划、国家水产原良种体系建设等项目的支持下，我国大宗淡水鱼种业获得了快速发展。

（一）大宗淡水鱼种、苗繁育体系建设现状

20 世纪 80 年代以来，水产养殖业高速发展，养殖技术快速提高，使水产苗种在数量上、尤其在质量上越来越不能适应水产养殖业发展的需要，苗种已成为制约水产养殖业持续、健康发展的瓶颈。为保证水产养殖业稳步发展，促进养殖增效、农民增收，自 1991 年以来，国家和地方各级政府加大了对水产原良种场、苗种繁育场建设的投入，于 1998 年组织制订并开始实施全国水产原良种体系建设规划。

1998—2002 年实施的《渔业良种工程一期建设规划》，国家共投资 2.33 亿元，地方配套资金达 2.72 亿元；共完成基本建设项目 86 个，其中，种质资源库 1 个、原种场 23 个、良种场 42 个、苗种繁育场 9 个、引种中心 9 个、水产种质检测中心 2 个。在中央、地方财政的积极支持下，在广大养殖生产者积极努力下，我国水产原良种体系的框架已初步形成，良种生产能力稳步提高。2003 年，农业部组织制订了《渔业良种工程二期建设规划》，并在 2003 年、2004 年两年投资建设了 11 个原种场、44 个良种场、6 个苗种繁育场、13 个引种保种中心。

根据《渔业良种工程二期建设规划》，我国水产原良种体系包括四部分：苗种管理体系、生产体系、质量检测体系以及品种创新体系（即水产遗传育种中心，二期规划新加入）（图 1-1）。

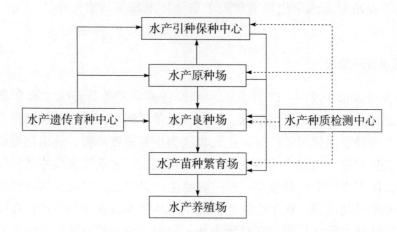

图 1-1 我国水产原良种体系建设框架

1. 管理体系

（1）国家管理机构及其法律法规   国务院渔业行政主管部门负责全国水产苗种管理，地方各级渔业行政主管部门负责辖区内水产苗种管理，水产原、良种管理是水产苗种管理的重要组成部分。

全国水产原种和良种审定委员会，是在农业部领导下负责全国水产新品种审定的技术机构，并协助国家渔业行政主管部门，制订全国水产原、良种场建设规划、技术管理及生产管理办法。

为加强水产苗种管理工作，保护我国水产种质资源，提高苗种生产质量，农业部于 1992 年 6 月 9 日制订发布了《水产种苗管理办法》。2000 年，根据我国加入WTO 后形势发展的需要，修订后的《中华人民共和国渔业法》第十六条明确规定"国家鼓励和支持水产优良品种的选育、培育和推广。水产新品种必须经全国水产原种和良种审定委员会审定，由国务院渔业行政主管部门批准后方可推广。水产苗种的进口、出口由国务院渔业行政主管部门或者省、自治区、直辖市人民政府渔业行政主管部门审批。水产苗种的生产由县级以上地方人民政府渔业行政主管部门审批。但是，渔业生产者自育、自用水产苗种的除外"。2001 年 12 月 10 日、2005 年4 月 1 日，依据修订后的《渔业法》等法律法规以及发展形势的需要，农业部对《水产种苗管理办法》进行了两次修订。自《水产苗种管理办法》实施以来，对水产苗种生产和经营管理进行了规范，对提高水产苗种质量、促进水产养殖业持续健康发展起到了积极的作用。同时，自 20 世纪 90 年代以来，为配合国家水产原良种体系建设，农业部渔业局还先后出台了《水产原、良种场生产管理规范》、《淡水养殖鱼类原良种场建设要点》、《水产原、良种场验收办法》等重要文件，使我国水产原、良种生产管理以及国家级水产原良种场的建设和管理等工作有章可循。

（2）地方管理机构   各地根据《水产苗种管理办法》先后出台了实施办法，使全国水产苗种管理工作逐步走上制度化、规范化的轨道。另外，江西、江苏、浙江、上海等省（直辖市）还先后成立了省级水产原、良种审定委员会，并制订了相应工作规程，成功地指导了一批省级水产原、良种场的创建。

2. 生产体系　1991 年以来，国家开始有计划地投资建设国家级水产原、良种场。其中，一些高起点、高水平的国家级水产原、良种场，已成为我国水产种业科技示范的亮点、对外展示的窗口。到 2012 年年底，已建成国家级大宗淡水鱼原、良种场 23 个（占全国水产原、良种场比例为 35.4%），其中，"四大家鱼"原种场 11 个，鲤、鲫、鳊（鲂）原、良种场 12 个（表 1-4）。

表 1-4　国家级大宗淡水鱼原、良种场名单

序号	原、良种场名称	批复时间（年）
1	湖南长沙湘江系四大家鱼原种场	1996
2	江西瑞昌长江系四大家鱼原种场	1998
3	江苏邗江长江系四大家鱼原种场	1998
4	浙江嘉兴长江系四大家鱼原种场	1998
5	湖北监利长江系四大家鱼原种场	2000
6	湖北石首长江系四大家鱼原种场	2000
7	河北任丘四大家鱼原种场	2003
8	内蒙古通辽四大家鱼原种场	2007
9	江苏吴江草鱼原种场	2010
10	陕西新民四大家鱼原种场	2011
11	湖北武汉青鱼原种场	2012
12	天津换新鲤鲫鱼良种场	2002
13	江西婺源荷包红鲤良种场	2003
14	江西兴国红鲤良种场	2002
15	山西太原水产良种场	2006
16	黑龙江方正银鲫原种场	1998
17	江苏洪泽水产良种场	2006
18	江西九江彭泽鲫良种场	2002
19	湖南洞庭鱼类良种场	2006
20	浙江杭州钱塘江三角鲂原种场	2003
21	上海松江团头鲂良种场	2003
22	江苏溧湖团头鲂良种场	2004
23	湖北鄂州团头鲂原种场	2004

注：截至 2012 年年底。

我国水产苗种生产体系，包括原种场、良种场、水产引种保种中心和苗种繁育场。

（1）原种场　负责水产原种的搜集、保存和供种，向良种场提供繁殖用的原种亲本。

（2）良种场　负责野生种的驯化、遗传改良、新品种培育、国外引种或引进原种和经过审定的良种，培育亲本、后备亲本，提供给苗种繁育场。

（3）水产引种保种中心　负责水产原种、良种的保存或国外引进种的风险评估、隔离检疫、试养以及区域内良种的推广应用。

（4）苗种繁育场　从原种场或良种场引进亲本，按技术规范繁育苗种供应给养殖生产者。

3. 质量检测体系　优质苗种是水产养殖业健康发展、农（渔）民增收增效的保证，开展种质检测是加强水产苗种质量监督管理的有效措施。经过国家"六五"至"十一五"等连续科技攻关，我国已初步建立了大宗淡水鱼从形态、养殖性能、细胞遗传到分子遗传的一整套种质鉴定技术。在此基础上制定的青鱼、草鱼、鲢、鳙、鲤、鲫、鲂等国家水产种质标准已颁布，种质鉴定技术和研究方法标准等也在制订中。

水产种质检测中心负责建立和完善水产种质评价标准，研究快速、准确的种质检测技术，以加强水产种质检测和苗种质量监督工作。

目前，已通过国家"双认证"的水产种质监督检验测试中心有4家：中国水产科学研究院长江水产研究所（武汉）、中国水产科学研究院黄海水产研究所（青岛）、中国水产科学研究院珠江水产研究所（广州）、中国水产科学研究院黑龙江水产研究所（哈尔滨）。

4. 品种创新体系　为加强水产新品种的培育和创新，加速水产良种的更新换代以及将目前养殖的主要野生种通过遗传改良、培育成具有优良经济性状的良种，在《渔业良种工程二期建设规划》中增加了水产遗传育种中心建设项目。

水产遗传育种中心：负责运用常规育种（选择育种、杂交）和生物育种（细胞工程、基因工程和分子辅助育种技术等）相结合的综合育种技术，开发和培育新品种，不断培育出适合养殖业发展需要、满足市场需求的优良养殖品种。截止到2012年年底，我国共投资建设大宗淡水鱼遗传育种中心8个（表1-5）。

表1-5　大宗淡水鱼遗传育种中心建设一览表

序号	中心名称	承担单位	批准年份（年）
1	冷水性鱼类遗传育种中心	中国水产科学研究院黑龙江水产研究所	2004
2	长江鱼类遗传育种中心	中国水产科学研究院淡水渔业研究中心	2006
3	鲫鱼遗传育种中心	天津换新水产良种场	2007
4	鲢鱼遗传育种中心	中国水产科学研究院长江水产研究所	2009
5	草鱼遗传育种中心	吴江水产养殖有限公司	2010
6	团头鲂遗传育种中心	上海海洋大学	2010
7	鲫鱼遗传育种中心	中国科学院水生生物研究所	2011
8	鲤鲫遗传育种中心	湖南师范大学	2011

注：截至2012年年底。

（二）大宗淡水鱼良种培育概况

20世纪70年代以来，我国以鲤种类杂交为代表一大批具有明显杂交优势的鲤杂交种培育出来，如荷元鲤、丰鲤、三杂交鲤、颖鲤、芙蓉鲤和岳鲤等。此外，鲤、鲫的人工选育品种也取得显著成效，培育出了建鲤、松浦鲤、异育银鲫、彭泽鲫、湘云鲤（鲫）、黄河鲤等优良新品种（全国水产技术推广总站编，2009），形成了规模较大的鲤、鲫良种繁育基地，建鲤、异育银鲫等良种在全国推广面积都在200万 hm² 以上，极大地推动了鲤、鲫养殖产业的发展，取得了显著的经济和社会效益。进入21世纪，大宗淡水鱼良种培育继续得到迅速发展，培育出了团头鲂"浦江1号"、异育银鲫"中科3号"、长丰鲢、津鲢、福瑞鲤、芙蓉鲤鲫、松浦镜鲤和松浦红镜鲤等一批良种，建设了一批标准化、规模化的大宗淡水鱼良种扩繁基地，明显提高了大宗淡水鱼良种覆盖率。到目前为止，我国共培育出鲤、鲫新品种34个，应该说目前我国养殖的鲤、鲫品种已经基本实现了良种化。长丰鲢和津鲢新品种的育成，结束了我国"四大家鱼"长期以来没有人工选育良种的历史。良种的育成与推广，为我国淡水养殖业的持续健康发展提供了强大的良种支撑。

（三）大宗淡水鱼育苗企业发展情况

目前，我国已建立大宗淡水鱼原良种场23家，这些单位是大宗淡水鱼育苗的主体，同时各省市均建有水产良种场和苗种繁育场，尤其是湖北、江苏、江西、湖南、安徽、河北等地较多，现在很多大的企业集团如广东海大集团也加入到大宗鱼类的苗种生产，全国有大大小小的育苗场有近2 000家以上，年繁育大宗淡水鱼苗种约为5 000亿尾，苗种产值达114亿元（含规格鱼种）。大宗淡水鱼种业已成为渔业发展的重要组成部分，吸纳了众多的农村劳动力，成为农民增收、渔业增效的有效途径之一。

第四节　水产饲料业发展历程及现状

一、水产饲料发展的历程

我国水产配合饲料简单说是"起步晚，历史短，发展快"。配合饲料的使用可追溯到1958年，当时主要是将几种饲料原料混合使用。"六五"期间，我国开始实施了第一批鱼类营养与饲料的国家攻关计划，当时的研究主要涉及草鱼、异育银鲫、团头鲂、鲤、青鱼等的营养需求及饲料配方研究。到1976—1979年，开始推广颗粒饲料。水产饲料系统的研究和商业化生产，始于20世纪80年代（麦康森，2011）。

随着我国水产养殖业的快速发展和养殖模式的改变，水产饲料产量从 1991 年的 75 万 t 发展到 2012 年的 1 500 万 t（图 1-2）。我国目前已经成为世界第一大水产饲料生产国，占世界水产饲料近 60%。从销售情况看，2012 年，普通淡水鱼（主要是大宗淡水鱼）的饲料量为 1 340 万 t，占水产饲料总量的 72.2%。饲料工业的快速发展，促进了现代养殖业的发展（麦康森，2010）。

从图 1-3 可以看出，水产饲料对养殖产量的贡献也经历了三个阶段。初期（到 1995 年左右，饲料产量约 300 万 t），单位饲料对养殖产量的贡献较大，因为那时养殖模式初步转变，集约化刚开始，养殖潜力较大；第二个阶段的直线斜率较低，单位饲料对养殖产量的贡献相对减少；养殖潜力的发挥已经达到一定的限制阶段；第三个阶段，是饲料技术和养殖技术的提高阶段（2006 年后，产量超过 1 200 万 t），单位饲料对养殖产量的贡献提高较快。

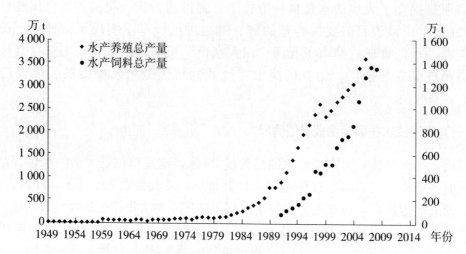

图 1-2　水产饲料产量（右）与养殖产量（左）的关系

（数据来源：引自麦康森，2010）

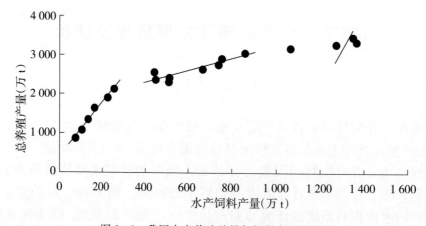

图 1-3　我国水产养殖总量与饲料产量的关系

二、我国水产饲料的现状与问题

(一) 饲料产量大，但普及率不高

目前，我国人工配合饲料的普及率不足 40%，水产饲料的市场缺口每年高达 2 000 余万 t。以水产配合饲料占饲料总量 5% 计算，我国使用配合饲料生产的水产品产量约占养殖产量的 10%，与国际先进水平仍有相当大的差距。饲料工业生产的饲料数量、品种、质量，目前远远不能适应养殖结构、养殖模式日益多元化的需求（陈洁，2011）。

(二) 企业多，行业集中度低，区域发展不平衡

在我国现有水产饲料企业中，约 21 家集团化公司的水产饲料年销售总量约 650 万 t，占全国总量的 43% 左右，非集团化公司水产饲料年销售总量约占 57%。我国小型饲料企业多，年产量不足 1 万 t 的企业超过 1 000 家。小企业生产规模小、技术力量差、管理混乱，从而导致竞争无序（刘晴，2006）。同时，饲料的发展和不同区域养殖模式密切相关。如 2012 年从销售预测看，销售集中在华南、华中、华东三个区域，这三个区域的水产饲料销售总量或达 1 275 万 t 以上；其次是西南地区、华北地区和东北地区。这 6 个水产饲料销售集中区总销量合计约为 1 587 万 t，占全年水产饲料总产量的 85% 以上。其中，2012 年水产饲料销量前 10 位的省份分别是：广东、江苏、湖北、湖南、浙江、福建、河南、四川、辽宁、河北，总销量接近 1 200 万 t，约占全国水产饲料总量 64%（张璐，2013）。

(三) 养殖品种多，研究基础不足

我国水产养殖品种（系）多达 100 多个，大宗淡水鱼中有 5 种（鲤、鲫、鳊、草鱼、青鱼）均主要依赖投喂人工饲料养殖，鳙也有部分投喂饲料养殖，但就目前的投入来看，研究力量和经费投入严重不足，很多基础资料如营养需求、原料消化率、添加剂开发、加工工艺等均需要补充基础数据。

(四) 饲料原料短缺，饲料产品附加值低

目前，我国鱼粉、豆粕、菜粕、棉粕、玉米蛋白粉、血浆血球蛋白粉等在满足市场需要方面均存在困难，水产饲料业的原料来源问题越来越突出。随着我国水产饲料业规模的扩大，饲料企业生产所需的大宗原材料将越来越依赖进口（陈洁，2011）。

(五) 大宗淡水鱼饲料成本高，养殖废物排放大

由于大宗淡水鱼产品市场价格低，而饲料原料价格高，因此，饲料企业在饲料配方中使用了大量的廉价原料，目前国内的水产配合饲料普遍存在饲料系数高、饲料利

用效率差、浪费严重、环境污染高等问题。调查发现，多数饲料的氮、磷沉积率低于25％，饲料系数普遍在 1.8～2.6，少部分在 1.2～1.8，很少部分在 1 左右。过高的饲料系数不仅导致生产成本提高，而且造成粮食资源浪费，增加环境污染。

（六）饲料加工工艺落后，营养成分得不到高效利用

在保证饲料原料质量控制和配方技术的前提下，加工工艺与关键装备对饲料的质量提升和安全保证起着重要的作用。先进的饲料加工工艺对提升水产饲料质量水平、扩大非常规饲料原料的使用范围、提高饲料资源利用效率、降低或消除自源性抗营养因子和环境有毒有害物质、提高原料营养素消化率和生产产能、降低能耗和废物排放具有重要的促进作用。目前对加工工艺研究甚少，而且和营养学研究不配套，如我国主要养殖品种的营养需求研究基本都是基于实验室冷挤压处理工艺获得的实验饲料取得的参数，不适用于目前应用最广泛的环模挤压硬颗粒和正在迅速发展的挤压膨化饲料加工工艺，限制了先进的饲料加工设备的发展。从水产饲料品种上来看，颗粒料仍然占较大的比例，约为水产料总销量的 75％；膨化料总量接近 250 万 t，约占普通淡水鱼料的 10％。其中，膨化料主要集中在高档名特优品种，占虾料、鳗料以外特种养殖品种的 73％（张璐，2013）。另一方面，由于加工工艺参数不明确，无法保证饲料中热敏性营养素的保留率，饲料配方的质量得不到保证。

（七）国际产品冲击力大

很多国际大型饲料企业均进入中国市场，如 CP group、Cargill、Biomar、Nutreco、Skretting 等，其雄厚的技术、产业实力和管理经验对我国的水产饲料企业均是较大的挑战。

第五节　养殖模式与机械设施装备业发展历程与现状

我国是世界上从事水产养殖历史最悠久的国家。随着 20 世纪 50 年代家鱼人工繁殖技术的突破，我国的池塘养鱼进入了一个快速发展的阶段，逐步形成了以"多品种混养"、"高强度轮捕轮放"、"桑基、蔗基鱼塘生态养殖模式"、"畜、禽、鱼综合养殖"等养殖模式，并总结出八字精养法的池塘养鱼理论和技术体系。同时，池塘养殖机械设备的发展，也极大地促进了池塘养殖模式的变革，推动了水产养殖的高产稳产。自 70 年代以来，先后研制出水力挖塘机组、叶轮式增氧机和颗粒饲料机组等养殖生产设备，解决了池塘清淤和高密度养殖等关键技术问题，大大减轻了渔民劳动强度。特别是我国自主创新研制的叶轮增氧机，突破了水体缺氧的瓶颈，池塘养殖单产突破了 500kg，总产量飙升，经济效益十分显著，被渔民称为"救鱼机"和"增产机"（丁永良，2009），使我国的池塘养殖成为淡水养殖的主要生产方式。

一、我国养殖设施发展历程与现状

以前，水产养殖主要采取自然池塘养殖的方式，养殖产量很低。20世纪50年代以来，随着人工繁育技术的突破，规模化、集约化养殖的开展，设施化的规整池塘开始出现。为便于开挖、操作与管理，池塘设施化的第一步是规整成由塘埂组合而成的方形。为了适于鲤科鱼类的混养，充分利用光照和风力增氧，便于起捕作业，一般池塘水深在1.8米左右，池形呈长方形状。池塘面积一般在几十亩之内，北方一些地区也有上百亩的池塘。池塘一端一般设有进排水用的闸门，与通往水源地的沟河相连，也有许多池塘的进排水采用水泵排灌。70年代以后，规模化池塘多建设于土质泥泞的低洼地区，当时的挖掘机、推土机等工程机械难以发挥作用，水力挖塘机的诞生解决了池塘机械化开挖的难题，在全国建成了许多连片的池塘养殖小区。养殖小区的配套设施，还包括进排水沟渠、道路、值班房、库房和配电房等（徐皓等，2008）。

发展至21世纪，大宗淡水鱼养殖成为我国渔业的主体，池塘养殖则是主要的生产方式。目前，我国的养殖池塘面积已超过180万hm^2，养殖产量占水产养殖总量的40%以上。随着社会工业化的发展，自然水域及环境的劣化，以及因追求产量效益而不断提高的养殖密度，养殖水质的问题越来越突出。现有的池塘大多开挖于20世纪70～80年代，长期的高负荷使用，设施老化问题非常突出，池底淤积严重，塘埂坍塌。内外交困的池塘养殖，病害问题日益突出，导致品质下降，药物滥用，养殖产品质量安全成为行业发展的突出问题。在可持续发展的要求下，池塘养殖模式在节地、节水、减排等方面的不足，显现出与社会发展越来越突出的不适应性。

为了推进池塘养殖生产方式转变，"十一五"以来，老旧池塘的基础设施改造首先开始在一些地区推进，而后发展成覆盖主产区的全国性池塘标准化改造工程。由于财政经费的支持力度不同，各地的建设标准有较大的差异，但从建设内容而言，主要包括池塘规整、清淤、护坡、进排水沟渠分设以及设备、值班房、库房、泵房、化验室、配电房、道路等规范配置的设施。至2010年，全国已实施标准化池塘改造73.33万hm^2，完成了一半以上的改造任务。一些养殖小区还建设有生态塘、生态沟、人工湿地等生态工程设施，甚至数字化环境监控系统。养殖小区基本设施与环境面貌得到了很大程度的提升，养殖效益显著提高。在此过程中，池塘设施规范化技术及建设标准、池塘生态工程化技术及设施构建发挥了重要的支撑作用，形成了技术体系，形成了行业标准化和区域性建设规范，建立一批示范性健康养殖小区。

目前，池塘养殖的主要生态化水处理设施有以下几种：

（一）人工湿地

人工湿地是一种模拟自然湿地的人工生态系统，通过利用土壤、人工介质、植物、微生物等，对水体中的营养盐进行消化吸收分解（王飞宇等，2009）。在水产养殖场改造建设时，可利用养殖场的不规整地形、河道、水沟等条件，因地制宜地构建人工湿地。潜流式人工湿地，是一种有较高效率的净化系统。用于净化养殖水体的潜流式人工湿地，可以采用碎石作基料，种植芦苇、蒲草、鸢尾和美人蕉等植物。运行表明，潜流湿地对处理养殖污水有很好的效果，其对养殖排放水体中的总悬浮物去除率可达到80％以上，对养殖水体氨氮、亚硝酸盐、化学需氧量（chemical oxygen demand，COD）、生化需氧量（biochemical oxygen demand，BOD）去除率可分别达到30％、50％、60％和70％以上（刘兴国等，2010；朱晓荣等，2012）。当潜流式人工湿地的配置面积占池塘养殖面积的10％左右，可实现排水循环利用。

（二）生态塘与生态沟渠

生态塘是一种利用多种生物进行水体净化处理的池塘。塘内一般种植水生植物，以吸收净化水体中的氮、磷等营养盐；通过放置滤食性鱼、贝等吸收养殖水体中的碎屑、有机物等。生态净化塘的构建要结合养殖场的布局和排放水情况，尽量利用废塘和闲散地建设；生态净化塘的动植物配置要有一定的比例，要符合生态结构原理要求。生态沟渠是利用养殖场的进排水渠道构建的一种生态净化系统，也是一种人工湿地系统，由多种动植物组成，具有净化水体和生产功能。生态沟渠的生物布置方式一般是在渠道底部种植沉水植物、放置贝类等，在渠道周边种植挺水植物，在开阔水面放置生物浮床、种植浮水植物，在水体中放养滤食性、杂食性水生动物，在渠壁和浅水区增殖着生藻类等。利用池塘塘埂、边坡修建生态坡，并用于调控处理池塘水质，是一种值得研究的养殖水环境调控处理技术。

（三）高效水质净化设施

在工业、生活污水处理中生化处理设施有广泛的应用，在循环水工厂化养殖系统中也属于核心技术环节，具有占地小、运行效率高的优点。在池塘水质净化处理和水环境调控方面，研究应用高效水质净化设施在快速调控池塘养殖水体、净化养殖排放水方面有很大的潜力。

（四）生物净化及复合生物浮床

目前，在一些池塘养殖中通过安装立体弹性填料（如生物刷、生物球等）等净化调控池塘养殖水体，取得了一定的效果。但在池塘中安装生物净化装置，需要充分考虑池塘养殖的特点。生物浮床技术在河流湖泊生态修复中有一定的应用，生物浮床应用于池塘水质调控具有安装方便、应用灵活的特点。但是由于浮床种类很多，净化效果差异很大，生物浮床应用于池塘水质调控，需要从浮床的构建、配置等方面加强研究。

二、我国养殖装备发展历程与现状

以增氧机为代表的养殖装备科技成果，大幅提高了池塘养殖集约化程度与经济效益，在养殖装备的发展史上具有里程碑式的意义。到20世纪80年代中期，我国增氧机的品种已发展到包括叶轮式、水车式、射流式、喷水式、管式、充气式和涡流式等在内的多种机型，功率范围在0.37～7.5kW，其中，叶轮式增氧机在我国大宗淡水鱼养殖中应用最广。水力挖塘机组于70年代末研制成功，并迅速得到推广应用，解决了当时大规模池塘机械化开挖难的问题。水下清淤机则是我国80年代中后期开发的产品。1980年代中后期，由于颗粒饲料机、膨化饲料机的研发成功，使全价配合颗粒饲料得到大量使用，对提高集约化程度与生产效益意义重大。投饲机的研制始于80年代初，主要有电动、鱼动和太阳能等几种形式，可实现增产10%、节约饲料15%左右，大大降低了劳动强度，提高了饲料利用效率，已被广泛使用。90年代以后，我国的水产养殖机械化获得了较快的发展，部分城市郊区和商品鱼基地的池塘养殖生产中，主要的作业环节基本实现了机械化，这些环节包括池塘构筑、清淤、排灌、水质净化、增氧、投饲和活体运输等。"十一五"以来，在国家大宗淡水鱼产业技术体系的支持下，研发了投饲机远程调控技术、池塘拉网设备、渔获起吊设备等，进一步提高了工作效率，节省了劳力。

在水质调控设备方面，提高养殖池塘水体初级生产力，促进上下水层交换，增强光合作用，是池塘水质调控设备的主要作用。在光照良好的午后开启增氧机是为了调控水质，叶轮式增氧机的效果尤为明显。此类的专业化设备包括缓慢促进水层交换、功率100W以下的耕水机，同时具有水层交换、水面造波、旋流集污功能、功率1kW以下的涌浪机等。由国家大宗淡水鱼产业技术体系新近研发的肥水机，利用太阳能做动力，根据设定的光照强度开启设备，同时具有水层交换，沿池搅动底泥释放营养物质的功能和肥水、减缓底泥淤积的效果（田昌凤等，2013）。

在水质监控设备方面，对溶氧、pH、氧化还原电位、温度和盐度等理化指标实施在线监测，最早在20世纪90年代末期用于工厂化水产养殖系统。"十一五"开始，在国家863计划课题的支持下，中国水产科学研究院渔业机械仪器研究所等单位开展了以池塘养殖为对象的养殖环境数字化监控系统的研究，针对池塘养殖环境影响因子多元化的特点，增加了气候环境关键因子的监测，结合养殖池塘理化指标变化规律，初步构建了池塘养殖环境在线监测与预判模式，实现了主要调控设备的自动响应。"十二五"以来，在大宗淡水鱼产业技术体系的支持下，研发了监控信号无线传输、远程遥控技术以及移动式监测平台，构建了健康养殖小区数字化管理系统与养殖产品物联网技术平台。

三、我国养殖系统模式发展历程与现状

青鱼、草鱼、鲢、鳙、鲤、鲫、鲂均属鲤科鱼类，是大宗淡水鱼的主体，具有重要的产业地位，可谓"国鱼"，欧美统称之"中国鲤"。淡水渔业的发展伴随着华夏历史文明。10万年前，山西汾河流域"丁村人"捕捞青鱼、草鱼、鲤和螺蚌等，是渔业捕捞生产力的显现。公元前1142年，殷末周初知凿池养鱼，表明驯养技术达到一定水平。公元前460年，范蠡撰写的《养鱼经》，是世界最早的养鱼文献，总结了养殖经验。公元前200年，《庄子》有"枯鱼之肆"的记载，印证了水产品交易的出现。公元前120年，汉武帝修建昆明池约1 474.53，渔获供给皇宫内外，水产养殖初现规模，并与景观协调（崔凯等，2011）。

在养殖方式上，传统方式不断改进。随着对鱼类生态习性的繁殖保护的认识，由商周池塘养殖演变到汉代以鲤为主坡塘大水面养殖。在对鱼类的活动和洄游规律认识的基础上，结合声响驱赶和网具捕鱼技术，南朝起发展了河道养鱼。隋唐渔法之多超过历代，探索出稻田养殖技术。宋代在混养技术和繁殖水平上进一步提高，创造了"四大家鱼"混养方式。明代桑基鱼塘综合养殖的出现，丰富了传统养殖手段。

鲢、鳙生活在水体上层，草鱼、鲂生活在水体中下层，青鱼、鲤、鲫生活在底层。一般来说，将四大家鱼混养，可以充分利用水体空间和饵料生物，实现高产。放养比例根据塘口条件不同有不同搭配方式，选择主养品种，搭配其他鱼种。鲤、鲫由于食性相似，一般不混养，但如果放在一起养，鲫与鲤的比例是2：1或是1：3，才能获得较好的生长状况。

（一）生态养殖模式发展历程与现状

从20世纪80年代开始，综合养鱼在我国各地蓬勃发展，创造出农、林、牧、副、渔相结合的多种模式，许多人称之为"生态渔业"或"生态养殖"。2003年7月24日发布的《中华人民共和国农业部令》（第31号）将"生态养殖"定义为："指根据不同养殖生物间的共生互补原理，利用自然界物质循环系统，在一定的养殖空间和区域内，通过相应的技术和管理措施，使不同生物在同一环境中共同生长，实现保持生态平衡、提高养殖效益的一种养殖方式。"按照这个定义，池塘生态养殖必须将焦点集中到池塘环境本身，在同一个水体内，正确利用水生生物的共生互利或相克关系，满足水环境中生物多样性的要求，实现水生生态系统内的物质良性循环，增强水体自我净化、自我维持的功能，在不损害水域生态环境的情况下，获得经济效益高的优质水产品。

桑基鱼塘，是我国珠江三角洲地区为充分利用土地的一种挖深鱼塘、垫高基田、塘基种桑、塘内养鱼的高效人工生态系统。其生产方式是从种桑开始，通过养蚕而结束于养鱼的生产循环，构成了桑、蚕、鱼三者之间密切的关系，形成了池埂种桑、桑叶养蚕、蚕缲丝、蚕沙、蚕蛹、缫丝废水养鱼、鱼粪肥桑的比较完整的能量流系统。桑基鱼塘自17世纪明末清初兴起，到20世纪初，一直在发展。特别在第一次世界大战后，珠江三角洲到处是桑基鱼塘，面积估计约有8万 hm^2，达到历史最高水平。解放初，桑基鱼塘仍占一定地位，自市场经济兴起，由于蚕桑业相对花工多、生产周期长、存在风险，桑基鱼塘面积逐渐缩小。1995年以后，珠江三角洲桑基鱼塘已基本消失，部分向三角洲外围地区发展，部分改果基、花基、蔗基鱼塘。

稻田养鱼，是在水稻田中开挖鱼沟、鱼溜进行鱼类养殖的一种稻鱼兼做生态生产方式。稻田养鱼最早可追溯到唐睿宗时期（公元7世纪），距今已有1 300多年历史。稻田养鱼中，鱼在田间来回吃草、吃虫，能起除草、治虫、松土和增肥等综合作用，代替了稻农的人工种耕除草，减轻了劳动强度，同时也促进稻禾的有效分蘖和谷粒饱满，可使稻谷产量提高4%～15%，甚至更高。此外，由于鱼类在稻田中能消灭危害人畜健康的蚊子幼虫——孑孓，改善农村的卫生条件，减少某些疾病的发生。由于稻田养鱼将水稻种植业与水产养殖业结合起来，互相利用，形成新的生态农业，因此，具有较好的经济和社会效益（易治雄，1991）。

综合养鱼是生态养殖的基础，中国是世界上综合养鱼最早最发达的国家，改革开放后综合养鱼技术得到进一步发展和成熟，形成一套成熟的养殖规范：①多品种鱼混养技术。在一般综合养鱼场，鱼池一般均放养7～8个品种，每个品种3～4个不同年龄组，构成18～20个不同规格鱼种同池混养。在一些先进养鱼场，还进一步扩大鱼、蚌混养，鱼、虾混养，鱼、鳖混养，鱼、蟹混养等混养模式，进一步挖掘水体混养生态学潜力。同时，使用增氧机、自动投饵机等现代化养鱼设备。②充分开发利用各种废弃物。在综合养鱼系统里废弃物均获得充分利用，如在"鱼—畜—禽"综合类型中，畜、禽排泄量相当大，利用渠道一是将新鲜粪肥直接肥水养鱼，二是通过发酵再养鱼，三是利用粪肥种植饲料作物或培养蚯蚓、蝇蛆再养鱼，四是将鸡粪通过特种菌种发酵后做配合饲料成分养鱼。③多模式综合养鱼系统。在综合养鱼系统里，不同行业之间是通过物质能量流动联系在一起的，同一模式中的物质循环也改变传统的单一方向。如"猪—草—鱼"模式里，种植饲料养鱼又喂猪，猪粪种草也养鱼，池水用作冲圈水，淤泥种草。综合养鱼场很少只采用单一模式养殖，而是采用多种模式组合，通过物质能量流把不同模式并联或串联起来，形成了更加复杂的循环利用物质的网络结构。

随着综合养鱼的发展，以及人们对各种不同类型物质流、能量流认识的提高，逐步孕育了生态渔业的思想和模式。然而，综合养鱼毕竟不等于生态渔业。在"鱼—畜"、"鱼—禽"各种综合养鱼模式里，从生态原理看存在两个问题：第一，池底沉积的淤泥无出处；第二，畜、禽饲料的大量外购。因此，只需在中间增加一个饲料作物生产环节，就可构成"鱼—饲料—畜禽"良性循环模式了。这一模式不仅可改善养鱼环境，还提高了生态效益。

我国最早可称为生态渔场的企业要数 1982 年泰州渔场，初步建成良性循环的生态渔场。1988 年，武汉开始"猪—鱼—藕"种养结合的生态模式，初步形成一个"饲料养猪—猪粪养鱼—鱼粪肥藕"这一高效、低耗、多收的良性生态结构。1990 年，余乾三等试验鱼、猪、沼、果复合生态模式，形成"饲料喂猪、养鱼—猪粪产生沼气—沼气煮饭、照明—沼肥养鱼—淤泥种植饲料、蔬菜、果树—饲料、蔬菜养鱼、喂猪"这样一个良性循环配套结构，生态、社会及经济效益均明显提高。1999 年，河北衡水也采用了"鱼—猪—草"综合养鱼技术，放养了滤食性和杂食性鱼类，同时又种草养猪，猪粪中存在不少未被猪消化的营养物质，它们成为鲤、鲫杂食性鱼类的饵料，猪粪还可以肥草，这样就能多层次利用肥料与青饲料，既缓和了单一养鱼与畜牧业争饲料的矛盾，又解决了单一养鱼与粮油作物生产争肥和种草养鱼所需肥料的矛盾，实现了生态良性循环，在取得经济效益的同时也取得了较好的生态效益。

"鱼菜共生系统"是立体养殖模式的代表，它集合了生态养殖的多项要素，比较全面地体现了池塘生态养殖的特征和要求，是一种高水平的生态养殖（张德隆等，2004）。在净化水质、美化环境的同时，能够实现一池多用、一水多用，用很少的投入换取多项产出。产品具有绿色品质。单从鱼的产量来看可能低一些，但提高了自然资源的利用率，能产生很高的经济效益，这同样是集约化和渔业现代化之路。

随着人民生活水平提高和与国际市场接轨，对水产品品质和安全性的要求越来越高，全程利用生物饵料养殖，其产品具有纯天然的品质，符合绿色食品和有机食品的生产要求，更加受到市场欢迎。这一养殖方式目前已有一些零星尝试。如侯洪建等（2003）报道了"全程利用生物饵料养殖对虾技术初探"，由于不投喂，池塘污染轻，养殖成本低，效益好。陈凡（2002）报道了"河蟹养殖技术初探"，利用水草、螺蛳等天然饵料，提供自然生态食物链和合适的生态环境，在一定程度上避免了性早熟问题，养成商品蟹规格大，品质好，价格高，虽然单产下降，但投入少，效益高，投入产出比达 1∶4.12，比传统养殖模式更有优势。

现代生物工程技术的发展，为池塘养殖带来了新的希望，通过向池塘生态体系中补充微量营养、促生剂、解毒剂或投放有益微生物等措施，对池塘底泥和养殖水体进行生物修复，降低池塘底泥有机物含量，使泥水界面形成好氧微生物相，强化底泥对有机污染物分解能力和池塘的自净能力，提高藻类多样性指数，稳定藻相，增加水体溶氧，从而提高池塘养殖容量，改善水质，降低成本，提高养殖产量和品质，实现养殖业的可持续发展。

循环水养殖是一种新兴的健康养殖模式。循环水养殖能减少养殖过程对周边水环境依赖，降低养殖过程中污水排放，提高成活率、降低养殖风险、提高产量和品质，实现绿色养殖，对水产养殖业健康和可持续发展具有重要意义。

总之，生态养殖能更有效地发挥水体、土地、空间的立体效益和种养结合的生态效益，在综合养鱼基础上，能够更充分提高太阳能转化率、生物能利用率以及综合养鱼生产过程中各种废弃物的再循环率，探索物质能量流的最佳轨迹，建立各种类型良性循环圈，是水产养殖的必然趋势。

（二）单养和混养两种模式

单养模式的特点是，每个池塘只养殖一种有较高经济价值的品种，饵料依靠投喂天然和人工饲料，对养殖的水质要求较高，养殖废水的排放容易对周边地区造成污染，但池塘产生的经济效益也较高。池塘单养模式依据不同地区的地理、气候、养殖习惯和市场需求，可进一步分为以下两种：一是华东、华南地区池塘单养模式，该养殖模式以广东、江苏等省的池塘单养模式为代表，池塘养殖的水源以江、河、沟渠及地下水为主，养殖废水、污水排放也以其为主，池塘水质很大程度上受到所处地域水质的影响；二是中原、北方地区池塘单养模式，这种养殖模式以我国黑龙江等省的池塘单养模式为代表，其特点是周年养殖生长期短，有相当长的封冰期，养殖鱼类的冰下越冬问题一直是限制养殖生产发展的关键，养殖对象主要以大宗淡水鱼单养为主。

混养模式的特点是对池塘施肥，使池塘自身产生养殖鱼类所需的饵料生物，养殖过程中投以草、廉价植物粉粕及低质量混合饲料，对养殖的水质要求较低，池塘养殖污水的排放对周边环境的影响比单养模式要小，但经济效益也相对较低。依据不同地区地理、气候、养殖习惯和市场需求可分为四种：一是江淮、江汉平原池塘混养模式，这种养殖模式的池塘水源主要依托湖泊、水库等大水面水源，由于湖泊、水库的出入水流量限制，该地区混养池塘的排放更容易对周边环境造成影响，同时，受养殖品种和水产二、三产业发展不平衡的限制，其产值也远远落后于华东、华南地区；二是西部山区池塘混养模式，其特点是池塘往往依山势而建，水源主要是山区溪流，由于有地势上的落差，养殖方式一般以微流水养殖为主，养殖品种主要依据当地饵料来源、水温条件、养殖习惯、销售市场及价格等，采用不同的搭配进行混养。虽然部分地区水质条件和养殖环境均较好，适合高密度养殖，但由于西部地区水资源有限、水资源的利用效率低，加之养殖技术不高，规模不大，导致养殖成本高、效益低；三是长江中下游池塘混养模式，由于良好的水域环境和气候条件，形成了主养品种搭配鲢、鳙的80：20混养模式及经验丰富的养殖技术，平均 $667m^2$ 产在 1 000kg 左右，规模较大，效益较好，受水域环境不断劣化的影响，一些传统养殖区水源水质下降，尤其到夏季，问题愈显突出，养殖废水直接排出，增加了水域富营养化程度；四是华南珠三角地区混养模式，因其得天独厚的水域和气候条件，形成了以主养品种为主体、搭配鲢、鳙的高密度精养养殖模式，增氧机配备每 $667m^2$ 在 1kW，开启时间更长，施用微生态制剂调控水质，耕水机与增氧机联合使用，水质稳定在较好状态。由于养殖区域相对集中，养殖周期长，生长快，养殖效益更好。

　　按照健康养殖、高效生产、资源节约、环境友好的发展要求，目前主导的养殖模式有：

　　1. 经济型池塘养殖系统模式　经济型池塘养殖系统模式是指具备无公害养殖要求的池塘养殖模式，是池塘养殖生产所必须达到的基本模式。一般应具备以下条件：池塘养殖设施符合规范要求，水源水质符合 NY 5051 标准要求，养殖场有保障正常生产、生活的水、电、交通条件和办公、住宿、值班等基础设施，有生产所必需的设备等。经济型池塘养殖模式适合规模较小或经济欠发达地区的池塘改造建设，具有"经济、灵活"的特点。

　　2. 标准化池塘养殖模式　标准化池塘养殖模式是根据国家或地方制定的池塘规范化建设标准改造建设的池塘养殖系统模式。规范化池塘养殖场应包括规范化的池塘、道路、供水、供电、办公等基础设施，还有配套完备的生产设备，养殖用水符合 NY 5051 标准要求，养殖排放水达到《淡水池塘养殖水排放要求》（SC/T 9101）。标准化池塘养殖模式有规范化的管理方式，有完备的苗种、饲料、肥料、鱼药、化学品等养殖投入品管理制度和养殖技术、计划、人员、设备设施、质量销售等生产管理制度。规范化池塘养殖模式是目前集约化池塘养殖的主要改造建设模式，其特点为"系统完备、设施设备齐全，管理规范"，适合大型水产养殖场的改造建设。

　　3. 复合生态型池塘养殖模式　复合生态型池塘养殖模式是在规范化池塘养殖设施基础上，通过利用周边的沟渠、荡田、稻田、藕池等对养殖排放水进行处理排放或回用的池塘养殖模式。复合生态型池塘养殖模式还可以构建成"鱼—农"、"鱼—菜"、"鱼—农—畜"等生态种养模式。复合生态型池塘养殖模式具有"节水、循环、生态"的特点，是值得推广的生态农（渔）业模式。

　　4. 循环水池塘养殖模式　循环水池塘养殖模式是一种设施、设备技术程度较高的池塘养殖模式系统。目前，循环水池塘养殖系统的水处理设施有人工湿地、生物净化塘、高效净化设施等。人工湿地具有良好的水处理效果，在处理养殖排放水时一般采取潜流湿地和表面流湿地相结合的方法，人工湿地在循环水养殖系统内所占的比例取决于养殖方式、养殖排放水量、湿地结构等因素。湿地面积一般占养殖水面的 10%～20%。配备应用技术，起网机械，生产辅助机械等的设备系统。饲料是池塘养殖的主要投入品，传统池塘养殖中大量的饲料消耗对粮食供应和海洋生物资源有很大的影响。同时，传统的饲料投喂方式饲料利用效率不高，饲料浪费和水体污染问题非常突出。实施池塘规范化改造建设和养殖模式系统构建，配置通过智能化投喂技术设备的应用，降低饲料用量，减少污染，提高效益。

　　池塘循环水养殖模式具有设施化的系统配置设计，并有相应的管理规程，是一种"节水、安全、高效"的养殖模式，具有"循环用水，配套优化，管理规范，环境优美"的特点。

第六节　水产加工业发展历程及现状

一、我国水产加工业发展历程

(一)原始利用与现代加工起步阶段

中国水产加工有着悠久的历史。中国水产品加工可追溯到秦汉以前(宫明山等,1991),早在春秋战国时《周礼·考工记》中就有(鱼)鳔胶粘弓的记载。宋代至明代,常用鳔胶粘箭尾上的羽毛和妇女脸上的饰物。西清在《黑龙江外记》中说:"黑龙江人,以鲟鳇鱼胃(应为鳔)造刮鳔,粘纸补字,刀刮用之,胜糨糊远。骑臀无肤者,摊布贴之,胜膏药。"刮鳔还可制精美的工艺品,清黑龙江将军、都统在乾隆、嘉庆寿辰献贡品中就有鲟、鳇鱼鳔做的刮鳔如意(佳民,1997)。发酵鱼制品在中国汉代之前已广为人知,公元前290年已有腊干鱼制作。约公元160年已有鱼酱和鱼露。公元544年,《齐民要术》中利用曲或鱼内脏中的酶使鱼蛋白质水解生产鱼酱,采用湿盐腌制作"干鱼",将鱼、米粉和盐混合后密封发酵制作鱼鲊;《梦粱录》(1320年)中记录了当时南宋都城半干腌鱼生产和销售盛况;《醒园录》(1750年)则介绍了鱼松的制作方法(黄兴宗,2008)。

清末,江苏南通的颐生罐头合资公司最早开始生产鱼、贝类罐头。1919年,在河北省昌黎县集股创办的新中罐头股份有限公司,堪称中国现代化民族水产加工业的先声(胡笑波等,2001),生产对虾、乌贼、鲤等罐头。此后,天津、烟台、青岛、舟山、上海等地陆续兴建了一批罐头厂。但由于罐头生产所需的机械设备、铁筒、玻璃瓶等全靠进口,产品成本高、质量差,国民的购买力低,中国近代罐头制造业发展缓慢。

东北沦陷时期,伪满统治者比较注重水产品的加工与综合利用以增加价值。据《东北经济小丛书》记载:"当时已将鱼肉制成的鱼油、血精,再制成肥皂、食用油、灯用油、增血剂;用鱼内脏加工成粗制肝油、粗制酵素、粗制荷尔蒙、内脏粉末,再制成维生素、酵素剂、揉皮革等、强壮剂;用鱼骨加工成骨粉末,再制成营养剂;用鱼皮、鱼鳞加工磷制品、钙制品以及食用、工业用胶体。"(佳民,1997)然而,我国的水产加工业在新中国成立之前,仍然设备简陋、技术落后,多数为手工作坊操作,几乎没有现代化的水产品保鲜加工厂,水产业未受国民重视,在国民生产中处于次要位置。

(二)伴随水产品产量增长的稳定发展阶段

在1949—1957年期间,我国水产品产量持续增加,从1949年的44.8万t增加到1957年的311.6万t,水产品加工受到政府和行业管理部门的高度重视,水产品加工业发展迅速。新中国创立之初，国营水产企业以盐干鱼为加工重点，保鲜只能以利用天然冰为主，水产品加工业基础薄弱，仅上海、青岛、大连等少数沿海城市有腌干、冷藏、制冰和鱼罐头生产，设备简陋，产量很低（包特力根白乙等，2008）。新中国成立后不久，中央和地方相继建立水产行政管理机构来领导水产生产，产量逐年增加。1956 年初，中央成立中国水产供销总公司，各地也先后设置分支机构，负责水产品加工和供销业务。鉴于水产品产量增长较快，渔汛期间大量鱼品需要及时处理，1956—1957 年间国家对供销系统投资 1 927.4 万元，除继续改造、扩建原有冷藏和腌鱼池等设施外，新建了一些冷藏、制冰、鱼池、仓库和运输汽车与船只。1958 年后，全国广泛开展了水产加工综合利用的试验研究工作，并取得许多可贵的经验。除了冷冻、盐干以外，开发出罐藏、卤制、熟制、熏制、糟制等许多新的水产加工方法，生产的加工产品已达 120 种，其中，食品 35 种、药品及制药原料 42 种、工业原材料 35 种、农业肥料和农药 6 种、饲料 2 种（包特力根白乙等，2008）。

在 1958—1969 年期间，我国水产品年产量一直在 310 万 t 以下徘徊不前（图 1-4），水产品加工业的发展比较缓慢。尽管在此期间，沿海建造了一些冷藏、制冰和食用制品加工厂，但仍以腌干加工为主，腌干品、冷冻品等年产量有所增加，而水产罐头、鱼片等精加工品的产量增加甚微，鱼粉产量波动很大。

进入 20 世纪 70 年代，随着我国国民经济和社会发展，我国渔业生产得到全面恢复，水产品的总产量特别是海水鱼类产量快速增加，由于水产品保鲜、加工、储运设施满足不了渔业生产需求，水产品变质腐烂严重，市场供应趋于紧张。20 世纪 70 年代初，马面鲀产品开发成功，大量的马面鲀被捕捞上岸（最高时到达 20 万 t/年），由于马面鲀属低值鱼，消费者难以接受、市场销售不畅，大量的鱼货滞留在冷库和渔港，鱼价急剧下降，导致渔业公司捕捞越多亏损越多的局面，国家不得不迅速组织科技人员开展马面鲀加工技术攻关研究，开发出深受国内外市场欢迎的马面鲀片（干）及其生产技术，通过加工不仅解决了马面鲀销售问题，而且使之增值几十倍，渔业公司和加工厂都获得了很好的经济效益。

（三）社会经济巨大增量引发的快速发展阶段

进入 20 世纪 80 年代后，随着我国改革开放政策的不断深化，我国国民经济快速发展，人民生活水平得以提高，我国水产品产量迅速增加（图 1-4）。

20 世纪 80 年代初期，中国水产加工业犹如"一把刀，一把盐，赶着太阳晒几天"所描述的那样，加工技术非常落后。在这期间，由于低温物流不发达，水产加工主要以海水鱼为中心，且以常温下能够长期保存的制品，特别是以盐干鱼为主。从20 世纪 80 年代后期起，随着水产冷库的普及和加工技术的改进，我国水产品加工条件得以改善。在沿海城市的经济开发区或加工园区，引进了日本、韩国等水产先进国家的加工企业。一方面通过经营合资企业、合营企业、外资企业等筹集国外资本、引

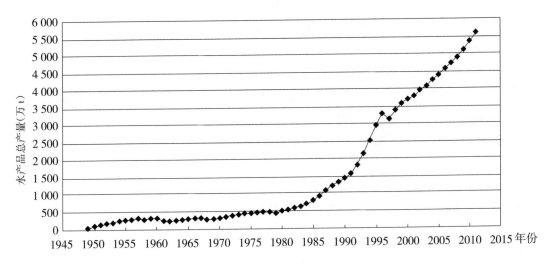

图 1-4　1949—2011 年我国水产品总产量

（数据来源：中国渔业年鉴）

进先进设备和加工技术；另一方面，水产加工业的发展得益于有关政府部门的扶持和企业的努力，涌现出许多龙头企业，带动和促进了水产加工业的全面发展（包特力根白乙等，2008）。

20 世纪 80～90 年代，随着我国养鳗业发展，我国积极开展了鳗的加工技术研究，开发成功烤鳗加工技术，使我国的烤鳗产品行销海外几十个国家和地区，促进了广东金曼、江苏龙山等大型水产品加工企业集团的建立和发展。紫菜养殖业的发展，江苏等沿海省份组织力量开展了紫菜的干制加工技术研究，开发成功烤紫菜生产技术及装备，使紫菜产品畅销国内和日本市场，目前沿海省份已建成 170 余条紫菜精加工生产线，极大地促进了紫菜养殖业的发展，形成了具有很高经济效益的紫菜养殖、加工产业。

20 世纪 80 年代以前，重点研究了海水鱼、虾冷藏链保鲜技术、盐干鱼油脂氧化防止技术等；80 年代以后，在引进日本鱼糜生产技术的同时，对鱼类精深加工和综合利用做了较系统的研究，取得了较好的研究成果。先后开展了罐头、鱼糜及其制品、冷冻调理食品、调味干制品、各种复配型食品生产技术的研究，开发生产出包括冷冻产品、干制品、腌熏制品、鱼糜制品、罐头制品在内的 1 200 多种各类水产加工食品。还利用生物化学和酶化学，开展低值水产品加工和加工废弃物综合利用技术研究，研制出水解鱼蛋白、鱼明胶、蛋白胨、甲壳素、鱼油制品、琼胶以及海藻化工品等。如今，中国水产加工业已发展成涵容水产制冷（含冷冻、冷藏、制冰）、干制、腌制、熏制、罐制（含软罐头）、鱼糜制品、水产药品与保健品、调味品、海藻食品、鱼粉与饲料、鱼皮制革、水产工艺品等十多个专业门类的产业部门，形成了较为完善的水产加工体系，其发展模式由外延扩张型向内涵增进型转变，这种转变对整个水产业的发展起到了重要作用。然而，从大局上来看，与捕捞、养殖等渔业第一产业部门相比，水产加工的发展还相对滞后。水产加工和渔业生产双方的不均衡发展问题，至今还未得到充分解决。如从 20 世纪 80 年代后期起，渔业内陆养殖蓬勃发展。据《中国渔业年鉴》等统计资料，1986 年全国水产品加工产量为 170.7 万 t，折合原料量 194.2 万 t，其中，未经加工的原料速冻鱼占 70%，加工原料量仅占水产品总产量 24%。2001 年，我国水产加工产品产量达到 690.9 万 t，其中，冷冻水产品 381.23 万 t、干制品 77.80 万 t、烟熏制品 21.31 万 t、鱼糜及其制品 9.22 万 t、动物蛋白饲料 72.32 万 t、罐头制品 5.18 万 t，其他产品 113.37 万 t。到 2012 年，全国水产品总产量 5 907.68 万 t。在国内渔业生产中，鱼类产量 3 476.40 万 t，甲壳类产量 614.39 万 t，贝类产量 1 318.74 万 t，藻类产量 179.85 万 t，头足类产量 69.89 万 t，其他类产量 126.07 万 t。总产量中，淡水产品产量 2 874.33 万 t，占总产量的 48.65%，同比增长 6.65%。烤鳗、鱼糜制品、紫菜、鱿鱼丝、冷冻小包装、鱼油、水产保健品以及综合利用产品等几十种水产加工品质量已达到或接近世界先进水平，水产品加工业得到飞跃发展，行业技术进步显著。

中国水产加工业的发展演进见表 1-6。从 20 世纪 90 年代起，我国水产加工企业数、水产冷库冻结能力、水产加工品总量呈现持续增加的趋势，表明了我国水产加工产业规模和实力的不断增长。

表 1-6 中国水产加工业发展演进

年份	水产加工企业			水产冷库			水产加工总产量 (10⁴t)
	企业（个）	加工能力（10⁴t）·年	冷库（个）	冻结能力（10⁴t/天）	冷藏能力（10⁴t/次）	制冰能力（10⁴t·/天）	
1993	4 225	512.77	3 585	5.54	93.68	5.24	285.67
1995	4 778	613.51	4 226	7.07	103.95	8.22	415.02
1997	5 866	97.21	4 518	8.86	112.81	11.47	498.35
1999	6 443	1 127.10	4 392	10.85	121.74	10.68	624.17
2001	7 648	1 061.02	5 772	15.40	139.65	7.85	690.86
2002	8 140	1 224.68	5 607	16.91	169.41	8.75	704.46
2003	8 287	1 306.34	5 864	21.37	207.93	8.79	912.09
2004	8 745	1 426.63	5 964	25.14	218.18	10.16	1 031.99
2005	9 128	1 696.16	6 328	26.45	256.69	12.96	1 195.48
2006	9 549	1 799.42	6 552	29.70	283.28	15.22	1 332.48
2007	9 796	2 124.04	6 857	30.16	297.99	17.16	1 337.85
2008	9 971	2 197.48	7 439	43.08	335.68	23.22	1 367.76
2009	9 635	2 209.16	7 548	49.97	360.36	21.27	1 477.33
2010	9 762	2 388.50	7 970	4 909.60	408.19	24.68	1 633.25
2011	9 611	2 429.37	9 173	67.77	427.70	23.97	1 782.78

数据来源：中国渔业年鉴，2006—2011 年。

二、我国淡水鱼加工业发展历程

20世纪70年代，由于缺乏淡水鱼保鲜、加工设施，我国淡水鱼以鲜销为主。随着淡水鱼产量的不断提高，鲜销压力增大，开始注重活鱼运输、加工和保鲜作业，对活鱼运输方法、传统的淡水鱼加工和保鲜技术做了一定的改进和提升。除改革了鱼罐头、咸干鱼等加工技术外，还开始对淡水鱼和鱼片进行冷藏和冻藏保鲜，产品产量逐渐增加。70年代初，江苏省兴建了一些小型水产冷库（生产能力：冷藏100t、贮冰100t、制冰6.3t/日、速冻5t/日）用于淡水鱼的贮藏保鲜。虽然这些小型水产冷库对淡水渔业发展起到了积极作用，但受水产品的季节性上市的限制，存在冷库利用率低、经营效果差的问题。

20世纪80年代初，淡水鱼采用蓄养方式进行保存，并在近距离之内以鲜活形式销往市场，在渔业较发达地区初步形成了一个多渠道、少环节、开放型的水产品流通体制。生产单位养殖的鱼，主要通过商贩运销、与厂矿企业协作挂钩、进城设点供应、乡村合作经济组织推销、国营水产供销企业收购、进交易市场或农贸市场销售等渠道进入消费市场，供销社、食品、蔬菜等系统的企业也会进行季节性、小批量的经营，但流通与生产未达到协调发展（江苏省水产局调查组，1987）。"八五"期间，我国淡水鱼产量不断增加，但加工率不足5%，每年因贮藏、运输、销售条件的限制造成的腐败损失率达30%，淡水鱼加工业的严重滞后制约了淡水鱼养殖业的发展（吴祖兴等，1999）。尽管在这一时期各地都做了一些淡水鱼加工试验，发展了小型水产冷库的综合利用，冷库利用率明显提高，收到了可喜的经济效果，但总的看来，路子没有拓开，淡水渔区水产品保鲜加工设备也很少，水产加工业与水产生产的发展很不适应（张廷序，1989）。

1990年后，我国淡水渔业发展加快，淡水鱼总产量快速增加（图1-5）。为解

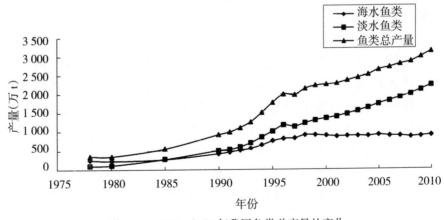

图1-5 1978—2010年我国鱼类总产量的变化

（数据来源：中国渔业年鉴）

决淡水鱼、特别是低值鱼的加工转化问题，国家投资从日本引进了冷冻鱼糜及其制品生产技术和设备，还投入大量资金和人力对淡水鱼精深加工和综合利用技术等做了大量研究，开发出小包装鲜（冻）鱼丸鱼糕、罐装鱼丸等鱼糜制品、冷冻产品、干制品、腌制品、罐头产品等，在淡水鱼加工利用方面取得了可喜进步（戴新明等，2004）。但从总体上看，我国淡水鱼加工业仍处于起步阶段，除鲜活销售及少量冷冻冷藏销售外，淡水鱼的精深加工还是空白，特别是约占淡水鱼养殖产量一半的鲢、鳙等大宗、低值淡水鱼的加工仍是薄弱环节，鲜活：冷冻：加工的淡水鱼的比例大体为75：20：5；在内陆淡水鱼产区冷库数量很少，有的主产区还是空白，鱼品制冷、冻结、冷藏以及加工能力远远不能适应淡水渔业生产发展的需要。20世纪90年代，我国每年淡水鱼副产物的产量在250万吨以上，但加工条件差、综合利用较少、处理量小，除浙江、湖北等几个水产加工厂能生产少量粗鱼粉外，大量的副产物被作为肥料或废物处理掉，不仅造成资源的巨大浪费，而且污染环境（熊光权等，1991）。总之，我国淡水鱼加工业还存在加工品比例低、加工机械化水平与技术含量较低、废弃物利用水平不高、传统产品加工技术落后、加工品质量有待提高等问题（杨武海，1999）。

近年来，随着淡水养殖产业规模的不断壮大，我国越来越重视淡水产品加工产业的发展，在"十五"、"十一五"期间先后立项实施了"淡水和低值海水鱼类深加工鱼综合利用技术的研究与开发"、"大宗低值淡水鱼加工新产品开发及产业化示范"、"国家大宗淡水鱼产业技术体系"等多项国家攻关计划、支撑计划项目以及现代农业产业技术体系建设项目，形成了一系列创新性成果。在冰温和微冻保鲜、速冻加工、鱼糜生物加工、低温快速腌制、糟醉、低强度杀菌和鱼肉蛋白的生物利用等方面取得了系列进展。大宗淡水鱼糜加工产业开始发展，出现了包心鱼丸、竹轮、天妇罗、蟹足棒等淡水鱼糜新产品，并开始规模化标准化生产，产量在逐步增加。大宗淡水鱼加工利用程度进一步提高，开发了系列产品，将鱼头采用基于质构的组合杀菌技术加工成方便易保藏的软罐头产品，将采肉后副产物进行煮汤调味做成鱼汤粉，利用酶解技术将鱼肉鱼皮鱼鳞开发成了蛋白多肽、胶原蛋白肽或鱼蛋白饮料等产品。在大宗淡水鱼贮藏保鲜技术方面，开发了以鱼鳞和鱼皮蛋白酶解物为基料的可食性涂膜保鲜技术和等离子体臭氧杀菌、混合气体包装、冰温贮藏相结合的生鲜调理鱼片的保鲜技术。利用现代食品加工技术原理和工程技术，对深受消费者欢迎的传统水产制品进行工业化开发和示范，对传统腌制、发酵、杀菌、熏制、干制、糟醉等技术进行升级改造，机械化、标准化水平逐步提高，我国淡水鱼加工关键技术和装备水平取得了明显提升，产业规模开始扩大；研发了发酵鱼糜制品、裹粉调理制品、调味鱼片、即食鱼羹等一批新产品，建立了一批科技创新基地和产业化示范生产线，储备了一批具有前瞻性和产业需求的关键技术。我国淡水鱼加工业开始快速发展，已成为淡水渔业新的增长点。

三、我国水产加工业发展现状与问题

（一）我国水产品加工业的现状

随着我国渔业的快速发展和水产品产量的不断增加，我国水产品加工业也得到快速发展，逐渐成为我国渔业的支柱性产业和渔业经济新的增长点，对促进渔业可持续发展起到了重要作用（岑剑伟，2008）。

1. 水产品加工能力提升，淡水产品加工比例显著增加 2011年，我国拥有9 611家水产品加工企业、水产冷库9 173座、冻结能力67.77万t/日、冷藏能力427.70万t/次、加工能力2 429.37万t/年，比2005年分别增加483家、2 845座、41.31万t/日、171.0万t/次和733.21万t/年。2011年，水产加工品总量1 782.78万t，其中，淡水加工品305.14万t、海水加工品1 477.64万t，比2005年分别增加450.31万t、192.86万t、257.45万t，年均增长率分别为6.75%、34.35%和4.21%。2011年，全国用于加工的水产品总量1981.04万t，其中，淡水产品457.28万t、海水产品1523.77万t，比2005年增加432.31万t、278.53万t和153.78万t，年均增长率分别为5.59%、31.16%和2.27%。2011年，全国水产品加工比例35.35%，其中，淡水产品加工比例16.97%、海水产品加工比例为52.40%，而2005年三者比例分别为35.0%、9.1%和55.5%。由此可见，目前我国淡水产品加工产量和加工比例明显增加，而海水产品加工量基本保持稳定、鲜销比例加大、加工比例明显下降，淡水产品加工已成为我国渔业新的增长点（刘润平，2011）。

2. 产品结构不断完善、水产品精深加工比例显著增加 我国的水产品加工制品一般分为冷冻产品、干腌制品、鱼糜及其制品、罐头制品、藻类加工品、水产饲料、鱼油制品和其他加工产品等类型（张段振，2003）。2010年，我国冷冻产品、干腌制品、鱼糜及其制品、罐头制品、藻类加工品、水产饲料、鱼油制品和其他加工产品的产量分别为1 103.72万t、155.78万t、104.02万t、26.56万t、96.96万t、182.15万t、4.80万t和108.80万t，比2005年分别增加147.23万t、79.77万t、59.39万t、8.82万t、45.39万t、16.72万t、2.97万t和18.76万t，年均增长率分别为15.14%、20.99%、26.61%、9.93%、17.61%、2.02%、26.48%和2.37%；且冷冻制品中冷冻加工品发展较快，其年均增长率达到10.80%。可见，我国冷冻加工品、干腌制品、鱼糜及其制品、藻类加工品以及鱼油制品产量增加较快，而鱼粉等水产饲料基本保持稳定（表1-7）。

3. 产业布局日趋合理、水产品加工与物流业比重显著增大 水产品加工不仅在出口贸易中具有重要地位，而且对发展区域渔业经济具有显著作用。广东、海南、广西、福建四省形成了以罗非鱼、对虾加工为主的产业带；山东、辽宁两省巩固了来进料加工为代表的产业圈；江苏省贝类、藻类加工和浙江省近海捕捞产品、即食水产品加工已形成相当规模；内陆省份形成了以淡水产品（小龙虾、鲴等）为主的精深淡水

表 1-7   2005—2011 年我国水产品加工业的发展情况

指　标	计量单位	2011 年	2010 年	2009 年	2008 年	2007 年	2006 年	2005 年
1. 水产加工企业	个	9 611	9 762	9 635	9 971	9 796	9 548	9 128
水产品加工能力	t/年	24 293 673	23 884 991	22 091 650	21 974 753	21 240 383	17 994 226	16 961 589
2. 水产冷库	座	9 173	7 970	7 548	7 439	6 857	6 551	6 328
冻结能力	t/天	677 680	490 960	499 686	430 849	301 620	296 357	264 536
冷藏能力	t/次	4 276 993	4 081 949	3 603 577	3 356 768	2 979 913	2 832 816	2 566 913
制冰能力	t/天	239 727	246 847	212 662	232 237	171 551	152 227	129 589
3. 水产加工品总量	t	17 827 840	16 332 475	14 773 334	13 677 581	13 378 498	13 378 498	13 324 807
淡水加工产品	t	3 051 392	2 822 823	2 279 306	2 008 122	1 556 854	1 172 293	1 122 809
海水加工产品	t	14 776 448	13 509 652	12 494 028	11 669 459	11 821 644	12 206 205	12 201 998
(1) 水产冷冻品	t	11 037 216	10 048 886	9 411 169	8 509 581	8 065 739	8 197 581	7 258 725
冷冻品	t	5 452 898	5 529 952	4 896 807	4 262 366	4 163 853	4 910 765	3 779 486
冷冻加工品	t	5 584 318	4 518 934	4 514 362	4 247 215	2 883 178	2 505 348	2 934 251
(2) 鱼糜制品及干腌制品	t	2 597 930	2 426 975	2 235 389	1 934 979	2 588 521	2 307 687	1 945 583
鱼糜制品	t	1 040 174	962 006	847 929	819 122	749 424	564 858	446 340
干腌制品	t	1 577 756	1 464 969	1 387 460	1 115 857	923 235	778 903	760 017
(3) 藻类加工品	t	969 560	945 864	904 623	816 911	662 512	665 384	515 624
(4) 罐制品	t	265 566	243 109	220 823	220 212	182 781	223 690	177 434
(5) 水产饲料	t	1 821 526	1 492 896	1 364 600	1 479 961	1 881 188	1 716 148	1 654 351
(6) 鱼油制品	t	48 049	38 840	24 724	92 345	36 439	34 987	18 368
(7) 其他水产加工品	t	1 087 993	1 135 905	612 006	623 592	623 830	844 714	900 381
4. 用于加工的水产品总量	t	19 810 438	17 783 457	18 221 834	16 374 277	16 768 659	16 347 914	15 487 375
淡水产品	t	4 572 755	4 273 275	3 936 376	3 233 437	2 754 747	2 307 899	1 787 473
海水产品	t	15 237 683	13 510 182	14 285 458	13 140 840	14 013 912	14 040 015	13 699 902

数据来源：中国渔业年鉴，2006—2012 年。

加工产业区。水产品加工业产值逐年大幅增加，2011 年我国渔业总产值 15 005.01 亿元，其中，水产品加工产值 2 688.05 亿元、水产流通业产值 2 950.49 亿元、水产仓储运输业产值 181.98 亿元，比 2005 年分别增加 7 385.95 亿元、1 366.86 亿元、1 537.63 亿元、83.30 亿元。2011 年，我国水产品加工业、水产流通业、水产仓储运输业产值占渔业总产值的比例分别为 17.91%、19.66% 和 1.21%，三者之和达到 38.78%。由此可见，我国渔业的第二、第三产业发展迅速，所占比重已接近 40%。

(二) 我国水产品加工业存在的主要问题

"十一五"期间，我国水产加工企业个数、加工能力及加工产量均呈上升趋势，淡水加工量也逐年增加，水产品加工比例也不断上升，水产加工业有长足发展，但与水产品加工业发达国家和地区相比，仍存在如下问题：

1. 水产品加工比例低，整体加工水平不高　目前，我国水产品加工产量仅为水产品总量的 33.1%。日本、加拿大、美国和秘鲁等国家的水产品加工比例达 60%～90%。据统计，2010 年世界水产品产量 14 850 万 t，其中，12 830 万 t 用于食用、2 020万 t 用作饲料等产品。全球水产品的 61% 被加工成水产品和饲料等产品，而在中国有超过 77% 的水产品是未经过加工的，淡水鱼鲜活销售比例更是高达 83.4%。我国水产品加工企业的技术装备有 50% 还处于 20 世纪 80 年代的世界平均水平，40% 左右处于 20 世纪 90 年代水平，只有不到 10% 装备达到目前世界先进水平。

2. 加工方式落后，质量安全控制体系不完善　目前，我国水产品加工企业多数规模小，机械化程度低，卫生状况差，生产技术和装备水平低，加工质量安全隐患依然存在，甚至个别生产厂家为谋取不正当利益，在加工过程中掺杂使假，不正当使用添加甚至使用违禁的药物和化学品进行水产品保鲜加工，导致质量参差不齐，缺乏完善的质量控制体系和产品标准体系，具有带动效应的现代化龙头加工企业和知名品牌少，加工产品技术需要更新和升级。尤其是淡水鱼加工主要以传统型加工工艺为主，一些符合我国消费者饮食习惯和深受欢迎的传统特色水产品还多采用小规模的手工作坊，技术装备落后，缺乏工业化生产技术。目前，我国水产上市企业 6 家，仅 1 家淡水企业，且是以养殖为主，非加工企业。

3. 水产品的综合利用程度不高　近年来，随着我国水产品加工业的发展，产生了大量的鱼鳞、鱼皮、鱼骨以及虾壳等加工下脚料，这些下脚料中含有丰富的蛋白质、甲壳素、饱和脂肪酸和有机钙等有用成分（张慜，2003）。目前，利用这些下脚料虽然也开发生产了一些如胶原蛋白、蛋白胨、添加剂、鱼粉、鱼油、甲壳素和壳聚糖等产品，但综合利用程度不高，大多数下脚料仍被废弃，有些综合利用技术又会造成环境的二次污染，因此迫切需要研究开发相关的低成本、环境友好型、切实有效的综合利用技术（张慜，2006）。

4. 水产品加工业发展区域间不平衡　我国水产品加工企业主要集中在浙江、广东、山东、福建、辽宁和江苏等沿海省份以及湖北、湖南、江西等内陆水域较多的省份，拥有我国 90% 以上的水产加工能力。2011 年，拥有水产加工企业数在全国排前 10 位的省份水产加工企业数之和为 9 106 个，占总数的 94.75%；在全国加工能力排前 10 位省份加工能力之和为 2 306.92 万 t，占 95.01%；全国加工总量排前 10 位省份的加工量之和为 1 303.83 万 t，占 97.54%。

5. 水产加工科研与推广投入相对不足，难以满足现代水产加工产业对科技的迫切需求　一是水产加工技术创新能力不强，尤其是基础研究和应用基础研究薄弱，缺乏引领产业发展的原创性成果，加之集成创新和引进消化吸收再创新不够，致使一些制约水产加工产业的关键技术问题，如淡水鱼土腥味重、蛋白易冷冻变性、水产品保活保鲜技术、水产动物蛋白高效利用技术、海洋生物活性物质高效分离技术等产业化的关键技术等长期得不到有效解决。二是成果转化率低，科技与产业发展结合不够紧密。由于一些研究内容与产业的需求关联度不高，产学研结合不紧密，以及推广经费短缺等原因，水产加工技术成果的转化率相对较低。这就需要政府的大力支持和政策扶持，国家科研院所和高校加强研究，大幅提高原始创新能力、集成创新能力和引进消化吸收再创新能力，形成以自主知识产权为核心的技术体系，进一步提升我国水产品加工业的国际竞争力。

6. 水产品的市场开拓和宣传要加强 消费者对水产品以及加工产品还存在认识不足、了解不全面的问题，需要进行食品科学知识的普及和宣传；同时，各级政府需要重视和帮助，对水产品消费进行引导；企业要有社会责任感，树立品牌。

尽管我国水产品加工业还存在诸多问题，但我国水产品加工优势区域已基本形成，国内水产品加工业的发展仍存在较大空间，随着居民可支配收入的增长、消费品种的优化和消费理念的转型，我国水产品消费将会迎来长期增长。

第七节　水产品流通、贸易与消费发展历程及现状

大宗淡水鱼是我国水产品的重要组成部分，其在居民食品消费中所占比例高，对整个渔业发展的影响大。分析大宗淡水鱼流通、消费和贸易发展的历程及现状，对推动我国大宗淡水鱼产业转型升级，实现水产品市场供求平衡，进而促进整个渔业提质增效具有重要意义。

一、我国淡水鱼流通体制演变历程与流通现状

我国水产品流通体制改革，是农产品流通体制改革中开放最快、取得成果最为显著的领域之一。在改革初期，我国水产品流通以市场化为取向，突破了计划经济体制的束缚，对促进水产业加快发展产生了非常重要的作用。

（一）我国淡水鱼流通体制与购销方式演变历程

淡水鱼流通体制受国家整体经济体制及渔业生产状况的影响，新中国成立以来，其购销政策、流通渠道和流通形式、经营主体的变化主要经历了4个发展阶段：

1. 自由购销阶段（1949年至1956年9月） 新中国成立前，水产品供应主要操纵在渔行、渔霸和封建把头手中。新中国成立初期，为改造封建渔行、渔商，国家在各大行政区和水产重点省相继成立国营水产运销公司，负责水产品收购、运输业务，调节地区间的产销关系，并负责组织鱼商鱼贩进行加工运销，由此建立起社会主义水产商业；在渔村组织渔民成立渔业供销社，起着各地水产运销公司基层组织的作用。这一时期水产品市场体制是多种经济成分并存，多渠道、少环节、产销直接见面，实行市场调节，经营主体多样（《中国农产品流通的制度变迁——制度变迁过程的描述性整理》，2004年3月）。

2. 统一购销与派购相结合阶段（1956年10月至1979年）　1955年10月，国务院发布《关于将水产生产、加工、运销企业划归商业部统一领导的指示》，商业部成立中国水产供销公司，统一管理水产供销工作。到1956年，全国除个别省份外，均成立了省、市、县级公司，形成水产商业网，形成了统一领导的水产商业网络。水产经营体制由多种经济成分共同经营、多渠道、少环节的流通体制，逐步转变为由国有水产供销企业按照国家计划价格计划收购、计划调拨、计划供应市场的独家经营的封闭型流通体制（孙琛等，2005）。

1977年，当时的农林部根据湖南等省的要求，召集江苏、湖南、河北三省的水产部门，在北京座谈商品鱼基地的建设问题，决定采取民办公助、鱼钱挂钩的办法，在全国主要渔业产区洞庭湖、鄱阳湖、太湖、洪泽湖、珠江三角洲等地建设十大商品鱼基地。

针对统得过多、管得过死的情况，1979年4月29日国务院转批国家水产总局关于全国水产工作会议情况的报告的通知。通知规定，国家对集体渔业的水产品试行派购和议购相结合的政策，派购比例一般为60%左右，其余部分实行议价收购或社队自行处理，但渔民除自食鱼外，不搞实物分配。同时，倡导产需直接见面，供应鲜活水产品，突破了所有水产品除渔民自食外全部卖给国家的统一收购、统一调拨的限制。

在执行调拨任务期间，国营水产供销企业一般都是在政府和主管部门的支持下，从扶持生产入手，年初就派人到基地渔场或联营渔场签订产销合同，落实供货数量，并预先拨给20%～30%的定金。以后，又及时下达回供化肥指标和其他渔需物资，扶持淡水鱼生产。鲜鱼购调任务完成以后，供销企业再向渔场议购销售，或者帮渔场代销。没有派购或完成派购任务的渔业生产单位，大多在捕捞起水前，派员与水产经营客户签订购销合同，送货上门，或者由经销商直接组织运输。

3. 逐步放宽阶段（1979年至1984年底）　1979年以后，水产品购销政策发生了历史性转折，总的趋势是沿着"改革、开放、搞活"的轨道前进，其基本特征是有计划、有步骤地调整流通结构，由国营垄断的封闭型模式向多渠道、少环节的开放型模式过渡。1981年5月，国家把水产品派购品种缩减到21个，对国家投资扶持的商品鱼基地和淡水鱼集中产区专业社队的产品，仍实行派购政策，派购比例为50%，重点产区不超过60%。同时规定水产品议购价格一般不超过牌价的30%，个别品种最高不超过50%。这样，使水产品形成了牌价、议价、市价三种价格并存的状况。

4. 实行市场调节，多渠道、多形式、多主体的流通体制阶段（1985年至今）1985年，国家将水产品划为三类农副产品，一律不派购，价格全部放开，由市场调节生产，但国家投资的商品鱼基地仍按国家水产总局规定每667m² 交售300kg鲜鱼的协议执行，直到全部完成购调任务为止。

在全国农副产品价格体系中，淡水鱼是第一个全部开放，实现多渠道经营的，这既有利于加快解决大中城市吃鱼难的问题，又有利于促进整个水产业的发展和农村产业结构的合理调整。在淡水鱼流通渠道中，水产公司、渔业公司在一些大城市建立销售窗口，城镇集体、个体商贩也纷纷进入市场，形成了一个开放型、多元化、少环节、多渠道的淡水鱼流通竞争机制。随着市场观念的不断加深，渔场联市场、专业养鱼户联市场的格局逐步形成。进入 20 世纪 90 年代以后，以水产品专业市场为中心的市场体系开始形成，一批水产品集贸市场相继建立，淡水鱼的商品率逐步提高。进入 21 世纪，水产品流通形势更趋多样化。

（二）大宗淡水鱼流通现状

大宗淡水鱼属易腐农产品，主要以鲜活形式消费，这便要求其流通结构应该尽量减少实体周转，提高流通效率。从调查情况来看，目前我国大宗淡水鱼的流通主体多元、销售渠道多元，批发市场是主要的分销环节；目前淡水鱼运输技术较为成熟，但流通成本近年来有所提高。

1. 流通主体和渠道多元化，销售渠道地区差异大，新媒介形式有利养殖户信息交流　目前，大宗淡水鱼流通已经形成了主体多元化的格局，主要包括养鱼户（场）、鱼贩、批发商、企业、合作经济组织。从产业经济研究室对上述流通渠道的实地调研来看，有这样几个特点：第一，省内淡水鱼流通渠道的核心结点都是销地批发商，而流向省外的淡水鱼流通渠道的核心结点是产地批发商；第二，从生产者直接进入批发市场或超市的比例非常小，通过合作经济组织进入的比例也很小，养鱼户主要是通过鱼贩进入下一个流通环节；第三，鱼贩的主要运作方式是赊销饲料、收购销售成鱼，这种情况约占 80%，纯粹收购、销售成鱼的比例约为 20%；第四，销地批发商的主要运作方式是为贩运户代卖，收取代卖费而较少承担市场风险，是整个流通渠道内最为稳定的一环。尽管已出现了"农超对接"、合作社参与流通等一系列新的流通形式和渠道，并且呈现快速发展之势，但从多数地区来看，生产领域仍以养殖户小规模生产为主，超市售鱼专柜还未成为大多数普通百姓购买水产品的主要场所。当前，最主要、最核心的流通渠道还是通过鱼贩将鱼卖至产地批发市场或销地批发市场，产地批发市场作为一级批发商将鱼卖至销地批发商（可能是二级批发商、三级批发商），通过他们将鱼卖到零售商，再到达消费者手中。

调查显示，坐等鱼贩上门收购是养殖户的主要销售渠道，约占养殖户售鱼形式的 78.72%，通过其他渠道销售产品所占比重较低，其中，通过合作社销售、企业收购和自己送到批发地的分别占 7.34%、6.55% 和 5.47%。销售渠道的地区差异较大，在经济欠发达或偏远地区坐等上门收购的鱼贩比重相对于其他地区较低。从销售渠道的地区分布来看，卖给上门收购的鱼贩的比重最高的是辽宁和广东，分别占到 86.57% 和 83.53%，而通过合作社销售和卖给企业的比重最高的是湖北、辽宁、广东和河南。

此外，养殖户的市场信息需求也主要通过是鱼贩来满足。随着通信技术的进步，养殖户了解市场信息的渠道也发生了变化，特别是在拥有手机之后，养鱼户主要通过手机与中间商以及其他养鱼户交流，这一比例占到受访养殖户的 81.02%。手机等新媒介对养殖户信息获取和交流发挥了重要作用。

2. 批发市场是主要分销环节，批发商经营模式有所转变，但品牌意识不高　目前，大宗淡水鱼主要是通过水产批发市场进行分销。水产批发市场是鲜活水产品流通中的重要环节，它将众多产品通过多种供应渠道汇集在一起，成为一个区域性的商品集散地，然后再通过各种流通渠道将商品传递到消费终端。据调查，批发市场的淡水鱼交易一般集中在 22：00 至翌日凌晨，大量的活鱼运输车会把鱼从产地运往批发市场，然后通过批发市场把淡水鱼销往农贸市场、宾馆酒店、超市等地。批发市场的销售对象一般以农贸市场为主，其次是宾馆酒店。农贸市场一般是在下半夜取货，个体商贩则用三轮车从事中小量批发。若有固定客户，则采用较大批量散装运输。宾馆酒店的采购大多以自身规模而定，一般每周采购 2~3 次（吴慧曼等，2010）。

近几年，大宗淡水鱼的市场交易方式发生了变化，这种变化来自批发商经营模式的转变。批发市场的"坐地"批发商是水产品流通的重要一环，他们为水产品的产销衔接搭建了一个平台。这些批发商现在有两种类型，一是传统意义上的"买卖型批发商"，另一种是"佣金型批发商"。传统意义上的买卖型批发商与贩销商（鱼贩）的功能及经营模式相类似，他们从事传统的收鱼、卖鱼活动；而佣金型批发商是近几年兴起的一种新类型。据产业经济研究室在湖南红星批发市场的调查，2005 年以前该市场的活鱼多是放在商户的鱼池中售卖，2005 年后随着运输条件的改善，很多批发市场的商户仅提供一个售鱼场所给渔户，由渔户在活鱼运输车辆上直接售出产品，经销商户收取每车 300~400 元的佣金，逐渐地，很多批发商从"买卖型批发商"转变成为"佣金型批发商"，以提供销售摊位、获得佣金收入为生。调研中发现，大宗淡水鱼的经销商大多认为活鱼业务不需要品牌经营，活鱼销售也没有明确的等级划分，普遍品牌意识较差。

3. 流通半径相对短，流通环节多，主体之间关系松散，第三方物流比例低　由于大宗淡水鱼消费以鲜活为主，所以流通半径相对较短，大宗淡水鱼的主产区一般也是主销区，区域间流通情况近年来有增多趋势运输距离则以中短途为主。大宗淡水鱼流通一般经过"收获—产地暂养—装鱼—运输—卸鱼—市场暂养—分销"等环节，其中，收获、产地暂养和装鱼环节的主体多为小规模养殖户，运输和卸鱼环节的主体或是养殖户，或是鱼贩或经纪人，市场暂养和分销环节的主体多为批发商及零售商。小规模养殖户、鱼贩、批发及零售商之间所形成的关系，多数是纯粹的市场交易关系。随着合作次数增多，部分鱼贩与小规模养殖户、批发及销售商之间建立起相对长期的信用合作关系。调查中发现，很多批发商都有固定客户，如往垂钓中心送货的多是有稳定关系的，还有一些是经营多年的人，供销两方面的渠道都比较畅通。总体而言，这种合作形式松散而灵活。而在物流环节上，由于基本采取活鱼运输的形式，90% 以上的交易是由养殖户、鱼贩或批发商自行组织，由第三方物流企业配送的比例不足一成。整体看，目前大宗淡水鱼物流配送的意识和手段整体还比较落后。

4. 流通成本占比例较高，流通装备水平整体偏低　我国大宗淡水鱼流通成本约占总成本的 40%，发达国家鲜活农产品的流通成本普遍占总成本的 10%（朱永波，2009），相对而言，我国大宗淡水鱼的流通成本较高。分析原因，一是损耗成本较高，损耗成本是指在流通过程中水产品失重或死亡所导致的成本，目前，我国大宗淡水鱼损耗成本约占流通成本的 25%，而发达国家这一比例仅为 5%（朱永波，2009）；二是运输成本日益升高，近年来，我国油价屡屡抬高，鱼贩或经纪人等从事运输的主体的成本也相应提高，此外，日益高涨的人工成本也增加了运输流通环节的成本；三是交易成本高，在一些淡水鱼生产环节、流通环节都发育较为成熟的地区，生产主体与流通主体一般都形成较为稳定的口头协议，而在一些偏远地区，淡水鱼市场还处于发展中，流通各环节主体之间以短期、松散的市场交易关系为主，相关主体需要为新合作伙伴的搜寻和识别、与上下游客户的讨价还价等支付成本（吴慧曼等，2010）。

运输和暂养环节是大宗淡水鱼流通中最关键的环节，对淡水鱼的成活率与保鲜率影响较大，所需要的技术、装备与设施的投资也较多。一般短距离的大宗淡水鱼运输多使用较为简陋的设施装备，如低端三轮车、拖拉机和农用车等，稍长距离的运输则会采用中型活鱼运输车，而大型进口集装箱式活鱼运输车在大宗淡水鱼中很少见到。在中长途运输中，主要采用有水运输技术，运输装备多使用改装式国产皮卡汽车、特质转运桶或鱼箱和气态或液态增氧装置，装备投资一般在 6 万～30 万元不等。在暂养环节，装备和设施主要包括换水站、暂养池、增氧机组等，装备投资在 1 万～5 万元。在收获、装鱼、卸鱼和分销等环节，则以人工操作为主，适当利用一些简易工具，如塑料捞鱼筐、机动三轮车和塑料泡沫箱等，一般投资只有几百元，但人工费用较高。总体来看，大宗淡水鱼流通各环节使用的装备均采用单体购置、组配合成的方式加以链接，所需的一次性固定投入相对较少，但装备之间的匹配度与协同度普遍不高（吴慧曼等，2010）。

二、我国大宗淡水鱼消费现状及特点

目前，我国已经成为世界上淡水养殖规模最大、水产消费市场容量最大的国家。随着城乡居民收入水平不断提高，消费结构改善，人均粮食消费量不断下降，消费由温饱型向营养型转变，水产品消费在居民食物消费中的地位逐渐提高。我国城镇居民人均粮食消费量从 1990 年的 130.72kg 下降到 2012 年的 78.8kg，而水产品人均消费量从 7.69kg 增加到 15.2kg，增长 1 倍；农村居民粮食消费量从 1990 年的人均 262.08kg 下降至 2012 年的 164.3kg，水产品消费则从 1990 年的人均 2.13kg 提高到 2012 年的 5.4kg，提高 1.5 倍，农村居民的水产品消费增长速度快于城镇居民。我国沿海地区城市居民动物性产品消费由传统的以水产品为主，逐渐向以猪牛羊肉为主，辅以家禽调剂的结构发展；内陆居民消费则由以猪肉为主，向以猪牛羊肉为主，辅以家禽、增加海鲜、野味食品的结构发展。在消费习惯和结构的变化中，农村居民的变化尤其明显。与 1990 年相比，水产品、肉禽、蛋、奶的消费都有一定幅度增长，水产品消费量的增长仅次于奶及奶制品和家禽，远高于猪肉、牛羊肉和蛋及蛋制品。2012 年，猪牛羊肉消费分别占城镇和农村居民主要动物性食品消费的 40.55% 和 50.93%，与 1990 年相比这两个比例分别下降了 13.66 和 15.27 个百分点；而城乡居民水产品消费占主要动物性食品消费的比重由 19.18% 和 12.43% 上升至 24.76% 和 16.77%。不过，受传统消费习惯的影响，在动物性食品消费中，水产品消费量与猪牛羊肉消费量仍存在较大差距（表 1-8）。

表 1-8　水产品消费在我国城乡居民动物产品消费中的地位

单位：kg/人

年份	城市				农村			
	猪牛羊肉	禽类	鲜蛋	水产品	猪牛羊肉	禽类	鲜蛋	水产品
1990	21.74	3.42	7.25	7.69	11.34	1.25	2.41	2.13
1995	19.68	3.97	9.74	9.20	11.29	1.83	3.22	3.36
2000	20.06	5.44	11.21	11.74	14.41	2.81	4.77	3.92
2005	23.86	8.97	10.40	12.55	17.09	3.67	4.71	4.94
2010	24.51	10.21	10.00	15.21	15.84	4.17	5.12	5.15
2011	24.58	10.59	10.12	14.62	16.32	4.54	5.40	5.36
2012	24.9	10.8	10.5	15.2	16.4	4.5	5.9	5.4

数据来源：1990—2011 年数据来源于《中国统计年鉴》；2012 年数据来源于《中国统计摘要》（2013）》。

具体到大宗淡水鱼的消费，总量持续扩大，市场价格总体平稳；分品种消费呈现一定变化；从区域上看，西部地区的消费有增加之势；家庭消费稳定，而外出就餐消费增大；优良品种消费需求持续扩大，但整体上品牌意识不强，需要引导等。

（一）淡水产品消费比例逐步扩大，大宗淡水鱼消费呈刚性特征

总结 20 世纪 90 年代以来，我国海水鱼、淡水鱼消费变化特点，可将其分为三个阶段：第一阶段，1991—1996 年，海水、淡水鱼消费均稳步增长。其中，淡水鱼消费增长尤其迅速，增长率连续 5 年均保持在两位数；海水鱼消费 1996 年大幅度增长，增长率达到 28.16%。第二阶段，1997—2000 年，海水鱼消费逐年下降，淡水鱼消费保持稳步增长。第三阶段，2001 年以来，海水鱼消费量继续下降，且下降幅度较大；淡水鱼消费量依然保持稳步增长趋势。从消费品种看，我国的水产品消费中，鱼类占一半以上，在消费的鱼类产品中，消费量超过 100 万 t 的有草鱼、鲢、鳙、鲤和鲫，这五大类占淡水鱼消费量的 70% 以上。总体上，近些年，大宗淡水鱼在整个水产品消费中的比例呈逐步扩大趋势，这与国家大力发展淡水养殖业、促进渔业可持续健康发展密不可分。

　　根据大宗淡水鱼产业技术体系产业经济研究室在北京地区开展的消费者随机调查，消费者肯定鱼的营养价值，比较认同吃鱼能够带来营养和健康，虽然消费者对淡水鱼质量安全也有一定的担忧，但整体上人们对鱼类产品有一定的消费刚性。这种刚性特征还体现在2009年水产品市场受金融危机冲击时，由于消费刚性特征，金融危机没有造成水产需求大幅降低，但消费产品结构发生微调，中高档水产品具有更高的收入弹性和价格弹性，市场波动对其影响较大，大宗淡水鱼等经济型水产品则受影响较小。受此影响，2009年很多养殖户为适应市场需求，调整产品结构，提高了大宗淡水鱼的养殖比例。

（二）七成大宗淡水鱼为鲜销，加工利用率较低

　　目前，我国城乡居民消费的水产品主要有鲜活水产品和冷冻品、半成品、熟制干制品等加工水产品，其中，鲜活水产品和冷冻水产品是家庭消费的主体。2012年，全国水产品总产量5 907.7万t，用于加工的水产品为2 135.81万t，只占水产品总产量的36.15%，其余全部为鲜销。受我国居民淡水鱼消费习惯的限制，目前大宗淡水鱼约70%为鲜销。这种消费习惯，也导致大宗淡水鱼的加工利用率很低。一方面，大宗淡水鱼鲜销，需要在运输中进行活水运输，一定程度上消耗了水资源，增加了运输成本；另一方面，宰杀后的大宗淡水鱼废弃物利用率不高，对环境造成一定污染。据水产品加工专家统计，鲜活大宗淡水鱼约产生20%的废弃物，以每年1 500万t鲜销计算，就会产生300万t的废弃物。

（三）从区域上看，西部地区消费有增加之势

　　分地区来看，东部沿海地区水产品丰富，居民对水产品的消费更多；而内陆水资源短缺，过去主要从畜产品中获取动物蛋白，因而使得我国水产品消费呈现明显的地域差异。总体上，中西部地区的水产品消费水平远远低于东部地区。以2011年各区域农村居民家庭人均水产消费量为例，由高到低依次为东部地区、中部地区、东北地区和西部地区，其中，东部地区人均消费量为西部地区的6倍多。由于区域之间大宗淡水鱼的丰度存在差异，使得主产区和北方、西北内陆地区的消费频度存在明显差别。在大宗淡水鱼第一主产省的湖北，城镇里遍布活鱼馆，一般家庭每周消费1～2次大宗淡水鱼；而在北方的黑龙江和辽宁的城镇，对鲤的消费也比较多。但在其他北方地区和西北内陆地区，大宗淡水鱼的消费频度则不高。根据产业经济研究室在北京地区的调查，调查显示消费者平均每隔16.8天买1次淡水鱼，其中，15天买1次及以上淡水鱼的比例为74.4%，30天买1次以上淡水鱼的比例为92.07%，购买品种最多的是草鱼，其次是鲤、鲫、鲢。

（四）消费具有季节性

　　我国大宗淡水鱼消费具有季节性特点。据产业经济研究室监测，我国大宗淡水鱼

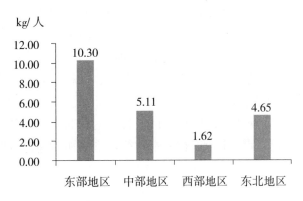

图 1-6　2011 年我国东、中、西部及东北地区农村居民家庭人均水产品消费量

（数据来源：中国统计年鉴，2012）

消费集中在传统节假日和农忙时，居民喜好的品种有鲫、鳙、草鱼和鲢等。大宗淡水鱼价格在每年的 6～8 月和春节前后（1～2 月和 12 月）相对较高，而一般年后价格较低。在我国四川、湖南等劳动力输出大省，在每年的春节前到正月十五之间，大宗淡水鱼价格涨幅很大；而在平时，大宗淡水鱼价格较为平稳。一般，元旦、春节前老百姓腌鱼需求大，大规格的青鱼和草鱼价格高；而节后大规格鱼少了，价格普遍回落。

（五）大宗淡水鱼市场价格稳中有升，品种间差异大

大宗淡水鱼因价格适中稳定，适合普通消费者的承受能力，市场需求大，行情稳定。从 1995—2011 年的肉禽、蛋类及水产品消费价格指数变动来看，水产品居民消费价格自 2003 年以后保持平稳上升的趋势，与肉禽和蛋类等替代产品相比，其价格波动幅度较小。我国大宗淡水鱼的市场平均价格相对较低，据农业信息网监测数据，2012 年活鲤、活草鱼、活鲫、白鲢活鱼、花鲢活鱼和鳊平均价分别为 12.36 元/kg、13.38 元/kg、14.45 元/kg、8.14 元/kg、12.26 元/kg 和 17.79 元/kg，上述大宗淡水鱼的年平均价格为 11.94 元/kg，与同时期的乌鳢、活鳜和虹鳟每千克分别相差 12.08 元、61.03 元和 23.73 元。

这种价格平稳增长的态势，与大宗淡水鱼产品的自身特性密切相关。第一，随着养殖技术的日益提高及流通环节的快速发展，大宗淡水鱼在一年四季都能做到正常供应，传统淡旺季的产销形势日益不明显，淡水鱼产量的持续稳步增长，保证了充足的供应。第二，从消费情况来看，20 世纪 90 年代中期以来我国居民对大宗淡水鱼消费的变化趋势与产量增长趋势基本保持一致，可以说，供需基本平衡。第三，从流通特点来看，大宗淡水鱼自身具有易腐变质和不宜大量长时间储存的特点，寄养、储存、包装和运输的难度很大，在流通过程中，批发商对离塘的淡水鱼都是本着尽快出货的销售心理，很少压池隔天销售，加之大宗淡水鱼为普通消费者的常规消费品种，乱加价的情况较少。根据产业经济研究室 2012 年的调查，受访消费者每次买淡水鱼，平均大

概买 1.3kg，平均支出 26 元。第四，大宗淡水鱼养殖户根据市场价格和成本情况，可自行调节出塘、存塘比例，这与生猪、禽类等动物产品不同，因此养殖户可以在基本不增加饲料成本的前提下调节上市时间，而陆地动物却做不到这一点。因此，大宗淡水鱼市场具有一定的自我调节功能。不过近年来，苗种、饲料、人工、渔药、鱼肥、塘租等生产成本大幅提高；旱涝灾害、油价上涨等，也使得大宗淡水鱼价格出现了一定的上涨。但总体上，我国大宗淡水鱼产区分布广泛且产销相对均衡，各方面技术和信息比较透明。以上因素保证了大宗淡水鱼产销基本均衡，价格相对稳定（图1-7）。

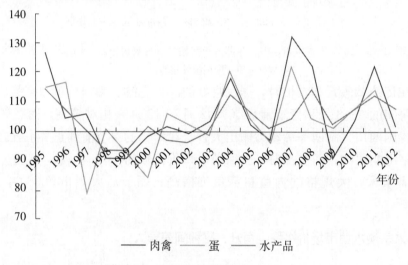

图 1-7　1995—2011 年肉禽、蛋及水产品消费价格指数变动

（数据来源：中国统计年鉴相关年份）

（六）大宗淡水鱼以家庭消费为主，农贸市场和大型连锁超市是普通家庭的主要购买场所，在外就餐消费和休闲消费比例逐步提高

由于我国淡水养殖面积较大，养殖条件好，养殖技术比较成熟，所以大宗淡水鱼产量较高，在水产品消费中所占的比重也比较大。大宗淡水鱼的多数品种价格相对低廉，烹饪方式简单，消费群体以广大家庭为主。但消费者淡水鱼购买地点比较分散，其中，经常到水产品专卖店和农贸市场购买的为 25.43%，到大型连锁超市购买的比例为 24.69%，中型超市占 9.14%，社区小超市、便利店、批发市场、早市、养殖场和其他场所的各为 6.17%、3.95%、0.49%、1.23% 和 28.89%。经常去超市购买淡水鱼的消费者，平均收入普遍要高于经常去农贸市场购买淡水鱼的消费者。

目前，我国居民对水产品的消费层次开始逐渐拉开，中等收入家庭已经不满足于普通的家庭消费，他们也更喜欢去餐厅或垂钓地让专业的厨师进行烹饪，来满足自己对水产品色香味、鲜美等多层次消费需求。总体上看，随着城乡居民家庭收入水平的提高，在外饮食支出在家庭消费总支出中所占的比例越来越大。餐饮消费的兴旺在一定程度上也拉动了大宗淡水鱼消费，加之饮食加工技术水平的提高，使得草鱼、鳙等成为备受餐馆青睐的淡水鱼品种，水煮鱼、火锅鱼等做法使得草鱼、鳙的消费量大增。其次，休闲产业的发展，也使得垂钓餐饮一体化消费增加。而小包装、方便携带的大宗淡水鱼加工产品的消费也受到了一部分青少年消费者的青睐。

（七）大宗淡水鱼品牌概念缺失，消费者需要知识普及和消费引导

产业经济研究室 2012 年的调查显示，55.9％的人常买淡水鱼，13.98％的人常买海水鱼，20％的人两种都常买。可见，淡水鱼仍是消费者的主要选择。在蛋白质食品中，大宗淡水鱼是消费价格相对较为低廉的一种食品，因此消费者购买大宗淡水鱼时不像其他蛋白源食品或工业食品那样具有较强的品牌消费意识。据调查，知道消费水产品品牌的消费者比例只有 10％左右。而一般消费者在进行水产品消费选择时，往往优先考虑价格因素，对无公害水产品、绿色水产品、有机水产品的认识不够。但调查也显示，对于有绿色食品认证的淡水鱼产品，消费者的购买意愿比较强烈，愿意购买的比例高达 71.46％。消费者在选择大宗淡水鱼等水产品时，更多考虑的是其新鲜程度和价格因素，对产品营养和安全认知比较模糊，说明消费者需要一定的知识普及和消费引导。

三、我国水产品贸易发展历程与大宗淡水鱼贸易现状

水产品在我国对外贸易中具有举足轻重的地位。从世界范围来看，自 1990 年以来，我国水产品产量就一直稳居世界首位，特别是淡水养殖在世界上几近垄断地位（谭向勇等，2001）。水产品也是我国重要的出口商品之一，据海关统计，自 2000 年起，我国水产品出口额已连续 13 年居农产品出口额首位。2012 年，水产品出口额占我国农产品出口额的比重为 30％，表明水产品出口在我国农产品出口以及我国外贸出口中占有重要地位。因此水产品出口贸易的变动，对我国农产品国际贸易甚至整个对外贸易状况都会产生非常重要的影响。目前，我国已经成为世界上最大的水产品生产国和出口国。

（一）我国水产品贸易发展历程

改革开放以来，我国水产品对外贸易由国家统一集中管理到逐步放开，经历了三个发展阶段：

1. 1979—1985 年起步阶段　由于我国水产品贸易在改革开放之前以出口为主，出口又以海水产品为主，因而其发展与海洋渔业的关系较为密切。这时期我国水产业的发展波动较大，海洋渔业的起伏尤其明显，使得水产品国际贸易的发展起伏不定，呈徘徊之势；而且该时期国内粮食和副食品供应相对短缺，水产品被作为解决居民食品供应的主要途径之一，因而出口数量一直不大（孙琛，2005）。这一时期水产品的国际化程度总体上很低，基本上没有贸易壁垒，出口略有增长，水产品出口额从

1976 年的 12.65 亿美元增长到 1985 年的 26.79 亿美元。

2. 1986—2000 年徘徊增长时期　1985 年，中央《关于放宽政策、加速发展水产业的指示》文件出台后，渔业生产进入快速增长阶段。到 1990 年水产品总产量跃居世界第一，我国水产品国际贸易也开始逐渐发展。出口品种也有所改善，由原来的塘鱼、冰鲜鱼、冻鱼、干咸鱼、虾米、鲜虾、海蜇皮等发展到鱼、甲壳类及软体动物类及其制品、藻类及其制品等五大类 60 多个品种（孙琛，2005）。1994—1997 年间，随着鳗养殖产业的兴起，我国水产品出现了第一次波峰，出口年均增长超过 3 亿美元。1997 年下半年开始受亚洲金融危机影响，主要水产品消费国如日本经济不景气，消费低迷，我国水产品出口呈现波动和徘徊，特别是出口水产品价格持续下降，这期间我国水产品出口额徘徊在 30 亿美元左右，出口量小幅度上升，从 1997 年的 91.05 万 t 上升到 2000 年的 151.55 万 t。由于水产养殖病害的影响，部分产品（如对虾）的出口有所波动，1993 年由于病害原因造成对虾出口巨幅下降。总体来看，这一时期出口量不大，贸易战较少，只有 1997 年欧盟禁止中国双壳贝类产品进口，以及 1997 年美国对中国征收淡水小龙虾反倾销税，但影响面不大。1998 年以后，随着来料加工和水产品产业化养殖的全面发展，我国水产品出口进入了一个更为强劲的发展时期。

3. 2001 年入世后增速明显加快，近几年处于徘徊上升阶段　这一时期我国养殖水产品出口、远洋自捕鱼加工出口和来、进料加工出口共同发展，水产品进口也快速上升，渔业国际化程度明显提高。2002 年，我国水产品出口量首次超过泰国成为世界第一，国际市场占有率达到 8.02%。自此开始，我国水产品出口贸易连续位居世界第一，2008 年水产品出口额首次突破 100 亿美元，2012 年出口额达到 189.8 亿美元。受欧洲主权债务危机影响，水产品国际贸易也出现了徘徊上升的趋势。随着各国宏观政策力度加大，水产品贸易发展的国内外环境略有改善，世界经济下滑势头也有所缓解，但世界经济复苏动力仍然不足，外需低迷的态势难有根本好转，水产品贸易可能难以再现前些年的持续高速增长。

（二）我国鲤科鱼类贸易情况

在国际上和国内，鲤科鱼类贸易量一直不大，其发展现状和特点可以概括为以下几个方面：

1. 鲤科鱼类贸易规模较小，但发展势头良好，出口单价呈上升趋势　大宗淡水鱼主要以满足国内居民消费为主，贸易规模相对于整个产业规模微乎其微。不过，随着国内水产养殖业的迅速发展，以及世界亚洲移民社区对大宗淡水鱼需求的增长，鲤科鱼类贸易发展势头良好。我国活鲤出口量由 1992 年的 125t 增长至 2011 年的 2 304.90t，增长 17 倍；出口额由 18.6 万美元增长至 541.3 万美元，增长 28 倍，年均增长率分别达到 16.58% 和 19.4%。根据贸易数据测算，20 世纪以来鲤科鱼类的出口单价直线上升，每千克活鲤由 2001 年的 0.8 美元提高到 2011 年的 2.3 美元，且有进一步上涨趋势（图 1-8）。

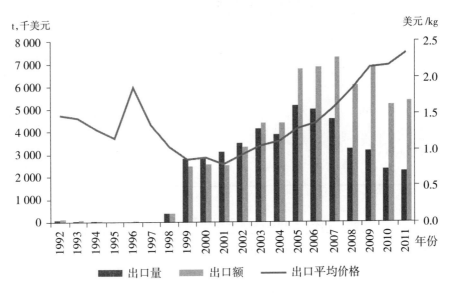

图 1-8　1992—2011 年我国活鲤鱼出口情况

（数据来源：1992—2008 年数据来源于 Fishstat plus；2009—2011 年数据来源于 UNcomtrade）

2. 鲤科鱼类出口产品结构日渐丰富，但仍以活鱼出口为主，海关编码调制，淡水鱼统计口径发生较大变化　随着出口需求增加和产品加工技术的提高，鲤科鱼类的产品结构日渐丰富，不再仅限于活鱼出口，也有鲜冷制品、冻品及鱼片等产品类别。因应联合国粮农组织（FAO）应用协调制度作为其粮食安全及早期预警数据系统标准的需求，2012 年 1 月 1 日起海关总署对协调制度第 1～16 章的部分章注、子目注释、品目和子目进行了相应的修改，其中在第 3 章多个子项目下为主要淡水鱼品种增列了相应子目，鲤科鱼类的统计发生了变化。原来仅有活鲤和鲤鱼苗，自 2012 年起调制为 6 项，分别是其他活鲤科鱼、鱼苗除外（03019390），其他活鲤科鱼（03019993）、鲜、冷鲤科鱼（03027300）、冻鲤科鱼（03032500）、鲜或冷鲤科鱼片（03043900）和鲤科鱼苗（03019310），2012 年我国上述 6 类产品的出口情况具体见表 1-9。从表 1-9 中数据可以看出，虽然产品结构有所丰富，但仍以活鱼出口为主。2012 年我国鲤科鱼类出口总量达到 4.2 万 t，出口额为 1.3 亿美元，由于这与以往统计口径不同，导致贸易规模相差较大，暂不具可比性。

3. 港澳韩为鲤科鱼类主要出口市场，粤辽湘鲁为主要出口来源省份　从出口市场分布来看，中国香港、中国澳门、韩国是我国鲤科鱼类的前三大出口市场，2012 年我国对上述市场的出口量合计 4.24 万 t，出口额合计 1.32 亿美元，分别占我国鲤科鱼类出口总量的 99.82% 和出口总额的 99.83%。其中，中国香港是主要市场，输港鲤科鱼类占我国鲤科鱼类出口总量的 86.18% 和出口总额的 86.87%（表 1-10）。从出口来源省份看，广东省由于输港条件便利，鲤科鱼类出口量、出口额分别达到 3.89 万 t 和 1.22 亿美元，占鲤科鱼类出口总量和出口总额的 91.6% 和 91.93%。出口量在 800t 以上的省份还有湖南、辽宁和山东，其他省份出口情况具体见表 1-11。

表1-9 2012年鲤科鱼类出口结构

出口类别	出口量（t）	出口量占比（%）	出口额（万美元）	出口额占比（%）
其他活鲤科鱼、鱼苗除外（03019390）	32 147.1	75.6	9 951.5	75.2
其他活鲤科鱼（03019993）	9 915.1	23.3	3 133.1	23.7
鲜、冷鲤科鱼（03027300）	31.4	0.1	3.5	0.0
冻鲤科鱼（03032500）	65.0	0.2	11.1	0.1
鲜或冷鲤科鱼片（03043900）	341.3	0.8	132.2	1.0
鲤科鱼苗（03019310）	0.8	0.0	4.4	0.0

数据来源：中国海关。

表1-10 2012年鲤科鱼类出口市场

国家及地区	出口数量（t）	出口金额（万美元）
中国香港	36 629.14	11 498.03
中国澳门	3 508.59	1 097.13
韩国	2 286.50	618.63
美国	18.00	6.50
民主刚果	46.95	4.62
朝鲜	1.05	4.48
日本	5.00	3.45
加拿大	0.01	2.50
俄罗斯	5.20	0.52
越南	0.20	0.03

数据来源：中国海关。

表1-11 2012年鲤科鱼类出口省份

省份	出口数量（t）	出口金额（万美元）
广东	38 928.58	12 167.37
湖南	1 052.00	371.35
辽宁	1 158.05	346.28
山东	855.00	206.27
江苏	256.51	68.51
江西	175.15	62.94
广西	46.95	4.62
湖北	18.00	4.56
河北	5.00	3.45
黑龙江	5.20	0.52
云南	0.20	0.03

数据来源：中国海关。

第二章 世界大宗淡水鱼产业发展及借鉴

第一节 生产发展现状及特点

作为提高渔业产量、保障食物供给的重要途径，大宗淡水鱼产业的发展受到各主产国的重视。近半个世纪以来，世界大宗淡水鱼产业发展迅速，表现在产量显著增长、产值不断提高，并且在结构和模式上发生明显变化。在当前人口增长、消费升级、技术设备不断改进、环保要求更加强烈的背景下，世界大宗淡水鱼产业的发展呈现一系列的新特点和新动向，需要我们认真研究和把握。我国是世界上第一大大宗淡水鱼生产国和消费国。本节概述世界大宗淡水鱼产业发展的现状，并总结产业发展的特点和趋势，为我国大宗淡水鱼产业的科学发展提供参考。

一、产量由快速增长转为稳定增长，在世界渔业中占有重要地位

20 世纪 50 年代起至今，世界淡水鱼的产量显著增长。联合国粮农组织（FAO）的数据显示，世界淡水鱼总产量由 1950 年的 151.37 万 t 增至 2011 年的 4 535.54 万 t，增长了 28.96 倍，年均增长 5.73%。其中，大宗淡水鱼产量由 1950 年的 13.97 万 t 增至 2011 年的 1 995.94 万 t，增长了 141.88 倍，年均增长率为 8.47%。相对于淡水鱼整体，大宗淡水鱼的增产速度更快。

世界大宗淡水鱼产业的发展经历了四个发展阶段。第一个发展阶段是 1950—1957 年，这个时期的特点是产量连年大幅增产，由 13.97 万 t 增至 67.55 万 t，增长了 3.8 倍，年均增长 25.25%；第二个发展阶段是 1958—1979 年，该时期世界大宗淡水鱼产量变化以调整波动为主，虽然总体保持增长势头，但增速放缓、波动加大，一些年份还出现负增长，在此期间，大宗淡水鱼产量由 65.80 万 t 增至 106.93 万 t，增长了 62.52%，年均增长率为 2.34%；第三个发展阶段是从 1980—1996 年，该时期大宗淡水鱼产量增长再度加快，由 117.40 万 t 增至 1 017.45 万 t，增长了 7.67 倍，年均增长 14.45%；第四个发展阶段是 1997—2011 年，在此期间，大宗淡水鱼产量增速趋稳，由 1 053.25 万 t 增至 1 995.94 万 t，增长了 89.5%，年均增长率为 4.67%。可以说，当前世界大宗淡水鱼产量已经由快速增长逐渐转为稳定增长。

同时，淡水鱼产业在世界渔业的份额也有所增加。1950 年，世界淡水鱼产量占

世界渔业总产量的比例为 8.35%，到 2011 年该比例跃升至 25.44%，说明在世界渔业格局中淡水鱼产业的重要性增强。在淡水鱼产业内部，大宗淡水鱼产量的比重整体上增加，而在 21 世纪后有所下降，近两年份额维持稳定。1950 年，大宗淡水鱼产量占淡水鱼总产的比例为 9.23%，此后一直增长，到 2001 年达到 50.11% 的最高值，之后经历小幅的下滑调整，到 2011 年这个比例为 44.01%，呈先升后降趋势（表 2-1）。总体而言，大宗淡水鱼产业的重要性不断增强，在世界淡水渔业格局中占有重要地位。

表 2-1　1950—2011 年世界淡水鱼产量与份额

单位：万 t

年份	世界渔业	世界淡水鱼	世界淡水鱼/世界渔业（%）	大宗淡水鱼	大宗淡水鱼/世界淡水鱼（%）
1950	1 813.41	151.37	8.35	13.97	9.23
1951	2 046.28	166.36	8.13	19.14	11.51
1952	2 257.14	184.86	8.19	22.18	12.00
1953	2 308.43	224.26	9.71	27.69	12.35
1954	2 485.00	249.79	10.05	36.45	14.59
1955	2 627.11	273.90	10.43	41.99	15.33
1956	2 783.07	280.36	10.07	44.50	15.87
1957	2 849.77	303.04	10.63	67.55	22.29
1958	2 901.46	297.42	10.25	65.80	22.12
1959	3 144.80	306.10	9.73	71.38	23.32
1960	3 366.66	306.83	9.11	62.53	20.38
1961	3 722.92	319.57	8.58	49.25	15.41
1962	4 033.42	334.67	8.30	45.75	13.67
1963	4 116.85	348.26	8.46	50.49	14.50
1964	4 541.45	370.95	8.17	56.69	15.28
1965	4 604.51	395.23	8.58	67.80	17.15
1966	4 992.62	403.56	8.08	70.21	17.40
1967	5 305.96	416.37	7.85	68.59	16.47
1968	5 621.54	437.67	7.79	67.25	15.37
1969	5 441.23	453.97	8.34	73.57	16.21
1970	5 976.61	476.33	7.97	77.13	16.19
1971	6 028.79	485.84	8.06	81.54	16.78
1972	5 578.89	505.34	9.06	84.17	16.66
1973	5 568.85	532.88	9.57	88.54	16.62
1974	5 896.91	542.64	9.20	94.40	17.40

（续）

年份	世界渔业	世界淡水鱼	世界淡水鱼/世界渔业（%）	大宗淡水鱼	大宗淡水鱼/世界淡水鱼（%）
1975	5 784.91	537.92	9.30	99.90	18.57
1976	6 135.68	534.03	8.70	98.39	18.42
1977	6 171.40	555.55	9.00	102.29	18.41
1978	6 435.69	547.65	8.51	101.43	18.52
1979	6 498.51	554.00	8.53	106.93	19.30
1980	6 565.56	590.82	9.00	117.40	19.87
1981	6 831.08	638.94	9.35	132.07	20.67
1982	7 021.77	663.74	9.45	150.97	22.75
1983	7 106.44	720.57	10.14	173.90	24.13
1984	7 716.64	778.59	10.09	212.91	27.35
1985	8 000.86	842.08	10.52	268.26	31.86
1986	8 618.19	940.46	10.91	327.34	34.81
1987	8 814.25	1 021.64	11.59	382.68	37.46
1988	10 410.79	1 150.54	11.05	459.36	39.93
1989	10 567.46	1 189.29	11.25	456.29	38.37
1990	10 233.83	1 252.90	12.24	489.56	39.07
1991	10 275.68	1 255.06	12.21	478.83	38.15
1992	10 747.25	1 340.49	12.47	542.61	40.48
1993	11 202.74	1 494.74	13.34	633.30	42.37
1994	12 098.23	1 663.49	13.75	753.52	45.30
1995	12 462.21	1 878.98	15.08	889.67	47.35
1996	12 880.69	2 057.24	15.97	1 017.45	49.46
1997	12 858.91	2 134.69	16.60	1 053.25	49.34
1998	12 311.82	2 198.38	17.86	1 090.57	49.61
1999	13 217.11	2 368.03	17.92	1 144.11	48.31
2000	13 623.22	2 451.42	17.99	1 175.35	47.95
2001	13 608.38	2 547.25	18.72	1 276.36	50.11
2002	13 945.25	2 635.18	18.90	1 309.58	49.70
2003	13 963.03	2 765.20	19.80	1 363.11	49.29
2004	14 845.70	2 970.96	20.01	1 369.16	46.08
2005	15 145.98	3 186.16	21.04	1 433.93	45.01
2006	15 264.58	3 384.32	22.17	1 495.24	44.18
2007	15 677.48	3 539.08	22.57	1 520.27	42.96

（续）

年份	世界渔业	世界淡水鱼	世界淡水鱼/世界渔业（％）	大宗淡水鱼	大宗淡水鱼/世界淡水鱼（％）
2008	16 011.83	3 794.07	23.70	1 599.98	42.17
2009	16 418.97	3 971.07	24.19	1 717.70	43.26
2010	16 810.80	4 269.71	25.40	1 810.34	42.40
2011	17 830.34	4 535.54	25.44	1 995.94	44.01

数据来源：FAO渔业及水产养殖数据库。

随着淡水鱼产量的扩大，其产值也不断攀升，并且增长速度略快于产量。1984—2011年，世界淡水鱼总产值由38.51亿美元增长到559.80亿美元，增长了13.54倍，年均增长率为10.42％。而淡水鱼产量则由1984年的333.50万t增至3 559.94万t，增长了9.67倍，年均增长率为9.17％。这一特征在大宗淡水鱼上也有所体现。1984年，世界大宗淡水鱼的产值为24.65亿美元，到2011年为270.63亿美元，增长了9.98倍，年均增长9.28％；产量则由1984年的205.58万t增至2011年的1 980.75万t，增长了8.63倍，年均增长8.75％。大宗淡水鱼的产值增速快于产量，说明随着世界消费升级，人们对淡水鱼类消费增加，价值得到一定提高。值得一提的是，1984年以来，养殖大宗淡水鱼产值占世界养殖淡水鱼的比例呈明显下降趋势，产值份额由1984年的64.03％降至2011年的48.34％。可见，虽然大宗淡水鱼产量和产值在世界占据重要地位，但是大宗淡水鱼产量份额呈先升后降趋势，而产值份额持续减少，这种变化与其他养殖品种的快速崛起和大宗淡水鱼产值增长难度加大等因素紧密相关。今后一个时期内，大宗淡水鱼产量变化将趋于稳定。

二、获取方式以养殖为主导，捕捞比重下降

淡水鱼的获取方式包括养殖和捕捞两部分，世界大宗淡水鱼在历史上以捕捞为主。但由于自然环境不断遭到破坏，淡水渔业资源也随之退化，世界捕捞淡水鱼产量加速减少；同时，各主产国（特别是发展中国家）逐渐认识到淡水鱼养殖在提供有效食物供给和促进社会经济发展中的重要作用，大力发展淡水鱼养殖，于是，世界淡水鱼产业必然地走上了依靠养殖的道路，养殖产量的增长对淡水鱼产业发展贡献巨大。

世界淡水鱼获取方式，由捕捞为主转向以养殖为主。1950年，世界淡水鱼的捕捞产量为131.46万t，占世界淡水鱼总产的比例为86.85％；养殖淡水鱼产量为19.91万t，占世界产量的份额是13.15％。当时世界淡水鱼的获取方式以捕捞为绝对主导。此后，虽然捕捞产量稳中有增，但捕捞产量占世界总产的比重不断下降，而同时养殖产量的比重则大幅上升。到1986年，养殖产量的比重超过捕捞，淡水鱼主要依靠捕捞的传统格局不复存在。到2011年，捕捞淡水鱼产量为975.60万t，比1950年增长了6.42倍，年均增长率为3.41％，占淡水鱼总产量的份额降至2011年的

21.51%；2011 年养殖淡水鱼产量为 3 559.94 万 t，比 1950 年增长了 177.82 倍，年均增长 8.87%，养殖淡水鱼产量占淡水鱼总产的份额跃升至 78.49%。整体而言，养殖方式在淡水鱼产业中占有主导地位，但各国情况不同，其淡水鱼获取结构也就存在差异，一些国家淡水鱼获取方式仍以捕捞为主（表 2-2）。例如，亚洲的缅甸和柬埔寨，非洲的尼日利亚、坦桑尼亚、刚果金、肯尼亚、乌干达和马里，欧洲的俄罗斯以及美洲的墨西哥等国的捕捞淡水鱼产量超过养殖产量。

表 2-2　1950—2011 年世界淡水鱼获取结构

单位：万 t

年份	世界淡水鱼（养殖）	养殖份额（%）	世界淡水鱼（捕捞）	捕捞份额（%）
1950	19.91	13.15	131.46	86.85
1951	25.90	15.57	140.46	84.43
1952	29.50	15.96	155.36	84.04
1953	35.37	15.77	188.90	84.23
1954	46.46	18.60	203.33	81.40
1955	52.31	19.10	221.59	80.90
1956	55.64	19.85	224.72	80.15
1957	79.70	26.30	223.33	73.70
1958	78.96	26.55	218.46	73.45
1959	85.48	27.93	220.62	72.07
1960	77.49	25.26	229.34	74.74
1961	64.57	20.20	255.00	79.80
1962	62.08	18.55	272.60	81.45
1963	68.50	19.67	279.76	80.33
1964	74.90	20.19	296.05	79.81
1965	89.85	22.73	305.38	77.27
1966	91.88	22.77	311.67	77.23
1967	92.31	22.17	324.06	77.83
1968	92.92	21.23	344.75	78.77
1969	101.41	22.34	352.56	77.66
1970	109.55	23.00	366.77	77.00
1971	116.36	23.95	369.48	76.05
1972	121.62	24.07	383.71	75.93
1973	131.09	24.60	401.80	75.40
1974	140.96	25.98	401.68	74.02
1975	151.03	28.08	386.89	71.92

（续）

年份	世界淡水鱼（养殖）	养殖份额（%）	世界淡水鱼（捕捞）	捕捞份额（%）
1976	153.03	28.66	381.00	71.34
1977	160.20	28.84	395.35	71.16
1978	166.04	30.32	381.61	69.68
1979	175.88	31.75	378.12	68.25
1980	194.06	32.85	396.76	67.15
1981	222.36	34.80	416.58	65.20
1982	250.02	37.67	413.72	62.33
1983	282.63	39.22	437.94	60.78
1984	333.50	42.83	445.09	57.17
1985	406.20	48.24	435.88	51.76
1986	477.68	50.79	462.78	49.21
1987	549.77	53.81	471.88	46.19
1988	637.11	55.38	513.43	44.62
1989	679.00	57.09	510.29	42.91
1990	714.04	56.99	538.86	43.01
1991	735.66	58.62	519.40	41.38
1992	834.05	62.22	506.44	37.78
1993	952.41	63.72	542.33	36.28
1994	1 118.31	67.23	545.18	32.77
1995	1 293.13	68.82	585.86	31.18
1996	1 463.24	71.13	594.00	28.87
1997	1 536.91	72.00	597.78	28.00
1998	1 582.94	72.01	615.43	27.99
1999	1 697.08	71.67	670.95	28.33
2000	1 758.53	71.74	692.89	28.26
2001	1 859.38	73.00	687.87	27.00
2002	1 978.62	75.08	656.56	24.92
2003	2 032.12	73.49	733.08	26.51
2004	2 220.34	74.73	750.63	25.27
2005	2 367.30	74.30	818.86	25.70
2006	2 528.62	74.72	855.70	25.28
2007	2 662.53	75.23	876.56	24.77
2008	2 903.12	76.52	890.96	23.48

（续）

年份	世界淡水鱼（养殖）	养殖份额（%）	世界淡水鱼（捕捞）	捕捞份额（%）
2009	3 065.52	77.20	905.55	22.80
2010	3 289.00	77.03	980.71	22.97
2011	3 559.94	78.49	975.60	21.51

数据来源：FAO渔业及水产养殖数据库。

　　大宗淡水鱼以养殖为主的结构在1950年便已经确立，此后捕捞产量的比例持续减少。大宗淡水鱼捕捞产量由1950年的3.44万t增至2011年的15.20万t，增长3.41倍，年均增长2.46%，占大宗淡水鱼总产量的比例由24.66%降至0.76%；同时，养殖大宗淡水鱼产量由1950年的10.52万t增至2011年的1980.75万t，增长187.22倍，年均增长8.97%，养殖产量占大宗淡水鱼总产量的比例由75.34%增至99.24%，养殖方式在大宗淡水鱼获取结构中占绝对优势地位（表2-3）。虽然如此，有少数国家的大宗淡水鱼产量获取主要依靠捕捞方式，如墨西哥、土耳其、泰国、哈萨克斯坦、韩国和斯洛伐克等。

表2-3 1950—2011年世界大宗淡水鱼获取结构

单位：万t

年份	大宗淡水鱼（养殖）	养殖比重（%）	大宗淡水鱼（捕捞）	捕捞比重（%）
1950	10.52	75.34	3.45	24.66
1951	15.87	82.93	3.27	17.07
1952	18.82	84.85	3.36	15.15
1953	24.04	86.82	3.65	13.18
1954	33.31	91.39	3.14	8.61
1955	38.22	91.01	3.78	8.99
1956	40.66	91.37	3.84	8.63
1957	63.20	93.56	4.35	6.44
1958	61.65	93.70	4.15	6.30
1959	66.93	93.76	4.46	6.24
1960	58.17	93.03	4.36	6.97
1961	44.45	90.26	4.80	9.74
1962	41.10	89.82	4.66	10.18
1963	46.02	91.15	4.47	8.85
1964	50.93	89.84	5.76	10.16
1965	62.68	92.45	5.12	7.55
1966	64.38	91.69	5.83	8.31

（续）

年份	大宗淡水鱼（养殖）	养殖比重（%）	大宗淡水鱼（捕捞）	捕捞比重（%）
1967	63.10	91.99	5.49	8.01
1968	62.14	92.40	5.11	7.60
1969	68.72	93.41	4.85	6.59
1970	72.44	93.92	4.69	6.08
1971	76.88	94.28	4.66	5.72
1972	79.60	94.57	4.57	5.43
1973	84.47	95.40	4.08	4.60
1974	90.44	95.81	3.96	4.19
1975	95.63	95.72	4.27	4.28
1976	94.30	95.84	4.10	4.16
1977	98.28	96.08	4.01	3.92
1978	97.20	95.82	4.23	4.18
1979	102.35	95.72	4.58	4.28
1980	112.07	95.46	5.33	4.54
1981	126.11	95.49	5.95	4.51
1982	145.43	96.33	5.54	3.67
1983	167.91	96.55	5.99	3.45
1984	205.58	96.56	7.33	3.44
1985	260.93	97.27	7.33	2.73
1986	319.61	97.64	7.73	2.36
1987	373.51	97.60	9.17	2.40
1988	445.07	96.89	14.29	3.11
1989	447.60	98.09	8.69	1.91
1990	480.21	98.09	9.35	1.91
1991	468.27	97.79	10.56	2.21
1992	531.63	97.98	10.98	2.02
1993	622.67	98.32	10.63	1.68
1994	742.80	98.58	10.72	1.42
1995	876.39	98.51	13.27	1.49
1996	1 003.98	98.68	13.47	1.32
1997	1 040.51	98.79	12.74	1.21
1998	1 078.54	98.90	12.03	1.10
1999	1 133.19	99.05	10.92	0.95

（续）

年份	大宗淡水鱼（养殖）	养殖比重（%）	大宗淡水鱼（捕捞）	捕捞比重（%）
2000	1 164.72	99.10	10.63	0.90
2001	1 265.51	99.15	10.84	0.85
2002	1 299.25	99.21	10.33	0.79
2003	1 352.58	99.23	10.53	0.77
2004	1 357.61	99.16	11.54	0.84
2005	1 422.39	99.20	11.54	0.80
2006	1 484.07	99.25	11.17	0.75
2007	1 508.06	99.20	12.21	0.80
2008	1 587.20	99.20	12.78	0.80
2009	1 705.17	99.27	12.53	0.73
2010	1 797.38	99.28	12.96	0.72
2011	1 980.75	99.24	15.20	0.76

数据来源：FAO渔业及水产养殖数据库。

三、养殖品种结构基本稳定，优势品种发展迅速

在养殖品种结构上，联合国粮农组织渔业统计将养殖淡水鱼分为鲤科鱼类、杂项淡水鱼类、罗非鱼和其他慈鲷类三种。当前，鲤科鱼类产量占主导地位，在世界养殖淡水鱼产量中约占七成；其次为杂项淡水鱼类，占世界养殖淡水鱼的比例约占两成；其余为罗非鱼和其他慈鲷类，份额约为一成。而在1950年至今的发展趋势上，鲤科鱼类、罗非鱼和其他鲷类两者的比重提高，杂项淡水鱼的比重降低。产量增长率上，罗非鱼和其他鲷类增长最快，年均增速为11.32%；其次是鲤科鱼类，年均增长9.14%；而杂项淡水鱼年均增长7.65%（表2-4）。总体而言，品种结构基本稳定。

表2-4　三类淡水鱼的产量份额和增速

淡水鱼分类	1950年产量份额（%）	2011年产量份额（%）	年均增长率（%）
鲤科鱼类	60.77	70.67	9.14
杂项淡水鱼	36.36	18.21	7.65
罗非鱼和其他鲷类	2.87	11.12	11.32

数据来源：FAO渔业及水产养殖数据库。

值得注意的是，养殖淡水鱼中的优势品种发展迅速，各国有集中资源扶持优势品种发展的趋向。如印度尼西亚的罗非鱼养殖战略、越南的鲇养殖战略、美国的斑点叉尾鮰养殖战略、尼日利亚的尼罗鲈养殖战略，都是集中优势兵力打造优势品种和制定

长期发展战略的做法，也取得了较好的成果。

（一）大宗淡水鱼占鲤科鱼类产量的比例小幅下降，大宗淡水鱼内部的产量结构有所变化

世界鲤科鱼类的养殖产量由 1950 年的 12.10 万 t 增至 2011 年的 2 515.75 万 t，年均增长 9.14%。在鲤科鱼类中，青鱼、草鱼、鲢、鲤、鳙、鲫、鳊等大宗淡水鱼品种的产量由 1950 年的 10.52 万 t 增至 2011 年的 1 980.75 万 t，年均增长 8.97%。大宗淡水鱼的养殖产量占鲤科鱼类的比例稳定中有小幅下降，由 1950 年的 86.99%降至 2011 年的 78.73%（表 2-5）。

表 2-5　大宗淡水鱼的养殖产量份额（t）和增长率（%）

年份	鳙	青鱼	鲤	鲫	草鱼	鲢	鳊
1950	15 306	1 986	92 616	2 977	10 527	30 028	3 298
1960	103 175	15 043	168 193	16 597	77 771	226 420	24 979
1970	124 944	17 523	241 752	19 857	92 636	271 870	29 097
1980	198 556	27 100	365 238	31 269	155 616	449 417	45 100
1990	678 047	37 852	1 134 344	215 579	1 054 208	1 520 469	161 616
2000	1 428 239	148 987	2 410 402	1 202 411	2 976 491	3 034 740	445 915
2010	2 585 889	424 487	3 630 530	2 217 836	4 362 099	4 100 772	652 215
2011	2 705 435	468 009.5	3 733 418	2 298 460	4 574 673	5 349 588	677 887
年均增长率（%）	8.85	9.37	7.67	11.52	10.47	8.87	9.12

数据来源：FAO 渔业及水产养殖数据库。

世界大宗淡水鱼内部的产量结构有明显变化。在青鱼、草鱼、鲢、鲤、鳙、鲫、鳊的总产量中，产量份额最大的品种经历了鲤—鲢—草—鲢的转变。其中，鲤的产量显著增长，由 1950 年的 4.11 万 t 增至 2011 年的 373.34 万 t，但其产量份额呈下降趋势，由 1950 年的 39.07%降至 2011 年的 18.85%；鲢的产量由 1950 年的 3.00 万 t 增至 2011 年的 534.96 万 t，其产量份额较为稳定、略有下降，由 1950 年的 28.53%降至 2011 年的 27.01%；草鱼的产量由 1950 年的 1.05 万 t 增至 2011 年的 457.47 万 t，产量份额大幅增长，由 1950 年的 10%增至 2011 年的 23.10%；鳙的产量由 1950 年的 1.53 万 t 增至 270.54 万 t，产量份额由 1950 年的 14.54%降至 2011 年的 13.66%；鲫的产量由 1950 年的 0.30 万 t 增至 229.85 万 t，产量份额显著增长，由 1950 年的 2.83%增至 2011 年的 11.60%；青鱼的产量由 1950 年的 0.20 万 t 增至 2011 年的 46.80 万 t，产量份额一直不高，由 1950 年的 1.89%增至 2011 年的 2.36%；鳊的产量由 1950 年的 0.33 万 t 增至 2011 年的 67.79 万 t，产量份额由 1950 年的 3.13%变为 2011 年的 3.42%。而从增长率来看，增长率的排名由高到低，分别是鲫、草鱼、青鱼、鳊、鲢、鳙和鲤。其中，鲫的产量年均增长 11.52%，草鱼年均增长 10.47%，

而鲤的产量年均增长率为 7.67%，相对于大宗淡水鱼其他品种，鲤的增产速度较慢。

除了大宗淡水鱼以外，世界上还有几种重要的淡水鱼的生产取得了较大进步。其一是喀拉鲃（Catla catla），主产国为印度、缅甸等几个南亚国家，属于高档的鲤科鱼类，有较高的市场需求和市场价格，养殖产量由 1950 年的 3 869t 增至 2011 年的 241.12 万 t，年均增长 11.13%；其二是露斯塔野鲮（Labeo rohita），主产国为印度、泰国等国，具有耐肥、耐低氧、抗病力强、食性杂、生长快、群体产量高及外形美观、肉质细嫩、味道鲜美、肌间刺少、营养丰富等特点，是市场前景较好的优良品种，养殖产量由 1950 年的 3 782t 增至 2011 年的 144.23 万 t，年均增长 10.23%；其三是麦瑞加拉鲮（Cirrhinus mrigala），个体大，适应性强，抗病能力较强，繁殖能力好，世界养殖产量由 1950 年的 678t 增至 2011 年的 34.07 万 t，年均增长 10.73%。

（二）杂项淡水鱼比重降低，发展较好的品种值得关注

杂项淡水鱼的养殖产量由 1950 年的 7.24 万 t 增至 2011 年的 648.40 万 t，年均增长率为 7.65%；产量占世界淡水鱼的比重下降，由 1950 年的 36.36% 降至 2011 年的 18.21%。按 2011 年产量由高到低排序，其中比较重要的淡水鱼品种有乌鳢、胡子鲇、鲇、斑点叉尾鮰、黄鳝、鳜、黄颡鱼、加州鲈、非洲鲇和蓝鲨。这 10 个品种的产量总和为 302.64 万 t，占杂项淡水鱼总产量的 46.67%（表 2-6）。

表 2-6　主要杂项淡水鱼产量情况

品种	2011 产量（万 t）	占杂项淡水鱼的比例（%）	1995 年以来的年均增长率（%）
乌鳢	44.673 0	6.89	51.87
胡子鲇	44.632 1	6.88	22.25
鲇	39.799 44	6.14	37.48
斑点叉尾鮰	37.635 15	5.80	3.93
黄鳝	29.245 8	4.51	119.60
鳜	27.457 6	4.23	13.26
黄颡鱼	21.738 0	3.35	20.98
加州鲈	20.864 4	3.22	48.63
非洲鲇	19.427 58	3.00	22.40
蓝鲨	17.166 32	2.65	18.09
总计	302.639 4	46.67	16.01

注：2003 年起才有黄颡鱼产量数据，其增长率是指 2003—2011 年均增长率。
数据来源：FAO 渔业及水产养殖数据库。

杂项淡水鱼类中发展较快的品种有：乌鳢由 1976 年（该年起有数据记录，下同）的 2t 增至 2011 年的 44.67 万 t，年均增长 31.48%；鲇被称为世界上发展最迅速的养殖鱼类，从 1982 年的 53t 增至 2011 年的 39.80 万 t，年均增长 36.03%；胡子鲇世界产量由 1950 年的 205t 增至 2011 年的 44.632 1 万 t，年均增长 13.43%，世界鲇产量

大多来自越南，越南正集中全国之力，把鲶打造成具有世界竞争力的品种；斑点叉尾鮰是美国、加拿大等国的主要淡水鱼养殖品种，具有食性杂、生长快、适应性广、抗病力强、肉质上乘等优点，属于较为名贵的淡水经济鱼品种，世界产量由1952年的3t增至2011年的37.64万t，年均增长22.02%。1995年以来，发展最为迅速的种类是黄鳝、乌鳢、加州鲈和鲶。

（三）罗非鱼类养殖产量增速快于鲤科鱼类，未来发展前景较好

罗非鱼和慈鲷类的产量由1950年的5 718t增至2011年的395.80万t，增长速度快于鲤科鱼类和杂项淡水鱼类；占淡水鱼产量的比例快速增加，从1950年的2.87%增至2011年的11.12%。罗非鱼主要品种有尼罗罗非鱼、蓝罗非鱼、莫桑比克罗非鱼、饰金罗非鱼、黄边罗非鱼等。作为世界水产业的重点科研培养的淡水养殖鱼类，且被誉为未来动物性蛋白质的主要来源之一，罗非鱼的产量增长显著，特别是1990年以后的增长更是令世界瞩目。以尼罗罗非鱼为例，其产量由1950年的1 590t增至279.04万t，年均增长13.03%，增长势头强劲。

快速的增产和旺盛的需求，使得罗非鱼类发展前景看好。中国、埃及、越南、印度尼西亚、菲律宾等主产国的罗非鱼生产发展迅速，特别是印度尼西亚和越南政府均大力鼓励发展罗非鱼养殖业，实施促进产量增长的计划，预计未来产量与出口将会继续增长；同时，需求也不断扩大，美国是罗非鱼的主要进口国家，近年来表现出强劲的市场需求，进口量屡创新高；拉丁美洲的进口量也有所增长。从全球来看，罗非鱼的生产和消费同步发展，呈现较好的发展前景。

四、地区差异性明显，养殖产量增长集中在亚洲

由于资源禀赋和经济社会发展水平方面的差异，大宗淡水鱼主产国家和地区的分布很不均衡。在养殖大宗淡水鱼的地区分布上，主产国以亚洲国家为主，增长也集中在亚洲地区，特别是中国、印度、越南、泰国、印度尼西亚等；从发展程度看，大宗淡水鱼产量主要来自发展中国家，而发达国家所占份额较小。

亚洲的大宗淡水鱼产业发展进步较快，大宗淡水鱼产量的比重有所增加，且产值的年均增长率高于产量。1950—2011年，亚洲淡水鱼产量由17.17万t增至121.90万t，年均增长3.27%；亚洲淡水鱼养殖产量占世界淡水鱼养殖产量的比重由86.25%增至93.25%。亚洲大宗淡水鱼养殖产量由8.41万t增至1 943.99万t，年均增长9.33%；而且大宗淡水鱼养殖产量占世界大宗淡水鱼养殖产量的比例也从79.90%增至98.14%，占据世界大宗淡水鱼产量的绝对主导地位。据联合国粮农组织（FAO）的报告称，上述成绩主要归功于中国（FAO，2010）。中国淡水鱼的养殖产量由1950年的6.60万t增至2011年的2 154.41万t，产量年均增长9.95%，占世界淡水鱼总产量的比例由33.13%增至60.52%。中国的大宗淡水鱼养殖产量由1950

年的 6.40 万 t 增至 2011 年的 1 698.50t，年均增长 9.58%，占世界大宗淡水鱼养殖总产量的比例由 60.80% 增至 85.75%。亚洲其他一些水产养殖大国包括印度、越南、印度尼西亚、孟加拉国、泰国、缅甸和菲律宾等国，也是世界上产量领先的大宗淡水鱼主产国，十分重视发展大宗淡水鱼产业，产量得到了快速提高。

欧洲是传统的海洋渔业国家，对淡水养殖渔业的重视程度不如海洋渔业。近年来，其淡水鱼产业发展处于停滞状态，占世界产量的比例呈萎缩趋势，但其产值占世界的比重要高于产量的比重。欧洲淡水鱼养殖产量由 1950 年的 2.01 万 t 增至 2011年的 24.40 万 t，年均增长 4.17%，占世界份额则由 1950 年的 10.12% 降至 2011 年的 0.69%。在大宗淡水鱼方面，欧洲养殖产量由 1950 年的 1.91 万 t 增至 2011 年的21.44 万 t，年均增长 4.04%，占世界大宗淡水鱼的份额由 18.15% 降至 1.08%。欧洲大宗淡水鱼主产国为俄罗斯、乌克兰、捷克、白俄罗斯、波兰和匈牙利等国。这些主产国在 20 世纪 50 年代大宗淡水鱼的产量有所增长，但在 90 年代急速下降，此后缓慢恢复，到 21 世纪趋于稳定。

表 2-7　各大洲大宗淡水鱼产量、产值份额和增长率（%）

大宗淡水鱼	产量			产值		
	1950 年比重	2011 年比重	年均增长率	1984 年比重	2011 年比重	年均增长率
亚洲	79.90	98.14	9.33	88.63	96.78	15.73
欧洲	10.12	0.69	4.04	10.88	2.07	4.44
非洲	1.24	0.56	7.55	0.27	0.97	24.02
美洲	0.71	0.21	6.85	0.22	0.18	13.77
大洋洲	0.00	0.00	20.53	0.00	0.01	49.62

数据来源：FAO 渔业及水产养殖数据库。

非洲淡水鱼产量和产值都不高，大宗淡水鱼产量在世界格局中占比降低，而产值比重则略有提升。非洲淡水鱼产量由 1950 年的 2 213t 增至 2011 年的 121.90 万 t，年均增长 10.9%，对全球淡水鱼产量的贡献从 1950 年的 1.11% 增加到 2011 年的3.42%；大宗淡水鱼产量由 1950 年的 1 300t 增至 11.01 万 t，年均增长 7.55%，占世界大宗淡水鱼的比重由 1.24% 降至 2011 年的 0.56%。非洲大宗淡水鱼主要产自埃及，作为世界第七位的大宗淡水鱼生产国，埃及产量从 1950 年的 1 300t 增至 2011 年的 10.37 万 t，年均增长 7.44%。

美洲淡水鱼产量占世界的比重也较小。淡水鱼产量由 1950 年的 5 027t 增至 2011年的 93.75 万 t，淡水鱼产量占世界的份额 1950 年为 2.53%，2011 年为 2.63%，变化不大。大宗淡水鱼的产量由 1950 年的 750t 增至 2011 年的 42 581.63t，年均增长6.85%，但占世界的比重很小。巴西和古巴是大宗淡水鱼的主产国，巴西产量由1995 年的 16 865t 增至 2011 年的 26 038t，年均增长 2.75%；古巴产量由 1976 年的100t 增至 2011 年的 14 691.8t，年均增长 15.32%。

大洋洲的淡水鱼产量占世界比例很小，但是增长速度快，特别是产值增速显著。

1982 年，大宗淡水鱼产量仅为 2t，到 2011 年为 450t。大洋洲的大宗淡水鱼主产国为澳大利亚，虽然起步晚，但发展迅速（表 2-8）。

表 2-8　不同发展程度国家的大宗淡水鱼产量世界份额（%）

年份	发展中国家	发达国家	欠发达国家
1950	49.93	50.07	0.00
1951	63.05	36.95	0.00
1952	67.27	32.73	0.00
1953	71.36	28.64	0.00
1954	75.63	24.37	0.00
1955	77.34	22.66	0.00
1956	78.32	21.68	0.00
1957	84.91	15.09	0.00
1958	87.15	12.85	0.00
1959	86.25	13.75	0.00
1960	82.13	17.87	0.00
1961	74.74	25.26	0.00
1962	74.41	25.59	0.00
1963	75.56	24.44	0.00
1964	75.77	24.23	0.00
1965	79.22	20.78	0.00
1966	78.23	21.77	0.00
1967	76.18	23.82	0.01
1968	75.00	24.99	0.01
1969	76.83	23.16	0.01
1970	76.94	23.05	0.01
1971	77.30	22.68	0.01
1972	74.28	25.71	0.02
1973	74.53	25.45	0.02
1974	75.12	24.85	0.03
1975	74.52	25.45	0.03
1976	74.23	25.73	0.05
1977	73.71	26.24	0.05
1978	74.07	25.87	0.07
1979	74.68	25.25	0.08
1980	76.38	23.53	0.09

（续）

年份	发展中国家	发达国家	欠发达国家
1981	76.41	23.49	0.10
1982	77.36	22.52	0.11
1983	79.68	20.20	0.12
1984	81.64	18.23	0.13
1985	84.65	15.18	0.16
1986	86.34	13.52	0.14
1987	87.68	12.18	0.15
1988	89.46	10.37	0.17
1989	88.25	11.56	0.20
1990	87.94	11.83	0.23
1991	91.50	8.15	0.35
1992	93.14	6.51	0.35
1993	94.82	4.89	0.29
1994	96.36	3.38	0.27
1995	96.71	2.52	0.77
1996	97.24	1.95	0.81
1997	96.96	1.86	1.18
1998	96.83	1.84	1.33
1999	96.86	1.81	1.33
2000	96.53	1.82	1.65
2001	96.48	1.75	1.77
2002	96.33	1.71	1.97
2003	96.31	1.65	2.04
2004	96.47	1.59	1.94
2005	96.54	1.60	1.87
2006	96.71	1.38	1.91
2007	96.52	1.48	2.00
2008	96.60	1.46	1.94
2009	96.64	1.39	1.97
2010	96.58	1.30	2.11
2011	97.13	1.18	1.69

数据来源：FAO渔业及水产养殖数据库。

　　发展中国家正通过各种途径加强对本国资源的利用，并扶持淡水鱼产业的发展。发展中国家的淡水鱼产量快速增加，占世界的份额由1950年的42.08%增至2010年的 83.86％；大宗淡水鱼占比则由 49.93％增至 97.13％。发展中国家的大宗淡水鱼产量的快速增长集中在 20 世纪 70～90 年代，到 21 世纪增速趋稳。相反，发达国家淡水鱼产业发展遭遇停滞或呈现负增长，占世界产量的比例由 1950 年的 34.42％降至 1.95％，大宗淡水鱼体现得更为明显，由 50.07％降至 1.18％。这与养殖成本增加、政府补贴政策削减、消费结构升级和外部竞争强烈等因素有关。

国别特征上，大宗淡水鱼产量居于前 10 位的主产国分别是中国、印度、印度尼西亚、孟加拉、越南、伊朗、埃及、俄罗斯、缅甸和巴基斯坦，它们主要是亚洲国家。2011 年，这 10 个国家的大宗淡水鱼产量总和为 1 951.81 万 t，占世界大宗淡水鱼产量的 98.54％，而在 1950 年这一比例为 71.54％（表 2-9）。

表 2-9　主要大宗淡水鱼生产国家

大宗淡水鱼主产国	2011 产量（万 t）	占世界产量比例（％）
中国	1 698.503 3	85.75
印度	140.290 5	7.08
印度尼西亚	33.220 6	1.68
孟加拉	22.186 3	1.12
越南	15.0	0.76
伊朗	13.217 7	0.67
埃及	10.366 2	0.52
俄罗斯	8.474 9	0.43
缅甸	5.762 5	0.29
巴基斯坦	4.792 0	0.24
总计	1 951.814 0	98.54

数据来源：FAO 渔业及水产养殖数据库。

五、养殖模式多元化，新技术、新方法应用程度提高

各主产国从资源禀赋特点出发，结合传统生产方式和最新研究成果，促进养殖模式多元化发展，这主要因为水产养殖业发展对自然环境的依赖性强，各国地理条件的多样造就了养殖方式的多元。此外，当前，世界淡水养殖业正处在由传统到现代的转变中，新老发展方式并存且逐渐转变。同时，随着世界渔业资源约束不断趋紧，发展的重点放在挖掘水产养殖的潜力上，各主产国更加重视合理利用有限的渔业资源，促进养殖方式由依靠资源转向依靠科技。先进科技开始在水产养殖发展上发挥重要作用，传统粗放式的养殖正在向精养式养殖、工厂化养殖等方向转化发展。新技术、新方法的应用，促进淡水鱼养殖产业调整升级。

各主产国都体现了养殖模式多样化的特征。按养殖水体条件分类，大宗淡水鱼的

养殖模式分为静水养鱼和流水养鱼；按养鱼种类和规格，可以分为单养、混养和套养；按水域类型，可以划分为池塘养鱼、稻田养鱼、河道养鱼、湖泊养鱼、水库养鱼、网箱养鱼、围网与围栏养鱼及工厂化养鱼等；此外，还可以按养殖措施划分为精养、半精养、粗养等方式。如印度的大水面粗养、半精养和池塘精养共同发展，同时围栏养殖、网箱养殖、流水养鱼等方法的应用范围也在扩大；印度尼西亚主要的养殖方式有咸淡水池塘养殖、淡水池塘养殖，稻田养殖，网箱养殖等；泰国的养殖主要有池塘养殖、稻田养殖、河沟养殖和网箱养殖等；在越南，池塘混养是最重要的养殖系统。值得一提的是，精细化养殖中的复式养殖模式（池塘共养技术）从根本上提高了静水池塘的单产水平。依托该项水产养殖技术，印度等国家渔业发展取得显著成效，并普遍使用了该技术。综合养殖是印度、印度尼西亚、越南等地重要的养殖方式，农户把鱼塘作为农业的一个环节，进行鱼鸭混养、稻田养鱼等，这种方式养殖时间短，但提高了系统的整体生产力。

高效集约式养殖技术得到了一定的推广和应用，如网箱养鱼、工厂化养鱼等在一些国家逐渐地发展起来（张晓惠等，2007）。当前，池塘养殖是最主要的养殖方法，网箱养殖和温流水养殖是近十几年才发展起来的先进养殖方法，工厂化养殖近年来发展迅速，它利用网箱完成亲鱼产卵、苗种培育、商品鱼养殖以及饵料培养等一系列生产过程，在美国和俄罗斯等发达国家体现得较为明显，发展中国家处于起步阶段。工厂化养鱼等高效集约养殖新技术和新方法的使用赋予了产业发展新的活力，渔业应用科技的程度在不断提高，正在改变依靠投入和自然资源的发展模式。

此外，大宗淡水鱼产业在育种改良、营养饲料、病害防治等方面的科研进展迅速。如匈牙利、中国、印度等主产国在鲤科鱼类的遗传育种方面取得成绩，培育和推广了高质量的新品种；美国通过饲料的人工自动投喂技术提高效率；中国、日本、泰国等国在鲤科鱼类的主要疾病研究取得一定经验等。先进技术的运用，为大宗淡水鱼产业的发展奠定了技术基础。

六、休闲渔业快速发展，加快产业结构升级

随着市场经济的发展和人们生活追求的提高，渔业越来越多地与第二、三产业结合，在这个过程中提高了产值和效率，促进了现代渔业的发展。近年来，休闲渔业蓬勃发展。休闲渔业是一种新型渔业经营形式，以水生动植物为主要对象，通过对资源、环境和人力进行一种全新的优化配置和合理利用，将现代渔业与旅游、观光、健身、餐饮及科普等有机结合的生产经营方式（刘康，2003）。目前，休闲渔业已经成为现代渔业发展的新领域。美国、加拿大、日本、澳大利亚等国的休闲渔业发展迅速。

美国是当今休闲渔业发达的国家，休闲渔业规模大，参与人数多，科技含量高，积累了丰富的发展经验（凌申，2012）。由于商业渔业的生产成本高，经济效益远不

如休闲渔业好，联邦政府和州政府对休闲渔业特别重视，休闲渔业已经成为现代渔业的支柱产业。休闲渔业产值约为常规渔业的 3 倍以上，同时还带动了旅游、餐饮、宾馆、娱乐、车船、交通、渔具、运动等相关产业的发展，促进了社会就业。美国的淡水渔业主要为休闲渔业服务，罗非鱼是休闲渔业的饵料鱼，鳟养殖也主要用于放流和休闲渔业。根据美国休闲渔业协会（ASA）2008 年的报告，在美国 3 000 万 16 岁以上的钓鱼爱好者中，有 2 500 万是淡水钓鱼爱好者。休闲渔业对淡水渔业和内陆渔业转型具有重要意义。澳大利亚在发展休闲渔业过程中，特别重视将产业发展和保护资源环境紧密结合，注重人的活动与渔业资源的协调发展。休闲渔业以其产值高、产业链长、有利于社会经济发展的特征成为淡水渔业转变发展方式，加快产业升级的有效手段，成为渔业的新经济增长点（刘雅丹，2006）。

第二节 科技发展现状及特点

一、遗传育种技术的发展现状和特点

国际上一直十分重视鱼类的遗传育种研究，特别是高度重视水产种质资源的研究。在种质鉴定方面，欧美等发达国家建立了种质标记技术，基本查明了鲑鳟鱼类的家养群体与野生群体之间的遗传差异。美国建立了官方的种质鉴定中心或机构。目前，世界上最大的鱼类种质资源数据库 Fishbase 已由世界鱼类中心牵头，联合了世界上许多科学家共同建立起来，受到国际渔业界的高度重视。

常规选择育种和杂交育种技术广泛应用并取得显著成效。其中，最有代表性的研究工作是美国华盛顿大学的道纳尔逊育成的"超级虹鳟"。经 23 年研究育成了产卵期由选择前的 2~3 月提早到上年的 11 月，2 龄鱼的产卵量比选择前增加 4 倍，1 龄鱼的体重比选择前增加 1 倍。这是由鱼类野生种育成家养品种的典范，对世界水产养殖作出了重大贡献。挪威从 1972 年以来一直坚持对鲑鳟鱼进行良种选育，选育指标包括生长速度、性成熟年龄、抗病毒病和抗细菌病能力、肉色和肌肉中脂肪含量等，现已培育出了一大批鲑鳟鱼类的优良品种，使鲑鳟渔业也因此成为挪威仅次于石油天然气的第二大出口产业。杂交育种是迄今为止最为有效的良种培育技术之一。前苏联、德国、匈牙利、以色列和日本等都十分重视鲤品种间和品系间的杂交，而比较普遍采用的是不同地理品系间和家养系与野生种间的杂交。20 世纪初，乌克兰用"加里兹"镜鲤与当地品种杂交，育成了闻名世界的高产乌克兰鳞鲤和乌克兰镜鲤。前苏联从 40 年代起开展了鲤抗寒品种的选育，他们用黑龙江野鲤和欧洲镜鲤杂交，杂种再与黑龙江野鲤回交，回交种再系选育到 F_7，育成了抗寒力强、生长快的全鳞型鲤鱼新品种——罗普莎鲤，从此该国的养鲤业由欧洲地区向北推进到北纬 60°以北（大约 10 个纬度）的西伯利亚地区，取得了重大经济效益。日本的鲤养殖历史悠久，曾对鲤品种改良做了不少的工作，但以杂种优势利用为主。以色列从 70 年代起进行鲤的杂交育种工作，十分重视基础性研究，对鲤不同地理品种经济性状的形成和不同品种鲤鱼间杂交，杂种 F_1 对不同饲养条件的生长表现等进行了深入的研究。匈牙利从1962 年开始采用近交效应，由鲤近交系间杂交获得杂种优势的方法，对全国 10 个地方品种进行杂交育种，先对每个地方品种自交繁殖 2～3 代，对入选的雌、雄鱼个体的生产值及其重要性状进行比较测定，然后进行品系间杂交。制定了评价杂种生产能力的指标，包括卵的受精力，第一和第二年鱼的成活率，第二年鱼的增重率、饲料转换能力、含肉率和鱼肉的含脂量等。各杂交系经池塘生长对照，选出具有明显杂交优势的组合（二系），再与另一杂交系杂交，从而培育出优良二系杂种、三系杂种和四系杂种。

分子标记辅助家系选育，也是世界各国目前常用的育种技术。如美国 ARS 的科学家在分子标记选择技术的辅助下用了 6 年时间，2007 年获得比已有品种生长快20％的沟鲇 NWAC - 103 品系，并通过美国农业部的认定，已在生产中使用。挪威科学家采用家系建立和基因标记手段进行了大西洋鲑抗病育种的研究工作，分别建立了抗病家系和疾病敏感家系，并筛选出了抗病和感病的 MHC（主要组织相容性复合体）基因型。美国奥本大学农学院水产系沟鲇基因组项目组，在沟鲇的基因组资源的开发中主要开展表达序列标签（expressed sequence tags，ESTs）制备、功能基因相关的微卫星标记、抗病相关基因的克隆、饲料高利用率相关基因的克隆等，并开展了提高饲料高利用率和抗病的分子育种研究。美国农业部鱼类遗传实验室与冷水养殖实验室，这两个实验室都是美国农业基因组计划的沟鲇基因组项目与虹鳟基因组项目的牵头单位，通过合作已经得到大量的有关分子育种的实用操作技术方面的信息。

二、养殖与工程设施技术的发展现状和特点

自 1970 年以来，世界水产品总产量增加了约 40 倍，水产品产量的提高不只是依靠养殖面积的增加和更多的水资源消耗，很大程度上是依靠水产养殖集约化程度的提高。但高密度、高投饵率、高换水率的集约化水产养殖方式带来的环境问题，使其可持续发展性受到置疑。Boel. H. Bosma 和 Marc C. J. Verdegem 指出，集约化水产养殖的挑战是提高产量同时保持对环境的可持续性。水产养殖的可持续发展越来越受到关注。因此，世界范围内健康养殖模式和技术得到不断发展，其共同的目的是提高养殖系统内的物质利用效率，使高程度的集约化与高生产力不相矛盾，在增加养殖产量的同时减少对环境的影响。目前，世界上采用的淡水健康养殖模式主要包括：循环水养殖模式，包括基于硝化细菌的工厂化循环水养殖、基于微藻调控的设施化循环水养殖模式、基于生态工程技术的池塘内循环养殖模式；基于低营养级生态位强化调控的复合池塘养殖模式等。

在现代社会发展要求的压力下，符合可持续发展要求的养殖模式正在研究与推进。美国的科学家对养殖池塘生态与调控机制做了系统性研究，建立了基于微藻调控

的设施化淡水池塘养殖模式；东欧及前苏联一些国家，在欧盟水域环境保护的要求下，开始实施符合节水、减排要求的循环水池塘养殖模式；泰国等一些东南亚国家在养殖池塘生态复合调控方面给予了更多的关注。养殖系统的配套研究和养殖模式优化研究开始在养殖产业的发展中起到越来越重要的作用。信息技术、渔业设施新材料以及新工艺的发展，也促进了淡水渔业设施的科技化水平的提高。

在养殖管理上，当前淡水渔业发展中，新技术革命、渔业生产对象没有发生变化，但是许多生产流程和操作技术发生了巨大的变化，捕捞、养殖、加工、销售变化巨大，虽然世界渔业的资源量在衰退，而渔获量却在增加，养殖产量在大幅度地增长，这从侧面说明了养殖管理对世界渔业的发展起到了重要作用。

三、病害防控技术的发展现状和特点

由于世界发达国家的大宗淡水鱼养殖规模小，养殖条件控制严格，病害也相对较少。总结起来，国外发达国家对水生动物疾病的研究现状及特点如下：

（一）病原检测与病害诊断技术

疫病的诊断和监测是疫病控制的重要环节，国际上水产养殖发达国家对水产动物病原检测技术非常重视，世界动物卫生组织编著的《水生动物疾病诊断手册》，分别推荐了间接荧光抗体、ELISA、PCR、DNA 探针等技术作为对几种危害较大的水生动物病害的快速诊断方法。在其他水产动物病原检测方面，已建立多种水生动物病毒、细菌等病原的快速检测方法，其中多数都开发成了商品化的试剂盒。寄生虫病的诊断技术与国内比较类似，以形态诊断为主，分子诊断方法为辅。

（二）药物防控技术

安全、合理用药，是发展健康养殖、保障水产品质量安全的关键。国际上发达国家养殖大宗淡水鱼数量少，养殖密度低，因此，针对大宗淡水鱼病害的药物研究相对较少。但国外发达国家对水产养殖允许使用的渔药种类及其应用范围进行了严格的限制，并制定了严格的休药期与残留限量标准，以规范渔药的安全使用。如美国仅批准了 5 种药品为水产养殖用药，其中抗生素 2 种，麻醉剂、驱虫剂和催产剂各 1 种；加拿大允许使用的水产养殖用药也只有 10 种左右，而且大部分只能针对鲑科鱼类；日本《水产养殖用药第 22 号通报》（2009 年 2 月 25 日）最新规定了允许使用的渔药有48 种，种类相对较多，其中疫苗有 10 种，但这 48 种渔药所使用的对象有较大的限制，大部分只允许在 1~2 种养殖对象上使用。

（三）免疫防控技术

作为符合环境友好和可持续发展战略的病害控制措施，免疫防治已成为 21 世纪水产动物疾病防治研究与开发的主要方向。国外在鱼类免疫学研究领域十分活跃，在抗原分子结构、免疫应答机理、细胞免疫活性以及基因工程疫苗的研制方法和技术等方面取得了丰硕的研究成果，如小瓜虫基因工程疫苗研究、传染性造血器官坏死病病毒（infectious hematopoietic necrosis virus，IHNV）、病毒性出血败血症病毒（viral haemorrhagic septicemia virus，VHSV）等的核酸疫苗研究、杀鲑气单胞菌、嗜水气单胞菌等的重组疫苗、基因缺失活疫苗、活载体疫苗等方面都取得了重大的成果或进展，在抗原基因定位、基因分离、载体构建、基因表达、产物分离、免疫分析等方面做了大量的研究工作，有的已经开始了生产性的试验，显示了巨大的应用前景。到目前为止，已批准上市的鱼类疫苗超过 100 种，在鱼类病害的防治中发挥了极其重要的作用。但由于养殖品种的差异，在国外几乎没有针对大宗淡水鱼的疫苗产品面市。

(四) 生态防控技术

维持池塘生态系统的稳定性，使水体生态系统中各生态因子处于适宜鱼类生存和生长的状态显得尤为重要。早在 20 世纪 80 年代，国外就开始通过生物和理化方法调控池塘养殖水质。90 年代，澳大利亚著名微生物学家莫利亚蒂博士就提出了利用微生物生态技术控制水质以减少病害发生的可行性，迄今已经形成了较为成熟的技术。日本的 EM 菌技术目前在全球范围内已经进行了推广，但从总体上来说，国际上微生物、微生态技术在养殖中的应用尚处于初级阶段。此外，在水质处理的物理化学方法上，日本主要采用泼洒石灰、黏土、覆盖沙土、曝气以及工程导流冲刷等措施对养殖过程中残饵粪便形成的堆积物、养殖污染物进行处理，美国的封闭式养殖系统水质调控技术也取得了较大的进展并在实际中应用。

四、营养与饲料技术的发展现状和特点

国外水产动物营养与饲料技术的研究开始于 20 世纪 50 年代末。与其养殖模式相对应，养殖品种较为单一，主要品种涉及斑点叉尾鲴、罗非鱼、虹鳟、大麻哈鱼等，科研投入较大，从基础研究到技术研发，较为系统。

(一) 不同发育阶段鱼类营养需求的研究

鱼类营养需求的变化受其发育阶段的影响，不同生长阶段的鱼类对相应的营养需求有一定的差异。如随着鱼的生长发育，其蛋白质需要量降低，对不同饲料原料的利用也存在一定差异，国外对其养殖品种的营养需求标准均有详细的研究（Wilson and Halver，1986；Millikin，1982a；Steffens，1989a；NRC，1993）。

(二) 对主要饲料原料利用与无公害配方设计的基础研究

目前，水产养殖成本高的主要原因是饲料原料价格持续上涨，由于饲料成本和环

境保护的原因，国际上发达国家对饲料系数均有明确的规定，如有些国家规定饲料系数必须低于 1 甚至更低。国外通过加强对饲料原料如主要饲料蛋白源、能源利用差异和机制的比较，从原料、配方、加工等一系列过程的控制，探讨改善饲料利用的理论和技术。

（三）营养与免疫关系的研究

水产养殖产业受损的一个重要方面是水产病害，而很大一部分病害是受到鱼类自身营养状况的影响。一方面，表现在营养状况差而导致直接的营养缺乏症，还可以导致免疫力下降，抵抗疾病的能力减弱。有关营养缺乏症的研究报道较多，营养免疫方面的研究逐渐受到较多关注。如饲料中维生素 C、维生素 E、铁、磷、锌、硒、脂肪酸、氨基酸等均会影响鱼类的健康与免疫机能（Lim and Webster，2001）。另一方面，水质恶化导致病害暴发几率提高。而随着对食品安全的控制，饲料中免疫增强剂方面的研究也备受关注。营养成分、营养物水平及免疫增强剂如何影响鱼类健康的生理生化及分子生物学过程成为近年来研究的热点。

（四）养殖全过程高效饲料技术研究

高效（cost-effective）饲料技术是关注养殖过程中与饲料有关的技术集成，包括养殖品种的择优、养殖模式的优化、饲料原料选择、配方设计、加工工艺、饲料储运、投喂技术甚至市场情况和环境负载等，综合考虑养殖中和饲料相关的所有因素，达到养殖效益的最大化。

五、加工技术的发展现状和特点

（一）重视基础研究和技术的原始创新

国际水产品加工业发达国家非常重视基础研究和原始创新。成立于 1928 年的 Torry Reserch Station，在国际上率先开展大西洋鱼类营养组成和季节变化、水产品腐败的生物化学、微生物学和酶学变化等方面的研究工作，取得许多具有广泛指导意义的研究成果。日本从 20 世纪 70 年代初，研究不同品种海水鱼的蛋白结构、性能以及内源酶对鱼糜凝胶强度影响，率先开发出冷冻鱼糜及其制品加工技术与设备；在系统研究鱼肉冰点及其调控的基础上，建立了水产品的微冻保鲜技术和冰温保鲜技术。

（二）重视水产品功能因子发掘和保健食品生产技术开发

国外水产品加工企业都从环保和经济效益两个角度，对加工原料进行全面综合利用。20 世纪 70 年代中期，国际上研究了鱼类油脂组分及其生理功能，证明 DHA、EPA 等 ω-3 脂肪酸具有降低人体血管胆固醇等作用，开发出许多鱼油保健产品。许多学者利用酶工程技术，评价了鱼类酶解蛋白多肽的组成与功能特性，开发出了许多功能性多肽。如日本和美国，利用现代生物和工程技术，以水产品加工中废弃物制成降压肽、胶原蛋白、鱼精蛋白、深海鱼油等产品，已形成上百亿美元的新兴产业。

（三）重视水产品质量和安全控制

国际水产品贸易市场的竞争，促进了水产品生产的国际化。国际食品法典委员会（CAC）已制定食品卫生通则（CAC/RCP1985）和水产品标准 28 项，包括了鲜鱼、冻鱼、咸鱼、熏鱼、鱼罐头、贝类、蟹类、龙虾、低酸罐头食品等水产食品的加工操作规范和产品标准。以"危害分析和关键控制点"（hazard analysis critical control point，HACCP）为基础的质量管理规范在世界范围内得以推行，将"良好农业规范"（good agricultural practices，GAP）、"良好作业规范"（good manufacturing practice，GMP）、HACCP 等现代食品安全控制体系引入水产品加工业中，建立了从养殖、加工、销售至消费的水产品全程安全和质量控制体系，极大地提高了水产食品的安全性。

（四）重视加工装备开发和新技术应用

在国外发达国家，以海水鱼类为对象的前处理机械发展较快，在洗鱼、分级、去鳞、去头、剖腹、去内脏、采肉、切片等环节均已实现了机械化处理，并采用了计算机自动控制技术，能自动调整刀的位置、切入深度，以达到较高的出肉率。以生物技术、膜分离技术、微胶囊技术、超高压技术、新型保鲜技术、微波技术、超微粉碎技术、酶工程技术、重组织化技术等为代表的高新技术在水产品深加工中得到广泛应用，大大提高了水产品加工业的技术含量和产品附加值。

第三节　种业发展历程及现状

从 20 世纪 60 年代起，世界不少国家纷纷将经济水生生物（鱼、虾、贝）的遗传育种研究列为水产养殖业的重点发展方向，陆续培育出一批具有优良经济性状的水产动物良种，形成了一批规模较大的水产种业集团（公司）。如挪威的大西洋鲑种业，已成为该国重要的经济支柱之一。美国培育的高产抗逆的凡纳滨对虾良种，已垄断了国际养虾业。东南亚通过国际合作培育的高产罗非鱼品种，畅销亚洲各国。现将国外比较成功的水产种业案例的发展历程和现状分述如下。

一、鲑鳟鱼种业

挪威地处大西洋暖流和北极寒流的交汇区，有丰富的渔场，是全球第二大水产输出国。渔业是挪威仅次于石油和天然气的第二大出口产业，2001 年水产品的出口额315 亿挪威克朗（35 亿美元）。挪威也是全球最大的养殖鲑鳟鱼生产国，养殖产量 47

万 t。2000 年出口养殖水产品占出口总量的 42%，出口种类以鲑鳟鱼为主。挪威从 20 世纪 60 年代开始养殖鲑和鳟，后来得以迅速发展。为了解决养殖生产中的饲料及病害问题，70 年代早期挪威政府正式启动了大西洋鲑和虹鳟的选育计划（胡红浪，2003）。当年，这两条鱼的年总产量只有 1 000t，养殖生产的发展主要依赖于使用大量海捕小杂鱼以及鱼类加工厂的下脚料；随之而来的就是饲料来源、环境污染及病害流行等问题。为了解决这一系列越来越严重的问题，由政府投资建设了一个遗传研究中心，聘请了有关科研技术人员，开展有关鲑鳟鱼生长、营养和病害防治的遗传研究。

在第一个 4 年（即 1972—1975 年）里，他们首先从挪威的 40 多条河域里收集了野生鱼，建立了 4 个基本家系。在工作初期，他们选择的目标仅是生长性状；后来因为标志方法的改进，又增加了一些新的重要经济性状作为选育标准。目前，共有 7 个性状被定为选育的指标，如在海水中的生长速度、性成熟年龄、抗细菌病（如疖疮病）、肉色、肉片的脂肪含量以及可见脂肪量。

大西洋鲑和虹鳟的选育经过 2～3 个世代后，从 20 世纪 80 年代中期开始商业化。政府投资建设的遗传育种研究中心成为一个新的育种公司（名为 AquaGen，即水产基因）的股东，此外，还有地方政府、养殖者协会、大学以及几家饲料公司同时作为股东。AquaGen 育种公司承诺能够向挪威的养殖户提供经过遗传改良的大西洋鲑和虹鳟的养殖用鱼苗，它的组织机构包括一个育种站、若干个试验站以及亲鱼站。育种站负责评估育种对象的遗传价值，并生产新的品系作为亲鱼。试验鱼的样本从各个家系中产生，并在几个试验站中（包括试验室和商业性养殖场）进行。待选的育种对象也从各家系中选出，并运送到亲鱼站，培育至性成熟。所有试验鱼以及育种对象的信息将被记录、收集，作为评估遗传育种价值的依据，那些具有良好育种价值的亲鱼被用来生产新的一代家系。另外，亲鱼站还把那些高于平均遗传价值水平的选育对象培育成亲鱼，提供给商业性的苗种场繁育生产用苗种。AquaGen 育种公司的这些部门向挪威的养殖渔民承诺，他们能够及时向养殖户提供经遗传改良的大西洋鲑或虹鳟鱼苗种。另外，一些私营的育种公司和 AKVAFORSK 遗传中心成立了另一家育种公司 SalmoBreed。两家公司提供的产品相似，但在育种计划的组织向养殖户提供种苗的方式上有差别，通过良性竞争，使挪威鲑鳟鱼产业的健康持续发展。整个选育计划的组织、实施和运作，挪威政府起到决定性作用，包括政策支持、投资建设育种实验设施和聘用科技人员等。同时，充分发挥市场和竞争的作用，不断提高种质创新的水平。

二、凡纳滨对虾种业

凡纳滨对虾（*Litopenaeus vannamei*）又称南美白对虾，原产于中南美洲，因其具有对水环境抗逆能力强、营养要求低、生长速度快、虾体含肉量高、对盐度适应范围广、离水存活时间长和抗病力强等优点，与斑节对虾、日本对虾一起成为目前世界养殖产量最高的三大虾种。但对虾养殖产业中，良种问题一直是制约其稳定发展的主要因素。20 世纪 90 年代，美国海产对虾养殖计划（US marine shrimp farming project，usMsFP）率先提出对虾遗传选育计划，主要进行健康对虾和无特异病原虾（SPF）的系统选育。

1995—1998 年，美国国家农业部（USDA）和海洋研究所（OI）基于对生长性能和对虾桃粒综合症病毒（taura syndrome virus，TSV）抗性等权重的综合选择指数进行凡纳滨对虾选择育种。Argue 等（2002）对凡纳滨对虾的生长和抗 TSV 进行选择育种，经一代选择生长提高了 21.2%，而 70% 抗 TSV 和 30% 生长的选择，经一代选择成活率提高了 18.4%，半同胞遗传力为 0.84～0.43，现实遗传力为 1.0～0.12。美国高健康水产公司通过对凡纳滨对虾抗 TSV 性的选育，每代成活率提高 15%，连续 4 代选择后，存活率高达 92%～100%，而对照组只有 31%，对生长速度的选择使凡纳滨对虾个体重达到 22～25g（Wyban et al.，1992）。利用限制性片段长度多态性（restriction fragment length polymorphism，RFLP）、随机扩增多态性 DNA 标记（random amplification polymorphism DNA，RAPD）、微卫星 DNA 等技术对凡纳滨对虾、斑节对虾的遗传多样性及种群遗传结构进行研究，用于指导高健康对虾和无特异病原虾 SPF 的系统选育。Wolfus 等（1997）也将微卫星标记应用于凡纳滨对虾的养殖选育计划，确定了 23 个种群特异性标记探针，为高健康虾品系选育及监测种系内遗传变异程度提供了理论依据和指导。Emmerick 等（2003）利用巢式PCR（nested PCR）技术，报道了凡纳滨对虾的传染性皮下及造血组织坏死病毒（infectious hypodermal and hematopoietic necrosis virus，IHHNV）流行病学，确定IHHNV 经由母体垂直传播，得到了无 IHHNV 病原的（IHHNV - FREE）的凡纳滨对虾亲虾，因而无节幼体数量和质量大幅度提高。随着对虾养殖业的发展，越来越多的疾病严重威胁着全球对虾的产量。从长远角度来说，面对多种流行病，唯一能够保持对虾产量的方法是无特定病原（specific pathogen free，SPF）和抗特定病原（specific pathogen resistant，SPR）品系的建立。目前，凡纳滨对虾已经成为世界上公认的优良养殖虾种。

三、罗非鱼种业

罗非鱼是一种全球性的养殖鱼类，在世界上超过 85 个国家养殖，已有 4 000 多年的养殖历史（McAndrew et al.，2000）。罗非鱼有很强的适应环境的能力，如耐高盐、低氧和高密度，摄食天然饵料和廉价的人工饲料都能明显的生长，繁殖周期短，并在养殖环境下也能自然产卵。20 世纪 70 年代后期，亚洲的罗非鱼养殖业出现种苗供应不足，养殖鱼生长性状衰退等问题，而非洲正处在水产业发展初期，本地的野生罗非鱼资源受到过度开发，生活环境退化。为此，世界鱼类中心与挪威、菲律宾有关研究机构协作实施养殖罗非鱼遗传改良计划（GIFT 计划）。该计划采用的是家系选择与家系内选择相结合的方法，收集了非洲及菲律宾 8 个尼罗罗非鱼品系，在菲律宾各种养殖环境及不同气候条件下进行养殖试验，进行品系的生长性能测试，并进行完全的 8×8 双列杂交试验，筛选具有明显杂种优势的组合，用于选择育种。在完成 6 代选择后于 1997 年结束，取得了生长速度比基础群提高 85％的成果，在多个国家养殖进行遗传和经济性状评估后广泛推广。吉富罗非鱼良种选育树立了一个多方合作进行水生生物遗传改良的典范。在育种过程中，准确查找问题、精密设计项目实施方案、进行多代选育、养殖业户参与品种评价、广泛宣传等是该项目成功的经验。

从国际鲑鳟鱼、凡纳滨对虾、罗非鱼等水产种业的成功案例中可见，水产种业的培育都是基于大的育种计划。通过政府推动或者国际专业育种机构的合作，对有巨大市场潜力的优势养殖种类，针对相应的经济性状进行长期育种规划。除了常规的选育过程，为了配合世界范围的苗种推广，对良种进行多个国家多种环境条件的养殖评价，也为有针对性的选育和推广养殖提供了大量基础数据，促进了良种产业的可持续发展。我国水产养殖产量占世界首位，养殖种类多，涵盖了鱼、虾、贝、藻、参、蟹等多类物种。参考国外水产种业的成功经验，发展战略性新兴产业首先要进行充分的发展潜力分析，根据种质创新的前期基础，确定优势发展的产业。通过政府在资金、政策等方面的支持导向，集中优势科研和推广力量，制定长期周密的项目计划。加快推进产学研、育繁推、科工贸一体化的体制与机制，培育中国的水产种业集团。另外，在开展优良品种培育的同时，应加快水产种质资源库的建设，深入开展发掘、收集、分类、整理、保存种质资源的工作，为我国水产种业的可持续发展打好基础。

第四节　水产饲料业发展历程及现状

大宗淡水鱼的养殖，主要在中国、俄罗斯和日本等国家。如日本利用工业高度发达的优势和饲料研究的成果，进行池塘高密度的全投饵流水管理，创造了每 $3.3m^2$ 池塘年产 1t 鲤的高产纪录。前苏联为了增加池塘养鱼单产，推行了集约化的养鱼方式，研制出池塘封闭循环供水装置。每年池塘养鲤产量为 14 万 t，鲢 4 万 t，其中在鱼池中安装摇摆式自动投饵机，可使鱼产量增加 20％～25％（贾敬德，1991）。从总体上看，我国大宗淡水鱼的养殖技术仍有较大的提升空间，虽然大宗淡水鱼在世界上其他国家养殖较少，但其水产饲料的研究和发展经验仍值得我国借鉴。

一、世界水产营养与饲料研究发展历程

鱼、虾类消化生理的研究已有 100 多年的历史，但真正关于鱼虾营养需要与饲料

开发相关技术的研究是 20 世纪 40 年代才从美国开始，50 年代成功生产渔用商品颗粒饲料。40 年代日本、欧洲也迅速开展相关研究，50 年代进入工业化生产。迄今世界上已有 300 余种的鱼类和 20 余种的甲壳动物进行了养殖，但已经开展营养研究的鱼类不足 50 种，甲壳动物不足 15 种。到目前为止，营养需求研究较全面的种类仅有大西洋鲑、虹鳟、斑点叉尾鮰和鲤等种类，这些研究奠定了鱼类营养和饲料学的基础。

国外尤其是欧美、日本等水产养殖发达的国家，由于养殖品种相对比较固定，所有的研究集中进行，从营养需求、替代蛋白源、实用饲料等多方面综合系统进行研究，目前研究较系统的有鲑鳟鱼类、斑点叉尾鮰、鲤、罗非鱼、对虾、真鲷、鳗鲡等主要水产养殖种类。

从饲料开发水平来看，国外鲑、鳟、斑点叉尾鮰和鲤饲料的饲料系数已达低于 1.0 的水平，其他鱼类及甲壳类的饲料系数达到 1.5 左右。有关该方面的研究，国际上主要集中在基本的营养参数及其差异的酶学和分子生物学机制、代谢及其调控机制、替代蛋白源、无公害饲料、营养与免疫、行为生态学和摄食模型、改善水产品品质和提高食品安全等方面。

从 20 世纪 80 年代后期起，欧美等水产养殖发达的国家，凭借先进科学技术和该研究领域扎实基础，提出了重新评定水产动物营养需求参数，并且建议对水产养殖动物从物种分类、栖息水温、水域、食性和生长发育阶段的不同，进行划分它们的营养需求类型。根据不同营养需求类型，科学地提出主要养殖对象和不断加入的各种新养殖对象的营养需求参数值，用以指导开发各种类型的养殖实用饲料。美国国家研究理事会（national research council，NRC）从 20 世纪 70 年代末就出版了《鱼类与甲壳类动物的营养需要》手册，而且随着新研究成果的不断充实和完善，该系列手册已经经过多次修订。

二、世界目前水产饲料研究与发展趋势

安全、环保、高效，是目前国外饲料研究发展的主要方向。

（一）饲料原料利用率方面

国外的养殖品种以肉食性为主，主要集中在饲料蛋白源替代技术、氨基酸平衡技术、原料预处理技术等方面。近年来，为了提高廉价饲料原料的利用率，在原料预处理（如发酵菌种筛选、植物蛋白源复合发酵、酶处理、物理和化学处理），饲料配方的营养平衡（如氨基酸平衡、能量平衡等），添加剂（营养添加剂、诱食剂、外源酶添加剂等）等方面取得良好进展，有效地提高了廉价饲料原料的生物利用率。

（二）饲料营养平衡技术方面

利用不同原料之间氨基酸组成的差异，在设计饲料配方时，通过调整原料间的比例来达到氨基酸的含量与比例，满足养殖动物对必需氨基酸的需求。但是，往往由于原料的限制，无法达到氨基酸的平衡，这样可以通过添加人工合成的氨基酸，以平衡配方的氨基酸组成。国外的研究一方面考虑环境氮、磷排放的限制，另一方面利用先进的技术手段如同位素示踪技术研究氨基酸运输和代谢过程，利用预包被处理技术或者螯合技术等提高利用效率等。同时，通过改变投喂频率，可以提高部分鱼类对晶体氨基酸的利用效率。另一方面，开始研究理想氨基酸模式，研究通过提高饲料能量，减少蛋白用量，提高蛋白源用于维持机体正常生理生化过程和生长的需要，而减少用于能量消耗。

（三）新型饲料原料开发方面

国外更重视与环境保护和资源再利用密切相关的原料开发，很多农业加工的副产品（如肉骨粉、禽肉粉、工业酵母、植物蛋白浓缩物和藻类蛋白等），这些原料的利用不仅可以减少与人口争夺粮食的矛盾，还可以促进资源再利用、降低大气二氧化碳、保护环境等。

（四）添加剂技术方面

添加剂一方面可以达到营养素的平衡，另一方面是促进鱼类摄食、增强健康、改善品质等。国外的研究多集中在氨基酸等营养素添加剂、诱食剂、防腐剂、抗氧化剂等，如各种营养添加剂包括氨基酸、维生素、无机盐等，诱食剂包括甜菜碱、核苷酸等，免疫增强剂包括维生素、寡聚糖、多聚糖、活菌制剂等，品质改善剂如维生素E、大豆异黄酮、DHA等，提高饲料原料利用率的酶制剂如植酸酶等。

（五）水产品品质的营养调控方面

国外关于鱼肉品质的研究已有近半个世纪的历史，也是从基本的体成分开始做起，主要针对鲑鳟鱼类。国外已开展的有关鱼体品质的研究，主要针对以下鱼肉品质的评价指标：鱼体和鱼肉颜色，鱼肉质地（硬度、弹性、黏附性、咀嚼性和系水力等），肌肉组织学（肌纤维直径、密度和肌小节长度），鱼体脂肪分布（包括头部、尾部、背部、腹部，以及肌间脂肪含量）、氧化和脂肪酸，营养成分，以及人工品尝等。鉴于评价鱼肉品质的指标繁多、不同民族的饮食习惯，致使不同地区对同一指标的重要性认识不尽相同，研究者只能选择性地研究个人认为比较重要的指标，又因为不同研究的实验条件、测试指标的方法和仪器以及测试部位、时间的差异，使得对同一问题不同学者得出不尽相同的结论。所以，如何统一鱼肉品质的指标内容、评价标准，建立起一个更为简便、更为准确、更为完善的鱼肉品质指标评价体系，是个亟待解决的重要问题。国际上已经研制出"电子鼻""电子舌"，用来评价肉质的异味与口感等。

（六）饲料加工工艺方面

挤压膨化技术，已成为国外发展速度最快的饲料加工新技术。它具有传统加工方法无可比拟的优点，市场发展潜力巨大。目前，在发达国家水产饲料挤压膨化造粒是最常用的手段，因其淀粉糊化度高，饲料黏结性好，适口性好，水中稳定性好，利用率提高 10%～25%，有效营养损失减少，现已逐步淘汰硬颗粒水产饲料生产线，在美国水产用颗粒料几乎 100% 是膨化饲料。

第五节　养殖机械装备业发展历程及现状

在世界范围内，以鲤科鱼类为代表的大宗淡水鱼，其主要养殖方式为池塘养殖和大水面"三网"（网箱、网围、网栏）养殖或放养。就养殖设施与装备而言，池塘养殖和网箱养殖及相关配套装备是主要形式。

一、池塘养殖设施发展历程与现状

在水源充足、水质良好、气候合适的地区，对养殖池塘的基本要求是具有良好的蓄水功能和隔离功能，以保证稳定的养殖水体，防止养殖品种逃逸与敌对生物入侵。塘埂与进排水设施是池塘设施构建的主要单元，塘埂的构筑要求有一定的宽度与坡面，坡面夯实或敷以保护层，以减缓因波浪和养殖生物的侵蚀所造成的塌陷；进排水设施以闸门最为普见，具有纳水与隔离两种功能。围绕养殖池塘还需要配置起进排水作用的沟渠，以保证水流畅通。养殖过程中有大量的营养物质富集，或者以固形物沉降在池底，或者溶于水中，使水质下降，进而影响养殖产量和品质。对此，养殖池塘的基本管理措施，就是定期地换水与清除池底淤积物。

以大宗淡水鱼为养殖对象的池塘养殖主要集中在亚洲地区，中国占 70%、印度占 15%、东南亚占 10%，非洲有较小的养殖规模，美洲的产量更低。在水土资源有限的条件下，为了追求更高的效益，养殖池塘的构建具有相当的科学性，在美国等一些国家围绕着池塘养殖设施有较为系统的研究。Claude E. Boyd（Jiang Xinglong，2006）开展池塘底泥形成与影响机制研究，提出了养殖场在选址建设过程中对土壤有机质、黏土的考量，在生产过程中的有效管理措施等。James W 等在《水产养殖基本准则》中提出了塘埂构筑坡比及排水管设置方式等，为池塘养殖设施构建与运行提供了科学依据与技术指导。

为提高池塘运行效率，在池塘基础上进一步设施化构建的探索与应用一直在开展。为延长养殖周期，在池塘上构筑塑料薄膜保温大棚。为便于收获，在池底筑沟；

为防止渗漏，对池底进行硬化处理或敷设土工膜。为有效地排出养殖沉积物，设置地膜与池底排水口。为提升水体初级生产力，将鱼池分割成折返式环道，形成功能化养殖区域，等等。

二、池塘养殖装备发展历程与现状

配置装备的目的是，提升养殖系统的生产效率。池塘养殖装备，主要分为水质调控型与生产作业型。

增氧机是主要的水质调控设备，起到生物呼吸用氧与水体微生物好氧的补充作用。增氧机通过机械搅动产生水花，增加水体与空气的接触面积，促进氧气的溶解。增氧机的应用对养殖池塘实现集约化高产养殖至关重要，已成为必备的装备。丁永良等20世纪70年代发明了叶轮式增氧机，沿用至今。90年代以后，水车式增氧机在东南亚养殖池塘中普及，近年来，微孔曝气式增氧设备也有较为广泛的应用。其他形式的增氧机还包括射流式增氧机、喷水式增氧机等。

国外关于水产养殖增氧机械的研究，多集中在设计、运行参数、增氧效果及影响因素等方面。如叶轮式增氧机的氧气传导速率和增氧效果，受到叶轮形状、直径、运转速度和安置水深的影响（Ahmad and Boyd，1988）。而不同的池塘形状、增氧机的布置方式也会对养殖结果产生作用，如在传统长方形池塘中增氧机应该呈对角线或平行线布置，比直线型布置方式好。养殖水体的相关理化性质也会影响增氧效果，如盐度就会影响叶轮式增氧机和水车式增氧机的标准氧气传导速率，盐度太高或太低都不利于氧气的传输和最终的增氧效率。

国外用于池塘养殖生产作业型装备，主要有投饲机、起捕设备等。投饲机的应用较为普遍，设置在池塘旁的投饲机可以按照设定，实现定时、定量投喂，大大减少管理者的工作量。起捕设备分为池塘拉网设备和吸鱼泵等。大多数情况下，养殖池塘在分塘或收获时采用人力拉网、起鱼。也有一些机械化拉网装备的开发，Sharma K K研发了基于导轨的池塘拉网机械；James W报道了移动式池塘围网滚筒起网机，真空式吸鱼泵、叶轮式吸鱼泵也有应用的报道。

三、池塘养殖系统模式发展历程与现状

具有规模的养殖小区，由一定数量的池塘及配套设施、装备组成。不同品种的生产要求、不同地域的自然环境条件、不同地区的社会发展，对养殖生产的要求促进形成了不同发展水平的池塘养殖系统模式。

在水系构建方面，最初级的系统模式是通过开挖小河道与池塘相通，以便池塘进排水；为了避免池塘间的交叉污染，形成了进排水分离的池塘给排水系统，通过非字形的沟渠形成水系；为了对应水源的劣化与社会对养殖排放的限制，在池塘系统的

进、排水端，组合自然湿地或人工构建的生态净化系统，进行源水和尾水净化处理；为了节水，适当配比的生态净化设施可使尾水得到全面净化，循环使用。在功能构建方面，针对品种与环境条件所构建的功能性特色明显的池塘设施，是系统的基本组成；养殖系统的构建还包括设施化的繁育系统甚至工厂化的养殖系统，与养殖池塘保持着物质与能量上的关联；养殖系统还可与种植系统相复合，形成物质循环利用的"渔—农"模式。

在生物絮团工程化应用方面。20世纪90年代开始，以微生物控制池塘水质的生物絮团技术（biofloc technology，BFT）方法由以色列科学家 Avnimelech Yoam 提出（Avnimelech，1989；Avnimelech et al.，2006）。该技术通过向水体添加碳源，促进异养微生物的生长并使水体有害铵态氮被固定和控制。微生物生物量为养殖生物提供了丰富的蛋白质，蛋白质的利用率是传统养殖的2倍。BFT养殖系统养殖过程中很少换水，较少的营养物质流失到外界环境，被认为是环境友好的系统，已在多个国家数千公顷的商业养虾和罗非鱼养殖池塘得到应用。

在藻相控制工程应用方面，通过藻类塘的沉淀及藻类快速生长富集能力，对养殖废水净化循环利用。D'enes G'al 在匈牙利开展了复合"精养—泛养"养殖系统，以回用精养池塘养殖废水，该系统包括5个小面积精养池塘和1个泛养池塘，水体在精养—泛养养殖池塘间交换，停留时间为60天，截留了81.5%的有机碳、54.7%的氮和72.2%的磷，减少了向环境中的营养物质排放量。法国南部构建了高效藻类塘处理回用海水养殖废水。美国夏威夷大学王兆凯教授研究设计了藻基生态型循环水养殖系统。

在养殖系统及其基础研究方面，Scott 等（2001）提出了水产养殖生态工程化系统设计原则。Barry（1998）将水产养殖与湿地系统相结合，建立了基于湿地净化养殖排放水的养殖系统，有效降低了养殖污染排放。Steven 等（1999）研究获得人工湿地对于的养殖排放水体中总悬浮物（total suspended solid，TSS）、三态氮（氨氮、亚硝酸盐、硝酸盐）有较高的去除效果。

池塘内循环环道系统（in-pond raceway system）方面，该系统在一个池塘中固定几个流水养殖池进行高密度养殖，通过气动提升泵等机械装置，使水在养殖区域和净化单元的水进行循环。并且在单元养殖池后方，增加了鱼体排泄物收集装置。2007年开始，美国的商业农场建造了商业规模的池塘内循环养殖系统，取得良好效果。在美国陆续已经有12家较大的养殖场应用此生产系统。分割式水产养殖系统（partitioned aquaculture system，PAS）复合了跑道流水循环和土池低成本养殖的双重优势，利用藻类高生产力对传统养殖池塘的改造，形成一个更加可持续、更具可控性的生产过程。

复合池塘养殖模式（integrated agriculture-aquaculture，IAA）是利用生态系统中生物群落共生的原理、系统内多种组分之间相互协调和促进的功能原理以及地球化学物质循环和能量转化原理等，使系统中一个组分中的废物被另一个组分利用，通过物质循环利用，提高资源利用效率，维持系统较高生产力。并通过保持产品多样化和减少系统营养损失，来分散经济风险的生产模式。

以色列采用卫星水池的方式进行池塘养殖，在较大的水库周围建造由若干个圆形或多边形小型池塘构成的开放式养殖系统，通过水泵提水形成水库和池塘间的水循环。主要特点是养殖过程耗水量较低，水资源利用较充分，而且由于每个卫星池塘的大小适宜，管理方便，在卫星池塘中进行鱼苗培育、越冬和养成均可。每个池塘均设有给排水系统、增氧、自动投饵和机械化起捕等设施。

泰国池塘设施养殖系统一般都由养殖塘、排水沟、净化塘、蓄水塘等组成，在排水沟两侧和净化塘中种植大型海藻或红树林，有的养殖场还在排水沟和净化塘里吊养贝类，在排水沟中央还装有充气装置。排水沟一般较长，养殖废水经过较长距离的排水沟，水中的氨氮、亚硝酸盐、硫化氢等污染物以及氮、磷等营养物被红树林吸收，有机物质被贝类摄食，一些有害气体通过曝气而被排出。由排水沟汇集到净化塘中的养殖废水，经1周左右时间的吸收、分解后被汇集到蓄水塘，或由水泵直接送入各养殖塘或育苗池使用。如此不断循环利用，实现了养殖废水零排放的封闭养殖模式，达到水资源利用的最大化。

形成了全面的系统管理模式。联合国粮农组织为世界各国和地区建立了GAP，以关注优化水产养殖生产模式，提高养殖企业的管理水平，实施可持续的发展战略，寻求水产品食品安全、质量、生产效益、环境影响。全球水产养殖联盟（GAA），采取认证制度，构建了《最佳水产养殖规范》（best aquaculture practice，BAP），通过建立苗种、养成、加工以及流通过程中的各项生产标准，有效评估养殖产品的食品安全、可追塑性及社会责任等。在美国，以斑点叉尾鲴为养殖对象的池塘养殖模式，构建了人工选育品系、标准化的养殖模式、高性能的绿色配合饲料及投饲技术、有效的配套设备设施等技术规范，注重水质调控，控制养殖水体排放，并通过建立严格的药物使用规定、养殖防疫措施和明确的卫生标准等，形成较完备的养殖技术体系，建立了针对水产养殖面源污染控制的《最佳管理实践》（best management practices，BMP）。

鲤科鱼类的复合混养在中国、印度等亚洲国家历史悠久。1982年，科学家在试验站设计了各种不同双组分的牲畜/鱼和作物/鱼系统，取得成功。进入20世纪90年代以后，复合养殖模式在越南、马来西亚、泰国、孟加拉国、印度尼西亚等其他亚洲国家蓬勃发展。2002—2004年，在越南湄公河流域将其作为一种循环农业和生态农业，发展形成了三种渔农复合养殖模式：基于果园的低投入模式、基于水稻的中等投入模式和基于水稻的高投入模式，建立了复合养殖系统模型（integrated aquaculture/agriculture system model，IAAS），用来模拟复合养殖系统内有机质和氮的动态。复合养殖模式的发展是动态的，受到社会经济和环境变化的影响，其复合程度、营养物质利用效率、经济效益取决于农业生态条件、农民自主性及知识技能。现代的复合养殖模式已经从低投入的单个农场，向农场间具有商业性质的复合的高投入转变。

第六节 水产加工业发展历程及现状

一、世界水产加工业发展历程

国际水产品加工业发达国家非常重视基础性研究，在基础性研究的基础上，开发出了一系列的具有原创性的水产品加工新技术，极大地推动了当地乃至国际水产品加工业的发展。而水产食品加工是渔业生产活动的延续，是捕捞、养殖水产品从生产到流通上市过程的重要中间环节，也是连接渔业生产和市场的桥梁。因此，水产食品加工不仅对水产捕捞和养殖，还对水产市场以及其他相关行业都具有重要的意义。因此，世界发达国家针对水产食品加工的研究也比较多。

英国于1928年成立全球第一个水产品加工研究所（Torry Reserch Station），开始着手鱼、贝、虾、藻类的基础研究，以数十年之功，在各种鱼类的营养组成和季节变化、水产品腐败的生物化学、微生物学和酶化学变化等方面取得了许多理论性研究成果，于20世纪60年代初编写出版了《Food As Fish》一书，至今仍是水产加工研究领域的重要书著，尽管概述所涉及的都是大西洋的鱼类，但其许多研究结论具有普遍指导意义，促进了全球水产品加工业的发展。

日本由于其天然的自然条件而成为水产大国，日本的渔业总产量高达1 200万t，占世界总产量的15%。主要渔获物种类有远东拟沙丁鱼、狭鳕、金枪鱼、牡蛎、扇贝、乌贼和章鱼。20世纪70年代初，日本从研究各种鱼蛋白结构、性能以及内源酶对鱼糜凝胶强度的影响、鱼蛋白冷冻变性机理及其控制等出发，发现底层鱼类蛋白质中盐溶性蛋白质及内源转谷氨酰胺酶的含量明显高于中上层鱼类，以这类鱼肉为原料，经低温凝胶化处理可以获得高品质的鱼糜制品。根据这成果，日本率先利用海洋深水鱼类狭鳕生产出了各种鱼糜制品，并利用转谷氨酰胺酶提高鱼糜凝胶强度、改善鱼糜制品品质，形成了一整套冷冻鱼糜及其制品加工理论和技术。通过对鱼类中三磷酸腺苷降解作用的研究，提出了鱼类品质指标K值（鲜度指标，次黄嘌呤核苷和次黄嘌呤之和与三磷酸腺苷及其分解物总量之比的百分率），用K值评价鱼类鲜度比用挥发性盐基态氮更具科学性和普遍意义，现已成为国际上普遍采用的鱼类鲜度评价方法；在对各种鱼肉冰点的研究中，发现−3℃时贮藏鱼类比冰鲜方法具有更大的优越性，从而提出了微冻保鲜方法和冰温保鲜方法。微冻保鲜方法解决了海洋捕捞作业中鱼货的保鲜问题，而冰温保鲜技术则为水产品及其加工品的保鲜与销售提供了良好的技术保证。日本是水产品加工业最发达的国家，其水产加工品已占水产品总产量的70%以上。

20世纪70年代中期，在鱼类油脂组分研究中发现鱼油含有大量的$\omega-3$脂肪酸，具有降低人体血管胆固醇的作用，80年代进一步研究发现鱼油中的DHA、EPA具用很好的保健功能，进而开发出许多鱼油保健产品。与此同时，许多学者利用酶工程技术，研究鱼蛋白质的酶水解工艺、分析其水解产物组成和功能，发现鱼蛋白水解产物不仅具有更高的营养价值和吸收率，而且具有抗疲劳、降血压等功能，为此开发出了营养补充剂和降压肽等保健产品（铃木平光，2003）。此外，水产动物多糖（透明质酸）的分布、含量、提取技术以及功能评价等基础性研究也成为水产品加工领域研究的热点之一。

进入 20 世纪 90 年代，全球开始重视食品安全问题，基于全面质量管理的经营管理理念，将 GAP、GMP、栅栏技术、HACCP 等现代食品安全控制体系引入水产品加工业中，要求企业从养殖、加工、销售直至消费的全过程对水产品品质进行控制。HACCP 已在美洲、欧洲以及日本等国家和地区的水产品加工和销售领域强制性执行，并普遍采用 HACCP 认证、BRC 食品认证、ISO22000：2005 食品安全管理体系认证、ISO9001：2008 质量管理体系认证，极大地提高了水产食品的安全性。水产品质量、安全问题受到各级部门、水产企业和消费者的进一步重视，保鲜、加工体系建设逐步得到加强。

近年来，随着水产食品向着精深加工方向的发展，快速检测技术、栅栏技术、超高压技术、超临界萃取技术、超微粉碎技术、微波技术、真空冻干技术、膜分离技术、微胶囊技术和纳米技术等高新技术也越来越多应用到水产品加工领域，水产品精深加工和综合利用技术水平不断提高。

二、世界水产加工业的现状

水产品加工具有悠久的历史，世界人民很早就掌握了简单的鱼类加工技术，如将鱼用盐腌制或将鲜鱼晒制成干鱼储存。后来随着对渔业的重视，渔业生产大为发展，水产加工产品的数量也大大增加、质量越来越好，水产加工工艺趋于多样化、精细化。全球渔业和水产品加工业从 20 世纪 70～80 年代开始呈现快速发展态势（崔凯，2011）。20 世纪 80 年代，世界渔业从天然捕捞逐步转向人工养殖方向，水产品加工业也开始注重基础理论和生化机理研究以及产品创新，综合利用低值鱼类及其废弃物来加工生产健康食品，促进了水产品采后损失率的降低和水产资源利用率、渔业效益的提高。

（一）1979—1988 年世界水产加工业的状况

根据联合国粮农组织（FAO）1990 年发表的 1988 年世界渔业统计资料显示，1988 年世界总渔获量为 9 798.53 万 t，其中，淡水渔获量为 1 342.46 万 t。1988 年，世界渔获物产量的 71.1%，即 6 963 万 t 用于人类食用，28.9% 即 2 836 万 t 用于鱼粉和饲料加工等用途。水产品的人均占有量为 12.4kg，其中，发达国家人均占有量为 25.3kg，发展中国家人均占有量为 8.1kg，而我国仅为 6.1kg。表 2 - 10 列出了 1979—1988 年世界水产品产量及其各类加工品的产量统计情况（王吉桥，2001）。从

表2-10可知，在1979—1988年，供人类食用的水产品数量从5 012万t上升到6 963万t，增加近40％。20世纪80年代人类消费水产品的主要形式是鲜品和冷冻品，1988年鲜品销售量为2 115万t，冷冻品销售为2 280万t，分别占总产量的21.6％和23.3％，其次是腌制品、干制品和熏制品等传统产品。由表2-11可知，80年代世界淡水鱼的加工量很小，1988年其加工品总量为25.57万t，占淡水产品总产量的1.9％，主要加工品为冷冻生鲜制品、干腌制品、腌熏制品和罐头制品等，其中以干腌制品产量为最高，其次为腌熏制品和罐头制品；1988年三类产品的产量分别为19.58万t、3.3万t和1.3万t，分别占加工总量的76.57％、12.90％、5.08％（乔庆林，1992）。

表2-10　1979—1988年世界水产品产量及其各类加工品的产量统计

单位：万t

类别	年份									
	1979	1980	1981	1982	1983	1984	1985	1986	1987	1988
总产量	7 089	7 204	7 460	7 673	7 742	8 382	8 626	9 261	9 341	9 799
鲜销量	1 249	1 350	1 416	1 378	1 461	1 488	1 605	1 796	1 891	2 115
冷冻	1 614	1 640	1 719	1 874	1 903	2 036	2 065	2 187	2 225	2 280
加工	1 086	1 133	1 153	1 165	1 184	1 218	1 276	1 310	1 371	1 383
罐头	1 064	1 079	1 102	1 072	1 111	1 162	1 148	1 160	1 171	1 184
其他	2 074	2 002	2 070	2 184	2 083	2 477	2 402	2 808	2 684	2 836
人类消费总量	5 012	5 202	5 390	5 489	5 659	5 905	6 094	6 453	6 657	6 963

表2-11　1979—1988年世界主要淡水鱼加工品的产量统计

单位：t

品种	年份									
	1979	1980	1981	1982	1983	1984	1985	1986	1987	1988
冻整鱼	4 742	6 857	4 955	6 086	5 014	7 511	8 541	8 699	8 181	7 279
冻鱼片	416	245	242	231	3 015	3 246	3 035	3 330	4 535	5 141
鲜鱼片	338	277	247	247	676	885	998	972	935	1 031
干腌制品	83 232	101 572	102 874	101 998	124 251	135 175	138 065	155 147	188 136	195 796
腌熏制品	37 528	38 201	37 623	36 092	33 305	31 519	31 761	34 283	30 402	32 921
罐头制品	7 258	6 319	6 933	7 090	6 528	6 559	1 152	11 940	13 355	13 578

（二）2000—2009年世界水产加工业的状况

2000—2009年，全球水产品总产量、食用水产品产量及水产品加工产量均逐年增加。根据用途不同，水产品分为人类食用水产品和非食用水产品，而根据加工与否，又可将水产品分为鲜售水产品和加工水产品。从表2-12可知，2000年全球水产品总产量 12 596.0 万 t，其中，食用水产品 9 609.8 万 t、非食用水产品 2 986.3 万 t，鲜售食用水产品 4 740.3 万 t，水产品加工量 7 855.9 万 t；2009 年全球水产品 14 459.9 万 t，其中，食用水产品 12 177.2 万 t、非食用水产品 2 282.7 万 t，鲜售食用水产品 5 700.1 万 t，水产品加工量 8 759.8 万 t。2009 年全球水产品总产量、食用水产品产量、鲜销水产品、水产品加工产量比 2000 年分别增加 1 863.9 万 t、2 567.4 万 t、959.8 万 t 和 903.9 万 t，其中，食用水产品产量占总产量比例的增幅较大（从 76.3％增至 84.2％），且鲜售食用水产品比例略有上升（从 37.6％升至 39.4％）、水产品加工比例则稍有降低（从 62.4％降至 60.6％）。

表 2 - 12   2000—2009 年全球水产品产量

单位：万 t

各类水产品产量	年 份									
	2000	2001	2002	2003	2004	2005	2006	2007	2008	2009
全球总产量	12 596	12 538.8	12 775.2	12 717.5	13 435	13 648.2	13 716.7	13 999.5	14 251.5	14 459.9
用于人类消费	9 609.8	9 874.1	10 041.1	10 362.6	10 654.4	10 967.3	11 435	11 712.6	11 942.9	12 177.2
鲜售	4 740.3	4 857.3	4 958	5 053.1	5 159.7	5 216.4	5 336.3	5 499.5	5 583.8	5 700.1
冷冻	2 563.8	2 611.4	2 706.1	2 777.3	2 870.6	3 036.7	3 197.2	3 318.2	3 406.8	3 479.3
腌制	1 099.8	1 155.8	1 087.7	1 151.5	1 160.5	1 171.5	1 197.4	1 214.6	1 228.9	1 241.4
罐头	1 206	1 249.5	1 289.2	1 380.7	1 463.6	1 542.8	1 704	1 680.4	1 723.4	1 756.4
用于其他目的	2 986.3	2 664.7	2 734.2	2 354.9	2 780.6	2 680.8	2 281.8	2 286.9	2 308.6	2 282.7
鱼粉加工	2 631.4	2 269.7	2 340.8	1 950.7	2 346.4	2 239.1	1 823.9	1 791.4	1 818.6	1 791.7
其他	354.9	395.1	393.4	404.2	434.2	441.7	457.8	495.5	490	491

数据来源：FAO yearbook：Fishery and Aquaculture Statistics，2009。

2000—2009 年全球水产品加工类型，主要分为冷冻（冷藏）制品、腌制熏制品、罐头制品、鱼粉及其他制品等五大类。2000 年全球冷冻水产品 2 563.8 万 t、腌制（腌熏）制品 1 099.8 万 t、罐头制品 1 206.0 万 t、鱼粉 2 631.4 万 t、其他加工品 354.9 万 t，占加工水产品的比例分别为 32.6％、14.0％、15.3％、33.5％和 4.5％；而 2009 年全球冷冻水产品 3 479.3 万 t、腌制（腌熏）制品 1 241.4 万 t、罐头制品 1 756.4 万 t、鱼粉 1 791.7 万 t、其他加工品 491.0 万 t，占加工水产品的比例分别为 39.7％、14.2％、20.1％、20.4％和 5.6％。从 2000—2009 年，全球冷冻水产品、腌制（腌熏）制品、罐头制品、其他加工品分别增加 915.5 万 t、141.6 万 t、550.4 万 t 和 136.1 万 t，而鱼粉加工量减少 839.7 万 t，减产达 31.9％。

2000—2009 年，发达国家的水产品总产量、食用水产品产量、水产品加工量呈下降趋势，而发展中国家却呈快速增加的趋势（表 2 - 13、表 2 - 14）。2000—2009 年，发达国家的水产品总产量、食用水产品产量及非食用水产品产量分别减少 435.3 万 t、127.0 万 t 和 308.2 万 t，减产分别达 13.6％、5.3％和 39.5％；水产品加工量从 2 946.0 万 t 下降至 2 616.3 万 t，而加工比例从 92.1％上升至 94.7％。而发展中国家在 2000—2009 年的水产品总产量、食用水产品产量分别增加 2 317.1 万 t 和 2 694.5 万 t，分别增加 24.7%、37.4%；而非食用水产品产量减少 377.3 万 t，减产 17.3%，其中主要是鱼粉产量降低 557.5 万 t，减产 29.0%。发展中国家的水产品加工产量从 4 885.8 万 t 增加至 6 137.4 万 t，增幅 25.62%，但水产品加工比例仅略有增加（从 52.1%升至 52.5%）（乐家华，2010）。由此可见，尽管发展中国家的水产品总产量、食用水产品产量及水产品加工量大幅增加，但水产品加工比例仍大大低于发达国家的；发达国家鲜销水产品比例小，绝大部分产品是加工制成品。

表 2-13　2000—2009 年发达国家各年水产品总量

单位：万 t

各类水产品产量	年　份									
	2000	2001	2002	2003	2004	2005	2006	2007	2008	2009
总产量	3 197.9	3 187.1	3 091	3 078.4	2 996.7	2 953.1	2 883.5	2 881	2 789.5	2 762.6
用于人类消费	2 414.7	2 448.8	2 379.5	2 410.5	2 339.3	2 351.3	2 309.2	2 336.6	2 284.4	2 287.7
鲜售	251.9	273.1	249	262.8	251.5	175	139.8	192	155.2	146.3
冷冻	1 202.3	1 198.3	1 159.7	1 183.8	1 143.5	1 201.9	1 172.5	1 189.4	1 191.4	1 193.5
腌制	313.6	321.1	301.9	306.1	306.7	327.2	327.2	326.2	315.1	315.7
罐头	646.9	656.3	668.9	657.8	637.6	647.1	669.7	629	622.5	632.2
用于其他用途	783.2	738.3	711.5	667.9	657.4	601.8	574.3	544.4	505.1	475
鱼粉加工	707.2	664.2	653.4	610.7	578.8	501.3	465.5	447.9	450.1	425
其他	76	74.1	58	57.2	78.6	100.5	108.8	96.4	55	50

数据来源：FAO yearbook：Fishery and Aquaculture Statistics，2009。

表 2-14　2000—2009 年发展中国家各年水产品总量

单位：万 t

各类水产品产量	年　份									
	2000	2001	2002	2003	2004	2005	2006	2007	2008	2009
总产量	9 374.1	9 327.3	9 652.9	9 612.3	10 422.5	10 684.3	10 825.8	11 112.2	11 455.5	11 691.2
用于人类消费	7 195	7 425.2	7 661.5	7 952.1	8 315	8 616	9 125.8	9 376	9 658.5	9 889.5
鲜售	4 488.3	4 584.3	4 709	4 790.3	4 908.2	5 041.3	5 196.6	5 307.5	5 428.6	5 553.8
冷冻	1 361.5	1 413.1	1 546.5	1 593.5	1 727.1	1 834.7	2 024.7	2 128.8	2 215.3	2 285.8
腌制	786.2	834.7	785.8	845.4	853.8	844.3	870.2	888.4	913.6	925.7
罐头	559	593.2	620.3	722.9	826	895.6	1 034.4	1 051.3	1 100.9	1 124.2
用于其他用途	2 179	1 902	1 991.3	1 660.2	2 107.5	2 068.3	1 700	1 736.2	1 797	1 801.7
鱼粉加工	1 924.2	1 605.4	1 687.4	1 339.9	1 767.7	1 737.9	1 358.4	1 343.5	1 368.5	1 366.7
其他	254.8	296.6	304	320.2	339.8	330.4	341.5	392.7	428.5	435

数据来源：FAO yearbook：Fishery and Aquaculture Statistics，2009。

伴随着渔业和水产加工业的发展，全球水产品贸易也日渐活跃。表2-15列出了全球鱼和渔业产品十大进出口国家及其进出口量。从表2-15可知，进、出口量均在全球前10的国家有中国、美国和西班牙；中国作为渔业大国，出口量世界第一，而挪威主要是出口海产品；美国和日本是鱼类消费大国，其进口量远远超过其他国家，欧洲国家的进口量相对较大；世界前10的国家进、出口量总额分别占世界进、出口总量总额的47.3%和43.8%（关歆，2013）。

表2-15 鱼和渔业产品的十大出、进口国家及其进出口额

单位：亿美元

国家或地区	出口量			国家或地区	进口量		
	2000	2010	APR[①]（%）		2000	2010	APR（%）
中国	36.03	132.68	13.9	美国	104.51	154.96	4.0
挪威	35.33	88.17	9.6	日本	155.13	149.73	−0.4
泰国	43.67	71.28	5.0	西班牙	33.52	66.37	7.1
越南	14.81	51.09	13.2	中国	17.96	61.62	13.1
美国	30.55	46.61	4.3	法国	29.84	59.83	7.2
丹麦	27.56	41.47	4.2	意大利	25.35	54.49	8.0
加拿大	28.18	38.43	3.1	德国	22.62	50.37	8.3
荷兰	13.44	35.58	10.2	英国	21.84	37.02	5.4
西班牙	15.97	33.96	7.8	瑞典	7.09	33.16	16.7
智利	17.94	33.94	6.6	韩国	13.85	31.93	8.7
前10总量	263.49	573.21	8.1	前10总量	263.49	699.49	10.3
世界其余国家	294.01	512.42	5.7	世界其余国家	337.40	418.37	2.2
全球总量	557.50	1 085.62	6.9	全球总量	600.89	1 117.86	6.4

注：① APR指的是平均年增长率。

数据来源：The State of World Fisheries And Aquaculture，2012。

在过去的5年，世界鱼类食物供应已超过全球人口增长，水产品已成优质动物性蛋白质和微量营养素的重要来源。2009年，水产品提供的蛋白质约占世界人口摄入的动物蛋白质的16.6%、总蛋白消费的6.5%；水产加工业提供了大量就业机会，成为发展中国家许多劳动力维持家庭生计的经济来源；水产品的国家贸易日益活跃，成为发展中国家出口贸易的重要组成，保障了国际市场对水产品及水产食品的需求（FAO，2012）。总之，渔业及水产品加工业为世界稳定和繁荣做出了重要贡献。

第七节　水产品流通、贸易与消费发展历程及现状

随着世界经济的不断发展，人们消费水平不断提高，膳食结构不断优化，世界水产品消费量和贸易量不断增长。在世界人口动物蛋白摄入量中有16.6%来自水产品，

所有蛋白质摄入量中来自水产品的比重占到 6.5%（FAO，2012）。分析世界水产品流通、消费和贸易发展，对促进我国水产品流通、消费和贸易发展具有重要意义。

一、世界水产品流通、消费现状

水产品是保证均衡营养和良好健康状况所需蛋白质和必需微量元素的极宝贵来源。随着世界工业化、城市化水平提高和人均收入水平提高，恩格尔系数总体上呈现下降趋势，对谷物和块茎类食物的消费逐渐减少，而对动物产品包括水产品消费不断提高。

(一) 世界水产品流通、消费现状

人口增长、地域差距、消费偏好、营养健康意识的增强，以及自然条件、人文传统、食物价格、供应结构等因素均对水产品的消费结构产生影响。受这些因素的共同影响，世界水产品的流通、消费随时间流逝而发生变化，目前主要呈现以下几个特征：

1. 人均水产品消费量增长迅速，增速超过人口增长率　随着水产品产量持续增加和销售渠道不断完善，全球食用水产品供应在过去 50 年中出现了大幅增加，1961—2009 年的年均增长率为 3.2%，高于同期世界人口年均 1.7% 的增长水平。世界人均食用水产品供应量已从 20 世纪 60 年代的 9.9kg 增加到 2009 年的 18.4kg，增长 46.2%。2010 年，全球水产品产量约 1.48 亿 t，其中约 1.28 亿 t 供人类食用。

2. 不同国家和地区间水产品消费差异明显　虽然人均水产品消费量增长迅速，但从全球范围来看，不同区域和经济体的人均消费量仍存在显著差异。以 2009 年人类食用水产品消费为例（表 2 - 16），非洲的消费量最低，消费共约 910 万 t，人均 9.1kg；亚洲的消费量为 8 540 万 t，占总消费量 2/3，人均 20.7kg，其中，4 280 万 t 在中国以外地区消费（人均 15.4kg）。虽然发展中国家和低收入缺粮国的水产品，人均年消费量已出现稳定上升，分别从 1961 年的 5.2kg 和 4.9kg 上升至 2009 年的 17.0kg 和 10.1kg，但这仍大大低于较发达地区的水平。人均水产品消费量的差异，反映了水产品和其他食品的可获得性的不同水平，包括在邻近水域对渔业资源的可获得性以及若干社会经济和文化因素的相互作用。这些因素包括食物传统、口味、需求、收入水平、季节、价格、卫生基础设施以及交通设施。

虽然水产品消费总体增长强劲，但国家和区域之间的水产品消费总量和人均增长速度均有相当大的差异。如过去 20 年，撒哈拉以南非洲的一些国家如刚果、南非、加蓬、马拉维和利比里亚以及日本的人均水产品消费量停滞或下降；而东亚、东南亚和北非的人均水产品消费量却增长迅速，分别从 1961 年的 10.6kg、12.8kg 和 2.8kg 增长到 2009 年的 34.5kg、32.0kg 和 10.6kg。

表 2－16　2009 年世界食用鱼供应量（分大洲和经济体）

	总食用供应量 （100 万 t 活体等重）	人均食用供应量 （kg/年）
世界	125.6	18.4
世界（不含中国）	83	15.1
非洲	9.1	9.1
北美洲	8.2	24.4
拉丁美洲和加勒比地区	5.7	9.9
亚洲	85.4	20.7
欧洲	16.2	22
大洋洲	0.9	24.6
工业化国家	27.6	28.7
其他发达国家	5.5	13.5
最不发达国家	9	11.1
其他发展中国家	83.5	18
低收入缺粮国	28.3	10.1

数据来源：FAO，世界渔业和水产养殖状况 2012。

3. 中国对世界人均水产品消费量增长做出重大贡献　世界人均水产品消费量增长的大部分要归功于中国，原因是其水产品产量特别是水产养殖产量增长迅速。中国在世界水产品产量中的份额，从 1961 年的 7% 增加到 2010 年的 35%。由于国内收入增长，水产品种日趋多样化，中国人均水产品消费量也出现了大幅增长，2009 年已达到 31.9kg，1990—2009 年年均增长 6.0%。如不包括中国，则 2009 年世界其余地区的年人均水产品供应量约为 15.4kg。在国内收入增加、产量增长等因素的推动下，中国的水产品消费类型逐渐多样化，原来一些出口品种也开始转向国内市场，水产品进口量也增长迅速。

4. 水产品流通形式受经济水平、消费习惯等因素制约，活体、新鲜和冷藏是食用水产品的最主要流通方式　由于水产品很容易腐烂，需要及时捕捞、采购、运输、加工和包装，因此，水产品通常以活体、新鲜、冷藏、冷冻、热处理、发酵、干制、熏制、盐腌、腌渍、蒸煮、油炸、冷干、碎肉、肉粉或罐制，或通过两个或更多类型组合的方式进行流通、销售。2010 年世界食用水产品中，最重要的产品类型是活体、新鲜或冷藏，占 46.9%；其次是冷冻，占 29.3%，制作或保存和腌制的比例分别为 14.0% 和 9.8%。水产品流通、销售方式受经济发展水平、消费习惯等多种因素制约。由于基础设施及加工设施不足，特别是缺乏卫生的上岸中心、电力供应、饮用水、路、冰、制冰场、冷库和冷冻运输等条件，加上消费者的传统习惯，发展中国家的水产品在上岸后或捕捞后不久仍主要以鲜活形式销售。2010 年在食用水产品中，发展中国家水产品鲜销比例占到 56.0%。而在发达国家，食用水产品则大多数以冷冻、经处理或加工的方式销售。随着经济发展水平提高，发展中国家冷冻水产品的比例已出现增长，在食用水产品总量中的比例从 2000 年的 18.9％ 上升至 2010 年的 24.1％，经处理或加工的水产品比例也有所增长，已从 2000 年的 7.8％ 增长至 11.0％（FAO，2012）。

水产品流通、消费方式，因大陆、区域、国家甚至一国内的不同地区而有显著变化。其中，拉丁美洲国家鱼粉生产比例最高，2010 年占总量的 44％；在欧洲和北美洲，冷冻和罐装产品占食用鱼的 2/3；非洲腌制鱼的比例为 14％，高于世界平均水平。在非洲和亚洲，水产品鲜销比例很高，活鱼在亚洲（主要是中国）以及其他国家的小市场（主要是亚洲的移民社区）受到欢迎。随着技术开发、需求增加，目前已经成功建立了处理、运输、分销、展示、存储设施支持活鱼销售。新的技术设备，包括专门的水箱、容器，以及装备有氧气设施的卡车和其他运输工具使活鱼在运输、存放及展示期间能够存活。然而，销售和运输活鱼有严格的卫生规定和质量标准。在东南亚一些地方，活鱼交易没有被正式规范，但欧盟等市场却对运输活鱼有相关规定，特别是有关运输期间动物福利的要求十分严格。

（二）世界大宗淡水鱼流通消费现状与趋势

在过去 30 年中，全世界供食用的水产养殖产量已增长了近 12 倍，年均增长率为 8.8％。其中，占主导地位的是淡水鱼类（2010 年占 56.4％）。草鱼、鲢、鲤、鳙和鲫等品种均位于世界淡水鱼产量的前 10 位中，其流通、消费形势对世界淡水鱼流通、消费有着显著影响。

1. 鲢的流通与消费　中国是养殖鲢最大的生产国，印度、孟加拉国也是鲢的主要生产国，伊朗、巴基斯坦、古巴和俄罗斯等国也有一定的鲢产量。2011 年，世界鲢产量首次超过草鱼成为居全球首位的淡水鱼品种，占淡水鱼产量的 11.83％。1991—2011 年，鲢的全球产量平均年增长 6.61％。在多数生产国，养殖鲢以活鱼或鲜鱼方式消费，装有水的卡车和船是基本的运输工具。与草鱼一样，目前也没有多少关于鲢的国际贸易信息。在中国市场上，鲢的价格相对较低。鲢属于中国和东西伯利亚的本地鱼类，近几十年，鲢被广泛引入到欧洲和以色列水域，以控制水藻并作为人的食物来源。世界鲢养殖产量在过去 20 年中稳定增长，由于不需要提供辅助配合饲料，它的生产成本低于大多数其他养殖种类，预计未来产量会进一步增加，其低廉的价格将使多数普通人都有能力消费。

2. 草鱼的流通与消费　草鱼是中国特产的淡水鱼类，2011 年占全球淡水鱼产量的 10.17％，是目前产量居第 2 位的淡水鱼类。1991—2011 年的 20 年间，全球草鱼产量年平均增长率为 7.54％。在主要生产国中国，草鱼以新鲜形式消费，大部分产量以新鲜整鱼或鱼片形式上市，很少被加工。产量基本在当地被消费，但我国广东、江西等省份的一些草鱼也销往香港和澳门，是供港澳的重要农产品之一。目前，中国国内没有草鱼出口量的详细数据。相对其他鱼类，草鱼是低价格的常规消费鱼类，中国和其他国家的中低收入阶层都可以承受。

中国人喜好吃整鱼，但随着核心家庭比重的增大（由父母和未婚子女组成，目前多为 3 口之家），整条草鱼（通常 1kg 左右）对小型中国家庭一餐消费来说有点大，因此，餐饮消费较多。由于其生长快、大规格、生产成本较低（主要取决于它对饲料蛋白要求低，可投喂水草、陆草及加工谷物和榨植物油的副产品的食性），使草鱼养殖在其他国家，特别是发展中国家的发展很有潜力，已经成为一些国家发展的理想养殖种类。而且，草鱼养殖可与农作物种植和畜牧业相结合，最大限度地利用自然资源。另一方面，草鱼是肌间刺较少的大型鱼类，可被许多国家的消费者接受，有良好的发展潜力。

3. 鲤的流通与消费　2011 年，世界鲤产量占淡水鱼产量的 8.44%。鲤的主要生产区域为亚洲和欧洲。FAO 的统计数据表明，鲤产量可能已经接近极限，但鲤在传统生产区将继续作为重要的水产养殖种类。大部分鲤都在当地消费。欧洲曾进行的几项鲤加工试验显示，市场对活鱼或刚加工好的鲤有需求，但加工使鲤价格提高到缺乏竞争力的水平，因此，预计未来国际市场对加工鲤产品的需求不会有明显增长。此外，近些年欧洲鲤生产目标已经逐步从食用消费转向了投放进天然水体和水库用来钓鱼的饵料鱼，或是更注重鱼类的涵养生态的功能。

4. 鳙的流通与消费　鳙是排在全球淡水鱼第 5 位的种类。2011 年，世界鳙产量占淡水鱼产量的 5.97%。1991—2010 年，鳙全球产量平均年增长 6.93%。中国是鳙最主要的生产国。传统上，鳙在中国以及大多生产国以鲜销为主，大部分鳙以新鲜的整鱼或鱼片形式上市，很少被加工。中国的鳙产量基本在当地消费，但广东的一些产量销往香港和澳门。过去，鳙是低价格商品，近年来，在餐饮业的带动下，鳙的价格有所上涨，但一般中低收入阶层均可承受。

5. 鲫的流通与消费　鲫是排在全球淡水鱼第 6 位的品种。2011 年，产量占世界淡水鱼产量的 5.08%。1991—2011 年，世界鲫的年平均增长率为 12.11%，大于同期养殖鲢、草鱼、鲤和鳙的增长率，也高于罗非鱼的增长率（10.19%），产量增加的大部分来自中国。由于相对小的尺寸和大量的肌间刺，许多国家的消费者较少接受鲫，其产量在其他国家的增长非常缓慢。中国台湾省是另一个主要生产地区，年产量在 20 世纪 80 年代早期维持在 3 000t/年之上，但 90 年代后产量逐渐下降，近几年保持在 1 000t 以下的水平。中国台湾省等地产量的下降与消费者需求变化紧密相关。尽管鲫味道鲜美、肉质细腻、营养价值高，但鲫的大量肌间刺越来越难以被当代消费者接受。

目前在中国多数地区，鲫仍是首选养殖鱼类。目前，鲫基本上是当地消费，几乎所有养殖产量都以鲜活方式上市，加工仅限于少量的晒干或盐渍产品。鲫价格适中，中低收入人群都有能力消费。近些年，基因改良方面的进展大大提高了鲫的生长率，使鲫更具竞争性并更好地被消费者接受。因此，中国产量进一步增加的前景非常乐观。但在其他国家情况可能不同，因此在中国以外的区域产量不太可能快速增加，也不大可能成为国际市场的重要商品。

二、世界水产品贸易发展历程及现状

水产品是世界上进入贸易比例最高的农产品，按价值计算约占世界农产品出口总额的 10％和货物贸易总额的 1％。作为食物的提供者、就业的创造者以及经济增长和发展的贡献者，贸易在水产业中发挥着重要作用。

（一）世界水产品贸易发展历程及趋势

1976—2011 年，世界水产品贸易额显著增长，从 80 亿美元增加到 1 250 亿美元。与产量波动相关联，世界水产品出口大致经历了以下变化：

20 世纪 70 年代，世界渔业增长速度比较缓慢，年均增长率仅 1.2％。80 年代以后，各国对开发新资源的不懈努力及对养殖业的充分重视，使世界渔业维持了年均 3.4％的增长速度；到 80 年代后期，增长速度明显加快，1988 年世界水产品产量首次实现了 1 亿 t。受养殖水产品发展的推动，水产品贸易在 80 年代后期呈现出跨越式发展的态势，1986 年出口贸易额出现了环比增长 32.78％的历史最高水平。进入 90 年代后，世界渔业增长放缓，捕捞业呈涨跌互现的不稳定状态，渔业增产主要依靠养殖生产。2010 年，世界水产养殖产量占世界渔业总产量的 46.36％。受亚洲金融危机影响，1998 年世界水产品出口贸易量、贸易额双双下滑，环比分别下降 7.56％和 3.86％，但之后又迅速恢复。2009 年，由于主要市场总体经济收缩影响消费者信心的结果，与 2008 年相比贸易值下降 6％。2010 年，水产品贸易强劲反弹，达到约 1 090 亿美元。2011 年，尽管世界上许多发达国家经济不稳定，但发展中国家价格上涨和强劲需求推动着贸易量和贸易值达到最高水平，出口值超过 1 250亿美元（FAO，2012）。2011 年底和 2012 年初，世界经济进入了一个困难时期，经济面临巨大的下行风险和脆弱性，主要水产品贸易市场也出现了低迷（图 2-1）。

（二）世界鲤科鱼类贸易状况

由于消费习惯不同，鲤科鱼类一直以来是主产国本地消费的品种，贸易比例不高。近些年来，随着全球亚洲移民数量的增加，鲤科鱼类消费也被带到世界其他地区。不过活鱼消费的特性，又限制了其在世界范围内的大规模贸易。

1. 鲤科鱼类贸易集中度高，欧亚国家为主要消费国，捷克为世界第一大鲤科鱼类出口国，中国香港为最大进口地区　欧亚国家是鲤科鱼类的主要消费国家，近几年，非洲的个别国家如民主刚果等也开始有少量进口。在世界鲤科鱼类贸易统计中，大宗淡水鱼品种以鲤贸易为主，但由于 2012 年 HS 编码调整，新的贸易统计仅能反映出鲤科鱼类整体的贸易情况，而没有各鱼种的具体信息。据联合国商品贸易数据库

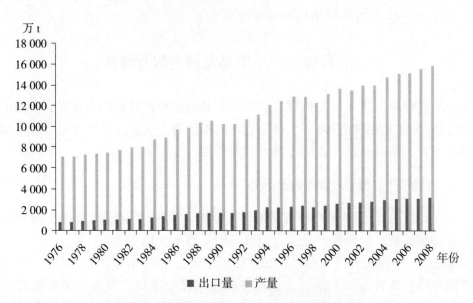

图 2-1 1976—2008 年世界水产品产量和出口量

（数据来源：FAO fishstat plus 数据库）

统计（下文统计涉及的编码为 030193、030273 和 030325），2012 年世界鲤科鱼类出口市场集中度为 96.95％，进口市场集中度为 91.28％，贸易集中程度非常高。在出口市场中，中国的出口贸易量和出口额位居第一，2012 年鲤科鱼类出口量、出口额分别为 32 247.93t 和 9 971.79 万美元，分别占世界鲤科鱼类出口总量和出口总额的 56.31％和 67.84％。中国的鲤科鱼类主要以活鱼形式出口到香港和澳门地区，中国香港是世界第一大鲤科鱼类进口市场，2012 年进口量、进口额分别为 26 326.80t 和 6 439.97 万美元，分别占世界进口总量和总额的 61.68％和 62.19％。捷克是世界第二大鲤科鱼类出口国，主要出口鲤，其所产的鲤驰名欧洲。捷克人认为鲤能带来好运和财富，大多数人家至今保持着圣诞节晚餐吃鲤的习俗。为此，捷克大多数养鱼场早在 10 月就开始捕捞，然后把鲤放到清水池塘放养，以便在上市前 2 个月里去掉鱼的土腥味。捷克鲤主要出口到德国、波兰、斯洛伐克、法国、奥地利、匈牙利、比利时、丹麦、意大利和斯洛文尼亚等欧洲国家。2012 年，捷克鲤科鱼类出口量、出口额分别为 9 973.03t 和 2 527.61 万美元，分别占世界鲤科鱼类出口总量和出口总额的 17.42％和 17.20％（表 2-17、表 2-18）。

表 2-17　2012 年世界前 10 位鲤科鱼类出口国（按出口额排序）

出口国	出口量（t）	占世界出口量的比重（％）	出口额（万美元）	占世界出口额的比重（％）
中国	32 247.93	56.31	9 971.79	67.84
捷克	9 973.03	17.42	2 527.61	17.20
土耳其	7 748.40	13.53	553.68	3.77

（续）

出口国	出口量（t）	占世界出口量的比重（%）	出口额（万美元）	占世界出口额的比重（%）
立陶宛	1 070.42	1.87	251.00	1.71
克罗地亚	1 074.08	1.88	234.76	1.60
匈牙利	893.20	1.56	230.80	1.57
泰国	1 366.23	2.39	185.24	1.26
美国	512.64	0.90	160.68	1.09
新加坡	454.39	0.79	143.13	0.97
法国	175.78	0.31	70.99	0.48
合计	55 516.10	96.95	14 329.68	97.49

数据来源：UN comtrade。

表 2-18 2012 年世界前 10 位鲤科鱼类进口国家和地区（按进口额排序）

进口国家和地区	进口量（t）	占世界进口量的比重（%）	进口额（万美元）	占世界进口额的比重（%）
中国香港	26 326.80	61.68	6 439.97	62.19
中国澳门	3 416.80	8.01	611.66	5.91
德国	2 065.74	4.84	509.46	4.92
韩国	1 828.19	4.28	498.67	4.82
罗马尼亚	1 722.27	4.04	356.96	3.45
斯洛伐克	669.10	1.57	288.30	2.78
新加坡	1 380.61	3.23	258.66	2.50
波兰	863.10	2.02	194.01	1.87
英国	673.71	1.58	161.57	1.56
塞尔维亚	521.81	1.22	132.92	1.28
合计	39 468.14	92.48	9 452.18	91.28

数据来源：UN comtrade。

2. 世界鲤科鱼类出口先扬后抑，以活鱼形式为主 根据 FAO 统计，世界鲤科鱼类的出口经历了先扬后抑的变化，其中，1976—1990 年出口量波动较小，基本在 2 000t 以下水平。1991 年以后，随着养殖产量的增长，鲤科鱼类贸易量也逐渐大幅上升，2006 年达到 2.4 万 t，之后又再度出现回落（图 2-2）。从联合国商品贸易数据库统计的贸易结构看，进口国消费者对鲤科鱼类以鲜活消费为主，所以活鱼是目前鲤科鱼类出口的主要形式，占 2012 年世界鲤出口量的 80%，鲜、冷鲤和冻鲤的比例相对较低，分别占 14% 和 6%（图2-3）。

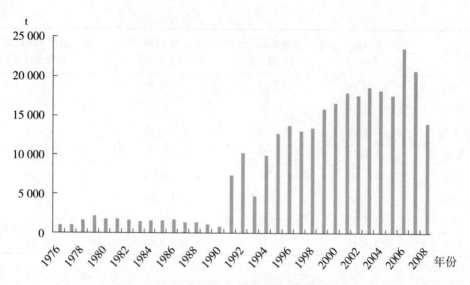

图2-2 1976—2009年世界鲤出口量变化

（数据来源：FAO fishstatplus 数据库，据当时的统计口径，此处主要指鲤）

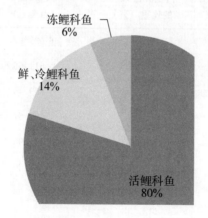

图2-3 2009年世界鲤出口结构（按出口量统计）

（数据来源：Uncomtrade）

3. 出口平均价格总体高于进口，进出口价格走势趋同，新世纪以来价格上升趋势明显 据贸易数据测算，世界鲤科鱼类出口单价在（以鲤为例）1.3～3.2美元/kg，进口单价在1.3～2.3美元/kg，出口价格水平高于进口，进出口价格走势趋同。21世纪以来，世界鲤科鱼类出口价格上升趋势明显，2007年以后出口单价基本在2美元/kg以上。与其他鱼类产品相比，鲤科鱼类的价格相对低廉，能为中低收入阶层接受。但由于鲤科鱼类肌间刺较多，很多国家的消费者不习惯，所以，短期内鲤科鱼类贸易量大幅上升的可能性较低。

据FAO预计，在下一个10年，随着养殖水产品在水产品总量中所占比重的加大，养殖水产品的价格波动可能对整个产业价格形成产生巨大影响，并很可能会导致更大的价格波动幅度。但鲤科鱼类贸易量占世界水产品贸易量的比重一直较低，一般在 0.05% 左右，最高的年份 2006 年也仅达到 0.08%。受消费习惯的限制，未来鲤科鱼类也不太可能成为影响世界水产品贸易的重要品种，其价格变化影响整个水产业价格变化和出口价格变化的可能性也不大（图 2-4）。

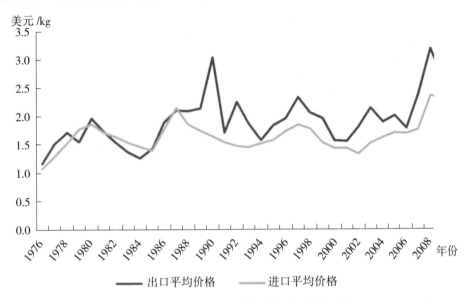

图 2-4　1976—2009 年世界鲤进出口平均价格

（数据来源：根据 FAO fishstat plus 数据库相关数据计算，据当时的统计口径，此处主要指鲤）

第八节　主产国产业政策及国际经验借鉴

　　世界大宗淡水鱼产业近半个世纪的增产与转型，与各主产国的政策演进和管理实践密切相关。其中，发达国家在渔业资源保护和开发、养殖管理和促进、科技研发和推广等方面有比较成熟的经验，而发展中国家在挖掘养殖潜力、保证有效供给、打造优势品种等方面出台了有力的扶持政策，取得了显著成效。梳理主产国在大宗淡水鱼产业发展过程中的管理政策，学习和借鉴各国产业政策的先进经验，把握世界大宗淡水鱼产业政策的规律和趋向，对推动我国大宗淡水鱼产业的科学发展具有重要借鉴意义。

　　本节首先简要归纳发达国家和发展中国家主产国的产业政策特点，以比较我国产业政策与不同发展阶段国家的共性与特性，建立经验借鉴的参考基础；其次，总结各主产国产业政策的普遍规律和好的做法，为优化我国产业政策提供参考；最后，介绍主要渔业国家的产业发展的规划和前景，以为我国今后制定产业政策借鉴之用。

一、主产国产业政策特点和我国经验借鉴重点

　　世界渔业主产国以亚洲国家和发展中国家居多。渔业产量排名前 20 位的国家中，欧洲国家有俄罗斯、挪威和西班牙 3 国；美洲国家有秘鲁、美国、智利、墨西哥、巴

西5国；非洲国家为埃及；亚洲国家则有11个。发达主产国有美国、日本、俄罗斯、挪威、韩国和西班牙6国，其余均为发展中国家。在这20个主产国中，多数国家的淡水鱼产量也在世界前列，如中国、印度尼西亚、印度、美国、越南、菲律宾、俄罗斯、缅甸、孟加拉、泰国、马来西亚、巴西和埃及；日本、韩国虽然排名不如上组国家靠前，但也是淡水鱼重要出产国；而秘鲁、智利、挪威、墨西哥和西班牙5国则主要以海洋渔业为主，淡水鱼并非其优势产业（表2-19）。

表2-19　世界主要渔业国家按产量排名

国别	世界渔业	世界养殖	世界淡水鱼	世界养殖淡水鱼	世界大宗淡水鱼	世界养殖大宗淡水鱼
中国	1	1	1	1	1	1
印度尼西亚	2	2	5	4	3	4
印度	3	3	2	2	2	2
秘鲁	4	34	40	55	86	87
美国	5	17	20	12	50	117
越南	6	4	4	3	6	3
菲律宾	7	5	13	10	—	17
日本	8	12	85	60	33	37
智利	9	11	178	166	94	—
俄罗斯	10	32	17	16	8	8
缅甸	11	13	6	7	9	9
挪威	12	8	184	—	—	—
韩国	13	16	67	41	43	67
孟加拉	14	6	3	5	4	5
泰国	15	9	9	9	25	42
马来西亚	16	15	21	15	27	25
墨西哥	17	30	22	36	14	49
巴西	18	14	8	8	13	12
埃及	19	10	7	6	7	6
西班牙	20	20	98	122	90	91

注：根据FAO Fisheries Global Production Statistics数据库中各国产量数据排名整理。

　　世界大宗淡水鱼产业在过去的半个多世纪中经历了快速的发展，产量由1950年的13.97万t增至2011年的1 995.94万t，增长了141.88倍，年均增长率为8.47％，增产速度远远高于其他食物来源，在世界渔业中占据重要地位。大宗淡水鱼产业的增产，主要依靠养殖淡水鱼产业的发展。近年来，各主产国的大宗淡水鱼养殖发展迅速，这在亚洲发展中国家体现得尤为明显；同时，优势品种脱颖而出，显示出良好的前景；而新技术、新方法在大宗淡水鱼产业中的应用以及新的经营形式的发展，则加快了产业调整升级的步伐。

　　主产国中，发达国家和发展中国家的产业政策特点有所不同。发达国家以先进科技和可持续发展为基础鼓励生产和产业转型升级，重视提升产业发展质量和水平，以满足升级了的市场需求；而发展中国家则以增产为核心目标出台扶持政策，通过扩大投资、增加养殖面积、培育优质品种等措施来提高产量。前者重视"提质"，后者主要"保量"。我国的淡水鱼产业发展既要保证有效供给，又有提升发展水平的要求，因此，可以借鉴各主产国的产业政策。

发达国家产业政策的核心特征。雄厚的经济实力和先进的技术、管理经验造就了发达国家大宗淡水鱼产业的高水平发展，注重提高发展的质量和水平，有较长历史的补贴政策，也努力引导产业的转型、升级和优化。如美国高度重视渔业科学研究和技术的应用，着力营造政府、科研机构、社会组织在技术研发、应用和推广上的良性互动关系，形成了产业化生产、机械化运作、规范化管理和社会化服务的产业格局；同时，借助市场增强渔业与其他产业的结合程度，推动休闲渔业的发展，延长了产业链并促进了产业升级。欧盟的共同渔业政策，让欧洲成为追求产业可持续发展的代表，欧盟提出发展环境友好型水产业和水产友好型环境，注重科学研究、按市场需求提供安全而有质量保证的产品、重视对经营能力的培训、可持续开发渔业资源等措施都服务于水产业可持续发展的核心目标，以此来提升产业发展的整体水平。韩国对水产养殖业进行结构调整，注重渔业资源的增殖，建立最佳生产系统提升竞争力，大力促进高附加值水产养殖业的发展。日本水产养殖政策则是稳定产业供给和促进产业健康发展并重，积极推动结构调整转型，以应对国际水产业结构变化，打造产业的国际竞争力。俄罗斯通过实施渔业发展规划开展有效调节，促进产业发展由原料出口型向合理利用资源、提升产品和服务竞争力为基础的创新发展型转轨。

发展中国家产业政策的核心特征，与发达国家产业政策的特点不同。发展中国家的政策以提高产量保证供给、打造优势品种扩大出口为重点，而且政府在产业发展中的推动作用更为明显。如印度尼西亚政府非常重视水产养殖业，积极推动优势水产品的发展，为此出台了营业援助配套政策，希望通过对养殖者的赠送配套政策激发养殖积极性，提高产量；同时，还发挥本国小额信贷的优势，充分利用金融手段促进渔业发展，帮助从业者扩大生产和减少风险。印度为开拓市场、扩大出口，制定了多种市场促进计划，包括海外市场调研和营销洽谈等。越南扩大养殖面积，把大量低产出的农田变成了利润较高的水产养殖场；开发具有高出口价值的淡水养殖，此外，政府还制定了水产品长期出口计划，力求扩大出口市场，打造国际品牌。泰国通过对养殖户提供低息贷款和技术支持，努力改变传统水产养殖面貌，提高商业化水平。缅甸为促进淡水产品出口，建设水产出口养殖区，加大对罗非鱼养殖的扶持力度，出台了包括设立罗非鱼养殖基地，并为每个罗非鱼养殖鱼塘提供一定数额的贷款措施在内的鼓励政策。

比较我国与世界大宗淡水鱼产业发展情况和政策实践，是经验借鉴的参考基础。从资源禀赋来说，我国虽有较为丰富的淡水养殖资源，但目前土地和水资源愈发紧缺的情况下，靠扩大养殖面积来保障生产的空间缩小，必须提高生产效率和管理水平，重视保护和合理利用渔业资源，这就要学习发达国家产业结构政策和组织政策的相关经验，促进产业可持续、高水平发展；从产业发展阶段来说，我国作为世界水产第一大国，保证产量供给的基础已经基本具备，正在向提高质量过渡，结构转型升级愈加紧迫，在保护资源环境、确保质量安全、提升技术水平、满足市场需求、提升经营者能力等方面都要考察和借鉴发达国家相关经验；同时，也以抓生产、保供给为产业发展的基本立足点，着力发展优势品种，打造具有世界竞争力的品牌，在这方面越南、印度尼西亚和埃及等发展中国家做了很多探索值得我国借鉴。从产业发展的具体政策来说，我国的生产促进政策、市场流通政策、金融信贷政策成绩显著，但政策落实效果有待增强，政策间的协调性需要提高，典型国家好的做法和经验值得我们重视。

二、借鉴主产国产业政策的先进经验

实践表明，世界上几乎所有发达国家政府都对渔业采取干预政策（孙琛，2010）；许多发展中国家也高度重视渔业在发展经济、减少贫困、扩大出口上的重要作用，大力扶持渔业发展。近年来，各国政府在大宗淡水鱼产业发展中的推动和影响呈扩大之势。政府的产业政策主要包括：对渔业生产进行管理，通过适当的补贴、税收和投资政策保证有效供给；提供必要的软件、硬件平台，完善生产、流通的基础设施，开展质量安全、技术研发推广等服务，提升产业发展水平；通过贸易政策开拓市场，扩大本国产品在世界的影响力；此外，促进环境友好的产业发展，确保渔业资源的可持续利用也是政府的责任。

（一）促进生产，保证供给

通过有效的管理和促进政策增加产量，保证有效而可持续的产品供给是大宗淡水鱼产业政策的基础。为此，各主产国纷纷出台产业发展规划，加大投资和补贴力度，推进基础设施建设，提高综合生产能力。俄罗斯、韩国和越南等国的投资目标明确，适应现阶段该国的产业发展重点；欧盟在加大对产业的补贴力度和促进补贴政策转型增效上成效显著，印度、印度尼西亚等国为促进生产出台生产配套和金融支持政策；此外，各国根据实际情况和产业发展需求出台相关的鼓励政策。

扩大投资，加强基础设施建设。俄罗斯将水产养殖列入国家优先发展的项目，加大投资力度。2008 年，俄罗斯政府通过了《2009 年至 2013 年渔业发展联邦专项计划》，该规定为渔业拨款约 620 亿卢布（约合人民币 300 亿元），其中，包括 328 亿卢布的联邦预算资金（约合人民币 100 亿元），用于兴建渔船和养殖设施等；还把国家支持小企业发展的款项纳入了联邦预算，支持该国水产加工业发展。2003 年，韩国海洋水产部出台《养护渔业发展基本规划》，以促进高附加值水产养殖业发展。根据该规划，到 2008 年投资约 1.1 万亿韩国元（约 11 亿美元）支持重点水产养殖项目，包括水产养殖业的结构调整、开发水产养殖技术和改善海洋环境等。越南将国有资本投资于科研、水产种苗生产中心建设、人员能力建设，环境监测和预测站的建设、渔业推广活动、水产饲料的生产和水产动物的医药；政府在 2005—2010 年间投资 3.5 亿美元，大规模修建和改造人工育苗场进行水产品人工繁殖和育苗，以改变国内水产品养殖品种的单调状况。匈牙利政府在 2008—2013 年使水产品生产的基础设施（鱼塘和相关设施）增加 20%，并加快集约化养殖设施的建设，增加"多功能"池塘养殖场的数量，鼓励发展综合鱼塘养殖场，同时，重视利用地热资源发展大宗淡水鱼养殖，将利用地热能源的集约化养殖场的产量增加到 3 000t 以上。

出台补贴、金融等优惠政策。欧盟多年来一直为水产业提供财政支持，在可持续发展的思想影响下，欧盟的渔业补贴政策开始转型，由提供生产补贴以降低投资风险和作业成本转向重视产品质量安全、结构转型和人的培训。欧盟渔业指导金融工具（FIFG）为一系列渔业和水产养殖部门及其产品的加工销售的结构性措施，补贴对象为船东、企业、生产者组织、公共和私人机构、专业组织、合作企业及渔民，政策目标在于实现渔业资源及其可持续开发之间的平衡，加强结构竞争力及经济可行的行业企业发展，提高市场供给和渔业与水产养殖产品附加值，以及支持依赖渔业地区的复兴。2000—2006 年，该政策下的补贴总预算为 37 亿欧元；2007 年，作为渔业指导金融工具的继承，欧洲渔业基金（EFF）开始实施，对包括可持续水产养殖、渔业和水产品养殖、加工和销售等领域提供帮助。2007—2013 年，该政策下的总预算为 43 亿欧元。印度为渔民提供补贴帮助，包括新鱼塘建设、开垦整修池塘和网箱、第一年的投入（鱼种、肥料等）、综合养鱼、流水养鱼、新建鱼苗孵化场和饲料厂等，此外，还对购买增氧机以提高生产力的进步养殖者提供援助。印度尼西亚政府的营业援助配套政策，向每个养殖鱼社团或个体支持生产设备所需资本 600 万～1 500 万印尼盾，主要针对海藻、鲇、紫色鱼、虾类及海鲢等多种养殖业者，并根据业者需求，供应鱼苗、饲料和帆布等，通过这种赠送配套方式提高产量；此外，印度尼西亚加强金融对产业发展的支持力度，大力推进银行与政府和渔民之间的合作，推出了"渔业自立信贷计划"；与"印度尼西亚合作社总银行"、"文明国民资金有限公司"签订向渔业部门中小企业发放贷款的备忘录，推动两家银行关心渔业发展；设立 30 家"人民信贷银行（BPR）"，帮助解决渔民融资问题；此外，政府通过中小企业合作社国务部向渔民提供 1 万亿印尼盾贷款，以支持偏远地区、小岛、沿海等地的渔民及淡水鱼养殖户提高生产能力和生活水平。

结合各国实际，出台有效扶持措施。越南大力发展养殖业，扩大养殖面积，把大量低产出的农田变成了利润较高的水产养殖场。具体举措是，向经济个体分配或出租土地、水面、海湾、泻湖和水库以支持其长期进行水产养殖。允许受海水影响的地区、地势低的地方、盐田和低产的水稻种植区转成水产养殖区。印度在 2010—2011 年，扩大了 12 651hm² 的养殖面积；而到 2011—2012 年预计增加 25 000hm²。此外，畜牧奶业渔业部、农业部以及印度政府 2011—2012 年起在各邦落实国家蛋白质补充计划，扶持水库养殖、综合水产养殖和池塘水箱集约化水产养殖。2012—2013 年，这项计划实现各邦全覆盖。印度尼西亚为防止饲料价格上升导致水产售价升高，政府2010年以20亿印尼盾的预算来建设饲料厂，其原材料以油棕渣为主，可以压低饲料价10.2%，为渔业生产提供原料保障。

（二）调整结构，提升品质

产业发展不仅是产量的增长，还要提高发展质量和水平，促进结构调整升级。扶持水产加工业发展、延长产业链、打造优势品种以及满足安全营养和质量的要求等，都是调整结构、提升品质的重要内容。各主产国普遍重视发展水产加工业，提高产品附加值；发达国家在发展休闲渔业、提升产品安全和质量标准等方面起步早、发展好；而发展中国家如印度尼西亚、越南、埃及等国在打造优势品种上给予了足够关注，取得一定成绩。

提升加工业发展水平。美国、欧洲通过发展加工技术促进加工业发展。近年来，美国水产加工业技术发展迅速，运输、分配和冷冻技术方面有了新的发展，令鲜鱼和活鱼的保存时间延长，水产品异地消费增加；欧洲在鱼类营养价值、加工方法和加工设备的研究取得较大进步。加工技术水平的提高和产业化，进一步推动了水产加工业的发展。俄罗斯决定在2008—2013年的5年间，实施振兴俄罗斯渔业资源和水产品加工业计划的决定。为鼓励渔业发展深加工生产，国家提供优惠贷款购买新型加工设备，这笔款项已被纳入了俄罗斯联邦预算。越南工业部与水产部在九龙江平原集中发展水产品加工工业，提出了八项措施：规划和制定水产品原料养殖基地；投资更新加工技术和设备，使产品多样化；改进和提高贸易促进工作，扩大出口市场，创建名牌产品；改进行业和企业管理方式，提高经营效果；加强人力资源的培训工作，提高工人的生活水平；加大科学研究与应用、技术转让和环境保护工作力度；制定进出口优惠政策；成立水产品加工业协会，将该地区各省的水产品加工企业联合起来，扩大生产，发展市场。匈牙利政府鼓励发展水产品加工，制定了相关目标，主要内容包括：提高水产品加工的比例，将加工产品的比例增加到水产养殖总量的40%；在消费者可接受价格的条件下，增加加工产品的附加值，提高水产品加工能力；增加加工产品的种类，在2008—2013年使加工产品种类增加3倍等。俄罗斯和中东等地区鱼子酱产业发达，养殖基地集中，且加工技术较为成熟。鲟鱼子酱因资源稀少和加工要求高，价格不断攀升，养殖效益可观，可以预测，国际市场上在今后较长的一个时期内，鲟及鲟鱼子酱仍会处于供不应求的状态。近年来，这项高价值加工产品产业正慢慢向中国转移，在引进和创新加工技术上更要学习相关经验。

打造优势品种。近年来淡水鱼产业中的优势品种发展迅速，各国有集中资源扶持优势品种发展的趋向。韩国近年对水产养殖业结构进行调整，建立最佳生产系统来提高竞争力，今后5年将减少约10%的养殖设施，不再为过度生产的鱼类发放新的许可。随着新技术的开发，高价值鱼类产量大大增加，如牙鲆和许氏平鲉。越南举全国之力争取该国鲇在世界的竞争力，设计了以鲇为核心的产业结构和出口结构，以其低廉的价格和良好的市场促销策略著称,同时,还主动放弃了罗非鱼的养殖并逐步减少虾的养殖;2003 年被美国实施反倾销后,越南开始开辟欧盟、澳大利亚和东盟国家等新市场,同时提升安全质量和加工水平,重新争取美国市场份额。此外,印度尼西亚的罗非鱼养殖战略、尼日利亚的尼罗鲈养殖战略,都是集中优势兵力打造优势品种和制定长期发展战略的做法,也取得了较好的成果。

注重水产品质量安全。随着人们对水产品的营养、安全与质量要求不断升级,各国更加重视提升水产品质量安全,其中以美国和欧盟最为典型;为了应对贸易壁垒和扩大出口,发展中国家也开始出台保障水产品质量安全的措施。美国对水产品加工和进口强制推行 HACCP 制度,通过对食品原料和加工过程中可能对人体造成危害的物理、化学和生物因素加以识别、评估及控制,从而确保质量安全。由美国食品药物管理局(FDA)制定的水产品 HACCP 法规,适用于美国所有的水产品加工实体,以及所有对美国出口的外国水产品加工实体和所有的进口商。渔业生产企业必须制定 HACCP 计划,来监督和控制生产操作过程。欧盟通过不断细化和严格水产品质量标准来保证安全,2010 年将生态标签制度扩大到水产品,严格区分有机水产品和一般产品,禁止在有机养殖水产品中使用人工产卵激素,并将严格管控有机饲料的使用,同时增加生态可持续发展水产品的供应量。俄罗斯《产品和服务项目认证法》规定对水产品实施强制认证,确认产品符合规定安全指标要求,认证不合格时,国家标准局和认证机构有权命令生产企业和销售网点停止生产、销售,并施以较重的处罚。越南努力改变其在水产品贸易中受到质量安全限制的现状,大力投资改善水产加工厂的质量等级,同时广泛应用 HACCP 体系、引入欧盟和日本的健康卫生标准,加快发展清洁模式的鲇养殖业,以满足本国和国际市场对水产品卫生和质量的要求。印度尼西亚政府对遭遇国外市场禁令的水产品种严格管控,加强该产品生产、运输等环节的监管和整治工作,提升该种水产品质量安全。此外,印度、泰国等国也实施了 HACCP 制度。

促进休闲渔业发展。休闲渔业是与第二、三产业有机结合的产物,在这个过程中提高了产值和效率,成为渔业的新经济增长点。发达国家美国、加拿大、日本、澳大利亚等国的休闲渔业发展迅速,发展中国家的休闲渔业也开始兴起。美国联邦政府和州政府对休闲渔业特别重视,在全国设有庞大的管理和科研机构从事对鱼类资源生物学和生态学方面的研究,并对休闲渔业的管理进行广泛深入的研究,这些工作主要由设有海洋补助金的大学及有关咨询机构进行。此外,美国对一些优质品种鱼类资源进行增殖工作,成效显著,如美国长期在西海岸进行鲑人工孵化放流;在内陆则以人工繁殖条鲈和虹鳟鱼苗向湖内放流,以适应内陆休闲渔业的发展。日本政府在中央和地方都增设了休闲渔业组织,强化管理,由国家立法实施游钓准入制度,并对游钓船的使用情况和游钓的主要品种与产量进行登记;加大投入,建造人工渔场;改善渔村渔港环境,完善道路、通讯等基础设施建设,保障休闲渔业持久健康发展。同时,组织渔民、游钓者和渔业协同组织参与休闲渔业管理。

（三）重视科研，推进应用

科学技术的研发进步和有效推广应用，是大宗淡水鱼产业发展的重要支撑。发达国家通过一系列的技术政策建立了高效完善的渔业科研推广体系，而发展中国家虽然整体技术水平存在差距，但在重点领域和品种上的科研上也有一定突破。

高度重视产业科研工作。美国的产业政策十分重视科技，美国渔业法规规定商务部长有义务主持渔业科研工作，并保证渔业科研的资金物资等，还将科学研究写进法律条文来保证科研的进行，并对科研的方向加以规定，不仅增加了科研的权威性，促进了科研发展进程，而且保证了科研主流方向的正确性。这值得我国渔业立法来借鉴。欧盟大力支持水产科研发展，在其第六个研究框架计划中，投入到水产业的研究经费达 9 800 万欧元，其中，3 200 万欧元投向了中小企业（SMEs）。作为大宗淡水鱼传统主产国，印度高度重视鲤科鱼类的养殖，在遗传育种、品种改良等方面开展了一系列的重点研究，为大宗淡水鱼产业发展打下了科技基础。

构建高效的技术应用服务体系。美国渔业技术推广的特点是依托大学的科研资源和力量来运作推广服务机构：渔业推广服务机构由该州的一所官方大学系统加以管理，大学除了教育和研究外，还设有推广部门，推广人员由从事教学和研究的教授来担任，大学教授定期到各县蹲点，进行技术推广。因此，大学的推广工作不但对渔业研究和正规教育有管理权威，对推广研究和培训也有管理权威，使得一个州内的推广研究、教育之间的合作有了保障，联邦政府对推广研究、教育提供相应的经费，各州之间的推广研究和教育的利益分享也同样得到保障。美国技术推广与教学科研紧密联系，有利于科技转化为生产力，资源分配上，把优秀的人才、设备条件和资金都用在关键部位。泰国十分重视农业科研、应用与推广，也很重视各府的基层渔业中心、渔业站的建设（薛镇宇，1993）。泰国的整个推广系统集中在养殖户的需要上和养殖所需的信息上，开发的养殖技术传播到养殖户，养殖研究将直接根据养殖户需要或解决养殖户的问题，建立了研究和推广之间的联系。

开展重点科研领域攻关。发展养殖，种业先行，在育种和改良方面，印度在淡水养殖方面进行了大量的印度主要鲤科鱼之间、印度主要鲤科鱼和中国鲤之间以及中国鲤之间的杂交试验，鲤科鱼类繁殖和养殖技术开发有较大进步，为鲤科鱼类的科学养殖奠定基础。越南为提高鲤品质，开展了长期的鲤繁殖项目：20 世纪 70 年代引入匈牙利镜鲤、匈牙利鳞鲤和印度尼西亚黄鲤和本地鲤杂交，杂交品种表现出更高的存活率和更好的成长表现；1984—1991 年，以越南白鲤、匈牙利鳞鲤和印度尼西亚黄鲤为基底群体，根据体重和体长进行了连续 4 代的混合选择；1998—2001 年，以混合选择产生的鲤为基地群体，根据体重、体长和成活率进行了两代家庭选择；2005—2007 年，进行了传统的家庭选择和分子基因选择，取得了良好的效果。鱼病防治方面，日本 2010 年 3 月公布了新的《农林水产研究基本计划》，确定了水产研究的主要领域和重点方向（李清，2013），包括对其优势品种鳗、金枪鱼和真鲷的育苗技术、采卵技术和饲料营养技术等，同时加大了对鱼病防治技术和开发抗病性养殖品种的力度。泰国将防治鱼病列为重点科研项目，从病原体、鱼体本身抗病能力、环境等三个方面来开展研究，并有针对性地通过改善饲料配方，以提高鱼类的抗病能力、建立渔药生产和经营许可制度规范渔药的生产经营，兼顾了鱼病、食品安全、水体环境多方面的因素。美国对养殖鱼类的鱼病防治，主要采取预防为主的方针。由于病毒性疾病最难防治，危害性也最大，因此，尤其注重病毒性鱼病的防治。饲料和营养技术方面，美国渔业饲料广开饲料源，重视创新，如利用纤维素制造液态饲料；除牧草外，把别国抛弃不用的稻草、麦秆、杂草及其他作物的茎叶、棉花屑等废物做成饲料；用石油化土产品生产烃蛋白；酒厂的废物几乎全部原封不动地浓缩或干燥后进行利用；利用家禽、家畜粪尿加工成饲料等。同时，促进颗粒饲料和自动投饵投喂设备的研发应用。

(四) 开拓市场，打造竞争力

在很多发展中国家，渔业是重要的出口创汇来源。近年来，随着国际对水产品消费的升级和贸易壁垒的强化，这些国家面临着贸易条件约束增强。为此，各国采取了相应的贸易举措；同时，在促进消费、开拓市场和打造本国产品竞争力方面进行了很多探索。

鼓励国内消费。印度尼西亚政府鼓励国内鱼类消费，积极宣传食用鱼类，希望将人均鱼类消费量由当前 28.65kg 增加到 2014 年的 38.76kg。俄罗斯政府采用提高关税和财政补贴等措施，限制水产品进口，鼓励国内水产企业扩大生产，国内水产品市场进口产品的比例因此出现明显下降，同时也提高了国内水产品消费量。匈牙利 2003 年出台的水产品生产部门的中期发展战略，提出了鱼类消费和销售的详细目标，并对本地鱼类的消费比例做出了明确规定，包括提高本地水产品消费量，使匈牙利年人均鱼类消费量增加到 10kg（鲜重）的目标，其中 60% 的鱼类消费应来自本地养殖场；建立稳定和可预见的本地水产品市场，使乡村人口可以买到鱼产品和享受相关服务。

开拓国际市场。印度水产出口发展管理局制定了多种市场促进计划，以挖掘印度潜在的水产资源，实现水产品生产的多样化，保障产品质量。该计划内容包括：海外市场调研；数据搜集和数据库维护；扶持市场开拓活动；通过媒体和现代营销手段扩大对印度水产品的宣传；资助营销团队，邀请国外采购商到印度考察；在国际市场上组织印度水产品供需双方的洽谈会；积极参与国外的产品洽谈和展览；在印度举办水产品的展览和贸易。印度尼西亚积极扩大出口市场，2008 年为应对主要出口市场美国、欧盟和日本进口需求下降的问题，扩大了对中东、中欧和东欧地区的出口，并主动调整出口产品战略，发展中东和中欧需求大的帕丁鱼和虱目鱼。越南为了解决面临的国际贸易限制，制定了水产品的长期出口计划和战略，大力投资改善水产品加工厂的质量等级，并使用更高规格的卫生标准，还设立了水产企业免检名单，为水产品出口提供便利。此外，努力开辟欧盟、澳大利亚和东盟国家等新市场。匈牙利改善水产品产业出口状况，在出口产品中增加加工品、肉食性鱼类、其他受保护和非保护鱼类比例，提高出口水产品的附加值。

（五）发展社会组织，提升服务水平

当前，世界渔业的发展与合作组织发展和社会化趋势密不可分。发达国家主产国普遍建立了运行机制完善的社会组织，并且其服务向专业化、大规模、全产业和综合性发展。而发展中国家主产国的社会组织在组织生产经营者、开展相关服务方面也有所进步。

支持社会组织发展。美国的渔业协会和社团真正体现了在渔业发展中的服务和纽带作用。协会组织以产业的可持续发展为目标和原则，对外采取一致对策，保护产业利益，对内通过业主间技术水平和管理水平的竞争，提高了产业管理水平。美国渔业组织非常有序，分工明确，从渔业生产、加工、销售、消费构成了一条非常清晰的产业链，各个环节环环相扣，协调有序。为了保证各个环节的健康发展和有序竞争，每个环节都成立了企业自己的组织，包括各类协会团体，如养殖者协会、加工者协会、批发商协会等。一些生产规模大的品种，也建立了相应的养殖协会，如斑点叉尾鮰养殖协会、罗非鱼协会、条纹鲈协会和鳟养殖者协会等。这些协会为企业提供信息、技术、生产资料等各种服务；规范约束企业经营行为，引导企业健康有序竞争，维护企业的合法权益；并向政府反映企业需求，提出行业发展建议；协调各环节的利益分配和协助政府进行一些调查研究工作。

提高社会化服务水平。韩国的全国渔业合作社联合会是重要的产业组织，其成立的目的是提高渔民的收益以及社会经济地位，保护城市消费者利益，提高渔业企业的竞争力。联合会为会员提供教育和支持，包括调节渔业纠纷、弥补渔业损失、渔业技术的推广和应用、引导合作社成员改善生产生活条件和经营设施；为社员提供商务服务，如购买、存储、销售产品，对加工、制造企业进行考察，规范水产品流通市场等；互助业务，即合作社成员分担风险等；各地区的渔业管理，保证渔业总公司和分公司的共同利益。印度尼西亚有系统完善的渔业协会，每个渔业企业和渔民都是协会的会员。作为非政府组织，这些协会与政府建立密切的伙伴关系，协助政府提高行业管理效率和效益，在管理捕捞、质量控制、发展水产养殖、市场营销、行业自律等方面发挥了不可替代的作用。例如，目前印度尼西亚70%的渔业饲料从巴西进口，价格较高，印度尼西亚渔业协会积极与周边国家接洽以改变单一饲料进口来源存在的问题。在重点产品进出口贸易方面，渔业协会也利用其丰富的经验和专业知识，为企业和政府提供信息服务和政策咨询服务。

（六）保护环境资源，确保产业可持续发展

渔业资源的可持续利用是确保渔业健康发展的前提，政府应当把保护资源环境作

为产业政策的重要内容。欧盟和美国等发达国家十分重视可持续发展，为保护渔业资源环境提供了有力的政策保障，而发展中国家也开始着手解决水产养殖活动中环境污染和资源退化等问题。

立法保护资源环境。为了抑制渔业资源锐减的趋势，20 世纪美国修订了 1976 年通过的《马格纳逊渔业保护和管理法》，开始施行可持续的渔业管理，保护鱼类和栖息地资源。欧盟则在共同渔业政策框架下促进渔业资源可持续管理，主要目标是合理的、负责任的、持续的开发渔业资源。1992 年，水产养殖被纳入"共同渔业政策"的调整范围，将水产业的可持续发展作为核心目标，发展"环境友好型水产业"和"水产友好型环境"，确保水产业和环境和谐共处。2001 年，日本制定《资源恢复计划》，以谋求渔业资源的紧急恢复；2007 年，制定了新《水产基本计划》，推进水产资源的恢复和管理。澳大利亚 1991 年实施《渔业管理法》，按照生态可持续发展原则开发渔业资源。促进水产养殖业的可持续发展已经成为各国共识。

设立养殖准入，审查从业资格。加拿大政府对水产养殖业的发展持慎重态度，既不大力鼓励发展，又不采取限制的办法。管理部门根据养殖地的可容纳量来确定企业数量和生产总量，实施总量控制。而从事水产养殖的企业，应当持有土地使用证和养殖许可证。其中，养殖许可证向渔业部门申请，由渔业部门组织专家现场考察和评议，然后再请专业的咨询公司提出意见后，决定是否批准。澳大利亚对新建水产养殖企业严格控制，严格审批。新建的水产养殖企业在选址、设计和实施之前，必须向有关部门具体负责渔业的官员提出申请，经过包括渔业主管部门、环保部门和土地管理部门在内的多个部门的评估，从立项、选址的土质、化学成分、水源、水质、规模、养殖种类、苗种来源、养殖产量、池塘管理、水库、进排水设施、对周围环境影响以及产品去向等多方面进行评估。如果与环保和公众利益相违背，不符合严格的环境质量标准，任何养殖项目都会被否决。

实施有效保护、改善措施。为了保护和改善渔业环境，各国采取多种有效的措施，主要途径是"开源"和"节流"。"开源"指的是改善渔场环境，增殖渔业资源；"节流"指的是限制渔业捕捞量，从而减少对环境的破坏。为保护淡水渔业资源，韩国以濒危淡水鱼为对象，实施了淡水鱼保种工程，为改善现有洄游通道，建设了人工产卵场。同时，对人工设置的洄游通道进行调查，组织清理废渔具、渔网，以防止产卵场、栖息地遭到破坏。培育资源管理型淡水捕捞业。在洄游率较高的地区集中人工放流，尤其是优良品种的放流量，增加淡水资源增殖。日本开展的良种生产和增养殖放流，确保资源的可持续利用，稳定渔业生产，保证有效供给。各国为了缓解渔业资源的持续退化趋势，大多采用了限制捕捞量的措施，如欧盟的渔业配额制度（total allowable catch，TAC）、日本"渔获量配额制度"，俄罗斯则实施"水生生物资源的配额生产（捕获）"，并下大力气维护制度的运行。此外，日本完善"渔业权制度"、"渔业许可制度"、"放流受益者费用负担制度"等措施，界定渔业权属，充分将外部效应内部化，确保资源的可持续利用，稳定渔业生产，保证有效供给。

控制污染,确保水质。欧盟发展水产养殖的过程中也重视保证水质,对水需要满足的最低质量标准,包括物理的、化学的和微生物参数做出了规定,对这种水的样品和分析的参考方法设置最低频率。如在英国,一个养殖场想要合法经营,至少要拿到"养殖用水"、"排泄物处理"等多个许可证,必须保证水体质量,养殖区域的水不能受到化学污染,要定期检查水中的重金属含量。同时,欧盟对鱼饲料、鱼饲料添加剂和渔药等投入品有严格的规定。加拿大政府要求养殖生产者对其生产区的水质进行检测,并定期向管理部门汇报有关数据和水质情况;而政府每年都对部分企业进行抽查,以监察其数据的真实性和准确性。

保护渔业资源环境与促进渔民生计发展相结合。当前渔民生产活动与渔业资源衰退之间的矛盾日益突出,保护水域生态环境,保护渔业资源,必须重视解决渔民的生活生计问题。印度为了保障和提升渔民生计,建设现代化渔民村,为渔民上团体意外险,鼓励渔民进行储蓄以补充保证淡季生活,并重视向渔民培训和推广最新技术。欧盟渔业基金 8 亿欧元,主要用来更新技术、船只,扶持发展养殖,培训渔民,广告宣传,进行转业渔民社会安置等。

三、世界大宗淡水鱼产业政策发展趋势与前景

世界大宗淡水鱼产业政策的发展实践正在经历"两个转变",代表了未来发展的趋势。其一,产业的发展由资源推动逐渐向政策带动转变:各国逐渐认识到大宗淡水鱼产业在保障食物供给和促进经济社会发展上的重要作用,加大了对水产养殖业的扶持力度,创造有利于产业发展的政策环境,政府在产业发展的推动作用进一步增强。其二,各国产业政策由提高产量保证供给向结构调整提高水平转变:首先表现在对资源环境的重视程度提高,发达国家和发展中国家在保护环境、科学利用资源工作上取得明显进展;其次,科学技术对产业发展的影响增强,技术水平直接决定了产业发展程度,各国加强了研发工作;最后,产业政策更加重视提升产业发展质量,对营养、质量安全和高附加值产品的需求给予更多重视。

各国的产业发展规划体现了上述趋势。美国水产业发展前景是:发展具有全球竞争力、科技合理、多样化发展的水产养殖部门,以满足人们对可得、安全、高质量、环保水产品的需求,并争取获得最大的盈利能力和经济增长机会,保证水产养殖业的发展与自然生态系统的协调发展。俄罗斯提出 2008—2020 年渔业发展"三步走"计划,重点分别在于增强供给能力,提高科技创新水平和打造行业国际竞争力:第一阶段(2008—2012 年)的任务是创造条件、发挥优势,扩大渔业资源的可持续再生产,增加国内市场水产品的供应量,丰富品种,提高水产品质量和竞争力,同时构建相应的市场基础设施;第二阶段(2013—2017 年)的任务是大力发展渔业系统的高技术生产,提高水产品的质量和品种,使渔业系统向创新型发展道路转轨;第三阶段(2018—2020 年)的任务是,保持俄罗斯渔业系统占据世界水产捕捞加工业大国行列

中的龙头地位，在有效利用俄罗斯渔业科学的先进成果并吸引外资的同时，走创新型行业可持续发展道路。欧盟将自身水产业发展的目标定位为可持续发展的前沿，努力创造一个成功的、可持续的、有竞争力的水产业，并改善整个供应链，提供高价值和创新产品，以满足国内和国际市场需求。此外，亚洲主产国也大多制定发展水产养殖计划，重点在于扩大生产，如泰国的国家渔业发展政策设定了每年增加5%的水产养殖产量的目标，伊朗量化了增加水产品产量、消费量和出口量三大渔业目标；但同时也更多的关注提升技术和质量、跟踪市场需求、提升渔民生计和保护资源环境。

当然，无论发达国家还是发展中国家，未来大宗淡水鱼产业发展和政策实践中都面临着一些问题。发达国家在世界大宗淡水鱼结构转型中渐失优势：其政策支持促进产业增产的边际效应减少，且依靠政策补贴维持产业发展的成本高、代价大、可持续性存疑，同时面临着发展中国家大宗淡水鱼产业崛起的挑战，在资源、规模和成本上不具优势，国际竞争压力增加，满足国内需求越来越依赖进口。发展中国家则存在对一些资源过度利用而对另一些资源开发不足的问题，其重视数量、轻视质量的传统发展思路决定了产业的低水平发展：国内生产依靠扩面增产，国际贸易依靠价格优势，而对科技研发应用、水产品营养安全、从业者能力培训、保护资源环境等有利于产业转型升级的活动重视不足、进展缓慢，使之面临国内资源环境退化和国际贸易恶化的双重困境。解决上述难题，是未来大宗淡水鱼产业发展的必经之路。

战略研究篇

ZHANLUE YANJIU PIAN

第三章 中国大宗淡水鱼种业发展战略研究

第一节 种业发展现状

一、种业发展和良种化现状

（一）各种业主体发展情况

自1958年"四大家鱼"人工繁殖技术取得成功以来，我国大宗淡水鱼全部实现了全人工繁殖，苗种产业由小到大、由弱到强，现年繁育苗种规模在3 000亿尾以上。在国家和地方政府的支持下，建设了一批大宗淡水鱼原良种场和苗种繁育场，培育发展了一批苗种繁育企业。

1. "四大家鱼"种业发展 青鱼、草鱼、鲢、鳙是我国淡水传统养殖的"四大家鱼"，在我国养殖已有千年历史。据统计，2012年全国"四大家鱼"的养殖产量达到1 181.57万t（中国渔业统计年鉴，2012），占淡水养殖总产量51.6%，占了淡水养殖的半壁江山，是淡水养殖的支柱品种。自1958年"四大家鱼"人工繁殖技术取得突破以来，其人工育苗技术日益成熟，苗种产业得到快速发展。在国家和地方各级政府的高度重视和支持下，投资建设了遗传育种中心2个，即鲢遗传育种中心和草鱼遗传育种中心，国家级"四大家鱼"原种场11个，苗种繁育场300多个，形成了从源头种质创新与良种培育、原种种质资源保存、优质苗种繁育与推广等比较完整的种苗体系。据初步估计，年可繁育"四大家鱼"苗种能力1 500亿尾左右。在发展过程中培育了一批管理规范、繁育规模大、品种质量优的"四大家鱼"育苗企业，代表如下：

（1）国家级江苏广陵长江系家鱼原种场（原江苏邗江长江系家鱼原种场） 成立于20世纪70年代初，位于江苏省扬州市广陵区沙头镇，隶属于扬州市广陵区农业委员会，为自收自支的全民事业单位。全场占地面积233.33hm²，养殖水面203.33hm²，其中，大水面186.67hm²。全场现有在职员工28人，专业技术人员10人，其中，高级工程师2人，中级2人，初级6人。中国水产科学研究院淡水渔业研究中心、江苏省淡水水产研究所为该场技术依托单位。

该场是农业部首批认定的国家级水产原种场。近半个世纪以来，该场始终坚持"以科技求发展，以质量求生存"的发展理念，艰苦创业，励精图治，在长江系"四大家鱼"的原种选育与保存方面始终保持着全国领先优势，成为全国享有盛誉的"四大家鱼"的原种养护和长江特色水产苗种繁、育、推一体化生产企业。多年来，向全国 18 个省（自治区、直辖市）的 512 个良种生产单位提供"江威"牌长江系"四大家鱼"原种后备亲鱼 65 万 kg、12 万尾。年生产"江威"牌青鱼、草鱼、鲢、鳙四大家鱼原种后备亲鱼 3 600 组、4.5 万 kg，"四大家鱼"及鲤、鲫、鲂、翘嘴红鲌、鳜、虎头鲨、细鳞斜颌鲴等长江特色鱼类鱼苗 10 多亿尾。常规经济鱼类乌子夏花 5 000 万尾、1 龄鱼种 7.5 万 kg。2012 年，全场实现总产值 530 万元。现有繁育技术设备：亲本培育池 7.2hm²，产卵池 4 个，苗种孵化环道 28 个，净化水塔 2 个，孵化桶 60 个，温室育苗车间 450m²，夏花培育池塘 13.33hm²；原种生产技术设备：100hm² 夹江大水面培育基地，20t 活水捕捞船 1 艘，渔政管理船 2 艘，小型捕捞船 3 艘，网围 2 000m²，捕捞大网 2 万 m²。全场现有渔业机械增氧机 80 台（套）、水泵 20 台（套）、投饵机 85 台（套），化验室仪器设备 20 台（套），办公电脑 8 台，资料室、档案室 50m² 等。

该场 1982 年开始从事原种四大家鱼选育与保存工作，1987 年被江苏省水产局命名为省级长江系四大家鱼原种场，1995 年"长江系四大家鱼原种生产技术路线及初步设计方案"获农业部论证通过，1998 年 6 月获得国家级水产原种场资格，2004 年 4 月通过国家级水产原种场第一次复查，2009 年 9 月被江苏省海洋与渔业局认定为省渔业科技成果转化基地，2010 年 8 月通过国家级水产原种场第二次复查，2012 年被江苏省海洋与渔业局认定为省现代渔业示范基地。该场历年来获得农业部丰收奖 2 项，获省海洋科技工作创新奖二等奖 2 项，获市、区政府科技进步奖 4 项，获得国家知识产权局实用新型专利 1 项。展望未来，该场将以科技渔业为理念，以国家级水产原种场为动力，以项目建设为落脚点，融合近郊观光渔业特色，树立工业化的理念，致力于产、学、研、育、繁、推一体化的现代渔业种业生产企业的目标迈进。

（2）石首老河长江"四大家鱼"原种场　位于湖北省石首市大垸镇境内，东临长江、傍依省级公路秦黄线 2km，距石首市区 12km，水陆交通便利，通讯、电力设施齐备，生态环境优越。所属老河长江故道地处江汉平原与洞庭湖平原的结合部，长江中游的荆江中段北岸，属亚热带季风气候，雨量充沛，日照时间较长，热量丰富，适宜淡水鱼类及赖以生存的水生生物生长。

该场隶属湖北五湖集团，属全民所有制副科级事业单位，是农业部重点投资建设的国家级水产原种场，并以中国水产科学院长江水产研究所为技术依托单位。其主要任务是搜集、整理、保存与培育长江四大家鱼原种工作，并担负着为社会提供长江四大家鱼原种亲本和后备亲鱼的任务。2000 年 12 月被农业部授牌为"国家级水产原种场"，并于 2006 年 11 月、2012 年 12 月顺利通过农业部组织的复查验收。全场总面积 733.33 多 hm²，其中，大水面天然生态库 666.67 多 hm²，亲本培育及苗种池 70hm²，拥有固定资产 1 800 多万元。现有职工 62 人，其中，高、中级工程师 6 人，技术员、技工 30 人。具有一支强有力的原种生产技术队伍。场内设有办公室、财务室、生产销售科、实验室、档案室和捕捞队等组织机构。

该场从1988年开始为社会提供长江四大家鱼原种，所供"青鱼、草鱼、鲢、鳙"四大家鱼原种全部通过从长江灌江纳苗及人工捕捞所得，品种具有生长速度快、抗病能力强、个体大、繁殖力旺盛等优势。原种曾销往全国20多个省市。近10多年来，共为社会提供"四大家鱼"原种64万kg，1龄天然苗种860多万尾。其供种质量、诚信服务态度，得到社会广大客户的赞誉。现每年可生产四大家鱼原种8万kg，1龄苗种60万尾，在21世纪，老河原种场将继续坚持"质量为本、信誉至上"的宗旨，奉行"诚信、求实、进取、共赢"的企业精神，为保存"长江四大家鱼"的优良品质和种质特性作出应有的贡献。近10多年来，该场多次提供"长江四大家鱼"苗种及亲本参与长江增殖放流工作，为保护长江"四大家鱼"资源作出过积极贡献，赢得农业部及有关专家的高度赞扬。2006年被湖北省水产局指定为："四大家鱼"亲本更新单位。当前，该场依托强有力技术队伍，致力于发展经济工作，通过高起点规划、高标准建设、高效益经营、高水平管理，努力打造集收集、养殖、培育、保存与外调为一体的一流长江"四大家鱼"原种基地。

（3）国家级湖北武汉青鱼原种场 我国唯一一家通过国家级资格验收的青鱼原种场，位于武汉市黄陂区六指街大咀垸武湖之滨，西临刘大公路，东连武湖水系，武湖是世界自然基金会（WWF）长江水生物保护与持续利用的示范湖泊。整个场区环境优良，水质清新，交通便捷，距武汉市中心城区20km，阳逻外环高速10km，至武汉天河机场30min，区位优势明显。在武汉市农业集团的支持下，投资428万元，完成改造亲本池6hm²、苗种培育池20hm²；扩建蓄水池3万m³，改造过滤池200m²，新建产卵池400m²，修建孵化环道300m³，建购孵化槽、孵化器各10个，新建鱼苗暂养池800m²，维修改造温室车间800m²；建立青鱼种质资源库（武湖）0.22万hm²；拥有青鱼亲本300组，总重量约12 000kg；新建研发中心综合楼（含实验室、培训室、资料室、档案室、化验室）900m²；此外，完成了进排水系统生产配套设施的改造，并添置了少量必需仪器设备。平均年产青鱼鱼苗3亿尾，繁育的苗种为湖北省主要水产板块基地提供优质青鱼苗种支持，在武汉市近郊已带动形成了0.13万hm²的青鱼专养板块基地。

（4）湖北大明淡水鱼种业科技有限公司 注册资金1 800万元，公司所在地位于荆州市观音当镇泥港湖，公司占地333.33多hm²，养殖水面近200hm²。泥港湖素有荆州"北肺"之美誉，东临潜江，北接长湖，318国道蜿蜒而过，人文荟萃，华实蔽野，水产丰盛，具有得天独厚的地理环境及养殖区位优势。公司本着"先进、生态、环保、示范、可持续"的理念，以通过高技术引进、高端产品培育、高技术研发，形成"育繁推"一体化为发展目标，是具有鲜明创新特色的全国水产高新技术产业化示范基地和中试平台。项目全部建设完成后，淡水鱼鱼苗（水花）年供应能力达到100亿尾以上，其中，大宗鱼品种良种鱼苗年供应能力达到70亿尾以上，成为华中地区最大的现代淡水鱼种业基地。

2. 鲤、鲫种业发展　　鲤和鲫是我国的重要淡水养殖对象，我国也是世界上最早养殖鲤的国家之一。据统计，2012 年鲤、鲫养殖产量达 534.7 万 t，占淡水养殖总产量 22.3%。因鲤、鲫能在池塘、湖泊等水体中自然产卵、孵化，其苗种生产开始较早，因此，鲤、鲫种业发展又快又好。到 2012 年为止，国家投资建设了 5 个鲤、鲫遗传育种中心：即冷水性鱼类遗传育种中心（中国水产科学研究院黑龙江水产研究所）、长江鱼类遗传育种中心（中国水产科学研究院淡水渔业研究中心）、鲫遗传育种中心（天津换新水产良种场）、鲫遗传育种中心（中国科学院水生生物研究所）和鲤、鲫遗传育种中心（湖南师范大学），8 个国家级鲤、鲫良种场，30 多个省级鲤、鲫良种场及 200 多个苗种繁育场或苗种繁育基地，现年繁育鲤、鲫良种鱼苗在 600 亿尾以上。鲤、鲫种苗生产基础设施先进、工艺水平高，是大宗淡水鱼中苗种繁育工业化、规模化水平最高的。从种质资源保护、种质创新与良种培育、苗种规模化繁育与推广等各层次均形成完善的机制，基本实现了育、繁、推一体化的种业模式。代表性的育苗企业如下：

（1）**国家级天津换新鲤鲫良种场**　　2002 年晋升为国家级水产良种场。培育出经全国水产原良种审定委员会审定、农业部批准，在全国重点推广养殖的红白长尾鲫、蓝花长尾鲫、黄金鲫、津新鲤和津鲢等 5 个大宗淡水鱼养殖新品种，获得"黏性受精卵脱黏技术"、"仿真鱼巢的制作与使用"等 6 项专利。50 多年来坚持优质苗种生产销售，是中国北方最大的大宗淡水鱼专业育苗场家。其苗种生产全部实现了工厂化、规模化、批量化，产品质量安全可靠。年繁育鱼苗数量在 5 亿尾以上，并有品牌标志的注册商标。换新牌优质鱼苗特色明显，在同行业中有较高的信誉和市场占有率。

（2）**国家级江苏洪泽水产良种场**　　为洪泽县水产局下属的自收自支事业单位，全场占地面积 110.6hm²，其中规格池塘 40hm²，大水面 18.67hm²，另有洪泽湖放流苗种网围暂养区 66.67hm²。全场现有职工 45 人，其中科技人员 11 人，有年产 5 亿尾鱼苗能力的人繁设施 1 套，设备化育苗及成品养殖控温房 3 680m²，拥有总资产 1 600 多万元。它是一个集生态和休闲观赏为一体的现代型渔业企业，全场生产条件、基础设施、技术水平居江苏省国有水产养殖企业前列。年可生产"四大家鱼"及异育银鲫"中科 3 号"等大宗淡水鱼良种鱼苗 10 亿尾，产值 800 万元。

（3）**湖南湘云生物科技有限公司**　　由大湖水殖股份有限公司、深圳市荣涵投资有限公司、湖南师范大学及刘筠院士等共同组建的生物高新技术企业。公司拥有以中国工程院院士刘筠教授为首的大批从事鱼类繁育、淡水养殖、水产品深加工、鱼类营养饲料等方面的专家、教授、生物工程技术人员和优秀企业管理人才，技术力量雄厚。技术开发主体为湖南师范大学生命科学院。公司集科研、开发、生产、贸易于一体，主要从事国家"863"重大科技成果"湘云鲫"、"湘云鲤"的产业化开发，同时，致力于名贵鱼类及特种水产品苗种繁育、养殖与销售。公司在湖南常德投巨资建有国内一流水平的苗种繁育基地，是国家高技术产业化项目——年产 10 亿尾湘云鲫、湘云鲤苗种繁育生产企业，拥有三倍体湘云鲫、湘云鲤的全部知识产权和生产经营权。公司拥有目前国内规模最大、技术最先进的工厂化孵化车间，苗种生产基地水面积达126.67hm²，年产湘云鲫、湘云鲤、抗病草鱼、三角鲂等优质名贵水产苗种能力达 15亿尾。湘云鲫、湘云鲤鱼苗已推广到了国内除西藏以外的各省（自治区、直辖市）养殖，商品鱼已大批量出口韩国。国家三倍体湘云鲫、湘云鲤苗种繁育高技术产业化示范工程建设项目实施后，已累计产生社会效益 20 亿元人民币。公司已通过了国家无公害水产品认证和 ISO9001：2000 国际质量管理体系认证，经营品牌为"湘云牌"，保证为客户提供满意的产品与服务。

3. 鲂种业发展　鲂系草食性经济鱼类，其肉质鲜美、头小、含肉率高、规格适中、易捕捞等，2012 年养殖产量达 70.6 万 t，为我国重要的淡水养殖种类之一。自团头鲂从长江中下游湖泊引种驯化成功后，团头鲂人工繁殖与苗种培育技术日益成熟，鲂种业获得快速发展。目前为止，国家 2010 年在上海海洋大学投资建设 1 个团头鲂遗传育种中心，在湖北、江苏、浙江和上海建设了 4 个鲂原、良种场（其中原种场 1 个、良种场 3 个），省级良种场和苗种繁育场 120 个左右，年苗种繁育规模在 100亿尾，基本满足市场需求。代表性的育苗企业如下：

（1）国家级江苏滆湖团头鲂良种场　位于常州市南郊、滆湖东岸，滆湖与太湖相通的太滆运河西端。距武进区政府 20km，常州市区 30km，离常州机场 40km，交通十分便利。全场面积 41hm²，养殖池塘 20 多 hm²，其中，石护坡面积 4.3hm²，团头鲂亲本保种池 10 口，每口 0.2hm²，计 2hm²。滆湖湖区有网围生态养殖基地68.53hm²。加温大棚 1 200m²，用电变压器 2 台，320KVA，进水闸 1 座，排水站 2座。人工繁殖用环道、孵化缸、产卵池等人繁设施齐全，增氧机、打浆机等养殖设施完备，具备良好的生产条件。年繁育团头鲂良种鱼苗 1 亿尾以上，推广到全国 20 多个省（直辖市），以其成活率高、养殖周期短、饲料系数低、养殖效益显著等优势被广大养殖生产者推崇。

（2）湖北鄂州团头鲂原种场　承担着团头鲂原产地保种、培育、供种及苗种繁育任务。现有水面 403.33hm²，其中，场区标准化鱼池 70hm²，梁子湖种质资源保护区333.33hm²。场内人工繁殖用孵化环道、产卵池等人繁设施齐备，水质优良。已向全国 23 个单位提供团头鲂原种亲本 5 380 组，供应原种鱼种 1 000 万尾，年可繁育苗种1 亿尾以上。

（二）大宗淡水鱼良种化现状

品种是淡水养殖生产的重要物质基础，国内外实践证明，优良品种的选育和推广是提高水产品产量的重要途径，也是改善品质、提高市场竞争力、促进产业结构调整、增加农民收入的重要措施。当今世界，谁拥有了良种及其生产技术，谁就控制了发展农业的主动权。自 1972 年我国召开第一次全国淡水养殖鱼类优良品种选育和基础理论研究协作会议开始，淡水鱼类良种选育就一直被列入国家攻关和支撑计划，培育出一大批在产业上大面积推广的大宗淡水鱼新品种。据统计到 2011 年年底，我国共培育出大宗淡水鱼新品种 36 个（不含引进种），其中，鲤、鲫 33 个，鲢 2 个、团头鲂 1 个（表 3-1）。

表 3-1　通过审定的大宗淡水鱼新品种名录（1996—2011 年）

年度	选育种	杂交种	引进种	合计
1996	兴国红鲤、荷包红鲤、彭泽鲫、建鲤、松浦银鲫、荷包红鲤抗寒品系、德国镜鲤选育系	颖鲤、丰鲤、荷元鲤、三杂交鲤、岳鲤、芙蓉鲤、异育银鲫	德国镜鲤、散鳞镜鲤	16
1997	松浦鲤			1
2000	团头鲂"浦江 1 号"、万安玻璃红鲤			2
2001		湘云鲤、湘云鲫		2
2002		红白长尾鲫、蓝花长尾鲫		2
2003	松荷鲤、墨龙鲤			2
2004	豫选黄河鲤			1
2005			乌克兰鳞鲤	1
2006	津新鲤			1
2007	萍乡红鲫、异育银鲫"中科 3 号"	杂交黄金鲫		3
2008	松浦镜鲤	湘云鲫 2 号		2
2009		芙蓉鲤鲫		1
2010	长丰鲢、津鲢、福瑞鲤			3
2011	松浦红镜鲤、瓯江彩鲤			2
历年合计	22	14	3	

1. 鲤、鲫良种化现状　鲤良种居大宗淡水鱼首位，共有 21 个新品种，良种化产业化程度最高。在 20 世纪 70 年代末至 90 年代初，全国推广的杂交种有丰鲤、荷元鲤、三杂交鲤、颖鲤、岳鲤等一大批杂交良种，这些杂交种累计推广养殖面积达 200 万 hm² 以上。于 1988 年育成的建鲤，已由 80 年代推广到 21 个省（自治区、直辖市），苗种 1 亿多尾，饲养面积 6.67 万 hm²；发展到 1997 年推广到 29 个省（自治区、直辖市），苗种 40 亿尾以上，饲养面积 66.67 万 hm² 以上；现在已推广到全国 30 个省（自治区、直辖市），养殖面积约 333.33 万 hm² 以上，成为我国主要的鲤养殖良种之一。采用常规选择育种与雌核发育相结合技术，育成的鲤新品种——松浦鲤，增产效率在 30% 以上，松浦鲤在北方地区推广面积每年达 1.33 万 hm² 以上。2008 年育成的松浦鲤，在我国三北地区进行了大面积推广，累计推广养殖面积 6.67 万 hm² 以上。2010 年培育的鲤新品种——福瑞鲤，目前已在山东、江苏、河南、吉林、辽宁、四川、宁夏、内蒙古、陕西、新疆等 16 个地区进行了示范推广，累计推广面积达 3.33 万 hm²。此外，还有全雌鲤、黄河鲤和湘云鲤等良种也在产业上得到

大面积推广应用，这些良种的育成与推广应用，使鲤成为我国良种数量最多的水产养殖种类，带动了鲤养殖年产量超过 250 万 t，鲤现已成为我国淡水养殖的第三大品种。可以说，现在我国鲤养殖产业已经全部实现了良种化，良种覆盖率达 100%，是大宗淡水鱼中良种化水平最高的品种。

　　鲫良种目前有 13 个，位居大宗淡水鱼第二位。对产业有重大推动作用和较大影响力的鲫良种有异育银鲫、彭泽鲫、异育银鲫"中科 3 号"、湘云鲫和湘云鲫 2 号。中国科学院水生生物研究所于 20 世纪 80 年代中期培育出的异育银鲫新品种，具有明显的生长优势，其生长速度比方正银鲫的自繁子代快 34.7%，比野生鲫快 1～2 倍，目前已在全国 29 个省（自治区、直辖市）推广养殖，养殖面积超过 200 万 hm²，产生了巨大的经济和社会效益。异育银鲫良种的育成，对我国鲫养殖产业具有里程碑意义。江西省水产研究所等单位培育的彭泽鲫良种，生长速度比选育前提高了 50% 以上，比普通鲫生长快 200% 以上，同时具有抗逆能力强等优点，深受广大养鱼户和消费者的青睐，目前已在全国 22 个省（自治区、直辖市）进行了推广养殖。异育银鲫"中科 3 号"是中国科学院水生生物研究所在国家 973 计划、国家科技支撑计划和国家大宗淡水鱼产业技术体系等项目的支持下培育出来的新一代异育银鲫新品种。异育银鲫"中科 3 号"具有如下优点：①生长速度快，比高背鲫生长快 13.7%～34.4%，出肉率高 6% 以上；②遗传性状稳定；③体色银黑，鳞片紧密，不易脱鳞；④寄生于肝脏造成肝囊肿死亡的碘泡虫病发病率低。异育银鲫"中科 3 号"自 2007 年育成以来，年繁育苗种近 50 亿尾，已在全国 25 个省（自治区、直辖市）进行了大面积推广养殖，累计养殖面积达 13.33 万 hm² 以上，深受广大生产者和消费者的欢迎，产生了显著的经济和社会效益。可以说，异育银鲫"中科 3 号"是异育银鲫的升级换代品种，在未来的鲫养殖业中必将产生更深远的影响。湖南师范大学刘筠院士等 2002 年培育的湘云鲫良种，具有性腺不发育、抗病力强、耐低氧、耐低温、食性广和易起捕等优点，特别是生长速度快，比普通鲫生长快 3 倍，目前已在全国 20 多个省（自治区、直辖市）进行了大面积推广养殖，产生了明显的经济和社会效益。可以说，现在我国鲫养殖产业已经基本实现了良种化，良种覆盖率达 90% 以上。

　　2. "四大家鱼"良种化现状　　与鲤、鲫良种相比，我国传统养殖的"四大家鱼"的良种化程度还很低，多数还是半野生种的直接利用，目前仅有长丰鲢和津鲢 2 个养殖新品种，并且津鲢仅适宜在我国北方地区养殖，范围较窄。长丰鲢良种具有生长速度快，产量高。2 龄鱼体重增长平均比普通鲢快 13.3%～17.9%，平均 667m² 增产 14%～25%；3 龄鱼体重增长平均比普通鲢快 20.47%，适应性强、成活率高。长丰鲢适宜在全国范围的可控淡水中养殖，养殖成活率较普通鲢群体提高 10% 以上，遗传性状稳定。自 2010 年育成以来，目前已累计繁育水花鱼苗 10 亿多尾，在湖北、湖南、天津、吉林、新疆、宁夏、广西、云南等 27 个省（自治区、直辖市）开展了推广养殖，推广面积达 3.33 万 hm² 以上。据近年来跟踪调查结果显示，长丰鲢在大面积养殖中，平均 667m² 增产达到 20% 以上，取得了良好的经济和社会效益，显示出广阔的推广应用前景。其他3个品种（如草鱼、鳙、青鱼）至今还没有培育出良种。

3. 鲂良种化现状　相对于鲤、鲫良种来讲，鲂的良种化程度也较低，目前仅有团头鲂"浦江1号"1个良种，而鲂本身有团头鲂和三角鲂2个品种。团头鲂"浦江1号"是上海海洋大学于2000年培育的良种，其生长速度比常规养殖品种快30%以上（李思发和蔡完其，2000；Li & Cai，2003）。目前，在上海郊区建成团头鲂"浦江1号"苗种基地2处，并已推广到全国近20个省（自治区、直辖市），团头鲂"浦江1号"已覆盖全国团头鲂鱼苗需求量的20%以上。团头鲂"浦江1号"良种产业化目标的实现，已成为农民增收的重要途径之一。

（三）"十一五"至"十二五"体系新品种培育扩繁情况

自国家大宗淡水鱼产业技术体系启动以来，遗传育种研究室开展了草鱼、鲢、鳙、鲤、鲫和团头鲂6个种类的新品种培育工作。目前为止，培育通过国家原良种委员会审定的新品种有异育银鲫"中科3号"、松浦镜鲤、松浦红镜鲤、福瑞鲤、长丰鲢和芙蓉鲤鲫6个。已建设新品种的良种扩繁基地30个，开展了长丰鲢等5个新品种的苗种大规模扩繁技术研究，包括亲本培育技术、人工催产技术、孵化技术及大规模苗种培育技术，形成了良种扩繁与大规模人工育苗技术12套，并在繁育基地得到广泛应用，极大地提高良种育苗的催产率、受精率和孵化率，累计扩繁新品种水花鱼苗200亿尾以上，已在体系29个综合试验站的示范县和体系外的单位进行了大面积推广养殖。此外，在草鱼、团头鲂等新品种培育方面也取得了可喜的进展，开发团头鲂SSR和SNP标记，目前已经获得团头鲂SSR多态性标记约400个、SNP标记约50个，已筛选到4个SSR标记与团头鲂体高、体长、体重有极显著差异（$P<0.01$），并获得了这些位点的优势基因型，建立团头鲂F_2家系70多个。在研究的同时开展优质团头鲂苗种扩繁，几年来，累计繁育团头鲂优质苗种5 000多万尾，在体系相关的综合试验站进行了推广养殖，效果良好。采用已建立的亲子鉴定方法，完成了100个长江水系草鱼家系重建，并估算了每个个体的育种值，根据育种值的大小选留了683尾候选亲本，进行F_1代3龄草鱼培育。完成多态性微卫星标记筛选196个；筛选补体C7基因组序列SNP 7个；对已克隆获得的补体基因、Toll样受体基因在不同发育时期、健康草鱼不同组织以及嗜水气单胞菌和PolyI：C诱导后草鱼组织中的表达情况进行功能研究；构建了2个数量性状座位（quantitative trait locus，QTL）定位F_2代作图家系，正在进行鱼种培育。

二、种质资源保护与利用现状

我国在水产种质资源的调查、收集、保护和利用方面，自20世纪50年代以来做了大量工作。1972年，我国将鱼类种质资源与育种工作纳入国家统一规划和组织协调的轨道，加快了种质资源研究的进程。1973年和1981年，两次组织大批科技人员对长江渔业资源的变动情况进行了调查。1983年,"鱼类育种技术及繁育体系"的研究被列为"六五"攻关项目,开展了"长江、珠江、黑龙江鲢、鳙、草鱼原种收集与考种"的研究。从形态学、生化遗传学、生长繁殖性能、群体结构等多方面进行了全面和系统的研究,基本弄清了三江水系三种鱼的生长性能及遗传差异,且发现三江水系中,以长江种质为最优,为开展种质资源保护和利用打下了基础。

"七五"、"八五"期间,把"淡水鱼类种质鉴定技术研究"和"淡水鱼类种质资源保存技术研究"列为国家攻关项目,投入了可观的经费和大量的人力,建立了青鱼、草鱼、鲢、鳙、鲂天然生态库和主要淡水鱼类人工生态库,探索了从形态、细胞遗传、生化和分子水平的种质鉴定技术。初步建立了常规淡水鱼类种质的精子库和数据库,建立了10种主要养殖鱼类的种质标准。出版了《长江、珠江、黑龙江鲢、鳙、草鱼种质资源研究》、《主要淡水养殖鱼类种质研究》、《中国淡水主要养殖鱼类种质研究》、《中国水产生物种质资源与利用(第2卷)》(王清印等,2010)等专著,基本上搞清了主养鱼类的种质资源状况,并使之得到了有效的保护。

在开展鱼类种质资源调查和保护研究的同时,鱼类种质遗传基础研究也取得很大进展。据不完全统计,我国已对301种鱼类进行了染色体方面的分析和核型研究,有些还进行了带型分析以及重要基因的染色体定位。在生化遗传学研究方面,我国已对青鱼、草鱼、鲢、鳙、团头鲂、鲤、鲫、罗非鱼等数10种主要养殖鱼类,开展了同工酶、蛋白质电泳酶谱分析,还对某些鱼类的多态性位点进行了等位基因频率研究,如以酯酶同工酶为遗传标志,分别研究了银鲫和长江白鲢的生化类型与生长的相关性,找出了生长快的生化类型,为生化遗传标志选育打下了基础。随着现代分子生物学技术的应用,还对主要鱼类的重要基因的DNA序列和结构进行了分析。通过上述各方面的基础研究,为我国水产种质资源研究奠定了良好的基础。到目前为止,我国在水产种质资源的收集和保存上所做的工作主要集中在以下几个方面:

1. 开展了重要水产种质资源的收集、整理、保存工作 我国对水产种质资源的收集保存工作,已开展了很长一段时间。通过承担科技部科技基础性项目及科技基础条件平台项目,对我国主要水产种质资源进行了系统地收集、整理和保存,共收集、保存了我国不同种类和品种、不同水域生态类型、常见和珍稀的鱼类、虾类、贝类、棘皮动物、爬行类以及藻类等海、淡水主要水产活体种质资源400多种,总量超过50 000份;系统地测定了上述种类的生物学、生化、生理学、细胞遗传学、分子生物学、经济性状等指标参数,制定了主要物种的种质标准,建立了数据库。

2. 建立了一批水产养殖原、良种保存与繁育基地 为了保证我国水产养殖业的发展,目前已建成了一批不同级别的水产种质资源保存基地。到2012年年底,全国建立了65个国家级水产原、良种场,在中国水产科学研究院所属的黄海水产研究所、东海水产研究所、南海水产研究所、黑龙江水产研究所、长江水产研究所、珠江水产研究所及淡水渔业研究中心均建有水产养殖原、良种保存与繁育基地,保存了重要的经济水产种质资源。这些原良种保存基地基本覆盖了我国主要水域的大多数水产经济种质资源，为我国水产种质资源的研究、开发以及合理利用提供了有力的保证。

3. 建立了水产种质资源保护区和珍稀水生生物自然保护区　为了保护天然水域水产资源，目前我国已建立了100多个国家水产种质资源保护区，以保证水产养殖业的可持续发展。为拯救特有濒危水生生物，目前我国还建立了不同类群、不同生态环境的水生生物自然保护区，如大亚湾水产资源自然保护区、厦门文昌鱼自然保护区、长江新罗江段白鳍豚自然保护区、陕西太白珍稀水生野生动物自然保护区等共约27个，保护区的建立扩大了水产生物的保护范围和数量，这些对我国水产生物种质资源的有效保护、保存、收集、研究和进一步开发利用起到了重要的作用。

4. 开展了水产种质资源数据库的建设　在科技部水产科技基础条件平台专项资金的资助下，中国水产科学研究院组织所属各研究所开展了"中国水产种质资源数据库及网络建设"项目。项目在搜集、研究和整理现有的我国水产种质资源各项资料的基础上，通过标准化的数据加工处理，建立了面向全国的"中国水产种质资源数据库网站"，并已开始运行。用户可以通过 Internet 直接登录网站 http：//zzzy. cafs. ac. cn，查找有关信息。网站内容丰富，提供了3 782个水生生物种类的基本数据，其中，淡水鱼类有1 100多种、海水鱼类1 300多种、甲壳类70 种、软体动物500 多种、藻类600 多种、图片1 570 个、形态特征数据共3 100项、生活习性数据1 431 项、繁殖习性数据440 项以及各种环境条件（盐度、温度、pH、地理分布和生活水体等）数据等。其中，对目前我国重要的58 个水产养殖对象，还提供了种质资源的分子生物学、生理生化以及遗传学的最新研究成果，如氨基酸、染色体、细胞色素 B、同工酶、线粒体 DNA、随机扩增多态性 DNA（random amplified polymorphic DNA，RAPD）、简单重复序列（simple sequence repeat，SSR）等数据。此外，网站上还可以查找我国174 个主要养殖经济品种的养殖技术信息，39 个我国主要养殖、捕捞品种1993—2010 年的统计产量，1 772 个水生生物种质资源的分布、所在区域的自然条件以及渔业开发利用状况等。

三、育种技术和苗种繁育技术发展现状

（一）育种技术发展现状

1. 选择育种　选择育种作为遗传改良的一种重要方法，在水产动物选育中得到了广泛应用。兴国红鲤和荷包红鲤是我国民间采用选择育种技术育成的两个池塘养殖品种；20 世纪70 年代后，作为杂交亲鱼培育了五六个杂交种，推动了我国鲤选育种的发展。从1983 年起，江西省水产研究所等单位对彭泽鲫进行选择培育研究，经过7 年6 代的系统选育，彭泽鲫的生长速度比选育前提高了50％以上，比普通鲫生长快200％以上，其他性状也有所改善，这是我国水产育种工作者从二倍体野生鲫选育成的一个优良养殖品种。通过群体选择、家系选择相结合的方法，培育出了以松浦鲤为代表的生长速度快的鲤新品种。通过群体选择，培育出了我国第一个人工选育海水养殖动物快速生长新品种中国对虾"黄海 1 号"。然而，表型值选种准确性较差、难以将环境效应、各种非加性效应剔出等缺点，这将会降低遗传进展，难以保持育种项目的可持续性。

2. 杂交育种 我国鱼类杂交始于 1958 年，在 50 多年内进行的鱼类杂交已达到 112 个杂交组合。目前，我国杂交育种的鱼类涉及 3 个目、5 个科、32 个种。在鱼类近百个杂交组合杂种一代（F_1）中，能显出杂种优势的只局限于若干稳定的品种。特别是在鲤的种内杂交方面成效明显，培育的新品种有建鲤、三杂交鲤、荷元鲤、岳鲤、芙蓉鲤、丰鲤、颖鲤等 15 个。在种间杂交方面较突出的成果，主要有高邮鲫、丰产鲫、兴淮鲫、湘鲫、芙蓉鲤鲫、杂交黄金鲫等新品种。

3. 细胞工程育种 细胞工程育种技术是在细胞和染色体水平上，进行遗传操作改良品种的育种技术。水产生物的细胞工程育种技术研究，目前主要有多倍体育种、雌核发育、性别控制及核质杂交（核移植）等。

多倍体育种技术，主要是通过人工调控受精或染色体分裂条件，使目标物种的染色体倍性发生变化、改变目标物种的性状从而达到品种改良的目的。吴清江等以雄性红鲫与雌性兴国红鲤杂交，产生鲤鲫杂种，选择仅具一次成熟分裂的杂种卵子与散鳞镜鲤精子杂交，再从杂交后代中选择具有 3 套完整染色体的个体，成功地培育出人工复合三倍体鲤新品种。刘筠等采用诱导产生四倍体与正常二倍体鱼杂交产生三倍体的方法，培育出了湘云鲤（工程鲤）和湘云鲫（工程鲫）2 个在淡水养殖生产上广泛推广应用的新品种。

人工诱导雌核发育技术，就是用遗传失活的精子激活卵子后，再通过抑制受精卵的极体排出或第一次卵裂而发育成子代的一种特殊的有性生殖方式。鱼类中存在的天然雌核发育已确知的有 4～5 种，如黑龙江银鲫、滇池高背鲫、台湾莫氏鳏和亚洲钩齿鲽等。雌核发育最大的优势表现在快速建立鱼类纯系，稳定杂种优势及提高选择效率。代表性成果为异育银鲫、全雌鲤、建鲤、长丰鲢和异育银鲫"中科 3 号"等，以上良种均已在全国大面积推广养殖。

性别控制技术，是采用生物技术或其他相关技术手段，人为控制养殖动物的性别，在同样条件下，就可以达到提高产量、增加效益的目的。我国于 1984 年采用三系配套技术培育出罗非鱼超雄鱼（YY 鱼），属世界首创，是鱼类性别控制研究的典范。目前，我国已培育出黄颡鱼"全雄 1 号"、罗非鱼"鹭雄 1 号"等新品种。鲆鲽类的性别控技术研究已经实现规模化生产全雌牙鲆苗种，但半滑舌鳎的全雌苗种培育的关键技术还有待突破，并将成为今后一个时期的研究热点之一。

细胞核移植是应用显微操作，将一种动物的细胞核移入同种或异种动物的去核成熟卵内的方法。将一种动物细胞核移植到另一种动物卵细胞，由此发育成的杂种称核质杂种。1961 年，童第周率先在金鱼和鳊鲅中进行同种鱼的细胞核移植，证明细胞核移植也可以在鱼类中进行。之后，童第周等在这两种鱼间进行亚科之间的细胞核移植，获得多种核质杂种鱼。陈宏溪等通过细胞核移植与体细胞培养相结合的方法，将短期培养的成鱼肾细胞的细胞核移植到同种鱼的去核卵中，成功地进行了鲫的无性繁殖研究。严绍颐等将鲤胚细胞核移植到鲫去核卵中，获得的核质杂交鱼（鲤鲫移核鱼）具有较高的养殖价值。

4. 分子育种 通过与目标性状基因相连锁的分子标记来筛选目的性状，称为分子标记辅助育种（molecular marker assisted selection，MAS）。分子标记辅助选择与传统的表型选择相比，目标性状的选择不受基因表达和环境条件的限制，使对生物的早期选择成为可能；利用 MAS 可以打破常规育种的局限，培育出新品种，更适合对阈性状的选择。常用的分子标记技术主要有限制性内切酶片段长度多态性标记（restriction fragment length polymorphism，RFLP）、RAPD、标记扩增片段长度多态性标记（amplified fragment length polymorphism，AFLP）、SSR、序列标签位点（sequence tag site，STS）标记、单核苷酸多态性（single nucleotide polymorphism，SNP）标记等。目前，水产养殖生物分子标记的研究多是通过筛选和目标性状相关联的各种分子标记，从而达到间接辅助选育研究的目的。陈松林等报道，利用 AFLP 技术鉴定到半滑舌鳎雌性相关的标记，并结合其与雌性特殊染色体的连锁关系，设计了高比例雌性半滑舌鳎的生产技术，得到雌鱼比例高于正常繁殖鱼苗约 30 个百分点的子代鱼苗，并正在利用这些分子与细胞生物学研究结果，向建立半滑舌鳎的全雌鱼苗生产技术的方向发展。对黄颡鱼性别相关的分子标记研究取得重要进展，筛选到雌、雄性特异分子标记，利用该标记培育出黄颡鱼"全雄 1 号"新品种，这是标记辅助育种最成功的实例。基因组选择（genomic selection，GS）育种，是分子标记辅助选择育种的一种形式。基因组选择就是全基因组范围的标记辅助选择，主要是通过覆盖全基因组的大量分子标记信息，获得全基因组估计育种值（genomic estimated breeding value，GEBV），然后对候选繁殖群体进行选择，从而达到全面选择各种优良生产性状的目的。分子辅助育种是依赖于系统生物学、生物信息学和遗传学的知识而发展起来的系统工程，其概念的提出虽只有几年时间，但它代表着今后遗传育种研究和品种改良实践的发展方向。随着模式鱼类如斑马鱼、青鳉、河豚和三棘刺鱼等全基因组测序的完成及基因功能研究的不断深入，一些重要水产动物的功能基因组研究快速深入，特别是一批与重要水产动物的生殖、生长和抗性等经济性状相关的基因和分子标记的鉴定，已为了解重要经济性状的调控网络及其作用机理提供了大量的基础数据，同时，也为进一步开展重要水产动物功能基因组和分子设计育种研究提供了重要的基因资源。

（二）苗种繁育技术发展现状

在苗种人工繁育技术方面，以"四大家鱼"人工繁殖成功为代表，我国的苗种繁育技术总体上处于世界领先水平，绝大多数淡水鱼类实现了全人工繁殖。据统计，2011 年全国淡水鱼苗产量 3 607 亿尾，鱼种产量达 308.6 万 t，全国水产苗种产值 425.44 亿元。从上述数据可以看出，水产苗种产业成为渔业发展的重要组成部分，吸纳了众多的农村劳动力，成为农民增收的有效途径之一。淡水鱼苗和鱼种数量的充足供给，为淡水养殖产品产量稳定增长提供了基础保障，也为丰富人民群众菜篮子、增加渔民收入发挥了重要作用。但对一些重要的养殖对象，如鳗鲡的苗种人工繁殖技术尚难以解决，有些种类虽可以人工育苗，但产卵亲体还必须依赖捕捞野生亲体。通过《渔业良种工程一、二期建设规划》的实施，到2012年年底，全国已建成或批复建设的水产遗传育种中心25个、建成国家级水产原良种场65个、淡水苗种繁育场4 872个，至此，我国水产原、良种体系框架已经形成。全国共通过国家审定的水产养殖新品种116个，其中，鱼类新品种50个，这些新品种的育成，为提高水产品质量、增加市场竞争力、提高良种覆盖率发挥重要支撑作用。

目前，苗种繁育按育苗方式可分为三种：一是利用野生亲本行半人工育苗，由于不需要蓄养亲本，育苗设施和方法简易，利用简陋的池塘设施并依赖天然饵料进行繁育，此种方式的效果较差，出苗率低；二是通过驯养或全人工培育亲本进行全人工育苗，此法通过人工采卵授精及工厂化生产苗种，利用专用池塘培养生物饵料培育苗种，这种方式效果较好，出苗率较高；三是当前正在进行的新品种后代繁育，采用可控性较强的全人工工厂化育苗、育种方式，对选育品种进行育苗与育种。按生产供应方式，分为完全依赖天然资源型（如鳗鲡和苏眉等鱼种）、半人工型（不养亲本，买卵育苗）（这种方式的比例最大）、全人工型（亲本和苗种实施良种化培苗）专业化育苗育种，在淡水选育新品种和某些海水主养品种中推行较快，其他品种则较分散比例较小。还有很多个体企业都采取买卵育苗，走自繁自育的道路。

第二节　种业存在问题

我国是世界上第一水产养殖大国和第一用种大国，总产量和养殖产量连续22年居世界首位。特别是从2008年起，养殖产量一直占世界养殖总产量的70%，其中优良苗种起到了巨大的推动和促进作用。近年来，我国水产育种理论与技术水平明显提升，培育了一批优良品种，形成了一支水平较高的科研队伍，培育了一批水产苗种繁育企业，水产种业呈现出良好的发展势头。但同时也存在着自主创新能力不强、产业集中度不够、基础设施条件落后、经营管理水平不高等问题，亟需加大投入、创新机制、完善体系，推进现代水产种业实现跨越式发展。总的来说，我国水产种业发展虽取得了长足的进步，但目前仍处于初级阶段，总体发展不平衡，仍处于相对粗放的发展状态，与种植业和畜牧业相比至少有20年的差距，与国外先进国家和地区的水产种业相比也有很大的差距，存在的主要问题如下。

一、产业化发展水平

1. 种业企业生产理念落后　众多水产企业片面追求经济效益，生产理念整体上是重数量、轻质量，良种意识淡薄，生产的唯一目标就是繁育出苗种，不管苗种质量。对亲本的选择与保育繁育策略、防止近亲繁殖措施、苗种培育操作规程等方面，没有引起足够的重视。

2. 亲本的滥用乱用 水产苗种生产许可管理基本停留在形式上，还没有与种源（即原、良种质量）的管理结合。许多企业仅凭经验引用亲本进行苗种繁育生产，罔顾亲本的生物学特性、养殖环境和技术条件的优化，造成滥用乱用繁育亲本，进而导致种质混杂和种质退化，严重降低了苗种的质量。

3. 苗种市场监管基本处于"真空"状态 面对千家万户的分散繁育和"千军万马"的苗种流通经销，尚未建立行之有效的水产种苗市场准入制度，市场监管基本处于"真空"状态。这种状态与当前水产种业监管主体不清、监管技术和手段落后、工作经费不足等密切相关。针对我国水产种业的发展现状，有必要从监管制度、科技服务、市场监管等各方面开展综合配套建设，充分发挥市场准入和市场监管的作用，才有望从根本上提高我国水产种质种苗管理水平。

二、技术体系与平台建设

（一）育种理论与技术体系不完善

目前，我国已形成一些相对成熟的水产育种技术，如选择育种、杂交育种、雌核发育等。但整体上讲，育种理论和技术体系还远远不能满足种业研究工作的需要，种质创新能力较低。其次，因水产对象的生物学特性各不相同，生理和生态环境也千差万别，水产育种尚未形成一套共性强、完善而成熟的理论与技术体系。良种培育的一些核心技术，如以最佳线性无偏预测法（best linear unbiased prediction，BLUP）和约束极大似然法（restricted maximum likelihood，REML）分析为基础的数量性状遗传评估技术尚未得到全面推广应用，导致良种选育工作滞后、遗传改良率低。许多经济水产种类总体上还处在以天然种进行苗种生产的水平上，与数量众多的水产养殖种类相比，人工选育的良种仍很少。例如，我国已选育出的 46 个鱼类良种，多数集中在鲤、鲫、罗非鱼等少数种类上，而占淡水养殖产量近 50% 的"四大家鱼"（青鱼、草鱼、鲢、鳙）良种却较少，仅有 2 个鲢鱼良种（仅占总良种数的 4%），草鱼是我国淡水鱼类产量第一大的养殖品种，至今还是养殖野生种。作为育种技术体系的一个组成部分，育种材料的收集、研究和整理、筛选等仍缺乏系统性、长期性和科学性，非常不利于育种工作的开展。急需投入适当的人力和物力，开展育种材料管理的标准化工作。

（二）以分子辅助育种为代表的育种新技术的研发亟待加强

目前，我国获得的水产新品种基本是采用选择和杂交等传统育种方法获得，育种周期长、效率低，难以满足大批量、高品质、多优性状和广适性新品种的市场需求。

我国急需开展分子育种为主导的多性状、多技术复合育种和设计育种技术研发，建立基于全基因组功能基因资源的育种技术体系，创新水产育种技术，充分利用我国丰富的水产种质资源，实现精确、快速、批量的育种目标，高效产出大批量优良品种。

（三）水产原良种体系有待进一步完善

经过半个多世纪的发展，我国水产原良种体系建设经历了苗种繁育场的建设到原种场、水产引种育种中心、良种场和良种繁育场的建设。虽然水产原良种生产体系框架已基本形成，但是我国目前仍然存在着诸多制约着水产良种产业发展问题，比如，良种化进程跟不上产业发展需求、原良种生产能力有限、苗种生产场的布局不合理、引种效率低、水产种质监测体系尚未完全建立、繁育场提供的苗种质量参差不齐等。以罗非鱼为例，到目前为止，已有奥尼罗非鱼、吉富品系尼罗罗非鱼、新吉富罗非鱼、"夏奥1号"奥利亚罗非鱼等4个品种通过了全国水产原、良种审定委员会的审定，并在生产中取得了较好的经济效益。但是由于各养殖区间环境、资源、技术等存在的差异以及国际市场竞争加剧，快速生长良种培育和规模化扩繁技术还不完善，良种的选育研究还远不能满足作为出口型水产产业快速发展的需求。另外，罗非鱼种质监测体系也还不完善。这需要加强国家级、省级良种场及其各类苗种场的监管力度，坚决杜绝伪劣苗种进入产业中。同时，不同品种罗非鱼的引进及其引进后保种、推广养殖的高效性和生物多样性的保护也应加以考虑，以避免过多的浪费和品种引进的盲目性。

三、应用基础研究

我国水产育种的应用基础性研究严重滞后。虽然水产动物种质和育种研究工作面比较广，但研究的深度不够，缺少长期系统的研发工作。在育种基础研究方面存在的主要问题如下：一是对水产生物的重要经济性状的遗传解析和对育种材料的深度评价存在众多空白，如对优良的生长、抗逆性状和杂交优势的遗传学机制尚未得到清楚阐明，严重限制了针对这些性状的育种工作的效率和技术成熟度；二是对多数养殖动物种群遗传结构与变异、特异性遗传标记等方面的研究仍十分欠缺，一些主要养殖种类的遗传背景不清楚，缺乏核心养殖种类的原始种群、种群分化和现有基因库等核心数据，十分不利于良种的培育；三是对我国丰富的水产种质资源的保护开发利用能力不足。我国水产种质资源十分丰富，但对水产种质资源的收集、保护和研发目前还处于起步阶段，已有的种质保存工作零散、缺乏系统性，大多没有标准化的管理体制和长期经费支持，基本没有发挥种质资源库服务种业发展的作用。此外，现有的水产种质鉴别方法仍主要停留在形态学分类水平上，缺乏分子水平的鉴别技术，对进一步保护和研究水产遗传资源造成技术上的困难，有待大力改进。

四、国家政策措施

（一）公共财政对水产种业的扶持政策力度小

中央财政对水产种业的投入支持的项目少，额度小。地方财政对水产种业的扶持政策更少，有些根本没有预算，要求地方配套的项目资金多数落实不了，形成了虚配套，影响了项目的完成质量和效益的发挥，没有良种补贴（畜牧就有良种补贴），影响了育苗企业的积极性。

（二）市场化背景下原良种场的定位有待调整

自 20 世纪 90 年代以来，在国家公共财政的扶持下，我国建成了一批国家级的水产原良种场，形成了独具特色的水产原良种生产体系框架，但我国水产原良种推广的体制中还有一些弊端有待改进和完善：其一，原良种场涉及的水产养殖种类比较杂，不能集中人力和物力在核心品种上有所突破，良种生产能力有限，不能满足苗种繁育场的需要，良种在数量上还不能起到主导作用；其二，原良种场建设盲目贪多，单个原良种场投入不足、设备不完善、缺乏专业技术人员，致使原良种场的投入和产出不成比例；其三，对已建成的原良种场缺乏监督和考核机制，加上缺乏科学、有效的原种、良种的质量检测技术，原良种场在苗种生产方面存在过多的随意性和盲目性。由此可见，目前原良种场的苗种生产能力已远不能适应快速发展的养殖业的需要，在市场化的大背景下，必须加快原良种场和扩繁场建设，建立原良种场与苗种生产企业的高效对接机制，提高良种保种、供种能力和良种覆盖率。

（三）以企业为主体的商业化种业新机制尚未形成

我国水产种业起步较晚，水产苗种企业数量多、规模小、繁育基础设施落后，抗自然灾害风险能力差，机械化、智能化水平低，研发与自主创新能力弱。企业开展种质创新的主动性不强，一个重要原因是水产育种投入的时间之长、经费之多让目前大多数苗种生产企业望而却步。目前，水产龙头企业、行业协会及生产合作组织在推进水产种业发展所发挥的作用不够，尚未形成一批良种培育、繁育、推广一体化的种子企业，以企业为主体的商业化育种体系尚未形成，造成了水产新品种的推广应用进展缓慢，良种生产的集约化程度不高，国际竞争能力不强。我国水产种业要想在国际竞争中占有一席之地，就必须走规模化、产业化的发展道路，即坚持政府引导与市场导向相结合，强化产学研紧密结合，以重点企业为龙头，以品种为突破口，培育、繁育、推广、营销为载体形成商业化种业新机制，做到结构优化、布局合理、质量提高、服务完善、实力增强、管理规范。促进种子科研、生产、加工、经营、管理等各环节的协调联动有机结合有序发展，建立适合我国国情的水产种业产业化模式，从而全面提升我国水产种业在国际上的竞争力。

五、其他因素

目前，国内缺乏对品种知识产权有力的保护和市场化利益回馈机制。由于水生动物繁殖周期长、见效慢、投资大、风险高，因此，水产新品种选育是一个长期的系统工程。再加上长期以来，无论是水产苗种培育者、生产者还是经营者，都对水生生物新品种知识产权缺乏充分的保护意识，育种投入得不到合理的利益回馈，既影响了科研人员的积极性和科技创新的后劲，也使生长企业由于缺乏新品种来源而竞争力不足，影响了水产种业的可持续发展。

科研院所和企业之间的步调一致和基于企业反馈机制的新品种开发还未建立，尤其是技术型、管理型等各类人才的配合和合理流动没有真正的完成。除此之外，在新品种选育中共性技术的开发和共享，是影响我国种业长期发展的最为重要的因素。如何从制度和各个环节去去培养和保护这种原始创新，是国家种业发展面临的主要问题之一；另外，交叉学科是育种新技术的特点，因此，复合型人才的缺乏和发现是种业发展中的新挑战。

第三节　国外育种技术发展趋势

一、国外种质资源保护与利用发展现状及趋势

水生生物种质资源是水产增养殖业发展的重要物质基础，发达国家都十分重视水生种质资源的研究。在种质鉴定方面，欧美等发达国家建立了种质标记技术，基本查明了鲑鳟鱼类的家养群体与野生群体之间的遗传差异。美国建立了官方的种质鉴定中心或机构。欧美、日本等国家率先应用线粒体 DNA（mtDNA）、RFLP、DNA 指纹及 RAPD 等分子生物学技术，进行鲑鳟鱼类、罗非鱼、鲤等养殖种类的遗传结构和遗传多样性研究。美国在美洲鲥鱼种质资源保护上取得了显著成绩，使美洲鲥资源得到了恢复。目前，世界上最大的鱼类种质资源数据库 Fishbase 已由世界鱼类中心（WFC）牵头，联合了世界上许多科学家共同建立起来，受到国际渔业界的高度重视。1991 年以来，随着联合国制定的"国际生物多样性合作研究计划"和国际《生物多样性公约》签署，包括水生生物种质资源和生物多样性在内的种质资源和生物多样性问题开始受到国际社会，尤其是发达国家的普遍重视。美国、日本、俄罗斯等频频派出专门考察船，收集各种水域环境的水生生物，建立其种质库。在保存水生生物种质资源过程中，发达国家除了采用传统的保存方式外，还发展了无菌培养、干燥和低温等多种保存形式；为了筛选某些特定用途的基因和保存可能灭绝的物种，专门建立了物种基因文库。目前，美国、加拿大等国科学家利用液氮冷冻技术，成功地保存了鱼类的精子和虾、贝的精子，贝类和虾精子的冷冻保存也已在商业广告中出现，说

明其虾、贝的种质保存已接近实用化。当前，国际社会把生物种质资源的拥有量和研发利用程度看成为衡量一个国家可持续发展能力和综合国力的重要的指标之一。因此，加强水生生物种质资源的保护和研究，成为本世纪世界性的重要战略议题。

二、国外育种技术发展现状及趋势

（一）育种技术发展现状

国外采用选择育种技术，最有代表性的工作是美国华盛顿大学的道纳尔逊育成的"超级虹鳟"。经过23年持续研究，使虹鳟的产卵期由选育前的2～3月提早到上年的11月，2龄鱼的产卵量比选育前增加了4倍，1龄鱼的体重比选择前增加1倍。这是由鱼类野生种育成家养品种的成功典范，对世界水产养殖做出了重大贡献。挪威从1972年以来一直坚持对鲑鳟鱼进行良种选育，选育指标包括生长速度、性成熟年龄、抗病毒病和抗细菌病能力、肉色和肌肉中脂肪含量等，现已培育出了一大批鲑鳟鱼类的优良品种。2001年，挪威鲑鳟鱼养殖产量超过47万t，出口比例达42%，出口额35亿美元，渔业也因此成为挪威仅次于石油天然气的第二大出口产业；其中，大西洋鲑经过多年的持续选育，生长速度明显提高，原来的品种需要养殖4～5年才能达到商品规格（5kg），现在只需2年即可，饵料系数也从20世纪70年代的3.5降低为90年代的1.0左右，良种产业的发展培育出了世界闻名的"挪威三文鱼"品牌，目前，挪威政府又在启动大西洋鳕和大西洋比目鱼的"选育计划"。研究结果证明，鱼类抗病力是可遗传的，进行选择育种可以有效提高鱼抗病能力，日本培育出了抗病毒出血性败血病的虹鳟品系，并对真鲷进行5年的人工选育，使其生长速度提高了近一倍。

杂交育种，是迄今为止最为有效的水产新品种培育技术之一。前苏联、德国、匈牙利、以色列和日本等都十分重视鲤品种间和品系间的杂交，普遍采用不同地理品系间和家养系与野生种间的杂交。20世纪初，乌克兰用"加里兹"镜鲤与当地品种杂交，育成了闻名世界的高产乌克兰鳞鲤和乌克兰镜鲤。前苏联从40年代起开展了鲤抗寒品种的选育，他们用黑龙江野鲤和欧洲镜鲤杂交，杂种再与黑龙江野鲤回交，回交种再系统选育到F_7，育成了抗寒力强、生长快的全鳞型鲤新品种——罗普莎鲤，从此该国的鲤养殖业由欧洲地区向北推进了10个纬度，到达北纬60°的西伯利亚地区，取得了重大经济效益。以色列从70年代起进行鲤鱼的杂交育种工作，他们重视基础性研究，对鲤不同地理品种经济性状的形成、不同品种间杂交的生长表现等进行了深入的研究。匈牙利从1962年开始利用近交效应，由鲤近交系间杂交获得杂种优势的方法，对全国10个地方品种进行杂交育种。具体做法是，先将地方种自交繁殖2～3代，并对入选的雌、雄鱼个体重要经济性状进行比较测定，然后进行品系间杂交；同时，制定了评价杂种生产性能的指标，包括卵的受精力、第一和第二年鱼的成活率、第二年鱼的增重率、饲料转换能力、含肉率和鱼肉的含脂量等；各杂交系经对照养殖试验，选出具有明显杂交优势的组合（二系），再与另一杂交系杂交，从而培育出优良二系、三系和四系杂种，这样的系统性杂交育种工作取得了良好效果。在美国，成功地利用条纹鲈雌鱼与白鲈雄鱼杂交，其后代具有明显的杂交优势而成为美国目前第6种主要优质养殖鱼类，现在占美国养殖鱼类总产量的1.4%。在日本，1977年从美国引进的大麻哈鱼与日本的马苏大麻哈鱼进行正反杂交，其杂种经过池塘养殖到2龄鱼，其生长率和成活率均比亲本高。科威特科学研究所还曾成功地进行海水乌鲷与哈氏鲷的杂交试验，它生长快、肉质好，并能繁殖后代。此外，目前还利用远缘杂交技术生产全雄鱼和中性不育鱼，尤其是属间杂交，如Suzuki等从鲑鳟鱼类的62个杂交组合中筛选出9个具有杂种优势的组合，其中属间杂种多数是不育的；有些学者进行多倍体杂交育种研究，如虹鳟与红点鲑的三倍体杂交种对疾病具有一定的抵抗力。

分子标记辅助、基因组辅助育种技术，是近10多年发展起来的一种育种新技术。英、美和日本等国近年来投入大量资金，开展水产养殖动物的基因组研究。在分子标记辅助选配研究方面，Vandeputte等（2004）建立微卫星分子标记为基础的亲本选配技术，并估计了依据期建立鲤群体的遗传力。Kocour等（2007）则通过建立分子系谱估计了鲤肉质加工性状的遗传力。除此之外，Novel等（2010）利用10个微卫星建立了PCR多重标记技术用于亲本选育。可以看出，完全通过分子系谱建立选育群体已得到了实际应用。Vandeputte等（2011）探索了鱼类遗传育种中的血统重建（通过标记重新设置、分配）从理论到实践的实际效果，结果表明，预期的真实分配率大大低于理论值。美国ARS的科学家在分子标记选择技术的辅助下用了6年时间，2007年获得比已有品种生长快20%的沟鲇NWAC-103品系，并通过美国农业部的认定，已在生产中使用。选择使用的是从300个微卫星中筛选出10个有效标记，作为选择工具用于区分其他品系，这是目前唯一的分子育种技术育成并上市的水产品种。在鱼类分子育种中主要是利用基因型频率计算雌雄间遗传差异和亲子鉴别技术来选择亲本，并且在鲆、斑点叉尾鮰和虹鳟中都有较好的研究结果；基于QTL等研究基础上的分子育种研究也有了报道，如牙鲆的抗淋巴囊肿病毒（lymphocystis Disease，LD）的分子育种，就是利用QTL的分析结果进行的（Fuji等，2007）。奥本大学农学院水产系沟鲇基因组项目组，在沟鲇的基因组资源的开发中主要开展EST制备、功能基因相关的微卫星标记、抗病相关基因的克隆、饲料高利用率相关基因的克隆等，并开展了提高饲料高利用率和抗病的分子育种研究。美国农业部鱼类遗传实验室与冷水养殖实验室，这两个实验室都是美国农业基因组计划的沟鲇与虹鳟的牵头单位，通过合作已经得到大量的有关分子育种的实用操作技术方面的信息。挪威科学家采用家系建立和基因标记手段，进行了大西洋鲑抗病育种的研究工作，分别建立了抗病家系和疾病敏感家系，并筛选出了抗病和感病的主要组织相容性复合体（MHC）基因型。日本科学家对虹鳟抗病品种进行了大量研究，筛选到虹鳟抗病相关QTL。Robinson等依据大西洋鲑在攻毒实验后的死亡鱼与存活鱼之间的基因表达谱的比较结果，设计了亲本的计算机选择模型，经6～7代选择，抗病能力提高1倍以上

中国现代农业产业可持续发展战略研究·大宗淡水鱼分册

（Moen 等，2009）。此外，日本学者采用家系建立和微卫星标记技术开展了牙鲆抗淋巴囊肿病毒病品种培育的研究，筛选到抗病家系以及抗淋巴囊肿病毒病相关位点。

转基因技术和染色体工程，当前转基因鲤鱼生长速度快的机制成为研究的重要方向。Duan 等（2011）研究发现，生长激素转基因鱼的行为学变化可能解释竞争性采食能力的增加。Zhong 等（2013）也发现，野灰相关蛋白可能调节该转基因鱼采食量的增加。Leggatt 等（2012）发现，转基因银鲑鱼的生长激素的生长受到构造启动子类型和种群线影响。Zhong 等（2012）表明，普通鲤的生长激素转基因影响性能不一致的后代之间的增长来源于不同的纯合子转基因。并进一步研究发现，生长激素转基因鲤的同质选配后代生长性能并不与生长激素转基因鱼一致，认为转基因也仍然需要传统的选择育种。Basavaraju 等（2002）企图通过三倍体来解决印度鲤的性早熟问题。Sellarsa 等（2009）采用对虾倍数性感应技术得到两种不同类型的三倍体，极体（PB）Ⅰ三倍体和PBⅡ三倍体。Pradeep 等（2011）观察了三倍体诱导对红罗非鱼生长和雄性化的效果。

（二）技术发展趋势

回顾遗传育种学的发展历程，从 1910 年丹麦科学家约翰逊提出了纯系理论，到瑞典育种学家 Nilsson-Ehle 提出了数量性状是由微效多基因决定的假说；从 20 世纪 20 年代 Fisher、Haldane 和 Wright 等将统计学方法引入遗传学和育种学，创建了数量遗传学理论，到 Lush 将数量遗传学理论与育种实践结合，建立现代育种理论体系。随着生命科学的发展，特别是分子生物学的飞速发展，育种技术也不断取得突破。目前，将功能基因挖掘、分子育种、基因工程、细胞工程等现代生物技术与常规技术有机结合，广泛应用于水生动物新品种培育，基本确立了以选择育种和杂交优势利用两大育种模式为主，以现代生物技术为主导的技术路线。

1. 现代选择育种技术 良种培育体系是一个系统工程，选择育种居于良种培育体系的核心位置，选择育种的核心是育种值估计。BLUP 法通过家系系谱构建分子亲缘相关矩阵（通常记为 A），将个体间的遗传联系用矩阵形式表示出来，使利用不同世代的数据，进而应用线性混合模型计算个体的估计育种值成为可能，这一方法为动植物的遗传改良作出了重大贡献。在水产育种核心技术方面，以 BLUP 法为遗传评估核心的多性状复合选育技术在水生动物育种中得到应用，国际上成功的水产种业目前取得的成就均是采用这一核心技术取得的，如挪威的鲑鳟鱼良种选育和美国凡纳滨对虾选育等。

2. 全基因组选择育种技术 到目前为止，大部分动植物品种的数量性状的遗传进展，是在对影响这些性状的基因数量和效应未知的情况下，根据表型值计算出来的育种值（EBV）进行选种而取得的，性状的遗传结构实际上是当作"黑箱"处理的。人们希望能够直接对遗传给子代的优良性状的优良基因和 DNA 片段进行选择，因为基因型的遗传力等于 1。如何能直接针对生物体的基因型进行选择，而最大限度地降低环境效应的干扰呢？一个办法就是把生物体的遗传信息，如那些和数量性状位点

· 142 ·

（QTL）连锁的信息整合到育种值估计系统中，可以更加准确地估计性状的育种值，称为分子标记辅助选择。但 MAS 的表现远不如人们原先的期望，因为决定每个数量性状可能需要 100～200 多个 QTL，而我们目前只定位了少数的 QTL。要有效地开展 MAS，比如解析一个中等效应的 QTL，大约需在基因组上每 100kb 就有一个标记，如栉孔扇贝的基因组大小约为 1.2G，就需要约 12 000 个标记。通常，MAS 选择的只是有限比例（＜50%）的与标记关联的遗传变异，准确性较低。为解决这一问题，Meuwissen 等 2001 年提出了全基因组选择的方法（genomic EBVs，GEBVs）。全基因组选择，也就是全基因组范围的标记辅助选择，主要是通过大量标记将全基因组分割成小的染色体片段，然后估计出不同染色体片段的遗传效应——QTL，进而估计出个体全基因组范围的育种值并进行选择。全基因组选择对具有大群体后裔的水产生物的育种提供了新的机会。随着遗传标记的发展，尤其是高通量的基因分型技术，使得从基因组水平估计育种值成为可能，即基因组选择。基因组选择的方法分为两类：一是通过参考群体（reference population），估计出每个标记等位基因或者不同染色体片段的效应值，然后利用这些效应值来计算候选群体（candidate population）的全基因组估计育种值（genomic estimated breeding value，GEBV）；二是不设立参考群体，直接对选育群体进行全基因组育种值估计，其技术的核心是通过各个个体的全基因组分子标记或基因型计算个体间的亲缘关系，进而构建关系矩阵，以代替传统 BLUP 中的分子血缘矩阵 A，称为现实关系矩阵（realized relationship matrix）（通常记为 G），进而以 BLUP 方法进行育种值估计。以 G 矩阵进行 BLUP 育种值估计的方法，称为 GBLUP。基于 GBLUP 的基因组选择方法，继承了以家系系谱为基础 BLUP 方法的优点，计算效率高，因而逐渐成为了基因组选择主流技术。基因组选择在奶牛、猪、羊、兔等动植物育种上已经开始应用，并取得了显著的效果，成为目前育种领域最前沿的育种技术，引起国际育种界的关注。基因组选择在个体间亲缘关系的量化上有了突破，比传统方法更加精确，因此，基因组选择将会是动植物育种史上革命性的事件。

　　水生生物的全基因组选择育种也已开展，鉴于全基因组选择对低遗传力性状选择的明显效果，国际上目前主要应用这一方法开展抗病育种，如挪威正在开展鲑鳟鱼和鳕的抗弧菌病和 VNN 病毒病的全基因选育，美国在进行抗弧菌病斑点叉尾鮰的全基因组选育。全基因组选育技术的发展和应用，已成为国际育种领域新的研究热点。

　　3. 基因组学信息及分子设计等理念的育种新技术　基因组学及功能基因的研究目前已经成为生命科学研究的前沿领域，为人类认识生物、改造生物提供了重要理论基础和技术方法，同时，也是生命科学领域国际竞争的焦点。基因组学研究内容除对基因组进行解析，也包括对基因产物（转录组和蛋白质组）的系统生物学研究。功能基因组学通过对基因组的结构和变异的认识，揭示基因的功能、表达调控机制以及调控网络，水生生物基因组学和功能基因研究已取得重要进展，分离、克隆了一大批与生长、发育、抗性等相关的重要功能基因。基于全基因组测序的组学研究能够全面解析生物的基因结构、功能，使人们可以从基因组水平，而不是孤立的单个基因来认识和理解生物的各种生命过程，从而为人们设计和优化生物性状提供了可能。

随着多种重要生物基因组序列测定工作的完成，围绕生物资源保护利用和功能基因知识产权的国际竞争日趋激烈。随着第二代测序相关技术的发展和测序平台的不断完善，对物种进行从头测序（de novo）和重测序的成本大大降低。目前，长牡蛎、中国对虾、凡纳滨对虾、虾夷扇贝、栉孔扇贝、马氏珠母贝、牙鲆、半滑舌鳎、斜带石斑鱼、大黄鱼、罗非鱼、鲤、大西洋鳕和大西洋鲑等全基因组测序正在进行或已完成。一批水产物种的基因组测序已经开始。因此，在水产动物中进行全基因组选择育种已经具备了一定的条件。

4. 基因工程育种技术　20 世纪 80 年代，我国成功地培育了世界上首例转基因鱼。经过了 20 多年的努力，转基因鱼研究已有了长足发展，已开展转基因研究的鱼多达 30 多种。经济鱼类的转基因研究主要集中在生长、抗寒及抗病等性状，以生长激素、抗冻蛋白、抗菌肽和溶菌酶等为主要的目的基因，研究对象包括鲑鳟类、鲤、鲫、泥鳅、罗非鱼和草鱼等；小型鱼类则以改变表型为主，红色或绿色荧光蛋白基因为常用基因，研究对象如斑马鱼、青鳉、唐鱼和神仙鱼等。在众多转基因鱼的研制中，转生长激素（GH）基因鱼和转荧光蛋白基因鱼的研制成绩斐然。2010 年，Nature 杂志上刊登了题为 "Transgenic fish go large" 的文章，披露了美国食品与药品管理局正在考虑批准转基因大西洋鲑上市的消息。相信转基因鲑的商用化，将极大地推动世界各国转基因鱼的应用研究与商用化的进程。

三、国外苗种繁育技术发展现状及趋势

美国实现了斑点叉尾鮰和凡纳滨对虾的全工厂化苗种繁育，菲律宾实现了罗非鱼大规模工厂化繁育苗种。总体来讲，国外繁育的鱼类品种数量不多，苗种繁育技术水平不高。

在日本，影响苗种生产的亲本管理备受重视，这主要是由于选择育种和近交可以改变养殖群体的遗传组成导致。当前，他们通过 DNA 分子标记的方法来管理用于苗种生产的亲本。常用到的分子标记为线粒体 DNA 多态性、微卫星多态性分析等方法。这些方法可用于评价群体的遗传多样性，系谱和近交程度的鉴别，尤其是群体和个体的近交系数可用分子标记进行计算。另外，遗传因子可以决定物种的生活力和适应性，因而保护用于生产苗种的亲本遗传特性就非常重要。在苗种的繁育规律方面，Kucharczyk 等（2008）认为，鲤自然繁殖会产生更重的怀卵量，并且在饲喂外来食物开始算起，季节外繁殖得到的鱼苗时间更短。Mansour 等（2009）开展了鲤黏性卵的生理生化特性研究。

第四节　战略选择

一、国外种业发展经验及对我国的启示

(一) 国外水产种业发展的成功经验

从国际鲑鳟鱼、罗非鱼、凡纳滨对虾等水产种业的成功案例中可见，水产种业战略性新兴产业的培育都是基于大的育种计划。通过政府推动或者国际专业育种机构的合作，对有巨大市场潜力的优势养殖种类，针对相应的经济性状进行长期育种规划。除了常规的选育过程，为了配合世界范围的苗种推广，对良种进行多个国家多种环境条件的养殖评价，也为有针对性的选育和推广养殖提供了大量基础数据，促进了良种产业的可持续发展。

(二) 对我国种业发展的启示

我国水产养殖产量占世界首位，养殖种类多，涵盖了鱼、虾、贝、藻、参、蟹等大量物种。参考国际水产种业的成功经验，发展战略性新兴产业首先要进行充分的发展潜力分析，根据种质创新的前期基础，确定优势发展的产业。通过政府在资金、政策等方面的支持，集中优势科研和推广力量，制定长期周密的项目计划。加快推进产学研、育繁推、科工贸一体化的体制与机制，培育中国的水产种业集团。另外，在开展优良品种培育的同时，应加快水产种质资源库的建设，深入开展发掘、收集、分类、整理、保存种质资源的工作，为我国水产种业的可持续发展打好基础。

二、种业发展需求分析

2011 年，国务院发布了《关于加快推进现代农作物种业发展的意见》，确定了种业是国家战略性、基础性核心产业的重要地位，指明了现代种业发展方向，提出了构建以企业为主体，育繁推一体化、产业化、商业化的种业发展新思路，无疑这也是水产种业一次非常难得的转型提升良机。当今世界，谁拥有了良种及其生产技术，谁就控制了发展农业的主动权。大宗淡水鱼一直是我国淡水养殖的主导品种，其产量占淡水养殖总产量的 70% 左右，其中，优良苗种起到了巨大的推动和促进作用，特别是鲤、鲫等的良种培育与推广应用。但是我国大宗淡水鱼自主创新能力不强，良种短缺矛盾突出。如在我国养殖有千年历史的"四大家鱼"中，目前只有鲢培育出 2 个新品种，而其他 3 个种类至今没有培育出良种，仍为野生种，特别是产量居第一位的草鱼至今没有选育出良种，远不能满足产业发展的需要。水产良种覆盖率不到 50%，遗传改良率仅有 20%。水产种业企业数量多、规模小、生产理念落后、基础设施条件差，没有一个真正意义上的种子企业，国家公共财政对水产

种业的扶持政策力度较小等等，迫切需要尽快建立适合我国国情的大宗淡水鱼的现代种业体系。

三、发展现代种业的必要性

种业是淡水养殖业发展的物质基础，养殖业的发展需求也会强烈拉动种业的发展。国内外实践证明，优良品种的选育、扩繁和推广是提高水产品产量的最重要途径，也是改善品质、提高市场竞争力、促进产业结构调整、增加农民收入的重要措施。研究表明，在影响淡水养殖动物生产效益的几大科技因素中，良种、饲料、疾病控制、环境等因素的科技贡献率分别占 50%、20%、15% 和 10%，可见，良种在淡水养殖中的重要地位与作用。长期以来，大宗淡水鱼（青鱼、草鱼、鲢、鳙、鲤、鲫、鲂）一直是我国淡水养殖的主导品种，其产量一直占淡水养殖总产量的 70% 左右，其中，优良苗种起到了巨大的推动和促进作用，特别是鲤、鲫等的良种培育与推广应用。近 10 年来，我国淡水鱼类育种理论与技术水平明显提升，培育了一大批优良品种，形成了一支水平较高的科研队伍，培育了一批水产苗种繁育企业，淡水种业呈现良好的发展势头。但同时也存在着品种自主创新能力不强、种业企业生产理念落后、基础设施条件差等问题，亟需加大投入、创新体制机制、完善配套政策，推动淡水种业实现跨越式发展。

（一）良种短缺已成为制约大宗淡水鱼产业持续发展的瓶颈

我国大宗淡水鱼养殖业在高速发展的同时，还存在许多严重制约产业的进一步发展的问题，其中比较突出的就是良种短缺。具体表现在：第一，缺乏高产优质品种。目前我国养殖的大宗淡水品种仍以野生种为主，人工选育的良种少。第一产业的持续发展要依靠不断选育更新换代的高产品种，如农业的超级稻。然而在 73 个淡水养殖种类中，野生种 60 个，占 84%；人工选育种 13 个，占总数 13.6%。在我国养殖有千年历史的"四大家鱼"目前只有鲢培育出 2 个新品种，而其他 3 个至今没有培育出良种，仍为野生种，特别是产量居第一位的草鱼至今没有选育出良种。水产良种覆盖率不到 50%，遗传改良率仅有 18%。第二，没有稳产、抗病品种。近 20 年来，由于发展高密度养殖、工业和生活污染，导致水生生态环境的不断恶化，病害频发，从而导致养殖产量不稳定。如草鱼病毒性出血病的大规模流行，经济损失惨重，至今未能缓解。2011 年江苏省暴发的银鲫疱疹病毒病，给鲫产业造成了重大影响。到目前为止，我国还没有培育出抗病品种。第三，专用品种储备不足（如适合网箱养殖、工厂化养殖的品种）。21 世纪，我国水产养殖业将向集约化、现代化的设施渔业发展。但是，现在适合海、淡水工厂化和网箱养殖的品种十分缺乏。目前，不少淡水工厂化设施养殖淡化的海水种或用人工海水养殖海水种，将对内陆土壤和水域带来盐渍化的严重后果。

（二）发展现代种业是国家水产原良种体系建设的迫切需要

水产原、良种体系建设，是农业部提出建设七大体系的重要内容之一。在中央、地方财政的大力支持下，我国水产良种体系建设的框架已初步形成。但目前的良种体系还很不健全，存在不少问题，突出地表现在：①大宗淡水鱼遗传基础理论研究不深，遗传背景不清，导致良种培育进展缓慢；②缺乏特异性的种质遗传标记，种质鉴别与分子技术落后，导致种质资源发掘与育种材料创新能力较弱；③人工选育良种少，从而限制了体系的发展。如草鱼、鳙、青鱼等的良种培育，特别是抗特定疫病品种的培育、选育工作一直未取得进展，目前仍以野生种为主。

（三）发展现代种业有利于提升我国大宗淡水鱼类的核心竞争力

良种是农业国际竞争的核心。作为渔业大国，尽快提升我国水产品的国际竞争力，是建设现代渔业强国的必然要求。随着我国加入WTO，我国经济与国际竞争的格局更加激烈。良种培育是科技创新的集中体现，只有原始创新和拥有自主知识产权，才能提高核心竞争力。通过培育新品种，改良主养品种的性状，提高大宗淡水鱼类的产量和质量，形成一批具有自主知识产权的品种和品牌，带动传统产业升级，加快培育新兴水产种业，大力提升水产品的国际竞争力。

（四）发展现代种业是建立商业化种子企业的必然要求

2011年，国务院发布了《关于加快推进现代农作物种业发展的意见》，确定了种业是国家战略性、基础性核心产业的重要地位，指明了现代种业发展方向，提出了构建以企业为主体，育繁推一体化、产业化、商业化的种业发展新思路，无疑这也是水产种业一次非常难得的转型提升良机。企业既有开展品种选育的动力，又有推广成果的能力。将企业作为种业的主体不仅是种业发展的内在要求，也是发达国家种业发展的成功经验。

四、战略定位、战略目标与发展重点

（一）战略定位

2011年，《国务院关于加快推进现代农作物种业发展的意见》明确指出种业是国家战略性、基础性核心产业，是促进农业长期稳定发展、保障国家粮食安全的根本，指明了现代种业发展的方向。2013年，"中央1号"文件又进一步明确提出，要着力抓好种业科技创新，加快培育一批突破性新品种，加快建立以企业为主体的商业化育种新机制，培育一批育繁推一体化的大型种子企业。中央新决策，标志着进入加快发展以种业科技创新为核心、以育繁推一体化和商业化为主线的现代种业新阶段。

因此，新阶段大宗淡水鱼种业的战略定位是，以提升大宗淡水鱼种业科技创新能力、企业竞争能力、供种保障能力和市场监管能力为目标，坚持自主创新、企业主体地位、产学研相结合、扶优扶强和统筹兼顾的原则，把种业科技创新放在更加突出的位置，把增强种业企业核心竞争力作为主攻方向，构建以产业为主导、市场为导向、企业为主体、基地为依托、产学研相结合、育繁推一体化的具有国际先进水平的现代水产种业体系。

（二）战略目标

总体目标：实施大宗淡水鱼的长期良种选育工程，加快培育一批突破性新品种。深入研究和揭示优良性状（高生长率、高品质、抗病、抗应激等）和杂交优势的细胞学和分子生物学机理，形成共性强、完善而成熟的水产育种技术体系与育种平台。加快培育一批标准化、规模化、集约化、现代化的原良种生产基地和"育繁推一体化"的种业企业，显著提高良种自主研发能力、良种综合生产能力和良种覆盖率。进一步完善种业法律法规和监管制度，建立健全职责明确、手段先进、监管有力的种业管理体系。建立和完善创新型的育种、技术研发和新品种推广平台，形成良种创制到产业化的畅通渠道。

具体目标：到 2030 年，初步形成科研分工合理、产学研紧密结合、资源集中、运行高效的水产育种新机制，发掘一批目标性状突出、综合性状优良的基因资源，构建大宗淡水鱼共性育种技术平台 10 个，培育高产、优质、抗逆、广适的大宗淡水鱼新品种 8～10 个；建成一批标准化、规模化、集约化的优势种子生产基地，大宗淡水鱼的良种覆盖率达到 70% 以上，商品化供种率达到 80% 以上；重点培育一批育种能力强、生产设施设备先进、经营规模较大、市场营销网络健全的"育繁推一体化"的大宗淡水鱼种业集团；努力健全国家、省、市、县四级职责明确、手段先进、监管有力的水产苗种管理体系。

（三）发展重点

1. 科技创新与新品种创制

（1）大宗淡水鱼育种理论基础与技术创新 群体选育、家系选育、多性状复合选育、杂交育种、细胞工程育种、基因工程育种等技术创新，及其育种理论发展；育种技术规范及良种制种标准，良种良法配套技术体系。

（2）新品种培育的前瞻性研究 分子标记开发遗传连锁图谱、QTL 定位与性状遗传、高通量 SNP 标记筛选和分型技术、不同基因型育种值的测算方法、SNP 芯片检测与育种值评价技术、单基因的性状决定与基因功能解析、多基因的性状决定与基因功能解析与分子标记辅助育种技术体系建立及育种示范。基因组育种值精确估计技术、基于组学的性状模块、基于组学的代谢调控网络、分子设计育种与示范。育种数学模型、生物统计与育种理论、基于生物统计、育种模型的育种设计创新。

（3）种质资源保护关键技术 种质资源状况评价技术，种质保存技术，水产种质资源信息管理与利用技术，水产种质保护区生态系统研究与资源保护关键技术。

（4）加快培育一批突破性新品种　集成运用杂交育种、家系选育、雌核发育、分子标记辅助、多性状复合育种等技术，开展新品种选育技术研究；培育优质、高产与抗逆等性状的协调改良的新品种，构筑我国淡水主养品种选育技术体系，提升我国淡水育种整体水平，建立现代水产动物育种技术平台，选育优质、抗逆、高产、专用大宗淡水鱼养殖新品种，开展苗种工厂化生产以及质量检测、病害防控等相关技术研究，实现良种良法配套，提高良种覆盖率。

2. 种业体系建设

（1）水产种质资源库及自然保护区建设　加强种业基础公益性研究，开展资源普查，整理，保护，鉴定等，建设种质资源标本库、细胞库、病原库和基因库的设施，重点扩建用于活体资源养殖保存的基地。入库物种以经济价值和科学价值为选择依据，建立大宗淡水鱼种质评价平台和保护区（产卵场、幼鱼场、索饵场）。

（2）商业化育种体系构建　支持有实力的企业建立科研机构和队伍，逐步构建商业化育种体系，培育具有自主知识产权的四大家鱼优良品种，并率先在草鱼育种领域取得重大突破。支持"育繁推一体化"企业整合育种力量和资源，加大科研投入，引进国内外高层次人才、先进育种技术、育种材料和关键设备，创新育种理念和研发模式，加快提升企业核心竞争力。继续加强水产遗传育种中心、原良种场与繁育场建设，加强良种生产基地建设，建设一批现代种业企业。

（3）水产种质数据库及水产种业管理信息系统建设　强化苗种市场监管，建立良种补贴管理方案，强化苗种市场调控体系，建立质量追溯体系。制定和完善各类种质资源的收集、整理和保存技术规程、种质资源描述标准；完善各类数据质量控制标准和种质资源参数标准、设计各类数据库和数据结构、改进和完善远程数据录入和维护系统、数据库管理系统、水产种质资源门户网站系统。

（4）新品种审定与保护规范化　加强新品种测试管理，强化性状鉴定，区域实验，健全新品种审批机制，建立品种退出机制，完善新品种保护制度及奖励制度，建立转让交易平台。

第四章　大宗淡水鱼养殖环境与工程设施发展战略研究

第一节　国内养殖环境及养殖技术发展现状和问题

一、养殖环境现状

(一) 养殖水质现状与养殖环境

我国有着悠久的水产养殖历史，尤其改革开放以来，我国的水产养殖业发展迅速，水产养殖总量长期稳居世界首位。2010 年，全国水产养殖面积达到 728.314 万 hm^2，其中，淡水池塘养殖面积为 233.190 万 hm^2，水库养殖面积为 172.641 万 hm^2，湖泊养殖面积为 99.823 万 hm^2，河沟养殖面积为 24.967 万 hm^2（中国渔业年鉴，2012）。

随着经济的发展，大量的工业废水进入湖泊河流等，带来严重的水环境污染；高密度养殖的发展，也加剧了水体富营养化的进程，养殖水体自身生态环境的恶化，对自然生态系统也造成不良影响。湖泊、水库、河流的问题也很突出。虽然经过近年来的多方努力，水产部门也积极开展了增殖放流等治理措施，水质逐渐好转，但是仍然面临较大的压力。

近年来，水产养殖业保持递增的趋势，集约化投饵养殖模式逐年增加。在目前的养殖条件下，人为投放的有机物质和渔用药物远超过养殖水体的自净能力，使得水体营养盐升高，下层水体缺氧、沉积于环境中的硫化物、有机质和还原物质含量升高，残留药物积累，有害微生物和噬污生物繁衍，养殖生态失衡。

大多数养殖者为了追求经济利益，往往采用高密度的养殖方式，且养殖废水不经处理随意排放。在这种养殖方式下，养殖动物所产生的粪便、分泌物，未利用的饲料和死亡动物的尸体沉积于养殖区底部，或随水流进入周边环境。养殖环境中沉积的有机物在分解时消耗大量氧气，并产生有害物质，分解的最终产物以氮、磷等无机盐形式释放到水体中，使水体富营养化，致使有害藻类和病原微生物大量繁殖；底栖生物的群落结构发生改变，整个水域生态系统的功能减退，导致水体的理化因子发生剧烈变动，对养殖动物的健康生长造成负面影响。

由于高密度养殖的发展，加上人工投喂饲料和施肥等，导致我国大部分养殖池塘氮、磷超标。很多池塘常年没有整修，池塘老化、淤泥过多等都严重限制着池塘养殖的发展。池塘养殖污染主要来自残饵、排泄物、粪便等，而大量养殖废水的排放对池塘水体及池塘养殖周围水域造成严重破坏。饲料中氮、磷除小部分供给养殖鱼类的生长外，大部分沉积于池底，造成浪费和污染。放养底栖鱼类加速了氮、磷循环，易引起浮游植物大量繁殖，产生水华现象。池塘养殖过程中，必须定期频繁大量换水来控制水质。因为静水池塘中当鱼类达到一定密度后，种群代谢产物的积累将成为抑制生长和限制单产的主导因素，要想提高单产，必须定期冲换新水。

养殖废水的大量排放，严重污染周边水域。在夏秋季节和捕鱼时，富含氮、磷、有机物和藻类的鱼塘废水被直接或间接排入水库，在水库周边水域形成明显的污染带。池塘养殖中养殖技术的关键是疾病的防治。养殖过程中水质调节、疾病预防、疾病治疗等使用化学药品、添加在饲料中或直接泼洒使用。这些有毒物质残留在水体中，影响野生种类免疫力，还造成生物残留，通过食物链危害人类健康。

我国主要湖泊水质现状如图 4-1 所示：我国主要湖泊中处于劣 V 类的占到 39.0%，Ⅱ类和Ⅰ类水质的湖泊极少；异常富营养化型的达到 45.1%，贫营养型和中营养型的共有 19.1%。

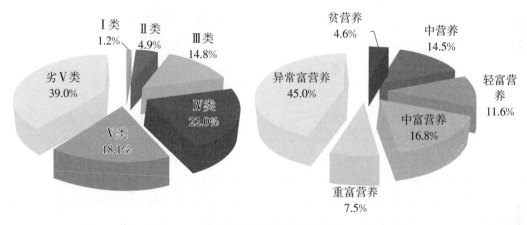

图 4-1　我国主要湖泊水质状况统计（2012）

我国主要水库水质现状如图 4-2 所示：我国主要水库中处于劣 V 类的占到 23.7%，Ⅱ类和Ⅰ类水质的水库总量为 24.8%；异常富营养化型水库占水库总量的 16.2%，贫营养型和中营养型水库分别占总量的 22.8% 和 31.6%。

我国主要湖泊水库的主要污染有有机污染、重金属污染和其他有毒物质污染等。湖泊水中叶绿素、氮和磷的含量是水体营养水平的主要指标，尤其是总氮超标容易产生氨氮和亚硝态氮等有毒有害物质，对水产品造成危害。湖泊水库是很多居民用水和池塘用水的来源，湖泊水库的水质好坏关系到池塘养殖能否健康发展，也关系到人民群众的身体健康，必须采取措施来改善湖泊的水质。但大水面渔业的快速发展，特别是网箱、网围、围栏养鱼和小水库直接投饵施肥技术迅速推广，其中，未食饲料、粪便和排泄物中含有的营养物质——氮、磷、有机物对水环境的富营养化影响严重。由于颗粒饲料质量差，网箱设置不当，加之规模过大，盲目加大鱼种投放量等，导致网箱区和网箱外大范围水质恶化。总之，投饵养鱼模式，是造成湖泊、水库水质恶化、水体富营养化和生物多样性下降的主要原因。

（二）养殖条件建设情况

水产养殖既可以带来环境效益，也会带来环境污染。淡水养殖方面，根据测算，1t 淡水鱼在养殖过程中产生的粪便和 20 头肥猪产生的粪便量相当，网箱养殖的污染最为严重。很多水库发展网箱养殖带来了巨大的经济效益，但是水体变肥，水体中的总氮和总磷含量严重超标，水体富营养化严重。当人们意识到水环境恶化后开始治理水域环境，治理费用甚至超过了网箱养鱼的利润。海水养殖方面，每年向海水中投入大量的人工饲

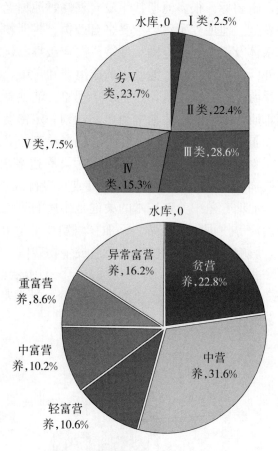

图 4-2　我国主要水库水质统计（2012）

料，残饵和粪便过多超过了海水的自净能力，造成海洋污染。为了在保证养殖产量的同时减少环境污染，各地不断加强渔业设施建设（檀学文等，2006）。

增氧机的使用可以增加水体的含氧量，促进水体的运动使水温和溶氧趋于均衡，使下层水中含有的有毒有害气体逸散出来。增氧机的使用有助于水质的改良。增氧机的种类很多，其中，叶轮式增氧机和喷水式增氧机较为普遍。

自动投饵机可以设定投饵的频率，每投一次饵料有一个间歇，给鱼充分的时间来吃饵料，既减少经济投入又可以减少残饵造成污染。

在养殖水面上设置植物浮床，植物在生长过程中利用水体的养料，减少了水体中的总氮和总磷含量，改善养殖水体的水质。炎热的夏天植物浮床，还可以给鱼类提供避暑场所。植物浮床能够有效降低水体中的亚硝态氮和氨态氮的含量，减少这两种环境因子对养殖对象的毒害作用，提高了养殖品质。

环境因子监测系统，包括专家系统和报警系统。专家系统，可以通过养殖水体的基本情况和放养的鱼苗种类和数量确定每天的投饵量，减少残饵的产生；报警系统，通过监测养殖水体的温度、透明度、酸碱度（pH）、氨氮和溶氧等水质参数，使水产

养殖管理达到自动化，为养殖人员提供准确的池塘水质数据，及时采取措施，保证水体的水质。

封闭式循环流水养鱼：它的主要特点是用水量少，鱼池排出的水经过回收、曝气、沉淀、过滤、消毒后，再根据不同的养殖需要，进行调温、增氧和注入新鲜水之后再重新注入养鱼池塘，反复循环使用。封闭循环流水养鱼还配备水质监测、流速控制、自动投饵、排污等装置，由中央控制室进行统一监控，达到自动化管理。

池塘养殖模式发展于20世纪70年代，至今仍以"进水渠＋养殖池塘＋排水渠"为主要形式，基础设施建设投入不足，池塘养殖设施系统构造简易，造价低，应用普遍（宋超等，2012）。养殖生态环境主要依赖自然水质以及池塘在"光—藻—氧"作用下的自净能力，增氧机是人工补氧、改善水质、并向高密度养殖对象供氧的唯一装置，投放生物制剂也是常用的手段，但系统水质调控能力较弱。由于环境水域水质恶化，无优质水源保障，加上养殖生产盲目追求产量，导致养殖水质恶化、病害频发，主要依靠药物防治病害。

总体上讲，池塘设施养殖还处于低级水平，养殖生产对自然环境的依赖度相当大，生产过程的人为控制度较小，机械化程度不高。受养殖水体自净能力的限制，池塘容易老化，普遍出现所谓"新塘旺三年"现象。随着养殖水平的不断提高，单位水体的载鱼力也随着增加，但是大量的饲料投入和鱼类代谢物的积累导致池塘内源性污染加重，在养殖过程中，水体理化因子（溶氧、pH、氨氮、亚硝酸盐等）不稳定，蓝藻频繁暴发。随着经济建设、城乡建设的发展和人口的增加，用水量和排污量剧增，环境水域受到不同程度的污染，水域环境恶化的状况未能从根本上得到缓解，渔业资源环境形势严峻，水资源短缺将成为制约水产养殖业发展的瓶颈。

二、养殖技术发展现状

中国淡水渔业的发展，主要依赖于养殖技术的不断发展。殷墟出土的甲骨卜辞，证明我国早在殷商末年就开始养殖鱼类，至秦汉时期，我国已有淡水养殖专书面世，而且淡水鱼的养殖已从小型水体的池塘发展到大型水体的湖泊。到隋唐时期，我国淡水养殖鱼的种类增加，除养殖鲤外，传统"四大家鱼"——草鱼、青鱼、鲢、鳙均在这一时期出现。直到20世纪50年代的家鱼人工繁殖技术的突破开始，我国淡水养殖技术就开始不断有重大技术出现。

我国淡水养殖技术从20世纪上半叶的缓慢发展，到新中国成立初期和"文革"时期的曲折发展，再到改革开放后多年的持续高速发展，充分展示了我国20世纪淡水养殖技术复杂而又不断发展变化的过程。在这一时期，我国不仅在淡水鱼苗培育技术、池塘及湖泊、水库等大水面养殖技术获得很大发展，而且在人工饵料和鱼病防治上也取得了巨大成就。因此，这些养殖技术极大地促进了我国水产养殖业的蓬勃发展。主要表现在以下几个方面：

1. 中国现代渔业 萌芽于清王朝末期。在张謇等开明人士的倡导下，虽然开始组建现代形式的渔业公司，开办水产技术学校，但是对我国淡水养殖技术的发展仍很少给予必要的重视，因此成果极少。尽管如此，这一时期我国的淡水渔业仍主要是继承和发展了我国明清以来的传统技术，如在池塘养殖技术上，增加投饵和施肥种类；在河道和湖泊养殖技术上，主要是捕捞技术和改进了拦鱼设备；在养殖鱼苗的张捕上，除使用弦网捕捞外，还使用麻笭、竹笭等方法；在鱼苗的除野技术上，除利用传统的挤鱼法外，还使用筛选法。这一时期现代鱼病防治技术开始起步，尤其是对鱼的寄生虫病进行一定研究，取得不少成果。总之，这个时期我国淡水养殖技术在相关科技人员的努力下，虽然取得一些成绩，但总的来说，主要是承袭传统养殖技术，发展处于相对缓慢时期。

2. 新中国成立初期 我国淡水养殖技术获得较快发展。主要表现在以下几个方面：①青鱼、草鱼、鲢、鳙"四大家鱼"人工繁殖技术的突破，一举改变了我国多年来完全依赖捕捞江中天然鱼苗的历史，为我国淡水养殖业的发展奠定了基础；②改变了投肥投饵方法，为培育大规格鱼苗创造条件；③在池塘养殖技术上，根据群众多年养殖成鱼的经验，总结出池塘养鱼"水、种、饵、混、密、轮、防、管"八字精养法，促进池塘养殖技术水平的提高；④在养殖水体方面增加了湖泊、水库、河道等大水面养殖鱼苗的投放数量，提高投放质量，并且加强对大中型湖泊、水库的资源调查，开展湖泊、水库、河道水产捕捞研究，提高淡水鱼的捕捞效率，这使得我国在湖泊、水库、河道等大水面养殖技术上也获得进一步发展；⑤在鱼病防治方面，仍主要集中在对鱼类寄生虫病进行一定研究，不仅对部分水霉病、假单孢菌等细菌性疾病进行初步研究，而且还发现一批新的寄生虫，并对部分寄生虫病的防治进行研究试验；⑥在人工饵料技术方面，除对提高鱼类饵料适口性进行大量研究外，还在饲料来源方面进行大量研究工作，总结出"种草、养畜禽、找饲料、引农副产品、制糖化发酵饲料"五字方针。

3. "文革"时期 这是我国各行各业发展深受影响的时期，但我国淡水养殖技术还是有一定发展的。主要表现在以下几个方面：①在湖泊、水库、河道等大水面养殖技术上，从粗养逐渐向精养方向发展，大力开发小型湖泊、水库养殖潜力，对大中型湖泊和水库重点探索围栏养殖技术，并大力开展网箱养殖鱼苗和成鱼试验，均取得较好成绩，为其后快速发展打下基础；②在池塘养殖技术上，总结推广了小塘改大塘、浅塘改深塘、塌塘改好塘、死水塘改活水塘等鱼塘改造技术，进一步扩大池塘淡水鱼的养殖种类，如团头鲂、胡子鲇、银鲫、丰鲤、荷元鲤、岳鲤等优质鱼种，推广池塘套养大规格鱼种，进一步缩短成鱼养殖周期，极大地提高池鱼产量；③在渔业机械方面取得一项突破性进展，即渔业增氧机的发明与使用，由于渔业增氧机的发明和使用不仅解决了困扰渔业多年的泛塘死鱼情况，对池塘养鱼稳产高产提供保障，并为其后我国淡水养殖业的进一步发展创造了一项基本条件，因此这是我国渔业机械史上一件重大事件和里程碑，深受广大群众的欢迎；④进行了大规模淡水鱼类的杂交育种实验，利用江西兴国红鲤、德国镜鲤、散鳞镜鲤、元江鲤、莫桑比克罗非鱼、尼罗罗非鱼，分别培育出深受群众欢迎的"红镜鲤"、"丰鲤"、"荷元鲤"、"福寿鱼"等新品种。另外，还开展系列远缘杂交和细胞核移植探索性实验，均取得一定成效。

4. 改革开放后　我国淡水养殖得到了快速发展。由于我国政府采取一系列对外开放、对内搞活等发展经济的政策，使我国多年形成不合理的渔业生产结构得到调整，而且促使我国淡水养殖种类更加丰富，水产养殖总体实力增强，在国民经济和改善人民生活水平中的地位日益加强。淡水养殖总产量从 1976 年的 74 万 t，猛增到 2000 年的 1 513 万 t，在短短几年时间中增长多倍，成为世界上第一淡水养殖大国（蒋高中，2009）。这与当时淡水养殖技术飞速发展是分不开的，这时期我国淡水养殖技术的发展主要表现在以下几个方面：①在池塘、湖泊、水库、河道养鱼方面，这一时期的池塘养鱼主要通过推广配合饲料、完善池塘配套工程、推行适度密养和科学管理等措施，使池塘养鱼产量得到很大提高；同时，对大中型湖泊、水库等大水面普遍进行了渔业自然资源的调查和区划研究，积极开展人工放养与移植驯化，发展围栏、网箱等高效养殖方法，改进捕捞技术，从而使我国大水面淡水养殖产量得到很大提高；大力发展综合养鱼和以"鱼—饲料—畜禽"、"猪—鱼—藕"、"猪—草—鱼—果"等多种模式的生态养鱼技术，不仅节约了养殖成本，也改善水域环境，受到各方面好评。②在鱼苗培育方面，这一时期我国主要推广网箱、网栏、湖汊、库湾、塘堰培育鱼苗，对名、特、优淡水鱼类的鱼苗培育进行研究，并探明主要养殖鱼类摄食器官形态和数量性状、胚胎发育规律及其摄食方式、适口饵料与食物组成的变化规律，根据这些规律研究并确立了池塘水质培养、投喂人工配合颗粒饲料和生物调控等综合技术，建立了苗种培育操作规程，大幅度提高了苗种生长速度、成活率、单位面积产量。③在渔用机械方面，主要大力推广增氧机，生产各种形式的增氧机、渔用颗粒饲料机械、饲料加工机械以及水质净化机、自动投饲机、溶氧测定仪、电加温器等，电子计算机管理技术亦被引入淡水养殖管理过程中，并在一定程度实行渔机配套服务，使这一时期渔业机械有很大发展。④在育种技术和人工繁殖上，通过基因转移技术，分离和克隆了大麻哈鱼生长激素基因，合成了鲤生长激素基因启动子；把牛的生长激素基因转移到鲫、泥鳅及鲤受精卵中，获得生长快的泥鳅、鲫等；利用杂交、温度休克、静水压力和核移植等方法，获得鲤、草鱼、鲢、白鲫、水晶彩鲫的三倍体；在继续开展多品种间的远缘杂交和鲤种内经济杂交，先后育成建鲤、高寒鲤、颍鲤、芙蓉鲤、三杂交鲤、荷包红鲤抗寒品系和彭泽鲫、异育银鲫、湘鲫、松浦鲫等多个品种及其品系的同时，开展了对大鲵、香鱼、花鳔、鲻、革胡子鲇、大口黑鲈、罗氏沼虾、淡水白鲳、淡水青虾、河蟹等多个淡水品种的繁殖研究。⑤在鱼病防治方面，我国对各种淡水养殖鱼类的病毒性疾病、细菌性疾病、真菌性疾病、寄生虫病和非寄生性疾病进行全面调查研究，并相应开展了病毒学、病理学、药理学、病原生物学、寄生虫学、鱼类免疫学等基础理论的研究，查清大多数寄生虫病的病原与发病机理。采用组织化学、细胞化学、显微组织病理、超微组织病理以病理生理手段与方法，探明多种鱼、虾病的组织病理和多种鱼病的病理生理现象。并且根据经验，在疾病防治综合技术方面坚持贯彻"以防为主、防治结合、综合治理"的方针，采取生理与生态相结合的方法，制定出一套比较完整的池塘、用具、饵料、鱼体消毒以及"定时、定点、定量、定质"投饵防病养殖措施，提出有效防治多种流行病、危害严重的疾病方法，使得这个时期在鱼病方面取得了突破性进展。⑥在人工饵料研究方面，基本查清各主要淡水鱼类的营养成分和营养需要量，制定了各种淡水鱼类营养标准，研制成功各种鱼类主要养殖配方和饵料营养添加剂，使我国淡水鱼类的养殖更加科学合理，极大提高了经济效益。

随着池塘养鱼技术的不断提高，高投入、高产出的池塘养殖技术越来越精细化、设施化和高效低碳。水产养殖技术包括鱼类、虾蟹类、贝类及爬行类、两栖类养殖的主要技术及模式，环境调控技术，环境修复技术，管理技术等。生态养殖工程包括工程化养殖技术、节能减排技术、水处理技术等。养殖技术发展主要体现在：一是人工繁殖技术不断发展养殖品种培育和规模化繁育技术达到国际领先水平，实现了规模化生产；二是养殖现代化水平不断提高，水产集约化养殖数字化集成系统研究进入技术集成与示范阶段，淡水池塘生态工程化养殖技术达到国际先进水平；三是水产健康养殖技术研究集成效果显著。养殖池塘生物修复和水环境调控技术研究，加快了养殖产业技术升级。养殖技术主要体现在以下几个方面：

（1）池塘设施化养殖技术　鱼塘标准化建设，对提升综合生产能力发挥了重要作用。通过标准化建设后的鱼塘，产量和产值都普遍增长30%～50%。近年来，气候变化异常，极端天气时有发生，应用设施渔业，能有效抵御极端自然灾害的影响。为避免集中上市，通过建设保温大棚越冬，养殖大规格、高品质的产品或大规格苗种，提高池塘利用率及错峰上市，效益较传统池塘提高了50%或以上，进一步提高了市场竞争能力。另一方面，不同类型的增氧机和投饵机的合理利用，有效改善池塘养殖环境，并提高养殖产量。

（2）池塘高效低碳养殖技术　我国水产养殖业的发展已面临水资源短缺、耕地减少、养殖污染严重和鱼粉制约等的挑战，同时，水产养殖业的发展还要践行我国政府2012年二氧化碳减排的承诺。因此，高效低碳养殖技术是水产养殖业发展的必由之路。"桑基鱼塘"等养殖模式，已成为世界生态养鱼的典范。种、养结合的综合养鱼模式，是养殖者在长期的生产实践中创造出来的比较完善的人工生态系统。其基本特点是，将塘基纳入池塘生态系统，合理配置陆地和水面资源，以养鱼为主体，鱼、畜、禽、果、蔬配套经营，促进系统物质、能量的良性循环。综合养鱼的技术基础是一系列经验集合，自然产量加上投喂饲料的吃食鱼产量，池塘单产一般可达500～1 000kg，一定程度上发挥了生物的互利、共生作用，具有良好的推广前景。

（3）多品种鱼混养养殖技术　筛选了以"四大家鱼"为主的多品种混养模式，即吃人工饲料的鱼，吃浮游生物的鱼和吃塘底有机碎屑的鱼各取所需。该模式将物质循环利用，生产成本低，没有废物产生，而且微观上每口塘就是一个相对独立的可循环的自然生态系统，宏观上使整个地区养鱼业可持续。注重发展处于食物链低端的草食性鱼类的养殖，通过开展营养生理、饲料配方、水质调控等研究，改善其鱼肉风味和营养价值，以节约人们赖以生存的生态系统的能量消耗，是池塘养殖重要的发展方向之一。脆肉鲩就是通过改善普通草鱼的鱼肉品质和风味而闻名遐迩，已在广东形成一定规模和产量。

（4）基于优质、高效养殖的单一技术和设施研究与开发的生态养殖技术　随着我国渔业结构和品种的调整和渔业生产向优质、高效的转变，自20世纪90年代，我国开始进行淡水池塘养殖模式改造技术研究的探索。针对池塘养殖水质富营养化的问题，开发了增氧机、生物滤器等设备，研究了微生物转化与消除池塘物质能量的技术，缓解了池塘养殖富营养化的问题。针对池塘水质、生态难于控制的问题，研究了水质指标监测技术，开发了溶解氧测试仪、水温与盐度在线检测、氨氮测试试剂盒等，应用于池塘养殖生产，取得了初步成效。针对鱼病发病率高、频繁用药引起残留增加问题，研究了紫外线杀菌、消毒技术，获得初步效果。这些研究成果为淡水养殖生态工程技术研究和综合配套奠定了基础。但是，这些研究是在原有池塘养殖技术基础上对单一技术的改进，不能从整体上提升池塘养殖技术。

（5）生物调控技术　生物调控技术作为一项有效的调控技术和手段，成为当前研究热点。生物调控技术主要包括三种类型，即微生物调控、植物调控和动物调控。我国微生物调控技术领域主要开展了三方面的研究。一是分离、筛选有修复活性的土著微生物，如从虾池中分离出多株光合细菌，经过分离、筛选，最后选育易培养、浓度高的优良菌种，并进行培养基配方实验，结果可明显降低底质硫化物和总有机物；二是复合微生物制剂的研制和应用，复合微生物制剂由多种有益菌组成，利用各种微生物的协同作用，它可以更快速、全面地分解各种污染物，更有效地抑制养殖水体中有害藻类过量繁殖，对环境的适应性也更强，如以芽孢杆菌、枯草杆菌、沼泽红假单胞菌、硫化细菌及硝化菌等多种复合有益活菌，能有效分解水中和池底的有机废物，降低氨氮、亚硝基氮、硫化氢等，对水生动物安全、无毒，对水产品品质无不良影响；三是修复作用菌固定化技术研究，研究利用合适的固定化载体，使作用菌穿过养殖池的水体到达池底并生长繁殖，达到降解池底有机污染物的目的，先后研究了沸石、海藻酸钠等固定化载体，均取得很好的效果。

利用植物对营养盐的吸收、氧气的释放及对藻类的克生效应，调控养殖环境也是一种有效的技术，我国主要以人工栽培水生植物为技术手段进行水质调控。大水面湖泊水质调控，表现在人为地种植沉水维管束植物，如苦草、轮叶黑藻、菹草等；池塘水质调控，则在池塘内种植菱、莲藕、茭白、芡实、慈姑、江蓠等水生蔬菜和藻类；海湾栽培的大型海藻，如海带、江蓠、红毛菜等和热带、亚热带海区生长的红树植物，均有效地降低了水体中的氮、磷含量，改善了水质环境，起到了生物净化作用。

依靠动物对有机物污染物的吸收以及对浮游藻类的摄食作用，是修复环境的另外一种生物方法。我国在该技术领域的成就主要表现在两个方面，一是应用底栖性贝类、甲壳类等动物吸收养殖水域的营养物质，通过滤食性贝类、某些棘皮动物等能有效去除养殖废水中的营养物质，投养蚤类能有效除去藻类，养殖田螺、河蚌，可以削减底泥中的有机质和营养盐等。二是在生态养殖模式中，本身作为一种养殖对象或品种，通过不同生态位养殖生物的品种搭配，来调控水质环境，目前建立了多种有效的生态养殖模式。

三、养殖环境修复技术发展现状

无论从养殖产量还是从养殖规模来说，中国都是世界第一水产养殖大国，但是中国的水产养殖在环境控制方面水平相对较低，养殖废水的排放也没有相关的法律法规约束，因此给局部环境造成了非常大的压力，水产养殖的可持续发展受到了严重挑战，养殖环境的修复已经刻不容缓。

水质净化，是循环水养殖系统得以正常运行的关键技术。养殖水体中的污染物，主要来源于颗粒状和溶解态的排泄物以及剩余饵料（Krom 等，1989）。其中，氨氮、亚硝态氮、悬浮颗粒和有机物等对循环水系统的正常运行有直接的负面影响。为了给生活在其中的动物（鱼类）提供一个健康的环境，循环水处理系统必须能够及时去除饵料粪便、悬浮物和水溶性有害物（$NH_4^+ - N$，$NO_2^- - N$），并进行调温、消毒和增氧等。养殖废水的处理是相对较新的研究领域，与工业废水和生活污水相比，养殖废水具有低含量的潜在污染物和高水流速率两个鲜明特征，因此，采用工业废水或生活污水的处理方法并不能使其完全净化。目前，循环水养殖中的水处理主要有物理、化学、生物学以及综合净化方法，可根据各养殖水体自身的理化特征及养殖品种的不同进行适当选择。

（一）物理净化技术

物理净化是利用物理作用，除去养殖用水和养殖废水中的悬浮物、有害气体和固定颗粒，其处理过程不改变污染物的化学性质。其净化方式主要有机械过滤、重力分离、泡沫分离、膜过滤以及紫外线照射和曝气等。机械过滤是利用养殖废水中颗粒物粒径大小不同的特点，以一定孔径的筛网截留颗粒物，达到去除悬浮固体颗粒的目的，机械过滤是应用较多、过滤效果较好的一种。利用沸石等材料进行过滤与吸附，不仅可以去除悬浮物，同时，又可以通过吸附作用有效去除重金属、氨氮等溶解态有机物。重力分离是通过固体颗粒在重力的作用下发生沉降，而使其从废水中分离的过程。泡沫分离是通过向水体中通入空气，使水中具表面活性的物质和颗粒被微小的气泡吸附，并借助气泡的浮力上升到水面形成泡沫，通过分离泡沫从而达到去除水中溶解有机物和悬浮物的目的。泡沫分离技术能将蛋白质等有机物在未被矿化成氨化物及其他有毒物质前就已被去除，避免了有毒物质积累，减少了油污物质分解时所需的耗氧，这对养殖水体维护良好的水质十分重要。膜过滤技术，主要是采用不同孔径的膜滤除养殖废水中的颗粒物。

（二）化学净化技术

化学方法主要是应用絮凝剂和强氧化剂，对水体进行净化处理。养殖用水的化学处理是，利用化学作用除去水中的污染物。通常在水体中加入化学药剂，促使污染物配位、沉淀、中和以及氧化还原等。常用的化学处理药剂种类有消毒剂、络合剂、氧化剂，如二氧化氯、乙二胺四乙酸（ethylene diamine tetraacetic acid，EDTA）、臭氧、生石灰等都是常见的用于化学修复的试剂。过氯化处理，能较彻底地去除水中的有害生物，是养殖用水中常用的处理方法之一，市售的次氯酸钠、漂白粉、漂白精等均属此类。此法可用于水体消毒，也可用于养殖器具消毒，产生的余氯经充分充气后可逸出水体。例如，使用明矾和氯化铁去除循环水养殖废水中悬浮固体和磷（Ebeling 等，2003），应用臭氧去除循环水中总氨、亚硝态氮和 COD_{cr}，改善水质，抑制细菌活动，提高成活率（杨凤等，2003）。

（三）生物净化技术

生物修复技术是利用微生物、植物及其生物，将养殖环境中的含氮无机物或含氮有机物经过一系列的生物过程转化为自身生长发育所需要的氮源。生物修复技术是目前最具发展前景的水体修复技术。目前，池塘养殖环境生物修复技术主要分为两类，一个是原位修复技术，也可称为立体修复；另一个是异位修复技术，亦可称为平面修复。

原位修复技术主要以"鱼—菜共生"养殖模式为代表，该模式利用人工构建的生态浮床在养殖水体上层栽培蔬菜，达到水体净化目的的同时，也额外增加经济效益。最近几年，生物絮团技术也得到了迅速的发展，该技术将附加的碳源和过剩的氮转化为生物絮团，并选择性地为养殖生物提供了新的蛋白来源提高了饲料的转化效率。微生物修复技术在池塘养殖环境修复方面也得到重视，主要处理底泥的有机污染和水体的富营养化问题。在养殖环境中主要利用微生物的脱氮作用，通过微生物的硝化和反硝化作用来完成，可去除养殖水体的氮和分解有机污染物。微生物主要有枯草芽孢杆菌、芽孢杆菌为主的复合微生物制剂等。

异位修复技术主要以循环水养殖模式为代表，该模式将养殖废水排入人工构建的湿地，通过过滤、吸附、沉淀、离子交换、植物吸附和微生物分解来实现对污水的高效净化，通过湿地净化的水体可进一步供养殖池塘使用。

相对于其他修复技术来说，生物修复具有费用低廉、处理操作简单以及安全性较高等优点，是一项发展潜力较大、环境友好的处理技术。把生物修复技术应用到水产养殖环境修复中，对恢复和优化水产养殖环境，推动我国水产养殖业的可持续发展具有重大意义。

微生物修复技术在水产养殖中主要应用于养殖环境的原位修复中，主要处理底泥的有机污染和水体的富营养化问题。微生物修复优点明显，微生物修复已经逐渐从应用机理和基础研究转向实际应用方面，并且取得了明显的效果，但仍没能真正大规模、大范围地应用到水产养殖的环境修复工程中。微生物修复也有缺点：对磷的处理方面的研究较少，而且微生物处理相对于物理化学方法来说处理速度较慢，受处理环境变化的影响较大。

植物对污染物的修复研究最多的是关于植物对各种有机物污染、重金属污染的处理，均取得不错的效果。把植物修复应用到水产养殖环境的修复中，主要是利用高等水生植物或者藻类的根系、茎叶等功能单位，吸收提取养殖废水中的氮、磷等主要污染物，以达到净化底质水质的目的。

由于各种生物修复技术都有一定的缺点，因此，近几年来对高效综合生物修复系统进行了一些研究，主要利用现有的各种修复技术的优点，综合使用两种或两种以上的修复技术高效处理养殖污水，包括人工湿地，多级净化，生物浮床等。

在以上各种处理方法中，物理和化学方法主要是通过清淤、沉淀、过滤等物理过程去除污染物，或施用化学试剂等使污染物质发生一定的化学变化，转化为无害物质的技术工程，简便快捷但费用较高，而且二次污染的可能性大，是池塘养殖水体处理的常用方法。而生物净化具有投资少、处理成本低、无二次污染的特点，且有利于建立合理的水生生态循环系统等优点。在日益提倡环保、节能减排的大背景下，生物净化技术有着更为广泛的应用和发展。微生物修复须具备一定的操作技能，而微生物受环境波动的影响较大，它只是将水环境中的有害物质转化为无害物质，并不能将过多的营养盐从水体中去除。相比之下，水生植物更适合我国目前养殖业小规模经营、分散化养殖、养殖者理论知识缺乏的现状。

随着技术的发展，通过再循环系统实施养殖环境修复。水产养殖再循环系统，是将养殖体系中的水资源经过净化处理后进行循环利用的一种养殖生产方式。再循环系统实行半封闭或全封闭式管理的同时，对养殖的种质、营养、生长和疾病防治等实行全面的监控，使其能在高密度养殖条件下，自始至终维持最佳生理、生态环境，从而达到健康、快速生长和最大限度的提高产量和质量，且不产生内外环境污染的一种高效养殖方式。水产养殖再循环系统，可分为工厂化养殖再循环系统和池塘养殖再循环系统两种基本类型。再循环系统具有高效、节水、产品绿色、不污染环境等优点，但是，养殖设施投入较高，对管理水平也有较高的要求。

水产养殖再循环系统，是在循环经济理念指导下产生的一种新型养殖模式。水产养殖再循环系统的研究始于 20 世纪 60～70 年代，当时主要是搬用生活污水和工业废水的处理方法与设备，并稍加改造进行养殖尾水的水质净化。之后的一段时间里，对循环水系统的水处理工艺有了进一步的改进，逐渐开发出一系列专门应用于养殖废水处理的技术与设备。比较典型的循环水系统，包括养殖池、生物滤池、过滤装置、臭氧发生装置、曝气装置。循环水系统的结构和功能应该是，养殖池培育养殖品种、生物滤池去除氨氮、过滤装置去除悬浮颗粒、臭氧发生装置消毒和去除有机物、曝气装置去除二氧化碳（Kim 等，2000）。循环水系统的关键技术是水质的净化处理，核心是快速去除水溶性有害物质和增氧技术。循环水系统具有自动化程度高、成活率高、养殖效果好、产品质量好、污水排放量少和对环境无污染等优点。

用于循环水养殖系统中水质净化的生物，主要有微生物和水生植物。其中，微生物处理技术发展较快，并在养殖废水处理中得到了广泛应用，在池塘养殖循环经济模式中，该技术主要是将微生物固定在载体上制成生物滤器进行水质净化处理。常用于池塘循环水养殖的生物滤器有淹没式滤器、滴滤器、转筒式生物滤器、生物转盘、生物固定床、生物流化床、珠状滤器等。生物滤器对维持池塘养殖循环水水质的稳定起着重要作用（曹广斌等，2005）。

在池塘养殖循环经济模式中，综合利用物理、化学和生物学的方法对废水进行净化处理正日益受到人们的重视，并成为养殖废水处理技术的主要发展方向。人工湿地是目前比较典型的养殖废水综合处理体系。在湿地生态环境中所发生的物理、化学和生物学作用的综合效应，包括沉淀、吸附、过滤、固定、分解、离子交换、硝化和反硝化作用、营养元素的摄取、生命代谢活动的转化和细菌、真菌的异化作用（成水平，1996）。湿地中水生植物的光合作用为水体净化提供了能量来源，植物根系不仅能够吸收水体中的营养物质、吸附和富积重金属元素，同时，也为不同类型微生物的生长繁殖提供了多样性生境。Lin 等（2003）研究了人工湿地在循环水养殖水质净化中的作用，表明人工湿地能够提高循环水养殖体系中水的质量，为养殖生物提供一个良好的生活环境（Tilley et al.，2002）。研究应用人工湿地净化循环水养殖体系。应用人工湿地进行水质净化具有投资少、能耗低、维护费用小，处理效果好等优点，但人工湿地净化处理技术相对于其他净化处理技术而言，具有占地面积大和处理效果受外界环境影响大等缺点。

四、养殖技术发展存在的问题

我国水产养殖业发展，主要建立在养殖技术的快速发展和养殖规模扩大基础之上。现有的养殖技术，不能解决对土地、水、生物等资源的大量消耗。由于外源污染和内源污染的不断加剧，导致池塘养殖水质恶化、病害频发，进而引发鱼类产品质量下降、养殖效益提升乏力等一系列问题。产业发展与资源、环境的矛盾加剧，产品质量安全和养殖水域生态安全问题突出，产业发展现状与资源节约型、国家生态、质量安全、农民增收、可持续发展等方面的需求不相适应。

（一）现有科技还没有突破资源短缺的困境

我国水产养殖种类和模式众多，基本上形成了条件和市场依赖的养殖品种和养殖模式的区域性格局，现有的水产科技只能满足依赖土地资源的发展模式，形成了水产养殖产量提升主要依赖扩大土地（水域）资源规模来实现的发展模式。水产产业发展的空间总体上由于国家对耕地保护、城市化加速、工业化的推进、滨海工业发展、滨海旅游业兴起等正在逐步变小，土地（水域）资源短缺的困境在加大，水产养殖主要依赖的陆基池塘养殖和近岸网箱养殖模式扩大需求的资源不可能得到保障。同时，占我国水产养殖产量约 1/4 的水库养殖、湖泊养殖、稻田养殖、河沟养殖等，也会因为政策、质量安全、水源保护等原因逐步退出。可以说，目前我国水产养殖面积已经达到了顶峰。通过改变养殖理念和发展科技，提升单位土地（水域）产出，是解决水产养殖业发展对土地（水域）过分依赖的唯一途径。

（二）现有科技还没有从根本上突破水产养殖水质性缺水的难题

一方面养殖水域周边的河流工业污染、船舶污染、人类生活污染、作物果蔬畜禽等种养殖投入品污染、滨海工业污染等对养殖水域的污染越来越重，严重破坏了养殖水域的生态环境，突发性污染事故越来越多，对水产养殖构成严重威胁，造成重大损失。另一方面，残饵、消毒药品、排泄物等造成的养殖自身污染问题在一些地区也比较严重，特别是残饵产生的氮磷等营养元素可导致养殖水域富营养化，对养殖业健康发展带来负面影响。水产养殖能用的水源越来越少，养殖与工业和生活用水的冲突日益加重，水质性缺水的局面会逐渐加重。虽然我国近年来发展了一些水体处理技术，包括池塘水质改良技术、养殖用水前处理技术、养殖废水处理技术等，水体处理技术还缺乏实用性、集成程度不高、养殖成本增加等因素制约，水产养殖水质性缺水还不能从根本上解决我国大规模水产养殖用水的难题，水质性缺水问题的解决只能依靠科技进步。

（三）现有科技还不能缓解养殖成本增加的压力

饲料、水电、养殖机械与设备、药品、病害和劳动力等，是构成水产养殖的主要成本。饲料占养殖成本的 60%～70%，药品占 10%，病害损失占 5%～10%，其余为水电、养殖机械与设备和劳动力成本。饲料是池塘和网箱养殖的主要成本，原料国际性短缺造成饲料成本逐年升高，成为水产养殖可持续发展的主要因素，短期内很难回落；劳动力、水电、药品、养殖机械与设备成本也有不同程度增加。水产养殖总体上讲处于高成本运行状态。同时，水产养殖品种经过多年的发展，依据区域特点、条件和市场，形成了稳定的养殖品种、养殖模式和销售市场的区域性格局，大部分品种市场价格趋于稳定。从大的趋势来看，养殖成本的提高和销售价格的稳定已经成为水产养殖业发展的突出矛盾，现有的科技水平无法解决这一矛盾，需要科技进步。

以华南地区为例，由于租金、饲料和人工等成本增加，养殖户越来越追求养殖产量的增加，导致养殖密度越来越高，自身污染日益严重。同时，也增加了池塘底质的污染，使水中有害物质逐渐积累，而底质修复的研究和改进则基本处于空白，导致池塘底质的物理化学、生物化学、微生物生态严重漂移，引起连作障碍，造成池塘生产力下降，池塘底部的生态修复技术还有待进一步完善。

（四）现有科技无法解决养殖水域生态环境恶化和对产品质量安全的影响

据统计，淡水养殖鱼类病害种类达 100 余种，病害频发引发了较大的经济损失。据统计，2006 年水产养殖因病害造成的直接经济损失为 115.08 亿元，其中，鱼类 53.86 亿元，占 46.81%；淡水养殖鱼类损失 45.42 亿元，占鱼类病害损失的 84.32%。其中，主要淡水养殖鱼类损失占淡水养殖鱼类病害损失的 87.34%，分别为草鱼 21.26 亿元、鲤 3.35 亿元、鲫 7.88 亿元、鲢鳙 7.18 亿元。

随着市场经济的发展，鱼类质量安全和营养品质已成为社会关注的热点，而养殖环境直接影响着鱼产品的质量和营养品质。我国目前的池塘养殖方式基本上属于开放型的，饲料、渔药等投入品缺乏有效监管，无法有效对生产进行全程质量控制，鱼类产品很难达到质量标准统一、规范的要求。工业、农业和生活源污染对渔业水域的污染进一步加剧，加上鱼类养殖自身废物污染日益严重，造成水环境恶化问题也日益突出，使养殖鱼类的有毒有害物质和卫生指标难以达到标准及规定，同时也易引起病毒性、细菌性和寄生虫等疾病的发生。病害严重导致渔药滥用，高效、安全、低残留的新型替代渔药和疫苗研发滞后，抗生素、激素类和高残留化学药物被应用到养殖生产中，且用药不规范、不科学，绝大部分的渔药没有制定停药期和休药期。用药的盲目性，给环境造成污染，也可能导致鱼类药物残留，影响到水产品的质量安全消费和出口。我国对养殖环境的优化和水产品质量安全科技体系尚待进一步完善。

（五）环境友好技术还无法支撑水产养殖业的发展

我国水产养殖种类众多，包括鱼类、甲壳类、贝类、藻类和海珍品，每种类养殖模式也不完全相同。部分草食性鱼类、贝类、藻类和海珍品对养殖环境影响不大，有些种类对环境改善有促进作用。但部分的鱼类和甲壳类的养殖是资源消耗型，每年约 700 万 t 的水产品是通过超过 1 400 万 t 饲料养殖的，约占我国水产养殖产量的 1/4，这部分水产品也是水产品优质蛋白的重要来源，对我国水产养殖发展起到重要的支撑作用。而饲料蛋白的利用率仅 33% 左右，大部分饲料成分通过多种形式进入到了水体，对养殖水体造成富营养化。我国还没有建立对资源消耗型的水产养殖的环境友好的技术支撑体系，需要从多个层面开展构建环境友好性的水产养殖技术体系。

（六）基础设施薄弱，集约化养殖程度亟待通过科技进行提升

基础设施主要包括池塘及配套的水电路涵桥闸等附属设施，也包括陆地工厂化养殖车间土建及其配套设施等。目前，淡水养殖的池塘多数建于 20 世纪 70~80 年代，由于长期以来缺乏再投入，年久失修，加上农村劳动力向城镇转移造成农村劳动力短缺和承包机制的短期行为，目前我国池塘普遍出现严重淤积、塘埂倒塌、排灌不通、病害频发、用药增多等问题，越来越不符合现代渔业生产的要求。多数池塘采取着因陋就简的生产方式，许多养殖场的设施已破败陈旧，问题越来越突出。

落后的池塘设施系统不能为集约化的健康养殖生产提供保障，而现代化的养殖设施的构成和维护还缺乏必要的技术支撑。池塘底质老化速度较快。养殖户为了追求高的养殖效益，在养殖过程中放苗密度大、每年投饵量多，大部分残饵及排泄物最后都沉积到池底，大部分营养元素不能得到合理释放，老塘水质较瘦不利于浮游动植物及一些滤食性鱼类生长，而且相比于新推池塘，老塘在养殖过程中，鱼类更容易暴发疾病；另外，我国的池塘养殖基本上沿袭了传统养殖方式中的结构和布局，仅具有提供鱼类生长空间和基本的进排水功能，池塘现代化、工程化、设施化水平较低，根本不具备废水处理、循环利用、水质检测等功能。目前，除投饵机、增氧机、水泵、清塘机、网箱、温室等，在机械化、电子化、自动化装置方面与国外先进国家还有很大差距。

以湖北省为例，约有22万 hm² 的精养池塘，均为20世纪80～90年代修建，淤积现象严重，急需改造，约占全省精养面积的70%。落后的池塘设施系统不能为集约化的健康养殖生产提供保障，而现代化的养殖设施的构成和维护还缺乏必要的技术支撑。

（七）技术落后，养殖产业的发展和规模极不相称

作为大宗淡水鱼主体养殖的"四大家鱼"，基本上还是野生种繁殖，加之人工繁殖用的亲本数量过少，严格选择不够，长期近亲繁殖，造成种质退化。大宗淡水鱼野生种都具有生长快、适应性强等特点，从自然水域引入池塘不加改良或少加改良（如人工繁殖、饲料等）即可养殖，在客观上降低了良种选育的优势。

以华南地区为例，华南地区大宗淡水鱼养殖种苗体系与养殖业的发展和规模极不相称，制约华南地区大宗淡水鱼养殖进一步发展的矛盾十分突出。①没有建立和完善淡水原种、良种、繁殖场等三级体系，种苗场准入条件过低，更没建立完善的种苗准入制度；②由于"四大家鱼"成熟周期长，选育并取得实质性效果需要较长时间，受近年急功近利思潮的影响，政府有关部门和大部分科研人员也对此不愿投入资源和精力。没有对四大家鱼品种选育进行系统的投入，大部分繁殖场近亲繁殖，种质退化严重，一些山区用来繁殖的鲢亲鱼只有2～3kg/尾，鳙也只有4～5kg/尾，草鱼5～6kg/尾。20世纪80年代的鲢亲鱼在10kg/尾以上，草鱼、鳙的亲鱼均在10～15kg/尾以上。由于亲本太小，退化严重，造成养殖产量降低，养殖成本增加。

华南地区淡水养殖品种及产量均居全国前列，但水产养殖动物营养生理等基础研究滞后，技术上盲点很多，配方粗糙，鱼类对原料的利用率、对营养素的需求量等基本数据空白或残缺不齐，水产饲料配方技术仍属初级阶段。高蛋白，尤其是次蛋白、废蛋白是造成养殖水体氮污染的主要因素，因此降低饲料中无效、低效蛋白，是维护池塘生态系统的关键措施。

五、发展健康高效养殖的必要性

高效健康养殖技术相对于传统养殖技术与管理而言，涵盖了更广泛的内容。其不

但要求有健康的养殖产品，保证食品安全，而且还要求使养殖生态环境符合养殖品种的生态学要求，养殖品种应保持相对稳定的种质特性。在有限的资源条件下，渔业的可持续增长必然要在养殖业上寻求发展，增加养殖密度，提高单位水体产量，尽可能地增加可养水域。但是应用已有的传统养殖技术，难以大幅度提高单位面积产量。为了提高养殖效益，应付养殖疾病和生长缓慢等问题，导致不当使用药物和添加剂，这不但没有抑制疫病流行，反而因此导致环境污染与食物污染，对人类食品安全构成威胁。因此，发展健康养殖技术和管理，已是我国养殖渔业实现现代化的必然趋势，也是从根本上实现水产品安全的途径之一。

（一）发展健康高效养殖是实现水资源可持续利用的重要方法

水资源是 21 世纪世界范围内生存竞争的重要性资源，日益严重的水资源短缺和严重的水环境污染困扰着国计民生，已成为制约社会可持续发展的主要因素。开展清洁生产和节水产业模式，是政府提倡和舆论支持的符合可持续发展要求的举措。寻求一种效益稳定、环境友好的水产养殖生产模式，对世界各国水产养殖业的可持续发展有着非常迫切的现实意义。

现阶段我国的水产养殖仍是以牺牲资源和环境为代价的开放型养殖模式，水资源消耗大，污染浪费严重。随着渔业资源的衰退和市场对水产品需求的持续增长，水产养殖规模逐年扩大，使水产养殖生产与资源利用的矛盾日渐突出。因此，在我国水资源匮乏的条件下，坚持节约用水和水资源可持续发展的理念，通过技术改造和管理方式的革新，建立水产养殖循环利用系统，是实现水资源可持续利用的重要方法。

（二）发展健康高效养殖是生产绿色水产品的重要途径

水产养殖内、外源污染的加重，直接导致养殖环境的恶化和养殖对象病害发生和流行。大量使用化学药剂、抗生素防治病害，进一步加剧了对水产养殖环境和水产品质量安全的影响，从而给人类健康甚至生命安全带来严重威胁，这已经成为制约我国水产养殖业健康可持续发展的关键因素。特别是中国加入 WTO 以后，国际市场对我国水产品质量的要求标准更加苛刻，"绿色壁垒"高抬，更使传统池塘养殖濒临危机。面对坚厚的壁垒，破解的关键就是加强养殖生产过程的管理，从养殖源头到餐桌，采取生态养殖、健康养殖的方式，减少养殖病害发生，生产出优质的水产品，以适应国内外对水产品质量与卫生安全的需求，促进水产品贸易的发展。严峻现实要求，今后在发展水产养殖时不仅需要在宏观上对养殖区域和规模进行合理规划，而且还需要对传统养殖模式进行提升，建立环境友好的水产健康养殖技术规程，控制养殖污染，实现清洁生产。联合国粮农组织（FAO）1995 年制定了《渔业负责任行为准则》，是全世界渔业发展的一个纲领性文件。中国作为世界上水产养殖产量第一大国，理应是遵守《准则》的典范。控制池塘养殖内外环境的污染，是获得优质安全水产品的保障。

（三）发展健康高效养殖是减轻养殖对外环境污染的重要举措

随着渔业生产水平的不断进步，池塘单位水体的鱼载力大大提高，投饲量也随之大幅度增加。研究表明，在池塘养殖投喂的湿饲料中，有 5%～10% 未被鱼类食用；而被鱼类食用消化的饲料中，又有 25%～30% 以粪便的形式排出。高密度放养、大量施肥投饵的养殖模式，导致水质恶化，污染严重。养殖水质的迅速恶化，直接导致换水量和换水频率增加。Phillips 等（1991）报道，池塘养殖尼罗罗非鱼和斑点叉尾鮰，每生产 1kg 鱼，分别消耗 2.1 万 L 和 0.3～0.5 万 L 水。池塘养殖本身废水排放量的大大增加，不仅浪费了宝贵的水资源和其他能源，而且这种废水的排放还加剧了近海、湖泊等水域的富营养化进程。

人口膨胀、环境恶化和资源衰退，是 21 世纪所面临的三大共同难题。环境恶化和资源衰退，成为当前制约渔业可持续发展的焦点。主要体现在有些地区不顾渔业环境容量，盲目扩大养殖规模，造成渔业水域环境自身污染严重，养殖技术人员素质低，在养殖生产过程中，特别是对养殖生物的防病治病仅凭经验，乱用、滥用药物，为水产品质量安全埋下药残的隐患，渔用饲料和新鲜饲料投喂不科学、不合理，产生水环境的次生污染，重产量、轻质量，只顾当前利益而不顾长远利益。因此，开展水产品健康养殖技术是以提高产品质量和综合效益为目标，依靠科技进步，不断调整优化结构，逐步推进产业化进程，实现水产养殖业持续、稳定、健康发展。

（四）发展健康高效养殖是实现水产养殖业可持续发展的重要手段

我国虽是渔业大国，但在水产品种类、养殖模式、经营体制、技术含量、经济价值等方面与先进国家相比还有较大的差距。目前，我国水产品生产存在着对质量重视不够、形成产品科技含量低、产品质量安全性较差等问题，具体表现在大部分地区养殖模式停留在半精养阶段，经营模式大多以个体农户为主，经营规模小、设备差、产业链短、产业层次低、应对市场竞争能力差。实践证明，要改变这一状况，就必须对渔业结构进行调整，优化资源组合，加快实施健康养殖模式，建设与生态环境相和谐的现代化渔业，将我国的渔业质量与层次提高到一个新的水平。

就产业主体而言，健康高效养殖模式是我国水产养殖业发展的必由之路。预计在 2030 年前，我国人口将达到 14.5 亿峰值，未来 20 年我国大农业各行业的首要任务应该是应对保障我国人民的食物安全问题。我国的粮食增产已面临着水资源短缺、化肥污染严重、耕地减少、农业生物燃料争地、气候变化等的挑战，因此，水产养殖业义不容辞地应分担保障我国食物安全的责任。另外，我国政府已承诺大幅度降低单位国内生产总值二氧化碳排放量，水产业也应该践行这一承诺。因此，为满足我国对水产品的需求、为保障我国的食物安全、为实现我国的二氧化碳减排目标，水产养殖产业的主体必须走高效健康的发展道路。大力发展健康高效养殖，是建设资源节约型、环境友好型社会的需要。水产养殖再循环系统，是在循环经济理念指导下产生的一种新型养殖方式。

采用循环经济增长方式，即"资源→产品→废弃物→再生资源"的反馈式循环过程，可以更有效地利用资源和保护环境，以尽可能小的资源消耗和环境成本，获得尽可能大的经济效益和社会效益，从而使经济系统与自然生态系统的物质循环过程相互和谐，促进资源的可持续利用。该系统中物质多层分级利用的结果，使得大多数副产品及废弃物被作为原料来使用，从环境角度看，减少了污染物，达到了环境友好；从经济角度看，由于该系统中的空间、时间、物质均被充分利用，增加了产品种类及总量，节约了原料，有效利用了时、空，从而带来了高产、优质、低耗、高效、持续的生产，实现了经济效益。

我国水产养殖业持续发展了30多年，养殖产量连续近30年位居世界第一。但随着社会文明的发展，我国水产养殖业在发展方式上凸显出比较严重的问题，主要表现在水产品质量安全标准较低和水产养殖的环境污染上。由于发展理念上的落后，导致了水产养殖发展方式上的落后，造成了对水产品质量安全的忽视。养殖业片面追求水产养殖的高产量而忽视养殖环境的控制，导致了养殖生态系统功能的退化，造成养殖水体自净能力减弱，降低了水产品的质量安全性，加剧了养殖废水对周边环境的污染。生态成本和社会成本的增加，削弱了水产养殖业所带来的经济效益，并影响了水产业的可持续发展。

面对资源环境压力和质量安全两大突出问题，经过对过去的发展理念和生产方式的认真反思，使我们清楚认识到发展健康高效水产养殖模式的重要性。在坚持"以养为主"发展方针的同时，还必须坚持逐步转变水产养殖业自身的发展方式，推行"环境友好、质量安全"的高效健康养殖模式，这将对水产养殖业的健康发展具有重要的意义。

第二节　国内养殖工程设施发展现状和问题

一、养殖工程设施与装备发展现状

我国的淡水养殖种类繁多，规模养殖品种超过200种，养殖种类的多样性和养殖水体的复杂性，使我国的水产养殖技术研究具有鲜明特色。我国在淡水养殖设施与装备方面进行过长期的探索与研究，曾经取得过十分重要的研究成果，大大地提升了我国的淡水池塘养殖的技术水平，为我国池塘养殖的高产稳产做出过重大的贡献。回顾我国池塘养殖的发展历史，伴随着渔业生产力的发展，我国的养殖设施设备从无到有，取得了长足的进步。20世纪70年代，叶轮式增氧机的推广使用，使得我国池塘养殖产量大大提高，实现了一次历史性的突破；80年代中后期，由于颗粒饲料机、膨化机的研发成功，颗粒饲料在养殖中得到普遍使用，为池塘养殖生产又带来了一次革命性的发展；90年代，投饲机的研制成功和推广应用，大大降低了劳动强度，提高了饲料的利用效率。近年来，随着节能和对生态环境保护的重视，我国在淡水池塘设施装备技术方面也进行一些有益探索，如管网增氧设备、耕水机、池塘的水净化设施设备等。从而使得我国在淡水池塘养殖设施装备上，初步形成了一个较为完整的技术体系。近年来，我国在淡水池塘养殖设施装备方面虽然有不少的探索性的研究，也取得了一些成果，但是缺乏系统性的研究，有些新技术新设备的具体效果如何，还有待进一步的研究去证实。

池塘养殖是我国水产养殖的传统方式，也是当前我国水产养殖的主要方式，在我国水产养殖发展中占有举足轻重的地位。我国的池塘养殖生态控制真正起步于20世纪60年代末，养殖设施仅为鱼塘和水泵等少量设备，养殖生态调控能力有限，提高水体溶解氧成为大幅度提高产量、改善养殖生态环境的最关键因素。经过科技攻关，研制出叶轮式增氧机，并进行了改进及推广应用。当时，在广东万亩池塘高产和浙江0.27万 hm^2 池塘高产试点 $667m^2$ 产量均超过 500kg。70年代后开始逐步向全国推广，使得我国池塘养殖产量大大提高，实现了养殖产量的一次历史性突破。目前，叶轮增氧机已经成为池塘养殖必要的养殖设备。80年代中后期，由于颗粒饲料机、膨化机的研发成功，人工饲料在养殖中得到普遍使用，为池塘养殖生产又带来了一次革命性的发展。90年代，投饲机的研制成功和推广应用，降低了劳动强度，提高了饲料的利用效率。由此形成的我国传统的池塘养殖设施、设备已经被养殖户普遍接收。针对池塘养殖水质富营养化和养殖自身污染等问题，开发了新型增氧机、生物滤器等设备，研究了微生物转化与消除池塘物质能量的技术，缓解了池塘养殖富营养化和自身污染问题；针对池塘水质、生态难于控制的问题，研究了水质指标监测技术，开发了溶解氧测试仪、水温与盐度在线检测、氨氮测试试剂盒等，应用于池塘养殖生产，取得了初步成效；针对鱼病发病率高、频繁用药引起残留增加问题，研究了紫外线杀菌、消毒技术，获得初步效果。这些研究成果，为生态养殖技术研究和综合配套奠定了基础。

工厂化养殖是20世纪中期首先在淡水养殖领域发展起来的高密度集约化养殖生产方式，是我国水产养殖领域中装备应用水平最高的生产方式之一。我国自20世纪70年代开始进行淡水工厂化养殖技术开发与示范，当时除一些实验性的系统以外，都处于常温流水养殖阶段，国内此时并没有真正意义上的工厂化循环水养殖，对养殖生态调控能力极为有限。1988年，中国水产研究院渔业机械研究所吸收西德技术，设计建造了国内第一个生产性循环水养殖车间——中原油田年产600t级养鱼车间。同期，各地开始引进了西德和丹麦约30余套循环水养殖设施，用于罗非鱼和鳗养殖。与池塘养殖相比，在节水、节地、减排等方面的优势难以转化为价值优势，加上技术上的不成熟，工厂化循环水养殖发展陷入了低谷，但在水产苗种繁育、观赏水族饲养等领域，工厂化循环水养殖技术依然得到了显著的发展。90年代，以大菱鲆、牙鲆等工厂化养殖为代表的海水工厂化养殖在北方地区得到了广泛应用，促进了工厂化养殖的进步。

工厂化养殖方式总体仍以流水养殖、半封闭循环水养殖为主，全国平均每立方米的产量为7.4kg，其中，淡水为8.2kg、海水为6.4kg。流水养殖全过程均实现开放式流水，流水交换量为每天6～15次，用过的水一般不再回收处理；半封闭循环水养殖方式，对部分养殖废水经过沉淀、过滤、消毒等简单处理后再流回养殖池重复使用，对水的利用相对节省；全封闭循环水养殖方式养殖用水，经沉淀、过滤、去除水溶性有害物质、消毒后，根据不同养殖对象不同生长阶段的生理要求，进行调温、增氧和补充适量的新鲜水，再重新输送到养殖池中，循环利用。我国工厂养殖目前受水处理成本的压力过大，仍主要以流水养殖、半封闭循环水养殖为主，真正意义上全自动的工厂化养殖工厂极少，流水养殖和半封闭养殖方式产量低、耗能大、效率低，与先进国家技术密集型的封闭式循环流水养鱼相比，无论在设备、工艺、产量〔达40～100kg/（m² · 年）〕和效益等方面都存在着相当大的差距，技术应用还属于工厂化养殖的初级阶段。

网箱养殖，是我国鱼类高度集约化养殖的主要生产方式之一。养殖网箱分为普通网箱和深水网箱。普通网箱主要分布在沿海内湾和内陆湖泊、水库；深水网箱则用于沿海水深在15～40m范围、开放或半开放水域。淡水网箱养殖始于1973年，1980年广东湛江鹤地水库网箱养殖四大家鱼取得成功。1994年，全国水库、湖泊网箱养鱼达1万hm²。1980年，海水网箱养殖始于广东的惠阳、珠海。深水网箱养殖是近10年来在我国迅速发展起来的养殖生产方式，我国目前的深水网箱主要设置在15～40m区域，离岸（岛）较近的水域。

近年来，我国在池塘生态养殖工程设施与装备方面投入了大量的财力、人力和物力，诸多专项资金不断流入生产和科研当中，产生的效果显著，硕果累累，大大推进了水产养殖业的健康发展。将取得的重要成果概括起来，主要有以下几点：

1. 池塘标准化改造稳步推进，基础设施不断完善　池塘养殖是水产养殖的最重要的组成部分，是渔业增效、渔民增收的重要基础，是农村发展、渔民致富的重要途径。但随着国家经济建设的快速发展，人民对优质水产品需求不断增长，当前我国水产养殖业生产方式和基础条件已与社会发展需求、国际市场要求不相适宜。许多早年建设的水产养殖池塘，面临水域环境恶化、养殖设施老化、新技术应用滞后、养殖病害频发、质量安全隐患增多等突出矛盾和问题，严重制约了我国渔业的可持续发展。推行池塘规范化改造建设和养殖模式升级改造，是解决池塘养殖问题的根本途径。

通过实施标准化水产养殖池塘建设，对"散、小、杂、乱"的"插花式"水产养殖池塘进行统一规划和整理，完成池塘标准化建设所需的清淤、挖深、塘形改造、固基、护坡以及道路、电力、进排水设施、投饵设施、增氧设施等基础设施规范化改造建设等，建成设施完善、配套齐全、集中连片的标准化现代水产养殖基地，可以提高水产养殖基础设施装备水平，更好地推广新品种、应用新技术，实施标准化生产，为提高单产、保证水产品质量、促进渔业增产增效提供保障。同时，对提高我国渔业资源利用水平，促进水产养殖标准化的技术应用，深化渔业经营体制改革，改善和保护渔业生态环境，都具有十分重要的意义。

各地通过开拓创新，不断提升生产科技含量，池塘标准化改造工作进展顺利，成果显著。截至 2012 年年底，全国共改造养殖池塘 73.33 多万 hm²，占需要改造任务的近 50%。下一步，要全面推进池塘标准化改造工作，力争到"十二五"末完成 133.33 万 hm² 中低产池塘标准化改造的目标。

2. 配套的渔业装备与工程技术愈发成熟　近几年，渔业装备与工程技术领域的突破性科研成就，主要体现在工厂化水产养殖系统技术、池塘生态工程化控制技术和深水网箱设施技术等三个方面。工程化养殖系统技术的研究重点是循环水技术，它是实现水产养殖工程化的基础，其核心是渔业水体净化技术与装备。国内近年来研究开发了一批具有自主知识产权的海淡水养殖、繁育等专业水处理设施设备，并初步实现了生产应用，开展了无公害养殖技术研究与工厂化高效养殖技术集成研究，以及低能耗控制技术与养殖废水再利用技术。在池塘生态工程化控制技术研究上，应用生态工程学原理，将人工湿地、综合生物氧化塘、生态沟渠等与池塘养殖系统有机结合，构建了基于人工湿地的复合池塘养殖生态系统，在节约水资源及有效解决废水排放等方面具有推广意义。我国的深水网箱设施研发虽然起步较晚，但进步较快。深水网箱的设计、制作工艺和产业化技术都得到了优化和熟化，网箱的抗风浪能力和抗流能力，以及单位面积产量均获显著提高，拓展了养殖水域，形成了一整套适合于大中型水库的深水网箱集约化养殖技术。

3. 新兴的养殖模式不断涌出　养殖模式是指在某一特定条件下，使养殖生产达到一定产量而采用的经济与技术相结合的规范化养殖方式。综合水产养殖就是一种重要的水产养殖模式，它既包括同一水体内水生生物的混养，也包括水产养殖与同一水体或邻近区域进行的其他生产活动的结合。中国的稻田养鱼、桑基鱼塘、猪沼鱼等都是一种合理利用农业资源的生态系统，它创造了很高的资源利用率，是我国池塘生态养殖的典范。目前，中国开展的综合养殖模式有近百种，其依据的生态学原理主要有三个：通过养殖生物间的营养关系实现养殖废物的资源化利用；利用技术措施、养殖种类、养殖系统间功能互补或偏利作用平衡水质；养殖水体资源（时间、空间和饵料等）的充分利用。随着社会发展与科技进步，一些新型综合养殖模式逐步产生并广泛发展起来，如稻蟹共生、鱼稻复合、鱼菜共生、鱼藕互惠、种养结合、池塘生态循环/微流水养殖模式等。

池塘生态循环/微流水养殖，是通过构建生物氧化塘、生态沟渠、人工湿地等净水单元结合池塘工程改造，采用水生植物净水法、底栖动物净水法、滤食性鱼类净水法、微生物净化剂法等多种生物调控技术，达到池塘养殖水体循环使用，从而达到养殖废水零排放的目的。该模式有效集成了无公害水产养殖等先进配套技术，形成了景观式湿地净化塘，减轻了养殖生产对周围水源的依赖，形成了相对独立的水域生态系统。同时，系统不断挖掘净化池塘的净化能力和经济效益，经系统内部运转，形成了一个整体结构合理，功能协调，资源再生能力强，环境改善作用大，经济、社会、生态效益好的池塘循环水生态养殖系统。

二、养殖工程设施发展存在的问题与原因分析

（一）产业化发展水平方面

1. 通过养殖业推进养殖工程设施发展　从根本上讲，真正影响养殖工程设施发展规模的是经济因素。因此，在没有严格的环保法规和养殖许可制度，养殖工程设施在整体上不具有经济优势，但在局部领域具有显著的综合优势，可以优先得到长足发展。例如，在苗种繁育领域，苗种繁育的水体规模一般不是很大，设施的高投入问题得到了缓解；苗种繁育对水质要求较高，全封闭的水处理系统提供了全隔离繁育系统，易于满足对外来病害防控要求；苗种繁育的全人工控制，可以实现生产周期的人为控制，有效延长苗种供应周期；苗种繁育的经济价值较高，相对较高的循环水养殖运行成本不敏感；苗种繁育场的技术力量一般比较强，最有条件运行、管理好再循环系统。水产养殖再循环系统在苗种繁育领域有其天然优势，最适宜推广，可以考虑将苗种繁育场建设和循环水养殖技术应用相结合，相互促进和发展。

同时，在水资源缺乏地区运用循环系统养殖经济价值高的品种的生产方式也得到了一定发展。例如，目前在海水鲆鲽类养殖领域，部分地区已经出现没有足够海水可取的情况，使得循环水养殖成为唯一的选择。海水养殖产品的价值较高，对设施的高投入有较强的承受力，冬夏两季调温的成本使得循环水技术的经济性得到体现。海水工厂化循环水养殖是推广的重点，可以考虑与当地的养殖规划调整相结合，辅以一定的政策支持，突破规模化循环水养殖瓶颈，推动产业进步和升级换代。

2. 用循环水养殖的理念和技术改造传统养殖方式　淡水池塘养殖是我国水产养殖的主要形式，养殖产量占全国养殖产量的43%。但我国多数池塘养殖场普遍存在基础设施落后、环境破败陈旧、池塘坍塌淤积严重等问题，迫切需要利用循环水养殖的实用成熟的技术和理念。通过对养殖场布局规划、池塘结构改造、进排水调整、生态工程化技术应用、先进养殖设备配置，以及水电、道路、库房等基础设施的完善等，全面提升池塘养殖基础设施，提高养殖效率，解决目前遇到的诸多问题，为健康养殖提供基础条件，实现池塘养殖模式向可持续发展方向转变。

运用循环水养殖技术和生态工程技术改造传统的流水养殖，如鳗、冷水性鱼类的养殖目前主要是流水养殖，换水率一般为每天4~12次，消耗了大量的水资源。利用循环水养殖中的相关成熟技术以及生态工厂化技术，主要包括池型综合设计规划、颗粒污物去除、高效增氧、人工湿地等技术，在投入有限的条件下，提高水循环率，可节水60%~80%以上，并显著改善水质。与国际先进水平相比，我国在淡水循环水养殖设施技术领域已具有相当的应用水平，反映在系统的循环水率、生物净化稳定性、系统辅助水体的比率等关键性能方面基本达到了国际水准。

发展空间受到限制、生产成本上升、苗种供应不足、水域环境污染日趋严重、病

害发生频率高等问题，是我国水产养殖在发展中面临着的主要问题。这些问题提出的立足点是内在的，即更多地站在行业生产发展的角度。从社会可持续发展的要求看，我国水产养殖业还面临着如何在实现健康高效生产的前提下，改善对自然资源和环境的影响问题。这些问题的解决，一方面需要依靠生物生产技术，如提高养殖对象的种质水平、科学使用药物等；另一方面，更离不开装备与工程技术，即用可控的人工措施创造超越常规的养殖生产力。

（二）技术体系与平台建设方面

开发易于管理的循环水养殖系统。目前，部分地区的循环水养殖系统设施、技术和养殖生产处于脱节状况，也就是说只有少数人真正掌握循环水养殖设施正常管理技术，大多数已建的循环水养殖设施不能正常运转。究其原因，一是循环水养殖管理要求复杂，技术上有缺陷，不易实现平稳运行；二是一般养殖场的人员素质和结构不能满足循环水养殖的要求，用传统养殖设施的管理思路运作循环水设施，难以使设施系统体现工业化的生产效能。因此，今后养殖设施的开发应更加注重从整体上整合养殖设施和养殖技术，做到"软硬件"真正的统一，并不断提高设施的信息化和智能化水平，降低管理维护难度。

需要加强以企业为主体的产学研合作，加快推进产业集群发展。以具有良好技术基础和生产基础的企业为依托，联合国内知名科研院所进行产学研合作，支持企业自主开发和创新，加快建设循环水养殖系统发展平台和公共技术服务平台。根据国内水产养殖和育苗产业的发展规划，结合循环水养殖的技术特点，以重点和龙头企业为依托，集成科研院所技术力量，联合臭氧设备制造、水源热泵制造、海水净化设备制造等企业，形成工厂化循环水处理装备制造的完整配套，协同发展。

（三）应用基础研究方面

1. 发展投入产出比较高的设施养殖技术　近20年来养殖水处理技术的发展脱胎于环境工程领域而变得越来越有水产特色，证明了技术发展方向的正确性。但关键是需要发展经济、适用的循环水养殖模式。总体上，发展经济型的循环水养殖模式可以遵从如下方式：一是降低部分技术指标，主要是水循环利用的程度，以简化水处理设施，达到降低成本的目的；二是将生态工程技术与工厂化循环水技术相结合，根据地域条件，构建设施化生物净化系统，将30%～50%的排水进行净化处理，达到回用或梯级养殖的目的；三是发展设施化的循环水养殖技术，寻求合理的养殖密度，充分利用养殖地域环境，提高水体初级生产力，强化并控制低营养级生物以提高水体净化能力，构建生态工程化的循环水养殖系统，降低建造和运行成本，提高综合经济效益。

2. 完善高密度循环水养殖技术　目前，普通的养殖技术都是基于自然或传统养殖模式下鱼类的生理活动研究成果，但是在高密度条件下，鱼类受到环境胁迫，生理状况会有显著变化，水生态环境更为单一，养殖技术应有相应的调整。我国目前在该领域的研究严重滞后于生产，无法提供成熟的养殖工艺，设施的功效能不能得到发挥。部分配套技术的发展也不均衡，比如饲料品质普遍较差，营养转移效率低且不稳定，增加了设施系统的处理负荷，导致综合效益下降。因此，需要针对高密度循环水养殖的系统条件，研究发展配套的养殖技术。

3. 开发适宜的养殖品种　目前，适宜高密度循环水养殖的品种十分有限，主要是环渤海地区的鲆鲽类养殖、三北和西南地区冷水性鱼类养殖、三北地区冬季温水性鱼类养殖和南方地区鳗养殖等。其中，海水养殖主要品种局限于鲆鲽类，淡水养殖的主流品种尚未显现，需要开发价值在 30 元/kg 以上、适于循环水养殖的品种。淡水养殖是我国鱼类养殖的主体，淡水循环水养殖品种的欠缺，直接制约了循环水养殖的发展。

设施养殖方式与传统养殖方式相比，前者是知识和资本密集型产业，属于环境保护型、可持续发展的产业，经济效益高，并强调经济效益和生态效益的有机结合；而传统的水产养殖业是劳动与资源（水、土地、饲料等）密集的产业，经济效益低。

我国的水产养殖设施尚处在发展阶段，根据"健康养殖、高效生产、资源节约、清洁生产"这一渔业可持续发展的战略要求，目前我国水产领域总体上存在以下问题：

（1）**对水环境的调控能力弱**　几乎所有的养殖模式都依赖于水资源，是否有充沛的优质水源，是健康养殖能否实现的基本前提。社会的工业化发展给自然水域造成很大的影响，许多地区的地表水质明显劣于养殖标准，因环境污染所造成的渔业事故不断出现。设置蓄水池以备不时之用，是许多养殖设施建设的基本前提，许多设施必须依靠地下水来维持供给。

对养殖系统而言，良好的养殖水质是达到养殖效果必要条件。但目前池塘养殖模式和流水型养殖模式对系统内水质的调控能力很弱，主要是通过增氧来维持水质，或者培育有益藻类及投放微生物制剂，这仅在有限的时间段内起到一定的净化水质作用。故此，在追求高密度集约化养殖情况下，增大系统换水量成为一种迫不得已的常用手段。同时，为控制病害，保证养殖效果，大量使用药物也成为养殖过程中的常用手段。在此状况下，实现健康养殖的目标只能退为其次。

（2）**系统集成度低**　集约化是养殖生产实现规模化的前提。由于农村生产力发展水平的局限，我国水产养殖主要依靠人力劳动，养殖规模小、经营分散、生产效率低下，渔民持续、稳定的增收难以保障，这些因素反过来又制约了养殖设施系统集成度的提高。目前的养殖设施模式，包括养殖环境的监测与调控、精准的饲料投喂、操作的机械化，以及整个系统的数字化、智能化等工业化生产要素都未能有效集成，高效的生产力没有形成。规模化生产、产业化经营，是现代农业发展的基本途径。随着渔业生产力的发展，对提高养殖设施集成度的要求将越来越高，如深水网箱设施系统，以及现代养殖小区示范和养殖生产数字化建设等。

（3）资源利用率不高　水产养殖生产所耗用的资源，主要有水资源、土地资源和饲料资源，都是重要的社会资源。

①耗水：养殖系统对水资源的耗用是最为突出的问题。

②占地：养殖场的水面一般占总面积的 60%～70%。按此比例计算，2012 年我国淡水池塘养殖水面 256.7 万 hm^2，需占用土地约 400 万 hm^2。许多养殖池塘建设用地都是很好的耕地，城市周边的土地价值更高，提高养殖设施单位土地面积产出量，意义很大。

③饲料消耗：饲料是养殖系统主要的投入品，大部分的淡水鱼、对虾养殖等都使用配合饲料，而以肉食性品种为主的海水鱼养殖大多使用鲜杂鱼投喂。目前所有的养殖方式中，饲料的投喂都是凭经验设定操作的。任何水生动物的食欲都不是一成不变的，摄食能力有较大的差异。在投喂过程中，既要让鱼吃饱，又不能浪费，必须有准确的观察手段。精准投喂就是通过对养殖对象摄食行为的判断，实现投喂智能化，可大幅降低饲料用量。

（4）排放控制度很低　水产养殖产生大量的富营养物质，或存于水，或形成淤泥，从系统向外排放，成为主要的面源污染之一。而几乎所有的养殖设施对排放的控制度都很低，"减排"已成为养殖生产对应社会可持续发展要求所面临的新问题。

氮和磷是水产养殖系统主要的排放成分。从物质流的角度看，流入养殖系统的物资主要是水、鱼种和饲料，流出的是鱼、水和以粪便、残饵等有机物为主的淤泥。

工厂化循环水养殖设施系统的基础性研究和模式化程度需要提高；在工厂化循环水养殖技术基础研究层面，针对主要养殖类型的能量、物质、营养等基础模型研究还很薄弱，以工厂化装备为基础的养殖工艺技术体系还未形成；循环水养殖设施系统还需要针对不同养殖品种或类型进行模式细化，以提高设备系统的针对性，优化装备性能，降低运行成本。

池塘养殖和流水型设施养殖是我国主要的养殖生产方式，在健康养殖环境调控、水资源节约和富营养物质排放等方面，与社会可持续发展的要求相差很大；与国际先进技术相比，应用生态工程化技术调控养殖水体，实现工程化梯级养殖，体现循环经济效应，进而实现养殖设施环境的生态调控、排放控制的技术研究有待深入。

另外，目前国内外研究的热点主要是藻基生态型循环水养殖系统、养殖池和分流集污系统的设计、循环水养殖系统设计方法理论的研究和自动化控制技术的普及，我们应从源头控制，倡导生态健康养殖，保障食品安全，保证消费者生命健康。

（四）政策措施方面

1. 技术推广和国家补贴政策相结合　在我国设施渔业的发展过程中，除科研领域外，政府在基础设施建设方面的资助、补贴和支持较少，绝大部分都是由企业或个人自发建设的。因水产养殖设施的投入量大，而大多投资者又以扩张规模为主，致使设施一旦建好后便多年运转，缺少维修，年久失修的情况较为严重，难以适应现代水产养殖业的发展需要。目前，即使是在水产养殖良种补贴方面也还没有落实。

建议加大政府的投入和扶持力度，为建设资源节约型和环境友好型的水产养殖业，着眼于未来现代渔业建设，政府应将养殖设施纳入财政支持范畴，搞好规划，并建立政府补贴、企业或个人投入、市场化运作相结合的长效机制，促进水产养殖业的健康持续和谐发展。政府的投入可考虑两个方面：一是工程建设、机具购置、良种推广应用补贴等，结合各地开展的池塘大规模改造工程，推进水产养殖的现代化建设；二是加大科研投入，在集约化高密度健康养殖技术、循环水养殖工程技术、水产养殖自动化和机械化技术集成创新方面组织科研攻关，进一步提升水产养殖业的整体素质，努力建设全天候、高自控、可调节的现代水产养殖业技术体系（王玉堂，2012）。

养殖设施的综合成本在可以预见的将来并不会有根本性的降低，但该养殖方式又是今后的发展方向，并承担了一定的社会责任。在目前无法借鉴发达国家征收资源使用费和执行严格环保法规的前提下，应充分利用经济杠杆的作用，将工厂化循环水养殖设施建设与国家农业基础设施改造补贴、农机补贴等政策相结合，减轻养殖企业的负担，促进水产养殖再循环系统的推广并真正使用起来，是推进当前工作的一个重要选择。

2. 加强科技攻关降低综合投入和运行成本 设立工厂化循环水养殖技术与产业发展专项计划。循环水养殖技术有望成为水产养殖业发展的新增长点，该技术的成熟和产业化，将从根本上改变传统水产养殖业的资源消耗、环境破坏的负面境况。因此，设立产业发展专项计划，促进循环水养殖技术和设备的产业化，重点推动关键技术强，拥有自主知识产权的设备和技术的发展，形成新的高新技术产业领域。

通过关键技术引进与创新，借鉴基础研究方法，促进设施养殖和循环系统应用基础研究水平的提高。着重掌握技术关键，提高鳗循环水养殖水净化技术，形成冷水鱼循环水养殖生物高效净化系统构建技术，构建罗非鱼等设施化循环水养殖新模式，建立鲑鳟类等苗种繁育全人工控制技术体系，掌握水产养殖再循环系统专家管理系统构建技术方法。通过关键技术研究与系统集成，形成鳗、罗非鱼等循环水养殖和苗种繁育的共性技术体系，构建适用的设施系统模式，达到循环用水、节能、高效的生产要求，并形成相应的生产管理技术，提高设施的生产效率，规范生产管理。在主产区建立集成示范点，辐射推广循环水养殖技术，推动养殖生产方式的转变。

3. 实施养殖许可政策 欧洲很多国家从 20 世纪 70 年代就实行了养殖许可制度。许可制度主要规定了养殖容量、养殖场规划设计、药物使用、环境许可、养殖经营人员素质等。这些规定有助于实现养殖场的环境自净，有效地防止疾病传染；同时，通过政府调控养殖生产，避免过量生产导致养殖业的亏损，从而保证养殖业者的利益，并从环境保护方面防止水产养殖的盲目发展对环境带来的有机污染，促进养殖业的可持续发展。

三、发展现代化养殖工程设施的必要性

随着水土资源制约和国家对环境保护力度的进一步加强，今后养殖排水和池塘淤泥的堆放也将受到严格限制，不宜通过换水和清淤来改善养殖水质和底质条件。在大力建设资源节约型、环境友好型社会的大背景下，以污染环境为代价，单纯追求高密度、高产量的养殖生产方式将难以维持下去。当前，现代化养殖工程设施系统之所以受到如此重视，是因为它是生态系统水平的健康养殖技术，通过该系统能够改善养殖生态环境、提高养殖容纳量和经济产出、实现营养物质和能量的有效利用、生产出质量安全的水产品，因此，养殖工程设施系统符合建设资源节约型、环境友好型社会的目标。

从可持续发展的要求来看，循环水养殖模式是未来中国水产养殖模式发展的根本方向；从发展过程看，因为我国渔业生产的实际现状，池塘养殖设施、流水型养殖设施和网箱养殖设施，在相当长的时期内是不可替代的，但必须按照可持续发展的要求进行调整，以适应健康养殖、可持续发展的要求，以符合国家对水产养殖模式转变的需要。

我国的池塘养殖环境恶化、设施破败陈旧、坍塌淤积严重、污染严重、水资源浪费大、食品安全无法保障、养殖方式简单粗糙、效益不高，严重制约了池塘养殖业的可持续发展。为此，只有发展现代化养殖工程设施，才能促进传统养殖模式改变，减少池塘养殖对水资源的污染和浪费，改善养殖生态环境，提高养殖生态效益，增加农（渔）民收入，保障我国水产养殖业持续稳定发展，实现"健康、节水、节地、减排"的养殖目标。

第三节　国外发展现状与趋势

一、国外养殖技术发展现状及趋势

近年来，世界渔业得到了快速的发展，捕捞产量虽有所下降，但养殖产量增长速度较快，是世界粮食经济发展最快的部分。作为食物来源的水产养殖业发展速度，在20世纪末已超过了畜牧业。世界渔业生产主要集中在亚洲的中国、日本、印度、印度尼西亚和泰国，美洲的秘鲁、美国和加拿大，以及北欧的挪威和丹麦等国家，上述国家的水产品产量几乎占世界总产量的60%。在天然捕捞产量下降的情况下，水产品的增产主要依赖于人工养殖。世界水产养殖总产量的54.9%来自海水养殖，45.1%来自淡水养殖。淡水水产养殖主要以鱼类为主，占97.7%；其中，鲤科鱼类养殖占世界淡水水产养殖产量的一半以上。

国外的淡水养殖业比较先进的有日本、欧洲和美国等，由于这些国家和地区经济

实力较强，科学技术发达，材料先进，而且与集约式养殖有关（尤其是网箱和工厂化养殖）的基础研究如养殖对象的营养生理、新品种开发、防病技术、水处理技术等已有较高的水平。

20 世纪 50 年代起，日本首先使用合成纤维制成网箱进行养殖。60 年代，日本网箱养鱼进入了迅速推广和发展阶段，网箱养鱼无论在海水或淡水都十分发达。淡水网箱以养鲤为主，还有罗非鱼、香鱼、虹鳟等，一般产量达 70 多 kg/m^3 水平。前苏联建立了多处网箱养殖场，养殖鲤和草鱼，一般每平方米产量为 60kg；温流水网箱养鱼每平方米产量可达 115kg。近年来，趋向养殖名贵鱼类如鳟、鳇、西伯利亚鲟、斑点叉尾鮰等。美国自 1964 年引进网箱养鱼技术，多采用 $1m^3$ 正方形小体积网箱，养殖斑点叉尾鮰，产量最高达到 $600kg/m^3$。目前，网箱养鱼已扩展到欧洲、非洲、美洲等 30 多个国家。

从历史来看，工厂化养鱼技术开发较早，但由于工厂化养鱼本身的局限性，其发展的速度和范围均不如网箱养鱼。20 世纪 60~70 年代，不少国家由于过滤系统的技术和设备尚未完善，使得当时曾经一度繁荣的全封闭式工厂化养鱼，多因水质控制不理想而半途而废。近代工厂化养鱼较为成功的有丹麦的生物转筒过滤为主的养鱼系统，英国汉德斯顿电站的温流水养鱼等。

值得注意的是，工厂化养殖中的水质调控的自动化、机械化研究，如美国在高密度养殖系统中，自动控制技术研究与应用非常先进。目前，国外采用两种自动控制系统，一是通用控制系统，即由微机输入输出、数据记录仪和遥控组件构成；二是工业程序控制系统，即由小型计算机和控制软件组成的具有 16 个控制器的网络结构。两种系统可控制溶氧、pH、温度、室内湿度、太阳辐射、风速、风向、能耗、电导率和混浊度，又可控制投饵、泵、阀门、增养机和空气压缩机等，使整个系统自动化。其他先进国家也同样在自动控制及水质处理、监测等方面有许多研究及应用，如增氧、生物净化沉淀、过滤、脱氮和曝气等技术。

欧美在健康养殖技术及健康养殖管理方面比较有代表性的是，美国的淡水鮰鱼养殖与挪威的大西洋鲑养殖。他们的大多数技术措施均体现了健康养殖的思想，首先是在这两种鱼类的养殖生物学、生态环境基础理论的研究比较深入，养殖设施先进，而且操作机械化程度很高，如排进水、投饵施肥、清塘、苗种运输等，快捷方便，单位水体产量高，而且水产品质量也很高，有明确的卫生标准。他们的主要措施是，不间断地进行品种选育，以保证养殖良种化，如挪威大西洋鲑的人工选育品系，已占该国网箱养殖产量的 80% 以上；使用的健康鱼苗、商业养殖用苗，基本由良种培育中心供应，这是保持良种种质资源的重要措施；建立严格的养殖防疫体系，包括鱼病监测系统；开发疫苗与强化鱼体免疫功能的免疫增强剂，如多糖类药物，从亲体、幼苗直到养成各阶段均可使用疫苗，使养殖成活率大幅度提高，减少了药物使用量。如挪威大西洋鲑养殖，1987 年全国平均生产 1t 鱼需 1kg 抗生素；而到 1993 年，几乎很少使用抗生素。1996 年，全国年产 30 万 t 鱼仅用了 1t 抗生素。开发使用高性能饵料，使用配合饲料的饲料系数达 1.1~0.9，降低了成本，更主要是减轻了污染。建立了一系列法规和健康管理办法，如控制养殖规模，建立疫病防疫体系等。

水产品已成为人们蛋白质的主要来源，全球超过 2 亿人将水产品作为赖以生存的途径。根据联合国粮农组织估计，全球完全开发或衰退的鱼类资源已超过 70%，为满足未来日益增长的水产品需求，水产养殖所承担的作用日益趋重。全球水产养殖产量增长迅速，目前已占全球渔业总产量的 42%。水产养殖业发展日益成熟，把保护水生生物资源和生态环境，推行高效健康养殖技术，引入食品安全等现代管理理念纳入养殖管理，已成为全球水产养殖业界的共识。

由于世界各国对水产品需求量的不断增加，而捕捞量又在不断减少，因此，水产养殖因迎合人们的需求增加而得到迅猛发展，水产养殖技术也在不断提升和更新。

（一）健康养殖技术研究

最近几年，国外对水产养殖的健康养殖技术比较重视。在国际上，水产健康养殖的研究，主要涉及现行不同养殖方式的环境影响评估、养殖系统内的水质调控技术、病害的生物防治技术、水生生物的遗传多样性保护和水产养殖中的优质饲料技术等领域。20 世纪 90 年代初期，在亚洲开发银行的支持下，亚太水产养殖网（NACA）组织实施了亚洲现行主要养殖方式的环境评估项目，对亚洲的水产养殖可持续发展研究提出了建议。澳大利亚著名微生物学家莫利亚蒂博士在养殖系统内部的微生物生态学方面进行了长期的研究，提出了利用微生物生态技术控制养殖病害的可行性及其对养殖可持续发展的重要意义。美国奥本大学在养殖系统内部的水质调控技术方面进行了大量的研究，并且形成了较为成熟的技术。日本是海水养殖比较发达的国家，20 世纪 80 年代以来养殖环境的困扰，使他们加强了这方面的研究，特别是网箱养殖的残饵粪便形成堆积物的处理方法，直至近期仍是研究热点。同时，也对湾内养殖的容纳量、养殖污染的影响进行了深入研究。

（二）工业化循环水养殖技术研究

目前，国外工业化养殖技术比较发达的国家有北美的美国、加拿大，欧洲的法国、德国、丹麦、西班牙，以及日本和以色列等。美国的工业化养殖在 20 世纪 60、70 年代已经迅速发展，主要以利用冷流水养殖虹鳟和大规模工业化养殖条纹鲈、黑斑石首鱼为主。工厂化养鱼已被美国政府列为"十大最佳投资项目之一"。美国在工业化养鱼方面，进行的"鱼菜共生"生产很有特色。日本最早将微生物固定化技术用于循环水养殖生产系统，其系统结构合理，系统的集成化程度高，极大地降低了系统的建设成本、提高了养殖水处理及回复利用能力、单位体积过滤系统的负载能力大为提高，技术管理更简单、能量消耗更省、单位水产品成本更低，从而提高了综合经济效益。在欧洲，工业化循环水养殖在生产中的应用日益普遍，通过采用先进的水处理技术与自动化、智能化控制装备，最高单产可达 120kg/m^3。

当前，国外在工业化循环水养殖方面的主要进展有：①循环水养殖系统的生产工艺和管理技术日益成熟，近年来，国外工业化循环水养殖水处理技术进步较快，日趋成熟，在水体消毒、水质净化，悬浮颗粒物去除，增氧及控温方面，采用现代高新技术，设施设备的可靠性和稳定性大大增加，依靠科学技术与严密的社会分工，极大地促进了工业化循环水的发展；②基础理论研究深入系统，自动化和智能化控制等高新技术得到广泛应用。系统研究了生物净化过程，以及全封闭循环水养殖系统所需要的生物反硝化技术等，生物滤器的稳定性和可靠性大大提高；无人化养殖车间、精准生产操作规范等已在生产中得到应用。

（三）提高单位产量的纯氧增氧技术研究

水产养殖过程中一个很重要的影响因素就是溶解氧。近年来，丹麦、德国等一些国家都成功地设计和建造了使用液氧向养鱼池和生物过滤器增氧的养殖设备，大大提高了单位水面的鱼产量。美国和瑞典等国研制了压力振荡吸收系统制氧装置，可在鱼类养殖场直接生产含量为 $85\%\sim95\%$ 的富氧，从而使远离城市的养殖场也能采用纯氧增氧技术。

目前，科学家们正在大力研究纯氧增氧的最佳方式，以使这一技术迅速普及。德国科学家设计在养鱼池中央的生物滤池，既有保温效果，又能降低能耗，有很高的实用价值，受到各国重视，这种鱼池与滤池在一起的组合式设计将会有新的发展。

根据世界水产养殖发展的特点，从整体发展趋势看，世界水产养殖业从提供资源日渐衰退的水产品供给和低档鱼类转向高档鱼类，许多水产养殖专家将水产养殖技术发展趋势归纳为以下几点：

（1）随着世界水产品需求量的持续增加，养殖生产成本特别是饲料价格将进一步上升，利用少量谷物和鱼粉生产动物性蛋白质将成为发展方向，低价格、低负荷、高性能、低（无）鱼粉替代饲料的开发利用和研发将成为重点。

（2）生物技术在水产中的应用将进一步加强，特别是最近几年，生物技术在遗传育种、促进生长、提高抗病力等方面有了长足的发展，在继续重视养殖者追求的生长性和抗病性同时，消费者追求的安全性和美味性的苗种培育成为发展目标。

（3）高科技在养殖设施方面（深水化、大型化）的利用，将进一步提升养殖产业和技术升级。

（4）养殖生产合理化、效率化，将进一步受生产者和经营者的重视，养殖组织化程度将进一步提升，生产、加工、流通和销售一体化进程将不断加快，科技将成为养殖生产和经营的动力。

（5）研究和推广高效集约化养殖技术。高效集约化养殖技术，如工厂化养鱼蓬勃兴起，技术日臻成熟、品种不断增加、领域不断拓展、范围不断扩大，成为现代水产养殖业发展的方向。工厂化养殖利用现代工业技术与装备，具有养殖密度高、不受季节限制、节水省地、环境可控的特点，得到许多国家的重视，通过政策和财政等方面的支持，积极推进其发展。

二、国外养殖环境修复技术发展现状及趋势

近年来，国外十分关注生态水处理技术，强调人与自然相和谐，建立生态水体修复工程，既开发利用水的功能价值，又兼顾建设健全的河流湖泊生态系统，实现水体的可持续利用。基于这些要求，水产养殖过程中生态修复、人工湿地水处理技术、循环水养殖系统脱颖而出，它利用自然生态系统中的生物、物理、化学等协同作用，实现对污水的净化作用。

在水产品的养殖过程中人们为了追求高产、高效，往往投入大量的富含氮、磷营养物质的饵料和肥料，但仅有少部分能够被养殖生物所利用。据研究报道，在虹鳟和鲑的养殖中，分别有30%和20%的饲料未被食用，成为养殖环境中的废物。而在消化的饲料中，以粪便形式排出的占到饲料比重的25%～30%（Penczaket et al.，1982）。这些养殖过程中产生的残饵、粪便含有大量氮、磷营养物质以及有机污染物，容易造成水体的富营养化和恶化，给水产养殖带来潜在危害。以往国外对水产养殖环境的修复，主要是通过清淤、沉淀、过滤等物理过程去除污染物，速度快但费用较高，而且容易造成二次污染。目前采用工程设施手段，利用生物修复技术降解养殖过程中产生的污染物质，已经成为当前研究的热点，具有环境修复费用低廉、效率高、可操作行强、安全性较高等优点，代表未来的发展方向。

（一）微生物对环境的修复

1. 固定化微生物技术　固定化微生物技术，是指利用化学的或物理的手段将有益的游离的微生物附着在特定的载体中，然后投入养殖池塘中，使其在水体中形成微生物生物膜，维持微生物种群的数量，从而起到降解养殖环境中过剩的营养物质的作用。

采用微生态制剂改良水质，是符合当今渔业发展方向的生物防治方法。微生态制剂又称"有益微生物"等，常见的主要有光合细菌、硝化/反硝化菌和枯草芽孢杆菌等。微生态制剂作为一种生态调节剂，治理养殖水环境可以明显改善水质、抑制有害微生物繁殖、迅速降解有机物、增加水中溶解氧、降低铵态氮和亚硝态氮，还能为以单细胞藻类为主的浮游植物的繁殖提供营养物质，促进藻类为主的浮游植物繁殖。

（1）光合细菌　目前，微生态制剂中应用最广泛的是光合细菌。光合细菌能将光能转化为生物代谢活动能量的原核生物，也称为光能营养细菌。光合细菌属于独立营养微生物，菌体本身含60%以上的蛋白质，且富含多种维生素，还含有辅酶Q10、抗病毒物质和促生长因子。光合细菌由于具有多种不同的生理功能，如固氮、脱氢、固碳、硫化物、氧化等作用，它会把水体中的有毒物质作为基质加以利用，如它能将嫌气细菌所分解出来的氨态氮、亚硝酸吸收利用，同时，也吸收二氧化碳及有毒的硫

化氢等，促进有机物的循环，使水体中的氨氮、亚硝酸盐含量显著降低，水质得到净化，从而使病原菌难以发展。在养殖水体中施用光合细菌，还可以降低水体的化学需氧量，稳定水体的 pH 等，达到多方面净化水质的目的。Kim 等从活性污泥中分离出光合细菌用于循环水养殖系统的水质调控，结果在养殖末期发现系统中亚硝酸盐的累计量很低。

（2）硝化细菌　硝化细菌是亚硝化细菌和硝化细菌的统称，属于自养性细菌的一类。亚硝化细菌将水体中的氨氮转化为亚硝酸氮，硝化细菌能将亚硝酸盐氧化为对水产养殖生物无害的硝酸氮。硝化细菌主要与其他细菌一起制成复合微生态制剂。目前，国际上硝化细菌的使用多局限于循环水养殖系统。如 Kuhn 等利用硝化细菌，来提高循环水养殖系统中的硝化率，并对其效果进行了评价，结果发现，对照池中的氨氮和亚硝酸盐水平显著高于处理池，同时在对照池中未发现试验接种的硝化细菌。

（3）枯草芽孢杆菌　芽孢杆菌为革兰氏阳性菌，是普遍存在的一类好氧性细菌。该类菌能以内孢子的形式存在于水产养殖动物的肠道内，并分泌活性很强的蛋白酶、脂肪酶、淀粉酶，可有效提高饲料的利用率，促进水产养殖动物生长；它也可以通过消灭或减少致病菌来改善水质。芽孢杆菌还可以分解并吸收水体及底泥中的蛋白质、淀粉、脂肪等有机物，以改善水质和底质。Zokaeifar 等研究了枯草芽孢杆菌对凡纳滨对虾的生长、消化酶、免疫基因表达及疾病抵抗的影响，结果发现，处理组虾的最终体重、净重和消化酶活性均高于对照组。研究表明，芽孢杆菌能促进虾的生长并提高其抗病能力。Avella 等将多种芽孢杆菌应用于海鲷幼鱼养殖，结果发现混合处理的海鲷标准体长和体重均明显高于对照组。

2. 生物絮团技术（biofloc technology，BFT）　一种通过向养殖水体大量投饵补充有机碳物质，保持较高碳氮比定向调控养殖系统中异养微生物群落并且利用微生物生长，将水中氨氮转换成为菌体蛋白显著提高饲料利用的一种新型养殖技术。具有调控水质和提高蛋白质利用率的双重效果，在水产业中扮演着重要的营养资源的角色。

早在 1989 年，Avnimelech 等（Avnimelech et al.，1989）发现，应用生物絮团技术（BFT）培育罗非鱼可提高饲料利用率，应用同位素 C^{13} 标记纤维素，证实罗非鱼能摄食生物絮团利用添加到水体中的碳最终积累至肌肉组织；Burford 等（Burford et al.，2004）利用 N^{15} 同位素标记技术进行了对虾利用生物絮团研究，结果表明，生物絮团在对虾日摄食饵料氮的贡献占 18% ～ 29%。生物絮团技术在养殖过程中对溶解氧和搅拌的要求较高，需要充氧装置进行大量曝气，进行充氧以及充分的搅拌混合。有资料表明，应用生物絮团技术进行养殖，在对虾养殖池塘要配备功率为 $15kW/hm^2$ 的充氧装置供给氧气，而在集约化罗非鱼池塘则要配备功率为 $75kW/hm^2$ 充氧装置供给氧（Browdy et al.，2001；Avnimelech et al.，2006）。同时，还需要在水体中投加碳源以保持较高的碳氮比，研究表明，C：N＞10：1 最有利于微生物生长（Goldman et al.，1987）。

（二）植物修复技术

植物浮床系统，是一种比较新的水体原位修复和控制技术。利用生物浮床技术，将农作物种植于水中，通过植物的吸收、吸附作用和物种竞争相克机理，将水中氮磷等污染物质转化成植物所需的能量储存于植物体中，实现水环境的改善以及植物产品的创收，因其具有众多优点而备受关注。其内涵是运用无土栽培技术原理，以高分子材料为载体和基质，采用现代农艺与生态工程措施综合集成的水面无土种植植物技术。通过水生植物根系的截留、吸附、吸收和水生动物的摄食以及栖息其间的微生物的降解作用，达到水质净化的目的，对水生生物的多样性发展也能起到积极的促进作用。

近年来，人们开始尝试在池塘中栽植沉水植物，实施鱼草共生，通过植物的净化作用来改良水质。沉水植物对养殖水体的水质改良机制，主要包括以下两个方面：一是沉水植物直接或间接地吸收和转化了水中的无机盐；二是沉水植物增加了水生态系统的空间生态位，提高了系统的生物多样性，从而使得水体环境相对稳定。

在养殖池塘中栽植沉水植物，不仅能调节池塘水生态系统的物质循环速度、抑制水体富营养化、控制藻类生长、提高水体透明度、改善水体溶解氧状态，而且还有助于提高池塘生态系统的生物多样性，增强养殖水体环境的稳定性。利用养殖过程中营养盐的输入，来补充沉水植物生长消耗的营养物质，当养殖对象和沉水植物的放养密度搭配适宜时，池塘生态系统的物质输入和输出可以保持较长时间的平衡。

从水域生态学原理和现有的研究成果来看，在养殖池塘中种植沉水植物净化水质是一种极有前途的生态养殖模式。目前，需要在沉水植物的种类筛选和搭配栽植上进行深入研究，以期达到推广应用的目的。苦草和轮叶黑藻喜温耐热，而菹草和伊乐藻耐寒畏热，因此，它们在生长季节上具有互补性。在养殖池塘中可夏秋栽植苦草和轮叶黑藻，冬春栽植菹草或伊乐藻，保证沉水植物群体一年四季的水质净化能力。

国外，Corpron 和 Armstrong（1983）研究了伊乐藻循环处理罗氏沼虾养殖尾水的除氮效果，结果发现，处理组经伊乐藻净化后，氨氮和亚硝氮含量呈数量级式低于对照组，对照组中氨氮和亚硝氮的峰值分别达 4.0mg/L 和 5.7mg/L，而处理组中仅为 0.2mg/L 和 0.4mg/L。

Seawright 等（1998）设计了集成的养殖—水培系统，利用长叶生菜净化前者养殖尾水。Pfeiffer 和 Wills（2011）评价了三种不同类型的浮床载体，在循环水养殖系统中对低盐度孵化废水的除氨氮效果。Nduwimana 等（2007）利用黑麦草浮床来处理水产养殖废水，发现植物浮床能有效去除氨氮（82.7%）、亚硝氮（82%）和硝氮（60.5%）。

在浮床植物系统中，植物处于核心地位，它的光合作用使系统可以直接利用太阳能；而植物的生长带来的适宜的栖息环境，使多样化的生命形式在系统中的生存成为可能，并且正是植物和这些生物的联合作用，使污染物得以降解（Cherry et al.，2006）。

（三）动物修复技术

与微生物和植物修复技术相比，动物修复技术研究报道较少，目前常见的主要是海洋中的几种底栖滤食性贝类，以及沉积食性动物对养殖系统中残饵和粪便等有机碎屑的利用和降解的报道。研究发现，在围养条件下海参本身的粪便可以通过细菌增殖的途径，在食物供应不足的情况下为海参提供附加营养（Ramofafia et al.，1997）。研究指出，刺参可有效地利用同一混养池中皱纹盘鲍的残饵和粪便（也包括刺参自己的粪便），以及有效降低富营养化封闭海域底质中的微藻生物量和有机质含量（Kang et al.，2003；Michio et al.，2003）。

（四）复合生态修复系统

1. 人工湿地　人工湿地是近 20 年发展起来的废水处理工艺，其主要利用湿地中植物、微生物和基质之间的物理、化学和生物作用达到污水净化的目的。大量的研究表明，人工湿地工艺系统不仅能有效地去除污水中的悬浮物、有机污染物氮、磷，而且对细菌、藻毒素及重金属都有比较理想的去除效果。目前，人工湿地也已应用于养殖废水的处理，并取得良好效果（Sindilariuetal et al.，2007）。在澳大利亚西部，Lymbery 等（2006）研究了潜流型人工湿地对内陆养殖废水的处理效果，结果表明，经过 38 天的试验，人工湿地对总氮的去除率达到 69%，对总磷的去除率达到 88.5%，湿地植物正处于生长时期。总氮的去除率随着时间的过去而明显升高，然而总磷的去除率相对处于稳定。在墨西哥，Tilley 等（2002）将人工湿地当作生物过滤器用于处理养虾废水，占地 $7.7hm^2$ 的湿地每天处理 $8.1hm^2$ 养虾池中排放的养殖废水，废水量达到了 $13\,600m^3$。结果表明，该系统可有效地降低总磷、悬浮物，而且在循环期间，还可以维持养殖水体中较低的有机物及总氮和硝酸盐。

人工湿地在水产养殖业中的应用国外已有很多报道，如有利用人工湿地来处理鳟、鲇及虾塘等养殖废水。Konnerup 等（2011）研究了人工湿地循环处理罗非鱼池塘养殖尾水的效果，发现经湿地处理后池塘水质适合鱼的生长［溶解氧＞1mg/L，生物耗氧量（BOD）＜30mg/L，总氮（TAN）＜1mg/L，亚硝酸盐（NO_2 - N）＜0.07mg/L］。Lymbery 等（2003）利用盐草湿地处理澳大利亚内陆干旱区域的养殖废水，并收获植物用于畜禽饲料。Lin 和 Yi（2003）报道了利用水生植物净化养殖尾水和池塘底泥的试验，发现稻田能出去 32% 的总氮和 24% 的总磷，水生经济作物莲藕能去除 300kg 氮/（hm^2·年）和 43kg 磷/（hm^2·年）。

2. 贝藻处理系统　针对废水中含有的氮磷等溶解性营养盐和富含有机物的悬浮物。先利用藻类对水中氮磷等营养盐的高效吸附作用，对水中溶解性的氮磷等营养盐进行吸收转化，再利用滤食贝类对藻类和水中悬浮物高效的滤食作用，进行去除，从而将养殖水体净化，同时，还收获了藻类和贝类。A. B. Jones 等（1999）在对虾养殖系统水质净化研究中，构建了一种包括沉淀—贝类过滤—藻类吸附的综合处理方法，显著降低了废水中总悬浮物、叶绿素 a 以及氮磷等营养盐浓度（Jones et al., 1999）。该模式目前还处在研究阶段，有着较好的应用前景。

三、国外养殖设施与装备发展现状及趋势

循环水养殖系统的应用研究始于 20 世纪 70 年代。初期主要是沿用城市和工业废水处理过程与设备，加以改进。在此之后，随着对循环水系统的水处理特性的理解深入，逐渐发展成了一系列专门为养殖水处理应用的技术与设备。目前，国外循环水技术比较发达的国家有欧洲的法国、德国、丹麦、西班牙，北美的美国、加拿大和中东的以色列以及亚洲的日本等国家。

在欧洲，高密度封闭循环水养殖已被列入一个新型的、发展迅速的、技术复杂的行业，通过采用先进的水处理技术与生物工程，大量引用前沿技术，最高单产可达 $100kg/m^3$，封闭循环水养殖已普及到虾、贝、藻、软体动物的养殖。当前，绝大多数养殖企业的苗种孵化和育成均采用循环水工艺，有越来越多淡水封闭循环水养殖模式在欧洲各地得以成功实践。在丹麦，大约有超过 10% 的鲑养殖企业正积极把流水养殖改造为循环水养殖，以达到减少养殖用水量和利用过滤地下水减少病害的目的；在法国，所有的大菱鲆苗种孵化和商品鱼养殖均在封闭循环水养殖车间进行，鲑的封闭循环水养殖也开始进行生产实践。

纵观欧洲的封闭循环水养殖工艺，可以总结为以下几个特点：①降低水处理系统水力负荷的快速排污技术。为了防止生物滤器堵塞及大颗粒悬浮物破碎成超细悬浮物，系统采用养殖池自动排污装置、残饵捕集器及机械过滤器三个水处理装置，使养殖废水一流出养殖池，就将悬浮颗粒物通过沉淀、过滤等方式得以去除，降低其他水处理设备的负荷。②普遍采用提高单位产量和改善水质的纯氧增氧技术。近年来，法国、西班牙、丹麦、德国等一些国家成功设计和建造了使用液氧向养殖池和生物过滤器增氧的养殖设备，大大提高了单位水面的鱼产量。研制了制氧装置，可在鱼类养殖场直接生产纯度为 85%～95% 的富氧。③采用日趋先进的养殖环境监控技术。目前，较先进的封闭循环水养殖场均采用了自动化监控装备，通过收集和分析有关养殖水质和环境参数数据，如溶解氧、酸碱度、总磷、总氮、水位、流速和光照周期等，结合相应的报警和应急处理系统，对水质和养殖环境进行有效的实时监控，使封闭循环水养殖水质和环境稳定可靠。有的养殖场还采用计算机图像处理系统监控养殖生物，通过获取鱼的进食、游速、体色等情况，利用专家系统自动调整最佳饲料投放量，以获得最佳转化率。④生物滤器的稳定运行管理技术。生物滤器主要用于去除养殖水中的水溶性有害物（有机物和氨氮），它是所有（海水、淡水）封闭循环水处理系统成功运行的关键，同时，生物滤器也是封闭循环水处理系统投资和能耗最大的水处理单元。法国科学家在政府的资助下，在此领域进行了长期研究，如生物膜的细菌群落（自养细菌和异养细菌）组成、数量，氨氧化、硝化过

程的能量和氧气消耗等，养殖废水中不同碳/氮比率对生物滤器效能的影响，并在此基础上获得生物滤器硝化动力学模型，建立了生物滤器的设计与管理规范。生物滤器管理技术的突破，对推广应用封闭循环水养殖系统起到了积极的推动作用。⑤养殖废水的资源化利用与无公害排放技术。养殖污水处理，是封闭循环水养殖技术发展中的一个重要课题。法国科学家设计了利用大型藻类净化养殖废水系统，经净化后的养殖废水再回用至养殖池。丹麦采用在养殖池之间设置生物净化器的方式，将养殖污水进行处理后再进行排放；同时，封闭循环水养殖技术先进的发达国家也根据各自的水处理技术特点开发出一些体积小、成本低、处理污水能力强的新型养殖污水处理设备。

池塘养殖不是国外水产养殖的主要模式，整体性的研究与应用并不完整。目前，世界上池塘养鱼机械化程度较高的是美国、日本和欧洲一些国家。近些年来，他们池塘养殖设施与设备的研发，主要有下面 10 个方面：

1. 池塘增氧设备　用机械化的方法增加水中溶氧量，是提高鱼类摄食强度、加速其新陈代谢、促进鱼类生长、防止鱼池结冰的有效措施。国外常用的增氧机械主要有 8 种类型：①人工降雨机，增加水与空气接触的面积和时间，增强充气强度；②鼓风充气机，使用中压或高压风机，把空气通过管路通向池内布气装置，增加气泡与水的接触面积与时间；③搅拌式充气机，用机械传动明轮、叶轮、桨叶搅动水体，形成水跃，可达到高饱和的充气效果，并能排出水中二氧化碳等气体；④纯氧充气机，在密闭容器中进行充氧，能使水中溶氧饱和度达 20% 以上；⑤超声波充气机，水气混合体通过超声波液体散射器，促使水和空气充分混合；⑥射流充气机，经过射流器将气泡带入水中；⑦水泵增氧机，在自吸式水泵的进水管路上开气孔，水气在叶轮中进行混合；⑧化学增氧机，将丝光沸石投入水中，氧即游离出来溶解于水。

2. 水体净化设备　除了鲢、鳙等吃浮游生物为生的鱼类客观上需要肥水以外，一般名贵品种都不需要肥水。日本把养殖水域的水质管理、水体净化作为一项重要技术措施，以改善鱼类的生长环境。日本流水养鱼平均 667m² 产 2.26t。国外常用的水净化设备是水底打扫机、高速过滤装置、重压式过滤装置、密闭快速过滤装置、化学净化装置和水力旋流器，并正在开始采用离子交换树脂，静电凝集装置等。

3. 饵料加工设备　目前，国外池塘养鱼主要投放人工合成颗粒饵料。据报道，美国、日本都有专业的鱼饵料加工厂，日本有日产 3 000t 的合成饵料厂，欧洲一些国家的大部分养殖场都有合成饵料加工车间。

4. 投饵施肥设备　国外投饵施肥的机械设备和形式也是五花八门的，有的用船，有的用车，有的固定装置。美国使用较多的是气力输送的饵料分送器，风压 135mm 水银柱，风量 31.7m³，一般能将饵料撒出 3～7m，它是装在载重汽车上的。瑞典、丹麦的虹鳟养殖场池塘上设有窄轨运输投饵车，丹麦还装置了气力自动投饵机。欧洲一些国家的养殖场都设有贮饵塔，以便与投饵船配套使用。

5. 鱼类起捕分选机械设备　在美国、日本、丹麦、意大利一些国家里，鱼池起鱼是应用电力驱赶或直流电阳极集鱼效应,把鱼集中到吸鱼口,用斗式起鱼机或水力、气力装置提升,经过鱼类选别机分类计量、称重装置,送入活鱼运输车或泵至其他鱼池分养。印度开发出一种新型的机械起捕鱼设备,这套设备由电动小车、导轨、吊管、渔网和其他零部件组成。当鲤池塘的鱼需要收获捕捞时,需在岸边预置好电动小车及导轨。渔网固定于岸两侧的电动小车上,渔网的中间部分沉于池塘底部。捕捞开始,2台电动小车以 3m/min 的恒速沿导轨行驶,电动小车的行驶带动渔网收集鲤,这个过程大约需要 15min 完成。集鱼完成后,需要人力把收集到的鱼从网中取出。整个操作都是机械化收获,在取鱼过程中需要 2 个人取鱼。

6. 池塘养鱼运输机械设备 池塘养鱼的运输、装卸等辅助劳动,在一些国家里也已使用了机械化。有的养殖场内的运输、起重采用了输送带、多斗式装卸机、抓斗卸料吊车、铲车、颗粒饲料装卸机、活动翻车,以及水力、气力、索道、窄轨、空中单轨、流槽。丹麦、意大利的部分养殖场还通有铁路。日本和歌县鱼池上开始采用轨道式电动行车。

7. 活鱼运输机械设备 在日本、美国活鱼运输都有专用的汽车和拖车。车上设有充气和高压射水增氧设备,一般鱼水比是 1:1。德国还用气泡泵来装卸活鱼。捷克的活鱼车上还有制冷设备,把水温降到 1℃,以适应远距离运输。

8. 水底耕耘机械设备 目前,国外采用水底耕耘机翻动池底,以充分利用水底的肥力。他们在冬季干池时常用拖拉机下池拖带旋转犁、中耕机耕耘、使土壤通气,改善土壤成分,阻止土壤表面淤泥化,以提高鱼产量。欧洲一些国家还使用水生植物与水底植物清除机,改善养殖水域的环境。

9. 鱼池整建排灌机械设备 修造鱼池需要完成大量土方,往往占养鱼场总投资的90%以上。目前,国外采用了成套的土方工程机械设备,如履带式拖拉机铲车索铲、推土机、挖土机、牵引机铲运机和成套的水力机械化土方工程设备,并进行灌浆筑堤。国外鱼池的排灌设置,一般有固定的排灌站采用管灌形式。而他们养殖场的排灌系统与鱼池增氧、水体净化、加温设备、施肥、投饲等结合联用。

10. 网箱设施 近年来,国外的发展成就主要体现在:①运用系统工程方法注重环境保护,将网箱及其所处环境作为一个系统进行研究,结合计算机模拟技术进行模拟分析,融入环保理念,尽量减少网箱养殖对环境的污染和影响;②大力发展网箱配套装置和技术,已成功开发了各类多功能工作船、各种自动监测仪器、自动喂饲系统及其他系列相关配套设。

四、国外养殖设施与装备发展趋势

未来养殖设施与装备发展的大趋势总体是:一是进一步提高养殖的机械化和自动化水平,其重点是在高密度条件下,对开放型和封闭型生态环境的高度机械化与自动化管理;二是研发养殖设施与装备的配套装备,主要有自动投饵机械、监测与控制系统，捕捞机械、分极分选设备、养殖设施清洗装备、养殖污水处理系统与装备、专用网具及网衣、自动疫苗注射机械，以及高性能活体运输机具等。

此外，不同类型的设施渔业和健康养殖与大农业的结合，与社会、经济的结合，也是一大发展趋势，以形成设施渔业和健康养殖的系统工程，实现整个生态环境的良性循环和产业化的可持续发展。

第四节　战略选择

一、战略定位

深入贯彻落实科学发展观，以资源高效利用和改善生态环境为主线，着力优化产业结构，着力完善基础设施，着力创新体制机制，转变发展方式，坚持和深化生态、高效、品牌发展理念，重点发展以健康安全的水产养殖业为主的现代渔业产业技术体系。建立资源节约型、环境友好型社会，是加快转变经济发展方式的重要着力点。大宗淡水鱼产业发展也要遵循"两型"社会发展的要求，做到节能减排和环境友好，着力研究开发养殖环境调控技术，促进养殖结构调整和生态渔业开发，提高水产养殖减排设施的装备水平，坚持节约发展、清洁发展、安全发展，促进水产养殖业发展与资源生态环境相适应，推进养殖方式的改变。政府、主管部门、行业协会、养殖户自上而下地建立起水产健康养殖技术支撑和服务网络，要立足基层养殖单位，深入宣传建立环境友好型水产养殖方式的新理念，提高水产养殖基础设施的投入和水质修复装备技术水平，积极组织水产健康养殖示范基地的建设，推动专业合作组织的建设和可持续水产养殖的行业标准化建设。

加快改造养殖设施，加强养殖模式构建。实施生产条件改造和装备技术提升，是促进大宗淡水鱼实现"健康养殖、高效生产"，向现代渔业生产方式转变的重要举措。可根据当地养殖实际情况，因地制宜地对养殖设施进行改造，其改造标准主要有以下几种：一是改造成经济型池塘养殖模式，养殖场有独立的进排水系统，池塘符合生产要求，水源水质符合《无公害食品　淡水养殖用水水质》（NY 5051—2001），养殖场有保障正常生产运行的水电、通讯、道路、办公值班等基础条件，养殖场配备生产所需要的增氧、投饲、运输等设备，养殖生产管理符合无公害水产品生产要求等。经济型池塘养殖模式适合规模较小的水产养殖场，或经济欠发达地区的池塘改造建设和管理需要。二是改造成标准化池塘养殖模式，应包括标准池塘、道路、供水、供电、办公等设施，还有配套完备的生产设备，用水要达到《渔业水质标准》（GB 11607），养殖排放水达到《淡水池塘养殖水排放要求》（SC/T 9101）。标准化池塘养殖模式是目前集约化池塘养殖推行的模式，适合大型水产养殖场的改造建设。三是改造成生态节水池塘养殖模式。生态节水型池塘养殖模式是在标准化池塘养殖模式基础上，利用养殖场周边的沟渠、荡田、稻田、藕池等对养殖排放水进行处理排放或回用的池塘养殖模式，具有"节水再用、达标排放、设施标准、管理规范"的特点。杨长明等（2008）研究表明，风车草湿地对养殖水体中总磷（TP）、颗粒态磷（PP）、溶解态正磷酸盐（DIP）、溶解态有机磷（DOP）的平均去除率分别为87％、95％、92％和43％，有效地减少了池塘养殖废水排放对环境造成的污染。四是改造成循环水池塘养殖模式，具有标准化的设施设备条件，并通过人工湿地、高效生物净化塘、水处理设施设备等对养殖排放水进行处理后循环使用。2009年以来，大宗淡水鱼产业技术体系在华东、华中、华南地区开展了资源节约型、环境友好型的循环水生态健康养殖模式构建，其特点是外源水体和养殖废水经过逐级净化达到甚至超过渔业水质标准，从而满足水产养殖的要求，是新型的大宗淡水鱼精养池塘污染减排养殖模式。

二、战略目标

推广环境友好型多元生态养殖模式与技术，池塘设施养殖以标准化全面改造池塘，提升养殖生态效益和养殖技术水平，实现健康养殖。工厂化养殖构建生态复合型工厂化循环水养殖设施系统，实现保障养殖水质、循环利用养殖用水的集约化健康养殖。

当前，包括我国在内的世界各国水产养殖业规模化进程在持续加快。在我国相对有限的资源和环境条件下，我国的主要养殖模式将逐渐走向生态化、规模化。根据养殖种类、养殖区域特点，采取灵活多样的发展模式。池塘养殖模式将向多种类混合养殖和高密度工厂化养殖发展。网箱养殖将基于养殖容量，控制淡水水库的网箱养殖。

随着对环境保护、能源节约、水资源合理利用等方面的重视，从池塘设施养殖技术的发展来看，池塘养殖设施系统与装备技术的发展主要有以下几个方面：

1. 装备的自能化控制 随着自能控制技术的发展，控制元器件价格的降低和控制可靠性的提高，在淡水池塘养殖装备中增加自能化控制，以提高装备使用的有效性和降低养殖成本。如自能化的增氧装备，通过对池塘中溶解氧的监控，来更加合理地启停增氧机。

2. 节能技术的应用 在与节能相关的养殖系统合理配置，提高水泵、水处理设备、饵料自动投喂机等机电产品的效率，发展水环境的生态控制等方面的技术，减少电力浪费。

3. 水处理设施的应用研究 由于养殖密度越来越高，传统的"鱼池＋进排水管渠"开放式设施，受养殖水体自净能力的限制，池塘容易老化，普遍出现所谓"新塘旺三年"现象。老化的池塘为致病菌的孳生提供了条件，导致病害发生，药物的滥用，养殖生态系统严重受损。在池塘养殖中增加水处理设施的研究，已经成为一个新的研究热点。如在我国台湾省就有研究在鳗池塘改造中增加物理过滤等设施来提高水质，缺点是池塘间水质差异大，容易引起病害交叉感染。池塘串联进排水结构的过水管道在多个池塘间呈之字形排列，相邻池塘过水管的进水端位于水体上层，出水端位于池塘底部，有利于池塘间上下水层交换。

4. 池塘养殖生产过程的机械化　淡水池塘养殖的机械化，包括从鱼苗计数、养殖过程中的增氧、投饲、疫苗注射等到成鱼的起捕、运输等环节的机械设备，以及全过程的系统集成。目前，在有些环节已经有一定的基础，并开展部分研究，但是全过程机械化的研究却十分缺乏，这也就成为下一阶段研究的重要方向之一。

片面追求水产养殖的高产量而忽视养殖环境的控制，导致了养殖生态系统功能的退化，造成养殖水体自净能力减弱，降低了水产品的质量安全性，加剧了养殖废水对周边环境的污染。加强水产养殖环境控制和生态修复技术研究，对构建"环境友好、质量安全"的淡水水产养殖业具有重要的意义。通过对淡水水产养殖环境进行有效的控制，在加强基础养殖设施的建设基础上，集成水产养殖机械装备水平和生态工程化技术水平，提升养殖环境调控和生态修复技术水平，构建资源节约、质量安全、环境友好、可持续发展的现代大宗淡水鱼产业技术体系。

通过养殖环境与工程设施发展建设，逐步完善整个大宗淡水渔业养殖的产业升级，促进大宗淡水鱼良种生产高效运转，优化提升大宗淡水鱼养殖产业结构，应用工程化技术增强养殖生态的调控能力，构建全过程的调控与管理体系，建造稳定、可控的健康养殖条件，实现设施系统的升级改造和养殖生境修复。

1. 水产品有效供给水平进一步提升　健全渔业权制度，保障渔民权益和生产积极性。大力推广标准化健康养殖，重点加强水产良种化、养殖池塘标准化改造、水生动物防疫体系建设和水产品质量安全保障等重点工程，积极发展无公害、绿色、有机水产品生产，在大中城市周边建设"菜篮子"产品生产基地。稳定和合理控制捕捞生产。

2. 大宗淡水鱼产业化发展水平进一步提高　继续加强大宗淡水鱼养殖优势区建设，有效衔接渔业生产、加工流通和渔业服务业，扶持培育龙头企业，扩大规模经营，提升产业集中度。加大科技创新投入力度，健全完善渔业社会化服务体系，逐步实现生产集约化、产业园区化、设施现代化、产出高效化，增加渔民收入，增强渔业竞争力。

3. 大宗淡水鱼产业可持续发展水平进一步提升　以循环经济理念为指导，普及推广健康养殖模式和先进的渔机渔具，开辟加工新工艺和新领域，大力推广节水、节地、节粮、节油、节电型高效渔业，促进节能减排，提高资源产出率和劳动生产率，实现节约、清洁、安全和可持续发展。

4. 大宗淡水鱼安全生产保障能力进一步提升　全面贯彻落实国务院《关于加强渔业安全生产工作的通知》精神，加快实施渔政渔港、安全通信等防灾减灾工程建设，提升渔业防灾减灾和突发事件应对能力。

5. 大宗淡水鱼外汇渔业进一步拓展　实现大宗淡水鱼养殖生产全程可追溯控制，逐步推动渔情信息采集常态化，推进数据和信息整合共享，提高卫星遥感、移动互联网、物联网等现代信息技术手段在渔业管理中的应用,不断提高渔业管理信息化水平。使大宗淡水鱼出口质量进一步提升,品牌的国际认可度和影响力显著提高。

三、发展重点

按照"主体功能突出、布局结构优化、统筹协调发展"的总体要求,稳步推进大宗淡水鱼现代渔业生产建设,加快渔业发展方式转变和渔业功能的拓展。

(一) 研发养殖设施与设备,以提高养殖系统的生产

1. 池塘养殖设施的系统水质调控能力需要增强,保证养殖产品质量安全 需要装备适用的养殖水体与外源水域水质监测设备。保持优良的水质,是构建健康养殖条件的关键要素。面对营养和污染状态随气候和养殖状况波动的养殖水体,要实现优良水质的有效调控,养殖生产系统需要配备适用的水质监测设备,以对环境水域的水质状况、养殖水体的水质指标及变化趋势进行准确的了解,以便及时地采用对应的调控措施。需要装备高效的水质净化设备,在对养殖水体水质有效监测的前提下,可以控制水质净化设备的高效运行。增氧机械可以迅速提高水体溶氧,除满足养殖对象生长需要外,能创造良好的好氧环境,有利于有机质的分解和无机盐的转换,抑制有毒有害物质的产生,有很好的水质净化作用,需要开发自动稳定水体溶氧状态的高效增氧设备。上下水层交换是打破池塘水体温度越层,充分发挥光合作用,增强水体初级生产力的有效方法。

以池塘水质改良为中心,完善水质原位和异位修复关键技术;研究养殖废水改善、退化塘健康系统恢复生态工程技术;研究不同模式下的生态环境控制技术、废水零排放养殖技术、低生态位生物降解与吸收强化技术,以及水体智能化、机械化控制技术。

2. 构建规范的养殖设施,以提高养殖系统的生产力 需要提供因地制宜的养殖设施系统布置技术。池塘养殖系统的建设,需要充分考虑规划区的水源与排水位置、地形与地势、风向与光照和土壤地质等,有效利用地域条件构造的养殖池塘系统,可以实现水源的高效疏导、排水的有效隔离、土地面积的高效利用,池型的优化构筑,以及水体生态自然效应的最大限度发挥,为充分发挥系统的生产力奠定基础。需要形成系统研究的技术规范,指导养殖场的建设,尤其是正在推进的养殖池塘改造工程。需要提供经济适用的设施。池塘养殖系统的设施及构筑物,包括与水有关的塘、埂、管、渠、闸,与生产有关的库房、泵房、值班房和道路等,与管理有关的办公室、化验室、门房等,这些设施与构筑物需要针对养殖生产要求和地质条件进行建造,以保证功能,提高建造的经济性。需要提供基于功能与工程经济性优化研究的养殖池塘设施及构筑物建造标准。

3. 研发先进设备,提高养殖效率 先进养殖设备是提高养殖效率的主要方式。目前,针对养殖过程的机械设备需求日益迫切,亟须研发一批先进的设备系统。如大流

量低扬程节能型水泵研制,应用螺旋桨轴向推力技术,研究建立桨叶、螺距、直径和转速的推力模型,研制适应池塘养殖系统水循环的专用低扬程、大流量节能型水泵系列产品。深水增氧—曝气提水设备研制,应用机械式微气泡发生技术和气浮提水技术,研制具有池塘深层增氧和促进上下水层交换功能的专用设备。深水池塘起捕移动式机械研制,研究大型深水池塘机械化起捕专用作业机械,研制具有拖网、起网、起鱼、分级功能的移动式作业设备。池塘淤泥清除利用工艺研究与脱水设备研制,研究形成包括池塘清淤、脱水储运、肥料化加工等工序在内的池塘淤泥清除及再利用工艺技术,建立池塘淤泥处理公共化服务与集中处理技术研究带水淤泥高效过滤脱水设备,研制滤带式专用脱水设备。重点研究渔业重大节能减排关键技术与装备,实现低碳养殖。研究节能型渔业机械,利用太阳能、风能和生物能源替代传统能源,减少碳排放。

（二）发展现代复合养殖模式

随着我国水产养殖业的发展,传统的简单的复合模式已不适应高度集约化发展要求。应该通过利用生态工程"整体、协调、循环、再生"技术原理,以水流为能量载体,依次串联多级利用,将相对独立的种、养有机结合,有效实现不同生物间的共生互利关系,营养物质得到循环,达到了改善池塘水质和增加养殖产量的目的,建立兼具循环水和立体综合养殖现代化的复合养殖模式（表4-1）。

表4-1　传统与现代复合养殖模式比较

模式类型	特点	存在的问题	适应性
传统复合养殖	种养有机结合,水和物质在系统内循环利用,工程要求程度低,额外投资少	池塘水流不能循环,养殖水质改善效果不明显	适合渔民个体
现代复合池塘养殖	兼具循环水和立体综合养殖特点,水流为能量载体,相互贯通,依次串联多级利用、闭合循环的系统,养殖水质改善效果突出,经济和环境效益突出	模式成熟度低,缺乏定量的模式构建参数及相应管理规范,需一定的投资	适合养殖企业、渔民个体在政府引导和资金扶持下进行推广

面对我国的农业主体是个体渔民,鱼池与农田经营权分离的现状,在发展复合养殖模式时,复合的不同单元往往来自不同的经营者,可以借鉴国外的解决方法,协调不同的土地使用者进行有效复合。如孟加拉国和越南在季节性水淹地区,开展了深水水稻—鱼复合养殖。通过协议,无地农民和土地所有者共同管理季节性水淹鱼类养殖区域,在干旱季节该地区则转回种植水稻。通过开展这种"生态合作"突破淡水池塘养殖复合养殖模式的瓶颈,同时,随着我国家庭农场的发展,该模式提出与建立可发挥最大优势。

加强复合养殖技术模式的基础研究。目前,复合养殖模式中很多作用机理尚不清楚,模式成熟度有待提高,尚缺乏定量的模式构建参数和相应管理规范。因此,借鉴国外对复合养殖模式的研究方法和理论，对我国复合池塘养殖系统生态调节功能及生态服务价值进行定量评估，为复合养殖模式发展提供技术理论支撑。

形成我国池塘养殖模式技术的 GAP 与 BMP，保障各种健康模式的合理应用。世界各国和地区出台了 BMP，使水产养殖更加可持续发展（FAO，1997）。BMP 的目的是在考虑社会和经济可持续条件下，使水产养殖环境友好。各种方法被用来评价水产养殖资源利用效率和可持续性，以激励养殖者采取可持续的生产措施，并将陆续开始强制执行复合养殖模式等生态养殖生产系统。我国应该根据水产养殖业发展提出相应的 BMP，在政策和立法方面使生态养殖模式得到推广应用。

（三）发展现代复合养殖模式完善大宗淡水鱼质量安全管理制度，构建水产品质量安全可追溯系统

加大淡水鱼类养殖标准化创建力度，建设标准化的大宗淡水鱼健康养殖示范基地。抓好水产品防疫和质量安全监管，不断完善大宗淡水鱼质量安全监督抽查机制，积极研究并建立产地大宗淡水鱼质量安全全程追溯体系和水产品准入制度。

（四）淡水养殖关键技术研究

1. 生物技术研究 水产养殖生物技术，可以被阐述为将生物学概念科学地运用在水产养殖的各个领域，以提高养殖的经济效益。生物技术所涉及的应用范围较广，它可广泛用于促进水产养殖的生产和管理。现代生物技术与分子生物学研究和基因技术密切相关，水产养殖中的生物技术与其他农业中的生物技术有许多相似之处。随着现代科技的发展，大宗淡水养殖业更加需要安全有效的生物技术作为支撑。在强调生物技术对保证人类粮食供应安全、消灭贫困、增加收入作出巨大贡献的同时，我们必须充分考虑把生物技术引入大宗淡水养殖业可能会带来的种种问题，如何保持野生生物品种的多样性以及新技术对社会和经济的潜在影响等，用负责任的态度研究和利用这一新兴的技术。

实现养殖对象的良种化，不断推出养殖新良种，从根本上解决当前因种质衰退而造成的一系列问题，确保我国苗种生产持续健康发展。选择育种、杂交育种、雌核发育、多倍体育种等都已经取得了一定的突破，基因工程技术的应用潜力，有望给大宗淡水养殖业带来巨大的效益。在基因工程研究方面，水产业远远落后于种植业和畜牧业。在大宗淡水养殖业中运用基因工程技术进行人工养殖的品种所占的比例很小，因此，该方面的研究应用潜力巨大。

病害是大宗水产养殖中最为严重的问题，正在威胁着各个养殖品种。生物技术在病菌筛选和鉴定方面逐渐受到广泛关注。核酸（DNA 或 RNA）技术为无症状传染病携带者的病害早期发现和鉴定提供了重要手段，对提高养殖种类的病害防治起到重要作用。除了病原体的筛选，各种生物技术可确定其他健康参数，包括血细胞比容、白细胞比容、血细胞差异、嗜中性粒细胞氧化基的指标及噬菌细胞的功能等。该技术也

可用于从血浆样品中分析定量蛋白、免疫球蛋白、溶菌酶、皮质醇和血浆铜蓝蛋白等。

水产养殖发展过程中最热门的问题之一是，水产饲料中鱼粉和其他动物蛋白的利用问题。鱼粉是大宗淡水养殖中常用的优质蛋白源，但随着野生鱼产量的逐年下降，其成本高、供应不稳定等缺点逐渐显露出来。由于植物不含动物蛋白中存在高含磷的问题，因此，植物蛋白对解决磷污染的难题具有很大潜力。水产饲料中植物蛋白的利用，有助于减少野生鱼资源的压力。该领域的研究集中在调查各种植物的种类和植物与动物蛋白的混合，作为鱼类饲料蛋白的新来源。生物技术为鱼粉替代源，特别是以植物为基础的蛋白源的开发提供了机遇。

2. 环境修复技术研究　池塘生态环境的监测与保护，要紧紧围绕制约渔业可持续发展的主要环境问题，以应用基础性研究为重点，突出发展创新、实用的新技术。对日趋严重的水域污染、蓝藻等灾害，提出主要环境问题的诊断，建立灾害的预警预报、渔业水域生态环境保护、修复和管理的理论、方法和技术。在研究方法上，要从单项的、对不同因素的分别研究，向多项的、基于生态系统的整体研究发展。要加强国际合作，广泛运用现代化研究手段，从一般性生态环境监测与评价，朝规律性、保护性、修复方面的研究发展。

采用多级生物系统，对淡水养殖池塘环境进行修复，主要的技术有固定化微生物生态修复技术、水上农业改善池塘环境技术、植物化感物质控藻技术、池塘底质改良技术等。通过原位修复技术，使养殖生物在良性的生态环境中生长发育，最大限度地减少池塘养殖对外环境的影响，实现池塘养殖可持续发展。

第五章 渔药产业与病害防控发展战略研究

第一节 渔药产业发展现状

一、国内发展现状

(一)国内鱼病发展现状

根据近几年水产技术推广总站的监测结果,在我国水产养殖动物的疾病中,细菌性疾病约占60%,病毒性疾病大约占9%,寄生虫病占25%,剩下的为藻类及真菌性疾病(图5-1)。在造成的经济损失方面,细菌性疾病无疑占据最大比例,其次是病毒性疾病,虽然寄生虫病直接造成的经济损失不大,但是其引起微生物的继发性感染比较严重。目前,我国对这几类疾病的防控主要是对病原的直接控制。

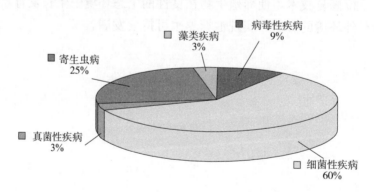

图5-1 我国养殖鱼类各类病害的比例

(数据来源:中国水产养殖病害监测报告,2008)

1. 细菌性疾病 细菌性疾病是危害我国水产动物最严重的疾病,其病原种类多,流行地区广,危害的养殖品种多,给我国的水产养殖造成巨大的经济损失。在大宗淡水鱼的细菌性疾病中,危害较严重的有嗜水气单胞菌引起的败血症和柱状黄杆菌引起的烂鳃病,还有草鱼的肠炎、赤皮和烂鳃病(俗称草鱼老三病)。疫苗的研制对这些细菌性疾病的防治起到重要的控制作用,20世纪60年代末,草鱼土法疫苗的成功研制,有效地控制了草鱼的烂鳃、赤皮、肠炎等病害,为解决当时草鱼养殖的病害瓶颈问题提供了有力的技术支持,并开创了我国鱼类病害免疫防治的先河。人们意识到在生产草鱼出血病组织浆灭活疫苗时，难以控制其生产质量以及难以批量生产，因此，逐步研发出"细胞灭活疫苗"和"减毒活疫苗"。目前，我国在研或在试的水产细菌性疫苗种类很多（嗜水气单胞菌、弧菌、链球菌、爱德华氏菌等），其中，以嗜水气单胞菌研究最为详细，历时数年研制出了"鱼嗜水气单胞菌败血症灭活疫苗"，2001年获国家一类新兽药证书，并在2011年获得生产批准文号，这是国内首个水产细菌性疫苗生产批文，也是继草鱼出血病活疫苗获得批文后第二个水产疫苗生产批文。鱼类嗜水气单胞菌败血症灭活疫苗，能有效地防止嗜水气单胞菌败血症的发生和流行，除可用于鲢、鳙、鲫、鲤、鳊（鲂）大宗淡水养殖鱼类外，还可用于其他特种养殖品种，如鳜、中华鳖、蛙等的细菌性败血病，其有效保护率可达到70%。

尽管这些细菌病的灭活疫苗有较好的效果，但由于免疫途径和规模化生产的限制，生产实践中对这些细菌性疾病的防治仍然以抗生素为主。不同的病原菌对抗生素的敏感性不同，一般通过药敏实验来确定使用何种抗生素，并根据抗生素的药代动力学制定相应的用药方案。但是在生产实践中，在没有弄清病原种类的情况下，滥用抗生素，而且加大剂量使用，造成病原菌抗药性的产生，使得抗生素的杀菌效果大打折扣。抗生素的滥用成为鱼病防治过程中一个普遍性问题，同时，也带来了相应的环境污染和食品安全问题。抗生素的规范使用，将成为细菌性疾病防控的重要内容。

2. 病毒性疾病　病毒性疾病也是危害水产养殖动物较为严重的一类疾病。水产养殖动物的病毒性疾病具有发病急、感染性强、传播速度快、流行范围广、治疗困难以及死亡率高等特点，因此，水产养殖动物病毒性疾病的防控技术也一直是我国鱼病研究的重点。我国从20世纪60年代末期开展了第一个鱼类病毒性疾病——草鱼出血病的研究，经过几十年的发展，已经在鱼类病毒性疾病的流行病学、病原分离鉴定与生物学、病原检测与疫病诊断、病理学与致病机理、疫苗制备与免疫预防、药物筛选与安全使用、养殖环境调控与综合防控技术等领域取得了重要成果或进展。近年来，我国在大宗淡水鱼的病毒性疾病病原学、诊断技术以及防控技术研究等方面取得了阶段性成果或显著的进展，主要包括草鱼出血病、鲤春病毒血症、锦鲤疱疹病毒病以及近年出现的鲫造血器官坏死症等重大病毒性疾病。

其中，在草鱼出血病方面开展了较多卓有成效的研究。在草鱼呼肠孤病毒新毒株分离、病毒精细结构、基因组结构、致病机制、分子流行病学特征、编码蛋白及其免疫原性、病毒检测、疫苗制备与免疫预防、药物防治和生态防治等方面都取得了显著的进展。并通过分子克隆、基因测序与比对分析，确认已获得的草鱼呼肠孤病毒可分为3种基因型。在草鱼出血病疫苗制备与免疫预防技术研究方面，研究了草鱼出血病冻干细胞疫苗与细菌病三联灭活疫苗的应用；2010年，珠江水产研究所研发的草鱼出血病活疫苗获国家一类新兽药证书，于2011年获得我国首个水产疫苗生产批准文号；此外，还将细胞灭活疫苗制成微囊疫苗，进行了口服免疫试验，通过荧光抗体染色技术证实病毒抗原可在草鱼肠道被吸收，并诱导鱼体产生免疫应答反应。还研究了草鱼细胞与草鱼呼肠孤病毒的微载体培养工艺，初步查明了草鱼细胞疫苗浸泡免疫草鱼鱼种诱导免疫应答反应的机理。在基因疫苗研究方面，构建了 VP6 基因疫苗和 VP7 基因疫苗，并证实其能够诱导草鱼产生免疫反应，且脂质体可显著增强核酸疫苗的免疫活性，可作为一种有应用前景的核酸疫苗佐剂。在亚单位疫苗研制方面，构建了 VP7 基因的真核表达载体和 VP6 蛋白的植物表达载体，构建的 VP7 重组疫苗和原核表达的 VP6 蛋白，具有较好的免疫作用。在药物防治方面，建立了体外抗病毒药物筛选的细胞模型，筛选出有效防治草鱼出血病的天然植物药物；开展了免疫多糖、中草药等免疫增强剂的研究和应用。在生态防治方面，开始了我国首个水生动物无疫区示范区的创建，构建了草鱼出血病发生风险的半定量评估模型。

在锦鲤疱疹病毒病防治研究方面，研制了组织浆灭活疫苗，可以在一定程度上降低死亡率。近年来，我国主要鲫养殖区域的鲫，大规模暴发了以体表与内脏出血为典型症状的鲫出血病，经过人工感染实验、细胞培养、病毒核酸 PCR 检测以及测序分析，确定病原为鲤疱疹病毒Ⅱ型（CyHV-2）。该病被确认并命名为鲫造血器官坏死症，随之也建立了该病毒的 PCR、巢式 PCR、实时定量 PCR 检测方法。

在大宗淡水鱼病毒病的研究方面确实做大了大量的基础研究，由于病毒病特殊性，目前在药物防治方面确实没有很好的办法。因此，对于鱼类病毒病的防控，单靠消毒剂，或者疫苗一种方法，是很难在大面积范围内控制的。必须建立病毒病的综合防控体系，从苗种、环境、饲料、鱼体免疫力和疫苗等多个环节，控制病毒病的传播和流行。

3. 寄生虫病　由于养殖密度的提高和养殖环境的恶化，鱼类的寄生虫病暴发越来越频繁和严重，以前危害较小的寄生虫病逐渐成为危害严重的病害，而且寄生虫病通常引起细菌性病和真菌性病的继发性感染，寄生虫病害已成为制约我国水产养殖持续发展的重要因素。

目前，对大宗淡水鱼危害严重的寄生虫病病原有车轮虫、小瓜虫、斜管虫、黏孢子虫、指环虫、三代虫、复口吸虫、扁弯口吸虫、中华鳋、锚头鳋、鱼虱、头槽绦虫和舌状绦虫等。水产动物寄生虫病的防治以杀虫剂为主，由于这些化学药物的长期、频繁和超标使用，大多数病原体都产生了抗药性，药物防治效果明显下降。另外，传统的鱼病防治理念"治病先杀虫"，其实，几乎每条鱼都会有寄生虫的感染，绝大多数寄生虫也不会引起鱼类病害。一些渔药厂家的技术人员看到寄生虫就要用药杀虫，这种做法是极其错误的，杀虫剂的滥用不仅引起寄生虫的抗药性，而且泼洒在水体中的药物造成环境污染，也引发食品安全问题。实践证明，单一的药物防治已经不能有效地控制寄生虫病发生，早期诊断和预防、生态防控和药物防治相结合的综合防控技术，才是解决寄生虫病害的有效途径。国内在寄生虫病的病原生物学、流行病学和药物防治等方面开展了广泛的研究。

诊断技术是寄生虫病预防和治疗的基础，准确的诊断有利于及时发现病害，采取正确、合理的措施，对症下药，能有效地控制寄生虫病的发生。寄生虫病的病原种类繁多，而对鱼类产生危害的只是其中一部分种类，但是由于缺乏病原体的精确诊断技术，容易造成错误诊断以及盲目用药，因此，在制定防治方案前，必须对寄生虫病作出准确的判断。寄生虫病的诊断技术，主要包括寄生虫病的临床诊断、病原的形态学诊断和分子诊断。目前，寄生虫病的诊断主要根据病原的形态特征，对于那些难以辨别形态的微小寄生虫，则还要以分子特征来辅助鉴定。养殖鱼类一旦发生寄生虫病，就很难治疗，因此，我国对水生动物病害的防治一直坚持"防"重于"治"的原则，然而，预防寄生虫病的发生，则更需要清楚寄生虫的流行病学规律，包括寄生虫的生活史、季节发生规律以及与环境因素的关系。对一些重要的寄生虫，我国做了较多的研究，从黏孢子虫、小瓜虫，到指环虫、中华鳋、锚头鳋、头槽绦虫等，根据它们的生活史制定了有效的生态防控策略。寄生虫病的防控主要强调了生态防控，但并不排斥药物防治，如果药物防治方法是建立在了解病害流行病学的基础上，使用的时间和药物用量恰到好处，则会达到事半功倍的效果。相对于细菌病和病毒病的防治，寄生虫病还是相对容易些，有些药物对一些寄生虫还是有较好的效果，但是由于鱼类寄生虫病的防治药物基本都是从人药或兽药移植过来，在使用上存在较大的安全问题；而且这些药物的杀虫效果都是生产使用过程中总结出来，由于没有较好的寄生虫感染模型，因而无法对药物的杀虫效果进行有效的评价，因此，使杀虫剂得到规范地使用是目前寄生虫病药物防治中首先要解决的问题。在这方面，我国已初步建立起指环虫的人工感染系统，并利用该系统进行了药物筛选和常用杀虫剂的药效评价，该研究结果对杀虫剂的规范使用将有重要的指导作用。

4. 中草药的研制与应用　我国具有丰富的中草药资源，中草药不但可以解决化学药物、抗生素等引发的病原菌抗（耐）药性和养殖鱼类药残超标等问题，而且完全符合发展无公害水产业、生产绿色水产品的病害防治准则，中草药物在水产动物病害防治上的应用越来越广泛。生产实践证明，大黄、黄芩、黄柏、黄连、板蓝根、穿心莲、大蒜和五倍子等常用中草药，对细菌性和病毒性疾病都有较好的预防和治疗效果。研究发现，中草药对于化学药物、抗生素难以治疗的鱼类营养性、代谢性疾病及病毒性病害有独特的功效，如草鱼的肝胆综合征。试验结果表明，黄柏、茯苓、百部、苦参、苦楝、贯众、青蒿和槟榔等中草药煎熬制成复方制剂，对鲫孢子虫病的防治效果较好。中草药提取物对小瓜虫、指环虫也有较好的杀虫效果。中草药有效成分如多糖、皂甙、有机酸及某些微量元素如硒、锂等，均可激活鱼类的免疫系统，提高鱼体的非特异性免疫能力。这些中草药复方制剂不仅保证了用药的安全性，而且成本低、效果好、无残毒，无疑是重要的新型环保渔药。

尽管实践证明，中草药对细菌、病毒和寄生虫疾病都有良好的疗效，但是中草药的有效成分以及作用机制都有待进一步研究。

5. 微生态制剂和免疫刺激剂的研制和应用　水生动物病害的发生是病原、环境和水生养殖动物相互作用的结果，病害防控除了控制病原本身外，还需要改善养殖水环境，提高鱼体自身免疫力，因此，微生态制剂和免疫刺激剂开始被广泛使用。

水产微生态制剂指经培养、复壮、发酵、包装、干燥等特殊工艺制成的，对水生动物有益的生物制剂或活菌制剂。微生态制剂对水生养殖动物的作用，主要包括促进动物机体健康生长，提高动物免疫力，改善和调节水质等方面。目前，微生态制剂除了光合细菌类、芽孢杆菌类、乳酸菌类、酵母类等常用活菌制剂外，一些具有抗（杀）菌、改水功效的新型微生态制剂也在不断开发。如利用筛选的抗嗜水气单胞菌和水霉菌的芽孢杆菌，通过喷雾干燥工艺，研制了对草鱼细菌性败血症具有良好防控效果的抗菌芽孢杆菌微胶囊，为新兴生物饲料添加剂的开发奠定了技术基础；大宗淡水鱼产业技术体系的渔药临床岗位采用多年来优选的蛭弧菌类微生物菌群，运用最前沿的生物技术研制并开发了新型池塘水体生物杀菌剂。该杀菌剂在经过中试生产过渡后已经实施了产业化生产与推广，对降低池塘水体致病菌的数量、减少病害的发生具有良好的效果，也为绿色生物渔药的开发又添新活力。这些新剂型化水产微生态制剂的开发，不仅提高了现有水产微生态制剂的研制水平，而且对减少抗生素的用量、提高水产品的品质具有潜在的社会意义。

目前，各类微生态制剂产品品种繁多，尤其是益生菌产品良莠不齐，如益生菌的活菌数量难以保证。另外，应加强益生菌分离和作用机理的研究，特别是运用基因工程技术构建更易于生产、保存、定植、繁殖，或具有特殊功能的工程菌制剂。

免疫刺激剂是指一些化学物质、药物、应激原或某些能引起特异、非特异性免疫反应活动，增强动物对病毒、细菌、真菌、寄生虫等抵抗力的物质。目前，免疫增强剂的种类可分为人工合成制剂、微生物来源制剂、动植物来源制剂、营养因子类物质和生物活性因子类物质等五大类。鱼类免疫增强剂主要通过增强非特异性免疫应答而发挥作用，如促进补体、溶菌酶、蛋白酶抑制剂、C-反应蛋白、巨噬细胞活化因子和干扰素等的合成，活化巨噬细胞、嗜中性粒细胞、非特异性细胞毒性细胞的吞噬杀菌功能。由于免疫刺激剂的安全性，可作为鱼病药物防治和疫苗防治的有效补充途径。

（二）病毒病防控技术发展现状

病毒性疾病是危害水产养殖动物最为严重的一类疾病。据不完全的疫病监测与统计结果，我国约 60 多种主要养殖对象中每年可监测到 300 多种疾病，其中，病毒性疾病占 10%～15%，然而病毒性疾病造成的经济损失为整个经济损失的 50%～60%，足见其危害严重。水产养殖动物的病毒性疾病，具有发病急、感染性强、传播速度快、流行范围广、治疗困难以及死亡率高等特点，因此，水产养殖动物病毒性疾病的防控技术研究一直是我国鱼病研究的重点。我国从 20 世纪 60 年代末期开展了第一个鱼类病毒性疾病——草鱼出血病的研究，经过几十年的发展，已经在鱼类病毒性疾病的流行病学、病原分离鉴定与生物学、病原检测与疫病诊断、病理学与致病机理、疫苗制备与免疫预防、药物筛选与安全使用、养殖环境调控与综合防控技术等领域取得了重要成果或进展。近年来，我国在大宗淡水鱼的病毒性疾病病原学、诊断技术以及防控技术研究等方面，取得了阶段性成果或显著的进展，主要包括草鱼出血病、鲤春病毒血症、锦鲤疱疹病毒病以及近年出现的鲫造血器官坏死症等重大病毒性疾病。

1. 草鱼出血病　近年来，国内在草鱼呼肠孤病毒新毒株分离、病毒精细结构、基因组结构、致病机制、分子流行病学特征、编码蛋白及其免疫原性、病毒检测、疫苗制备与免疫预防、药物防治和生态防治等方面都取得了显著的进展。在病毒新毒株分离鉴定方面，先后分离与鉴定了草鱼呼肠孤病毒 HZ08 株（张超等，2010）、两株江西株（徐洋等，2010）、湖州分离株（郝贵杰等，2011）、JX09‐01 株（曾伟伟等，2011a）、JX‐0902 株（刘永奎等，2011）以及 GCRV 104 株（范玉顶等，2013），并通过分子克隆、基因测序与比对分析，确认已获得的草鱼呼肠孤病毒可分为 3 种基因型。在病毒的形态结构方面，采用单颗粒低温冷冻电子显微技术，构建了 GCRV 感染性亚病毒颗粒高分辨率的原子模型（Cheng et al.，2010）。在病毒的基因组结构方面，先后完成 HZ08 株基因组 L 节段（张超等，2011）和 S4 基因（曾伟伟等，2012a）的序列分析，还完成了 HZ08 株（Wang et al.，2012）、GD108 株（Ye et al.，2012）以及 GCRV104 株（范玉顶等，2013）的全基因组序列分析。在病毒基因与编码蛋白的功能研究方面，利用原核表达的 GCRV NS38 蛋白制备了多抗（Shao et al.，2010）；利用感染和转染实验（Fan et al.，2010）及酵母双杂交系统（Cai et al.，2011），研究了 NS80 蛋白在病毒装配中的作用；利用纯化的病毒和原核表达的 GCRV VP5 和 VP7 蛋白，制备的相应抗体都具有中和作用，证实抗 VP7 抗体的中和作用 3 倍于抗 VP5 抗体，且联合使用时中和作用更强（Shao et al.，2011）；利用原核和真核表达的 GCRV VP4 蛋白，研究了其在病毒复制和装配中的作用（Yan et al.，2012）；构建了 GCRV VP5 蛋白编码基因诱饵重组载体，用于酵母双杂交系统筛选与其相互作用的蛋白（谢吉国等，2012）；利用抗草鱼 IgM 的单链抗体，最先检测到 VP7 蛋白的抗体（陈丛琳等，2012）；证实 GD108 株 VP5 蛋白具有 NTPase 活性，虽然免疫原性强，但不能为草鱼提供免疫保护作用（王杭军等，2013b）。在致病机制研究方面，观察了人工感染后草鱼肾脏的病理变化（陆英杰等，2011）；并发现病毒复制抑制了细胞的 RNAi 通路（Guo et al.，2012）；GCRV 能够诱导 FHM 细胞发生凋亡，但不诱导 CIK 细胞发生凋亡（黎琴等，2012）；通过荧光定量检测病毒载量，Ⅰ型和Ⅱ型草鱼呼肠孤病毒在体内外共感染时，没有发生明显的相互干扰作用（Wang et al.，2013）。

在病毒核酸检测方面，除建立了常规 RT‐PCR（王晓丰等，2012a；郝贵杰等，2013）和巢式 RT‐PCR 检测方法（王菁等，2010）外，还建立了一步 RT‐PCR（Zhang et al.，2010）、FQ‐PCR（fluorescent quantitative PCR，荧光定量 PCR（周勇等，2011b；刘宝芹等，2012a、2012b）、RT‐LAMP（real time loop-mediated iso-thermal amplification，实时荧光环介导等温扩增技术）（李玉平等，2012；王晓丰等，2012b；张金凤等，2013；Zhang et al.，2013）等检测方法；针对目前已知的 3 种病毒基因型，建立了双重 PCR（迟妍妍等，2011）和三重 RT‐PCR（曾伟伟等，2012b）的检测方法，还应用 dsRNA 测序技术检测到江西病料中 2 种基因型的混合感染（王土等，2012）。在免疫学检测方面，利用原核表达的 VP5 蛋白（He et al.，2011a）和 VP7 蛋白（He et al.，2011b），制备了小鼠多抗；利用原核表达的 HZ08 株 VP4 蛋白，制备了多克隆抗体（曾伟伟等，2011b）；制备了病毒 VP7 蛋白的单克隆抗体，并进行了初步应用（杨倩等，2012）；制备了 HZ08 株 VP4 蛋白的单克隆抗体（曾伟伟等，2013）。

在草鱼出血病疫苗制备与免疫预防技术研究方面，研究了草鱼出血病冻干细胞疫苗与三联灭活疫苗的应用（刘春花等，2010；林明辉等，2010）；2010 年，珠江水产研究所研发的草鱼出血病活疫苗获国家一类新兽药证书，于 2011 年获得我国首个水产疫苗生产批准文号；此外，还将细胞灭活疫苗制成微囊疫苗，进行了口服免疫试验（李瑞伟等，2013），通过荧光抗体染色技术证实病毒抗原可在草鱼肠道被吸收，并诱导鱼体产生免疫应答反应。刘秋风等（2013）还研究了草鱼细胞与草鱼呼肠孤病毒的微载体培养工艺，初步查明了草鱼细胞疫苗浸泡免疫草鱼鱼种诱导免疫应答反应的机理。在基因疫苗研究方面，构建了 VP6 基因疫苗（邹勇等，2011；刘林等，2012b）和 VP7 基因疫苗（徐诗英等，2011a），并证实其能够诱导草鱼产生免疫反应，且脂质体可显著增强核酸疫苗的免疫活性，可作为一种有应用前景的核酸疫苗佐剂（徐诗英等，2012）；显微注射针对 VP7 基因 shRNA 表达载体的转基因稀有鮈鲫体内 GCRV 的复制受到有效抑制（廖莎等，2010）；针对病毒的 RNA 多聚酶和 VP7 基因设计 shRNA，构建转录质粒转染 CIK 细胞，都能够显著抑制病毒的复制（Ma et al.，2011）。在亚单位疫苗研制方面，构建了 VP7 基因的真核表达载体（郝贵杰等，2010）和 VP6 蛋白的植物表达载体（周勇等，2011a）；构建的 VP7 重组疫苗（徐诗英等，2011b）和原核表达的 VP6 蛋白（刘林等，2012a）具有较好的免疫作用；利用酵母表达了病毒的 VP6 蛋白（苏岚等，2012）；原核表达了 873 株的 VP5 蛋白（方珍珍等，2012）和 GD108 株的 VP5 蛋白（王杭军等，2013a）；用表达病毒 VP6 蛋白的重组杆状病毒感染蚕后做成冻干粉作为口服疫苗，免疫草鱼能够检测到特异抗体（Xue et al.，2013）。

在药物防治方面，建立了体外抗病毒药物筛选的细胞模型（安伟等，2011），筛选出有效防治草鱼出血病的天然植物药物；开展了免疫多糖、中草药等免疫增强剂的研究和应用。在生态防治方面，2011 年启动江西省草鱼出血病无规定动物疫病区项目，建立了我国首个水生动物无疫区示范区；构建了草鱼出血病发生风险的半定量评估模型（杨淞等，2012）。

2. 鲤春病毒血症 国内在鲤春病毒血症病毒（SVCV）致病机制、检测方法及标准、病毒编码蛋白体外表达技术等方面开展工作。

在致病机制方面，体内外实验表明，鲤感染 SVCV 后血红素加氧酶的表达下调，产生氧化应激，引起组织损伤（Yuan et al.，2012）；构建了表达病毒糖蛋白的重组杆状病毒，导入昆虫细胞后表达的糖蛋白嵌入细胞表面可导致细胞融合（Huang et al.，2012）。在病毒检测方面，利用原核表达的基质蛋白制备了多克隆抗体（杨振慧等，2011）；利用纯化的病毒制备了单克隆抗体（李月红等，2011；张朋等，2011）；建立了间接 ELISA 的快速检测方法（郭闯等，2012）；实施了鲤春病毒血症检验技术规范（SN/T 1152—2011）。在病毒编码的蛋白方面，原核表达了病毒的糖蛋白（兰文升等，2010；张琳等，2011）、核蛋白（李月红等，2012a）、磷蛋白（李月红等，2012b）；在昆虫细胞中表达了糖蛋白（李月红等，2012c），为进一步研制 SVC 基因工程疫苗和亚单位疫苗奠定了基础。

3. 锦鲤疱疹病毒病　对于锦鲤疱疹病毒病（KHV），国内在病原及流行病学、病毒基因组结构、编码蛋白及其免疫原性、检测方法及标准、疫苗研制等方面进行了研究。

在病原学及流行病学方面，分离与鉴定了一株锦鲤疱疹病毒（朱霞等，2011）；建立了锦鲤尾鳍细胞系（KCF‐1），从患病锦鲤体内分离到病毒，确认属于亚洲株系（Dong et al.，2011）；建立了锦鲤鳍条组织细胞系（Koi‐Fin）（肖艺等，2012），并证实了其对锦鲤疱疹病毒的敏感性；随后又从患病锦鲤中检出欧洲株系（Dong et al.，2013）；调查了台湾养殖鲤和锦鲤中病毒的流行状况（Cheng et al.，2011）。

在病毒检测方面，建立了常规 PCR 检测方法（闫春梅等，2010a）、双重 PCR 检测方法（张振国等，2011）、多重 PCR 检测方法（乌日琴等，2011）、3 段基因 PCR 检测方法（王伟利等，2010；孟庆峰等，2011）、双基因检测方法（孟庆峰等，2012a）；还建立了荧光定量 PCR 检测方法（张艳等，2010；孟庆峰等，2012b）；实施了锦鲤疱疹病毒病检疫技术规范（SN/T 1674—2011）和水产检测标准（SC/T 7212.1—2011）。

在病毒的基因组结构方面，克隆分析了中国株病毒的 ORF132 基因，为 ORF132 蛋白功能的深入研究、表位疫苗的研制奠定了基础（刘振兴等，2011）；克隆分析了中国株病毒的主要囊膜蛋白 ORF83、ORF81 和膜糖蛋白 ORF25，为研究我国锦鲤疱疹病毒的基因背景信息、发病机理、分子流行病学及研制基因工程疫苗奠定了基础（李新伟等，2011；周井祥等，2011；周井祥等，2012）。

在病毒的编码蛋白及其免疫原性方面，原核表达了囊膜蛋白 ORF59，为 KHV 抗体制备和疫苗开发等相关研究奠定了基础（柯浩等，2010）；利用原核表达的 ORF1 蛋白制备了多克隆抗体，为 KHV 疫苗研制和免疫学检测方法的建立奠定了基础（张旻等，2012）。

在疫苗研制方面，制备了组织浆灭活疫苗，可以在一定程度上降低死亡率，但不能 100% 的控制发病（闫春梅等，2010b）。

4. 鲫造血器官坏死症　在 2011—2012 年，我国主要鲫养殖区域的养殖鲫大规模暴发了以体表与内脏出血为典型症状的鲫出血病，经过人工感染实验、细胞培养、病毒核酸 PCR 检测以及测序分析，确定病原为鲤疱疹病毒 II 型（CyHV‐2）（Wang et al.，2012；Xu et al.，2013），该病被确认并命名为鲫造血器官坏死症。随之，也建立了检测 CyHV‐2 病毒的 PCR、巢式 PCR、实时定量 PCR（周勇等，2013）、

LAMP（张辉等，2013）等方法；同时，在国内市场中进行了病毒原始宿主金鱼携带CyHV-2病毒的调查（李莉娟等，2013）；此外，国内还开展了基于养殖水环境调控、抗应激技术以及天然植物药物防治该病的研究，取得了初步的效果。由于鲫造血器官坏死症是养殖鲫中新出现的病毒性疾病，目前国内正围绕疾病的流行病学、病毒分离鉴定与检测技术、分子病理学与致病机理、防治方法等开展研究工作。

（三）细菌病防控技术发展现状

自20世纪60~70年代以来，我国大宗淡水鱼细菌性疾病的研究和防控工作，随着水产养殖业的快速发展而逐渐得到重视。水产养殖疾病防控技术的发展，依赖于水产疾病基础理论积累与突破。经过几十年的发展，水产养殖细菌性疾病的研究在病原、养殖动物机体、病原与宿主的相互关系、药物代谢等方面积累了非常重要的理论基础，为细菌病害防控技术提供了理论支持。我国大宗淡水鱼水产养殖细菌性疾病的防控技术发展，可从以下几个方面概括：

1. 细菌性病原生物学研究　水产动物细菌病疾病的研究始于1956年，对荧光假单胞菌引起青鱼赤皮病的研究。20世纪80年代以后，随着水产养殖业的发展，尤其是特种动物养殖的兴起，如沼虾、中华绒螯蟹等淡水甲壳类，牛蛙、大鲵等两栖类，中华鳖、龟类等爬行类等动物养殖，我国细菌病的研究已经涉及了水产动物的大多数细菌性疾病。在淡水养殖鱼类细菌性疾病病原的研究方面，已发现了气单胞菌、假单胞菌、爱德华氏菌、黄杆菌、耶尔森氏菌、链球菌、诺卡氏菌、变形杆菌、产碱杆菌、肺炎克雷伯氏菌等10多类致病性病原菌，并成功地分离、保存了大量病原菌的菌株，建立了水产动物细菌病病原库。

细菌性疾病病原生物学的研究内容，包括调查病原的流行病学，确定病原种类，分析病原的遗传多样性等。比如，通过对淡水鱼类细菌性出血病病原——嗜水气单胞菌的大范围流行病学调查，以及对其血清型和基因型的分析，发现多数情况下不同发病的地区具有特定的基因型。通过分析常见养殖鱼类的细菌病病原，并对其命名进行整合，如统一和厘定了常见的养殖鱼类烂鳃病（柱形病，columnaris disease）病原的命名，并分析了不同来源病原菌菌株的遗传多样性。充分的掌握病原遗传背景，为今后疫苗的研发和推广提供了坚实的理论支持。随着分子生物学技术的应用，重要病原菌的基因组测序，如嗜水气单胞菌和链球菌已分别公布了2株菌株的基因组数据。这些数据的获得，将进一步地促进对病原致病机理的研究以及病原防控技术的研发。此外，应用分子生物学技术深入地研究了重要细菌病原的致病机理，如通过基因敲除、基因沉默等技术来研究和分析病原的致病因子（如蛋白或基因）。

2. 细菌性疾病检测与诊断技术　水产养殖细菌性疾病病原的准确、快速的检测和诊断，是水产疾病正确用药和治疗的基础。世界动物卫生组织（OIE）编著的《水生动物疾病诊断手册》中，分别推荐了ELISA、PCR、DNA探针等技术作为水生动物病害的快速诊断方法。近年来，我国研究人员分别建立了嗜水气单胞菌、温和气单胞菌等大宗淡水鱼重要细菌性病原的 PCR、LAMP、ELISA、单克隆抗体胶体金等快速检测技术，并申请了相关技术的发明专利，开发了嗜水气单胞菌等的检测试剂盒。李永芹等（2010）采用 ELISA、Western-blot（免疫印迹）及 Dot-blot（斑点杂交）方法，分析了海豚链球菌（*Streptococcus iniae*）、鳗弧菌（*Vibrio anguilla-rum*）、杀鲑气单胞菌（*Aeromonas salmonicida*）、迟缓爱德华氏菌（*Edwardsiella tarda*）和荧光假单胞菌（*Pseudomonas fluorescens*）等养殖鱼类病原菌与其兔抗血清之间的免疫反应，构建了相关的免疫芯片。黄艺丹等（2010）建立了鱼类致病性豚鼠气单胞菌的单克隆抗体胶体金的检测方法。李重实等（2010）和李华等（2010）对爱德华氏菌多克隆抗体的制备和特性分析，为建立快速而有效的疾病监测方法以及免疫学的防病研究提供了依据。虽然，水产养殖细菌性疾病病原的研究取得了不错的成果，但是，这些技术或产品在实际水产养殖疾病诊断尚未得到大范围的推广应用。随着对水产疾病中细菌性病原流行病学的深入研究，人们逐渐认识到许多细菌性病原菌为条件性致病菌，它们普遍存在于健康的养殖水体和动物体内。因此，PCR、ELISA 等高灵敏的分子生物学检测技术，能否成为这些细菌性疾病的准确诊断手段面临着许多挑战。

3. 药物防控技术　随着水产养殖业的蓬勃发展，鱼病带来的危害越来越严重，为了控制鱼病，药物的使用曾经非常广泛。由于缺乏有效的专用渔药，化学或抗生素药物的滥用情况也非常普遍。由此，诸多严重的问题突显出来，如水体污染问题、病原生物的抗药性问题、药物残留与水产品安全问题等。这些问题的存在，给水环境和人类健康带来了严重威胁，也阻碍了水产养殖业的健康持续发展。因此，开发新的水产专用药物（如孔雀石绿和硝酸亚汞等禁用药的新型替代药物）、免疫增强剂（如多糖和中草药制剂等）和疫苗（如全菌灭活疫苗、亚单位疫苗、基因工程疫苗等）以及运用生态防治等手段控制鱼病，将是今后鱼病防治的重要方向。例如，我国研究人员新研发出替代孔雀石绿防治水产霉菌的药物"美婷"，以及基于病原菌群体感应调控和群体感应阻断策略而探索研发的防治嗜水气单胞菌的新型酶制剂——N-酰化高丝氨酸内酯酶等。

中草药属于天然植物，其作为饲料添加剂来源，是饲料添加剂的一个独特系列。中草药取于自然，既保持了其结构成分的自然状态和生物活性，又避免了大量使用抗生素、化学合成药物等带来的残留、抗（耐）药性和致畸、致癌、致突变等副作用，符合了"绿色食品"的生产要求。中草药不仅可以促进疫苗的免疫效果，还在预防和治疗疾病及排除免疫抑制等方面有明显的作用，对大宗淡水鱼疾病具有良好的防控效果。由此可见，中草药制剂在水产动物疫病防治中具有无可比拟的优势，尤其是有关调节水产动物机体抵抗力的中草药，已显示出了良好的应用前景。近年来，对中草药中部分成分，如皂甙、鞣质、多糖等有了较深入详细的研究。但大多数中草药和复方的药效物质基础尚未阐明，因此，对各类中草药有效成分的研究依然面临着许多挑战。

除了研发新型水产药物之外，国内在如何准确用药的研究领域也开展了大量工作。如研究了复方新诺明、恩诺沙星、氟喹诺酮、氟本尼考等渔药的药物代谢动力学模型，获得其主要药物动力学参数和影响因子，制定了药物的相应休药期，并初步地探讨了渔药剂型；对氟苯尼考等药物在大宗淡水鱼体内的药代动力学进行了研究，建立了药物残留的检测方法，制定了最高药物残留限量标准及其休药期，提出了药物合理使用方法，为大宗淡水鱼病害防控提供了技术支持。

4. 免疫预防技术　20 世纪 60 年代，草鱼土法疫苗的成功研制，有效地控制了草鱼出血病以及烂鳃、赤皮、肠炎等病害，为解决当时草鱼养殖的病害瓶颈问题提供了有力的技术支持，并开创了我国鱼类病害免疫防治的先河。人们意识到在生产组织浆灭活疫苗时，难以控制其生产质量以及难以批量生产，此后，逐步研发出"细胞灭活疫苗"和"减毒活疫苗"。80 年代，我国第一个人工水产疫苗——草鱼出血病细胞灭活疫苗的研制成功，实现了水产疫苗的质量可控化，并于 1992 年获得我国第一个"国家新兽药证书"。

目前，我国在研或在试的水产细菌性疫苗种类很多（气单胞菌、弧菌、链球菌、爱德华氏菌等），其中，以嗜水气单胞菌研究最为详细。通过大范围的淡水养殖鱼类细菌性败血症调查，应用鱼病学、生态学、免疫学、药理学等原理与方法，对"暴发病"的病原、环境因子及综合防治方法进行研究，特别是在深入研究其流行病学、病原特性、致病机理、诊断和防治机理的基础上，历经十余年研制出了"鱼嗜水气单胞菌败血症灭活疫苗"，2001 年获国家一类新兽药证书，并在 2011 年获得生产批准文号［兽药生字（2011）190986013］。这是国内首个水产细菌性疫苗生产批文，也是继草鱼出血病活疫苗获得批文后第二个水产疫苗生产批文。"鱼嗜水气单胞菌败血症灭活疫苗"能有效地防止嗜水气单胞菌败血症的发生和流行，除可用于鲢、鳙、鲫、鲤、鳊（鲂）等淡水养殖鱼类外，还可用于其他特种养殖品种，如鳜、中华鳖、蛙等的细菌性败血病，其有效保护率可达到 70%。在银鲫口服嗜水气单胞菌微胶囊或全细胞疫苗后，使用 ELISA 法检测抗体效价，结果发现口服微胶囊疫苗的血清抗体水平和免疫保护力达到 1∶512 和 61.1%，明显高于口服全菌疫苗组。有研究将嗜水气单胞菌 β- hemA 重组表达产物作为抗原，制备成免疫刺激复合物 β- hemA - ISCOMs，免疫鳗鲡后可以显著诱导血清抗体效价的上升，提高鳗鲡免疫保护力。也有研究使用嗜水气单胞菌菌蜕（ghosts）疫苗，对鲫抗嗜水气单胞菌感染进行免疫保护，结果表明，菌蜕疫苗较传统福尔马林灭活疫苗有更好的免疫保护作用。另外，对柱状黄杆菌疫苗的研究发现，当草鱼注射了福尔马林灭活的柱状黄杆菌疫苗后，其主要免疫相关基因的表达水平发生了明显的改变，即草鱼组织中与抗菌免疫相关的 C-反应蛋白、MHC - I 和白介素 1 显著增加，从而增强了鱼体抗细菌感染的能力。

5. 生态防控技术　生态防控以保持良好的养殖环境为重点，通过水质、底质等调控措施，营造利于养殖动物健康生长的环境。目前，已开始对池塘底质中理化因子、底栖生物种群等进行分析，了解池塘底质的演变过程，揭示池塘底质变化与水质变化的内在关系，为水产病害的预防预报提供依据。引入农业土壤改良和污水处理技术，对养殖过程中所造成的生态漂移进行修复，恢复池塘底质微生物种群的多样性，确保养殖水体中浮游植物的健康生长，克服连作障碍，保证池塘生产力的可持续性。

环境改良，主要包括生物改良技术和理化改良技术。其中，生物改良技术研究的热点是微生态技术，主要是通过对能够分泌高活性消化酶系、快速降解养殖废物的有益微生物菌株筛选、基因改良、培养和发酵后，直接添加到养殖系统中对养殖环境进行改良。市场上这类产品也十分繁多，主要是光合细菌、芽孢杆菌、放线菌、蛭弧菌、硝化和反硝化细菌等，而且产品类型也从单一菌种到复合菌种，剂型也从液态发展到固态。

6. 应激防控技术　在各类防控技术中，生产中应用较多的是药物和生态防控技术。应激防控技术是在理解病原、环境、养殖动物三者关系后，从养殖动物角度对综合防控技术体系的补充和丰富。暴发性鱼病，多出现在环境恶变（环境恶变是养殖业最危险的敌人，通常在季节更替、暴雨、台风、连续阴雨、骤冷等情况下最易暴发疾病）之后。短暂、低强度的应激对养殖鱼类没有危害，但长期或短时间高强度的应激会造成养殖鱼类生理功能紊乱、代谢和免疫受到抑制，引发疾病。

在养殖过程中，许多的因素或因子可引起养殖动物应激反应。广义的应激因子，可分为物理性、化学性、生物性和人为等应激原四种。物理性应激原包括温度、光照、振动、声音等；化学性应激原包括溶氧、酸碱度、盐度、有机质含量、生活污水、工业废水、农药、渔药以及渔业自身污染等；生物性应激原包括密度、搭配、藻类、饵料、病原、敌害等；人为因素主要是运输、捕捞等各种操作行为。不论是从病原性疾病、非病原性疾病来说，还是从藻相、菌相、生态位等来说，水生动物都首先要面临对应激原的适度应激和过度应激反应，继而决定水生动物是健康生长，还是各种组织受到损伤、产生各种病症，甚至死亡。近年来，应激危害和管理逐渐受到研究者和养殖者的普遍重视。

鱼类血清皮质醇、葡萄糖水平是应激状态非常灵敏的指标。国内研究者分别对养殖密度、水体指标（氨氮、酸碱度、离子浓度）、溶氧、温度等应激因子对养殖鱼体理化指标、免疫因子、抗病能力等方面都进行了研究。这些研究发现盐度、维生素C、维生素E、中草药提取物（大黄素、甘草）和微生态制剂（枯草芽孢杆菌、乳酸芽孢杆菌）对降低养殖鱼类应激反应的效果明显。

7. 生物防治技术　生物防治主要是利用微生物之间的颉颃作用，选择对养殖动、植物无危害的微生物来抑制病原的生长。生物颉颃是微生物群落内普遍存在的自然现象。在同一生态位的微生物通过营养或空间竞争，以及分泌抗生素或细菌素等抑制其他微生物的生长。水产养殖中生物防治技术便是应用这一原理，将具有针对某种或某类群具有特异颉颃性的有益菌施入水体或投喂养殖鱼类，杀死或抑制病原微生物，达到预防和控制疫病的发生。在水产养殖中，微生态制剂如乳酸菌、光合细菌、硝化细菌、芽孢杆菌、酵母菌等已被广泛地应用于水质调控和促生长饵料添加剂，然而，针对特定病原的益生菌的研究相对匮乏。因此，加强病原菌颉颃菌的理论研究与应用开发，扩大其在水产上的应用范围，生产无公害、无污染的水产品，对水产养殖业的健康可持续发展具有重要意义。

依据生物防治理论，筛选和研制对特定病原具有颉颃作用的益生菌研究逐渐得到重视，特别在弧菌和嗜水气单胞菌的防治上研究较多。孙龙生等（2011）研究表明，蜡样芽孢杆菌 Y1 和巨大芽孢杆菌 BM1259 在体外试验，能抑制嗜水气单胞菌的增殖。曹海鹏等（2011）等从养殖环境中分离筛选了 1 株优良的鲟源嗜水气单胞菌颉颃解淀粉芽孢杆菌 G1，并具有良好的颉颃活性和生物安全性。此外，国外研究人员所报道的从养殖环境中分离到黄杆菌和气单胞菌的噬菌体，为防治淡水鱼烂鳃病和出血病提供了新的研究方向。

总之，在水产细菌病防控中应尽量减少鱼体的应激，做到保持合理的养殖密度，保持良好的水质状况和充足的溶氧以及合理投喂饲料。细菌病的药物防治是最直接和简便的控制手段，开展中草药和微生态制剂，是研究防治细菌病药物的一个有效途径。同时，疫苗可有效地刺激鱼体产生免疫力，以抵抗细菌感染。因此，应当准确地鉴定导致养殖鱼类发病的致病菌株，从而针对性地研制开发特异性疫苗。此外，今后还应该积极地探索基础知识和不断地理论创新，系统开展防控技术的研究与开发，扎实推动水产养殖病害防控技术的应用与实践，并对相关技术进行优化集成，系统地构建水产细菌性疾病防控技术体系。

（四）寄生虫病防控技术发展现状

随着集约化养殖程度的提高，以及养殖水体污染的加重，水产动物的寄生虫病暴发越来越频繁和严重，以前危害较小的寄生虫病逐渐成为危害严重的病害，而且寄生虫病通常引起细菌性病和真菌性病的继发性感染，寄生虫病害已成为制约我国水产养殖持续发展的重要因素。

过去，为了减少鱼类病害的发生，提高产量，片面强调药物防治，而忽视了化学药物带来的环境污染和食品安全问题。水产动物寄生虫病的防治以杀虫剂为主，由于这些化学药物的长期、频繁和超标使用，大多数病原体都产生了抗药性，药物防治效果明显下降，而且泼洒在水体中的药物造成环境污染，鱼体的药物残留引发食品安全问题。实践证明，单一的药物防治已经不能有效地控制寄生虫病发生了，很难实现水产养殖的可持续发展，现在已经逐步认识到，鱼类病害的防控是一个系统工程，需要引进更先进的技术，从更多的层面来进行防控，因此，早期诊断和预防、生态防控和药物防治相结合的综合防控技术，才是解决寄生虫病害的有效途径。国内在寄生虫病的病原生物学、流行病学、药物防治和免疫防治等方面开展了研究，特别是病原生物学和流行病学方面的研究较为全面和深入。

1. 寄生虫病的诊断技术 诊断技术是寄生虫病预防和治疗的基础，准确的诊断有利于及时发现病害，采取正确、合理的措施，对症下药，有效地控制寄生虫病的发生。寄生虫病的病原种类繁多，而对鱼类产生危害的只是其中一部分种类，但是由于缺乏病原体的精确诊断技术，容易造成错误诊断以及盲目用药，因此，在制定防治方案前，必须对寄生虫病作出准确的判断。寄生虫病的诊断技术，主要包括寄生虫病的临床诊断、病原的形态学诊断和分子诊断。

（1）寄生虫病的临床诊断和病原的形态学诊断 鱼类寄生虫病的诊断，主要根据病鱼的临床表现症状和病原的形态特征，这是最直接的诊断，也是最有效的。1973年，中国科学院水生生物研究所（当时用名：湖北省水生生物研究所）编写的《湖北省鱼病病原区系图志》，主要总结了1963年对湖北省鱼病的野外调查工作，对50种常见鱼类的300多种寄生虫进行详细的形态描述，这些原始的数据对于我国鱼类寄生虫的鉴定起到重要的作用。1988年，潘金培等编写的《鱼病诊断与防治手册》，总结了56种常见的寄生虫病，包括29种原生动物寄生虫病、20种寄生蠕虫病和7种甲壳动物寄生虫病，并对这些寄生虫病的诊断方法、临床诊断和病原的形态特征进行详细的描述。这是我国关于寄生虫病诊断和防治最系统、最经典的资料，为我国的寄生虫病诊断和防治作出了重大贡献，其中的绝大部分内容至今仍在养殖生产中被广泛应用。

后来，我国又相继出版了更系统的鱼类寄生虫学书籍，如张剑英1999年编写的《鱼类寄生虫与寄生虫病》，全面介绍了鱼类寄生虫的形态和系统分类；吴宝华等2000年编写的《中国动物志：扁形动物门（单殖吸虫纲）》，则对我国鱼类的几乎所有的单殖吸虫进行了系统描述；陈启鎏等1998年的专著《中国动物志：黏体动物门（黏孢子纲）》根据多年调查研究的成果，记述我国淡水鱼类寄生黏孢子虫575种，含新种213种。这些鱼类寄生虫学方面的经典巨著，成为我国渔业生产者、大专院校和科研院所教学与科研的常用工具。

随着科学技术的不断进步，特别是显微技术的发展，制造出了更高放大倍数的显微镜，使寄生虫的显微结构看得更加清楚，每年都有一些寄生虫种类被重新描述，一些新种被发现。黏孢子虫和单殖吸虫是引起鱼类病害的重要寄生虫，我国学者对这两类寄生虫进行了较多的描述，如寄生于异育银鲫的瓶囊碘泡虫（张全中等，2009）、吉陶单极虫（Liu et al.，2011）、吴李碘泡虫（Zhang et al.，2010）等。通过形态特征和分子数据分析，将寄生于异育银鲫的圆形碘泡虫重新命名为丑陋碘泡虫（Zhang et al.，2010），并对该碘泡虫的形态和分子特征进行了补充描述（Liu et al.，2010），而且还重新描述了寄生于异育银鲫的多涅茨尾孢虫（Ye et al.，2012）和住心碘泡虫（Ye et al.，2013）的形态特征以及组织病理和分子特征。此外，有研究学者也对其他的黏孢子虫也进行了形态特征描述和分子鉴定，如尼氏单极虫（索栋和赵元莙，2010）。

（2）寄生虫病原的分子诊断 尽管鱼类寄生虫的种类鉴定主要依靠形态学特征，但是对一些形态特征简单、个体较微小的寄生虫，还需要分子生物学技术来辅助诊断。核糖体DNA序列是最常用的分子标记，其18S rDNA序列相对较保守，是黏孢子虫分子鉴定常用的分子标记，而内转录间隔区（ITS1 和 ITS2）则是其他寄生虫最常用的分子标记。寄生于鲤的吉陶单极虫（Liu et al.，2011），以及寄生于鲫的吴李碘泡虫（Zhang et al.，2010）、多涅茨尾孢虫（Ye et al.，2012）和住心碘泡虫（Ye et al.，2012）的诊断，都用到了 18S rDNA 分子标记。

过去有些寄生虫种类的鉴定通常是根据形态特征来确定种类，由于有些种类间形态特征十分相似，这样就会出现一些错误的诊断。比如，寄生于异育银鲫的圆形碘泡虫，通过对其小亚基 18S rRNA 基因序列比对分析，发现该寄生虫是一个新种，并命名为丑陋碘泡虫（Zhang et al.，2010）；还有寄生于异育银鲫的另外一种孢子虫，常引起鲫的大量死亡，起初认为是瓶囊碘泡虫，但是通过详细的形态比较和 18S rRNA 基因序列分析，最终鉴定为新种——洪湖碘泡虫（Liu et al.，2011）。另外，寄生于我国金鱼的三代虫，以往认为常见的三代虫是秀丽三代虫，然而通过对我国主要金鱼产区的三代虫大量调查，采用形态描述与 ITS 序列相结合的方法，发现我国金鱼常见的三代虫是小林三代虫和 *Gyrodactylus gurleyi*，说明了通常所认为是秀丽三代虫的鉴定并不正确（李冉冉等，未发表数据）。因此，对于一些个体较小、分类形态较简单的寄生虫，单靠形态学鉴定容易出现错误，应当结合分子方法来辅助鉴定。

上述分子生物学方法，都是通过通用引物对变异较大的 DNA 序列进行扩增，并通过与已知寄生虫的相应序列进行比对分析，才能进行分子鉴定。这种序列比对的鉴定方法有较大的局限性，首先要有大量的前期研究基础，即在 GenBank 数据库中必须包涵已知寄生虫的相关序列，其次，该方法必须在实验室内完成，实验周期较长，即需要基因序列测序和序列分析等步骤。针对一些重要的病原，设计特异性引物，就可以只对该病原进行有效扩增，即只需要通过观察凝胶电泳条带的有无，可判断目的寄生虫的有无。比如，利用特异性引物对单殖吸虫（*Cichlidogyrus sclerosus*）的 28S rDNA 区域进行扩增，根据电泳条带的有无，就可以判断鱼类是否感染该单殖吸虫（Ek‐Huchim et al.，2012）；针对 rDNA 的 ITS1 区域设计了指环虫属的特异性引物，成功对指环虫 ITS1 区域进行了扩增（Mozhdeganlou et al.，2011）。由于同属的物种间具有较高的序列相似性，设计种的特异性引物具有较高的难度，而更优的检测方法是基于荧光探针的实时定量 PCR（RT‐PCR）技术。该方法具有较强的适用性和较高的灵敏性，其中，水解探针模式（taqman）是较常用的荧光探针。该模式中的寡核苷酸探针同时具有荧光基团和淬灭基团，当特异性探针序列与靶序列配对时，探针上的荧光基团被淬灭，在进行延伸反应时，聚合酶的 5′外切酶活性将探针切断，使得荧光基团分离而发射荧光，随着扩增循环数的逐渐增加，释放出来的荧光基团不断积累，因此，Taqman 探针检测的是积累荧光。根据核糖体 18S 基因设计的引物和特异性 Taqman 探针，从感染的青蟹中成功检出了一种鞭毛虫（*Hematodinium* sp.）；针对线粒体的 COII 基因设计了引物和 Tagman 探针，可以特异性检测出了简单异尖线虫（Lopez & Pardo，2010）。

另外，由于寄生虫的形态学鉴定需要比较专业的寄生虫学知识，而很多养殖生产者较难掌握这些知识，因此，开发一些常见寄生虫的分子诊断试剂盒，可以满足现代渔业发展的需求。上述的分子诊断技术都需要在实验室开展，而且要经过较长的周期才能得到结果，近来，一种叫"环介导等温扩增（LAMP）"技术开始应用于病原检测。LAMP 技术主要利用 4 种不同的特异性引物识别靶基因的 6 个特定区域，并在等温条件下完成扩增反应，基因的扩增和产物的检测可一步完成。由此可见，该技术具有简单、快速、特异性强的特点，关键是操作方便，整个过程可在恒温下进行，不需要 PCR 仪器，因此，在生产实践中具有广泛的应用价值。LAMP 技术首先在人类寄生虫疟原虫（*Plasmodium falciparum*）检测中使用（Poon et al.，2005），该技术在我国的福寿螺中，也成功检测出人畜共患的寄生虫广州管圆线虫（*Angiostrongylus cantonensis*）（Chen et al.，2011）。

　　因此，随着分子生物学技术的发展，越来越灵敏、快速和实用的检测方法，将被用于鱼类寄生虫病病原的诊断和检测。

　　2. 寄生虫病的生态防控技术　养殖鱼类一旦发生寄生虫病，就很难治疗，因此，我国对水生动物病害的防治一直坚持"防"重于"治"的原则。然而，预防寄生虫病的发生，则更需要清楚寄生虫的流行病学规律，包括寄生虫的生活史、季节动态以及与环境因素的关系。

　　（1）生活史　通过研究寄生虫的生活史，找出其中的薄弱环节，切断其生活史，从而阻止寄生虫的发育和传播，可以有效地控制寄生虫病的发生。我国最早研究鱼类寄生虫的生活史，并应用于生产实践的是在 1956 年发表的关于桡足类和九江头槽绦虫（现命名为鳡头槽绦虫）生活史的研究。尹文英（1956）详细报道了中华鳋的繁殖季节、卵的孵化、无节幼体和桡足幼体的发育过程；潘金培等（1979）根据桡足类的发育特点，研究了寄生鲢、鳙的多态锚头鳋的生活史，弄清了该锚头鳋的产卵孵化、幼虫和成虫发育的最佳水温，以及各阶段发育的时间，并根据生活史的不同阶段（童虫、壮虫和老虫），提出了有效的生态防治措施。廖翔华和施鎏章（1956）研究广东草鱼寄生九江头槽绦虫的生活史，该绦虫曾引起广东草鱼苗种的大量死亡（干口病），基于对其生活史的研究，发现已感染绦虫的"吃水蚤"是引起该病的真正原因，并提出了有效的解决方法。这些研究都是通过切断寄生虫生活史途径，来控制寄生虫病的经典案例。

　　（2）种群的季节动态　不同的寄生虫病的流行季节不同，因此，寄生虫的流行病学研究对寄生虫病的预防至关重要。但在大宗淡水鱼上，关于寄生虫季节动态的研究报道并不多，详细报道了寄生草鱼的鳃片指环虫和鲢的鲢指环虫季节发生规律（聂品和姚卫建，2004）；马幸荣等（2013）调查了寄生鲫鱼鳃部的指环虫种类，以及各指环虫的种群动态。这些研究结果为寄生虫病的预防提供了有用的信息。

　　（3）寄生虫群落与环境因子的关系　环境因子是影响寄生虫感染的一个最重要因子，寄生虫群落结构与之密切相关，因此，寄生虫群落特征常被用于指示鱼类生存环境的状况。在大宗淡水鱼上这方面的报道更少，聂品等（1999）比较了几个湖泊中鲤肠道寄生蠕虫的群落结构，讨论了环境因子对寄生虫群落的影响；马幸荣（2013）比较了人工养殖和自然水体中鲫鳃部寄生指环虫的群落特征，阐明了人工养殖条件下水质恶化对指环虫传播和感染的影响。

3. 寄生虫病的药物防控技术 寄生虫病的防控主要强调了生态防控，但并不排斥药物防治，如果药物防治方法在了解病害流行病学的基础上，使用的时间和药物用量恰到好处，则会达到事半功倍的效果。一直以来，小瓜虫和刺激隐核虫都是危害我国淡水鱼类和海水鱼类的重要病原，由于它们都能形成包囊，一般的药物很难起作用，中草药防治和免疫研究是近几年的研究重点。组超等（2010）研究了20种中草药杀灭离体小瓜虫的效果；有研究表明，高铁酸钾（Ling et al.，2010）和辣椒浸出液（凌飞，2010）对金鱼体上的小瓜虫掠食体都有较好的杀灭效果，口服青蒿末对防治金鱼小瓜虫病也具有一定的效果（凌飞，2010），植物提取物血根碱对草鱼感染小瓜虫也有较好的保护作用（Yao et al.，2010）等。

近年来，指环虫病已经成为危害淡水鱼类最普遍、最严重的寄生虫病之一。虽然有些化学药物能有效杀灭指环虫，但指环虫易产生耐药性，因而指环虫病的防治研究主要集中在中草药方面。很多研究显示，植物提取物对指环虫都有较好的杀灭效果（王高学等，2011；Wang et al.，2011）。在其他蠕虫病防治方面，杨代勤等（2009）发现阿维菌素对黄鳝棘头虫病有较好的防治效果。

由于鱼类寄生虫病的防治药物基本都是从人药或兽药移植过来，在使用上存在较大的安全问题，而且这些药物的杀虫效果都是生产使用过程中总结出来，由于没有较好的寄生虫感染模型，因而无法对药物的杀虫效果进行有效的评价，这是水产杀虫药物今后要努力的方向。

4. 寄生虫病的免疫防控技术 由于鱼类寄生虫复杂的生活史，以及较完善的免疫逃避机制，迄今，还没有相关的疫苗产品，免疫防治研究还处在免疫学基础研究阶段。牛禾等（2010）对梅氏新贝尼登虫卵黄铁蛋白进行了cDNA克隆、原核表达及抗血清制备；陈小玲和黄志清（2009）研究了鱼类感染小瓜虫和刺激隐核虫的免疫保护机制；Li等（2010，2011）发现从河豚分离的新蛋白能抵抗刺激隐核虫的感染，并发现了TLR信号通路在宿主鱼类抵抗刺激隐核虫中起到了重要作用。Zhang等（2009）研究发现投喂和注射小瓜虫营养体活的和灭活疫苗，都能对金鱼起到较好的保护作用。

（五）渔药研制与应用技术发展现状

渔药是指渔业专用的有助于水生动植物机体健康成长的药物，其应用范围限定于增养殖渔业，而不包括捕捞渔业和渔产品加工业方面所使用的物质。从2008年起，我国渔药地标升国标，经评审的渔药正式转为国家标准渔药。目前，全部国标渔药有157种（187规格），而第一批转为国标的渔药只有78种（表5-1）。其中，抗微生物类药物13种，杀虫驱虫类药物9种，消毒类药物10种，中草药制剂36种，调节水生动物代谢或生长的药物 3 种和环境改良剂 7 种（王玉堂等，2011）。近年来，随着养殖技术的不断推广以及水产品质量监督力度的不断加强，水产从业者逐渐认识到水产养殖业健康可持续发展的重要性。在过去，片面地追求低投入、高产出、少损失，如今开始重视新型绿色环保渔药的研制，主要包括中草药、微生态制剂以及禁用渔药的替代药物，这些都预示着我国渔药的构成转型和改进具有良好势头。

表 5-1 第一批渔药试行标准转正目录

一、抗微生物药

（一）抗生素

氨基糖苷类

序号	药品通用名称	原试行标准名称
1	硫酸新霉素粉	硫酸新霉素粉

四环素类

序号	药品通用名称	原试行标准名称
2	盐酸多西环素粉	盐酸多西环素粉

酰胺醇类

序号	药品通用名称	原试行标准名称
3	甲砜霉素粉	甲砜霉素粉
4	氟苯尼考粉	氟苯尼考粉

（二）合成抗菌药

磺胺类药物

序号	药品通用名称	原试行标准名称
5	复方磺胺嘧啶粉	复方磺胺嘧啶粉
6	复方磺胺甲噁唑粉	复方磺胺甲噁唑粉
7	复方磺胺二甲嘧啶粉	复方磺胺二甲嘧啶粉Ⅰ型
8	磺胺间甲氧嘧啶钠粉	磺胺间甲氧嘧啶钠粉

喹诺酮类药

序号	药品通用名称	原试行标准名称
9	恩诺沙星粉	恩诺沙星粉
10	乳酸诺氟沙星可溶性粉	乳酸诺氟沙星可溶性粉
11	诺氟沙星粉	诺氟沙星粉
12	烟酸诺氟沙星预混剂	烟酸诺氟沙星预混剂
13	诺氟沙星盐酸小檗碱预混剂	诺氟沙星盐酸小檗碱预混剂

（续）

二、杀虫驱虫药

（一）抗原虫药

序号	药品通用名称	原试行标准名称
14	硫酸锌粉	硫酸锌粉
15	硫酸锌、三氯异氰尿酸粉	复方硫酸锌粉Ⅱ型
16	硫酸铜、硫酸亚铁粉	硫酸铜、硫酸亚铁粉Ⅰ型
17	盐酸氯苯胍粉	盐酸氯苯胍粉
18	地克珠利预混剂	地克珠利预混剂

（二）驱杀蠕虫药

序号	药品通用名称	原试行标准名称
19	阿苯达唑粉	阿苯达唑粉
20	吡喹酮预混剂	吡喹酮预混剂
21	甲苯咪唑溶液	甲苯咪唑溶液
22	精制敌百虫粉	精制敌百虫粉

三、消毒制剂

（一）醛类

序号	药品通用名称	原试行标准名称
23	浓戊二醛溶液	戊二醛溶液
24	稀戊二醛溶液	戊二醛溶液

（二）卤素类

序号	药品通用名称	原试行标准名称
25	含氯石灰	含氯石灰
26	高碘酸钠溶液	高碘酸钠溶液
27	聚维酮碘溶液	聚维酮碘溶液
28	三氯异氰尿酸粉	三氯异氰尿酸粉
29	溴氯海因粉	溴氯海因粉
30	复合碘溶液	复合碘溶液
31	次氯酸钠溶液	次氯酸钠溶液

（三）季铵盐类

序号	药品通用名称	原试行标准名称
32	苯扎溴铵溶液	苯扎溴铵溶液

四、中药

序号	药品通用名称	原试行标准名称
33	肝胆利康散	肝胆利康散

（续）

	四、中药	
序号	药品通用名称	原试行标准名称
34	山青五黄散	山青五黄散
35	双黄苦参散	双黄苦参散
36	双黄白头翁散	双黄白头翁散
37	百部贯众散	百部贯众散
38	青板黄柏散	青板黄柏散
39	板黄散	板黄散
40	六味黄龙散	六味黄龙散
41	三黄散	三黄散
42	柴黄益肝散	柴黄益肝散
43	川楝陈皮散	川揷陈皮散
44	六味地黄散	六味地黄散
45	五倍子末	五倍子末
46	芪参散	芪参散
47	龙胆泻肝散	龙胆泻肝散
48	板蓝根末	板蓝根末
49	地锦草末	地锦草末
50	大黄末	大黄末
51	大黄岑鱼散	大黄
52	虎黄合剂	虎黄合剂
53	苦参末	苦参末
54	雷丸槟榔散	雷丸槟榔散
55	蜕壳促长散	蜕壳促长散
56	利胃散	利胃宝
57	根莲解毒散	根莲解毒散
58	扶正解毒散	扶正解毒散
59	黄连解毒散	黄连解毒散
60	仓术香连散	仓术香连散
61	加减消黄散	加减消黄散
62	驱虫散	驱虫散
63	清热散	清热散
64	大黄五倍子散	大黄五倍子散
65	穿梅三黄散	穿梅三黄散

(续)

四、中药		
序号	药品通用名称	原试行标准名称
66	七味板蓝根散	七味板蓝根散
67	青莲白贯散	青莲白贯散
68	银翘板蓝根散	银翘板蓝根散
五、调节水生动物代谢与生长的药物		
（二）维生素		
序号	药品通用名称	原试行标准名称
69	维生素 C 钠粉	维生素 C 钠粉
70	亚硫酸氢钠甲萘醌粉	维生素 K_3 粉
（四）促生长剂		
序号	药品通用名称	原试行标准名称
71	盐酸甜菜碱预混剂	盐酸甜菜碱预混剂
六、环境改良剂		
序号	药品通用名称	原试行标准名称
72	过硼酸钠粉	过硼酸钠粉
73	过碳酸钠	过碳酸钠
74	过氧化钙粉	过氧化钙粉
75	过氧化氢溶液	过氧化氢溶液
76	硫代硫酸钠粉	硫代硫酸钠粉
77	硫酸铝钾粉	硫酸铝钾粉
78	氯硝柳胺粉	氯硝柳胺粉

数据来源：王桂堂，2011。

1. 中草药的研制与应用　　中草药具有毒副作用小、不易产生耐药性等特点，已广泛被养殖户所接受。除了大黄、黄芩、黄柏、黄连、板蓝根、穿心莲、大蒜、五倍子等常用中草药外（卢香玲，2008），也不断地发现了许多具有高效杀菌、杀虫活性和免疫增强活性的中草药。例如，李斌等（2011）采用复方中草药制剂（主要成分为奶蓟果复合物、胡黄连、乙酰半胱氨酸、绿茶、五味子和姜黄素等），对草鱼肝胆综合征进行了治疗试验。结果表明，当复方中草药质量分数为 1% 时，其用药效果最好，草鱼的平均成活率达 96.7%；质量分数为 0.75% 和 0.50% 的效果次之，草鱼的平均成活率分别为 80% 和 60%。田海军等（2012）将黄柏、茯苓、百部、苦参、苦楝、贯众、青蒿、槟榔等中草药煎熬制成复方制剂，观察了其对鲫孢子虫病的防治效果。结果发现，用药浓度为 2.5～5.0mg/L 时，复方制剂对孢子虫的杀虫率为 100%，展示出良好的杀虫效果。盛竹梅等（2012）将麻黄、苦参、黄芩、五倍子、紫苏、石榴皮 6 余味中草药均匀粉碎后制成复方制剂，对鲫给药 7 天后发现，鲫的血清杀菌活性、血液白细胞吞噬活性显著升高，证实该复方中草药制剂能有效地提高鲫鱼非特异性免疫力。由上述的研究结果可见，这些中草药复方制剂不仅保证了用药的安全性，而且成本低、效果好、无残毒，无疑是新型环保渔药的生力军。

2. 微生态制剂的研制与应用　水产微生态制剂是在微生态理论指导下采用有益微生物，经培养、复壮、发酵、包装、干燥等特殊工艺制成的，对水生动物有益的生物制剂或活菌制剂。微生态制剂对水生养殖动物的作用，主要包括促进动物机体健康生长，提高动物免疫力，改善和调节水质等方面。目前，微生态制剂除了光合细菌类、芽孢杆菌类、乳酸菌类、酵母类等常用活菌制剂外（吴皓等，2008），一些具有抗（杀）菌、改水功效的新型微生态制剂也在不断开发。例如，曹海鹏等（2012）利用筛选的抗嗜水气单胞菌和水霉菌的颉颃解淀粉芽孢杆菌，通过喷雾干燥工艺研制了对草鱼细菌性败血症具有良好防控效果的抗菌芽孢杆菌微胶囊，为新兴生物饲料添加剂的开发奠定了技术基础；大宗淡水鱼产业技术体系的渔药临床岗位采用多年来优选的蛭弧菌类微生物菌群，运用最前沿的生物技术研制并开发了新型池塘水体生物杀菌剂。该杀菌剂在经过中试生产过渡后已经实施了产业化生产与推广，对降低池塘水体致病菌的数量、减少病害的发生具有良好的效果，也为绿色生物渔药的开发又添新活力。这些新剂型化水产微生态制剂的开发，不仅提高了现有水产微生态制剂的研制水平，而且对减少抗生素的用量、提高水产品的品质具有潜在的社会意义。

3. 禁用渔药替代药物的研制与应用　我国农业部第 193 号公告《食品动物禁用的兽药及其他化合物清单》以及《无公害食品　渔用药物使用准则》（NY 5071—2002）公布了 33 种水产养殖禁用的化学药品或药物（表 5 - 2）。其中，林丹、硝酸亚汞、醋酸汞、氟氯氰菊酯、五氯酚钠、孔雀石绿、呋喃西林、呋喃唑酮、氯霉素、红霉素、环丙沙星、喹乙醇、己烯雌酚、甲基睾丸酮等 14 种药物，曾经是我国淡水大宗鱼养殖常用的药物。在这些禁用渔药中，除了氯霉素可用氟甲砜霉素替代、环丙沙星可用其他氟喹诺酮类的药物替代、氟氯氰菊酯可用其他菊酯类的药物替代之外，还有 11 种药物，尤其是孔雀石绿均尚未有较好的替代品。孔雀石绿作为传统渔药，在我国水产养殖业上的使用具有悠久的历史。1933 年，孔雀石绿开始作为驱虫剂、杀虫剂、防腐剂在我国大宗淡水鱼养殖业中使用，因其具有价格低廉、效果显著等优点，被广泛用于预防和治疗水霉病，但是后来因其具有高毒素、高残留、高致癌和高致畸性而被禁用。孔雀石绿自禁用后，虽然市场上出现较多的替代药物，如福尔马林、醋酸、食盐与小苏打、过氧化氢、高聚碘、硫醚沙星、检科一号等，但无论是效果还是价格，都不如孔雀石绿。由于缺乏有效的替代药物，孔雀石绿的使用仍存在少数屡禁不止的现象，也导致了一些水产品质量安全事件的发生。因此，孔雀石绿的替代药物研发受到了国家及各地相关部门的高度重视，并在"十一五"、"十二五"期间先后投入了大量科研经费，用于孔雀石绿替代药物的研发。大宗淡水鱼产业技术体系的渔药临床岗位在"十一五"期间，研发了一种可以替代孔雀石绿的药用制剂——"美婷"，它的主要成分是基于生物发酵技术获得的类似黄腐酸的物质，是一种纯天然的植物生长调节剂。各种研究结果表明，"美婷"对人（食品）的安全性好，对草鱼、鲫急性毒性低，不会对环境产生任何副作用，一定程度上还可促进有益菌群和水体中的藻类、浮游生物的生长。对"美婷"的小规模实验，发现其效果不低于孔雀石绿，即泼洒治疗草鱼、鲫的水霉病 0.4mg/L 的"美婷"与 0.2mg/L 的孔雀石绿相当；浸浴治疗草鱼、鲫的水霉病 16mg/L 的"美婷"与 2mg/L 的孔雀石绿相当，均显示出了较好的效果。此外，血根碱、土槿皮等中草药提取物，也被证实是潜在的抗水霉药物。王小玲等（2012）研究了血根碱抗水霉菌的体外活性，结果表明，血根碱对水霉孢子和菌丝的最低抑菌浓度（MIC）分别为 200mg/L 和 256mg/L，具有开发为抗水霉菌药物应用于渔药领域的前景。曹海鹏等（2012）在研究 20 种中草药的抗水霉效果时，筛选出对鲫卵抗水霉感染具有良好效果的中草药——土槿皮，该药在浓度为 12.5mg/mL 和 25.0mg/mL 时，对鲫卵水霉病的防治率可达到了 52.63% 和 73.68%。

表 5-2　水产养殖禁用药物

药物名称	化学名称（组成）	别名
地虫硫磷	O-2基-S苯基二硫代磷酸乙酯	大风雷
六六六	1，2，3，4，5，6-六氯环己烷	
林丹	γ-1，2，3，4，5，6-六氯环己烷	丙体六六六
毒杀芬	八氯莰烯	氯化莰烯
滴滴涕	2，2-双（对氯苯基）-1，1，1-三氯乙烷	
甘汞	二氯化汞	
硝酸亚汞	硝酸亚汞	
醋酸汞	醋酸汞	
呋喃丹	2，3-氢-2，二甲基-7-苯并呋喃-甲基氨基甲酸酯	克百威、大扶农
杀虫脒	N-(2-甲基-4-氯苯基)N'，N'-二甲基甲脒盐酸盐	克死螨
双甲脒	1，5-双-(2，4-二甲基苯基)-3-甲基1，3，5-三氮戊二烯-1，4	二甲苯胺脒
氟氯氰菊酯	α-氰基-3-苯氧基（1R，3R）-3-（2，2-二氯乙烯基）-2，2-甲基环丙烷羧酸脂	百树菊酯、百树得
氟氯戊菊酯	（R，S）-α-氰基-3-苯氧苄基-（R，S）-2-（4-二氟甲氧基）-3-甲基丁酸酯	保好江乌、氟氰菊酯
五氯酚钠	五氯酚钠	
孔雀石绿	$C_{23}H_{25}ClN_2$	碱性绿、盐基块绿、孔雀绿
锥虫胂胺		
酒石酸锑钾	酒石酸锑钾	
磺胺噻唑	2-（对氨基苯磺酰胺）-噻唑	消治龙

（续）

药物名称	化学名称（组成）	别名
磺胺脒	N_1-脒基磺胺	磺胺胍
呋喃西林	5-硝基呋喃醛缩氨基脲	呋喃新
呋喃唑酮	3-（5-硝基糠叉胺基）-2-噁唑烷酮	痢特灵
呋喃那斯	6-羟甲基-2-（-5-硝基-2-呋喃基乙烯基）吡啶	P-7138（实验名）
氯霉素（包括其盐、酯及制剂）	由委内瑞拉链霉素生产或合成法制成	
红霉素	属微生物合成，是 *Streptomyces eyythreus* 生产的抗生素	
杆菌肽锌	由枯草杆菌 *Bacillus subtilis* 或 *B. leicheniformis* 所产生的抗生素，为一含有噻唑环的多肽化合物	枯草菌肽
泰乐菌素	*S. fradiae* 所产生的抗生素	
环丙沙星	为合成的第三代喹诺酮类抗菌药，常用盐酸盐水合物	环丙氟哌酸
阿伏帕星		阿伏霉素
喹乙醇	喹乙醇	喹酰胺醇羟乙喹氧
速达肥	5-苯硫基-2-苯并咪唑	苯硫哒唑氨甲基酯
己烯雌酚（包括雌二醇等其他类似合成等雌性激素）	人工合成的非自甾体雌激素	乙烯雌酚，人造求偶素
甲基睾丸酮（包括丙酸睾丸素、去氢甲睾酮以及同化物等雄性激素）	睾丸素 C_{17} 的甲基衍生物	甲睾酮甲基睾酮

数据来源：中华人民共和国农业行业标准——NY 5071—2002。

4. 渔药的安全应用　鱼类药动学是鱼类药理学的一个重要组成部分，它所承载的理论与技术是指导渔药合理使用的重要依据，如休药期的制定、渔药的使用的剂量和疗程等。我国关于鱼类药动学的研究始于 20 世纪 90 年代末，是从研究磺胺异噁唑等一些常用渔药对草鱼等大宗淡水养殖鱼类的代谢规律开始的，其研究成果有效地指导了一些药物在大宗淡水鱼病害防治方面的合理使用，如复方新诺明、甲苯咪唑、氟苯尼考等在草鱼疾病防治方面的应用。但随着这一研究转移至经济价值较高的水产动物，而逐渐忽略了对大宗淡水鱼的研究，尤其是鲢、鳙等滤食性鱼类，造成这一现状的原因是对这类鱼类进行药动学方面的研究有较大的难度。目前，针对大宗淡水鱼做过相应药动学研究的国标渔药仅有最常用的 8 种，包括氟苯尼考粉、恩诺沙星粉、诺氟沙星粉、盐酸沙拉沙星可溶性粉、复方磺胺二甲嘧啶粉 I、II 型、复方磺胺甲噁唑粉、复方甲苯咪唑粉、甲苯咪唑溶液等渔药，其余大部分国标渔药对大宗淡水鱼的研究均为空白。6种常用的非国际、传统的渔药，仅有土霉素1种曾对草鱼、鲫做过相应的药动学研究，因而药物治疗存在着极大的盲目性，无法针对这些渔药制定相应的大宗淡水鱼的休药期，不仅不能有效地控制大宗淡水鱼的疾病，而且还会对大宗淡水鱼的产品质量造成安全隐患。为了弥补部分渔药对大宗淡水鱼安全使用技术研究的不足，国内也广泛开展了渔药在大宗淡水鱼体内的药代动力学研究。秦改晓等（2012）对阿维菌素在草鱼体内的药代动力学研究的结果表明，在（26.0±1.0）℃的水温条件下，阿维菌素单剂量浸泡给药0.3mg/L，草鱼血浆及肝脏、肾脏、肌肉等组织中阿维菌素在给药后24天未检出；阿维菌素单剂量口灌给药0.1mg/kg，草鱼血浆中阿维菌素在给药后14天未检出，肝脏、肾脏、肌肉等组织中阿维菌素在给药后25天未检出。考虑到临床应用情况的复杂性及理论值与实测值之间的差距，建议对草鱼单剂量（0.3mg/L）药浴阿维菌素后的休药期为24天，对草鱼单剂量（0.1mg/kg）口灌阿维菌素后的休药期为25天（秦改晓等，2012a、2012b）。彭章晓等（2012）研究了伊维菌素在鲫体内的药代动力学后指出，在25℃的水温条件下，以0.4mg/kg的给药剂量进行口灌和肌内注射给药，伊维菌素在鲫的性腺和肾脏中的蓄积作用很强，对鲫单剂量（0.4mg/kg）肌内注射伊维菌素后的休药期应不低于25天，对鲫单剂量（0.4mg/kg）口灌伊维菌素后的休药期应不低于15天，并建议在养殖过程中要根据水温、给药剂量等实际情况适当调整休药期。刘海侠等（2011）对氟苯尼考在鲫体内的药代动力学进行研究后发现，在（24±0.5）℃的水温条件下，以30mg/kg的给药剂量进行口灌和腹腔注射给药，氟苯尼考在口灌给药下，在鲫体内的消除速率要比腹腔注射给药慢。此外，栾鹏等（2012）对氟苯尼考及其代谢物氟苯尼考胺在鲤体内的代谢与残留规律进行了研究，结果表明，在（18±1）℃的水温条件下，间隔24h以15mg/kg体质量的给药剂量进行口灌给药，连续给药3次，氟苯尼考和氟苯尼考胺在肌肉中的残留浓度高于皮肤，并建议休药期不少于10天。阮记明等（2011）在两种水温条件下，对双氟沙星在异育银鲫体内的药代动力学进行了研究，结果表明，在16℃和25℃的水温条件下，以20mg/kg的给药剂量进行口灌给药，16℃时异育银鲫肝脏、肾脏和肌肉组织中双氟沙星的消除速率小于25℃时各对应组织的消除速率；在同种水温条件下，其组织中的消除速率由高到低依次为肝脏、肾脏、肌肉，并建议休药期不少于8天。章海鑫等人的试验指出，双氟沙星在患病异育银鲫体内的消除速率要明显慢于其在健康异育银鲫体内的消除速率（章海鑫等，2013）。因此，双氟沙星在异育银鲫养殖中使用时，要注意水温和鱼体的健康状况。邹荣婕等（2012）研究了乙酰甲喹在鲤肌肉组织中的残留消除规律，认为在（15±1）℃的水温条件下，以10mg/kg的给药剂量进行口灌给药，乙酰甲喹在鲤体内吸收良好，代谢快，体内残留少，肌肉中乙酰甲喹在给药后1.5h几乎检测不到。这些研究，不仅为大宗淡水鱼养殖用阿维菌素、伊维菌素、氟苯尼考、双氟沙星等渔药休药期的制定提供了坚实的理论依据，而且为大宗淡水鱼产品的质量安全提供了有力的保障。

（六）疫苗研制与应用技术发展现状

疫苗是指为了预防或控制传染病的发生和流行，用于人体或动物预防接种的一类生物制品。渔用疫苗在提高水生动物体特异性免疫水平的同时，亦能增强机体抗不良应激的能力，且符合环保无污染、水产食品无药物残留的概念，已成为当今世界水生动物疾病防治领域研究与开发的主流产品，并以其不可替代的优势，在今后的水产行业中具有极大的潜力。

根据疫苗的生产技术特点，渔用疫苗分为传统疫苗和新型疫苗两大类。传统疫苗包括灭活疫苗和减毒活疫苗。灭活疫苗具有安全性好、制备容易等优点，但是由于部分抗原成分被破坏，导致了灭活疫苗对有些病原的免疫效果不理想、免疫力持久性差等问题；减毒活疫苗采用弱毒株或人工减毒株制成，具有免疫效果好、免疫力比较坚强而持久的优点，但考虑到用于制备活疫苗的病原在环境中扩散和毒力回归的危险，各国在渔用活疫苗的使用上均持谨慎态度。新型疫苗是随着分子生物学和基因工程技术而发展起来的现代生物技术制造出的疫苗，具有代表性的疫苗种类，包括重组亚单位疫苗、DNA 疫苗、合成肽疫苗等。

1. 我国渔用疫苗研制概况　我国渔用疫苗的研究始于 20 世纪 60 年代末。1969年，中国水产科学研究院珠江水产研究所的科技人员，在原顺德县杏坛东村鱼苗场，采用发病草鱼的肝、脾、肾等器官，首次制备出草鱼出血病组织浆灭活疫苗（即土法疫苗），该疫苗取得了受试草鱼攻毒感染后成活率高达 93% 的效果，生产上使草鱼种的成活率由原来的 30% 左右提高到 80% 以上；草鱼烂鳃、肠炎、赤皮等细菌病组织浆灭活疫苗的研究工作也相继开展，这些研究成果不仅在一定程度上解除了草鱼常见病的危害，也拉开了我国渔用疫苗研制的序幕。

组织浆灭活疫苗具有制备技术简单且有一定的防治效果的特点，然而，考虑到病鱼材料来源和成分复杂、稳定性差、大面积应用受限制等因素，因此，疫苗制备的原料数量和质量无法保证，难以满足商品化渔用疫苗质量可控的要求。1986 年，通过草鱼肾细胞系（CIK）培养的草鱼出血病病毒灭活疫苗取得了较好的免疫效果，标志着我国渔用疫苗研制走上"质量可控"的轨道。经过浙江省淡水水产研究所、中国水产科学研究院长江水产研究所等单位联合攻关，所研制出的"草鱼出血病灭活疫苗"，于 1992 年获得我国第一个渔用疫苗国家新兽药证书。20 世纪 90 年代中期开始，水产动物免疫研究成为热点，渔用疫苗研究呈现"全面开花"的态势。在研制草鱼烂鳃病菌苗、草鱼肠炎菌苗、中华鳖嗜水气单胞菌灭活菌苗、海水鲈鱼鳗弧菌口服微胶囊疫苗等方面，已取得了较好的进展，从而进一步推动了我国渔用疫苗的研制进程。特别是针对严重危害淡水鱼类养殖的细菌性败血症，国内多家单位对其致病菌特性、致病机理、疫苗研制、综合防控等进行了联合攻关，其中，南京农业大学和浙江省淡水水产研究所共同研制的"淡水鱼嗜水气单胞菌败血症灭活疫苗"，于 2000 年获国家新兽药证书。

进入 21 世纪以来，随着分子生物学、基因工程技术等学科的飞速发展，分子技术为研究疫苗的结构及其免疫机制提供了强有力的工具，新型疫苗从此登上了疫病防治的舞台，为渔用疫苗学掀开了崭新的一页。同时，国家不断地加大科技投入力度，我国渔用疫苗研究取得了快速的发展。首先，多种类型的新型疫苗得到不断深入地研究，包括了全菌苗、灭活疫苗、活（弱毒）疫苗、亚单位疫苗、基因工程疫苗、菌蜕疫苗、DNA 疫苗等类型；其次，储备了一批海、淡水养殖鱼类的重大疫病疫苗中试产品，包括鲆鲽类鳗弧菌减毒活疫苗、大黄鱼溶藻弧菌灭活疫苗、石斑鱼哈维氏弧菌 OmpK 重组亚单位疫苗、海水鱼哈维氏弧菌—溶藻弧菌二联灭活疫苗、大菱鲆迟缓爱德华氏菌减毒活疫苗、淡水鱼细菌性败血症二联灭活疫苗、罗非鱼链球菌白油佐剂灭活疫苗、罗非鱼链球菌口服疫苗、海水鱼链球菌灭活疫苗等；同时，在新型疫苗和弱毒疫苗的研制上也取得突破，其中，第四军医大学等单位研制的"牙鲆鱼溶藻弧菌、鳗弧菌、迟缓爱德华菌病多联抗独特型抗体疫苗"于 2006 年获得国家新兽药证书，中国水产科学研究院珠江水产研究所研制的"草鱼出血病活疫苗（GCHV-892 株）"于 2010 年获得新兽药证书。此外，在大口黑鲈虹彩病毒细胞灭活疫苗、大鲵虹彩病毒细胞培养灭活疫苗、淡水鱼嗜水气单胞菌重组亚单位疫苗、迟缓爱德华氏菌蜕疫苗等方面构建了一批疫苗前体。

经过 40 多年的努力，我国渔用疫苗研制取得了长足进步。到 2012 年 12 月止，获得国家新兽药证书（均为Ⅰ类）的渔用疫苗有 4 种，分别是"草鱼出血病灭活疫苗"、"嗜水气单胞菌败血症灭活疫苗"、"牙鲆鱼溶藻弧菌、鳗弧菌、迟缓爱德华菌病多联抗独特型抗体疫苗"和"草鱼出血病活疫苗（GCHV-892 株）"。其中，"草鱼出血病活疫苗（GCHV-892 株）"和"嗜水气单胞菌败血症灭活疫苗"均获得了生产批准文号；另有"中华鳖嗜水气单胞菌灭活疫苗"、"大菱鲆迟缓爱德华菌病弱毒疫苗"获得了临床试验批件，并已进入临床试验阶段。

近年来，在国家 863 计划、973 计划、国家攻关计划、国家自然科学基金以及省部科技计划的资助下，疫苗研究涉及了病毒性疫苗、细菌性疫苗、寄生虫类疫苗等方面。总体而言，渔用疫苗的研究趋势与方向主要包括：

（1）针对疾病种类多样化的特点，多联多价疫苗成为疫苗产品开发的主流。细菌疫苗向多联多价的方向发展，减少了疫苗接种的次数，简化了接种程序，降低了成本。多联多价疫苗的开发，可以促进疫苗大规模地替代化学药物，来防治主要水产养殖疫病，从而减少了抗生素等化学药物的使用，也减轻了化学药物在水产品中的残留以及对养殖生态环境的污染。由此可见，多联多价疫苗对提高水产品的质量安全具有重要意义。

（2）操作便捷、实用的给予途径，成为疫苗的研究热点。浸泡与口服给予途径的水产疫苗成为疫苗研发的方向之一，此研究方向可以提高水产疫苗实用化程度，大规模地推广了水产疫苗应用，便于在更广的范围内解决水产养殖病害问题，进一步保障水产品的质量安全。

（3）高新技术广泛应用于水产疫苗的研究，研究水平从细胞水平向基因水平（分子水平）发展，如重组亚单位疫苗、基因减毒活疫苗、活载体疫苗等研究成为热点。高新技术的应用，一方面提高了疫苗的功效和实用化程度；另一方面，突破了传统疫苗的技术缺陷，解决了一些传统疫苗无法解决的疾病问题，成功地研制出有效的新型疫苗。新型疫苗的研制与应用，增加了疫苗防病的种类，降低了药物的滥用和错用的风险，提高了水产品的质量安全。

2. 我国渔用疫苗示范和产业化概况

（1）生产示范应用情况　我国现有多种渔用疫苗产品已在生产上进行了示范应用，取得了积极的保护效果，实践结果令人欣喜。①草鱼病组织浆灭活疫苗。自20世纪70年代以来，该疫苗在广东、广西、江西、湖南、福建、江苏等许多地区得到应用，成为70年代和80年代防治草鱼病的主要技术措施之一，在珠江三角洲地区已形成一支自发的"打鱼针"专业队伍，并沿用至今。②草鱼出血病细胞培养灭活疫苗。自80年代以来，该疫苗在广东、广西、福建、海南、湖北、湖南、四川、浙江、江苏等省示范应用或区域性试验，免疫保护率高达90%以上，这标志着我国最大的大宗养殖品种草鱼的主要疾病可获得人工免疫预防。③草鱼出血病活疫苗。在2006年农业部渔业局组织开展的草鱼免疫防治病害示范工作中，该疫苗使试验塘草鱼成活率平均在80%以上，平均成活率提高20%～40%，保护效果良好；每年示范面积近0.6万hm^2，免疫草鱼近4 500万尾，草鱼死亡率降低了约30%，挽回的经济损失约4 000万元。草鱼出血病活疫苗与草鱼烂鳃、赤皮、肠炎三联灭活疫苗的联用，扩展了免疫保护范围，并展现出替代部分高残留药物的潜力。④嗜水气单胞菌灭活疫苗。自90年代中期，该疫苗在浙江、江苏、湖北、河北等省示范及推广应用，使用对象包括鲫、鲢、鳊、鳙等，累计推广达0.33万hm^2以上，对鲫注射的有效率达90%以上。⑤鳜鱼病毒组织浆灭活疫苗。自1996年，在广东示范应用，累计接种该疫苗的苗种约45万尾，其存活率提高了5.6%～40%，累计有113个鱼苗场、约7万尾亲鱼受免疫，其子代鱼发病率降低5%～15%。⑥哈维氏弧菌—溶藻弧菌二联灭活疫苗和海水鱼细菌性疾病多联抗独特型抗体疫苗。这两种疫苗在我国广东、福建、海南等沿海地区海水鱼养殖中进行了示范应用及区域临床试验，累计应用面积达0.06万hm^2以上，提高成活率10%～40%。

（2）疫苗工业化生产设施的建设情况　目前，我国研发的渔用疫苗防病对象几乎涵盖了所有水产动物重大疫病，但是绝大部分仅限于实验室研究，其中一个重要原因就是药品生产质量管理规范标准（GMP）的渔用疫苗中试生产车间。根据我国兽用生物制品管理方面的规定，渔用疫苗的商品化生产除了获取新兽药证书外，产品的生产必须在GMP条件下完成。为了尽快实现渔用疫苗产业化，2003年8月国家立项资助了中国水产科学研究院珠江水产研究所，建设了符合GMP标准的水产动物疫苗中试基地。该基地共有病毒灭活疫苗、病毒活疫苗、细菌灭活疫苗、基因工程亚单位疫苗4条生产线，建设面积达3 927m^2，配备生产仪器设备266台（套）。2007年12月，

"水产动物疫苗中试基地"通过了国家兽用生物制品 GMP 验收，成为我国第一个符合法规要求的渔用疫苗中试生产车间，解决了我国渔用疫苗从实验室研究向产业化过渡的一大瓶颈。目前，该基地已与国内 20 余家研究单位、企业建立了合作关系，并与部分单位合作开展了渔用疫苗的中试工作，为渔用疫苗产业化应用的顺利开展铺路。此外，浙江省淡水水产研究所目前正在建设符合 GMP 要求的 2 条渔用疫苗生产线，也即将竣工验收。

（3）我国渔用疫苗产业化程度尚低的原因　目前，我国仅有 2 种渔用疫苗获得生产批文实现了产业化生产，与世界第一水产养殖大国的地位极不相称。我国渔用疫苗的产业化进程，受到了多方面原因的困扰：

①我国渔用疫苗研究基础和条件薄弱，对大多数疫病的流行病学研究不全面，病原的免疫原性分析不透彻，有的水生动物病毒无法分离和培养，难以开发出针对性强、效果好的疫苗。

②渔用疫苗的审批按兽用生物制品的相关法规，参照畜禽疫苗的标准，而水生动物免疫学研究基础相对薄弱，导致渔用疫苗产品申报难度很大。

③国家对渔用疫苗投入的科研经费不足，并缺少对渔用疫苗研制的长期稳定资助，许多科研项目完成后往往没有相关的经费资助疫苗的下游工作，即产业化相关的产品申报和推广，导致科研成果难以转化为现实生产力。

④大多数渔用疫苗以注射方式免疫接种，浸泡、口服等实用化免疫途径的一些关键技术尚未突破，缺少简便、高效的疫苗投递系统及给予途径，导致渔用疫苗实用化程度低，阻碍了水产疫苗的推广应用。

⑤我国水产养殖种类多、疾病类别多，而疫苗的特异性、专一性强，每种疫苗的使用范围较小，市场狭窄，导致疫苗开发成本高，影响了渔用疫苗的商品化进程。

⑥我国现有的一家一户的粗放型养殖模式不便于疫苗的推广应用，养殖技术水平落后，疫苗配套技术无法跟上，限制了疫苗的功效发挥。

3. 推进疫苗产业化应用的一些建议　未来渔用疫苗的研发将会向着"高效、实用、低价、多样"方向发展，应更多地采用新技术、新材料，如以基因组、蛋白质组为基础的高通量抗原筛选技术，以纳米材料、生物胶囊等佐剂材料为路径的投递载体技术等。浸泡和口服免疫接种方式的水产疫苗开发，将成为当前和今后国际渔用疫苗产业化开发的主要前沿领域。为此，特建议：

（1）强化"渔用疫苗学"的基础理论研究及疫苗研发平台的建设　加强主要疫病的病原分离与鉴定、流行病学分析、致病机理的研究，完善水产动物病原体功能基因组学研究平台、蛋白质组学研究平台、抗原蛋白筛选平台、水产动物疫苗免疫评价平台、水产动物疫苗成果转化平台，为渔用疫苗的研发奠定基础。

（2）强调疫苗高新技术的应用　加强基因减毒活疫苗、益生菌活载体疫苗以及多联多价疫苗的研究与开发，克服传统疫苗的技术弱点，解决一些疫病难以用常规灭活疫苗免疫预防的问题。

（3）加快评价渔用疫苗产品安全有效审批体系建设　由于水生生物终生生活在水中，其疫苗施用的有效性及安全性评价等方面具有其特殊性。所以，应当充分考虑我国现阶段渔用疫苗研究水平，采取相适应的渔用疫苗产品安全有效评价审批体系，并不断完善其体系的建设。

（4）加强技术培训，提升产业者素质　一些养殖者缺乏对疫苗的基本理解，期望疫苗能一针治百病，在使用疫苗时缺乏综合防治技术的运用，导致疫苗免疫保护功效的显示度低，影响渔用疫苗的推广应用。因此，应发挥科研机构、高校、技术推广部门的技术培训、技术咨询和技术服务作用，让养殖者充分地了解渔用疫苗的优越性。

（5）建立相关制度，完善法规保障措施　为了促进渔用疫苗产业化进程、实现水产养殖绿色防疫目标，提供法规保障是非常重要的。因此，建议建立疫苗补贴制度和苗种免疫制度、疫病报告制度和隔离制度、用药处方制度和用药可追溯制度等等。

（七）渔药产业整体发展情况

我国是最早使用渔药的国家。早在 2 400 多年前的春秋时代，范蠡在《养鱼经》中就有"多蓄菱苕水草"的记载，但在真正意义上，我国渔药生产起步于 20 世纪 80 年代末。随着养殖规模的不断扩大以及病害发生的日益严重，我国渔药产业逐步发展壮大，在生产和销售过程中不断去芜存精，是一个具有广阔发展前景的朝阳产业。

1. 渔药产业发展历程　我国渔药的实际使用始于 20 世纪 50 年代，首先是对大宗淡水养殖鱼类常见的寄生虫病、细菌性疾病、真菌性疾病和非寄生性疾病的药物进行了研究，主要是将一些简单的化学药品，如生石灰、硫酸铜、硫酸亚铁等作为渔药使用。直至 80 年代中后期，在我国"以养为主"的方针促进了水产养殖业高速发展的同时，水产动物病害也日趋严重，这个时期对草鱼出血病、肠炎病、烂鳃病等主要淡水养殖鱼类暴发性流行病防治的研究，带动了渔药基础理论研究的发展，渔药生产企业也应运而生。1988 年，我国第一个渔药厂落户山西运城，标志着我国渔药正式进入了产业化时代。由于水产养殖业发展规模的不断扩大，病害防治对渔药产品的需求日益增加，自 90 年代中期以来，全国各地的渔药企业也如雨后春笋般相继成立，主要生产与销售环境改良剂、消毒剂、抗微生物药、抗寄生虫药、代谢改善和保健药、生物制品、微生态制剂、中草药及其他（如麻醉剂等）等九大类渔药，至此，我国渔药产业进入了高速发展的繁荣期，渔药产业得到了较大的发展。目前，我国渔药企业已经初具规模，并呈发展趋势，生产的渔药制剂多达数百种。据不完全统计，全国已有一定规模的渔药生产企业 300 多家，专业生产渔药的 GMP 认证企业近 150 家，附带生产渔药的 GMP 认证兽药企业达 250 多家，主要分布在江苏、湖南、山西、浙江、北京等地，可生产 500 余种渔药品种。在这些渔药中，以产量估算，消毒剂约占 35%，抗菌药、中草药以及其他类渔药只占 20% 左右；以产值估算，消毒剂约占 30%，驱杀虫剂、水质（底质）改良剂约占 20%；总产值约 10 亿多元，年均产值增长率为 34.9%，显示出旺盛的发展势头。

2. 渔药产业的特点　我国渔药业由于起步晚，基础薄弱，虽然经过 20 多年的发展，但仍然存在一些比较落后的特点：①管理形式原始。我国大多数渔药生产企业起步较晚，一部分是兽药生产企业转化来的，因而缺乏渔药生产的管理经验；一部分是从原始家庭作坊发展起来的，生产管理具有直接性、简单性和原始性。②生产操作过程管理不到位。一些渔药生产企业的生产人员文化水平低，上岗前不进行理论学习和操作培训，生产操作规程不健全，生产过程无记录，出现问题无惧可查，工人流动性大，不能定岗定员，生产过程无专职质量监督员，产品质量难以控制。③质量管理落实不到位。目前，我国具有国家级、省部级的工程技术研发中心的渔药生产企业屈指可数，大多数渔药生产企业不具备可以从事研发的硬件、软件条件，缺少必要的化验药品，器材和仪器设备，难以对整个生产过程实施全方位的质量监控。④销售员队伍质量参差不齐。有些大型渔药生产企业的业务员文化水平已经达到了本科以上学历，这些业务员有文化、懂市场、熟行业、勤劳敬业；还有一些小型渔药生产企业的销售员队伍仍然存在亲戚队伍，同乡队伍和农民队伍，这种队伍文化素质水平一般在小学到高中这个层次，业务水平低、素质差、难管理。

但是，近年来渔药产业发展又呈现出几个新的特点：一是渔药生产企业开始从渔药生产领域向经销环节延伸，并随着市场的成熟，渔药的销售与技术服务相互搭配，成为当今渔药产业的一大特色；二是一些大型饲料企业开始涉足渔药行业，大型饲料企业经营实力强，经营范围宽，可以充分利用资金、人才、经营网络等优势实行综合经营；三是渔药生产企业与饲料企业之间的合作加强，目前，渔药企业和饲料企业合作趋势日益明显，或可改变渔药行业"小行业"格局；四是一些地方自发成立了"渔药协会"，对当地渔药经营者开展行业服务、行业自律、行业协调、建立行业标准、处理行业纠纷和规范渔药市场起到了一定的作用（张忙友等，2010）；五是销售与售后服务相协调，良好的售后服务，能起到为企业维护客户资源的重要作用。大多数渔药企业每年都在进行人才招聘、人才培训和人才筛选，建立由专业技术人员组成的售后服务队，及时总结出疾病的套餐治疗方法，找出产品的闪光点和卖点，必要时可以池塘示范，对疑难病进行现场治疗。同时，采取灵活多样的售后服务方式，如企业导报、药品守则、技术挂图、咨询热线、广告宣传、网站远程诊断和零距离专家服务等。

3. 渔药市场销售运行模式　渔药市场仍然存在激烈的竞争，主要是传统渔药的销售市场，使得传统渔药的差价越来越少。因此，大型渔药生产企业加大了新型高端产品的研发力度，如最新投入市场的微生物胶囊、微生物冻干粉、酶制剂等新型绿色环保产品，这些新型产品疗效显著，技术水平高，利润大，具有非常好的发展势头与市场空间。同时，建立合同销售制度，灵活采取饥饿销售、提成销售、返点销售和会议促销等销售方式，采取"网—链—锁销售模式"，走良性循环的道路。目前，渔药销售环节主要有生产企业控制的直营店或加盟销售店、生产企业直接向养殖户供货与传统的各级销售商渠道等形式。例如，湖南省渔药市场主要集中在洞庭湖区，比较常用的销售形式包括：一是大中批发商向各零售商供货，常德市有 7～10 家这种批发商；二是生产企业销售网络下沉，将网点直接布局在县、乡镇；三是渔药生产企业开设了配备有技术员、售货员、配送员的直营店或加盟销售店，推出"水产医院"式服务，服务内容包括鱼病诊断、技术指导等。北京渔经生物技术有限公司通过调整销售政策，减少不必要的销售环节，撤销了中间批发商，直接向养殖户供货，并全部实行现款销，销售业务员专为业务经理，直接到塘口为渔民服务。此外，电子商务等新兴营销手段也开始受到越来越多渔药厂商的关注。目前，比较著名的渔业电子商务网站有中国渔药信息网、中国渔业网和中国渔网等（陈洁等，2011）。

4. 渔药的监管体制　《中华人民共和国兽药管理条例》（2004 年 11 月实施）第七十四条规定，"水产养殖用药、兽药残留的检测和监督管理以及水产养殖过程中违法用药的行政处罚，由县及以上人民政府渔业主管部门及其所属的渔政监督管理机构负责"；第四十四条规定，"县级以上人民政府兽医行政部门行使兽医监督管理权"。这意味着，渔药的监管环节由兽医行政部门主管，渔药的使用由渔业主管部门主管。这种渔药管理模式存在着较多不连贯的地方，具体体现在：①渔药不同于兽药，在一定程度上与兽药有较大的区别，不能用管理兽药的模式和方法去管理渔药；②目前我国大部分兽医行政部门的领导和相应的科技人员，均对水产动物疾病和渔药的特点以及规律缺乏较深入的了解，这样在管理上就会造成某些不方便或出现一些差错，如不了解水产动物疾病的防控特点是针对养殖群体而不是个体的规律，就会在渔药制剂的设计、生产、销售与使用上出现较大的差错；③渔药使用管理的行政机构不了解渔药生产与销售的情况，即使采取非常严格的管理措施，也可能因为渔药本身的问题，如生产者在渔药的主药中添加了一些其他的成分，销售者出售了一些以非药品标注的药品，出现较大的问题；反过来，如果管理渔药生产与销售的行政机构不考虑渔药的使用，即使管理程序合法，但也不一定能得到较好的效果。如某些用于大宗淡水鱼的外用渔药片剂，它可减缓渔药向外释放的过程，是剂型的一种较大的变革，有益于渔药的使用。但如果在渔药批号申报时，严格地要求弄清楚其缓释、扩散的规律（实际上弄清楚也不会对生产的指导提供更多的帮助），就会贻误批号的批准过程，反而会阻碍鱼病防治的生产实践。

此外，这种多头管理的形式在我国渔药的管理上存在着较多的盲点。如环丙沙星，目前只对水产养殖禁用，却允许在兽药上使用，渔民还是可以通过兽药店购买到该类药品；有些消毒剂，在水产养殖中实际是作为药物使用，由于将它们披上了"非药品"的外装，就可以堂而皇之地在渔药商店中出售；更有甚者，一些原料药，渔药店可以将其摆上柜台，原因是销售者对外声称其原料药是出售给饲料生产企业或其他小型的渔药厂，实际上，这些原料药大部分都流入到养殖生产者中，造成了药物的使用存在很大的安全隐患。渔药生产销售与使用管理的脱节，造成渔药滥用的几率达到30％以上，每年大宗淡水养殖鱼类因药物中毒死亡的事件可达数百起。据 2005 年华东地区不完全调查，因渔药本身原因所造成的死鱼案件就达 60 余起，所造成的直接经济损失达 1 000 万元以上。每一起关于鱼中毒死鱼的官司都会涉及渔药的生产者、销售者和养殖者三方，甚至是相应的管理者，而无不与对这三者的有效管理紧密相关。

关于渔药残留问题，我国已先后出现了一些较重大的事件：2001 年，浙江舟山冻虾仁氯霉素含量达 $0.2\mu g/kg$，因超过了欧盟底限值 $0.1\mu g/kg$，而被拒货和没收并就地销毁；2005 年，重庆查处到中华鳖被"孔雀石绿"浸过，导致"孔雀石绿"的残留，中国消费网（2005 年 07 月 12 日）称其为"苏丹红第二"的又一大食品安全事件；2006 年，更是水产品卫生安全的多事之秋：阳澄湖大闸蟹在台湾检出"硝基呋喃"，输日烤鳗被检出"恩诺沙星"，大菱鲆在上海被检出"呋喃类药物"和大陆鳜在香港被检出"孔雀石绿"等安全事件频发，更是掀起了水产品安全的汹涌波涛。由于大宗淡水鱼价格相应较低，出口量较少，大部分是以活鲜进入市场，还没有引起社会和媒体对药残的重视，但不能就此而盲目乐观。可能引起大宗淡水鱼产生安全的因素包括：①不遵守休药期有关规定，目前，我国使用的较多渔药均缺乏具体的休药期规定，在部分水产养殖业者中，休药期的意识还比较薄弱；②不正确使用渔药，在渔药使用时，用药剂量、给药途径、用药部位和用药动物的种类等方面不符合用药规定，会造成药物在体内的残留；③饲料加工、运送或使用过程中受到药物的污染，如果将盛过抗菌药物的容器用于贮藏饲料，或将盛过药物的容器没有充分清洗干净而使用，都会造成饲料加工或使用过程中药物的污染；④使用未经批准的药物，由于这些药物在水产动物体内的代谢情况缺乏研究，没有休药期的规定，如当作饲料添加剂来喂养水产动物，极易造成药物残留；⑤用药方法错误或未做用药记录；⑥上市前使用渔药，为了掩饰水产品上市前的临床症状，以获得较好的经济效益，上市前使用药物很可能造成水产动物中的药物残留；⑦养殖用水中含有药物，使用这种受污染的水，极易引起水产养殖动物的药物残留。2002 年，我国颁布了《无公害食品　水产品中渔药残留限量》（NY 5070—2002）的标准，规定了抗生素类、磺胺类、氟喹诺酮类、硝基呋喃类、硝基咪唑类、生长调节剂及激素、抗氧化剂以及其他（敌百虫、孔雀石绿、溴氰菊酯）等 7 类共 25 种化学药品的最高残留限量。显然有关渔药最高残留限量的规定，还远远不能满足大宗淡水鱼对药残控制的要求，从而导致了大宗淡水鱼产品质量的风险性。这一现象的主要成因是，我国对药残研究起步较晚，水平较低，对于较多的药物还缺乏相应的检测方法以及确定最高残留限量的科学依据。

二、国外发展现状与趋势

（一）国外病毒病防控技术发展现状及趋势

国外在水产养殖动物病毒性疾病的研究方面有着悠久的历史，建立了系统的研究技术体系，并取得了丰硕的成果。在大宗淡水鱼方面，国外对鲤春病毒血症、锦鲤疱疹病毒病等病毒性疾病开展了研究，研究工作主要集中在病原学、分子流行病学、感染机理、病毒基因组结构以及病原检测与疾病诊断等方面。

1. 鲤春病毒血症　近年来，国外对鲤春病毒血症的研究，主要集中在其流行病学和检测方法等方面。对捷克共和国 1995—2008 年期间收集的鱼样组织匀浆的细胞培养物，采用 ELISA 方法和逆转录半巢式 PCR，首次证实鲟和狗鱼的鲤春病毒血症病毒（SVCV）感染（Vicenova et al.，2011）；Padhi 等（2011）采用贝叶斯框架（bayesian framework）分析方法，确定了 SVCV 的核苷酸替代率、相对遗传变异和最近共同祖先时间，分析了 SVCV 的 P 和 G 基因的遗传变异规律；Grant 等（2011）证实超滤法是从大量淡水和海水中浓缩 SVCV 的有效的方法，可以应用于环境水样的分析；Gaafar 等（2011）比较了免疫染色、免疫荧光和透射电镜，对人工感染后鲤的病理变化的检测效率；Phelps 等（2012）采用细胞培养和 RT - PCR 方法，在美国明尼苏达州的野生鲤中首次检出 SVCV；Adamek 等（2012）发现，SVCV 能够诱导培养细胞 I 型干扰素通路中不同功能的基因的高水平应答；Saleh 等（2012）采用金纳米颗粒杂交直接检测病毒 RNA，该方法不需要预先扩增，且最低检测限是 0.3 $TCID_{50}$/ml（tissue culture infective dose，50% 组织细胞感染量）SVCV - RNA；Kim 等（2012）建议，在利用巢式 RT - PCR 技术检测 SVCV 时，使用一种嵌合阳性对照质粒，可以防止假阳性污染的出现。

2. 锦鲤疱疹病毒病　锦鲤疱疹病毒病是近些年全球范围内危害养殖鲤最为严重的病毒性疾病，其病原为鲤疱疹病毒 III 型（CyHV-3）。近年来，国外在该病的宿主种类、传播途径、流行病学、病毒的基因组结构、编码蛋白、致病机理、病毒检测等方面做了大量工作。

在锦鲤疱疹病毒敏感宿主方面，锦鲤的杂交品系对病毒易感，并且可导致疾病发生（Bergmann et al.，2010a）；捷克养殖的 10 多个鲤品系，对 KHV 都不同程度地易感（Piackova et al.，2013）。在传播途径方面，金鱼易感但不发病，病毒能够从带毒金鱼传给共养的鲤（Bergmann et al.，2010c；El-Matbouli et al.，2011）；发病池塘中，浮游生物如轮虫的数量与病毒拷贝数呈显著正相关（Minamoto et al.，2011），沉积物中可检出病毒 DNA（Honjo et al.，2012），并可在发病池塘的野生鱼类检出极低的病毒载量（Fabian et al.，2013），而且有研究显示混养鱼类是病毒携带者（Kempter et al.，2012；Radosavljevic et al.，2012），可传染鲤，但发病池塘的河蚌、钩虾等软体动物中没有检出病毒（Kielpinski et al.，2010）。

在流行病学方面，捷克首次暴发锦鲤疱疹病毒病（Novotny et al.，2010）；菲律宾从没收的非法进口锦鲤中检出该病病毒（Somga et al.，2010）；加拿大在病死的野生鲤鱼中检出欧洲株系锦鲤疱疹病毒（Garver et al.，2010）；而在奥地利流行的该病病毒则是亚洲株系（Marek et al.，2010）；在日本监测了环境水体中的病毒载量（Honjo et al.，2010）；韩国锦鲤亲鱼中检出病毒（Gomez et al.，2011）；爱尔兰首次检出锦鲤疱疹病毒（McCleary et al.，2011）；印度尼西亚首次检出亚洲株系锦鲤疱疹病毒（Sunarto et al.，2011）；斯洛文尼亚首次报道检出欧洲株系锦鲤疱疹病毒（Toplak et al.，2011）；印度尼西亚部分地区病毒毒株特征分析表明，大多数病毒属于亚洲株系（Avarre et al.，2012）；美国专家证实，在美国五大湖中的鲤体内存在锦鲤疱疹病毒的中等或低强度感染状况（Cornwell et al.，2012）；韩国从1998年收集的鲤石蜡包埋的组织中原位杂交检出病毒（Lee et al.，2012）；2008年日本所有A类河流中90%的河流检出锦鲤疱疹病毒DNA（Minamoto et al.，2012）；调查美国俄勒冈州病毒的潜伏感染状况，发现锦鲤和少数野生鲤是亚洲株系，大多数野生鲤是欧洲株系（Xu et al.，2013）。

在病毒检测方面，比较了各种单轮和巢式PCR检测患病鱼样本中病毒DNA的灵敏度（Pokorova et al.，2010；Bergmann et al.，2010b）；建立了LAMP扩增后胶体金试纸条（Soliman et al.，2010）和荧光定量PCR的检测方法（Eide et al.，2011b）；针对病毒的DNA多聚酶和解旋酶基因PCR扩增后，用DNA芯片杂交同时检测3种鲤疱疹病毒（Lievens et al.，2011）；可以通过细胞培养技术从低温（≤-30℃）保存的患病鱼脑、鳃、肾组织有效地分离到病毒（Yuasa et al.，2012a）；用于提取核酸的患病鱼组织材料，保存于96%乙醇中的效果优于保存于80%乙醇和异丙醇中的效果（Borzym et al.，2012）；比较了PCR、细胞培养和特异性抗体检测的诊断效率（Matras et al.，2012）；比较了核酸抽提方法、引物、DNA多聚酶对PCR检测病毒灵敏度的影响（Meyer et al.，2012）；针对跨病毒末端酶基因外显子设计1对引物，RT-PCR特异检测复制中的病毒（Yuasa et al.，2012b）；此外，还制备了病毒ORF68蛋白的单抗（Aoki et al.，2011）。

在致病机理方面，核苷酸代谢酶类缺失的突变株，可以显著降低病毒的感染性（Fuchs et al.，2011）；在锦鲤白细胞中检出病毒DNA，而未检测到感染性病毒，但是温度应激后能够产生感染性病毒，证实病毒能够潜伏感染（Eide et al.，2011a）；拉网作业能够激活潜伏感染的病毒（Bergmann et al.，2011）；利用体内生物发光成像技术研究表明，鲤皮肤黏液作为先天免疫屏障可以抑制病毒的入侵（Raj et al.，2011）；鲤投喂感染性食物后，病毒可以从咽部牙齿周围的黏膜侵入组织继而引起感染（Fournier et al.，2012）；病毒在30℃温度条件下感染培养细胞物可导致病毒流产感染，病毒基因的表达下调（Ilouze et al.，2012b）；此外，病毒的感染可以破坏鲤的皮肤屏障（Adamek et al.，2013）。

在病毒的基因组结构方面，利用多位点串联重复序列可变数可以分析病毒的遗传变异（Avarre et al.，2011）；病毒全部的156个注释开放阅读框（ORF）主要分为IE、E和L三类，同类ORF在基因组中成簇分布（Ilouze et al.，2012a）；Han等（2013）比较了美国、以色列、日本和韩国分离株3个囊膜糖蛋白基因（ORF25，65和116）后，表明韩国分离株与其他分离株之间均存在较大差异。

在病毒的编码蛋白方面，病毒的成熟颗粒含有40种蛋白（Michel Han，2010）；病毒编码表达功能性的锦鲤疱疹病毒（KHV）白细胞介素-10（IL-10）（Sunarto et al.，2012）；感染的鲤组织经抗体筛选、聚丙烯酰胺凝胶电泳（PAGE）和电喷雾-质谱（ESI - MS）分析，鉴定出 5 种病毒蛋白和涉及病毒复制的 78 种鲤鱼蛋白（Gotesman et al.，2013）。

3. 鲫造血器官坏死症　鲫造血器官坏死症的病毒病原最早在观赏金鱼中发现，为"金鱼造血器官坏死病病毒（goldfish hematopoietic necrosis virus，GFHNV）"，引起的疾病为"金鱼疱疹病毒性造血器官坏死症（goldfish hematopoietic necrosis）"。该病原是一种感染金鱼的高致病性病毒，因其是第二个分离自鲤科鱼类的疱疹病毒，国际病毒系统分类与命名委员会将其为鲤疱疹病毒Ⅱ型（cyprinid herpesvirus 2，Cy-HV - 2）。由于该病是在养殖鲫中新出现的疾病，国外对于鲫造血器官坏死症的研究，主要集中在病原学和流行病学方面。2011 年，匈牙利研究者首次报道病死鲫中检出的 CyHV - 2（Doszpoly et al.，2011），随后捷克鲫暴发此病（Danek et al.，2012），最近意大利采用巢式 PCR 在病死的鲫中检出该病毒（Fichi et al.，2013）。

（二）国外细菌病防控技术发展现状及趋势

由于国外水产养殖品种和养殖环境的差异，细菌病病原种类不尽相同。但是，隶属于气单胞菌属的细菌，特别是嗜水气单胞菌仍然是世界水产养殖非常重要的细菌性病原。嗜水气单胞菌的研究内容广泛，涉及其致病性因子、疫苗和防治药物等方面。Suarez et al.（2010a、b）研究嗜水气单胞菌分泌类系统 6 型的效应因子 Hcp 对宿主免疫细胞调节作用，和 VgrG1 对宿主细胞的毒性。LaPatra 等（2010）利用嗜水气单胞菌裂解液注射虹鳟后，起到了免疫保护作用。Nya & Austin（2010）研究发现，嗜水气单胞菌脂膜裂解液对虹鳟有很好的免疫刺激作用和抗嗜水气单胞菌感染。国内中草药被广泛应用于防治细菌性鱼病，近年来，天然草药物也逐渐被国外鱼病学家所重视。Harikrishnan 等（2010）研究了饲料中添加中草药对鲫嗜水气单胞菌的防治作用，以及对鱼体血液和非特异性免疫力的影响。Christian 等（2010）对嗜水气单胞菌分泌的 C4 - HSL 分子对菌群感应系统 AhyRI 间的分子作用机制开展了系统研究。细菌群感效应（quorum sensing，QS），是一种细菌种间和种内信息交流调控机制。细菌能够分泌特定的信号分子并感应他的浓度，当信号分子浓度达到阈值时，细菌就能够引发包括致病基因在内的相关基因的表达以适应环境的变化。由于生物膜的形成是病原菌致病性和其他要求一定细胞密度才能产生功能的基础，所以细菌群感效应的发现，为防止病原菌的危害提供了一种新思路。

（三）国外寄生虫病防控技术发展现状及趋势

1. 寄生虫病的诊断技术

（1）寄生虫病原的形态学诊断　在国外，寄生虫病原的诊断也是以形态学诊断为主。Hine 等（2009）研究了感染智利牡蛎的杀蛎包拉米虫（*Bonamia exitiosa*）的超微结构，利用形态、组织病理和分子方法鉴定了感染牡蛎的 2 种包拉米虫

（*B. ostreae* 和 *B. exitiosa*）（Tiscar et al.，2010）；Azevedo 等（2011）描述了一种单极虫（*Thelohanellus rhabdalestus*）的光镜和电镜形态特征，Khoo 等（2010）研究了一种黏孢子虫（*Myxobolus neurophilus*）的形态、组织病理和分子特征；Luque & Cepeda（2010）发现感染 1 种鲇形目鱼类寄生指环虫的 3 个新种，并对这些新种进行了形态描述；Bi & Janovy Jr（2011）发现，同一种指环虫的形态学参数在时间和空间上会出现较大的差异。

（2）寄生虫病原的分子诊断　寄生虫病以预防为主，这需要有灵敏的早期诊断技术，实时定量 PCR（RT - PCR）技术的成熟，为一些微小寄生虫的分子检测提供了技术支撑，关于这方面的研究屡见报道。Smith 等（2009）用 PCR 技术扩增核糖体小亚基（SSU）rRNA 基因，来鉴定纤毛虫的感染；Yokoyama 等（2010）用该技术，鉴定了感染黄狮鱼脊髓的 1 种黏孢子虫。在实时定量 PCR 技术方面，Collins 等（2010）通过扩增 rDNA 的内转录间隔区（ITS）序列，可以较快地鉴定了三代虫种类；该技术能检测到水体中 1 个放射孢子虫（Hallett & Bartholomew，2009）；Jorgensen 等（2011）用探针实时定量 PCR 技术，检测到 1 种黏孢子虫在养殖的大西洋鲑中的感染高于野生的；使用该技术扩增 18S rRNA 基因序列，可定量检测到蟹鳃、心脏和肝脏的血卵涡鞭虫（Pitula et al.，2009），以及检测水体中 1 种尾孢虫（Wise et al.，2009）。

另外，环介导等温扩增技术（LAMP）也有相关的报道。Igarashi 等（2007）比较评价了 PCR、LAMP 和体外培养 3 种方法，对检测梨形虫的敏感性；Sakai 等（2009）利用该技术，检测到细胞内寄生的孢子虫；Lucchi 等（2010）运用实时荧光 LAMP，检测到疟原虫的感染。

2. 寄生虫病的生态防控技术　由于国外十分重视食品安全和环境问题，采用了生态防控作为寄生虫病的主要防治手段，因为寄生虫的生活史和生态学研究是其研究重点。Sitja-Bobadilla 等（2010）发现了 1 种黏孢子虫的水平传播途径；Szekely 等（2009）研究了圆形碘泡虫完整的生活史；Hirazawa 等（2010）研究了水温对本尼登虫的感染、寄生虫生长、产卵和孵化的影响以及组织病理学；在寄生虫感染与环境关系的研究方面，研究发现镉污染可增加寡毛类中间宿主对脑黏体虫的易感性（El - Matbouli & Shirakashi，2010）；通过体外培养，发现了 1 种旋核鞭毛虫具有较高的繁殖速度（Millet et al.，2011）；寄生虫的寄生会引起宿主领域行为的降低，从而增加寄生虫的传播（Mikheev et al.，2010）。Petric 等（2011）研究显示鱼类的食性也影响着寄生虫感染，寄生虫种类与感染数量与鱼类的食物组成密切相关，并且宿主鱼类的个体发育（个体大小差异）与寄生虫群落间的相似性呈衰退关系（Poulin et al.，2010），此外，鱼类的营养水平（食性）也能够显著地影响寄生虫群落结构（Timi et al.，2011）。在寄生虫种群动态研究中，Domingos 等（2010）研究了鳗鲡寄生鳗居线虫的流行病学和病理学；Hogasen 等（2009）通过研究河流中自由生活的大西洋鲑三代虫的数量及在河流之间的扩散模式，评估了该寄生虫病传播的风险性；Knipes & Janovy（2009）研究了黑头呆鱼鳃部指环虫种群的季节动态，以及种群、群落结构与环境变化的关系；Luque & Carvalho（2009）研究了贝尼登虫的季节发生规律；Munoz & Randhawa（2011）研究了 1 种潮间带鱼类寄生虫群落的季节变化模式；Urabe 等（2010）调查了香鱼体内 1 种复殖吸虫的季节动态规律，并推测了其生活史。在对引进鱼类的寄生虫研究中，Ondrackova 等（2009）研究了引进鱼类与本地鱼类寄生虫群落的关系；Torres 等（2010）调查了几种鲑鳟鱼类在集约化养殖条件下的体内寄生虫感染情况；在鲑鳟鱼养殖场的调查中，发现 2 种寄生眼部的吸虫的感染水平显著高于宿主产地的感染水平（Voutilainen et al.，2009）；引进鱼类在本地具有更高的寄生虫物种丰富度和丰度，并且对本地鱼类生长有更大的影响（Roche et al.，2010）。

3. 寄生虫病的药物防控技术 国外对寄生虫的药物防治，主要集中在单殖吸虫病方面。Santamarina 等（1991）比较了 13 种杀虫药物对三代虫的体外和体内杀灭效果；Cable 等（2009）总结了鱼类三代虫的化学治疗方法；Glover 等（2010）研究了甲氨基阿维菌素在大西洋鲑体内的药物代谢动力学；Hirazawa 等（2009）比较了口服 5 种抗生素和淡水浸泡对海水寄生虫贝尼登虫的防治效果。在其他寄生虫病防治也有一些报道，比如，研究发现过乙酸对多子小瓜虫掠食体和包囊期虫体有较好的杀灭效果（Meinelt et al.，2009）；Saksida 等（2010）研究了甲氨基阿维菌素对海鲺的杀灭效果，抗菌肽和杀虫药物有协同作用，可以增加杀虫效果（Noga & Zahran，2010）。

4. 寄生虫病的免疫防控技术 寄生虫疫苗还处在实验室研究阶段，免疫防治的研究仍集中于基础研究。Rodriguez-Tovar 等（2011）综述了国际上鱼类孢子虫的免疫反应、免疫调节和疫苗研制情况；Andrews 等（2010）研究了宿主鱼类对桡足类感染的免疫反应；Hirazawa 等（2011）发现杜氏鰤对本尼登虫的感染有较强的免疫反应，可产生获得性保护；Ribeiro 等（2011）报道了硬骨鱼类 1 种新的可溶性免疫受体的结构和功能，并认为该受体在限制原生动物寄生虫感染方面起重要作用。

（四）国外渔药研制与应用技术发展现状及趋势

鱼病的研究及其防治药物的开发与应用，在国外发达国家受到高度重视。在欧美等发达国家，动物用药与人用药的经营主体往往是一体的，研发的主体一般是制药企业。例如，美国先灵葆雅、建明、阿克苏诺贝尔等国际知名动物保健品生产企业，推出了"艾弗罗"、"雅可酸"等在全球享有盛名的渔药。尤其近年来动物保健品行业发展迅猛。例如，美国碧沃丰、柏奥等国际知名动物保健品生产企业推出了"BZT^R 微生物菌剂"、"AQ 微生物菌剂"等具有国际先进水平的水产动物保健品。在严格防止抗生素滥用的今天，动物保健品在水产养殖中的应用日益广泛，无论学术界、国家产业行政部门，都十分重视微生态科学技术的发展。目前，日本和欧盟等国大多采取先进的液体深层发酵工艺和自动化控制，且在发酵后处理方面采用喷雾干燥、低温真空干燥和微囊包被等多种菌体稳定保护技术，不仅活菌数高，且产品性能稳定、货架期长（杨欣等，2011）。这些成熟稳定的水产动物保健品的生产工艺，为动物保健品的研制与应用展现出良好的发展前景。

国外发达国家严格限制水产养殖药物的生产。例如，美国仅批准了 6 种药品为水产养殖用药，其中，抗生素 2 种、麻醉剂 2 种、驱虫剂和催产剂各 1 种；加拿大允许使用的水产养殖用药也只有 10 种左右，而且大部分只能针对鲑科鱼类；日本允许使用的渔药相对较多，其《水产养殖用药第 22 号通报》（2009 年 2 月 25 日）规定允许使用的渔药有 48 种，其中疫苗有 10 种，但《通报》严格限制了该 48 种渔药的使用对象，大部分渔药只被允许使用在 1～2 种养殖对象上，如聚维酮碘只限于对鲑科鱼类的鱼卵消毒。因此，极少有公司会考虑投资渔用化学制剂。此外，国外发达国家也严格把关水产养殖药物的审批与应用。例如，美国在渔用药品注册之前，规定必须对渔药的有效性及其对环境、养殖动物和人类的安全性等相关内容进行如下审定：①药物对人类安全性的各项指标；②药物作用于病原体的有效性；③药物作用于所有非病原生物的各种毒性；④药物对环境造成的影响；⑤运用药代动力学建立的有关渔药的残留量及渔药在体内的半衰期；⑥审批制度和药物残留检测。在渔药批准后，还规定渔药必须严格遵守联邦政府和州的法令法规、条例和指南等相关管理规定，对水产品抽查检测了 221 类农药、抗生素、兴奋剂类的残留情况。其中，水产品中禁用的种类有 10 种，主要是氯霉素、呋喃西林、呋喃唑酮、磺胺类药、二甲硝基咪唑、其他硝基咪唑类等（谷瑞敏等，2007）以及高锰酸钾、福尔马林、硫酸铜等消毒剂。挪威对渔药使用的监管也非常严格。渔药的使用必须通过科学委员会毒力的风险评估，而且渔药实行定点生产销售和凭兽医处方购买使用，并建立了完善的质量追溯和质量信息披露制度，渔药处方、使用情况和残留检测等必须向社会公开（张新民等，2008）。日本对渔药使用的安全也高度重视。日本对水产品中的氯霉素、孔雀石绿等渔药残留都规定了严格的最高限量、"暂定标准"或直接禁用，无"暂定标准"的药物残留一律不得超过 0.01mg/kg（陈洁等，2011）。由此看出，国外的渔药使用必须遵守相关规定，严格限制药物的使用对象、用法、用量、休药期等，而且也具体规定了每个鱼种按其不同疾病所使用的标准。毫无疑问，随着渔药药理学与药效学研究的不断深入，国外发达国家对渔药的使用将越来越严格，以充分保证水产品的质量安全。

（五）国外疫苗研制与应用技术发展现状及趋势

早在 1942 年，Duff 首次将灭活的杀鲑气单胞菌口服免疫应用于硬头鳟获得成功，从而开创了渔用疫苗的新纪元。此后，国外在渔用疫苗研究领域十分活跃，1975年，美国疫苗有限公司（AVL）获准生产商品性渔用疫苗，第一种获准生产的疫苗是肠型红嘴病（ERM）菌苗。不久以后，英国、法国、加拿大、日本、丹麦等国家都陆续开始了渔用疫苗产品的研制和生产，弧菌疫苗、链球菌疫苗、虹彩病毒疫苗等一批渔用疫苗相继问世，也孕育出众多从事渔用疫苗开发的跨国公司，如 Pharmaq、

Aqua Health、Intervet、Novartis、Bayotek 等。

自 20 世纪 70 年代美国商业开发成功了首个渔用疫苗以来，渔用疫苗为全球的水产养殖病害防治提供了有力手段，取得了显著的经济和社会效益，也致使抗生素病害控制的应用在欧美等水产养殖发达国家和地区迅速减少和禁用。例如，在 80 年代，作为世界上三文鱼养殖大国和强国的挪威，每年使用近 50t 抗生素却无法有效地控制病害；90 年代开始广泛采用接种疫苗的病害免疫防治措施，产量呈现稳步快速的增长；至 2009 年，其鲑鱼产量已超过 100 万 t，并且基本停止使用抗生素。

目前，全世界各地获得许可的渔用疫苗超过 100 种，批准上市的达 30 余种。渔用疫苗的商品化市场主要在北欧、加拿大、美国和智利的鲑鳟鱼养殖业，以及日本的海水鱼类养殖业。其中，至 2011 年，日本已获批使用的渔用疫苗共 12 个品种、22 种制剂，分别为：①香鱼弧菌病灭活疫苗；②鲑科鱼类弧菌病灭活疫苗；③鰤属鱼类 α-溶血性链球菌病灭活疫苗；④五条鰤弧菌病和虹彩病毒病二联灭活疫苗；⑤牙鲆 β-溶血性链球菌灭活疫苗；⑥虹彩病毒病灭活疫苗；⑦鰤属鱼类 α-溶血性链球菌病和弧菌病二联灭活疫苗；⑧鰤属鱼类虹彩病毒病和 α-溶血性链球菌病二联灭活疫苗；⑨添加油性佐剂的五条鰤 α-溶血性链球菌病和类结节症二联灭活疫苗；⑩鰤属鱼类虹彩病毒病、弧菌病和 α-溶血性链球菌病三联灭活疫苗；⑪五条鰤类结节症、α-溶血性链球菌病和 j-0-3 型弧菌病三联疫苗；⑫红甘鲹 α-溶血性链球菌病、j-0-型弧菌病和停乳链球菌病三联疫苗。

在国际上已获准上市的商品化渔用疫苗中，在细菌性疾病的相关疫苗方面，全菌灭活疫苗的种类最多，如鳗弧菌灭活疫苗、杀鲑弧菌灭活疫苗、鲁氏耶尔森菌灭活疫苗、杀鲑气单胞菌灭活疫苗、海豚链球菌灭活疫苗等。简单的全菌灭活疫苗对很多细菌性疾病可取得很好的保护效果，然而对某些病原菌，全菌灭活疫苗却难以起到保护作用。因此，减毒活疫苗就成为了解决这一难题的方法之一。比如，1999 年，鮰爱德华菌活减毒疫苗在美国获准上市，在采用了浸泡方式对孵化后 7~10 天的斑点叉尾鮰鱼苗进行免疫之后，取得了较好的保护效果；2003 年，预防鲑鳟鱼的细菌性肾病的减毒活疫苗在北美和智利获得批准；2005 年，柱状黄杆菌的减毒活疫苗在美国也获准上市。在病毒性疾病的相关疫苗方面，虽然世界上第一个病毒病疫苗是捷克斯洛伐克生产的鲤春病毒血症二价灭活疫苗（1982），但多数病毒疫苗应用在鲑鳟类养殖中，如传染性胰脏坏死（IPN）的灭活疫苗和重组亚单位疫苗、胰脏病（PD）的灭活疫苗、鲑传染性贫血（ISA）的重组亚单位疫苗、传染性造血器官坏死（IHN）的 DNA 疫苗等。虽然，病毒减毒活疫苗效果显著，但基于环境安全考虑，因此妨碍了其商业化应用。目前，仅有锦鲤疱疹病毒活疫苗（2012）获得生产许可。在寄生虫病的相关疫苗方面，虽然在鳃变形虫、小瓜虫、刺激隐核虫、海虱、本尼登虫等寄生虫病方面开展了一些疫苗研究工作，但离实际应用还有一定差距，目前尚无商品化疫苗在生产中应用。

(六) 国外渔药产业整体发展情况

国外发达国家的渔药产业已经迈入成熟期。首先，与我国渔药市场的"厂、批、零"的主流销售模式不同，国外发达国家的渔药的市场销售，必须接受国家相关部门的严格管理。例如，在挪威，渔药实行定点生产销售和凭兽医处方购买使用。从事水产养殖销售，必须要有渔业局颁发的养殖许可证。其次，与我国对渔药多个部门同时管理的情况不同，国外各管理部门对渔药审批与监管职能非常明确。例如，美国对渔药的审批至使用、使用后处理等每个环节都做了相关规定。在美国，渔药必须由食品与药品管理局（FDA）依照联邦食品药品与化妆品法案（FFDCA）进行审批，化学品或杀虫剂必须由美国环保局（EPA）审批，而且美国还颁布了《兽药用户付费法》，以保障新动物药品（包括渔药）审批程序的资金渠道和FDA兽药中心资源储备，保证了安全有效的产品更快地得以应用；对于商品化渔药，则按照《兽药修正案》进行法制化统一管理，并根据《兽药使用诊释法》进行处方药与非处方药分类管理，并通过《动物标签外用药法》规定了渔药安全水平确定的程序、残留分析方法等，以增强法律可操作性；水产养殖排放的杀虫剂和其他潜在污染物，由国家污染物排放清除系统（NPDES）来管理。日本是水产养殖较发达的国家，渔药主要由"农林水产省"管理，并每年对《水产养殖用药指南》进行修订与颁布。挪威主要养殖大西洋鲑，鱼病与渔药的管理主要是农业部兽医局负责。加拿大的渔药管理，则归于"兽药与健康局"。此外，国外发达国家对于渔药的滥用造成的水产品安全性监管也日益重视。例如，欧盟根据欧盟理事会条例成立了包括7个处室、编制为281人的欧洲药物评价局，全面负责动物药品（包括渔药）上市后的监督。俄罗斯水产品质量安全的检验、检疫管理部门包括：①俄罗斯标委商品检验局，负责品质检验与安全认证。俄罗斯标委通过简政放权，把对商品检验发证工作转给非商业性的、按商品不同类别成立的独立检验机构负责。俄罗斯标委只对其工作进行检查监督，不再负责具体事务性工作。②俄罗斯卫生防疫监督委员会，负责卫生检疫工作。③俄罗斯农业食品部兽医局，负责水产品检疫及发放兽检证书。挪威水产品质量安全的监控由食品安全局负责，食品安全局是挪威农业部、渔业部、卫生部三个部门的执法机关，负责起草执行有关食品安全的法律法规、执行风险检查、监控食品安全和动植物健康以及实施有关预案。日本的水产品监控，则由食品安全委员会、厚生劳动省和农林水产省共同实施。

总体来说，发达国家兽（渔）药发展已经比较成熟，监督机制日益完善，呈现出发展快、科学性强、产业链全程控制和监督体系完备的特点。

三、发展高效安全病害防控和现代渔药产业的必要性

随着水产养殖规模的不断扩大和集约化程度的逐年提高，我国水产养殖业的病害

也在全国各地呈上升趋势。据不完全统计，每年我国约 30％的水产养殖面积受到病害侵扰，约 70 种主要养殖品种中发生的病害近 200 种，水产养殖生产因病害造成的直接经济损失超过 140 亿元。病害危害的品种多、疾病种类多、发病面积大、发病时间长、流行广、控制难度大，已成为我国水产养殖病害的突出特点。水产动物病害的复杂性、多变性以及危害严重性，决定了我国渔业发展过程中必须建立相匹配的现代病害防控技术体系。鉴于药物防治仍然是我国现阶段不可或缺的保障渔业生产的主要技术手段，因而现代渔药产业的健康发展在病害防控体系中处于核心地位。目前，我国的水产养殖业正处于一个极为重要的战略转型期，即由传统养殖向集约化高密度养殖、产量增长型向质量效益性转变。我国是世界水产品主要生产国和消费国，同时也是出口大国，水产品质量安全至关重要。当前，我国养殖水产品中药物残留超标，仍是影响水产品质量安全的主要因素。高效安全病害防控体系的建立和发展现代渔药产业，为无公害养殖和水产品质量安全提供了不可缺少的技术保障。从支撑面向未来和可持续发展的现代淡水养殖产业的角度，发展高效安全的病害防控和现代渔药产业的必要性，具体体现在以下五个方面。

（一）保障水产品有效供给的必然选择

鱼类具有高蛋白、高营养和低糖、低盐、低脂肪等营养学特点，是典型的健康食品。目前，我国养殖水产品产量约 3 300 万 t，占全球水产养殖产品的 70％。从 1995 年起，我国水产品人均占有量就超过了世界平均水平。当前，在我国耕地日益减少、粮食供求关系存在失衡风险的形势下，占全球养殖产量 70％、供应我国优质动物蛋白食物 33％的水产养殖业，在保障供给、稳定市场、确保粮食安全、促进贸易发展等方面发挥了不可替代的重要作用。由于淡水鱼价格相对较低，淡水养殖产量的增加，对于保障广大城乡居民的蛋白质源食品供应具有更重要的意义。由此预计随着经济的发展、人口的增加，鱼类的消费需求将越来越大。但与此同时，目前检测到的水产养殖病害几乎涉及鱼类、甲壳类、贝类、鳖类等所有养殖品种和所有养殖水域。近几年，水产养殖病害有进一步蔓延的趋势，特别是新生疾病的不断发生，这些对养殖业健康发展构成重大威胁，也会直接影响水产品的有效供给。从粮食安全的角度来说，水产养殖业是解决我国 13 亿人口蛋白质供应的基础性产业。发展高效安全病害防控和现代渔药产业，不仅可以支撑水产养殖业的健康和可持续发展，也是保障水产品有效供给的必然要求。

水产养殖病害造成产量和效益严重受损的案例有很多。比如，1993 年中国对虾遭病毒病侵袭，造成大量死亡，产量急剧下降，产业发展受到重大打击。中国对虾最高年产量曾高达到 20 万 t，但 1993 年后一蹶不振，直到 2005 年后才恢复到 5 万 t 左右。自 2011 年起，一种疱疹病毒在我国鲫的主养区江苏盐城地区逐步流行，目前已扩散至全国。该病给当地养殖户造成了巨额损失，且有越演越烈之势。部分养殖户为避免损失，甚至计划改养其他鱼种。疱疹病对我国鲫产量的负面影响已经逐步显现，并引起了主管部门和科技界的广泛重视。一种疾病毁掉一个养殖品种，在水产界并不是危言耸听。针对每一种疾病部署科学合理的防控力量，并不是一件容易解决的事情。这其中涉及技术性的难度，但更多的是人员和硬件的配置，难以应付这么多的养殖品种和病害种类。因此，有所为有所不为、集中优势力量彻底解决区域性的带共性的病害问题，应该是管理部门面临严峻挑战的首要选择。

（二）保障水产品质量安全的内在要求

影响水产品质量安全的因素比较复杂，其中，不合理和不规范用药是最主要影响因子。养殖产品的药物残留直接影响到水产品的质量安全、消费者的身体健康和出口贸易。应该看到，药物特别是抗生素的使用量越来越多，已成为影响水产品质量安全的重大隐患。由于用于提高生长速度和养殖密度、治疗养殖疾病的药物和添加剂的不当使用，不但没有抑制疫病流行，反而导致环境与食物的污染，对人类食品安全构成威胁。这些年水产品质量安全水平有大幅提升，但质量事件仍时有发生，甚至"孔雀石绿"、"氯霉素"等违禁药物仍屡禁不绝。发展高效安全病害防控和现代渔药产业的主要标志，就是用疫苗或生态手段预防疾病的大范围暴发；在治疗上采取高效、安全、低残留的新型替代渔药；通过建立和完善职业兽医、乡村兽医和用药处方制度，从养殖终端杜绝制售禁用药物和制止在饲料中违法添加促生长剂及药物等违法行为。因此，水产品质量安全的保障，也取决于高效病害防控体系和现代渔药产业的有效支撑。

水产品中的药物残留和致病菌的耐药性增加问题，是与养殖业者滥用药物有关的。鱼病防治的原则，应该是"无病先防，有病早治，防重于治"。其中，诊断鱼病是预防和治疗鱼病的首要步骤，只有在确诊的基础上才能对症下药，取得治疗效果。用药时，也需要合理选用药物、药量及用药方法。长期以来，我国鱼病的诊断主要靠经验，缺乏生物医学手段，不能做到有的放矢；用药时不注意用法用量的情况非常普遍；甚至相当一部分养殖户仍然滥用抗生素药物来预防疾病。这类现象的发生与我国目前尚未建立高效病害防控体系，以及渔药产业仍然处于低水平有着密切相关。要实现健康养殖，鱼病的诊断和治疗必须有章可循、有"法"可依。长期以来，我国鱼病诊治专业人才匮乏，而近年国内高校培养了一大批水产养殖本科专业人才进入渔业领域，可望逐步形成养殖业可持续发展的人才保障。然而，水产动物医学专科人才的培养仍然是空白，鱼病诊治专业人才主要依靠对水产养殖本科人才的培养和继续教育。这仍然是制约我国建立高效病害防控体系和现代渔药产业主要问题之一。

（三）实现水产健康养殖的必要组成部分

2003 年，农业部发布的《水产养殖质量安全管理规定》中，首次界定了健康养殖的基本概念，即指通过采用投放无疫病苗种、投喂全价饲料及人为控制养殖环境条件等技术措施，使养殖生物保持最适宜生长和发育的状态，实现减少病害发生、提高产品质量的一种养殖方式。在推进健康养殖的实践中，其理念的内涵和外延不断丰富和发展，从技术层面升至整个产业层面，涵盖了基本制度、基础设施、产业体系、技术集成、示范引导和行业监管等诸多方面。其基本目标为：减少养殖病害、保障养殖生产和提高产品质量安全水平。建立高效病害防控体系和现代渔药产业，可以直接服务于健康养殖的三大目标，说明其本身就是健康养殖理念的内在需求。我国水产养殖业已从农村的副业成长为农村经济的支柱产业，虽然如此，但我国仍是水产养殖大国，还未成为水产养殖强国。推进健康养殖是一项长期而艰巨的工作，而建立高效病害防控体系和现代渔药产业，可以成为推进健康养殖一个重要抓手，为我国整体养殖水平的提升发挥保障和支撑作用。

养殖生产过程中的健康管理重点是，根据特定的养殖方式下养殖种类不同生长阶段和生产管理时期的特点，尽可能维持良好的养殖种类的生长环境，减少发生病害的可能性。这就要求在养殖过程中全程监控水体或鱼体中病原的发生及发展情况，并综合运用生态、免疫和药物等手段把病害抑制在可控水平，把损失降至最低。现代渔药产业的发展肯定不在于产量的扩大，相反是致力于研发环境友好型低毒低残留的高效水产专用药；不在于渔药种类的增加，相反是重在防患于未然，通过免疫或生态调控的模式，尽量不用或少用药来控制疾病的流行。养殖水域类型和养殖方式的不同，造成了水产养殖动物生态环境与生活习性的复杂关系，继而使得各种渔药在水产动物体内的药物动力学效应表现出很大的不同。因此，未来不同地域的施药模式和按鱼的种类施药，也应该成为现代病害防控技术必须发展的内容。

(四) 现代水产科技发展的必然趋势

新中国成立后，我国在淡水渔业领域已经建立了比较完整的教育、科研、推广机构等体系。特别是改革开放 30 余年来，伴随着我国经济实力的提升，国家在科技和教育方面的投入不断加大。我国已经在品种培育、疫病防控、饲料营养、质量安全、资源养护、节能减排、水产品加工和宜渔水域综合开发利用等关键环节，构建了跨学科、跨领域的科技创新平台，涌现了一批渔业科技领军人才，并取得了许多国际领先的实用科技成果。渔业科技创新的基础不断巩固和加强，成果转化不断加快，均展现出科技在渔业增收上的贡献率的显著增加。我国基本建成了水生动物防疫体系，该体系包括国家级、省级和重点县级水生动物防疫实验室，可以完成全国范围的水生动物疫病监控、水产苗种检疫等工作。全国性的水产技术推广机构，可以有效地组织水生动物疫病的防控预警预报和推广渔用药物安全使用技术。因此，我国已经具备了发展高效安全病害防控和现代渔药产业的物质和技术基础，现代水产科技发展必然会催生高效安全病害防控体系和现代渔药产业的建立。

水产业是一个传统产业，也是一个技术密集型产业。必须看到，水产也是一个容易出现食品风险的行业，渔业领域确保食品安全面临的形势仍然非常严峻。我国水产科技体系仍然面临多重困难，最主要的就是基础研究薄弱，自主创新能力不能满足行业发展的要求，发展后劲不足的问题日益显现。另外，在我国水产经营主体规模非常小且非常分散的情况下，基层推广机构没有发挥应有的公益性职能。基层技术推广队伍人员素质参差不齐，缺乏有效的激励和制约机制来督促科技人员深入生产第一线解决渔业生产实际问题。发展高效安全病害防控体系和现代渔药产业，既要着眼于科技创新，利用现代技术保生产和保安全，又要充分注重技术推广队伍的建立和有效运行，让技术能落地，能服务于广大养殖户和消费者。在政府倡导下，通过产学研推广各部门结合，现代水产科技的发展一定会带动我国养殖业继续科学的可持续发展。

（五）水产养殖产业国际化的必要基础

近年来，我国渔业发展布局不断优化，形成了出口水产品优势区，这些地区养殖水产品出口量和出口额不断上升，连续8年居我国大宗农产品出口首位。在市场引导下，我国水产品出口地区，主要包括以黄渤海和东南沿海出口水产品优势养殖区和长江中下游河蟹及小龙虾优势养殖区。近年来，西部及北方地区冷水鱼和特色水产品养殖也逐步形成区域规模。国际化的水产养殖业的一个显著特点是，较为完备的水产养殖标准化、规模化和产业化。它引领着我国局部地区水产养殖业，由数量扩张型转向质量效益增长型、粗放型生产转向集约化生产。其中，高效安全病害防控体系和现代渔药产业的支撑与保障地位的重要性尤其明显。随着国际水产品贸易技术壁垒不断加强，我国的一些水产品常常由于药残和重金属等技术指标超过欧盟等主要进口国的控制指标而被拒收、扣留和终止合同甚至封关。严峻的出口形势，急需我国加速建立按国际标准运作的高效安全病害防控体系和现代渔药产业。

多年来的实践证明，发展水产品出口贸易，有利于拓展我国渔业发展空间、增加就业机会、促进渔农民增收；有利于促进产业结构优化，加快渔业现代化进程；有利于学习国际先进经验和先进技术，提高产品质量安全水平。在出口水产品优势区，国家重点支持建设的配套工程包括：良种生产保障，水生动物防疫，水产品质量安全保障和水产健康养殖示范。因此，加强疫病防控，加快开展各类疾病的传播途径、发病及治病机理的研究，建立健全的水生动物疫情和养殖病害预警及预报体系和机制，对国际化的水产养殖业的发展具有尤其重要的支撑作用。此外，开发新型渔药并建立渔用兽药处方制度和渔业执业兽医制度，可以从制度上规范养殖用药，防止因药残导致的水产品质量安全事件影响我国水产品出口贸易。

第二节　渔药产业发展及病害防控技术发展存在问题

一、产业化水平

我国渔药产业化的历史虽然并不长，但发展迅速。目前，通过了 GMP 认证的渔药生产企业近 200 家，生产的渔药包括了抗微生物类药物、杀虫驱虫类药物、消毒类药物、中草药制剂、调节水生动物代谢或生长的药物、环境改良剂、水产疫苗等 7 大类 180 余种。在快速增长的过程中，我国渔药行业研发能力薄弱，与市场和水产养殖业发展需求不相匹配的问题越来越突出，主要问题表现在：①渔药市场上缺乏水产专用药。大部分渔药直接或间接地来源于人药、兽药或农药，至今尚未形成自主产品系列。我国渔药自主研发能力比较薄弱，尤其是渔用化学药物主要为仿制、改进。渔药行业整体上尚处于发展的初级阶段。②渔药企业虽然数量众多，但普遍缺少核心竞争力。渔药生产企业往往规模很小，经营手段和方式比较简单，行业准入门槛低。甚至少数企业为获取利润，不惜牺牲药品质量，甚至生产假冒伪劣产品。③渔药产品的同质化竞争加剧，渔药销售市场亟待规范。渔药行业内部生产厂家之间与经销商之间的竞争十分激烈。渔药市场尚未形成品牌，渔药的生产和销售都处于初级阶段，因此需要进一步地规范发展。④渔药产品适用范围的研究十分欠缺。我国养殖地域广大，各地水质及养殖主导品种都有差异。国家并不强制企业在所有养殖品种中对渔药产品的功效和安全性进行测试。这就导致渔药产品种类多，但缺乏对每种渔药产品的适用品种的研究。渔民难以判断何种渔药符合当地养殖水质与渔业生产实际。⑤渔药使用技术研究欠缺。由于管理体制不健全和欠缺相关标准，渔业用药不科学、不规范的现象非常普遍。一些水产养殖场受经济利益驱动，甚至使用国家明令禁止的违禁药品。

水产养殖业的可持续发展，需要完善的水生动物防疫体系作保障。我国水生动物防疫体系的框架已经基本建成，县级水生动物疫病实验室诊断、疫病监测和防控能力都有了显著提高。但是基于我国水生动物防疫工作起步较晚、体系架构不尽合理等现状，仍然存在一些亟待解决的问题：①现有的水生动物病防体系，不能适应水产养殖业的高速发展。我国水生动物防疫体系建设滞后于产业发展，面对着不断扩大的水产养殖规模，防疫体系尚不能有效履行与之相适应的快速应急防控职能。②现有技术支撑体系尚不能满足我国水生动物疾病控制的需求。国家目前正在切实加强基层养殖水域的生态环境监测和水生动物病害防治监控能力，然而，建立起满足需求的中央、省、市、县、乡五级技术支持机构会是一个漫长的过程。③水生动物防疫体系专业人员匮乏，特别是乡镇级水产站的人员问题更为突出。基层技术推广机构的公益职能由于人员和经费问题不能落实，已经损害了我国渔业公共服务能力。

二、技术发展水平

改革开放以来，我国水产业科技体制改革不断深化，取得了非常显著的成就，对水产业发展的支撑能力越来越强。近年来，虽然渔药的品种越来越多、渔药的生产企业越来越多、渔药的用量也越来越大，但是我国渔药产业的技术发展水平尚有待提升，整体实力与发达国家之间的差距还很大。渔药产业技术中存在的问题主要表现在：①产品质量有待提升。产品结构不能适应养殖种类和养殖环境多样化的现实需求；缺乏新产品研发，大量厂家的产品同质化，容易导致恶性竞争。②产业规模小，生产过程中的管理和监控不到位。特别是质量管理不严格，产品质量不稳定，难以形成品牌优势。③销售渠道管理混乱，售后服务不健全，普遍欠缺规范的市场营销战略。④产学研结合成效不明显。在现阶段，中小企业缺乏独立研发能力，产学研结合是国家鼓励企业进行自主创新的有效途径。然而，渔药行业普遍存在创新动力不足的现象，没有利用好产学研结合的政策与资源。

水产养殖的大多数从业人员不仅对各种渔药的特性、科学使用药物的技术与方法等缺少必要的专业知识，而且在水产养殖生产过程中，如何预防各种水产养殖病害没有正确认识。当病害发生时，由于缺少必要的诊断条件和盲目选择药物，很难做到对症用药和科学用药。渔药使用技术的缺陷，是影响我国水产品质量安全的头号威胁。除了难以买到适用药物外，目前我国关于使用各种渔药的基础科学研究不够，并缺少相关的结论或标准，来断定某种药物对不同种类水产养殖动物究竟如何使用是规范或者正确，这也必然导致养殖业者难以做到规范用药。在渔药相关的基础科学研究严重不足和渔药产业处于低级发展水平的现状下，基层水产技术推广机构担负着指导广大分散的经营养殖业者"规范用药"的重要公益职能，但是基层服务机构的能力建设和人才建设，日益成为制约这一公益职能发挥的技术型瓶颈。

三、技术体系与平台建设

我国病害防控体系存在的一个主要问题是科研和技术推广机构分割严重，缺乏合力。我国共有地市级以上渔业科研机构127个（中央级10个、省级42个、地市级75个），开设水产学科的大专院校20多个，由于这些机构的分属不同，缺乏统一的规划和指导管理，难以形成合力攻克渔业生产中的关键技术难题。由于科技机构的业务活动是根据政府指令进行的，所以科技机构提供的技术往往与农户的实时需求相脱节。我国技术推广机构行政化特征明显，受发展阶段、财政实力、体制不顺、激励不足等因素的影响，基层水产技术推广机构处于举步维艰的境地，检疫与防控专业化水平较低，满足不了水产业发展的要求。然而，如此缺乏有效科技支撑的技术推广体系是不能适应我国渔业健康可持续发展的。国家现代农业产业技术体系的建立，则可以从制度上防止此类弊端，并有效地鼓励了科技机构联手技术推广部门加快成果转化，及时反馈信息，近年来受到产业界的欢迎。然而只有为数不多的养殖品种列入了现代农业产业技术体系规划，而且病害防控在现代农业产业技术体系研发队伍中只占了一小部分，导致这一新机制能解决的问题有限。虽然还存在上述问题，但是通过科技与技术推广的结合为产业服务的思路被证明行之有效，是提升病害防控技术服务体系的未来发展方向。

我国病害防控的平台建设起步较晚，缺项很多。目前，已经安排建设了 380 多个渔业重点县的水生动物防疫站，但针对全国 2 800 多个渔业县，还有更多的县级基层防疫站等待投资建设。农业部已实施了水生动物病原库和 3 个病害流域实验室的能力建设项目，提高了水生动物疫病防控能力，但是距离建成国家级、省级、基层三级水生动物防疫体系的总体目标还很遥远。水生动物防疫体系建设规划必须重点并加快实施，才能适应水产养殖业面临的病害频发的现实挑战。

四、应用基础研究

由于支撑科技发展的力度不同，我国不同养殖品种的病害防控能力相差悬殊。凡纳滨对虾、罗非鱼等少数品种的病害防控能力已达世界一流，绝大多数养殖品种的病害由于缺乏专项研究，处于落后或空白状态。在水生动物的近 200 种病害中，包括了一类水生动物疫病 2 种，二类水生动物疫病 17 种，三类水生动物疫病 17 种。在这 36 种重要病害中，国家有能力做全国监测的不过区区数种，近年国家立项研究过的病害也不超过 10 种。因此，我国针对水产养殖动物病害的应用基础总体偏弱，与我国养殖大国的地位不配套。

同样的，我国对 180 余种渔药的应用基础研究也极不平衡，过多的研究集中在抗微生物药物上；近年才有零星研究涵盖其他种类药物，如消毒剂、抗寄生虫药、免疫增强剂和中草药等。并且，现有渔药研究的对象也主要集中在几种大宗养殖鱼类上，所以极不全面。在渔药应用基础研究中，存在几个比较突出的问题：

（1）科学用药缺乏理论指导和易操作的使用规范。比如，消毒剂和抗寄生虫类药物的代谢与残留监测尚属空白，多数养殖品种的用药方法没有科学数据支撑，抗生素耐药性的控制技术还未引起足够重视，一些禁用药物的替代药物研究进展缓慢等。

（2）我国水产专用药研究严重滞后，创新动力不足，具有现代药学基础的相关研发团队基本是空白，预计未来 5 年仍然是我国现代渔药业发展的短板。

（3）我国渔药剂型少、剂型结构不合理、质量不稳定的问题十分突出。我国现有渔药剂型都普遍存在结构不合理、有效物质含量低、吸收不好、发挥药效慢、规格混乱等问题。另外，多数传统剂型药的助剂存在安全隐患。近年来，一些传统型渔药剂型引起不良反应的问题比较突出。我国从事剂型研究的科研人员也极其缺少，中小渔药企业的剂型研制缺少有力的基础理论支撑。

（4）微生态制剂的生产和应用非常混乱，缺少国家及行业统一标准制约。水产用微生态制剂的基础研究欠缺，现有研究仅限于部分菌种的生产工艺与使用效果评估，不利于该产业的健康和可持续发展。有一些相关基础性的科学问题亟须厘清：是否可以有效控制向环境中释放的微生态细菌的遗传变异，是否具备有效的安全性评价方法，是否考虑环境因素对微生物生理机能的影响等。

（5）疫苗研究不能满足需求。从确保养殖水产品的质量安全角度考虑，免疫预防是一种极具发展前途的病害防治途径。由水产动物疫苗等免疫制剂替代危害性大的化学药品已势在必行。目前，我国只有针对少数几种病原的疫苗（草鱼呼肠孤病毒减毒活疫苗和细胞疫苗、草鱼细菌病三联疫苗、牙鲆溶藻弧菌灭活疫苗等）获得了新药证书，其他病原的防控仍然依赖消毒剂等化学药物，这些均不符合我国生态健康养殖的本质要求。虽然国家立项资助了一批疫苗的研制工作，但产学研合作的机制不完善，会阻碍短期内取得一批突破性成果。

五、政府监管与政策措施

水产养殖病害防控体系和现代渔药产业的发展，是一个需要动员社会各方面力量集体参与、协同进步的渐进过程。政府主管部门、水产养殖病害防治研究机构、水产技术推广机构、渔药生产企业和水产养殖生产等各方面都在这一进程中发挥不可替代的作用。目前在众多的现实问题中，必须认识到药物残留超标已成为我国养殖水产品质量安全的主要问题，也是出口养殖水产品贸易壁垒中一种主要问题，并且是影响水产品质量安全问题的四大因素（药物残留、重金属超标、致病微生物污染和生物毒素富集）中最为突出的因素。科学地指导水产养殖规范用药，是解决养殖水产品药物残留问题的根本方法与途径。政府监管与政策措施在实施这项工作中起着引领与保障作用，目前在政府监管与政策措施方面存在着几个突出的问题：

（1）水产品质量安全监管的长效机制，还未发挥应有的效能。各级渔业主管部门应根据我国现有法律法规的规定，加强领导、健全机构、配备专人、明确分工，组织协调好渔政执法、水产品质量检测、水产科研和推广等各方面力量，切实地履行推动水产健康养殖、加强水产品质量安全监管的职责。

（2）现有的资金支持力度，尚不满足养殖业病害防控的需求。目前，国家亟须加快水生动物防疫体系建设，加强水产品质量安全检验检测体系和执法装备建设，推进水产健康养殖和水产品质量安全等方面的科学研究，支持基层水产技术推广、水生动物疫病防控和水产品质量监管等公共服务机构的能力建设。在所有这些亟须推进建设和支持的项目中既要重点突出，着力解决眼前面临的突出问题；又要有战略眼光，注重基础研究和能力建设，并为应付未来未知挑战储备人才与技术。在目前资金投入有缺口的情况下，国家资金投入方向应该在充分调研和咨询的基础上作出决定，应该避免重复立项和能力建设过度超前的倾向。为了避免上述的问题，应采取有效的方式给予解决，如可采取按重点县域整体创建进行尝试和摸索，之后再统筹推进和全面铺开的方式等。

（3）水产科技界对产业持续健康发展的引领和支撑能力不够。我国对水产科技的投入近年有很大增长，但是仍未有效地解决科技与产业脱节的问题。政府行业主管部门在科技投入上重点增强了现有科研单位及科技队伍的研发实力，但在科研项目如何有效服务病害防控实践、如何引导科技界从产业发展中寻找问题和解决问题等方面尚未引起足够重视。现有科研队伍分属不同行政管理框架，彼此之间缺乏协作和沟通，科研工作同质化现象严重，对现有人力物力资源造成极大浪费。高效病害防控体系和现代渔药产业必须依赖科技进步。因此，如何整合现有科研力量是摆在政府决策部门面前的一项艰巨任务。

（4）渔药行业监管的体制和机制不够完善。目前，我国对渔药实行的是"双头管理"制度，渔药生产与流通归兽医行政部门管理，水产养殖中的渔药使用归渔业主管部门管理。兽医行政部门不直接参与渔业管理与技术推广，渔业主管部门无权管理渔药的生产与流通。这一管理体制不适应渔药产业链内部相互联系的要求，管理部门只对各自职权范围内的事务负责，缺乏对整个渔药产业的认识，容易使监管出现空缺。

（5）水产养殖病害防控和渔药的专业人员的培养不能满足需求。我国现有几十所高校设置了水产学院，主要从事研究生、本科生、专科生等水产高级人才的培养。然而，不同学校的教育条件和师资力量相差悬殊，培养出来的学生质量也参差不齐。由于我国教育普遍存在与生产实践脱节的弊病，目前培养的学生难以满足水产养殖业可持续发展的人才需求。病害方面的专业人才培养在我国几乎是空白。2013年，教育部批准上海海洋大学设立水产动物医学本科专业，标志着国家已经把水产病害防控专门人才的培养上升为国家战略。预计在未来5～10年，将有一批水产动物医学专业的毕业生成长为水产兽医师或药剂师，并成为水产病害防控事业的生力军。

第三节　战略选择

一、战略定位

大宗淡水鱼的疾病已经造成重大经济损失，严重威胁我国大宗淡水鱼养殖产业的健康发展，并且已经深层次地影响到水环境安全、水产品质量安全与人类健康。因此，开展大宗淡水鱼重大疾病的应用基础理论与防控技术研究，对于推动水产养殖病害学科的科学进步，减少因病害造成的经济损失，确保渔民增收渔业增效，保障水产养殖业健康可持续发展，保护水环境安全与水产品质量安全，促进农村社会稳定与经济发展，具有重要的战略意义和深远影响。

二、战略目标

首先，在应用基础理论研究方面：①研究大宗淡水鱼重大疾病的发生、发展机理与流行规律，查明疾病发生时病原、宿主及环境的相互作用关系；②研究病原生物的生物学特性、基因组结构特征与主要基因的功能，揭示病原生物的致病机理和传播途径；③研究病原感染引起的组织病理学与分子病理学变化特征，查明病原感染的关键过程与靶器官和靶标分子，研究鱼体防御机制形成过程与免疫应答规律；④研究免疫及抗病相关基因的功能，查明关键抗病基因活性及表达水平与抗病力的关系，揭示免疫刺激技术和抗应激技术等提高鱼体抗病力的细胞与分子生物学基础。

其次，在关键技术研究方面：①研究与建立病原检测与疾病诊断技术，研制实用化检测与诊断试剂盒，为疫病的早期诊断与预防提供技术与产品支撑；②研究疫苗的制备技术与规模化生产工艺，查明疫苗诱导鱼体产生免疫应答反应的机理与免疫保护效果，进行免疫预防技术的生产性应用试验；③建立水产药物研制与创新技术体系，筛选高效安全环保药物，研究药物的安全性、量效关系与代谢规律，建立药物的安全使用技术；④研究基于环境调控、免疫刺激、代谢改良以及应激调控等技术的综合防控技术，建立疫病的综合防控技术体系。

最后，在产业化应用方面：①研制鱼类重要大分子以及病原特异性抗体，建立抗体制备与诊断试剂盒产业化生产工艺，提供基于免疫学与分子生物学的病原检测与疫病诊断实用化试剂盒产品；②建立水产养殖动物重大疫病的疫苗规模化生产工艺，建立水产疫苗的实用化免疫接种技术与规程，推动水产疫苗的产业化进程与生产性应用；③建立新型水产药物、免疫刺激剂、代谢改良制剂、抗应激制剂的规模化生产工艺，查明功能性保健制剂的作用机理，建立药物与功能性制剂产品的安全使用规程，促进新型高效环保药物及水产养殖功能性保健制剂的生产性应用。

三、发展重点

尽管我国水产养殖动物疾病的防控技术研究已经取得了明显的进步，但依旧存在基础比较薄弱、系统性缺乏、关键科学技术问题解决深度不够、原始创新成果少、技术集成度低等问题。今后应重点在以下几个方面开展研究，力争有所突破。

1. 基础条件建设

（1）科学研究平台　通过专项建设资金资助，建设一批基础设施完善、仪器设备先进、技术方法领先、学科结构合理、人才队伍稳定地开展水产养殖动物疾病防控技术研究的重点实验室或研究平台，通过稳定的支持，深入系统地开展水产养殖病害应用基础理论和应用技术研究。

（2）基础实验材料的收集、整理与保藏平台　开展水生动物细胞快速培养与病原生物分离鉴定技术研究，收集保藏水生动物细胞资源与病原生物资源，建立水产养殖动物细胞库与病原库，建立科学规范的管理体系和实验材料交流共享机制。

（3）成果转化与技术应用平台 加强水产科研院所、大专院校与大型现代化的生物技术企业、水产养殖动物疫病控制中心以及基层水产技术推广站的联合，共同建设水产养殖病害防控的科学与技术成果的转化与应用平台，推动科技成果转化与应用，充分发挥科学技术成果对促进产业发展的支撑与促进作用。

2. 关键科学技术问题研究

（1）疫病的发生、发展和流行规律与风险评估技术研究 建立科学规范的流行病学调查方法和操作规程，开展水产养殖动物重大疫病的流行病学调查，查明疫病的发生发展规律和流行病学特征，揭示病原感染机理和传播途径，建立疫病发生的风险评估技术体系和疫病的预警预报体系。

（2）病原生物检测与疫病诊断技术研究 建立基于分子免疫学、分子生物学、基因芯片和蛋白芯片等手段和技术的水产养殖动物疫病诊断与病原检测技术体系，在鱼类重要大分子与病原特异性抗体制备技术以及实用化的疫病诊断与病原检测试剂盒技术等方面取得突破。

（3）新技术疫苗研制与免疫预防技术研究 针对水产养殖动物的重大疫病，重点开展基因工程亚单位疫苗、基因缺失或基因重组疫苗、可饲化载体疫苗、DNA疫苗等新技术疫苗的制备技术研究，同时，查明鱼体免疫应答机理与免疫保护效果，建立疫苗的安全性检测技术、批量生产工艺、质量控制标准以及实用化免疫接种程序，开展生产性应用试验。

（4）水产药物创制与安全使用技术研究 建立水产专用药物创制与开发技术平台，研究药物的有效成分、作用机理、药效学、剂型与配制技术、代谢与残留规律、安全使用技术；着力开展天然植物药物的药效、药理、有效成分分离技术、实验动物和细胞模型、药物定量分析与量效关系分析技术，在水产药物创制、药物与机体、病原相互作用关系、药物蛋白质组学等方面取得突破。

（5）水产养殖动物疫病综合防控技术研究 水环境、机体健康水平与水产养殖动物疫病发生和流行关系密切。系统地研究养殖环境的物理、化学和生物因子的变化规律及调控技术、研究鱼体的营养代谢水平、应激反应、免疫力与抗病力之间的关系，查明影响疫病发生和流行的关键因素，建立基于养殖生态环境调控技术、鱼体代谢改良技术、鱼体抗应激技术以及免疫刺激技术的疫病综合防控技术体系。

3. 重大产业化发展方向

（1）病原检测与疫病诊断实用化试剂盒的产业化与应用 系统集成鱼类抗体制备与分子标记技术、病原分子检测技术、基因芯片和蛋白质芯片技术，建立病原检测与疫病诊断试剂盒的生产工艺流程，实现病原检测与疫病诊断试剂盒的系统化、标准化生产与应用。

（2）水产养殖动物重大疫病疫苗的产业化与应用 结合现有水产疫苗研发成果，

着力突破新技术疫苗的制备技术与规模化生产工艺，推动我国水产疫苗 GMP 生产车间建设工作，加快水产疫苗的商品化进程，实现我国水产疫苗的产业化、商品化与生产性应用。

（3）水产专用药物与水产养殖动物保健制剂的产业化与应用　建立水产专用药物、免疫刺激制剂、代谢改良制剂、抗应激制剂、微生态制剂等的规模化生产工艺，实现水产专用药物、水产养殖动物保健制剂的产业化生产与商品化应用，推动水产专用药物的科学规范安全使用。

第六章　水产饲料业可持续发展战略研究

第一节　国内发展现状

一、水产饲料业发展现状

（一）大宗淡水鱼饲料仍然是目前水产饲料的主体

近年来，我国水产养殖仍然呈发展趋势。2012 年，全国水产品总产量5 907.68万 t，其中，养殖产量 4 288.36 万 t；淡水产品产量 2 874.33 万 t，淡水养殖产量 2 644.54万 t。淡水养殖产量中，鱼类产量2 334.11 万 t，甲壳类产量234.30 万 t，贝类产量25.88 万 t。大宗淡水鱼养殖产量1 786.9 万 t，扣除鲢、鳙，可摄食颗粒饲料的鱼类产量达1 133 万 t，占淡水养殖产量的42.8%。如果按饲料系数 1.5 计算，需要饲料1 699.5 万 t。而我国 2012 年所有的水产饲料总量 1 855 万 t。从销售情况看，2012 年普通淡水鱼（主要是大宗淡水鱼）的饲料量1 340 万 t（表6-1），占水产饲料总量的72.2%。而近年来，随着大宗淡水鱼体系工作的深入，大宗淡水鱼的产量逐渐增加，由 2007 年1 384.0 万 t增加到 2012 年1 786.9 万 t，因此，对饲料的需求也将逐渐增加。

表6-1　不同水产饲料品种 2012 年销量预测

单位：万 t

养殖品类	养殖品种		颗粒饲料	膨化饲料	粉料
鱼类	普通淡水鱼	草鱼、鲤等	1 200	140	
	高档淡水鱼	生鱼、加州鲈等	5	45	
	海水鱼	海鲈、大黄鱼等		36	18
虾蟹类	凡纳宾对虾、斑节对虾等		160		
	蟹类		12	3	
爬行类	龟鳖类			5	20
两栖类	牛蛙、虎纹蛙等			13	
总计			1 377	242	38

数据来源：张璐，2013，http：//fishery. aweb. cn/20130427/591825. html。

（二）产量持续增加

我国水产饲料一直处在上升的趋势（图6-1）。从全国的水产养殖配合饲料使用比例来看，也在逐渐增加。而随着养殖强度的增加和养殖技术的提高，对配合饲料使用的比例也在增加。目前，我国水产养殖的配合饲料使用比例仍然不超过30%，而且区域之间不平衡（表6-2）。如广东、四川等地普遍较高，湖北等较低（麦康森，2013）。

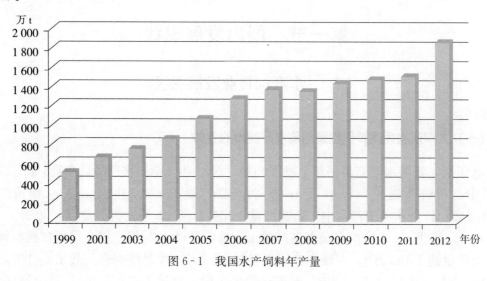

图6-1　我国水产饲料年产量

表6-2　2012年各区销量预测

单位：万t

区　　域	省　　份	销售预测
华南地区	广东、广西、海南、福建	480
华中地区	湖南、湖北、河南、安徽、江西	400
华东地区	上海、江苏、浙江、山东	395
西南地区	四川、贵州、云南、陕西、重庆	145
华北地区（津京唐）	北京、天津、河北	97
东北地区	辽宁、吉林、黑龙江	70

数据来源：张璐，2012，http://fishery.aweb.com.cn/20130427/591825.html。

（三）质量逐渐提高

随着养殖技术的提高和对养殖产品要求增强，同时环境保护的需求也逐渐增强，水产饲料的质量也在逐渐提高。如对饵料系数的要求，目前很多饲料企业生产的饲料产品饵料系数均可以达到1或者更低，但是由于饲料原料及成本的问题，目前市场上的饲料、饵料系数多数在1.5～1.8。同时，在提高饲料氮、磷利用效率、降低污染排放方面也有较大进展。

二、饲料原料开发技术发展现状

我国是水产饲料大国，但不是饲料原料大国。我国饲料原料的数量和质量，都不能满足我国饲料工业高速发展的需要。尤其是优质蛋白质原料，如作为饲料主要蛋白源的鱼粉和豆粕，对外依赖度很高。我国年鱼粉消费量约 140 万 t，国产鱼粉仅 30 多万 t，年进口量在 100 多万 t（图 6-2）；2012 年我国进口的鱼粉总量 124.6 万 t，同比增长 2.94%；进口大豆 5 838 万 t，增加 11.2%（陆泳霖，2013）。另外，氨基酸、维生素等对国际市场的依赖度更高。

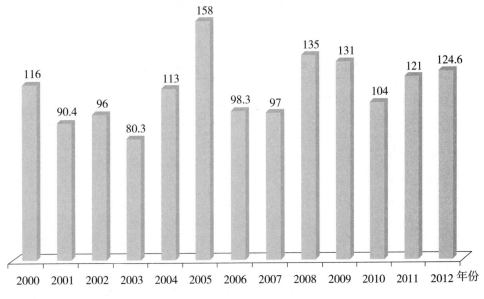

图 6-2　2000—2012 年我国鱼粉进口量（万 t）

（数据来源：祝博，2013）

（一）鱼粉

2012 年，国产鱼粉市场在进口鱼粉市场的带动下，由 6 500 元/t 的低位开始，逐步上扬至 10 500 元/t 的高位。由于国产鱼粉的品质长期以来低于进口鱼粉，在同样指标的情况下，国产鱼粉与进口鱼粉价差在 2 000 元/t 左右。但在进口鱼粉价格高涨的今天，随着国产鱼粉的质量逐渐提高，与进口鱼粉的价差也在逐渐减小，国产鱼粉也逐渐受到饲料企业的青睐（祝博，2013）。

但是，由于我国渔业资源的匮乏，国产鱼粉的产量也在逐渐下降（图 6-3）。国产鱼粉由于资源和加工工艺的问题，其质量也有较大差异（表 6-3），且不同的生产季节也有一定差异（徐玲和徐宁迎，2011）。

目前，对海洋资源的保护也日益受到重视，新的鱼粉资源开发十分困难。

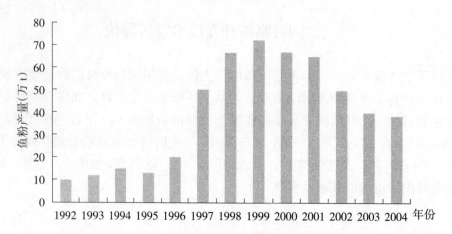

图 6-3　中国大陆鱼粉产量变化

（数据来源：车斌，2006）

表 6-3　2010 年山东、浙江、福建、广西产鱼粉营养成分（％）

地区	项目	水分	粗蛋白质	粗脂肪	粗灰分	钙	总磷	盐	TVBN (mg/100g)
山东	平均	8.6	62.3	11.4	17.4	3.6	2.3	3.2	162.0
	分布范围	6.2~10.2	60.0~65.2	8.5~15.3	13.2~21.5	2.5~5.3	1.8~3.0	2.0~4.5	32~195
	变异系数	0.8	0.9	1.4	1.2	0.5	0.2	0.6	20.7
浙江	平均	7.8	61.1	11.0	19.3	4.4	2.3	3.5	128.0
	分布范围	5.3~11.0	58.0~66.9	6.7~18.0	14.2~23.6	2.1~6.2	1.7~3.5	1.6~5.3	56~184
	变异系数	1.0	1.4	2.1	2.0	0.7	0.3	0.8	29.0
福建	平均	7.0	64.5	11.8	16.5	3.2	2.1	3.3	154.0
	分布范围	5.6~9.0	63.0~67.7	6.8~14.1	13.9~18.7	2.6~3.9	1.9~2.5	2.6~4.2	133~173
	变异系数	1.0	1.3	2.1	1.3	0.4	0.2	0.5	11.1
广西	平均	7.6	62.4	11.4	19.3	4.8	3.0	2.6	134.0
	分布范围	5.7~10.2	60.0~65.3	5.7~15.3	16.9~22.1	4.1~5.7	2.3~3.6	1.3~3.5	68~191
	变异系数	1.1	1.5	1.8	1.0	0.4	0.2	0.4	17.0

数据来源：徐玲和徐宁迎，2011。

（二）豆粕

豆粕作为饲料主要原料之一，近年来的消费量也在逐渐上升（图 6-4）。但是，由于豆粕中的抗营养因子以及其氨基酸的不平衡性，影响了其在水产饲料中的应用。利用豆粕替代鱼粉蛋白，是目前研究最多的工作。

加热处理，是大豆抗营养因子钝化的常用方法。通过合理的加热，可以有效降低胰蛋白酶抑制因子活性（trypsin inhibitor activity，TIA）（图 6-5、图 6-6），如 120℃2h 能有效抑制大豆 TIA，但饲料各种氨基酸含量及氨基酸总量稍有所下降。当

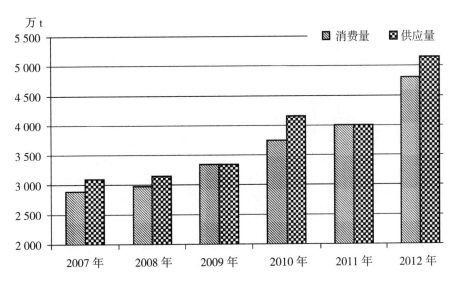

图 6-4　2007—2012 年国内豆粕消费量和供应量

（数据来源：潘蕊，2013）

饲料中 25.3% 的鱼粉被替代后，对青鱼生长和饲料利用影响不显著，但导致草鱼和异育银鲫生长、饲料利用下降。热处理后的大豆显著影响了青鱼、草鱼的肠道促胰酶素水平，提高了异育银鲫的肠道胰蛋白酶活性；加热处理避免了青鱼和草鱼摄食生大豆组出现组织损伤，以及肠道绒毛的长度密度变短变稀（刘晓庆，2013）。

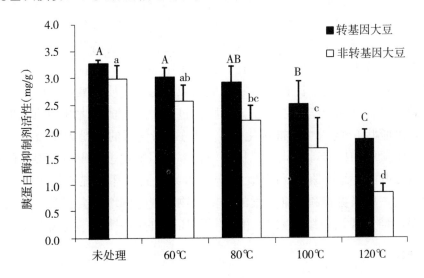

图 6-5　1h 不同加热温度对胰蛋白酶抑制剂活性的影响

［注：大写字母表示转基因大豆之间的差异，小写字母表示非转基因大豆之间的差异，图中不同字母表示差异显著（$P<0.05$）］

通过膨化工艺，可一定程度提高大豆的营养价值。膨化过程可以使蛋白质发生变性，改变了其三级结构，缩短了蛋白质在消化道的水解时间，提高其消化率。另外，

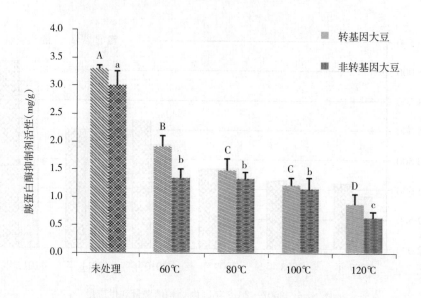

图 6-6 2h 不同加热温度对胰蛋白酶抑制剂活性的影响

[注：大写字母表示转基因大豆之间的差异，小写字母表示非转基因大豆之间的差异，图中不同字母表示差异显著（$P<0.05$）]

蛋白质经过适度热处理，可钝化某些蛋白酶抑制剂，如抗胰蛋白酶和植物凝集素等。并使蛋白质中的氢键和其他次级键遭到破坏，引起多肽链原有空间构象发生改变，致使蛋白质变性，变性后的蛋白质分子成纤维状，肽链伸展疏松，分子表面积增加，流动阻滞，增加了与动物体内酶的接触，因而有利于提高营养成分消化利用率。膨化中脂酶被迅速钝化，脂肪从颗粒内部渗透到表面，使饲料具有特殊的香味，可一定程度改善适口性。大豆中脂酶和脂氧化酶在膨化加工中失去活，而提高了脂肪的贮存稳定性；同时，也促进了脂肪—淀粉复合物形成而减少脂肪变质，减少了脂肪在空气中暴露而变质的机会，有利于脂肪贮存。大豆膨化过程中通过剪切力和加热，提高了淀粉的糊化度，由胶状 β-淀粉生成被糊化的 α-淀粉，糊化后的淀粉大量吸水后膨胀，增加了淀粉与酶接触的机会，糊化可以提高消化率。但膨化过程中由于温度的作用，热敏性维生素如叶酸、维生素 C 和维生素 A 等容易受到破坏。湿法膨化因为有前期的水蒸气的调制，所以更有利于维生素的保留，物料流速的增加会引起压力的上升，但仍然可以保持维生素 B_1、维生素 B_2 和维生素 B_{12} 等的存留量（夏素银等，2013）。

（三）菜粕

菜粕因其产地不同，其蛋白含量在 35%~45%。与其他油料饼粕相比，蛋白质中蛋氨酸、半胱氨酸等含硫氨基酸含量较高，赖氨酸略低于豆粕，但蛋白效价为 3.0~3.5，比豆粕还高（刘小龙等，2010）。但其植酸、芥子碱、抗蛋白酶因子和粗纤维等，会影响其在水产饲料中的应用。

近年来，菜粕脱毒技术得到了新的发展。如预榨浸出、加碱（氢氧化钠、氢氧化钙和碳酸钠)、氨和硫酸亚铁等进行处理，或者微生物发酵等方法。此外，双低菜粕中的抗营养因子得到了很好的控制（表6-4）（刘小龙等，2010）。

表6-4 三种菜粕抗营养因子及营养成分
（刘小龙等，2010）

成分	加拿大 Canola 菜籽粕	中国 双低菜籽粕	常规 菜粕	大豆粕
芥酸含量（%）	<2	<5	20~48	无
硫甙含量（μmol/g）	10~15	20~45	80~200	无
OZT+ITC（mg/g）^{2}	<2	2~4	<20~40	无
粗蛋白（%）	30~40	33~40	33~40	40~44
粗纤维（%）	<12	<14	<14	<7
粗灰分（%）	<5	<8	<8	<7
赖氨酸（%）	2.08	1.3	1.3	2.45
赖氨酸有效率（%）	78	72~78	72~78	80~90

因为鱼粉和豆粕价格的持续上涨，菜粕也日益成为关注的重要原料之一。发酵工艺的改善，可有效降低菜粕中植酸和其他抗营养因子的含量。王晓东等（2013）选用的黑曲霉，均能显著降解双低菜粕中的单宁和植酸，其中，黑曲霉M-6在固态发酵1天时，对双低菜粕中单宁和植酸的分解率显著高于对照组和其他处理组。在优化的发酵条件下，双低菜粕中植酸含量由2.81%下降至0.63%，单宁含量由1.32%下降至0.28%。此外，双低菜粕中粗蛋白含量由37.16%提高至43.48%，粗蛋白的体外消化率由75.32%提高至79.15%。

（四）棉粕

我国是产棉大国，棉粕资源较为丰富。2012年，我国国产棉粕产量约为450万t。棉粕粗蛋白含量38%~50%，粗纤维含量9%~16%，粗灰分含量低于9%，浸提处理后棉粕粗脂肪含量低，在2.0%以下。营养指标的差异，取决于制油前的去壳、去绒程度、出油率以及加工工艺等。从棉粕的氨基酸组成看，赖氨酸含量1.3%~1.5%，被认为是第一限制性氨基酸；蛋氨酸含量也低，只有0.36%~0.38%；而精氨酸、苯丙氨酸和缬氨酸均高于豆粕（NRC，1993）。另外，棉粕还富含磷、铁、镁等矿物元素，营养价值远比谷物类饲料高，是维生素的良好来源，与豆粕相比，具有更为丰富的B族维生素（高立海等，2004）。

水产动物对棉粕具有较好的消化率。干物质消化率34%~70%，蛋白质消化率74%~85%，脂肪消化率75%~83%，碳水化合物消化率42%~53%，能量消化率41%~80%（Li and Robinson，2006）。

但是，棉粕中的游离棉酚、环丙烯硫酸酯以及其较高的纤维素含量，通常是影响棉粕利用的主要原因。棉粕中游离棉酚的含量受棉花品种和品系的不同，以及棉粕加工工艺的影响。由于加工方法不同，中国棉籽饼粕可分为机榨饼、浸出粕和土榨饼3种。其中，浸出粕的游离棉酚含量最低，为（437±204）mg/kg；机榨饼其次，为（682±334）mg/kg；土榨饼的最高，为（1 581±1 105）mg/kg。可见，不同加工类型棉籽饼粕中游离棉酚的含量变异很大（周培校等，2009）。

研究和生产实践表明，棉粕在水产配合饲料中的比例可以达到10％～30％（Gatlin，2007）。但不同种类的水产动物，甚至是同种水产动物的不同生长阶段，对饲料中棉粕耐受量有差异。曾虹等（1998）用醋酸棉酚含量分别为0μg/g、400μg/g、800μg/g、1 200μg/g、1 600μg/g、3 200μg/g的饲料喂鲤60天后，不同处理组鲤肝脏棉酚蓄积与饲料棉酚浓度正相关，并随投喂时间延长而增加。饲料中棉酚浓度达到400μg/g以上时，鲤生长明显受抑制，饲料转化率降低，但成活率未受影响。姜光明等（2009）研究发现，在为期180天的养殖实验中，异育银鲫能耐受720mg/kg的游离棉酚（醋酸棉酚提供）。萧培珍等（2009）综述了棉粕在水产饲料中的应用，认为不同种类的水产动物饲料中棉籽饼粕使用量有差异，在草鱼、鳊和鳝等鱼类饲料中的用量为10％～20％，在鲤饲料中可增至30％，而对于2龄青鱼可达40％。严全根（2012）在不同规格的草鱼中研究发现，随着规格的增加，饲料棉粕的使用量有一定上升。

棉粕脱毒方法，主要有化学添加剂法、挤压膨化脱毒法、混合溶剂浸出脱毒法、液—液—固三相萃取法、微生物发酵法。化学添加剂法投入少，操作简便，脱毒效果较好；缺点是只能去除游离棉酚，棉酚总量不会发生改变，所形成的络合物仍保留在棉粕中，造成棉粕的适口性差，营养价值降低，消化率低（王红云等，2004）。挤压膨化法脱毒效果较好（可以将棉酚控制在0.01％左右），但加热过程中会引起氨基酸和碳水化合物反应，导致蛋白质消化率下降，从而降低饲料的营养价值，影响棉粕中蛋白质的利用率（于涛等，2006）。混合溶剂浸出脱毒法，可避免了蛋白质的热变性和氨基酸与游离棉酚的结合。其存在的问题是溶剂分离和回收困难，溶剂消耗大，成本高。棉籽饼粕经微生物固体发酵后，抗营养因子明显减少，适口性得到改善，蛋白质含量得以增加，氨基酸含量趋于平衡，维生素丰富，含有一些有益菌及未知生长因子等，营养价值大大提高。研究表明，发酵后的棉粕粗蛋白提高了10.92％，赖氨酸、蛋氨酸分别提高12.73％～27.6％、22.39％～40％，游离棉酚含量明显下降（顾赛红等，2003）。金红春（2011）使用微生物发酵棉粕饲喂青鱼，发现发酵棉粕组青鱼的存活率、增重率显著高于对照组（普通棉粕），饵料系数、肝脏和血清中的谷草转氨酶显著低于对照组。

薛敏等（2007）对脱酚棉籽蛋白在虹鳟、花鲈、凡纳滨对虾、鲤和西伯利亚鲟上的研究表明：脱酚棉籽蛋白作为一种优质的蛋白饲料，在鲤科杂食性鱼类饲料中部分替代豆粕，以及在肉食性鱼类和对虾饲料中部分替代鱼粉，均可取得较好的经济和生态效益。脱酚棉籽蛋白可广泛地应用于水产饲料中。

（五）其他蛋白源

肉骨粉（meat and bone meal，MBM）是牲畜屠宰场的副产品，其蛋白质含量一般在40％～60％，脂肪8％～10％。在商业性颗粒饵料中，肉骨粉的最高含量一般维持在20％左右。但在实验研究中，发现不同的养殖品种对肉骨粉的利用率相差较大。由于加工工艺的改进，肉骨粉的质量得到较大的提高，是较好的饲料蛋白源。杨勇（2004）研究发现，MBM替代15％鱼粉蛋白时，异育银鲫的饲料效率和蛋白质效率无显著变化，而特定增长率（SGR）显著升高；替代比例为50％时，特定增长率无显著变化，但饲料效率和蛋白质效率显著下降。

家禽副产品粉（poultry by-product meal，PBM）是家禽加工废弃料的提炼物，由家禽头、脚等不可食的部分制成，通常不包括羽毛和消化道部分（Nengas et al.，1999）。这种产品的蛋白质和脂肪含量通常较高，但其营养价值随加工条件和原料组成的不同会有很大差异（Dong et al.，1993）。杨勇（2004）研究发现，PBM替代40.5％到100％的鱼粉蛋白后，异育银鲫的生长和饲料利用得到提高，而饲料消化率和鱼的肝体比均降低，鱼体组成变化不显著。用二项式回归分析得出其最佳替代比例为66.5％。

血粉（blood meal，BM）是畜禽血液脱水干制而成，粗蛋白含量可高达90％以上，而磷的含量却很低，仅0.3％（NRC，1993），是良好的蛋白补充料。高温干燥的血粉适口性很差，氨基酸间比例不平衡，近年来采用真空干燥等新工艺或对血粉进行发酵或破碎处理，大大提高了血粉的利用率。血粉中通常含较高的赖氨酸，但异亮氨酸含量低。所以常与谷物类等异亮氨酸高、赖氨酸低的植物性蛋白原料混合使用，以获得平衡的必需氨基酸。王裕玉等（2012）综述了血粉在水产饲料中应用情况。通常情况下，血粉在饲料中的添加量随鱼种的不同而差别较大，绝大多数鱼种对血粉的耐受量不超过20％。Song等（1995）发现，用血粉和植物性蛋白混合后，可以100％替代鲤饲料中的鱼粉。通过适当的膨化法、喷雾干燥技术、酶解技术、发酵技术等，可有效地提高其利用效率。

DDGS（distillers dried grains with solubles）是酿酒过程中，玉米淀粉在酵母和酶的作用下发酵后所剩下的干燥残余物。通常粗蛋白含量为25％～30％，粗脂肪为8％～12％，通常缺乏赖氨酸和蛋氨酸，其在水产饲料中已有广泛应用。如在异育银鲫饲料中，其用量可达到10％～20％（高红建等，2007）。钟广贤等（2013）报道，进口DDGS替代25％和50％的豆粕，即添加量为7.8％和15.6％时，草鱼增重率有提高的趋势，饲料系数有降低的趋势，但差异不显著；随着进口DDGS添加量的增加，添加量为24.2％，即替代75％豆粕时，增重率有降低的趋势，饲料系数有上升的趋势；添加量为32.8％，即替代100％豆粕的处理组时，草鱼增重率显著降低，饲料系数显著提高。

藻粉、微藻富含天然高蛋白、微量营养素、多种生理活性物质（如未知生长因子、色素、抗热应激作用的物质）和抗菌、抗病毒物质（海藻多糖、甘露醇、核苷类、萜类、大环内酯、生物碱）等，可被在水产饲料中使用，以减少水产饲料中鱼粉的使用。目前，可商业化大量培养的微藻主要有螺旋藻、小球藻、雨生红球藻、栅藻、杜氏盐藻、等鞭金藻以及部分用于开口饵料的海水微藻等。饲料中添加微藻的试验养殖对象，包括鱼类、虾蟹类、鲍贝类等，涉及生长阶段多为苗种期，添加效果的报道多集中于提高养殖对象的生长性能，具体包括补充配合饲料中不足的营养成分、降低饲料成本、提高成活率、增强抗病能力、增加体色、改善水产品品质等（李静静，2011）。微藻作为添加剂，在水产饲料上应用可显著改善水产动物的体色、生长性能和机体免疫力（宋理平等，2005）。在饲料中添加 0%、3%、6%、9%、12% 不同含量的藻粉（裙带菜、紫菜和海带等组成的混合藻粉）饲养凡纳滨对虾 30 天，3%组对虾的增重和蛋白质效率显著高于其他各组；未添加组生长最差（周歧存和肖凤波，2003）。陈全震等（2004）发现，螺旋藻作为添加剂用于饲料中，添加 5%～10% 的螺旋藻可明显促进鲍鱼的生长发育。袁飞宇等（2003）报道，螺旋藻可改善锦鲤体色和提高质感，是由于叶绿素 a、类胡萝卜素、叶黄素、藻蓝素和藻蓝蛋白综合作用的结果。王冉等（2005）评价了小球藻粉的蛋白质、氨基酸、维生素及矿物质等各种营养成分含量和重金属、微生物等卫生指标，并评估了小球藻粉的安全性，结果表明，小球藻粉是一种高蛋白、低糖、低脂、营养均衡、安全的绿色营养源。

大宗淡水鱼由于其生存的环境与藻类有较多的接触，因此，对藻粉的利用有一定的优势（谢平，2003）。沈银武（1999）在饲料中添加 2% 的鱼腥藻粉，在网箱中进行小试和大面积试验，结果都表明，鱼腥藻粉对全雌鲤的生长有明显的效果，并能提高全雌鲤鱼种的成活率，降低饵料系数。在银鲫饲料中添加小球藻，也可提高鱼类的生长（周蔚等，2006）。但蓝藻粉的使用由于其藻毒素而受到很大限制。赵敏（2006）等在饲料中加入蓝藻粉发现，对异育银鲫的生长没有显著影响，但异育银鲫的死亡率随着藻粉用量的增加而显著上升。藻粉用量达到 15.15% 后，死亡率就显著地高于对照组。异育银鲫的饲料转化效率，蛋白和能量贮积率以及干物质、蛋白和能量的表观消化率，均随着饲料中藻粉的加入而显著下降。

藻粉在水产动物饲料中的应用除作为替代蛋白源外，还作为饲料添加剂使用（Bai et al.，2001；Kim et al.，2002）。由于藻类能源的开发，其主要的副产物就是藻粉蛋白。螺旋藻藻粉蛋白含量达 60%～70%，小球藻藻粉蛋白含量在 30% 左右。藻类的色素，是增强鱼体体色的重要因子。随着市场对水产品要求越来越严格，消费者对多数鱼类体色的要求也越来越高。而藻类中含有较高含量的色素物质，如血球藻中的虾青素及其他藻类中的类胡萝卜素等，对改善鱼类的体色均具有重要的意义。藻类因其含有多糖类物质等，在促进鱼类免疫功能的增强等方面也表现出一定的作用。有些产油的藻类，还可以为水产饲料提供能源物质。含油藻类也是潜在的油脂生产者。三角褐指藻中不仅含有各种脂肪酸，还富含 EPA 和 DHA（陆开宏等，2000）。藻类光合作用转化效率可达 10% 以上，含油量达 30%（赵宗保等，2005），也可以作为饲料脂肪源。

玉米蛋白粉（corn gluten meal，CGM）是玉米淀粉加工中的副产物，它是由玉米籽粒经湿磨法工艺制得的粗淀粉乳经淀粉分离机分出的蛋白质水，即麸质水，用浓缩离心机或沉淀池浓缩后，再经脱水干燥制成。按照常规生产工艺生产的玉米蛋白粉，其总蛋白质含量高达 65%，碳水化合物 15%，脂肪 7%。亮氨酸、异亮氨酸、丙氨酸、缬氨酸等氨基酸含量较高，但赖氨酸和色氨酸含量低。其在水产饲料中使用比例在 20% 左右。通过使用诱食剂、平衡氨基酸等模式，可有效提高其利用效率（华雪铭等，2011）。

（六）添加剂

添加剂的范围很广，包括营养性添加剂和非营养性添加剂。营养性添加剂，包括各种氨基酸、维生素和无机盐等；非营养性添加剂，包括诱食剂、防腐剂、抗氧化剂、酶制剂和免疫增强剂等，还有一些抗病的药物、改善水产品品质的添加剂等。添加剂作为饲料中重要的部分，目前受到越来越多的关注。几乎在所有的配合饲料中，都有添加剂的使用。截止 2013 年 5 月，全国已经有超过 100 家专门从事水产饲料添加剂的生产企业（权向辉和黄冉，2013）。

添加剂的使用在改善饲料品质的同时，越来越受到食品安全的关注。2013 年 3 月，国务院办公厅印发了《2013 年食品安全重点工作安排的通知》，其中，有数条涉及了饲料添加剂行业。

饲料添加剂工业是饲料工业发展水平的一个重要标志。直到 20 世纪 80 年代，国产饲料添加剂品种少、质量差，基本依赖进口，更没有水产饲料专用的添加剂。进入 21 世纪以来，饲料添加剂工业有了长足发展。品种大幅度增加，质量提高，产量快速增长，改变了完全依赖进口的局面，许多产品还进入国际市场（麦康森，2013）。如 2012 年，我国累计出口赖氨酸盐及酯 171 345t，较 2011 年上涨了 59.34%。2012 年，我国赖氨酸进口量为 10 640t（图 6-7），同比增加 19.96%，进口金额为 2 251

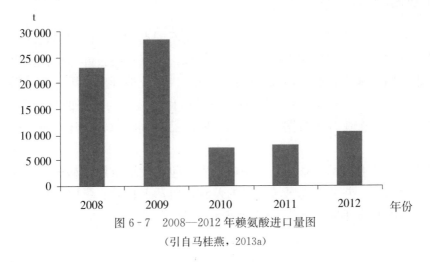

图 6-7 2008—2012 年赖氨酸进口量图

（引自马桂燕，2013a）

万美元，同比增加 9.05％。2012 年，我国进口赖氨酸的主要来源国有美国（6 425t）、泰国（3 399t）（马桂燕，2013a）。

另一方面，我国的蛋氨酸对进口的依赖一直在上升。2012 年，国内的蛋氨酸进口数量为 133 733t，同比增加 12.8％。图 6 - 8 的数据显示，近 7 年来我国蛋氨酸的进口总量呈现逐年递增的趋势，其中，2006 年为 80 611t，而 2012 年较 2006 年全年上涨了 65.9％。国内蛋氨酸生产虽然有较大突破，但是仍然有很大的发展空间（马桂燕，2013b）。

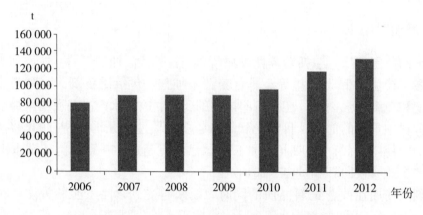

图 6 - 8　2006—2012 年我国蛋氨酸进口统计
（引自马桂燕，2013b）

三、饲料配方与加工技术发展现状

大宗淡水鱼饲料配方与加工技术，主要围绕提高饲料利用效率、降低饲料成本和废物排放为目的。目前，主要在以下几个方面取得了较大的进展。

（一）可消化水平配方

传统的饲料配方是基于化学水平的配方，而不同动物对不同原料之间的消化率有很大差异，这样就导致饲料效果的差别。近年来，国家在科技部的科技支撑计划和农业部的行业专项、现代农业产业技术体系支持下，系统地开展我国主要原料的消化率测定。大宗淡水鱼产业技术体系也将饲料原料消化率，列为重要的数据库建设内容。一些有实力的饲料企业开始根据本公司的主要产品和饲料原料，建立自己的可消化率数据库。

大宗淡水鱼产业技术体系的消化率数据库，包括我国常用饲料原料，如鱼粉、豆粕、菜粕、棉粕等，并分不同区域原料的差异，包括干物质、蛋白、能量、磷、氨基酸等，该数据库将逐年完善（表 6 - 5 至表 6 - 15）。

表6-5　异育银鲫对主要饲料原料消化率（%）

原料	干物质消化率	蛋白质消化率	天冬氨酸	苏氨酸	丝氨酸	谷氨酸	甘氨酸	丙氨酸	缬氨酸
国产肉粉	63.90	76.54	75.43	65.27	77.94	79.85	85.42	66.16	79.78
秘鲁蒸汽鱼粉	63.06	82.23	77.67	74.42	73.13	85.13	80.68	82.67	84.22
美国海鲜鱼粉	68.91	82.17	82.87	80.13	83.66	89.30	89.18	88.16	86.61
普通豆粕	74.06	73.03	80.22	65.51	74.84	88.62	70.97	70.64	78.20
俄罗斯白鱼粉	77.39	82.17	86.72	84.19	88.07	89.91	82.98	83.14	88.19
下杂鱼粉（罗非鱼）	44.85	67.18	76.73	69.12	75.69	79.23	60.36	63.39	77.99
油米糠	51.85	41.19	77.89	68.02	76.85	82.39	77.14	69.11	75.81
玉米蛋白粉	81.94	79.52	79.29	74.44	85.23	87.79	78.93	82.41	81.99
发酵豆粕	69.01	91.40	94.28	90.93	92.58	95.13	90.27	95.21	90.93
玉米胚芽粕	43.98	79.79	73.77	71.77	76.81	81.76	76.46	82.73	77.16
加拿大菜粕	53.46	86.30	85.86	84.74	84.35	91.73	87.26	89.37	83.37
新疆棉粕	49.37	81.73	83.73	74.46	80.77	88.24	77.21	72.88	77.23

原料	蛋氨酸	异亮氨酸	亮氨酸	酪氨酸	苯丙氨酸	赖氨酸	脯氨酸	组氨酸	精氨酸
国产肉粉	75.40	71.27	76.95	79.26	76.95	78.09	80.23	79.22	81.97
秘鲁蒸汽鱼粉	93.81	87.82	81.00	81.48	79.27	86.29	81.43	97.36	72.22
美国海鲜鱼粉	94.93	89.40	86.65	88.44	84.50	88.16	90.35		85.71
普通豆粕	83.69	85.03	78.76	75.92	81.35	77.05	83.22		76.58
俄罗斯白鱼粉	92.51	86.23	90.29	88.76	86.98	91.78	83.69	92.68	88.81
下杂鱼粉（罗非鱼）	88.25	78.01	82.12	86.79	78.77	82.86	60.87	83.08	74.93
油米糠	88.66	73.51	77.80	89.05	77.03	73.01	70.31	81.97	83.20
玉米蛋白粉	90.69	79.13	89.36	89.70	85.11	75.84	90.93	85.26	80.98
发酵豆粕	94.28	92.10	92.15	93.64	93.25	92.18	92.94	87.52	96.27
玉米胚芽粕	90.40	68.80	79.34	76.02	71.01	68.17	83.17	68.43	83.16
加拿大菜粕	93.64	82.47	84.81	86.36	84.57	86.86	85.04	81.23	91.53
新疆棉粕	83.15	73.27	76.33	80.72	84.59	65.64	74.35	79.76	91.31

表6-6　青鱼鱼种对8种饲料原料的干物质、粗蛋白质、粗脂肪、
总磷和总能的表观消化率（%）

营养成分	国产鱼粉 DFM	蝇蛆粉 MGM	玉米蛋白粉 CGM	大豆粕 SBM	花生粕 PNM	棉籽粕 CSM	菜籽粕 RSM	米糠 RB
干物质	75.73± 0.51^c	73.28± 0.52^{cd}	86.47± 1.09^a	80.62± 1.38^b	70.53± 0.66^d	62.17± 0.79^e	64.63± 1.32^e	62.41± 0.71^e
粗蛋白质	90.24± 0.31^c	83.34± 0.43^f	93.90± 0.28^b	95.84± 0.48^a	91.77± 0.55^c	85.14± 0.59^e	87.76± 0.42^d	86.96± 0.95^d
粗脂肪	92.84± 0.21^e	94.68± 0.09^{cd}	79.44± 0.37^f	100.06± 0.60^a	97.98± 0.51^b	93.65± 0.74^{de}	95.48± 0.54^c	78.93± 0.64^f
总磷	44.95± 0.78^f	49.58± 0.47^e	81.99± 1.47^a	67.19± 0.64^c	72.18± 0.83^b	43.84± 1.08^f	61.23± 0.50^d	37.33± 0.64^g
总能	86.23± 0.59^b	77.19± 0.69^c	89.86± 0.49^a	87.14± 0.91^b	76.92± 0.44^c	66.75± 0.49^d	68.11± 1.11^d	66.93± 0.80^d

注：同行肩标不同小写字母，表示差异显著（$P<0.05$）；相同小写字母，表示差异不显著（$P>0.05$）。

表6-7　青鱼鱼种对8种饲料原料中氨基酸的表观消化率（%）

氨基酸 Amino acids	国产鱼粉 DFM	蝇蛆粉 MGM	玉米蛋白粉 CGM	大豆粕 SBM	花生粕 PNM	棉籽粕 CSM	菜籽粕 RSM	米糠 RB
苏氨酸 Thr	91.49± 0.49^c	86.97± 0.26^e	93.02± 0.31^b	95.38± 0.46^a	88.48± 0.30^d	81.06± 0.18^g	86.58± 0.49^e	82.95± 0.17^f
缬氨酸 Val	91.63± 0.34^c	87.66± 0.28^e	94.68± 0.37^a	95.62± 0.59^a	92.78± 0.39^b	84.11± 0.29^g	89.80± 0.37^g	85.91± 0.27^f
蛋氨酸 Met	92.34± 0.54^b	86.62± 0.43^c	95.73± 0.58^a	97.27± 0.59^a	92.59± 0.39^b	84.71± 1.07^d	91.27± 0.35^b	92.80± 0.45^b
异亮氨酸 Ile	91.89± 0.43^c	86.72± 0.44^e	94.54± 0.48^b	97.16± 0.82^a	93.24± 0.33^{bc}	82.51± 0.46^f	89.29± 0.48^d	88.52± 0.56^d
亮氨酸 Leu	92.77± 0.36^b	88.74± 0.39^d	95.55± 0.31^a	96.52± 0.44^a	93.62± 0.38^b	84.50± 0.45^f	90.58± 0.51^c	86.39± 0.67^e
苯丙氨酸 Phe	84.19± 0.59^d	57.45± 0.66^f	94.11± 0.33^b	96.88± 0.56^a	94.92± 0.42^{ab}	88.45± 0.64^c	88.06± 0.82^c	76.02± 1.04^e
赖氨酸 Lys	94.85± 0.36^b	91.19± 0.35^{cd}	92.56± 0.53^c	97.27± 0.76^a	91.80± 0.38^{cd}	82.17± 0.96^f	89.28± 0.43^e	90.67± 0.38^{de}
组氨酸 His	91.47± 0.52^{bc}	87.86± 0.30^d	92.83± 0.40^b	95.57± 0.58^a	91.48± 0.41^{bc}	87.57± 0.69^d	90.84± 0.42^c	88.61± 0.34^d
精氨酸 Arg	92.59± 0.41^c	91.33± 0.28^{cd}	94.52± 0.54^b	97.63± 0.57^a	97.11± 0.25^a	92.47± 0.75^c	92.47± 0.46^c	90.00± 0.26^d
必需氨基酸 EAA	91.91± 0.46^c	83.23± 0.67^f	94.71± 0.29^b	96.73± 0.56^a	94.00± 0.29^b	86.48± 0.60^e	89.87± 0.43^d	87.01± 0.43^e
非必需氨基酸 NEAA	90.82± 0.34^c	89.06± 0.20^d	95.40± 0.54^a	95.61± 0.49^a	93.09± 0.33^b	87.69± 0.50^e	89.44± 0.35^d	88.68± 0.32^{de}
总氨基酸 TAA	91.60± 0.40^c	86.33± 0.56^f	94.52± 0.41^b	96.58± 0.52^a	93.82± 0.27^b	86.52± 0.63^f	89.90± 0.33^d	88.19± 0.31^e

注：同行肩标不同小写字母，表示差异显著（$P<0.05$）；相同小写字母，表示差异不显著（$P>0.05$）。

表6-8　2龄青鱼对8种饲料原料的干物质、粗蛋白质、
粗脂肪、总磷和总能的表观消化率（%）

营养成分	国产鱼粉 DFM	蝇蛆粉 MGM	玉米蛋白粉 CGM	大豆粕 SBM	花生粕 PNM	棉籽粕 CSM	菜籽粕 RSM	米糠 RB
干物质	74.87± 1.05^c	72.24± 0.90^c	84.42± 0.98^a	78.68± 0.94^b	80.13± 0.93^b	61.68± 0.74^f	65.36± 0.72^e	68.67± 1.06^d
粗蛋白质	90.59± 0.75^b	81.44± 1.05^d	86.86± 0.94^c	93.49± 0.75^a	90.34± 0.74^b	83.17± 0.65^d	86.42± 1.16^c	88.08± 0.90^{bc}
粗脂肪	92.97± 0.66^b	85.22± 0.93^c	64.41± 1.23^e	97.38± 0.68^a	94.31± 1.04^b	92.42± 0.80^b	94.41± 0.83^b	81.57± 0.95^d
总磷	42.62± 1.03^e	46.39± 0.61^d	78.74± 0.76^a	60.19± 0.93^b	55.98± 1.22^c	39.94± 1.33^e	52.86± 0.85^c	42.88± 1.50^e
总能	83.69± 1.06^b	80.45± 0.82^c	88.85± 1.16^a	89.52± 0.55^a	85.49± 1.08^b	70.47± 1.06^e	77.22± 0.59^d	74.84± 0.91^d

注：同行肩标不同小写字母，表示差异显著（$P<0.05$）；相同小写字母，表示差异不显著（$P>0.05$）。

表6-9　2龄青鱼对8种饲料原料中氨基酸的表观消化率（%）

氨基酸 Amino acids	国产鱼粉 DFM	蝇蛆粉 MGM	玉米蛋白粉 CGM	大豆粕 SBM	花生粕 PNM	棉籽粕 CSM	菜籽粕 RSM	米糠 RB
苏氨酸 Thr	92.29± 0.54^b	85.72± 0.40^{de}	88.31± 0.51^c	96.24± 0.37^a	92.03± 0.46^b	84.49± 0.60^e	86.18± 0.57^d	87.26± 0.53^{cd}
缬氨酸 Val	92.28± 0.54^b	86.55± 0.63^c	87.27± 0.38^c	95.93± 0.47^a	86.29± 0.59^c	83.19± 0.44^e	84.78± 0.45^d	83.63± 0.34^{de}
蛋氨酸 Met	91.31± 0.36^b	87.40± 0.63^d	92.80± 0.40^b	96.48± 0.63^a	91.52± 0.34^b	85.44± 0.81^e	86.25± 0.41^{de}	89.56± 0.68^c
异亮氨酸 Ile	92.34± 0.35^b	83.66± 0.62^e	86.77± 0.49^d	95.40± 0.50^a	89.84± 0.35^c	84.42± 0.61^e	87.84± 0.53^d	86.46± 0.47^d
亮氨酸 Leu	92.39± 0.33^b	85.89± 044^d	84.60± 0.40^{de}	95.92± 0.42^a	87.67± 0.66^c	83.78± 0.36^e	88.41± 0.44^c	85.71± 0.48^d
苯丙氨酸 Phe	88.30± 0.48^{bc}	75.55± 0.43^f	85.41± 0.38^d	96.24± 0.55^a	87.19± 0.64^c	89.32± 0.36^c	83.43± 0.54^e	85.04± 0.65^d
赖氨酸 Lys	93.95± 0.37^a	85.89± 0.99^c	85.51± 0.54^c	95.51± 0.69^a	89.90± 0.77^b	82.10± 0.60^d	88.44± 0.45^b	85.48± 0.60^c
组氨酸 His	91.80± 0.53^b	85.62± 0.63^d	87.96± 0.44^c	94.67± 0.46^a	85.28± 0.52^d	85.33± 0.49^d	87.31± 0.45^c	90.32± 0.44^b
精氨酸 Arg	93.28± 0.43^b	89.69± 0.37^d	91.00± 0.77^d	97.74± 0.35^a	94.45± 0.57^b	89.64± 0.61^d	87.57± 0.60^e	91.46± 0.63^c
必需氨基酸 EAA	92.47± 0.49^b	84.51± 0.38^f	87.02± 0.41^e	95.76± 0.20^a	90.77± 0.54^c	84.02± 0.29^f	87.13± 0.21^e	88.90± 0.45^d
非必需氨基酸 NEAA	94.12± 0.26^b	85.76± 0.32^d	89.09± 0.49^c	96.15± 0.52^a	87.00± 0.26^d	84.26± 0.54^e	86.52± 0.47^d	89.07± 0.45^c
总氨基酸 TAA	93.23± 0.29^b	85.37± 0.53^e	88.35± 0.39^d	96.42± 0.55^a	90.35± 0.65^c	83.57± 0.37^f	86.55± 0.50^e	88.26± 0.48^d

注：同一列数据有不同上标的英文字母，表示有显著差异（$P<0.05$）。

表 6-10 草鱼对 8 种原料的干物质、粗蛋白、脂肪、总能和总磷表观消化率（%）

原料	干物质	粗蛋白	粗脂肪	总能	总磷
豆粕	68.97±1.14[b]	89.53±0.83[ab]	88.39±1.00[b]	68.70±1.70[b]	29.37±7.12[a]
菜粕	61.64±1.88[c]	83.48±0.40[c]	82.20±1.25[c]	58.89±1.92[c]	34.23±1.77[a]
棉粕	55.35±1.61[d]	86.37±0.97[b]	73.43±1.30[d]	59.70±1.04[c]	26.89±0.87[a]
花生粕	64.28±1.29[c]	87.79±0.74[b]	83.45±0.45[bc]	69.42±0.89[b]	34.96±2.12[a]
四号粉	43.35±0.58[f]	81.40±1.38[c]	89.31±1.50[b]	42.70±0.66[e]	15.16±1.53[b]
麦芽根	43.73±1.03[f]	78.40±0.45[d]	85.89±2.13[bc]	47.89±2.07[d]	21.26±1.57[ab]
青糠	36.54±1.66[g]	76.55±1.04[d]	87.85±1.22[b]	41.07±1.46[e]	27.62±2.59[a]
鱼粉	75.99±0.69[a]	91.73±0.99[a]	94.93±0.90[a]	76.49±1.22[a]	30.48±1.79[a]

注：同一列数据有不同上标的英文字母，表示有显著差异（$P<0.05$）。

表 6-11 草鱼对 8 种原料必需氨基酸表观消化率（%）

原料	苏氨酸	缬氨酸	蛋氨酸	异亮氨酸	亮氨酸	苯丙氨酸	赖氨酸	组氨酸	精氨酸	胱氨酸	酪氨酸
豆粕	89.34±0.36[b]	90.48±0.28[a]	89.91±0.23[a]	87.87±0.23[a]	88.79±0.30[b]	89.27±0.28[b]	91.26±0.88[a]	89.16±0.63[ab]	92.38±0.73[a]	91.04±0.30[a]	90.93±0.69[a]
菜粕	85.34±0.29[c]	83.25±0.31[b]	83.69±0.32[c]	82.35±0.30[d]	84.17±0.29[c]	81.21±0.32[d]	80.89±0.30[c]	85.82±0.27[bc]	85.92±0.25[c]	79.12±5.21[cd]	87.02±0.27[bc]
棉粕	75.52±0.21[de]	80.83±0.18[c]	90.06±0.18[a]	83.23±0.25[c]	80.17±0.22[d]	83.37±0.17[c]	78.88±0.20[d]	82.46±1.58[bc]	87.92±0.10[b]	79.39±1.42[cd]	89.44±0.79[ab]
花生粕	75.67±0.35[de]	83.05±0.29[b]	77.27±0.47[d]	86.20±0.29[b]	87.27±0.23[b]	88.29±0.21[b]	83.01±0.27[b]	84.85±2.12[bc]	91.98±0.09[a]	83.16±0.37[bc]	89.91±0.53[ab]
四号粉	77.48±0.67[d]	74.63±0.35[d]	89.59±0.02[a]	88.45±0.04[a]	84.25±0.32[c]	90.89±0.45[a]	55.90±0.24[f]	83.30±2.81[bc]	86.85±0.23[bc]	72.06±2.00[de]	85.95±1.32[c]
麦芽根	74.98±0.46[de]	74.32±0.46[d]	76.53±0.38[d]	79.39±0.35[d]	80.41±0.45[d]	71.67±0.52[e]	72.98±0.35[e]	74.00±0.50[d]	81.04±0.37[d]	52.67±0.92[f]	76.31±1.44[d]
青糠	72.99±0.59[e]	74.52±0.54[d]	85.63±0.42[b]	73.99±0.43[e]	75.95±0.61[e]	71.79±0.57[e]	52.76±0.47[f]	81.15±1.82[c]	88.35±0.31[b]	67.22±0.43[e]	87.89±0.32[abc]
鱼粉	91.54±1.56[a]	90.01±0.09[a]	90.29±0.03[a]	88.85±0.04[a]	90.27±0.09[a]	89.14±0.11[b]	92.30±0.05[a]	92.67±0.55[a]	91.90±1.06[a]	88.52±1.00[ab]	89.68±0.08[ab]

注：色氨酸未测定；胱氨酸和酪氨酸为半必需氨基酸。

表 6-12　团头鲂对 18 种饲料原料的表观消化率（%）

原料	干物质	粗蛋白	粗脂肪	总磷	总能
鱼粉	70.54±0.67[b]	90.54±0.16[b]	93.86±1.98[b]	16.49±0.32[d]	85.80±0.87[a]
肉骨粉	65.75±0.90[d]	78.66±1.00[f]	90.99±0.92[c]	5.60±0.92[g]	85.52±1.08[a]
豆粕	63.35±3.11[e]	90.48±0.80[b]	83.72±1.03[d]	29.10±0.01[b]	65.46±1.36[c]
花生粕	68.67±0.87[c]	91.33±0.49[b]	62.36±1.12[h]	11.81±1.17[e]	77.15±0.69[b]
棉粕	59.68±0.31[f]	87.79±0.59[c]	78.66±2.03[e]	17.72±0.63[d]	66.72±1.24[c]
菜粕	77.48±1.05[a]	93.63±0.32[a]	69.48±1.09[g]	3.21±0.99[g]	85.33±0.70[a]
玉米酒糟蛋白	53.65±1.05[g]	82.72±0.58[e]	95.80±0.53[a]	48.02±0.78[a]	61.26±1.29[d]
次粉	45.10±1.23[h]	56.78±0.20[g]	75.38±0.27[f]	23.74±0.40[c]	49.42±1.57[e]
米糠	65.34±0.98[d]	85.45±1.23[d]	94.19±0.87[ab]	9.13±0.36[f]	79.65±0.04[b]
膨化羽毛粉	68.07±0.88[d]	81.54±1.08[e]	95.72±1.76[cd]	46.52±1.68[e]	68.91±0.24[e]
酶解羽毛粉	71.11±1.20[cd]	84.48±0.34[d]	84.82±1.08[e]	—	77.27±0.67[d]
血粉	73.00±0.13[c]	84.93±0.74[d]	94.69±0.56[d]	67.24±0.93[c]	76.36±1.03[d]
蚕蛹粉	79.33±0.98[b]	89.07±0.42[b]	98.79±0.85[b]	56.48±1.20[d]	86.01±1.09[c]
玉米蛋白粉	92.69±1.00[a]	92.75±0.66[a]	103.44±0.99[a]	97.55±0.89[a]	97.81±0.39[a]
蛋白肽	54.46±0.69[e]	85.92±1.09[cd]	62.28±0.87[f]	54.56±0.99[d]	59.89±0.44[f]
碎米	91.79±0.92[a]	88.06±0.14[bc]	99.59±1.03[ab]	41.48±0.58[f]	90.56±0.84[bc]
玉米	92.65±0.73[a]	87.99±0.63[bc]	98.39±0.13[b]	88.96±0.41[b]	93.62±1.01[ab]
大麦	74.87±0.05[c]	88.29±0.80[bc]	86.47±0.28[e]	57.69±1.10[d]	79.40±0.49[d]

表 6-13　团头鲂对 18 种饲料原

氨基酸 原料	鱼粉	肉骨粉	豆粕	花生粕	棉粕	菜粕	玉米酒糟蛋白	次粉	米糠
Asp	91.66±0.21	81.05±0.99	90.29±0.82	94.91±0.40	87.86±0.33	96.32±0.02	85.37±1.24	55.36±5.13	86.50±0.85
Thr	91.73±0.25	83.45±0.85	82.82±0.09	85.52±0.03	78.40±1.74	92.63±0.02	77.67±1.22	52.16±5.93	82.72±1.75
Ser	90.83±0.33	77.32±1.25	86.76±0.13	90.60±0.39	84.98±0.79	92.56±0.48	83.59±0.88	63.24±3.53	84.74±0.99
Glu	92.94±0.08	81.00±1.00	93.12±0.69	95.68±0.64	92.26±0.37	96.47±0.35	86.38±0.36	81.31±1.40	85.31±0.41
Gly	91.48±0.31	72.14±0.42	81.75±0.46	86.85±0.32	85.18±0.90	94.85±0.51	81.46±0.28	46.52±1.42	86.20±1.58
Ala	92.71±0.08	79.96±0.33	88.39±0.24	90.84±0.48	84.36±0.90	94.41±0.02	87.09±0.34	50.61±4.71	86.25±0.87
Cys	86.36±0.28	75.28±0.67	86.16±0.57	89.19±1.19	87.75±1.99	94.79±0.22	89.54±1.59	61.75±2.63	89.67±0.08
Val	91.68±0.99	82.78±0.24	82.25±0.27	91.05±0.14	83.68±0.21	91.90±0.53	80.09±0.19	39.70±1.14	82.13±1.06
Met	97.14±0.68	93.22±0.72	99.96±0.21	98.86±4.43	85.29±0.89	97.41±0.54	92.92±1.24	102.30±0.86	100.50±1.09
Ile	95.65±0.21	83.93±0.94	87.17±0.28	93.30±0.60	89.20±1.12	95.57±0.22	86.84±0.80	57.66±0.19	91.96±0.35
Leu	95.09±0.90	83.19±0.36	90.65±0.07	90.87±0.75	86.54±1.19	93.96±0.35	87.83±0.99	59.97±0.67	89.41±0.84
Tyr	92.54±1.10	78.99±0.96	87.31±1.07	90.95±0.99	83.48±2.82	92.01±0.32	86.44±1.29	40.44±3.52	88.51±1.34
Phe	91.47±0.62	86.56±0.66	87.31±0.32	90.24±1.07	85.51±1.26	93.50±0.92	80.45±1.41	30.69±0.68	75.75±1.76
Lys	94.34±0.34	86.22±0.04	84.89±0.52	79.83±0.81	70.67±1.87	96.54±0.47	79.44±4.93	24.62±0.91	88.54±0.39
His	94.04±0.81	88.43±1.01	91.47±0.99	87.14±0.17	88.22±0.17	97.19±0.46	88.27±1.07	54.18±5.72	90.15±1.64
Arg	94.13±0.70	75.05±0.26	93.57±0.39	97.23±0.41	94.32±0.38	97.03±0.37	85.29±1.22	67.28±0.88	91.34±0.28
Pro	91.58±0.50	72.92±0.46	93.02±0.83	89.79±0.95	82.76±0.14	93.14±0.32	88.80±0.65	75.62±1.50	72.79±1.74
EAA	93.20±0.83ᵃ	83.97±0.54ᶜ	87.36±0.38ᵇ	92.04±0.59ᵃ	86.58±0.43ᵇ	94.88±0.35ᵃ	85.94±1.31ᵇᶜ	48.95±3.14ᵈ	87.28±0.41ᵇ
NEAA	91.90±0.27ᵇ	76.38±1.19ᵉ	88.53±0.45ᶜ	93.40±0.72ᵃᵇ	88.72±0.59ᶜ	94.80±0.48ᵃ	85.90±1.03ᵈ	68.90±2.20ᶠ	85.55±0.56ᵈ
TAA	94.80±0.48ᵃ	78.91±1.27ᵈ	89.19±1.05ᵇ	92.84±0.66ᵃ	87.75±0.45ᵇᶜ	94.83±0.42ᵃ	85.07±1.49ᶜ	62.49±2.50ᵉ	85.68±0.93ᶜ

料中氨基酸的表观消化率

膨化羽毛粉	酶解羽毛粉	血粉	蚕蛹粉	玉米蛋白粉	蛋白肽	碎米	玉米	大麦
75.53±0.70	81.91±1.42	88.64±0.08	91.47±0.51	92.39±0.51	90.70±0.92	26.63±0.86	32.02±1.64	73.99±1.09
75.76±0.54	83.25±0.60	89.52±0.78	90.14±0.61	90.59±0.76	85.16±2.34	67.13±1.04	52.57±2.09	80.83±0.79
82.26±0.24	90.66±0.88	90.36±0.22	86.40±1.09	94.34±0.57	89.38±1.21	70.88±1.06	61.48±1.14	85.94±0.47
76.93±0.80	88.22±0.71	89.99±0.12	90.99±1.66	96.90±0.38	93.73±0.38	83.06±0.20	47.26±2.34	93.15±1.10
83.68±0.21	89.59±0.96	88.41±0.35	78.70±1.11	87.75±0.66	87.36±1.71	63.47±0.62	58.36±2.18	84.49±0.68
79.61±0.45	85.20±0.58	90.32±0.05	84.79±1.07	95.52±0.28	87.90±1.54	63.80±1.01	67.98±2.78	80.83±0.94
72.84±0.03	85.46±0.03	89.52±0.64	92.27±1.30	95.78±0.27	93.59±0.66	78.84±1.07	77.60±0.08	87.74±0.40
79.33±0.31	87.86±1.03	88.82±0.16	89.97±1.14	92.90±0.12	88.33±1.37	70.81±0.22	62.80±2.88	84.93±0.72
85.18±0.68	80.97±1.13	91.26±1.02	98.34±0.61	98.29±0.25	91.08±2.79	93.03±0.88	73.79±0.36	97.97±0.29
79.22±0.35	87.78±1.08	77.43±0.61	92.14±1.04	94.58±0.17	88.52±2.02	80.57±0.51	32.81±2.40	86.56±1.08
80.65±0.32	89.11±0.84	89.36±0.28	91.14±1.14	96.97±0.21	89.56±1.71	80.50±0.20	74.23±1.66	86.85±0.95
83.60±0.03	85.96±0.84	89.17±0.50	92.76±0.81	96.36±0.22	91.01±1.65	30.95±0.40	57.92±2.30	90.18±0.71
81.39±0.58	89.20±1.02	89.59±0.13	88.14±1.10	95.20±0.29	89.84±1.06	78.92±.94	65.09±1.71	86.12±0.25
65.01±0.91	66.27±1.04	90.67±0.06	91.31±1.52	86.78±0.94	84.15±1.12	91.25±0.75	30.84±3.45	89.11±0.21
73.78±0.87	75.24±1.15	90.64±0.34	88.96±1.39	94.35±0.52	89.32±0.64	93.83±0.50	79.71±1.01	84.52±0.37
83.66±0.66	91.02±0.45	87.60±0.25	92.97±1.61	94.01±0.67	93.85±0.56	77.72±1.56	88.98±0.68	89.71±0.84
80.44±0.02	89.47±0.91	86.85±0.12	91.26±1.71	96.11±0.44	88.67±1.38	76.40±0.76	80.70±1.99	77.30±0.98
79.91±0.34[c]	89.15±0.98[b]	89.42±0.01[b]	90.89±1.75[ab]	95.56±0.18[a]	91.08±1.07[ab]	69.43±0.25[d]	63.07±2.60[e]	87.32±0.29[b]
79.48±0.46[c]	87.44±1.38[b]	89.35±0.05[b]	91.67±1.52[ab]	95.18±0.20[a]	90.06±1.27[b]	72.51±0.70[d]	61.49±2.61[e]	87.59±0.26[b]
82.80±0.22[c]	89.68±0.94[cd]	90.59±0.02[bc]	90.41±1.56[bc]	95.53±0.15[a]	92.97±0.56[ab]	87.04±0.05[d]	86.96±1.17[d]	90.59±0.77[bc]

表 6-14 建鲤对 18 种饲料原料的表观消化率（%）

原料	干物质	粗蛋白	粗脂肪	总磷	总能
鱼粉	56.15±2.39[e]	82.33±1.39[b]	78.60±0.35[abc]	24.55±0.01[c]	70.03±0.32[c]
肉骨粉	50.15±0.59[g]	67.02±0.38[d]	75.21±2.89[c]	6.52±1.23[f]	64.15±0.83[e]
豆粕	65.17±1.56[c]	88.75±0.49[a]	79.70±0.57[abc]	23.69±1.48[cd]	72.75±0.47[b]
花生粕	71.10±0.82[a]	87.28±1.16[b]	83.78±0.45[a]	13.35±1.50[e]	73.49±0.93[a]
棉粕	44.33±0.19[h]	76.99±0.42[c]	74.17±0.40[c]	19.28±3.18[cd]	62.23±1.03[f]
菜粕	53.09±1.47[f]	79.81±0.09[bc]	51.68±0.97[e]	17.87±1.76[de]	52.56±0.79[g]
玉米酒糟蛋白	35.44±5.17[i]	60.31±0.07[e]	81.97±0.87[ab]	38.69±0.66[b]	47.82±1.79[h]
次粉	68.26±0.38[b]	80.85±0.17[b]	77.76±1.04[bc]	58.21±2.76[a]	72.77±0.18[b]
米糠	59.33±1.32[d]	79.54±0.68[bc]	66.29±1.50[d]	22.47±4.41[cd]	66.31±0.94[d]
血粉	74.17±2.27[df]	79.70±1.55[b]	71.26±6.73[bc]	41.85±3.06[bc]	71.14±1.19[cd]
蚕蛹粉	63.11±0.48[e]	78.76±0.69[b]	88.04±0.89[ab]	45.46±3.03[bc]	70.56±0.17[cd]
膨化羽毛粉	64.34±1.30[e]	66.51±1.65[c]	66.48±2.22[c]	52.27±2.62[b]	58.67±0.44[e]
酶解羽毛粉	76.32±3.12[cd]	75.64±1.76[bc]	67.89±4.16[c]	29.04±1.78[cd]	78.00±3.20[bc]
蛋白肽	67.32±1.67[fe]	76.58±0.65[bc]	88.32±1.85[ab]	54.13±0.69[b]	64.78±2.67[de]
玉米蛋白粉	94.57±2.02[a]	92.85±0.53[a]	87.68±1.33[ab]	98.92±1.45[a]	91.92±0.89[a]
玉米	90.03±1.05[ab]	80.67±3.28[b]	94.03±1.69[ab]	24.56±1.03[d]	84.45±1.69[ab]
碎米	84.36±2.38[bc]	43.60±0.82[d]	88.71±2.37[ab]	26.35±3.68[d]	80.33±0.59[bc]
大麦	79.56±2.79[cd]	75.39±3.55[bc]	90.85±0.82[ab]	33.79±3.69[cd]	77.67±1.46[bc]

表 6-15 建鲤对 18 种饲料原料中必需氨基酸的表观消化率

原料 / 氨基酸	鱼粉	肉骨粉	豆粕	花生粕	棉籽粕	菜籽粕	玉米酒糟	次粉	米糠
Arg	85.38±1.38[b]	64.71±3.11[c]	93.08±0.97[a]	94.88±0.27[a]	89.17±1.05[ab]	89.98±1.24[ab]	65.53±2.25[c]	90.02±2.98[ab]	85.56±5.76[b]
His	87.28±1.33[ab]	75.04±1.90[d]	87.01±1.03[ab]	83.86±1.66[bc]	76.42±1.83[cd]	83.20±1.92[bc]	69.56±2.09[d]	92.58±2.90[a]	70.37±4.95[d]
Ile	80.27±0.93[a]	58.34±4.71[c]	87.53±2.04[a]	81.30±2.45[a]	58.21±0.99[c]	70.38±0.86[b]	40.87±2.15[d]	45.19±6.10[d]	82.73±2.69[a]
Leu	81.79±1.53[ab]	67.48±3.12[c]	87.07±1.47[a]	85.27±0.91[a]	65.72±1.90[c]	77.62±1.66[b]	67.51±0.71[c]	77.58±3.71[b]	81.81±2.34[a]
Lys	88.18±2.66[ab]	69.90±1.56[ef]	84.54±2.43[abc]	76.52±1.83[cde]	61.77±3.91[f]	81.04±0.65[bcd]	38.98±1.63[g]	91.27±2.26[a]	73.39±5.86[de]
Met	90.17±0.76[ab]	86.42±1.78[b]	96.69±2.14[a]	87.54±3.52[b]	70.71±1.28[c]	93.44±3.95[ab]	65.34±4.29[c]	98.14±0.96[a]	93.77±1.38[a]
Phe	80.15±1.88[b]	72.60±2.18[c]	87.81±1.09[a]	87.43±1.10[a]	72.56±1.43[c]	75.61±1.10[bc]	69.94±2.63[c]	90.57±3.59[a]	71.09±3.88[c]
Thr	80.57±1.10[b]	68.72±1.73[d]	86.61±1.06[a]	75.93±2.01[bc]	55.72±2.51[e]	74.45±0.80[bcd]	57.15±1.43[e]	78.78±3.17[bc]	73.58±2.65[cd]
Val	81.37±1.21[bc]	69.98±2.18[d]	87.87±1.56[a]	84.13±0.87[ab]	70.58±0.72[d]	77.65±0.92[c]	62.55±0.53[e]	70.68±4.70[d]	75.48±0.47[cd]
TAA	83.46±1.21[abc]	68.75±3.39[e]	89.47±1.86[a]	87.93±0.52[a]	77.07±0.95[d]	82.07±1.10[bcd]	64.94±0.46[e]	84.57±2.42[ab]	78.29±1.78[cd]

（续）

原料 氨基酸	血粉	蚕蛹粉	膨化羽毛粉	酶解羽毛粉	蛋白肽	玉米蛋白粉	玉米	碎米	大麦
Arg	83.15±3.32[ab]	81.13±1.63[abc]	71.69±1.15[cd]	77.11±2.31[bcd]	78.50±2.16[bcd]	90.03±2.18[a]	70.53±0.51[d]	31.66±5.94[e]	89.39±6.73[a]
His	87.78±3.77[a]	87.47±0.43[a]	63.97±0.23[c]	59.39±4.02[d]	47.75±1.27[e]	76.69±2.04[b]	44.06±2.45[e]	49.49±0.78[dde]	75.76±0.50[a]
Ile	84.12±2.58[a]	84.28±1.33[a]	62.45±1.75[b]	62.97±3.15[b]	68.80±2.64[b]	86.30±1.31[a]	66.26±1.46[b]	40.75±0.36[c]	81.69±6.61[a]
Leu	82.63±3.50[bc]	88.53±2.13[ab]	73.62±1.34[c]	80.03±2.47[bc]	85.16±0.68[a]	93.70±1.01[a]	85.88±2.38[b]	49.49±4.49[d]	92.74±7.04[a]
Lys	81.25±2.91[ab]	78.20±2.22[abc]	67.57±1.01[cd]	76.08±2.51[abc]	69.62±1.92[bcd]	86.97±2.27[a]	63.55±5.73[d]	32.41±3.34[e]	83.73±7.45[a]
Met	88.47±6.09[ab]	94.79±1.87[a]	79.81±1.46[ab]	70.26±3.00[bc]	56.28±4.32[c]	93.75±0.73[a]	36.37±2.20[d]	93.01±1.31[a]	94.86±2.63[a]
Phe	73.97±1.31[bc]	85.48±2.00[ab]	70.87±0.79[bcd]	78.53±3.79[ab]	85.06±2.62[d]	81.49±2.18[ab]	71.68±0.74[bcd]	59.52±6.12[cd]	93.96±2.95[a]
Thr	81.83±3.96[ab]	82.76±2.29[ab]	71.36±0.90[bc]	76.22±3.73[b]	62.99±2.16[c]	91.62±1.16[a]	78.45±5.63[b]	42.23±3.61[d]	92.37±2.55[a]
Val	84.37±2.29[a]	76.83±2.36[b]	64.54±0.73[c]	74.01±1.35[b]	66.78±1.14[c]	86.23±2.15[a]	66.74±0.82[c]	25.99±2.19[d]	67.48±4.11[c]
TAA	84.23±2.72[ab]	80.74±2.08[bc]	69.73±0.93[d]	77.63±1.68[bc]	78.58±1.05[cd]	93.20±1.35[a]	76.18±5.30[cd]	39.41±4.01[e]	82.31±0.96[bc]

（二）营养平衡技术

营养平衡技术是饲料配方最重要的部分。通过不同原料的配比，达到满足鱼类生长或者其他方面的生理生化需要。

1. 氨基酸平衡技术 鱼类对饲料蛋白的需求，其实就是对氨基酸的需求。不同的饲料原料氨基酸组成不同，不同鱼类对氨基酸的消化和吸收也不相同。对饲料氨基酸的平衡，不仅要考虑化学水平的平衡，还需要考虑氨基酸消化和吸收水平。

不同的饲料蛋白源的限制性氨基酸不同，一般认为，鱼粉蛋白的氨基酸较为平衡，豆粕第一限制性氨基酸为赖氨酸，菜粕的第一限制性氨基酸为蛋氨酸。其他不同原料的氨基酸含量也不相同，国际上定期发布一些饲料原料的营养成分（万建美和孙相俞，2012），国内也有很多对饲料原料的定期测定，但不同的来源原料有一定的差异。合理的氨基酸平衡技术就是需要根据鱼类的氨基酸需求量，来平衡饲料氨基酸水平。但是目前最大的问题是，鱼类氨基酸需求量的数据是化学水平。如果仅在化学水平的平衡，不考虑加工的问题，消化率的差异仍然会带来很大的误差。

氨基酸平衡首先是利用不同原料之间的互补关系，通过不同原料来达到平衡。仲维玮等（2010）利用混合蛋白源饲养罗非鱼，发现混合植物蛋白源替代 25%～75% 鱼粉时，罗非鱼的质量增量、特定生长率、蛋白质效率和饲料系数与对照组无显著差异；替代 100% 鱼粉时，罗非鱼的质量增量、特定生长率和蛋白质效率显著低于其他处理组，饲料系数显著高于其他处理组。Yamamoto 等（2005）通过在低蛋白饲料中添加氨基酸，可以节约 10%～15% 的饲料蛋白。

但是混合蛋白很多情况下，虽然氨基酸达到平衡，但并不能完全替代鱼粉而获得相近的生长性能（盛洪建，2009）。

以前认为，鲤科鱼类对晶体氨基酸的利用较差（Pongmaneera et al.，1993），而在真鲷（Takagi et al.，2001）、五条鰤（Watanabe et al.，2001）、斑点叉尾鮰（Zarate et al.，1999）和高首鲟（Ng et al.，1996）等鱼类饲料中添加晶体氨基酸，对鱼类的生长性能没有显著改善。还有一些研究表明，鱼类对晶体氨基酸（CAA）的利用较结合态氨基酸差。例如，Zarate 等（1997）发现斑点叉尾鮰虽然能够利用晶体赖氨酸，但其效果不如豆粕中结合态赖氨酸。Williams 等（2001）在亚洲尖吻鲈的研究中发现，在低的蛋白水平补充 CAA 取得和补充蛋白质结合态的氨基酸一样效果；在高的蛋白水平补充 CAA 的生长效果，不如补充结合态的氨基酸。Teshima 等（1990）在鲤和罗非鱼研究中，也得出相似的结论。而对晶体氨基酸利用较差的主要原因包括：①吸收不同步（Cowey et al.，1988），CAA 的吸收速度较结合态氨基酸快。水生动物储存游离氨基酸的能力甚低，导致先吸收的 CAA 不能用于合成蛋白质（蛋白质来源的氨基酸尚未被吸收），而直接排泄或氧化代谢（冷向军等，2009）。②水中的溶失。CAA 均具有一定的水中溶解性，因而在饲料投入水中到为鱼类所摄食的这段时间内，存在水中溶失的可能。对于牙鲆等抢食性鱼类而言，CAA 溶失则不是影响 CAA 使用效果的主要因素；但对于温水性鱼类而言，CAA 的溶失问题比较严重（邓明君和麦康森，2007）。刘永坚等（1999）实验表明，草鱼饲料在水中浸泡 10min 后，晶体赖氨酸的损失达 20％以上。在斑点叉尾鮰（Zarate et al.，1997）、异育银鲫（王冠等，2006）等实验中也发现，饲料中大量 CAA 溶失于水中。③饲料的 pH。不同单体氨基酸酸碱性（pH）不同，CAA 氨基酸的添加，会影响饲料的 pH，饲料 pH 又会影响鱼类对 CAA 的消化吸收，进而影响 CAA 的利用，尤其对于鲤科鱼等无胃鱼更为明显（Keembiyehetty et al.，1992）。鱼类的消化道特性多种多样，消化液的 pH 也不同，因此，不同鱼类最适饲料 pH 也有所差异。据报道，当饲料 pH 为中性时，鲤和斑点叉尾鮰对 CAA 的利用效果最好（Muraiet al.，1983；Wilsonet al.，1977）。Keembiyehetty 等（1992）报道，杂交条纹鲈也能有效利用 pH 调至中性的 CAA。然而，Whiteman & Gatlin Ⅲ（2005）研究发现，当 CAA 的 pH 调至中性时，杂交条纹鲈和美国红鱼生长性能均没有得到显著改善。

通过研究，目前改善氨基酸利用的途径包括：

（1）提高投喂频率　提高投喂频率，可提高鱼类对 CAA 的利用。冷向军等（2005）考察了在采食量保持一致的情况下，投饲频率对 CAA 作用效果的影响，在投喂频率为 2 次/天、3 次/天的条件下，于饲料中补充晶体赖氨酸、蛋氨酸对异育银鲫的生长并无改善作用；但当投喂频率增加到 4 次/天后，异育银鲫的生长得到显著改善。原因可能是提高投饲频率，缩短投饲间隔后，前后 2 次投饲产生的血液氨基酸峰值可产生一定程度的叠加，从而改善 CAA 的作用效果。另外，连续投喂也是减少氨基酸水体溶失和缓解 CAA 与饲料中结合态氨基酸吸收不同步的一种有效投喂方法（Yamada et al.，1981）。

（2）氨基酸的缓释技术　将普通晶体氨基酸（CAA）研制成为缓释型氨基酸制

剂，一方面，可减少CAA在水中的溶失；另一方面，可延缓CAA在肠道中的吸收速度，从而改善鱼类对CAA的利用效果。目前，用得比较多的缓释方法是，将氨基酸进行包被处理，Lopez‐Alvaradoet等（1994）、Segovia‐Quintero等（2004）、刘永坚等（2002）、王冠等（2006）研究证明，CAA经包被处理后，水中溶失率大为减少；Segovia‐Quintero等（2004）、刘永坚等（2002）、冷向军等（2007）、陈丙爱等（2008）的实验也证明了CAA经包被处理后，其在血液的吸收峰值出现了不同程度的延迟。目前，添加缓释型CAA在改善鱼类对CAA的利用、促进生长方面已有成效。刘永坚等（2002）在饲料中添加包被晶体赖氨酸，显著提高了草鱼增重率；而直接添加晶体赖氨酸则无改善，冷向军等（2007）在异育银鲫研究中得到类似结果。郑宗林等（2009）认为，在异育银鲫饲料中，通过添加微囊赖氨酸，可以降低2%的鱼粉用量，但包膜赖氨酸效果较差。此外，一些氨基酸的衍生物的应用也越来越广。如蛋氨酸羟基类似物（MHA）的应用，MHA因其特殊的结构性质，不仅具备蛋氨酸的营养功能，而且可以发挥蛋氨酸不具备的酸化剂、抗生素等功能（金利群等，2013）。

（3）调节饲料pH　合理调节饲料的酸碱特性，进而调节胃肠中的pH到最佳值，可以促进鱼类对CAA的吸收利用。当饲料pH为中性时，鲤、斑点叉尾鲴、杂交条纹鲈对CAA的有较好的利用（Wilson et al.，1977；Murai et al.，1983；Keembiye‐hetiy et al.，1992）。近期的氨基酸需求实验，饲料一般都用6mol/L氢氧化钠调节至中性，以促进鱼类对CAA的利用（Yanet al.，2007；Ahmed，2007；Abidi & Khan，2007）。

此外，国内开始研究理想氨基酸模式，提高氨基酸用于维持机体正常生理生化过程和生长的需要，而减少用于能量消耗。在黄颡鱼中的研究结果发现，通过氨基酸平衡的饲料，可以超过优质鱼粉的生长效率，提高蛋白贮积、减少含氮废物的排放（张月星，未发表）。

2. 能量平衡技术　营养平衡技术还有一个方面就是利用能量平衡的技术，利用碳水化合物或脂肪等的蛋白节约效应，提供部分能量，减少饲料蛋白用作能量消耗的部分，提高其蛋白利用效率。低氮高脂饲料可以节约4%～6%的饲料蛋白，明显提高蛋白贮积率，而获得比市场商品饲料更低的经济成本（麦康森，2013）。高攀（2009）发现，当草鱼饲料的蛋白含量较低时，提高脂肪的含量能显著提高草鱼幼鱼的特定生长率、蛋白质效率和蛋白质沉积率，降低饲料系数、摄食率和能量沉积率，但在蛋白含量较高时，脂肪含量的变化对其影响不显著。严全根（2004）在许氏平鲉（*Sebastes schlegeli*）中发现，低氮高能（脂）饲料可以获得较高的生长、饲料效率、蛋白贮积率和能量贮积率。

（三）原料预处理

原料的预处理，通常包括合理的粉碎、原料的理化方法处理、酶制剂处理等。王卫国等（2001）发现，饲料的粉碎粒度影响鲤的干物质、蛋白、能量消化率及生长性能，粒度177μm为3种试验鲤鱼种饲料的最佳粉碎粒度。温超等（2011）研究发现，粉碎机筛孔孔径影响饲料的硬度、溶蚀率、淀粉糊化度和团头鲂的增重率，并建议团头鲂饲料采用1.0mm孔径的筛片粉碎较好。Denstadli等（2007）通过植酸酶预处理，可以有效提高无机盐的利用效率。陈京华和麦康森（2010）研究发现，通过原料的植酸酶，预处理和饲料中添加植酸酶，均可以使豆粕饲料达到和鱼粉饲料相同的生长和饲料效率，原料的预处理还可以有效提高钙的利用效率。

有关蛋白源抗营养因子的预处理技术在原料部分已述。

（四）加工工艺标准化

水产饲料加工工艺的研究起步较晚。"重配方、轻加工"导致营养配方较好而加工后的效果，可能远达不到配方的要求。

饲料生产过程中，加热、粉碎、制粒和膨化等加工工艺，不仅会影响营养物质本身的有效含量，甚至会导致饲料营养价值发生很大的改变。如加工中受热过度，将导致蛋白质的褐变，造成赖氨酸或其他一些氨基酸与糖发生反应，一些敏感性营养素如维生素活性下降、脂肪氧化等。粉碎破坏了皮对谷物的保护，会使一些易被氧化的养分（如不饱和脂肪酸）受到破坏，特别是在饲料中含有铁、锰等微量元素的情况下。同时，一些酶制剂的活性会严重下降或消失（曹振民，2012）。

膨化是饲料加工重要的工艺，可有效提高饲料的利用效率。但是如果控制不合理，也会造成一定的负面影响。罗琳等（2011）采用配方相同的膨化饲料和硬颗粒饲料饲养鲤，结果表明，投喂膨化饲料的鲤的特定生长率和摄食率较投喂硬颗粒饲料的显著增加，蛋白质效率和饲料系数均有所改善，但差异不显著。

微颗粒饲料加工是水产动物开口饲料加工工艺中要求较高的。刘峰等（2011）综述了国际上较为流行的几种微颗粒饲料造粒工艺，包括微黏合工艺、微包膜工艺、聚合反应工艺、相分离技术造粒工艺、物理机械法造粒以及混合法造粒工艺。目前，国内在微颗粒饲料方面已经取得了较大的成功。

饲料加工工艺的标准化，对饲料质量的控制至关重要。王辅臣（2012）评价了物料水分含量、机筒温度、物料油脂含量和物料蛋白含量对挤压膨化饲料质量特性的影响。确定了生产鳙慢沉性配合饲料的最佳工艺条件为：物料水分含量25%，机筒温度90℃-115℃-130℃，物料脂肪含量7%～9%。杨志刚和陈乃松（2007）提出了和环保有关的饲料加工工艺。程译锋（2008）分别对鲤硬颗粒饲料和膨化饲料的蛋白质体外消化率、淀粉糊化度、维生素C（晶体VC）活性保留率和有害微生物数量在加工过程中的变化进行系统研究，得出鲤硬颗粒饲料的适宜加工条件为：饲料粉碎全部通过0.300mm筛孔，在调质后水分16%～18%，温度80～90℃的条件下制粒，后熟化90～100℃、20～30min；在此条件下，饲料的蛋白质体外消化率为82%～84%，淀粉糊化度为48%～50%，维生素C活性保留率为36%～40%，有害微生物灭活率接近 100%。鲤膨化饲料的适宜加工条件为：饲料粉碎全部通过 0.300mm 筛孔，调质后水分 26%～30%，喂料速度 30～60r/min，螺杆转速 150～250r/min，机筒温度 120～135℃；在此条件下，饲料的膨化度为 1.6～1.9，淀粉糊化度为 90%～92%，蛋白质体外消化率为 90%～92%，维生素 C 活性保留率为 25%～45%。

渔用饲料因其特殊性，其加工工艺要求更高。加工工艺不仅可以使饲料获得好的性状，而且还有助于降低抗营养因子，提高饲料利用效率。

随着生物活性物质的使用，后喷涂技术在水产饲料中得到越来越多的应用，可以避免添加剂在"湿热"加工中的损失（谢正军等，2010）。

四、投喂技术发展现状

国内对投喂技术研究较少，没有和养殖品种的摄食习性和生长规律等结合起来，导致饲料浪费，成本上升（麦康森，2013）。投喂技术以前是一直受到忽视的，但随着对饲料效率的追求，饲料企业逐渐重视其饲料投喂技术。在集约化养殖的今天，养殖强度大，对投喂管理的要求也更加严格。精确投喂技术可以有效地提高饲料利用效率，降低废物排放。投喂系统（feeding regime）通常包括投喂量、投喂时间、投喂节律和投喂频率等，还包括饲料的选择、投喂地点的选择与投饵机分布等。

（一）测水投喂技术

主要是根据水质的变化，来确定投喂的量和时间。主要的测定指标包括水温、溶氧、氨氮等，这些因子均是对鱼类摄食影响较大的因素。国内也在开发相关控制产品，通过一系列监控系统，达到投饵的自动控制。

（二）模型投喂技术

主要通过建立一系列生长模型，估算鱼类在一定生长阶段的营养需求。理想的精细模型，是可以估算每一天对某种营养素的需求量。但是，由于研究数据的限制，目前只能对投喂量进行估算。利用生物能量学模型，建立其能量收支与水温等因子的关系，估算鱼类的生长和饲料需要。通过合理投喂表，生产 1t 异育银鲫可减少 0.86t 饲料投入，降低 31kg 氨氮排放（周志刚，2002）。生产 1t 长吻鮠，可节约 0.27t 饲料，可以节约饲料成本 2 160 元，提饲料转化效率 27.6%，同时，可以减少 21.7kg 的氨氮排放和 7kg 的磷排放（韩冬，2005）。

（三）补充投喂技术

补充投喂技术一方面是利用水体的天然饵料，通过测定或者估算天然饵料的贡献率，通过人工饲料补充鱼类所需要的营养。这样，可以节约饲料，还可以降低水体污染，改善水质。解绶启（1997）成功地利用生物能量学模型，估算了富营养化湖泊中网箱养殖罗非鱼的补充营养需求。发现随着季节的不同，鱼体生长的变化、天然饵料的贡献率也不同，对补充饲料的营养要求也存在差别。此外，冬季适当投喂，不仅可以使鱼类保持体重，还可以改善体质，提高对病原的抵抗（Kim and Lovell，1995）。

（四）补偿生长机制的利用

动物的补偿生长，是指经过一段时间的营养限制或者其他环境因子（如温度、疾病等）限制后，动物表现出一段快速生长发育时期。营养限制，可以通过限制食物的数量和食物的质量来实现。补偿生长通常以终末体重来衡量，包括部分补偿（体重未能达到正常组）、完全补偿（体重等同正常组）和超补偿（体重超过正常组）。多数鱼类在一定时期的限食后，表现出一定的补偿生长机制。补偿生长的机制，包括提高摄食率、提高转化效率或者两者兼顾。吴蒙蒙等（2009）发现，红鲫幼鱼存在完全补偿生长能力，其完全补偿生长是通过提高食物转化率来实现的，短期饥饿时将糖原和粗脂肪作为主要能源物质。杨严鸥等（2005）比较了长吻鮠、异育银鲫和草鱼的补偿生长，发现长吻鮠和异育银鲫在"4天饱食—1天饥饿"和"2天饱食—1天饥饿"的模式下，具有完全补偿生长现象；而草鱼只在"4天饱食—1天饥饿"组具有完全补偿生长现象，在"2天饱食—1天饥饿"组则发生部分补偿生长。三种鱼在不同处理条件下的饲料转化效率和蛋白质效率比都没有显著差异，补偿生长是通过提高实际摄食率实现的。Qian等（2000）发现，异育银鲫总共饲养8周时间中，饥饿1周或2周后再恢复投喂可以获得完全补偿生长，其摄食量和饲料效率均得到提高。Xie等（2001）在异育银鲫中发现，饥饿1周或者2周再投喂到5周实验结束时，实验鱼均可以获得完全的补偿生长，但饲料效率吴显著差异。Zhu等（2004）发现，饱食4周、饥饿1周的异育银鲫仅具备部分补偿能力，且在饲料效率方面没有差异。陈建春等（2013）综述了鱼类补偿生长的研究进展。

利用这种机制，可以有效地提高饲料利用效率，降低饲料成本（Xie et al.，2001；Zhu et al.，2004，2005；胡云飞，2012；周良星等，2013）。但在养殖生产中根据补偿生长原理，加快鱼类生长速度并降低养殖成本，尚需要慎重。补偿生长原理作为鱼类养殖管理手段应满足以下前提：①养殖的鱼类具有完全补偿能力；②鱼类实现补偿生长的机制不仅限于增加摄食量，同时包括改善食物效率；③经过补偿生长处理的鱼品质改变，具有较好的肉质和风味（王岩和崔正贺，2003；胡云飞，2012）。

（五）不同饲料的配合投喂

其实这也是利用一种营养补偿或者平衡。在异育银鲫前期投喂不同豆粕水平的饲料而后期改喂高鱼粉饲料后，异育银鲫的生长和饲料利用均得到改善，前期喂低豆粕组的实验鱼发生完全补偿生长，高豆粕组出现部分补偿生长，补偿生长的途径是通过提高摄食率和饲料转化效率（王崇，2007）。

五、饲料安全保障技术发展现状

饲料安全与食品安全密切相关，同时还涉及环境安全的问题。危害饲料安全的因素很多，包括饲料原料中天然的有毒有害物质，如抗营养因子中的棉酚、异硫氰酸酯、胰蛋白酶抑制剂、凝集素，还有微生物污染的物质，如霉菌毒素和各种致病菌等，此外，还有重金属、有机污染物、农药、氧化油脂、组胺等，还有一些添加剂如药饵、违禁药品等。转基因饲料原料（如转基因大豆等）的使用是否存在问题，还有待进一步的研究。《无公害食品　渔用配合饲料安全限量》（NY 5072）规定了所有水产饲料中有毒有害物质的限量，为水产品质量安全提供了保障。FAO 推荐的水产饲料 GMP 生产操作规范及我国的无公害食品行动计划，已经逐步在企业推广普及（麦康森，2013）。对有毒有害物质在养殖动物体内的代谢、积累、排出规律和动物的解毒机理，将为通过饲料途径添加螯合剂、促解毒剂等手段，以达到营养调控主动排毒的目的提供科学依据。

（一）饲料安全标准建立与完善

目前，重要的工作是评价其对鱼类及人类的毒性效应，建立其安全限量标准。为此，农业部饲料工业办牵头"饲料质量安全标准体系研究"，梳理完善了我国现行的饲料质量标准，提出了新的标准框架。2008—2009 年，启动了中华人民共和国国家标准《水产饲料安全性评价急性毒性试验规程》（GB/T 22487—2008）、《水产饲料安全性评价亚急性毒性试验规程》（GB/T 22488—2008）、《水产饲料安全性评价慢性毒性试验规程》（GB/T 23186—2009）、《水产饲料安全性评价　残留和蓄积试验规程》（GB/T 23388—2009）、《水产饲料安全性评价　繁殖试验规程》（GB/T 23389—2009）、《水产配合饲料环境安全性评价规程》（GB/T 23390—2009），同时严肃了饲料工业目录的指导意义，为水产饲料安全的科学评价奠定了基础。从研究方面，饲料安全也是大宗淡水鱼体系工作任务之一。

（二）有毒有害物质限量标准研究

随着对饲料安全的关注，为了完善国家相关标准，国内对相关有毒有害物质限量的研究也逐渐展开。《饲料卫生标准》（GB13078—2001）和《无公害食品　渔用配合饲料安全限量》（NY 5072）虽然规定了一些有毒有害物质的限量，但是有些是参考国外的标准，有些是在部分水产动物中的结果。而由于水产动物的多样性，因此，需要对其进行深入的研究。黄莹（2011）研究认为，异育银鲫生长的各个阶段均对黄曲霉毒素 B_1（AFB_1）有很高的耐受性和代谢能力，但长期摄食显著降低异育银鲫的繁殖性能。曾虹等（1998）用醋酸棉酚含量分别为 $0\mu g/g$、$400\mu g/g$、$800\mu g/g$、$1\,200\mu g/g$、$1\,600\mu g/g$、$3\,200\mu g/g$ 的饲料喂鲤 60 天后，不同处理鲤肝脏棉酚蓄积与饲料棉酚浓度正相关，并随投喂时间延长而增加。饲料中棉酚浓度达到 400μg/g 以上时，鲤生长明显受抑制，饲料转化率降低，但成活率未受影响。姜光明等（2009）研究发现，在为期 180 天的养殖实验中，异育银鲫能耐受 720mg/kg 的游离棉酚（醋酸棉酚提供）。严全根（2011）比较了小、中和大规格草鱼饲料中棉粕替代鱼粉后的影响，发现不同规格草鱼在不同棉粕替代水平表现出的免疫应答表现的差异性，说明随着草鱼规格的增大，其对棉酚的耐受性增加。但草鱼肠道随着饲料中棉粕含量的升高，其肠道上皮组织出现破坏，杯状细胞的数量和形态也出现变化，微绒毛的长度、密度都有不同程度的损失，中肠谷氨酰胺转肽酶活性随着饲料中棉粕含量的升高呈现显著下降的趋势，说明棉粕影响草鱼的肠道健康。在 90％替代水平以上时，对肝脏健康造成明显影响。

《饲料卫生标准》（GB 13078—2001）中规定，棉籽饼粕中游离棉酚的含量应小于 1 200mg/kg。《无公害食品渔用配合饲料安全限量》（NY 5072—2002）中规定，温水杂食性鱼类、虾类配合饲料中游离棉酚的含量应小于 300mg/kg，冷水性鱼类、海水鱼类配合饲料中游离棉酚的含量应小于 150mg/kg。

（三）安全保障技术

1. 免疫增强剂的使用　提高了鱼类对疾病的抵抗能力，减少了药物的使用。同时，非抗生素类微生物（态）饲料添加剂或水环境质量调节剂——益生素和益生菌制剂（prebiotics 和 probiotics）的应用等，都为饲料安全提供了重要的保障。

2. 使用保护性添加剂　免疫保护剂如谷胱甘肽（GSH）等的使用，可有效降低饲料中有毒有害物质对鱼类的危害。董桂芳（2009）在饲料中添加适宜量的抗氧化剂 GSH，缓解饲料中蓝藻粉对黄颡鱼产生的毒性效应。

3. 上市前清除技术　很多有毒有害物质，都可以通过上市前的清除，达到降低其危害的效果。如三聚氰胺在鱼体形成的结晶，通过一段时间的清除，可以消失（董小林，2010）。异育银鲫经过 12 周的黄曲霉毒素 B_1 暴露而后恢复投喂无毒饲料 4 周，各毒素组黄曲霉毒素 B_1 均得到一定程度的清除（黄莹，2011）。

六、存在问题与原因分析

（一）产业化发展水平方面

目前，大宗淡水鱼饲料的主要问题是饲料原料价格高，配合饲料成本高，优质饲料比例低，养殖次生污染大。

大宗淡水鱼通常价格相对较低（表 6 - 16）（http：//www.shuichan.cc），而相应的饲料原料价格一直很高。而据中国饲料工业信息网（http：//www.chinafeed.org.cn）显示，2013 年 6 月，上海港和广州港鱼粉报价 1.18 万～1.32 万元/t，天津港和大连港在 1.20 万～1.32 万元/t。豆粕价格在 4 000 多元/t，菜粗和棉粕的价格在 2 700 元/t。而多数养殖的饲料系数仍然在 1.5 以上。这样，相对鱼产品价格低而饲料原料价格高的饲料成本，对养殖发展造成较大的限制。一方面追求降低饲料成本导致的不合理的饲料配方，不仅使鱼类不能获得平衡的营养，造成饲料浪费，反而提高成本，造成水质污染（如有的饲料的氮、磷在鱼体的沉积率甚至只有 10% 左右），增加病害暴发机会，降低水产品品质。另一方面，造成渔民增产不增收，部分企业和养殖户还可能滥用促生长类物质，饲料质量极差，容易引发水产品质量安全事件的发生，极大地影响了渔民的生产积极性和社会的安定。

表 6-16　2013 年 6 月 7 日武汉市白沙洲水产市场产品价格

（引自中国水产养殖网）

品种	规格	批发价格
白鲢	1~1.25kg	4.2~4.4 元/kg
白鲢	1.5kg 以上	5.2 元/kg
花鲢	1kg 以上	8.4 元/kg
花鲢	1.5kg 以上	10 元/kg
草鱼	1~2kg	11.6 元/kg
草鱼	2~2.5kg	12.4 元/kg
草鱼	2.5kg 以上	13 元/kg
鲤	0.65kg 以上	8~8.4 元/kg
鳊	0.4kg 以上	12 元/kg
鲫	0.25kg 以上	15.2 元/kg

表 6-17　2013 年 6 月 6 日江苏盐城射阳水产市场产品价格

品种	规格	批发价格
草鱼	2~2.5kg	14 元/kg
鳊鱼	0.5~0.75kg	13.4~13.6 元/kg
鲤鱼	0.9~1.25kg	7.6~8 元/kg
花鲢	1.5kg 以上	13 元/kg
白鲢	1.5kg 以上	6.4 元/kg
鲫鱼	0.2~0.25kg	14 元/kg
鲫鱼	0.35~0.4kg	15.4 元/kg
鲫鱼	0.4kg 以上	16.2~16.4 元/kg
黄金鲫鱼	0.5kg 以上	12.2 元/kg

另外，我国的饲料加工成套设备在工艺设计、设备配套性、产品能耗和性能稳定

性、及超大型饲料加工成套设备工艺等方面与国外相比还有很大差距，一些关键设备性能和自动化控制程度不高，有些部件使用寿命低；加工工艺局部落后或不配套，不能有效地提高产品质量，能耗高；快速、准确的质量监测手段薄弱，不能及时跟踪检测和评价产品质量和安全；加工工艺与产品质量和营养价值之间的关系缺乏深入研究，产品质量稳定性不高；生产工艺和技术装备对饲料安全性的影响较少考虑，很多方面还不能满足先进的质量安全管理监控技术体系要求，有些核心技术独创性不足，还没有自主知识产权，有些技术标准还有待完善或更新，这些因素造成了我国饲料产品在成本、质量、安全性等方面与国外同类技术之间的较大差距，明显地制约了我国饲料工业的快速、健康地向前发展。

（二）技术体系与平台建设方面

饲料研究与养殖模式挂钩不紧密，是我国水产养殖饲料技术体系面临的重要问题。因为我国地域大，养殖品种多，养殖模式东西南北各不相同，而有关饲料的研究由于在不同区域没有设立相关研究平台，不能和各地养殖模式紧密结合，导致产生地域性差异。此外，科研单位拥有的养殖平台通常较小，而企业的平台因其追求的利益不同，又没有与科研密切结合，这也是技术体系难以覆盖养殖全周期的问题之一。

（三）应用基础研究方面

虽然目前我国的水产饲料发展较快，研究力量也逐渐强大。但是相对我国众多的养殖品种，就显得十分不足，大量的基础数据仍然没有获得。

1. 基础营养需求研究不足　大宗淡水鱼体系建立以来，虽然投入了大量的科研人员，但是力量仍然薄弱。目前，仅在幼鱼阶段的营养需求较为完善，而对仔稚鱼、养成鱼、亲鱼的研究仍然缺乏。特别是在不同环境下（如高温天气、发病状态）等营养需求仍然是空白，这给精细饲料配方带来很多问题。

2. 加工工艺研究不足　加工工艺是饲料质量的重要保障，但有关加工工艺的研究十分不足，对其主要参数的标准化尚需要投入大量的研究。

3. 国家投入不足　由于大宗淡水鱼的产量较大，价格较低，因此得不到国家和地方政府的重视，其科研投入严重不足。

（四）政策措施方面

1. 饲料工业门槛过低　水产饲料行业存在的混乱和恶性竞争，一定程度上和饲料企业太多密切相关。很多企业，没有自己的技术力量，却在生产各种饲料。这与行业准入技术门槛低有很大关系，只要有一定的机器和资金，就可以像小作坊一样进行生产。2003年，美国的饲料产量高达近1.5亿t，饲料厂只有几百家；而我国2003年的产量近1亿t，饲料厂却有13 000家（麦康森，2013）。不仅质量难以保证，而且造成市场混乱，国家难以管理，影响行业的健康发展。

2. 饲料法规不健全　目前的水产饲料业法规不够健全，虽然已初步建立了标准
体系表，包括基础规范、安全限量、检测与评价、饲料产品四大模块，并陆续完成了
23 项标准（其中，国家标准 7 项、行业标准 16 项），但存在标准短缺、滞后且覆盖
面小的问题，如缺乏基础规范标准、安全限量标准滞后、评价标准短缺、检测标准短
缺、产品标准少且缺乏关键指标等，而且标准的宣贯、实施力度也不够（潘葳等，
2012）。在饲料原料质量控制、配方管理、生产经营等方面没有形成系统的标准，或
者有些标准是参考国外的而不适合国内的养殖品质，如《无公害食品　渔用配合饲料
安全限量》（NY 5072）这个标准，其中很多指标均是参考国外，而不同区域、不同
品质之间的差异很大，国内的研究又十分薄弱。而饲料的环境安全方面目前还没有标
准或者规范，这样不仅导致大量的养殖生产消耗粮食资源和水资源，而且导致无法科
学管理，并使执法部门执法的柔性过大（表 6 - 18）。

表 6 - 18　至 2011 年 5 月水产饲料标准情况统计

（引自潘葳等，2012）

标准体系模块		标准项数	备注
基础规范标准		16	
安全限量标准		6	
检测与评价标准	水产饲料评价标准	7	具体见《饲料工业标准汇编》（第三版）
	检测方法标准	189	
产品标准	饲料原料标准	54	
	饲料添加剂标准	106	
	水产饲料产品标准	28	

第二节　国外发展现状与趋势

美国是鱼类营养研究开始最早的国家，始于 20 世纪 30 年代，40 年代快速发展，
到 50 年代试制成功颗粒饲料并生产销售。日本渔用配合饲料生产始于 1952 年，当年
引进美国鳟鱼湿式粒状饲料，开展鱼类营养研究和配合饲料的商业化生产。欧洲国家
紧随日本之后，成为国际上一个重要的水产动物营养研究与水产饲料生产中心（麦康
森，2013）。国外的养殖品种相对较为集中，仅少数几种，而且投入了大量的科研工
作，研究较为细致。但有关大宗淡水鱼营养与饲料研究较少。

一、国外饲料原料开发技术发展现状及趋势

随着水产养殖业的发展，对蛋白源的需求越来越大。鱼粉因天然渔业资源的限
制，只能维持在约 700 万 t 左右，豆粕产量 1.6 亿 t，菜粕产量 3 000 多万 t。植物

蛋白源的使用，也受到产量和其抗营养因子的限制（Oliva-Teles and Goncalves，2001；Gatlin et al.，2007）。随着转基因农作物的推广使用，饼粕类的产量可能会有所增加，但一方面受到可种植地域的限制，另一方面转基因作物还存在市场接受度的问题。因此，新型饲料蛋白源的开发利用一直是世界营养学家和饲料工业关注的重点。

新型蛋白源的发展目标是规模化、可持续、低成本。

（一）单细胞蛋白

单细胞蛋白源也称微生物饲料，主要包括单细胞藻类、酵母、细菌和真菌等。单细胞蛋白比高等植物和动物性蛋白的蛋白质含量高，且蛋白质生物学效价也比较高，必需氨基酸含量多且平衡，粗纤维含量较低，而生产上受土地等的限制较小。酵母蛋白（yeast protein concentrate，YPC）是受到较多关注的蛋白源之一，其蛋白含量高，且是核苷酸、RNA、β-葡聚糖、维生素、阿（拉伯）糖基木聚糖、甘露寡聚糖（MOS）的良好来源（Omar et al.，2012），是水产饲料中使用最多的单细胞蛋白。酵母蛋白中含硫氨基酸为限制性氨基酸，在以酵母为主要蛋白源的饲料中补充必需氨基酸能够促进鱼类生长（Kiessling & Askbrandt，1993）。在生物燃料的生产中，通常利用酵母发酵谷物生产乙醇，先进的生产技术可以使40％的谷物生物量通过酵母回收，而之外还可以生产作为饲料原料的 DDGS（dried distillers grains and soluble）或其他菌体产物（Nitayavardhana and Khanal，2010）。DDGS 被认为是具有潜力的饲料原料，Omar 等（2012）在镜鲤中用其替代50％鱼粉蛋白后，获得比鱼粉更好的养殖效果，并且对鱼类的肠道和肝脏的健康没有影响。在生物能源生产中，藻类能源是重要的部分，其副产物就是藻类蛋白，是鱼类饲料的重要蛋白源之一。从 20 世纪 60 年代起至今，藻类作为饲料蛋白源的研究从未间断，目前，世界上藻类总产量中超过30％被用于动物饲料中，螺旋藻超过 50％被用于饲料添加剂中（Milledge，2011）。Britzd（1996）用螺旋藻作蛋白源配制饲料饲喂鲍鱼，鲍鱼的生长率和饵料转换率比用干酪素、豆饼和酵母作蛋白源的更高。Nandeesha 等（2001）用螺旋藻分别代替 25％、50％、75％和100％的鱼粉来配制饲料饲喂两种鲤科鱼类，结果表明，螺旋藻能提高鱼类对蛋白质的消化率，还能促进鱼体对脂肪的吸收。Hussein 等（2012）使用藻类蛋白替代玉米筋蛋白，可明显提高尼罗罗非鱼的生长和饲料利用效率。Azaza 等（2008）在饲料中使用石莼替代豆粕饲养罗非鱼，获得了更好的生长效果。Stadlander 等（2013）用红藻（Porphyra yezoensis）替代 15％鱼粉蛋白，不仅提高了尼罗罗非鱼的生长和饲料利用，还降低了单位蛋白增重的耗氧量。Ju 等（2009）用不同藻类替代部分鳕鱼粉饲养凡纳滨对虾，获得更好的生长。Gressel 等（2010）认为，藻类作为饲料蛋白源，可以减少对谷物的竞争。国际上已经开始尝试在饲料中使用藻粉（李静静，2011），日本、美国、以色列等国家将小球藻粉作为优良饲料添加剂和健康食品已有 30 多年的历史。

（二）农产品加工副产物

肉骨粉（MBM）和禽肉粉（PBM）是畜禽加工的主要副产物，通过技术改进，目前国际市场的产品质量有了很大提升。鱼类对肉骨粉（MBM）和禽肉粉（PBM）均有较好的消化率（Silva et al.，2012）。在大宗淡水鱼中前期，已经获得了很好的应用效果（杨勇，2004；张松，2006；Pares-Sierra et al.，2012）。

（三）蛋白浓缩物和其他植物蛋白

其他的一些如土豆蛋白、豆类蛋白、玉米蛋白、稻米蛋白、羽扇豆、木薯粉、甜薯粉、植物籽粉（Xie and Jokumsen，1997a，b，1998；解绶启和Jokumsen，1999；Akinleyeet al.，2011；王裕玉等，2012；Zhang et al.，2012；Da et al.，2013；Güroyet al.，2013），由于其有一定的产量，也是水产饲料关注的对象。特别是这些淀粉生产的副产物的蛋白浓缩物，由于其蛋白含量较高，具有优质饲料蛋白源的潜力。通过合理的氨基酸平衡等技术，可以达到完全替代鱼粉的效果（Kader et al.，2012）。

（四）其他产品

南极磷虾不但资源量巨大，而且营养价值丰富，在水产饲料方面的应用已经成为磷虾产品的一个最重要的市场（常青等，2013）。生物絮团（bioflocs）可以作为饲料原料，添加在饲料中替代部分鱼粉和豆粕，且能获得更好的生长效果（Kuhn et al.，2009、2010）。

二、国外饲料配方与加工技术发展现状及趋势

（一）理想氨基酸模式

理想氨基酸模式（ideal amino acid pattern，IAAP），是指这种蛋白质的氨基酸在组成和比例上与动物所需蛋白质的氨基酸的组成和比例一致，包括必需氨基酸之间及必需氨基酸与非必需氨基酸之间的组成和比例，动物对该蛋白质的利用率达到最大。理想蛋白模式（ideal protein pattern），是20世纪50年代末、60年代初在家畜中提出。一般认为，理想氨基酸模式下，各种氨基酸都可以最大限度地被鱼体利用。理想氨基酸模式不受环境因子包括动物生长的影响，其生长的变化只是对其量的需求变化，其模式不变。Baker and Han（1994）认为，理想氨基酸模式与氨基酸需要量不同，它不受环境条件和饲料浓度的影响。Ng and Hung（1995）曾在高首鲟中使用这一概念，通过鱼类的氮贮积率来确定理想氨基酸模式。Miles and Chapman建议，鱼类中使用可消化氨基酸而不是总氨基酸，来确定其理想氨基酸模式。通过理想氨基酸（蛋白）模式的应用，可以有效地提高饲料蛋白利用效率，减少氮排放。在美国通

过这一办法，可以降低斑点叉尾鮰饲料中 2% 的鱼粉，降低虹鳟饲料中 20% 的鱼粉用量。

（二）添加剂技术方面

添加剂一方面可以达到营养素的平衡，另一方面是促进鱼类摄食、增强健康、改善品质等。国外的研究多集中在氨基酸等营养素添加剂、诱食剂、防腐剂、抗氧化剂等，如各种营养添加剂包括氨基酸、维生素、无机盐等，诱食剂包括甜菜碱、核苷酸等，免疫增强剂包括维生素、寡聚糖、多聚糖、活菌制剂等，品质改善剂如维生素E、大豆异黄酮、DHA 等，提高饲料原料利用率的酶制剂如植酸酶等。国内在添加剂方面的研究也较多，包括诱食剂的种类、复合模式、使用方法等，营养添加剂的剂型和剂量等，不同酶类的作用模式等。酶制剂近年来应用十分广泛，水生动物饲料中应用的酶制剂主要包括纤维素酶、β-葡聚糖酶、木聚糖酶、淀粉酶、蛋白酶和植酸酶等。从鱼类消化道分离的产酶菌作为饲料添加剂，可以提高植物蛋白的利用效率（De et al.，2012）。高效的酶制剂通常具有较广的 pH 范围、好的稳定性、耐高温且活性高。

（三）饲料加工工艺方面

挤压膨化技术，已成为国外发展速度最快的饲料加工新技术。它具有传统加工方法无可比拟的优点，市场发展潜力巨大。目前在发达国家水产饲料挤压膨化造粒是最常用的手段，因其淀粉糊化度高，饲料黏结性好，适口性好，水中稳定性好，利用率提高 10%～25%，有效营养损失减少。现已逐步淘汰硬颗粒水产饲料生产线，在美国水产用颗粒料几乎 100% 是膨化饲料，而在国内还不到 10%。目前，我国对膨化技术研究和设备开发工作做得还很不够，对膨化颗粒饲料加工工艺及技术参数进行系统研究的工作甚少，造成膨化颗粒饲料生产线生产效率不高、能耗高、产品性能稳定性不够的现状。Srensen（2012）综述了膨化处理对主要饲料蛋白源的物理和营养性状的影响。饲料加工在线处理技术（online treatment），也被认为可以有效降低提高饲料效率。Kraugerud and Svihus（2011）认为，从营养的角度考虑对植物蛋白源的在线预处理，不影响其物理性状。

三、国外投喂技术发展现状及趋势

国外尤其是欧美等发达国家的养殖模式以高强度的集约化养殖为主，天然饵料的贡献较小，投喂技术主要针对鱼类不同生长阶段研究精确投喂表。

（一）精确投喂技术的发展

在养成鱼中，已经有很多模型应用到鱼类投喂体系中（Von Bertalanffy，1957；

Ricker，1979；Austreng et al.，1987；Hansen et al.，1993；Kaushik，1998）。这些模型可以分为经验生长模型（empirical growth model）和生物能量学模型（bioenergetics model）两类。经验生长模型，是指用逐步回归分析方法来模拟鱼类生长和不同环境因子之间的直接关系而得到的模型。Cui 等（1994）所制定的高首鲟（*Acipenser transmontanus*）投喂表堪称经验模拟法的应用典范，这种方法通过在饥饿和最大摄食率之间设计不同的摄食水平，建立起生长率与摄食水平之间的回归关系式，然后设计一系列环境因子（体重、水温）下的摄食水平实验，建立最佳日粮水平与环境因子（体重、水温）之间的回归关系式，计算出不同温度、体重下鱼体每天所需的投喂量，制定投喂表。尽管这种方法在模型归纳的数据范围之内非常精确（Allen and Wootton，1982；Boehlert and Yoklavich，1983；Cui and wootton，1988；Cui and Hung，1995），但是无法从机理上进行解释，外推结果会导致严重错误。Cui and Hung（1995）用这种经验生长模型，模拟了高首鲟的生长和摄食关系表。他们通过系列的相关生长实验，得到了不同水温下鱼类生长与最佳摄食水平之间的关系。Cho（1992）依据饲料中营养物含量、生物可利用能及鱼体的蛋白和能量沉积数据，运用鱼类生物能量学模型探讨了鲑鳟鱼类的日粮水平确定方法，并依此方法制定了虹鳟（*Salmo gairdneri*）的投喂表。这种运用生物能量学模型确定鱼体摄食水平的方法，克服了经验模型拟法的不足之处。Kaushik（1998）研究了生物能量学模型方法在非鲑鳟鱼类中估计日粮水平的可能性，Cho and Bureau（1998，2001）证实了此方法的有效性。周志刚（2002）和韩冬（2005）分别在异育银鲫和长吻鮠中，分别对鱼类投喂系统中精确的生物能量学模型的应用进行了进一步的研究，他们在估算投喂量的同时，融合了投喂频率、投喂节律等因子，取得了较好的养殖效果。

（二）投饵机的使用及每次投放的饵料量也会影响到养殖效果

Paspatis 等（2000）比较了自动投饵机（automatic feeder），按厂商提供量投喂、50％量投喂和50％量分 2 次投喂，以及自饲机（self - feeder）每次投 0.6g、1.0g、1.7g，结果发现在第一个阶段，自饲机投喂的生长速度最快，但其氮磷排放也较高。

在仔鱼的开口投喂中，利用活饵料和人工饲料的配合使用，可以提高仔、稚鱼的生长和存活，加快驯食过程（Salhi and Bessonart，2013）。Fermin and Recometa（1988）研究认为，鲻仔鱼在投喂溞类和人工饲料混合时，其生长最快。

四、国外饲料安全保障技术发展现状及趋势

西方发达国家的水产养殖早在 10 多年前就开始研究养殖产品的调控问题了，近几年来更关注养殖产品的安全，并且要求建立从鱼卵孵化到餐桌的生产全程可追溯系统。如在欧盟的第六研究框架计划（sixth research framework programme）的优先主

题之一，就是投入 7.51 亿欧元的食品质量与安全研究计划，其中，专门设置了水产品质量与安全项目（seafoodplus）（麦康森，2013）。一方面，把好原料质量关，实现无公害饲料生产，从饲料安全角度来保证养殖产品的安全已经是人们的共识。FAO 推荐的水产饲料 GMP 生产操作规范及我国的无公害食品行动计划，已经逐步在企业推广普及（麦康森，2013）。另一个方面就是研究有毒有害物质在养殖动物体内的代谢、积累、排出规律和动物的解毒机理，限制饲料中的含量，同时，研究通过饲料途径添加螯合剂、促解毒剂或者上市前清空等手段，以达到营养调控主动排毒的目的提供科学依据。

第三节 战略选择

一、发展现代饲料工业的必要性

现代饲料工业的发展在于优质、环保、高效、低成本饲料的发展，其必要性主要体现在：

（一）人口增加对粮食安全保障需求提高，迫切要求发展增产节粮型水产养殖业，其关键在于优质饲料

要解决我国近 14 亿人的肉类蛋白问题，水产养殖产量需要大幅度提高。而未来水产养殖产量的进一步提高，虽然一部分可来源于盐碱地和滩涂，但更主要依赖高集约化养殖提高单位水体的养殖产量。而集约化养殖中，养殖动物的营养几乎全部来源于饲料，且随着集约化程度的提高，对饲料的依赖程度越来越高，饲料成本占养殖成本的 60% 以上。因此，饲料安全是水产品安全的前提和保障，饲料的质量将决定水产养殖业可持续发展的成败。

由于基础研究和实际应用脱节情况较为严重，技术集成水平低下，是造成我国水产饲料总体水平落后的重要原因。总体而言，水产饲料的饲料系数仍较高，平均在 1.8 以上。通过改善饲料配方，可以提高饲料的利用效率，降低饲料系数，这对节约我国有限的饲料原料资源十分重要。2009 年，淡水养殖鱼类 2 064 万 t，甲壳类 214 万 t，龟鳖 29 万 t。如果扣除滤食性鱼类的鲢 360.7 万 t、鳙 255.1 万 t，还有摄食性水产动物 1 691.3 万 t，按饲料系数 1.8 计算，需要饲料 3 044 万 t；如果按饲料系数 1.0～1.5 计算，需要饲料 1 691 万～2 537 万 t，可节约 507 万～1 353 万 t、152 亿～405 亿元。如果按饲料 30% 蛋白、1.5% 磷计算，减少 7.3 万～19.5 万 t 氮排放、7.6 万～20.3 万 t 磷排放。到 2050 年，如果水产品产量增加到 3 倍，即约 5 000 万 t，如果饲料系数能够从 1.8 降低到 1.4，则每年可节约饲料 2 000 万 t、600 亿元。

因此，一方面粮食安全的保障需要更多的水产品，而水产养殖业的快速发展需求更多的饲料产量；另一方面，必须降低水产养殖饲料系数，提高饲料利用效率，节约

饲料用粮。这两方面的发展，都需要依赖高水平的配合饲料技术。

（二）关注环境和健康对饲料环境安全保障需求加大，迫切需要水产养殖业减污减排，其关键在于环保饲料

从目前的水产养殖看，尤其是淡水养殖，化肥、粪肥和粗饲料在部分地区仍有大量使用，提供部分营养源，富含各种营养盐类及其他废弃物的养殖废水大多直接排入天然水体。另一方面，目前国内的配合饲料仍然存在饲料系数高、浪费严重、高排放、环境污染严重等问题。如在前期的调查中发现，饲料系数普遍在 $1.5\sim2.6$，少在 $1.0\sim1.5$，很少在 1 左右。过高的饲料系数不仅导致生产成本提高，而且造成粮食资源浪费，增加环境污染。此外，我国多数饲料的氮、磷沉积率低于 25%，75% 以上的氮、磷被排放进入水体和底泥。由于竞争激烈，不断升高的饲料原料价格和相对较低的水产品价格，导致在生产上多以牺牲环境质量和产品质量作为代价，过量使用营养物质、滥用及超范围使用添加剂和药物的情况非常普遍，不注意保护养殖环境，不仅对水体造成了严重的污染，而且对水生生物及人类健康带来了极大的危害，同时造成产品质量下降，安全缺乏保障。

（三）人们对健康的要求提高了食品安全保障迫切性，需要水产养殖生产无毒无害的产品，其关键在于安全饲料

我国水产品出口在农产品中占首位，但屡次由于违禁药物或有毒有害物质残留超标，遭遇"绿色壁垒"问题，给渔民和国际贸易带来巨大的损失。水产养殖过程中，饲料是食品安全的关键控制点。如饲料中的抗营养因子、激素、霉菌毒素、重金属及非法添加物等，均会对人类的健康构成威胁。另外，富营养化藻类所产生的异味和毒素会直接影响水产品品质，对人类健康造成危害。提升和改善加工工艺，是提高饲料转化效率、钝化饲料中抗营养因子、消除致病菌、霉菌毒素等有害物质的重要手段。因此，研究高效环保、工艺先进的水产配合饲料并进行产业化技术集成和示范，对降低粮食浪费和渔业的次生污染，保证食品安全具有重要意义。

（四）生活质量的提高迫切需要生产味美质优的水产品，其关键在于饲料调控

随着生活水平的不断提高，人们不仅仅满足于水产品数量的增加，而且对食用鱼的质量要求也越来越高，鱼的鲜活度、体色、肉味、口感等都成为消费者的衡量指标。不同品质的产品价格的差别很大。而这些均可以通过改善饲料配方和加工工艺，合理使用饲料添加剂，获得安全、风味鲜美的高品质水产品。让养殖产品的风味品质最大限度与"野生"的相近，不仅可以在发挥养殖产品"可追溯"的安全保证的优势下，还可以其市场接受度，提高养殖的经济效益。因此，迫切需要研究提高养殖鱼类品质的技术，以改善养殖鱼类品质，提高市场接受度。

（五）提高农民收入，社会安全保障迫切需要养殖业增收节支，其关键在于饲料成本

在水产养殖中，饲料成本通常超过 60%，而在高集约化养殖中，可能超过 70%。一方面我国水产品尤其是大宗水产品的价格一直较低，而饲料系数相对较高，昂贵的饲料原料有至少一半以营养性废物排放到了水体和环境中。名特优水产品虽然市场价格较高，但是其对鱼粉等优质蛋白源的需要比例较大，饲料价格持高不下。因此，相对鱼产品价格低而饲料原料价格高的饲料成本，对养殖发展造成较大的限制。一方面追求降低饲料成本导致的不合理的饲料配方，不仅使鱼类不能获得平衡的营养，造成饲料浪费，反而提高成本，造成水质污染，增加病害暴发机会，降低水产品品质；另一方面，造成渔民增产不增收，部分企业和养殖户还可能滥用促生长类物质，饲料质量极差，容易引发水产品质量安全事件的发生，极大地影响了渔民的生产积极性和社会的安定。

因此，对于大宗淡水鱼产品，迫切需要研究廉价饲料原料的高效利用技术，提高廉价原料的使用比例和利用效率；而对于名特优水产动物，需要研制其低鱼粉饲料配方技术，以期降低饲料成本，提高渔民的经济收益。

二、战略定位

水产动物营养研究与饲料工业的发展战略，应该为满足"资源节约、环境友好、品质优良、经济高效"的水产养殖业发展提供饲料保障，从动物营养代谢、饲料原料利用、饲料加工工艺和养殖管理等多方面，综合研究水产养殖及产品加工全过程中密切相关的营养学和饲料学的基础理论和技术问题，促进产业升级，提升产业竞争能力，促进产业可持续发展（麦康森，2012）。

三、战略目标

水产营养与饲料的研究与产业目标是通过系列研究与示范，通过饲料配方及投喂管理技术的改进，与良种选育、养殖模式、养殖工艺、养殖经济等相结合的跨学科联合，提高养殖效益、降低饲料成本、改善产品品质、减少环境污染，以保障食物安全、食品安全和环境安全为目标，最终实现配合饲料的精确使用，保证养殖业的可控、健康、持续发展。

四、发展重点

（一）饲料精确配方技术

精确配方技术一方面需要了解养殖对象对各营养的精确需要量，这包括不同生长阶段、不同环境因子下的需要量，需要大量的基础数据支撑。同时，还需要了解所用饲料原料的在相应养殖对象中的利用效率、不同原料之间的交互作用等，如建立其原料标准、消化率数据库、代谢利用数据库等。在拥有充分的基础数据的条件下，针对养殖品种的特定环境和市场条件下的营养需求及加工、储运、投喂、养殖模式等因素，进行配方的精确设计。

(二) 精确投喂技术

主要应该建立在养殖规划基础上，根据养殖模式、养殖对象的生理生态学需求、市场调控、水质情况等，建立动态的模型，能根据养殖对象的需要和环境因子的变化，提供精确的投喂模式。

(三) 饲料加工工艺

充分研究不同饲料加工工艺对饲料性能的影响，确立优化的饲料加工工艺参数，实现加工技术标准化。

(四) 水产品品质的饲料调控技术

研究水产品品质生成与饲料营养的关系，通过改进饲料配方和投喂技术，改善养殖产品品质，满足不同市场的需求。同时，研究饲料源有毒有害物质的代谢归趋及清除规律，研究不同添加剂对饲料安全的影响，改善养殖对象的健康，提高养殖对象的福利，保障食品安全。

(五) 新型饲料蛋白源的开发技术

开发新型优质廉价饲料蛋白源，减少对粮食作物的依赖，降低饲料成本，促进环境保护。

(六) 高饲料利用效率的品种选育

与养殖品种的选育结合，研究高效饲料利用的调控基因，选育对廉价饲料高效利用的品种或品系，降低饲料成本，提高饲料效率，减少养殖污染，提高养殖收益。

(七) 饲料产品的安全与卫生指标的研究

开展饲料中有毒有害物质以及非营养性饲料添加剂对养殖对象的毒副作用、体内残留及食用安全性研究，为制定水产饲料和添加剂产品安全标准提供科学依据。

(八) 加强技术培训与教育

高质量的配合饲料是现代水产养殖的重要标志之一。在大宗淡水鱼类配合饲料技术发展的进程中，许多问题的产生都有一个共同的原因——缺少必要的科学知识和信息来源,因此,政府应协调各方,并为行政管理者、饲料企业和养殖业者提供必要的培训、教育和信息,促进配合饲料产业的健康发展。

总之,水产饲料是水产养殖中涉及养殖效果、养殖成本、环境排放、产品品质等多方面的因素,只有建立在坚实科研、教育的基础上,才能提升产业技术水平,提高产业竞争能力,保障养殖的可持续发展。

第七章 中国大宗淡水鱼加工业发展战略研究

第一节 加工业发展现状和存在问题

一、发展现代加工业的必要性

(一)我国淡水鱼资源优势明显，对保障水产品供给需求作用巨大，发展现代水产加工业是淡水渔业可持续发展的需要

我国是世界淡水鱼生产大国，淡水鱼产量占世界总产量的60%以上。2000年，我国鱼类总产量2 255.1万t，其中，淡水鱼1 358.4万t、海水鱼896.7万t，分别占鱼类总产量的60.2%和39.8%；而2010年，我国鱼类总产量达到3 131.9万t，其中，淡水鱼2 225.6万t、海水鱼906.3万t，分别占鱼类总产量的71.1%和28.9%。2010年，我国淡水产品中，鱼类2 225.6万t、虾蟹类248.1万t、贝类53.8万t、其他产品47.9万t，分别占全国淡水产品总产量的86.42%、9.63%、2.09%和1.86%。2010年，我国青鱼、草鱼、鲢、鳙、鲤、鲫、鲂7种大宗淡水鱼产量分别为42.41万t、422.22万t、360.75万t、255.08万t、253.84万t、221.61万t和65.22万t，大宗淡水鱼总产量（1621.1万t）约占淡水鱼总产量的69%。由此可见，我国淡水鱼特别是低值大宗淡水鱼生产，对保障我国水产品的供给起着重要作用，发展大宗淡水鱼现代加工业，对稳定和提高大宗淡水鱼价格、增加渔民收入以及保障淡水渔业可持续健康发展具有重要意义。

(二)我国淡水鱼加工业发展迅速，已成为淡水渔业新的增长点，发展现代水产加工业是淡水鱼加工业产业升级的需要

我国水产品加工业近年来发展迅速。2011年，我国拥有9 611家水产品加工企业、加工能力2 429.37万t/年，比2005年分别增加483家和733.21万t/年，年均增长率分别为1.07%和8.68%。2011年，我国水产加工品总量1 782.78万t，其中，淡水加工品305.14万t、海水加工品1477.74万t，比2005年分别增加450.31万t、192.86万t、257.45万t，年均增长率分别为6.75%、34.35%和4.21%；全国用于加工的水产品总量1981.04万t，其中，淡水产品457.28万t、海水产品1523.77万t，比2005年增加432.31万t、278.53万t和153.78万t，年均增长率分别为

5.59%、31.16%和2.27%；全国水产品加工比例35.35%，其中，淡水产品加工比例16.97%、海水产品加工比例为52.40%，与2005年相比，淡水产品加工比例提高7.87%，海水产品加工比例则下降3.1%。2011年，我国水产冷冻制品、鱼糜制品、干腌制品、藻类加工品、罐制品、水产饲料、鱼油制品和其他加工品产量，分别占总加工量的61.91%、5.83%、8.74%、5.44%、1.49%、10.22%、0.27%和6.10%。2011年，我国淡水加工水产品305.14万t，仅占全国加工水产品产量的17.12%，其中，冷冻加工产品比例高达70%，鱼糜制品、罐头制品和腌熏制品等精深加工产品少，产品多为原料或者半成品形式，产品的技术含量和附加值低，产业效益较低。因此，在我国海水产品加工量基本保持稳定和加工比例下降、淡水产品加工产量和加工比例明显增加的形势下，发展大宗淡水鱼现代加工业，对提高淡水鱼加工业技术水平和精深加工比例、提高水产品的技术含量和附加值具有重要意义（刘景景，2011）。

（三）我国水产品进出口量额明显增加，消费习惯和结构发展明显变化，发展现代水产加工业是淡水鱼及其制品国际国内市场发展的需要

自2000年起，水产品已连续12年位居大宗农产品出口首位。2010年，中国水产品进出口总量716.06万t，其中，出口量333.88万t、进口量382.18万t，贸易总额203.64亿美元，其中，出口额138.28亿美元、进口总额65.36亿美元，贸易顺差73亿美元。与2005年相比，水产品进出口总量、出口量、进口量分别增加15.0%、30.0%和4.4%，而进出口额、出口额、进口额分别增加69.6%、75.3%和58.7%。2010年，我国水产品贸易顺差73亿美元，水产品出口额占我国农产品出口总额的29.30%，中国首次超过美国成为世界最大的水产品贸易国（农业部渔业局，2012；农业部渔业局市场加工处，2012）。罗非鱼、克氏原螯虾以及斑点叉尾鮰是主要的出口淡水水产品种，且对国际市场的依赖性较强。2011年，我国克氏原螯虾、斑点叉尾鮰的出口单价分别上涨78%和72%，而罗非鱼出口价格先涨后跌，目前仍处低位运行（渔市，2012）。受国际市场价格低迷、国内原料鱼价格上涨的影响，2011年我国罗非鱼加工量比2010年增加0.15%，而克氏原螯虾和斑点叉尾鮰加工量则分别下降8.77%和26.96%，内陆省份克氏原螯虾和斑点叉尾鮰出口量显著下降（渔市，2012）。但我国单冻草鱼片、脆肉鲩鱼片等大宗淡水鱼加工产品开始销往中东、加拿大等国家和地区，出口量呈不断增加趋势。此外，我国水产品消费人群的年轻化与老龄化、消费习惯的社会化与方便化、消费追求从吃饱到安全健康的变化，导致我国水产品产品种类要多样化以满足不同层次消费者，产品形式要求方便化以解决个体厨房劳动的社会化，产品功能要求功能化已通过合理膳食达到保健作用。在我国大宗淡水鱼加工产品出口量增加、国内水产品消费习惯改变和市场需求不但增加的背景下，发展现代水产加工业，对开拓淡水鱼及其制品国际市场、促进国内市场成长具有重要意义。

（四）我国水产品加工业区域发展不平衡，产业集聚度低，发展现代水产加工业是推进内陆水产品加工业集群发展的需要

我国水产加工企业大多集中在沿海地区（图7-1）。沿海地区比较重视水产加工业，分别制定了相应的优惠政策，引进了大量外资企业，因而沿海地区的水产加工企业发展迅速，成为了我国水产加工业的主力军，山东、浙江、福建、辽宁、江苏、河北、海南等7省水产品加工企业之和占全国水产品加工企业总数的89%，加工品总量占全国的90%以上。相对于内陆地区而言，沿海地区水产品加工技术比较先进，产品种类多，产品质量高。而内陆水产品加工业力量非常薄弱，企业的平均加工量仅1 100t/年，大

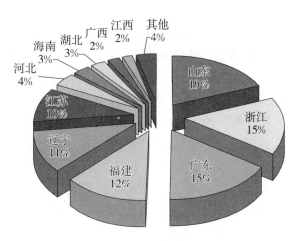

图7-1　中国水产品加工企业分布

中型企业较少，年产值超过1亿元的加工企业占1.5%。由于淡水产品加工企业存在规模小、创新能力不足、产品趋同等问题，内陆水产品加工业开发的产品主要是传统产品，精深加工、技术含量高的产品较少，产品附加值和利润率低，质量参差不齐。在内陆发展现代水产加工业，以水产品加工业园区为核心，搭建淡水鱼苗种繁育与健康养殖产业、水产品加工产业、水产品冷链物流产业和渔业文化与休闲旅游产业等构成的全产业链，对我国渔业结构调整、实现产业集群发展、提升产业综合经营效益具有重要意义。

二、水产品保鲜贮运技术发展现状

鱼类死后，在自身内源酶和微生物的作用下，其组织将发生一系列物理、化学和生物化学等变化，这个过程一般概括为僵硬阶段、自溶阶段和腐败阶段。鱼类与陆地的畜、禽比较而言，由于栖息环境、渔获方式以及自身的特点等原因，更易腐败变质。鱼类的保鲜实质上就是创造一定的环境条件，来阻止附着在鱼体上引起腐败微生物的生长繁殖，抑制鱼体酶的活性，降低生化反应速率，从而延长鱼类死后的僵硬期和自溶期，推迟腐败的进程，达到保持鲜度的目的。水产品的保鲜技术，是指应用物理、化学、生物等手段对原料进行处理，从而保持或尽量保持其原有的新鲜程度。水产品保鲜的方法很多，按保鲜机理来分类，有低温保鲜、化学保鲜、气调保鲜、辐照保鲜和高压保鲜等。从食品安全与卫生和加工便利性的角度出发，鱼类最常用的是低温保鲜，尤其是微冻保鲜技术，近几年发展速度很快。另一方面，可食性涂膜保鲜因

其安全和易操作的特性，也被广泛的研究开发。在食品品质评定方面，利用物理方法对鱼类品质进行快速无损评价技术的研究，也得到了较快的发展。

（一）大宗淡水鱼低温保鲜贮藏技术的发展现状

水产品低温保鲜，除了传统意义上的冷藏冷冻、冷海水或冷盐水保鲜、冻结保鲜外，微冻保鲜技术也快速发展起来。微冻保鲜，是将水产品的温度降至略低于其细胞质液的冻结点，并在该温度下（-3℃左右）进行保藏的一种保鲜方法。在微冻贮藏条件下，在水产品表层的几毫米处会形成冰层，从而使得水产品在贮藏过程中能够保持较低的温度，达到延长贮藏期的作用。罗永康近几年较系统地分析比较了草鱼、鲫、鲢、鲤、鳙等淡水鱼在冷藏和微冻贮藏条件下的品质变化，结果表明，大宗淡水鱼在微冻（-3℃）条件下贮藏与4℃贮藏相比，可以明显抑制细菌总数的增长，维持较低的挥发性盐基氮（TVB-N）和K值，其贮藏期可以达到20~30天，而在4℃条件下只有7~10天。鲫-3℃贮藏时，第30天其TVB-N小于15mg/100g；在4℃贮藏时，第10天就达到15mg/100g。团头鲂在冷藏（4℃）和微冻（-3℃）条件贮藏过程中，pH、蒸煮损失、质地特性（硬度、内聚性、弹性和胶着性）、三磷酸腺苷（ATP）及其降解物随时间变化的研究结果表明，冷藏和微冻条件下pH均呈现V字形变化趋势，4℃下贮藏的鱼体在第8h pH降到最低，此后pH逐渐回升，到第72h达到7.08；而-3℃贮藏的鱼体在第12h pH才降到最低，在第120h上升至6.90。两种贮藏条件下蒸煮损失，均在第4h达到最大值。团头鲂4℃贮藏时，在第12h次黄嘌呤核苷酸（IMP）含量达到最大值，而-3℃下在第24h最大。冷藏和微冻贮藏过程中鲤品质的变化研究表明，4℃贮藏鲤的贮藏期10天，而-3℃贮藏鲤的贮藏期达到30天。鳙在冷藏（4℃）和微冻贮藏（-3℃）条件下的贮藏期分别为10天和24天，冷藏条件下鳙鱼体的菌落总数、挥发性盐基氮（TVB-N）始终高于微冻贮藏组。鳙K值4℃和-3℃贮藏时，分别于第6天第20天达到66.04%和69.32%。与4℃相比，-3℃鳙的汁液流失率和蒸煮损失率相对较高。冷藏（3℃）和微冻（-3℃）贮藏条件下，镜鲤的品质变化也有较大的差异，冷藏条件下镜鲤的贮藏期为9天，而微冻条件下镜鲤的贮藏期为21天。大宗淡水鱼如果贮藏5天以内，采用冷藏比较理想；如果需要贮藏5~20天，采用微冻贮藏是比较理想的；如果需要超过25天贮藏，建议采用冷冻贮藏。

（二）大宗淡水产鱼贮藏过程中品质变化预测技术的发展现状

鱼类的生产和流通过程中，其品质的变化备受关注。由于种种原因，传统的跟踪检测已经不能满足需求，用模型来预测鱼类的品质是一种更加有效的方法，也是近年研究的热点。鱼类贮藏中品质变化的动力学方程，就是通过测量鱼体在贮藏过程中鲜度的变化，并从中总结出相应的数学规律，建立一个数学方程来模拟鱼体贮藏过程中的鲜度变化，最终用所建立的模型，来预测在一定温度下贮藏了一定天数的鱼体的鲜度情况。这样可以在生产中快速估测水产品的鲜度情况，及时了解产品的品质变化情况，有利于对产品的管理。由于鱼体化学组分，体系十分复杂，引起品质下降的因素有很多。目前，关于大宗淡水鱼贮藏过程中品质变化预测方法已开展了一系列的研究开发工作，分别建立了鳙、草鱼、鲫、团头鲂、鲢等淡水鱼贮藏过程中品质变化的预测模型。表7-1为通过鱼体品质函数和Arrhenius关系式建立的大宗淡水鱼鱼体品质动力学预测模型，通过该预测模型，可以有效地预测淡水鱼在一定贮藏温度、贮藏时间的鲜度指标。

表7-1　大宗淡水鱼新鲜度指标的预测模型

鱼种	鲜度指标	反应级数	预测模型
草鱼	菌落总数	1	$B_{TAC} = B_{TAC0} \exp[1.12 \times 10^{13} \exp(-75\,883.5/RT)]$
	K值	1	$B_K = B_{K0} \exp[8.30 \times 10^9 \exp(-57\,109.7/RT)]$
	TVB-N	1	$B_{TVB-N} = B_{TVB-N0} \exp[8.34 \times 10^{19} \exp(-111\,548.9/RT)]$
鲫	电导率	1	$B_{EC} = B_{EC0} \exp[5.25 \times 10^{16} t \exp(-97\,752.40/RT)]$
	TVB-N	1	$B_{TVB-N} = B_{TVB-N0} \exp[1.82 \times 10^{17} t \exp(-95\,765.26/RT)]$
	菌落总数	1	$B_{TAC} = B_{TAC0} \exp[5.70 \times 10^{18} t \exp(-105\,933.77/RT)]$
鳙	感官分值	0	$B_{Sensory\,score} = B_{Sensory\,score0} - 1.16 \times 10^{15} t \exp(-78173.65/RT)$
	TVB-N	0	$B_{TVB-N} = B_{TVB-N0} + 2.60 \times 10^{14} t \exp(-75\,925.44/RT)$
	菌落总数	0	$B_{TAC} = B_{TAC0} + 4.05 \times 10^{19} t \exp(-106\,532.40/RT)$
	K值	0	$B_{K\,value} = B_{K\,value0} + 1.36 \times 10^{15} t \exp(-76\,212.28/RT)$
	GSI[①]	0	$GSI = 1 - 1.14 \times 10^{15} t \exp(-85\,613.38/RT)$
鲢	电导率	1	$B_{EC} = B_{EC0} \exp[2.82 \times 10^{20} t \exp(-118\,410/RT)]$
	TVB-N	1	$B_{TVB-N} = B_{TVB-N0} \exp[2.13 \times 10^{15} t \exp(-87\,130/RT)]$
	菌落总数	1	$B_{TAC} = B_{TAC0} \exp[1.31 \times 10^{13} t \exp(-76320/RT)]$
	感官分值	0	$B_{Sensory\,score} = B_{Sensory\,score0} - 4.46 \times 10^{17} t \exp(-78\,173.65/RT)$
团头鲂	GSI	0	$GSI = 1.00 - 4.78 \times 10^{14} \exp(-10\,042/T) t$

张丽娜等（2011）通过测定草鱼贮藏过程中细菌落总数、K值、TVB-N等指标的变化，利用Arrhenius方程分别建立了草鱼贮藏过程中菌落总数、K值、TVB-N的预测模型。模型可以较好地预测草鱼在270～288K范围内品质变化情况，预测值与真实值误差在±10%以内。姚磊等（2010）建立了鲫贮藏过程中菌落总数的预测模型。在刚开始贮藏的8天中，预测模型其预测值与实测值的相对误差均在±7%范围内，适合用来预测鲫在270～288K条件下贮藏早期的鱼体质量变化。史策等测定分析了-3℃、3℃、9℃和15℃4个温度贮藏过程中鲢鱼体的品质变化，建立了鲢贮藏过程中菌落总数、K值、TVB-N的预测模型。洪惠、包玉龙等（2011）分析了不同温度（0℃、3℃、6℃、9℃）贮藏条件下，鳙、团头鲂鱼体的感官分值、挥发性盐基

氮（TVB-N）、菌落总数和 K 值的变化，并且将这些指标整合成一个总体品质评价参数（global stablity index，GSI），并建立基于 GSI 的动力学模型，该模型具有很好的拟合精度（$R^2>0.97$）（洪惠，2011）。

（三）大宗淡水鱼生物保鲜贮藏技术的发展现状

涂膜保鲜是近年来十分流行的一种食品保鲜方法，一般会采用可食性的材料进行涂膜。可食性涂膜一般情况下，包括成膜性物质、抗氧化物质、抑菌物质以及增塑剂等成分。常用的成膜性物质有海藻酸钠、壳聚糖、鱼皮凝胶、可食鱼糜膜、酪朊酸钠和羧甲基纤维素钠等。成膜性物质往往是以一些大分子物质为基础的混合物，这些大分子物质在一定条件下能够相互反应，形成网状结构，从而形成一层致密的薄膜，这种薄膜可以覆盖在食物表面，起到隔绝空气，防止外界污染的作用。有些成膜物质本身就具有抗氧化，以及抑菌的作用，这些成膜性物质在成膜后不仅可以避免食物与外界环境直接接触，减少食品的水分散失，同时，还可以起到抗菌防腐的作用（肖月娟，2010）。目前，以鱼体自身物质（鱼皮、鱼鳞、鱼肉）为原料，开发鱼体生物保鲜剂的研究与产品开发引起了广泛的重视。

李雪等（2011）研究了草鱼鱼肉蛋白酶解物的抗氧化稳定性和其在草鱼肌肉体系中的抗氧化能力。添加 0%、0.5%、1.0%、2.0% 和 4.0%（W/W）水解度为 10% 的草鱼鱼肉蛋白木瓜蛋白酶酶解产物（PDH 10%），对 4℃ 和 -10℃ 贮藏草鱼肉糜脂肪氧化（过氧化物值、共轭二烯值、硫代巴比妥酸底物含量）有较好的抑制作用。在 4℃ 贮藏 6 天时，与对照组相比，添加量为 0%、0.5%、1.0%、2.0% 和 4.0%（W/W）PDH 10% 的草鱼肉糜的共轭二烯值，分别降低了 5%~30%。在 -10℃ 贮藏 5 周时，与对照组相比，添加 2.0%PDH 10% 的草鱼肉糜的过氧化物值、共轭二烯值和硫代巴比妥酸底物含量，分别降低了 51.1%、49.7% 和 34.5%（李雪，2012）。张丽娜等（2011）研究指出，壳聚糖添加维生素 C 和茶多酚的膜液，具有减缓草鱼质量下降和延长其货架期的作用。胡素梅等（2011）研究了鱼皮酶解物、鱼肉酶解物、壳聚糖等作为涂膜保鲜剂，对鲤进行了涂膜处理，并于 4℃ 贮藏，结果表明，所有涂膜组鲤各指标的变化速度延缓，较对照组鲜度保持时间更长。鱼皮酶解物涂膜组和壳聚糖加鱼肉酶解物涂膜组鲤的货架期长达 16 天，较壳聚糖涂膜组延长 2 天，是对照组货架期的 2 倍。姚磊等（2011）研究指出，鱼鳞酶解物凝胶膜均可以显著（$P<0.05$）延长鲫的贮藏时间，维持良好的感官特性。

（四）大宗淡水鱼鲜度品质快速评价技术的发展现状

鱼肉的腐败会导致鱼肉组织的变化，而鱼肉组织的差别，可以反映到鱼肉阻抗的特征参数的变化。目前，在常规评定鱼类品质指标的同时，关于利用鱼体生物导电特性的变化，评价鱼体鲜度的相关技术得到较快的发展。张军等（2007）采用电极和生物阻抗方法，研究了鲫阻抗特性随时间的变化规律，指出在 25℃ 下的鲫阻抗和

TVB-N之间有明显的相关关系，可以用鱼肉阻抗评价其鲜度。张丽娜等（2011）研究表明，冰鲜草鱼的阻抗相对变化值（Q值）均大于10%，冻藏一段时间后解冻的草鱼的Q值则都小于10%，通过测定草鱼Q值，可以有效地区别冰鲜草鱼和解冻草鱼；在冷藏过程中，草鱼的Q值与鲜度指标存在着较好的相关性（$P<0.01$），相关系数均大于0.940，阻抗法可以作为测定草鱼新鲜度的一种无损伤检测方法（邹佳，2010）；草鱼在-3、0、3、9℃条件下贮藏，其电导率与鲜度指标也存在着较好的相关性（$P<0.01$），相关系数均在0.950以上，电导率可作为判断草鱼新鲜度的一个测定指标。鳙在-3、0、3℃贮藏条件下，Q值与菌落总数、挥发性盐基氮（TVB-N）、K值、蒸煮损失率均存在显著线性相关关系（$P<0.05$），相关系数均大于0.94；鳙在宰后72h贮藏（0℃和3℃）过程中，Q值呈先上升后下降趋势，pH和质构特性（硬度、黏性、内聚性、弹性和回复力）均呈先下降后上升趋势，Q值与pH和各质构指标具有显著相关性（$P<0.05$），建立的相关性方程其相关系数均大于0.93，Q值可用来快速评价鳙宰后贮藏过程中的品质变化。

（五）大宗淡水鱼蛋白冷冻变性及低温变性保护技术的发展现状

冻藏作为保存鱼蛋白的重要方法被广泛采用，但是研究表明，鱼蛋白在冻藏过程中会发生冷冻变性，导致各项理化指标的变化，最终使得鱼蛋白的综合品质下降。冷冻变性保护剂又称抗冻剂，是目前防止蛋白冷冻变性的最主要方法。1959年，日本北海道水产试验场的西谷氏等专家，利用蔗糖成功解决了狭鳕鱼糜蛋白的冷冻变性，此后，许多学者对防止鱼蛋白冷冻变性的物质开展了广泛而深入的研究，获得了很多具有抗冻作用的冷冻变性保护剂。保护剂的种类很多，保护作用的原理和效果也不完全相同。目前，用得最多的是蔗糖和多聚磷酸盐的复配组合，蔗糖因其价格低廉、抗冻效果较好且不易发生美拉德反应产生褐变，而受广泛应用于实际生产中。但是这类抗冻剂带来了较重的甜味和热量，不利于鱼糜蛋白的推广和消费，许多学者在寻找低甜度低热量的冷冻变性保护剂方面开展了大量的研究。目前，在淡水鱼鱼糜蛋白冷冻变性、品质预测技术及利用海藻糖、鱼体蛋白的酶解物作为淡水鱼糜蛋白冷冻保护剂方面，开展了一系列的研究工作，取得了一定的研究进展。

潘锦峰等（2009）研究表明，草鱼肌原纤维蛋白盐溶性蛋白含量、Ca^{2+}-ATPase活性、巯基含量和凝胶特性在冻藏过程中显著下降，各理化特性变化之间有一定相关性，肌原纤维蛋白在冻藏过程中盐溶性蛋白的下降集中在前6周，Ca^{2+}-ATPase活性的下降则主要在前4周，巯基含量在前10周显著下降。肌球蛋白头部首先发生构象变化，导致部分Ca^{2+}-ATPase活性的丧失和巯基含量的减少，蛋白质分子和其他分子继续相互作用，使蛋白分子聚集和交联，导致Ca^{2+}-ATPase活性的进一步丧失、盐溶性蛋白含量和凝胶特性的下降，以及巯基含量的进一步减少。海藻糖对于草鱼肌原纤维蛋白的冷冻变性保护效果，比蔗糖和山梨糖醇的组合更好或相当。宋永令等研究了团头鲂鱼糜在不同冻藏温度下各化学指标的变化规律，并建立了盐溶性蛋白含量

（A_1）、Ca^{2+} - ATP 酶活性（A_2）、总巯基含量（A_3）和二硫键含量（B）在冻藏过程中变化的动力学模型：$A_1 = 137.27\exp\ [0.41\exp\ (-1\ 657.725/RT)\ t]$；$A_2 = 0.047\exp\ [0.63\exp\ (-869.935\ 7/RT)\ t]$；$A_3 = 8.58\exp\ [0.91\exp\ (-147.131\ 6/RT)\ t]$；$B = 2.07\exp\ [1.63\exp\ (906.935/RT)\ t]$；分析了不同抗冻剂对团头鲂鱼糜抗冻效果的影响，研究表明，团头鲂鱼肉酶解物对团头鲂的抗冻性有一定的保护作用。

（六）大宗淡水鱼气调保鲜技术的发展现状

气调保鲜，是一种通过调节和控制水产品所处环境中气体组成的保鲜方法。在适宜的低温下，改变包装内空气的组成，降低氧气的含量，抑制微生物的生长繁殖，降低食品化学反应的速度，达到延长保鲜期和提高保鲜效果的目的。水产品在保鲜过程中，新鲜鱼类属于易腐败变质的食品，在冷藏条件下通常只有 5～10 天的货架期，而气调保鲜可明显延长鱼类的货架期。水产品采用的气体通常是二氧化碳、氮气或真空包装。很多学者研究表明，不同鱼类所采用的气体比例也有一定的差异。气体成分一般由二氧化碳（CO_2）、氮气（N_2）、氧气（O_2）按一定比例组成，少数情况下添加少量的其他气体。商业上，主要用 CO_2、N_2、O_2 三种气体，按预定的比例混合气体的各个组分，在真空状态下将其充入食品包装容器中，实现抑制细菌繁殖，保色、保形、保鲜、保味的效果，同时，还要根据复合气体及各类食品的特点，来选取合适的复合包装膜。胡永金等采用不同气调包装，对冷藏条件下白鲢鱼片质量影响的研究表明，气调包装可以显著抑制微生物的生长繁殖，延缓其 TVB - N 的增加。在对新鲜鲢鱼的保鲜作用研究表明，CO_2 包装有一定的抑菌作用，且在一定的浓度范围内，CO_2 的浓度越高，抑菌作用越好，并得出 CO_2 60％和 N_2 40％组合，保鲜效果较理想。目前冰温气调保鲜，即利用冰温点和气调包装对鱼类微生物生长和繁殖产生协同抑制作用，从而达到保鲜作用的一种新型保鲜技术，得到了广泛的研究和开发。

（七）大宗淡水鱼腌制保鲜技术的发展现状

腌制是一种历史悠久的加工和保藏方法。目前，在大多数国家的水产贮藏加工业中仍占有一定的地位。水产品的食盐腌制，是腌制加工中最具代表性的一种。腌制工艺按照用盐方式的不同，可分为干腌法、湿腌法和混合腌制法三种。按加盐量的多少，可分为重腌制和淡腌制两种。按腌制温度的不同，可分为常温腌制法和低温腌制法。腌制可以降低鱼片的水分活度，抑制微生物的生长，形成良好的风味，同时，伴随着复杂的物理、化学和生物反应。除了食盐的内渗和水分的迁移外，鱼肉还会在内源酶和微生物的作用下发生蛋白质分解和脂肪氧化，使得产品的质构和风味发生变化，逐渐形成腌腊制品的特殊风味。而鱼肉的可溶性成分也会在腌制过程中逐渐析出，导致鱼肉营养成分的丢失。腌制过程中所采用的腌制方法、腌制条件，会对产品的最终质量、盐含量、水分含量、质构、得率以及风味等产生较大的影响。洪惠等

（2012）研究了 1.1% 盐腌及 1.1% 氯化钠＋0.9% 蔗糖腌制鳙，在 4℃贮藏条件下品质的变化。研究表明：与对照组相比，腌制能够延迟鳙鱼片在贮藏过程中的化学变化，提高持水力，延长货架期。同时，1.1% 氯化钠＋0.9% 蔗糖腌制能够改善产品的风味和口感，是一种较好的保鲜方法。

三、水产品加工技术发展现状

近年来，针对淡水鱼加工增值的关键技术难题，在国家、省部、地市等各级科研计划支持下，全国有关水产品加工研究的高校、科研院所在水产品加工技术方面开展了大量的研究，并已取得较大进展。目前，主要水产品加工加工技术有干燥技术、冷冻加工技术、罐头加工技术、腌制发酵技术和烟熏技术等。

（一）干燥技术发展现状

水产干制品加工是保存食品的有效手段之一，是一项传统的加工方法。主要是通过干燥降低水分含量来降低水分活度，从而达到足以防止食品腐败烂变质、延长货架寿命的目的；干燥食品不仅具有较好的储藏稳定性，而且运输方便，因此，干制既是一种保藏手段，更是发展成为一种现代食品的加工技术（张国琛，2004）。常用的干燥方法有热风干燥、真空干燥、冷冻干燥、微波干燥等，不同的干燥工艺往往适用于不同类型的食品（段振华，2012）。

1. 热风干燥技术　早在人类进入文明时代之前，就存在将食品自然晒干或风干来延长储存期这种自然干燥的方法。自然干燥操作简便，几乎不需要任何干燥设备。但是，由于受气候等条件的限制，难以满足大规模生产的需要和消费者对食品品质的更高要求。在自然干燥的基础上，热风干燥技术逐渐得到发展，理论日趋完善，是目前应用最多、最为经济的干燥方法。它不需要特别复杂的设备，投资少，适应性强，在操作以及控制方面很简单，卫生条件也能够保证，目前已经被广泛地运用在海带、裙带菜、调味鱼片等的干燥加工中。但是，在热风干燥过程中，由于干燥温度高、时间长，并且与氧长时间接触，会引起脂肪氧化和美拉德褐变，热敏性成分和生理活性成分也会遭到很大破坏，产生不良气味，造成维生素和芳香物质损失，表面硬化、开裂、过度收缩、低复水性和明显的颜色改变等，从而使产品品质严重降低。为了生产出高品质的食品，发展了真空冷冻干燥、微波干燥、红外线干燥和热泵干燥等干燥技术，这些技术的出现提高了干燥速度和干制品的质量。

2. 真空干燥技术　真空干燥的过程就是将被干燥物料放置在密闭的干燥室内，用真空系统抽真空的同时，对被干燥物料不断加热，使物料内部的水分通过压力差或浓度差扩散到表面，水分子在物料表面获得足够的动能，在克服分子间的吸引力后，逃逸到真空室的低压空气中，从而被真空泵抽走的过程。真空干燥技术干燥温度低，避免过热；水分容易蒸发，干燥速度快；同时，可使物料形成膨化多孔组织，产品溶解性、复水性、色泽和口感较好。目前，真空干燥技术已应用于罗非鱼片、凡纳滨对虾等水产品的干燥。虽然冷冻干燥能带来极高的产品质量，但是由于生产周期长，导致了加工成本高，生产效率低，能耗比热风干燥高出 4~8 倍，而且设备一次性投资大，这也限制该技术在水产品加工中的应用，目前主要用于高品质脱水食品中。为了解决真空冷冻干燥存在的问题和不足，今后的研究方向首先是要大力研究和开发冷冻干燥新设备、新工艺，如吸附冷冻干燥技术、真空冷冻与微波结合及冷冻干燥与热风干燥结合技术等；其次，是要加强冻干工艺、不同制品冻干特性的研究。随着真空冷冻干燥技术研究的不断深入和冷冻干燥加工成本的逐渐降低，这种新型干燥技术将在水产品干燥加工中发挥重要的作用。

3. 冷冻干燥技术　冷冻干燥是利用冰晶升华的原理，在高度真空的环境下，将已冻结的食品物料的水分不经过冰的融化，直接从冰固态升华为蒸汽而使食品干制的方法。由于食品物料是低压和低温下，对热敏性成分影响小，可以最大限度地保持食品原有的色香味。现已应用于虾仁、干贝、海参、鱿鱼、甲鱼、海蜇等干制品的加工，但由于设备昂贵，工艺周期长，操作费用高，所以经济性是冷冻干燥最主要的缺点。目前，将冷冻干燥与其他干燥方式如微波干燥等联合起来，既降低了生产成本，又能使产品拥有令消费者满意的感官品质，从而获得较好的经济效益。

4. 辐射干燥技术　辐射干燥是用红外线、远红外线、微波、高频电场等，为能源直接向食品物料传递能量，使物料内外部受热，没有温度梯度，加热速度快，热效率高，加热均匀，不受物料形状限制，获得的干制品质量高。根据电磁波的频率，可将其分为红外线干燥和微波干燥。

红外线干燥法是利用红外线作为热源，直接照射到食品上，使温度升高，引起水分蒸发而获得干制的方法。红外线因波长不同而有近红外线和远红外线之分，但它们加热干燥的原理一样，都是由于红外线被食品吸收后，引起食品分子、原子的振动和转动，使电能转变成为热能，水分便吸热而蒸发。红外线干燥的主要特点是干燥速度快，干燥时间仅为热风干燥的 10%~20%，因此生产效率较高。由于食品表层和内部同时吸收红外线，因而干燥较均匀，干制品质量较好。设备结构较简单，体积较小，成本也较低。

微波干燥法就是利用食品水分子（偶极子）在电场方向迅速交替改变的情况下，因运动摩擦而产生热量使水分蒸发去除。微波有一定的穿透性，可使食品物料内外同时加热，具有加热速率快、加热均匀、选择性好、干燥时间短、便于控制和能源利用率高等优点，能够较好地保持物料的色、香、味和营养物质含量，在干燥的同时还能兼有杀菌的作用，有利于延长食品的保藏期，增加其货架寿命。目前，微波干燥已经应用在白鲢制品、鳙鱼片、海带等产品的干燥。然而，单纯利用微波干燥，容易出现边缘或尖角部分焦化现象，同时，微波干燥时干燥终点不易判别，容易产生干燥过度。因此，目前利用微波干燥多采用微波与其他方式相结合的方法，如热风微波干燥、微波真空干燥、微波与热泵结合干燥等，这些组合方法提高了能源利用率、改善了产品品质，同时，使干燥时间大大缩短，降低了生产成本。为了加快干燥速度，在利用微波干燥的同时，利用真空设备将水分去除，但是微波真空干燥技术在水产品加工中的应用研究开展得还比较少，在干燥机理和干燥工艺等方面的研究未见深入研究报道。目前，国内外微波真空干燥装置的结构还比较单调，技术性能还有很多需完善的地方，特别是连续式微波真空干燥装置仍属于空白。在干燥理论上，由于微波加热为介电加热，而不同物料的介电常数不同，因此不同的物料其微波真空干燥模型差异较大。今后应加强这方面的理论和试验研究，建立和完善不同物料的干燥数学模型，为这项新技术在水产品干燥生产中的应用，提供直接的技术支持和充足的设计依据。

5. 新型干燥技术　热泵干燥技术是 20 世纪 70 年代末、80 年代初发展起来的一种新型干燥技术。热泵干燥是利用逆卡诺原理，吸收空气的热量并将其转移到房内，实现烘干房的温度提高，配合相应的设备实现物料的干燥。热泵干燥机由制热系统和制冷系统两个循环组成，由压缩机—换热器（内机）—节流器—吸热器（外机）—压缩机等装置构成一个循环系统。热泵干燥优点是在封闭系统中干燥，干燥条件易控制；可以避免水产品中不饱和脂肪酸的氧化和表面发黄，减少了蛋白质受热变性、物料变形、色香味的损失等，干燥效果和真空干燥相似；环境污染小；干燥过程中能耗低，是一种节能型干燥技术。目前，热泵干燥已经应用在罗非鱼、竹篓鱼等产品的干燥。

高压电场干燥技术是 20 世纪 80 年代刚刚兴起的一种新型干燥技术，其干燥特性为一种新干燥机制，它与被干燥物及其所含水分的接触是靠高压电场，而不是与电极直接接触（纵伟，2007）。这与通常加热干燥中"传热传质"的干燥机制截然不同。被干燥物不升温，能够实现水产品在较低温度范围（25～40℃）的干燥，可避免水产品中不饱和脂肪酸的氧化和表面发黄现象的产生，减少蛋白质受热变性和呈味类物质的损失。

6. 联合干燥技术　由于各种干燥技术既有各自的优点，又有其不同的局限性。因此，在不断完善各种干燥技术自身技术方法和设备的同时，根据物料的特点，将两种或两种以上的干燥方法优势互补，分阶段或同时进行联合干燥已经成为一大趋势，这种干燥方法被称为联合干燥或组合干燥，它不仅可以改善产品质量，同时又能提高干燥速率、节约能源，尤其对热敏性物料最为适用。在水产品加工中主要的联合方式有：热泵—微波真空联合干燥，热风—微波联合干燥，微波—真空冷冻联合干燥，热泵—热风联合干燥等。但是由于水产品种类繁多，不同种类组织状态相差很大，因此组合干燥工艺并非固定不变，工艺参数及干燥转换点的确定、机理的研究及合理的数学模型的建立还需要大量的实验工作。

由于微波的加热特性，所以对低水分含量（20％以下）物料的干燥非常适用，此时水分迁移率低，但运用微波对物料进行加热，则较易驱除物料内部的水分。但在食品水分含量较高的情况下，应用微波加热反而容易出现食品过热的问题，对产品的质量造成不好的影响。由于微波干燥的局限性，利用热泵或热风与微波联合干燥方式对产品进行干燥是一种有效的干燥方式，热泵或热风干燥可有效的排出物料表面的自由水分，而微波干燥可有效地排除内部水分，两种方法相结合，可发挥各自的优点，不但可以提高产品的干燥效率，而且可以显著提高经济效益。热泵或热风与微波联合干燥有两种方式，一是先进行热泵或热风干燥，由于在热泵或热风干燥接近终点时干燥效率最低，此时再采用微波进行干燥，可使物料内部水分迅速脱除从而大大提高干燥效率；二是先用微波对物料进行预热，再利用热泵或热风进行干燥。目前，已有微波与热泵或热风联合干燥技术在膨化草鱼片、罗非鱼片等水产品中应用的报道。

微波真空联合干燥的加工温度低、营养成分损失率低、脱水效率高，因此，对含水率较高的水产品进行脱水加工时，更能发挥其优势。目前，鱼片的生产方法主要是烘烤和油炸两种方法，采用单一微波对鱼片进行干燥，易造成产品受热不均匀、产生焦黑点、干燥过度、制品质构和口感不好等缺点（岑琦琼，2011）。微波真空联合技术，可以较好地解决微波加热不均及鱼片口感问题。微波真空联合干燥技术充分利用了微波加热的迅速、高效、可控性好、安全卫生的优点，同时，真空所创造的环境低压降低了水的沸点，这一方面提高了热效率，另一方面可以防止鱼片因局部过热而出现的焦黑点，同时可以提高鱼片的膨化率，改善鱼片质构。微波真空干燥技术作为一种现代高新技术，具有效率高、成品质量好、能耗低和自动化程度高等特点，为有效地解决水产品干燥过程中质量和效益之间的矛盾开辟了一条新途径，应用前景十分广阔。

（二）杀菌技术发展现状

1. 热杀菌技术　热杀菌是水产品加工中常用的杀菌操作，同时也是食品工业最有效、最经济、最简便的杀菌操作，但是过高的温度—时间组合，也导致产品在营养价值、口感和色泽上的不良变化，为此，夏文水针对传统热杀菌过程中鱼肉质构软烂的难题，研究建立了腌制、油炸等预处理工艺对鱼肉热物理性质的影响模型及腌制、油炸处理与杀菌后鱼肉质构品质的关系，在腌制工艺阶段，建立了腌制液浓度和温度对鱼肉平衡食盐和水分含量的影响模型及食盐和水分扩散系数随腌制液浓度和温度变化的模型；在油炸工艺阶段，建立了油炸温度对鱼肉平衡油脂和水分含量的影响模型，水分扩散系数随油炸温度变化的模型，油脂吸收的特征速率随油炸温度变化的模型；确定了不同腌制、油炸工艺条件对不同厚度鱼肉热物理性质的影响，建立了淡水鱼杀菌工艺优化模型；通过控制水分活度、鱼块大小和杀菌工艺建立了基于质构口感的最小加工强度杀菌技术，确定了不同鱼体大小、不同产品类型的最小加工强度杀菌工艺，开发了适合我国饮食习惯和消费特点具有长保质期的碗状新包装淡水鱼方便菜肴制品，即食风味醉鱼制品、熏鱼、糖醋鱼等系列方便熟食食品。

2. 超高压杀菌技术　超高压处理食品以其"灭菌""保鲜""节能""环保"等优点，得到了学术界和工业界的广泛关注。食品超高压处理能够杀灭微生物、钝化酶的活性，延长食品的保鲜期限而有效保持食品原有风味、色泽等感官性质。超高压保鲜技术有效地克服了传统方法保鲜食品所带来的种种弊端，给食品加工业注入了新的活力。水产品在捕获后由于受体内微生物、酶的影响极易腐败变质，利用超高压技术处理海产品能有效杀灭微生物、钝化酶的活性，延长水产品的保鲜期。邓记松（2009）以牡蛎、海参为研究对象，研究了超高压处理的保鲜效果，结果表明，压力越高，菌落总数的灭活率越高，延长保压时间、升高处理温度能一定程度上提高灭菌率，而保压方式对灭菌率的影响不明显。此外，对超高压处理后残存菌落的再生长情况进行了研究，结果表明，超高压能有效抑制残存菌落的再生长，压力越高抑制作用越明显。Juan 等（2006）研究表明，高压使金枪鱼碎肉货架期延长。Calik 等（2002）研究表明，超高压短时间处理就能解决牡蛎脱壳和杀菌问题。虽然超高压技术有诸多优点，但也存在一定的问题：①超高压装置成本高，制约其工业化推广；②设备工作容器较小，批处理量少，且多属于间隙式操作，很难满足生产需要；③影响超高压处理效果的因素复杂多样，包括压力、时间、温度、施压方式及原料的特性等，需要进行长期大量的研究。

3. 辐照杀菌　淡水产品在生产、储存、运输过程中时常受到致病菌的污染，辐照作为保鲜技术之一，不仅可以将新鲜水产品的货架期由 1 周延长至 2～3 周或更长，还可以杀灭致病菌和抑制多种微生物的繁殖。另外，低剂量的射线照射食品不会改变食品原有的感观性状，无任何有害物质残留。崔生辉等（2000）研究表明，辐照使鲫中的细菌总数降低 4 个数量级；使大肠菌的数量明显减少；还可取代传统化学清洗的灭菌工艺。刘春泉等（2004）冷冻虾仁辐照杀菌效果的试验结果表明，经 3 千戈瑞（kGy）辐照后，菌落总数降低了 2 个数量级；经 5kGy 辐照后，菌落总数减少了 3 个数量级以上，大肠菌群均未检出。Irene Chouliara 等（2005）研究得到的结果为，辐照使真空包装海鲤肉货架期延长。在辐照加工实际应用中，辐照工艺剂量是辐照工艺具体实施的技术关键，产品的辐照工艺剂量确定要注意以下几个方面：①产品初始微生物污染状况；②辐照后产品的卫生质量；③辐照剂量的选择。国内某公司已实现辐照虾仁等冷冻水产品的产业化生产。同时，我国也制定了相应的冷冻水产品辐照杀菌工艺的农业行业标准（NY‐T 1256—2006），规定用于冷冻水产品的辐照工艺剂量为 4～7kGy。

4. 臭氧杀菌　臭氧（O_3）是氧气的同素异形体。常温下是一种淡蓝色气体，但通常看起来似乎无色，有刺激性腥味，微量时具有一种"清新"的气味，不稳定，容易分解为氧气。臭氧的氧化还原电位仅次于氟，具有很强的氧化能力，利用这一性质可以进行杀菌、消毒、除臭、保鲜等。近年来，有关臭氧在水产品贮藏和加工中的应用研究呈不断增加的趋势。国外早在 1936 年就开始对臭氧杀菌技术进行研究。方敏等（2004）研究了臭氧水杀灭鱼体表细菌的条件，研究结果表明，采用 5mg/L 臭氧水冲洗鱼体表面 10min，取得了很好的效果。臭氧杀菌技术以其广谱、高效、快速等优势成为一种杀菌新技术，被广泛应用。

5. 低温等离子体杀菌　等离子体（plasma）是一种在宇宙中占有 99% 以上比例

的物质，在人类已经认识的物质中它占有如此重要的比例。它可以受电磁场的约束，从而在受控热核聚变上有极其重要的应用。所谓"低温"等离子体，主要是为了区别于受控热核聚变产生的"高温"等离子体，在那儿等离子体的温度要达到 10 000 电子伏特（eV）以上，相当于 100 000 000℃。这么高温度的物质，在通常条件下无法应用。在工业和科学研究中用的低温等离子体，通常其电子温度在几至几十电子伏特之间。根据电子与离子（中性粒子）的热平衡状态，低温等离子体还可以再分为非平衡态等离子体（也称冷等离子体，其表观温度接近或略高于环境温度）与平衡态等离子体（也称热等离子体，其表观温度通常达几千度以上）。王大卫研究发现，强度300W、真空度 101 255Pa 低温等离子体处理 15min 后的沙尖鱼鱼体，表面的细菌存活数下降 2~3 个数量级，处理过后的鱼体表面基本达到无菌状态，且在处理前期，其杀菌效果优于臭氧杀菌。从最终处理效果来看，杀菌效果都处在同一个数量级。由于低温等离子体杀菌处理在很低的温度下就可以达到显著的效果，更不会对鱼体品质产生不良影响，因而具有非常广阔的市场前景。

（三）鱼糜加工技术发展现状

目前在鱼制品加工中，国内外发展较快的是鱼糜类制品，在国内已形成一定的产业化规模，产品主要有鱼卷、鱼糕、鱼丸和冷冻鱼糜等。鱼糜制品具有高蛋白、低脂肪、口感嫩爽等特点，产量逐年增加。目前，市场上鱼糜制品的生产原料多采用海水鱼，随着人口的持续增加和耕地面积的不断减少，人口与资源的矛盾更加尖锐和突出，特别是在我国海洋资源日益匮乏、近海环境污染加重，国家实施休渔期、海洋捕捞量零增长政策以来，海水鱼类产量趋于稳定，采用淡水鱼为原料开发高品质的冷冻鱼糜及鱼糜制品，成为未来鱼糜产业发展的一个重要方向。

鱼糜制品的种类繁多，采用不同的加热方法、成型方法、添加剂种类及用量，可以生产出各类鱼糜制品。根据加热方法，可以分为蒸煮制品、焙烤制品、油煎制品、油炸制品和水煮制品等。根据形状不同，有串状制品、板状制品、卷状制品和其他形状的制品。依据添加剂的使用情况，可分为无淀粉制品、添加淀粉制品、添加蛋黄制品、添加蔬菜制品和其他制品。

凝胶性是鱼糜制品的一个重要指标。淡水鱼水分含量高、蛋白易冷冻变性、凝胶性能较差，开展淡水鱼抗冷冻变性和凝胶增强技术，是淡水鱼糜加工技术研究的一个重点。夏文水在建立壳聚糖对鲢糜凝胶增强技术的基础上，开展了以壳聚糖为基础的复配对淡水鱼糜凝胶品质的影响，比较研究了壳聚糖与卡拉胶、低脂果胶、海藻酸钠、黄原胶等 4 种离子型多糖，酪蛋白、酪蛋白酸钠、大豆分离蛋白、小麦面筋蛋白等 4 种非肌肉蛋白，半胱氨酸、抗坏血酸等 2 种还原剂及氯化钙复配对鲢糜凝胶特性、色泽和持水性的等品质的影响，优选出了以壳聚糖为基础的淡水鱼糜凝胶复配增强剂及添加方式，建立了基于壳聚糖的鱼糜凝胶增强技术，鱼糜凝胶强度较空白对照组提高 50％以上，保水性分别提高了 18.5％和 28％，且鱼糜制品的色泽较空白对照组无明显变化。目前，市场上的淡水鱼糜制品主要通过添加淀粉（约10％）来改善鱼糜的凝胶品质，采用壳聚糖复配凝胶增强技术，将有望实现淡水鱼糜制品的低淀粉甚至无添加淀粉生产，显著提高淡水鱼糜制品品质。

近年来，科研人员对鱼肉蛋白的冷冻变性问题进行了较多的研究。薛长湖等（2006）对鳙肉蛋白和鱼糜在－30℃、－20℃和－10℃冻藏稳定性和冷冻变性特点进行了研究。鳙鱼肉在不同温度下冻藏时，肌原纤维蛋白都发生冷冻变性，表现为肌原纤维蛋白的一些物化特性随着冻藏时间的增加而明显变化。鳙鱼糜在不同温度冻藏过程中，凝胶性能下降，冻藏温度越高，凝胶劣化越快，采用鱼排酶解物和海藻糖作为抗冻变性剂能显著改善鱼肉蛋白的冷冻变性。潘世玲等（2003）对鲤、草鱼、鲢、鳙加工冷冻生鱼糜的特性进行了研究，发现4％蔗糖、4％山梨醇、0.3％复合磷酸盐与0.5％蔗糖脂肪酸酯复配的抗冻剂，对鲤、鲢、鳙鱼糜具有显著的冷冻变性抑制效果，而对草鱼鱼糜宜用4％蔗糖、4％山梨醇与0.3％复合磷酸盐的复配抗冻剂。周爱梅等（2007）以传统的商业抗冻剂（4％蔗糖＋4％山梨糖醇）为参比，研究了海藻糖、乳酸钠在8％浓度水平对罗非鱼糜和鳙鱼糜在－18℃冻藏24周的抗冻效果，发现在罗非鱼糜中，海藻糖的抗冻效果要优于商业抗冻剂，而乳酸钠的抗冻效果也可与商业抗冻剂比拟；在鳙鱼糜中，海藻糖、乳酸钠的抗冻效果都比商业抗冻剂好，并且海藻糖、乳酸钠的甜度和热值都低，因此，这两种物质能够替代传统用商业抗冻剂而用于冷冻淡水鱼糜的加工中。

随着我国科研人员对淡水鱼糜加工技术研究的不断深入，我国淡水鱼糜产品开发和加工产业也取得了较大发展。以鲢、草鱼等低值鱼为原料，通过生物交联和酶交联技术提高鱼糜得率，降低鱼糜生产成本，改善鱼糜口感，开发淡水鱼鱼糜、鱼圆、鱼丸、鱼糕和鱼豆腐等系列鱼糜制品。集成应用现代油炸与裹粉技术，开发了油炸裹粉鱼排、鱼饼等裹粉调理鱼糜制品。熊善柏（2006）在研究鱼肉和猪肉凝胶的差异及其机制的基础上，建立了鱼肉、猪肉复合凝胶制品生产技术，这些产品适合家庭、宾馆、餐饮服务业的快速、方便、卫生和安全的需求。

（四）腌制发酵加工技术发展现状

水产腌制发酵技术，是具有悠久历史并且有效的传统加工保藏方法之一。水产腌制发酵制品，主要包括盐腌制品、糟醉制品和发酵制品。盐腌制品主要用食盐和其他腌制剂对水产原料进行腌制，如调味咸鱼、腌青鱼等。糟醉制品是以鱼类等为原料，在食盐腌制的基础上，使用酒酿、酒糟和酒类进行腌制而成的产品，如香糟鱼、醉鱼等。发酵腌制品为盐渍过程中自然发酵熟成或盐渍时，直接添加各种促进发酵与增加风味的辅助材料加工而成的水产制品，如酶香鱼、腌腊鱼和酸鱼等。腌制发酵类鱼制品因其独特的风味和口感，深受到广大消费者的欢迎，许多产品在国内外享有盛誉，成为各地的地方特色和传统特产，在我国具有很大的需求市场。

目前，市场上的腌制发酵类鱼制品主要以传统生产工艺为主，工业化程度很低，规模小、技术装备落后，受地域和自然气候条件的限制，产品生产过程中存在腌制时间长、产品品质不易控制、质量不稳定等问题，而且产品含盐量高，质地较硬，安全性差，尚缺乏工业化生产技术和完善的质量控制体系，加工技术需要更新和升级。

随着人们生活水平的提高和消费模式的转变，人们对营养、健康、安全、方便水产制品的需求逐渐增加，对传统特色的腌制发酵制品也提出了低盐量、风味营养俱佳、安全性高的消费要求。近几年，国内一些科研单位围绕符合我国消费者饮食习惯和深受欢迎的腌腊制品、糟制品、发酵制品等特色水产品的生产工艺和技术开展了大量研究工作，利用现代食品高新技术对传统工艺技术进行革新和升级，在腌制、糟醉、发酵等方面都取得了较多研究成果，并且部分已在生产中进行了推广应用。

1. 淡水鱼腌制加工技术

（1）低盐快速腌制成熟技术　近年来，夏文水等（2008）对鱼制品的低盐腌制技术及其产品风味品质进行了大量研究工作，结合现代物理与生物加工技术，通过对腌制鱼腌制方法、后熟方式、快速腌制及成熟等方面的研究，开发了一种快速低盐腌制水产品加工技术。该技术选用冷冻鱼或鲜鱼，利用真空腌制和添加海藻糖方法加速腌制，解决腌制过程中蛋白质变性引起的口感变差问题，增加鱼肉结构组织的韧性，利用微波和风味酶技术加速腌鱼成熟，腌制成熟后的制品风味化合物增加2倍，改善了腌鱼风味品质，提高了安全性及延长了保质期，同时缩短了腌制成熟时间。

（2）酸辅助低盐腌制技术　夏文水等（2008）通过在腌制过程中添加食醋等酸味剂，以加快腌制过程改善腌制风味的酸辅助低盐腌制技术，酸辅助与盐腌、调味同时进行，并辅助于熟化和真空包装，通过控制水分活度、调节pH等保质栅栏因子，开发出了一种低温或常温流通、无须加热烹调的风味可口的即食淡腌草鱼产品。有机酸的添加一方面促使蛋白变性和降低酶活，降低腌鱼pH，延长保质期；另一方面形成酸香清爽的风味，产品具有口感、风味、咀嚼度好和保藏期长的特点。

（3）腌腊鱼制品加工新技术　熊善柏等（2004）在对传统腌腊鱼制品筛选和鉴定优势发酵菌株的基础上，研究了低温低盐腌制工艺、发酵条件、干燥方式对接种发酵腊鱼品质的影响，建立了低盐低温腌制、低温干燥与人工接种发酵相结合的风腊鱼制品生产新工艺。通过分析接种发酵与自然发酵对腊鱼微生物菌群、理化品质、物性指标、风味成分和感官品质及品质指标的影响，接种发酵可显著改变腊鱼的理化品质、物性指标、风味成分和感官品质。接种发酵结束后乳酸菌数量达 10^8 cfu/g，约是自然发酵的10倍，腊鱼总酸含量（0.48%）明显高于自然发酵腊鱼的（0.32%），而且产品色泽、咀嚼性、滋味优于自然发酵腊鱼。

2. 淡水鱼糟醉加工技术　糟鱼是湖北、江西、江苏和浙江等地具有民族特色的传统食品，其肉质紧密，富有弹性，甜咸和谐，香气浓郁，并且富含氨基酸、矿物质等营养物质（叶青，2001）。

夏文水等（2012）集成应用真空渗透技术、生物发酵技术、栅栏技术、干燥技术、低温杀菌技术和新型包装技术等现代食品加工技术，对传统糟鱼制品进行现代化改造，通过对酒糟的制备工艺条件以及淡水鱼原料预处理方式、腌制工艺、脱水方式、糟制温度、时间、酒糟添加量等参数，对糟鱼质构和风味品质的影响研究，优化了鱼肉糟制工艺。通过低温腌制技术结合真空与热风联合干燥技术，提高产品腌制风味，使产品肉质紧密而富有弹性，真空渗透技术和控温发酵技术大大提高了糟制速度和风味形成，建立了淡水鱼糟醉制品的工业化生产技术。以鳙、草鱼等为原料，通过对原料鱼进行分级、分割，根据消费者的不同需求生产出不同风味、质构和不同等级的系列糟醉鱼制品。产品色泽鲜亮，醇香爽口，味道独特，香中飘醉，具有浓郁糟制风味和良好质构品质。

3. 淡水鱼生物发酵技术

（1）淡水鱼糜发酵技术　夏文水等（2010）针对淡水鱼糜凝胶强度不高、腥味较重的技术问题，根据微生物的发酵性能和鱼糜的基本制作工艺，系统研究了淡水鱼糜发酵过程中的理化特性、微生物变化规律和生物安全性及其对发酵鱼制品保藏性及产品品质的影响。并对淡水鱼糜的生物发酵工艺和加工条件进行了优化，结合现代食品与发酵技术，研制出了具有独特风味、高营养、高安全性、贮藏期长等特点，符合我国饮食消费习惯的发酵鱼肉香肠、发酵鱼糕、发酵鱼肉火腿等优质发酵鱼糜凝胶制品，建立了淡水鱼糜的生物发酵工艺和技术，并有望在水产加工领域进行推广应用。与传统热凝胶鱼糜制品进行品质比较，发酵鱼糜制品利用乳酸菌等常温发酵形成蛋白凝胶，通过微生物发酵增强鱼糜蛋白分子交联作用，鱼糜凝胶强度高达 800 g/cm^2 以上；加工过程中鱼糜不经漂洗，最大限度保留鱼肉蛋白组分，比传统工艺制备的鱼糜得率高 10% 以上，同时减少了漂洗污水排放，降低了对环境污染；采用微生物代谢及修饰腥味物质的方法，强化鱼糜风味，祛除淡水鱼糜土腥味，同时，提高了鱼糜制品营养价值和益生效益（孙森，2007）。

（2）淡水鱼体发酵技术　夏文水等（2013）对我国传统酸鱼发酵工艺与产品进行了研究，从我国湘西有代表性的传统发酵酸鱼 15 个品种中，分离筛选出了 16 株产酸快、耐盐、耐低温的乳酸菌株和 2 株产香、具有硝酸盐还原活性、无氨基酸脱酸酶活性的葡萄球菌，并将筛选出的菌株应用于发酵酸鱼制品开发，对传统发酵工艺进行优化。利用快速低盐腌制技术、微生物混合接种和控温发酵等技术增加鱼制品的成熟风味和口感，软化骨刺，产酯增香，降低或祛除土腥味，开发具有浓郁发酵风味的低盐全鱼、鱼块制品，生产周期比传统自然发酵缩短 60% 以上，产品盐含量低于 5%，显著提高了传统酸鱼制品的质量和安全，延长了保质期。采用现代食品高新技术对深受消费者欢迎的传统特色水产制品生产工艺进行革新与品质提升，提高技术水平，形成工业化生产规模，成为未来水产加工业发展的一个重要方向。

（五）烟熏加工技术

常见的烟熏方法，可分为气态烟熏法（木熏法）和液态烟熏法（液熏法）两种。其中，木熏法是应用最广泛的一种烟熏形式。根据处理温度可分为冷熏、温熏和热熏，这三种没有明显的界线。在日本把 0～30℃ 定为冷熏，30～50℃ 为温熏，50～80℃ 为热熏，80℃ 以上的称为烘熏。热熏产品的色泽明显好于冷熏，但热熏时由于温度过高，肌肉蛋白质要产生热变性，脂肪溶解，品质改变；一般情况下，热熏时间短，冷熏时间长，对于非加热的高档产品常采用冷熏的方式，有的产品需要冷熏半日或数日之久；采用温熏的方法有利于提高制品的保存性，有利于特定的、有用菌群的形成。一般木熏法在烟熏过程中设定值：干球温度为 50～75℃，湿球温度为 0～55℃，相对湿度（relative humidity，RH）0～35％，当相对湿度控制在 6％～10％ 时，色泽的形成效果最好（夏秀芳，2005）。但是传统熏制方法的熏烟，是植物性材料缓慢燃烧或不完全燃烧时氧化产生的气体、液体（树脂）和微粒固体的混合物，它除了含有使熏制食品产生烟熏色泽、香味和耐贮藏的成分外，还含有致癌作用的多环芳烃及其衍生物 200 多种，其中，3，4-苯并芘，也称苯并（a）芘，其致癌性较强，污染最广。因此，人们一直寻求一种既可保持人们喜爱的烟熏风味，又能避免苯并芘危害的熏制方法，生产出安全食用的熏制食品。

液熏法是用液体替代气体烟熏制食品的一种方法，这种液体烟以天然植物（如枣核、山楂核等）为原料，焦油通过沉积作用去除，经干馏、提纯精制而成，被称为液体烟熏香味料，简称烟熏液。熏液不仅对产品有防腐、保鲜、保质作用，它还大幅度降低苯并芘的含量，减少环境污染，而且能缩短熏制周期，大量减少传统方法在厂房、设备等方面的投资。目前，液熏技术已经用来熏制鲱、鲑、鳕、鲐、鳟、三文鱼、金枪鱼等水产品（吴靖娜，2011）。熏液使用方法常因食品形态质地而定，有浸渍法、置入法、淋洒/喷雾法、涂抹法和注射法等 5 种方法。黄靖芬使用喷雾与浸渍相结合方式处理罗非鱼，发现这种方法加工出的罗非鱼片品质最好。钟威使用液熏技术加工即食鲫，与传统烟熏法加工的鲫相比，苯并芘含量下降了 1.519 9μg/kg，为 1.00μg/kg，产品达到欧盟标准规定的指标。此外，液熏鲫贮藏 30 天后对鱼肉脂质氧化影响不大，表明熏液也具有抗氧化的作用。张方乐，曾庆孝等报道，经熏液处理的罗非鱼片具有烟熏色泽和烟熏风味，且能防止脂肪氧化，延长鱼片的保藏期，浸渍处理的保藏期可达 21 天。

熏制技术是我国传统的水产品加工技术，但由于我国特殊的国情条件，生产厂家熏材的来源和质量，使得烟熏技术发展很慢。虽然近年来液熏技术越来越受重视，但我国仍处于推广应用阶段（主要用于畜禽类产品熏制）。因此，将液熏技术用于鱼、贝类等水产品的熏制，不仅可以突破"冷冻、干燥和腌制"这三种传统水产加工的局限，而且还可以提高水产品附加值，这将会有良好的发展前景。

四、加工综合利用技术发展现状

近年来，我国淡水鱼加工业发展迅速，用于加工的淡水鱼总量以年均 27.81％ 的速度增长，每年因加工而产生的副产品数量巨大，如何提高水产品加工副产物的利用效率，已成为淡水鱼加工业的关注重点。在冷冻鱼糜生产中，白鲢等淡水鱼的采肉率通常只有 25%～30%；在斑点叉尾鮰和罗非鱼鱼片生产中，其成品得率仅 40%。除鱼内脏、鱼鳃（占鱼体质量的 18%～20%）外，还有 40%～50% 的鱼头、鱼骨、鱼鳞、鱼皮以及碎肉等，这些副产物中含有大量的蛋白质、脂肪、多糖、矿物质等营养成分，可利用开发生产胶原蛋白、鱼蛋白肽、水产调味品、鱼骨补钙剂、鱼油以及饲料蛋白等产品，用于食品、保健品、化妆品、医药和化工等领域。研究和开发水产品副产物的加工综合利用技术，对合理利用水产资源、提高产品附加值、保护生态环境具有重要意义。

（一）鱼胶原蛋白、胶原肽及其生产技术

1. 胶原蛋白的制备与特性分析　鱼鳞、鱼皮和鱼骨中含有大量的胶原蛋白、脂肪和多种微量元素，还有丰富羟基磷灰石。钟朝辉等采用胃蛋白酶从草鱼鱼鳞中提取胶原蛋白，研究了提取介质、前处理、搅拌、提取次数及提取时间等对胶原蛋白提取率及特性的影响，建立了鱼鳞的微波辅助柠檬酸脱钙、柠檬酸提取胶原蛋白工艺，胶原蛋白提取率可达 50%；纯化后的鱼鳞胶原蛋白经十二烷基硫酸钠—聚丙烯酰胺凝胶电泳（sodium dodecyl sulfate-polyacrylamide gel electrophoresis，SDS‐PAGE）和傅里叶红外光谱分析，确定为典型的 I 型胶原蛋白（钟朝辉，2006）。王信苏等（2006）也对利用酸法提取草鱼鱼鳞的工艺进行了探索。王呟等（2007）以胃蛋白酶，在酸性条件下对鱼鳞中胶原蛋白进行提取，研究加酶量（酶/底物，enzyme/substrate，E/S）、底物浓度和提取时间对提取效果的影响，建立了鱼鳞胶原蛋白的胃蛋白酶法增容提取工艺，其最佳提取条件为：胃蛋白酶 30mg/g，3% 醋酸 80mg/g，恒温（18℃）摇床提取 48h。钱曼等（2007、2008）比较研究了热力法和酶解法提取鱼鳞胶原蛋白的工艺及性质，进一步测定了草鱼、鲢、鲫、鳊等 4 种鱼鳞在不同季节的基本成分，优化并建立了鱼鳞的盐酸或柠檬酸脱灰工艺、醋酸-胃蛋白酶法胶原蛋白提取工艺，经紫外光谱、红外光谱、SDS‐PAGE 电泳分析，证明所制得的胶原蛋白为 I 型胶原蛋白。

赵海英等（2005）采用以酶法为主、热水浸提和酸法浸提为辅的方法提取鳕皮胶原蛋白，研究了胃蛋白酶添加量和料液比对胶原蛋白提取率的影响，并对所提胶原蛋白进行了成分分析，结果显示，胃蛋白酶添加量为 1%、料液比为 1:10 时胶原蛋白得率较高。陈小娥等（2007）则以安康鱼皮为原料，采用酶法提取胶原蛋白，用正交实验对安康鱼皮胶原蛋白提取工艺进行优化，其最佳工艺为胃蛋白酶添加量 1%、酶解温度 5℃、料液比 1:10、酶解时间 6h，该条件下鱼皮胶原蛋白提取率达到11.01%，鱼皮胶原蛋白含量高、杂蛋白含量低、色泽洁白、无异味。张培丽等（2006）、张建忠等（2007）研究了乙酸和柠檬酸提取罗非鱼、鳙、草鱼和鲫鱼皮胶原蛋白的工艺。许庆陵等（2008）探索了热水法从鱿鱼皮中提取胶原蛋白的制备技术，结果发现，此方法提取胶原蛋白最佳工艺的温度为 80℃。杨忠丽等（2008）对鲫鱼

皮明胶的提取工艺进行了研究，探讨盐酸浓度、料液比、提取温度和提取时间对鱼皮明胶得率的影响。鲍士宝等（2009）建立了 0.5mol/L 醋酸溶胀提取、碱中和沉淀制备鲴鱼皮胶原蛋白的工艺，提取率可达 92%，经圆二色谱和 X-射线衍射分析证明，该产品保留了胶原蛋白结构。杨树奇（2010）以军曹鱼（*Rachycentron canadum*）皮为原料，建立了酸溶性胶原蛋白（acid-soluble collagen，ASC）、酶促酸溶性胶原蛋白（pepsin-soluble collagen，PSC）的低温提取方法，经试验证明为 I-型胶原蛋白，具有较好的体表保湿性、一定的起泡性、乳化性和泡沫稳定性。

鱼骨中含有 I-型胶原蛋白，其蛋白质含量约为 15%，生物学效用较高，但人体不易吸收骨中的胶原，可通过酶水解提取鱼骨胶原蛋白。吴缇等（2009）先用鱼骨 0.1mol/L 氢氧化钠浸泡 6h、再用 2.5%氯化钠浸泡 6h 去除鱼骨杂蛋白，然后用 10%的异丙醇去除脂肪成分，最后用 0.1mol/L 柠檬酸浸提 3 天以提取胶原蛋白，提取率可达 11.87%。该工艺提取的胶原蛋白无色无味，缺点是提取时间较长。

钱曼（2008）以醋酸—胃蛋白酶法提取的鱼鳞胶原蛋白（I 型胶原蛋白）为主要原料，采用胶原蛋白—壳聚糖共混法，制备出吸水倍数高、抗张强度大的胶原海绵。卢黄华等（2011）以鱼鳞胶原蛋白为原料，开发出一种胶原蛋白膜的制备工艺。黄玉平等（2011）将鱼皮明胶蛋白添加到鱼糜中，结果发现大添加量为鱼糜蛋白 10%时，可明显提高鱼糜凝胶的破断强度和保水性能，明胶蛋白分子通过离子键与鱼糜蛋白结合。

2. 胶原肽的制备与功能评价　　胶原多肽是以鱼鳞、鱼皮、鱼骨为原料，经蛋白酶水解后制得的相对分子质量小于 2 000u 小肽。现有研究表明，胶原多肽中蛋白质消化吸收率高，具有护胃黏膜、抗溃疡、促进皮肤胶原代谢、抑制血压上升、促进钙吸收和降低血清中胆固醇含量等多种生理功能，已开发出血管紧张素转化酶（antiotensin i-concerting enzyme，ACE）抑制肽、抗氧化活性肽、抗肿瘤活性肽以及免疫调节肽等（郭瑶，2006）。林琳（2006）分别从鳕、鱿鱼、鲤皮胶原蛋白酶解液中，分离了具有降血压、抗衰老、抑制血管紧张素转化酶的蛋白肽。申锋（2009）以草鱼鱼鳞为对象，在研究蛋白酶种类、酶解条件对草鱼鱼鳞水解效果的影响、胶原肽制备的工艺优化、鱼鳞胶原肽的组成和功能性质的基础上，采用胃蛋白酶可控酶解技术开发出具有一定凝胶形成能力的胶原肽，采用木瓜蛋白酶高温酶解工艺（60℃）开发出等电点可溶性胶原肽。程波等（2009）以鲟鱼皮为原料，采用胃蛋白酶—木瓜蛋白酶复合酶水解法，开发出白色或淡黄色鲟鱼皮蛋白粉。陈红连（2011）以鳙鱼皮、鱼鳔为原料，采用酶水解方法提取出低分子量胶原蛋白，在最佳条件下鱼皮、鱼鳔胶原的提取率分别为 27.26%和 16.73%。

王静凤等（2007）研究鱿鱼皮胶原蛋白肽对 B16 黑素瘤细胞黑素合成的影响，认为鱿鱼皮胶原蛋白多肽对 B16 黑素瘤细胞黑有明显抑制作用。刘小玲等（2007）研究发现，酶法制得的罗非鱼胶原蛋白肽对由铁引发的卵磷脂脂质体过氧化有一定抑制作用。杨莉莉（2011）在分析不同储藏时间及不同鱼种的鱼鳞基本成分变化的基础上，研究了水解条件和预处理方式对鱼鳞酶解效果的影响，评价了三种蛋白酶酶解进程中酶解产物的功能特性，建立了碱性蛋白酶与风味蛋白酶分步酶解法制备高抗氧化活性的鱼鳞胶原肽的生产工艺。王奕（2007）采用蛋白酶水解海参体壁及鱿鱼皮胶原蛋白并结合膜分离技术，制备不同分子量的活性多肽，研究了日本刺参胶原蛋白多肽（apostichopus japonicus collagen polypeptides，AJCP）和鱿鱼皮胶原蛋白多肽（collagen peptides from squid skin，SSCP）对紫外线诱导的皮肤光老化模型小鼠皮肤的保护作用，以及对小鼠 B16 黑色素瘤细胞黑素合成的影响及作用机制；实验结果表明，AJCP 能调节机体的特异性和非特异性免疫功能，控制和杀灭肿瘤细胞，AJCP 和 SSCP 均对紫外线诱导光老化模型小鼠的皮肤具有防护作用，AJCP 和 SS-CP 具有显著抑制 B16 黑素瘤细胞黑素合成的作用。罗永康等（2011）以鱼鳞为原料，采用蛋白酶解技术开发出一种淡水鱼生物涂抹保鲜剂，将该保鲜剂涂抹在鱼体表面，可起到减少细菌污染、阻止微生物生长、减缓脂质氧化、减少鱼体干耗等作用。

3. 鱼胶原蛋白、胶原肽及羟基磷灰石的利用　陈俊德等（2009）、郭玉华等（2010）对鱼胶原蛋白及其活性肽的研究进行了回顾，并重点介绍了降压肽、抗氧化肽、抗骨质疏松症、抗肿瘤等生物活性肽的研究进展。缪进康（2011）则系统介绍了鱼类明胶的制备方法、结构特征、性质及其改性等。由于胶原具有弱抗原性、生物可降解性、并对血小板有凝聚作用等，胶原蛋白在生物医学领域可用于心脏瓣膜、创伤和烧伤修复材料、止血剂、人工皮肤、胶囊等。用鱼鳞胶与其他明胶混合使用，用于制造鱼肝油胶囊和维生素胶囊。胶原多肽对关节症等胶原病具有很好的预防及治疗作用，另外，对伤口愈合也有很好的促进作用（郭恒斌，2007）。在美容、矫形方面，胶原蛋白可用于小型皮肤缺损修复及组织缺损修复。中国预防医学科学院刘秉慈教授研制的人胶原医用注射剂，用于包括鱼尾纹、抬头纹、鼻唇沟、口周纹等皱纹及浅部疤痕的治疗，不引起免疫反应。可见，胶原无论在美容、矫形还是组织修复上都显示出其独特的优越性，特别是胶原羟基磷灰石人工骨在塑形上比磷灰石微粒完美，在医用材料领域将有良好应用前景。

鱼鳞胶具有滋阴止血、润肺补肺等功能作用。鱼鳞较的制备方法主要有酸碱法和酶水解法，但酶法制备的鱼鳞胶的品质好。鱼鳞还含有较多的卵磷脂，可在血液中以结合蛋白的形式帮助传送和乳化脂肪，减少胆固醇在血管壁上的沉积，具有防止动脉硬化、预防高血压及心脏病等功用。鱼鳞还可来开发鱼鳞凉粉、鱼鳞冻膏、干制鱼鳞等食品。

（二）鱼蛋白肽及其功能食品的生产技术

黄艳春等（2006）研究了 4 种蛋白酶水解白鲢鱼肉的工艺条件，并研究水解产物对大鼠血管紧张素转化酶（antiotensin i-concerting enzyme，ACE）的抑制活性。研究结果表明，复合风味酶的水解产物具有较高的 ACE 抑制活性，其 12h 水解产物的

ACE 活性抑制率可达 64.75%。采用复合风味酶水解白鲢不同部位的蛋白质，蛋白质提取率可达 90%，水解度 22%～40%，在酶解液浓度相同时（1mg/mL），白肉酶解产物对 ACE 的抑制率最高。陈晶等（2007）以白鲢鱼骨蛋白为对象，优化了碱性蛋白酶（alcalase）与风味蛋白酶（flavorzyme）分步水解白鲢鱼骨蛋白的工艺，分步酶解工艺所制得的酶解产物的水解度、氮收率均显著高于单酶水解的。吴越等（2010）以匙吻鲟软骨为原料，采用微波碱法提取软骨蛋白，其适宜工艺条件为酶解温度 50℃、软骨蛋白质量分数 1%、pH7.5、酶用量 9000 酶单位（U）、酶解时间 5h，水解产物的氨基酸态氮生成率高达 21.89%。余佳（2009）在测定不同季节的鲢内脏的基本组成、内源蛋白酶活性及其适宜作用条件的基础上，研究了酶解工艺对鱼内脏中蛋白质的酶解效率，在内源蛋白酶、碱性蛋白酶、内源酶与碱性蛋白酶的复合酶解三种工艺中，采用内源酶与碱性蛋白酶的复合酶解工艺所得水解产物的水解度和氮收率最高。霍健聪等（2009）以舟山带鱼下脚料为原料，利用风味酶和复合蛋白酶水解制备多肽亚铁螯合物，并对亚铁螯合物抗氧化活性进行了初步研究。结果表明，亚铁螯合物对羟自由基具有一定清除作用，但对过氧化氢清除效果不明显，对植物油抗氧化效果接近维生素 E，但持久性较差。辛建美（2011）采用胰蛋白酶和木瓜蛋白酶双酶，水解金枪鱼碎肉制备出抗氧化活性肽。此外，国内学者还分别对鲇鱼骨（张建荣，2009）、鲷鱼排（孟昌伟，2011）、金枪鱼碎肉（王芳，2013）等酶解制备鱼蛋白肽及其特性进行了研究。

（三）鱼油制品及其生产技术

低值淡水鱼内脏中含有油脂，而鱼油中富含的（eicosapntemacnioc acid，EPA）、二十二碳五烯酸（docosapentenoic acid，DPA）和二十二碳六烯酸（docosahexaenoic acid，DHA）等 n-3 脂肪酸，具有提高人体的免疫能力、抑制血小板凝集、降低血液中中性脂质、降低极低密度脂蛋白胆固醇、降低血液黏度、防止老年痴呆及促进婴儿智力发育等生理功能。

从淡水鱼鱼内脏和鱼头等副产品中提取鱼油的工艺，主要有压榨法、蒸煮法、淡碱水解法、酶解法和超临界流体萃取法等。目前，工厂所采用的从鱼内脏和鱼头中提取鱼油的方法主要是酶解法，超临界萃取法（supercritical fluid extraction，SFE）较适用于从粗鱼油中富集和分离提纯 EPA、DHA 等生理活性物质（吴奎元，2011）。谭汝成等（2008）以白鲢腹内脂肪为原料，研究提取条件对稀碱水解提取法制备鱼油性质的影响，并分析所提取鱼油的脂肪酸组成。结果表明，提取条件对鱼油的提取率、碘价、酸价、过氧化值和含皂量具有重要影响，适宜的制备工艺为脂肪糜于 pH9.0 的氢氧化钠溶液（1:1，质量/体积）中 45℃ 水解 5min，然后于 1.0% 氯化钠溶液中 80℃ 盐析 5min。该条件下鱼油的得率为 60.5%，鱼油中含有 16:0、18:1 n-9、20:5n-3（DHA）和 22:6n-3（EPA）等 16 种脂肪酸，DHA 和 EPA 的含量分别为 15.0% 和 10.1%，n-3/n-6 为 2.0。王芳（2009a、2009b）以淡水鱼下脚料为原料，研究不同的提取方法和条件对鱼油提取率和品质的影响，分别建立了鱼油的稀碱水解法和Protemax水解法制备工艺。采用气相色谱—质谱联用仪（Gas Chromatograph-Mass Spectrometer-computer，GC-MS），分别分析了Protemax水解法制备的白鲢、草鱼和鲫鱼油的脂肪酸组成。结果显示，草鱼内脏和白鲢内脏鱼油含量较高（草鱼34.87％、白鲢17.37％），蛋白质含量少（草鱼8.99％、白鲢5.67％），且n-3高度不饱和脂肪酸含量较高，草鱼、白鲢内脏中n-3多不饱和脂肪酸含量分别为51％和36％。以阿拉伯胶、酪蛋白和β-环糊精（比例3∶1∶4）为复合壁材，建立了鱼油微胶囊的喷雾干燥制备工艺。孙兆敏等（2010）在研究用磷脂与鱼油进行酯交换制备磷脂型鱼油的过程中，使用固定化磷脂酶进行催化，大豆磷脂和乙酯型鱼油质量比8∶1作为底物，反应温度和时间分别控制在55℃和12h，底物总质量为5g时反应体系中加水55μl，得到的磷脂型多不饱和脂肪酸中EPA和DHA含量分别为8.0％和17.8％。潘丽等（2006）在使用磷脂直接跟多不饱和脂肪酸酯化的方法研究中，通过控制反应温度、反应时间、底物摩尔比、加水量和加酶量等条件，可得到EPA、DHA总含量达21.56％的磷脂型多不饱和脂肪酸。

从淡水鱼类加工副产品中制取的鱼油，本身带有一定腥味、且易氧化。因此，不适宜直接应用于保健食品中，通常需要将鱼油进行微胶囊化或磷脂化处理，以提高其抗氧化性和稳定性。采用微胶囊技术可将液态的精制鱼油变成鱼油胶囊，可以显著改善鱼油的储存稳定性；对鱼油进行磷脂化处理，则可起到增强鱼油生理作用效果和抗氧化作用。蒋立勤等（2011）以明胶、阿拉伯胶为壁材，鱼油、脂溶性茶多酚、β-糊精等为芯材，开发出了分散性高、粉末颗粒小、鱼油腥味较淡、可接受度高的鱼油微胶囊成品。张正茂（2010、2013）基于自乳化鱼油微胶囊生产需要，建立了辛烯基琥珀酸—大米淀酯微胶囊壁材的制备方法。

（四）水产调味食品及其生产技术

吕英涛（2008）以鳀、鱿鱼加工副产物为原料，利用鳀内源蛋白酶和米曲中蛋白酶水解制备鱼酱油，并研究了发酵过程中的生化特性。黄紫燕（2011）通过对鱼露发酵中菌群变化与鱼露成分和风味关系分析入手，证明乳酸菌和酵母菌生张有利于鱼露风味和滋味物质的形成，从发酵鱼露中筛选出鲁氏酵母菌和红酵母属酵母并用于鱼露生产，显著改善了鱼露的风味品质。翁武银等（2012）以蓝圆鲹为原料，添加酱油曲制备低盐鱼露，考察了恒温发酵温度和变温分段发酵对低盐鱼露性质的影响，认为采用先低温后高温分段发酵方式，可提高低盐鱼露的氨基态氮含量、改善风味品质。江津津等（2013）采用不同原料鱼在传统工艺下酿造鱼酱油，用气相色谱—质谱联用和电子鼻测定分析其挥发性风味化合物，结果表明，蛋白质含量高、氨基酸总量高，尤其是含硫氨基酸含量高的原料鱼较易形成鱼酱油特征气味，而脂肪含量过高的原料鱼则不适合进行鱼酱油生产。邱志超（2010）采用加（醋）酸、高压蒸煮软化、胶磨、高压均质工艺，制备细滑的罗非鱼骨肉酱，具体操作是将切碎的鱼骨排在3％醋酸、温度 126℃（蒸汽压力 0.15MPa）保温软化处理 90min，然后进行胶体磨、均质处理（均质压力为 120MPa），所得样品平均粒径 11.8μm。浆液经浓缩至水分质量分数为 60.3% 后进行调味、包装、杀菌等操作制成，产品的口感细腻，具有良好的涂抹性（钟春梅，2012）。

张彩菊等（2004）分别以带鱼、鳙的下脚料为原料，通过酶解、美拉德反应等制取了品质较佳的鱼味香精。吕广英（2012）以白鲢鱼糜加工副产物为原料，研究了熬煮方式、酶解条件对鱼骨汤品质的影响以及反应条件、配料对热反应鱼汤风味的影响，开发出鱼骨酶解浓汤，并采用固相微萃取—气相色谱—质谱技术分析了鱼骨酶解浓汤的挥发性香气成分。熊何健等（2013）对罗非鱼鱼排蛋白酶解液美拉德反应生香工艺进行研究，结果表明，罗非鱼鱼排蛋白酶解液在反应温度 111℃、pH 6.0、还原糖（葡萄糖∶木糖＝2∶1）添加量 2.0% 的条件下进行美拉德反应，可产生独特的鱼香味。

（五）鱼骨细微化与补钙剂的生产技术

鱼头、鱼骨可加工成天然的钙强化剂，如鱼骨糊、鱼骨粉、鱼骨酥、复合氨基酸钙等。范露（2009）以采肉后的白鲢中骨为原料，在比较酸法、碱法和酶法水解所得产品得率、水解度、肽分子量分布等基础上，建立了鱼骨蛋白的酶解工艺、鱼骨钙提取工艺、鱼蛋白肽螯合钙的湿法制备工艺，并对螯合产物进行了分级和结构鉴定。谢超等（2009）以带鱼下脚料为原料，采用复合酶水解法和亚铁修饰法制备出鱼蛋白肽亚铁螯合物，分别获得具有较强的抗菌活性、抗氧化活性的亚铁螯合物。雷跃磊（2011）以三去鲢、采肉后剩余鱼体为对象，研究微粒化处理对微粒化鱼浆品质的影响，优化了全鱼浆、鱼骨浆的制备工艺条件，并将微粒化鱼浆复配到猪肉中，开发出新型鱼浆猪肉复合制品（香酥口感）。霍健聪等（2010）以鳕加工中产生的鱼骨为原料，采用碱醇法制备鳕鱼骨钙粉并进一步制成骨钙片，以 Wistar 大鼠为模型的动物实验表明，鳕鱼骨钙片 2g/（kg·天）和鳕鱼骨钙片 5g/（kg·天）可显著提高大鼠血钙、血磷和骨钙含量，具有促进骨生长、提高骨密度和防止骨质疏松的功效。

（六）饲用鱼粉和鱼油的生产技术

鱼类加工副产品，可直接采用加热、离心分离、干燥和粉碎等工序加工成饲用鱼粉，还可利用蛋白酶水解生产饲用多肽。杨叶辉（2010）采用海藻酸钠絮凝法成功回收了鱼糜漂洗水中的蛋白质（回收率 93.97%），并用复合蛋白酶水解法制备出分子量小于 2 000u 的饲用小肽。户业丽等（2009）分别对人工养殖鲟鱼鳍、鱼皮酶解蛋白粉进行了营养评价，结果表明，鱼鳍酶解蛋白粉中氨基酸含量丰富并有大量的钙、锌、硒等微量元素。

鱼内脏除了用于提取鱼油外，还可制备水溶性蛋白、鱼粉饲料或液化饲料。何莉

萍（2008）采用酶法提取草鱼内脏中的水溶性蛋白，其最佳工艺参数为酶解温度
47.5℃、酶浓度 65 酶单位/g、pH 9、水解时间 2.2h，该条件下蛋白质溶出率
86.40%。利用鱼内脏制备的鱼粉通常作饲料用途，一般生产工艺如下：鱼内脏→酶
解发酵→杀菌→干燥→粉碎→鱼粉。鱼粉的营养丰富且独特，适合水产动物生长发
育，是一种优质的特种蛋白源（李丽和朱亚珠，2010）。

（七）鱼类多糖的提取及性能评价

刘晓宁（2007）以淡水鱼鱼头为原料，研究了鱼头多糖的提取方法，优化了提取
工艺条件，即提取温度30e，乙醇浓度75%，料液比1：5.5，提取时间13h 和提取液
浓度 1mol/L。通过鱼头多糖的体外抗氧化实验证明，鱼头多糖对1，1-二苯基-2-三
硝基苯肼（DPPH）自由基、超氧阴离子自由基和氢自由基都有一定的清除作用，采
用噻唑蓝［3-（4，5-二甲基噻唑-2）-2，5-二苯基四氮唑溴盐，MTT］实验表明，
鱼头多糖对白血病细胞 K562 和肝癌细胞 BEL7402 都有抑制作用。黄琪琳等（2009）
建立了鲟鱼头骨多糖的提取方法并对鲟鱼头骨多糖性质进行了研究，丁俊胄等
（2011）则建立了微波辅助碱法提取匙吻鲟软骨蛋白—多糖复合物的工艺，研究了从
匙吻鲟软骨中提取的生物大分子的结构及其抗氧化特性。根据鱼内脏中含有的特殊成
分，可作不同用处，如曲敏等（2013）研究鲍鱼内脏多糖的吸湿性、保湿性和抗紫外
活性，制备了添加鲍鱼内脏多糖的水洗面膜。

（八）休闲食品及其生产技术

鱼脊骨可用于制作鱼粉、鱼糊、鱼骨水解产品、即食鱼羹、香酥鱼和鱼酱等，通
过去腥、软化、调味等关键技术，可研制开发出营养丰富、风味独特、口感佳的香酥
鱼排。李述刚等（2004）将草鱼骨经清洗、沥干、加调味料，在121℃的条件下蒸煮
使其软化，再烘干、油炸、调味、包装、杀菌可制得香酥鱼。李娟等（2008）以斑点
叉尾鲴鱼骨为原料，采用高压蒸煮与微波烘烤相结合（先采用 0.15MPa 蒸煮 5min，
然后用 462W 微波处理 1min）的加工方式，开发出脆度和色泽俱佳的香酥鱼排。马
海霞等（2010）研究了鱼骨粉乳酸菌发酵过程中，上清液中的游离钙含量，pH，总
酸度，5 种有机酸（丙酮酸、乳酸、乙酸、琥珀酸、富马酸），游离氨基酸，脂肪酸
的变化规律，结果表明，乳酸菌在发酵过程中产生的有机酸，可促进罗非鱼鱼骨粉中
钙离子的溶出，提高鱼骨中钙元素的利用率。

随着生物技术的发展和对副产物综合利用要求的提高，越来越多的现代食品加工
技术开始应用于淡水鱼加工中，如食品超微粉碎技术、干燥新技术、包装杀菌新技
术、超临界萃取技术和挤压技术等。在淡水鱼副产品的综合利用过程中，这些新技术
发挥着越来越重要的作用，对淡水鱼的加工产生了巨大的影响（张家国等，2010；倪
瑞芳等，2010）。

五、存在问题与原因分析

近 20 年来，我国淡水鱼加工业取得了长足发展，但与发达国家淡海水产品加工业相比，仍存在基础研究薄弱、加工与综合利用率低、精深加工产品少、附加值低、装备落后、质量管理和标准体系不健全等问题（柏芸，2010）。

（一）产业化发展水平方面

加工技术和装备落后，生产效率低，产业化配套技术不完善。我国水产品加工企业数，从 2003 年的 8 287 家增加到 2006 年的 9 549 家，但加工企业的发展并没有使中国水产品加工比例显著提高，而是始终停留在 35% 以下。许多加工企业仍然延续传统的作坊式手工生产技术，生产装备大部分还停留在 20 世纪 80 年代的水平，生产自动化程度差，生产效率低，生产能耗和物耗偏高，加工成本高。加工副产品的利用程度低，如鱼糜加工的采肉率只有 25% 左右、出口鲴鱼片的成品率只有 40%，而剩余的 60%~70% 的鱼体都成为副产品。大多数企业重复建了许多胶原蛋白肽生产厂，而很少对其他副产品的高效利用技术进行开发，缺乏产业化配套技术。

产业集聚度低，企业规模小、创新能力不足，我国水产品加工领域的研发单位大部分分布在山东、江苏、上海、福建、浙江和广东，水产品加工企业也主要集中在沿海 6 省市，其加工产量、产值均占全国水产品加工业的 90% 以上。而占我国鱼类总产量 69.81% 淡水鱼类的加工比例仅 14.07%，远低于我国海水产品的加工比例（50.57%）和国际水产品加工比例（75%）。淡水鱼加工业集聚度低，加工企业规模较小，平均每个企业年加工产品仅 1 100t，年产值在 1 亿元人民币左右的水产加工大型企业 120 余家，仅占 1.5%；在淡水产品加工品种方面，除罗非鱼片和克氏原螯虾已形成一定的产业规模外，其他产品的加工数量低。产业集聚度不够，加工企业规模小、创新能力不足、产品同质化严重，导致对水产品的深层次的开发利用不足。

质量保证、标准体系与风险评估技术亟待完善，加工产品缺乏统一标准，质量参差不齐。我国水产品加工业的质量标准体系、食品安全控制体系及质量认证建设相对滞后，卫生标准操作程序（sanitation standard operation procedures，SSOP）、良好操作规范（good manufacture practice，GMP）、危害分析及关键控制点（hazard analysis critical control point，HACCP）等质量管理与控制体系，仅在我国出口型或大型企业开始实施，很多企业对 HACCP 体系的内涵和意义认识不够。据不完全统计，2009 年我国通过 HACCP 质量控制体系认证的水产品加工企业 503 家，占 6.4%；通过欧盟认证的企业 196 家，占 2.5%，数量明显偏低。由于对淡水鱼加工副产物原料特性的研究不足，产业集聚度较低，特别是该类产品需要申报国家新资源食品认证，导致目前缺乏全国统一的质量、安全标准，市场上提供的产品质量参差不齐，存在安全隐患。

2010年，我国海产品加工量达1 347万t，占总加工量的48%；而淡水鱼加工量仅为274万t，占总加工量的10%，相差很大。淡水鱼产量大，加工量小，说明产品附加值低，产品的多样化程度不能满足市场对产品多样化的需求。在淡水鱼加工产品中，冷冻加工产品比例高达70%，鱼糜制品、罐头制品和腌熏制品等精深加工产品少，产品多为原料或者半成品形式，产品的技术含量和附加值低。近年来，大宗淡水鱼养殖规模庞大，但产品加工和市场流通体系滞后，致使我国大宗淡水鱼一直在"低值"领域徘徊，也造就了我国大宗淡水鱼养殖产业只能是"数量型"的增长，而不是"质量型"的提升。

纵观我国水产品加工业发展历史，不难发现我国水产品加工业发展与渔业需求关系密切，大多数情况下是渔业发展到一定水平后，水产品加工业才随之发展。尽管中国是全球最大的淡水鱼生产国，但由于2000年以前对淡水鱼加工技术研发重视不够，淡水鱼加工新技术和新产品缺乏。在引进鱼糜及其制品生产技术、设备的基础上，借鉴海水鱼加工技术和装备，在淡水鱼精深加工和综合利用技术方面做了大量研究，开发生产了小包装鲜（冻）鱼丸鱼糕、罐装鱼丸等鱼糜制品、冷冻产品、干制品、腌制品和罐头产品等。在淡水鱼加工利用方面取得了可喜进步，但我国淡水鱼加工业目前仍然存在过度依赖国外市场、产品类型较少、综合利用率低和关键技术不配套等问题（欧阳杰，2012）。因此，需要根据我国淡水鱼加工产业发展需求，在研究淡水鱼营养特性、加工特性的基础上，开展淡水产品加工理论与产品创新、水产品保鲜与保活贮运技术开发、水产品品质与安全控制、水产品加工装备研发与工程设计等工作，形成完备的科学研究与技术创新体系，将研究成果应用于淡水鱼生产加工中，为淡水鱼加工产业发展提供强有力的技术支撑。

（二）技术体系与平台建设方面

由于我国淡水鱼类加工业起步较晚，水产品加工企业的规模小、研发人员少，企业自身技术创新和产品创新能力弱。因此，我国淡水产品加工行业应依托大专院校或科研院所，建立公共研发平台和产业创新中心，构建以市场为导向、以企业为核心、产学研相结合的技术创新体系和技术服务体系，推动我国淡水鱼加工业的产业升级。2009年，农业部渔业局与农产品加工局联合启动了我国水产品加工技术创新体系建设，在全国遴选设立了1个国家水产品加工技术研发中心，15个水产品加工技术研发分中心，涵盖了海水和淡水产品。该体系的建成，势必会进一步推动我国水产品特别是淡水鱼加工业的健康、可持续发展。

国家大宗淡水鱼产业技术体系，是2008年年底农业部、财政部第2批启动的现代农业产业技术体系5个水产体系中最大的1个，建有遗传育种、病害防控、养殖与工程设施、营养与饲料、加工和产业经济6个功能研究室，共聘用岗位专家25位，在全国25个省（自治区、直辖市）共设立综合试验站30个。体系建设目标是，重点解决大宗淡水鱼优质高产、模式升级、提高养殖效率、延长产业链等技术问题。经过近 5 年的运行，针对大宗淡水鱼养殖产业发展中出现的品种退化、养殖模式落后、病害严重、饲料营养和加工技术滞后等问题，体系专家开展了合作研究，取得了阶段性成果。

（三）应用基础研究方面

基础研究薄弱，产品的科技含量和附加值低。我国淡水鱼加工领域的基础研究起步较晚，应用研究和高技术研究较为薄弱，缺乏原创性技术成果。2011 年，我国加工水产品总产量 1 782.78 万 t，其中，冷冻制品、鱼糜制品、干腌制品、藻类加工品、罐制品、水产饲料、鱼油制品和其他加工品产量分别占总加工量的 61.91%、5.83%、8.74%、5.44%、1.49%、10.22%、0.27%和 6.10%。2011 年，我国加工淡水水产品 305.14 万 t，仅占全国加工水产品产量的 17.12%，冷冻加工产品比例高达 70%，鱼糜制品、罐头制品和腌熏制品等精深加工产品少，产品多为原料或者半成品形式，产品的技术含量和附加值低。淡水鱼加工副产物的应用基础研究少，对不同品种、不同季节、不同鱼龄的淡水鱼鱼体各部分比例、营养成分、加工特性及其与产品品质的关系等基础数据的收集和研究不足，有些企业曾尝试采用海水鱼类加工综合利用技术，但未取得良好效果。

在国家大宗淡水鱼产业技术体系资金的支持下，目前在淡水鱼生物发酵过程中微生物菌群及品质变化规律、蛋白分子结构变化及风味形成规律、淡水鱼类贮藏过程中品质变化规律、淡水鱼贮藏期间品质变化预测技术、淡水鱼生物保鲜技术等方面已开展了一系列的研究工作，取得了一定的研究成果，阐明了发酵鱼糜凝胶形成机理。但是淡水鱼类整体研究与海水鱼相比，开展的研究工作较迟，同时，这方面的工作国外同类研究较少，更多应用基础研究工作需要我国学者来完成。关于大宗淡水鱼发酵增香机制、低温保鲜过程中品质变化的机理，淡水鱼品质控调技术、淡水鱼贮藏加工过程中主要危害因子分析及控制技术等方面研究工作还较少，此外，学科间的相互渗透不够，缺乏完全自主创新的技术成果，需要进一步加强淡水鱼加工基础和应用基础方面的研究。

（四）政策措施方面

淡水鱼加工产业的可持续发展，离不开国家的政策支持。但目前国家对水产品加工方面的绝大部分投入集中在海水产品加工领域，而对淡水鱼加工技术研究方面投入严重不足，专门从事淡水鱼加工技术研发的机构和人员少，无法从事系统深入的研究，缺少适应于支撑淡水产品加工业快速发展的技术支撑和科技储备。尽管在 2010 年以来，国家发改委在农业循环经济、农产品加工副产物资源化利用等方面，对水产品加工副产物的综合利用产业给予了一定的扶持，但在淡水鱼精深加工和综合利用方面的应用基础研究与技术开发，未能得到科技部门和产业部门的应有重视和资助。国家应加快出台淡水鱼加工产业发展的支持政策，政府要加大对淡水鱼加工产业的政策支持和投入力度，为现代淡水渔业发展创造更好的政策环境。加大淡水鱼加工技术研发投入，加强淡水鱼加工企业的扶持，提高淡水渔业的综合生产能力。

此外，我国水产品加工企业组织化程度低、缺乏统一规范管理，企业的资质、加工产品品种和从业人员素质等缺乏统一规定。行业协调机制不健全，企业容易产生无序的市场竞争而扰乱正常市场秩序，多数企业缺乏统一的产品标准和质量安全监督体系，没有与国家标准接轨，发达国家普遍接受的质量管理和控制体系和标准只有些大型的企业实施，很多中小型企业还未实施，因此，国家需要从政策上加大水产加工产业的组织和监督管理。

第二节　国外发展现状与趋势

一、国外水产加工业发展现状及趋势

全球水产总量目前已超过 1.3 亿 t，其中，有 70%～80% 的水产品作为原料用于生产水产食品。但是这些产品中直接供人类食用的最主要形式依然是新鲜的水产品（约占 54%）；其次，是经过冷冻加工的冷冻冻水产品（约占 26%）；再者是水产罐头制品（约占 12.0%）和腌制水产品（占 9.6%）。另外，这些水产品中非直接食用部分（26%～28%）主要是用于生产鱼粉、甲壳素、虾青素、胶原蛋白、饲料蛋白粉以及鱼油等。目前，国外淡水鱼加工产品主要是整条冻鱼、冻鱼片、鲜鱼片、冷冻虾蟹、鲜活虾蟹、腌熏制品、罐头制品、鱼糜制品、烤鱼片、香酥鱼骨和香酥鱼片等。

（一）国际水产加工业的发展现状

国际水产品加工业发达国家非常重视基础性研究，在基础性研究的基础上，开发出一系列的具有原创性的水产品加工新技术，极大地推动了当地乃至国际水产品加工业的发展。

1. 重视应用基础研究，以加工保鲜技术创新推动水产业的跨越式发展　英国Torry Reserch Station 对鱼、贝、虾等营养组成和季节变化、水产品腐败的生物化学、微生物学和酶学变化等进行了深入研究并取得了多项成果，促进了全球水产品加工业的发展。日本在 20 世纪 70 年代开展了不同品种的海水鱼的蛋白结构、性能以及内源酶对鱼糜凝胶强度影响的研究，发现鳕等海水鱼肌肉蛋白中含有丰富的盐溶性蛋白、内源性转谷氨酰胺酶，率先开发出冷冻鱼糜及其制品加工技术与设备；通过对鱼类中三磷酸腺苷降解作用的研究，提出了一种全新的鱼类鲜度评价指标 K 值。在对鱼肉冰点研究中，发现 −3℃ 时贮藏鱼类比冰鲜方法具有更大的优越性，建立了微冻保鲜技术和冰温保鲜技术，分别解决了海洋捕捞作业中鱼货保鲜、水产加工品保鲜的技术难题。

2. 重视水产品功能因子发掘和保健食品开发，促进水产资源的高效利用 国外水产品加工企业都从环保和经济效益两个角度，对加工原料进行全面综合利用。20世纪70年代中期，在鱼类油脂组分研究中发现鱼油含有大量的ω-3脂肪酸，具有降低人体血管胆固醇的作用；80年代进一步研究发现，鱼油中的DHA、EPA具用很好的保健功能，而开发出许多鱼油保健产品。与此同时，许多学者利用酶工程技术，研究鱼蛋白质的酶水解工艺及其水解产物的组成与功能特性，发现鱼蛋白水解产物不仅具有更高的营养价值和吸收率，而且具有抗疲劳、降血压等功能。从海洋生物和水产加工废弃物中提取生物活性物质，更是受到国际大型水产加工企业的高度关注，目前在海洋生物中已经发现了3 000多种生物活性物质。如日本企业利用水产品加工中废弃物所开发制成降压肽、鱼皮胶原蛋白、鱼精蛋白等已作为产品进入市场，日本和美国开发生产的深海鱼油更是风靡全球。以水产品功能因子开发生产健康食品和保健食品，已形成数百亿美元的新兴产业。

3. 重视水产品质量，以健全的控制体系保障水产品的安全 国际水产品贸易市场的竞争，促进了水产品生产的国际化。为了促进国际食品贸易发展，国际食品法典委员会（Codex Alimentarius Commission，CAC）已制定食品卫生通则（CAC/RCP1985）和水产品标准28项，包括了鲜鱼、冻鱼、咸鱼、熏鱼、鱼罐头、贝类、蟹类、龙虾和低酸罐头食品等水产食品的加工操作规范和产品标准。对水产品安全的认识与标准日趋统一，以HACCP为基础的质量管理规范在世界范围内得以推行，发达国家水产品质量控制与进口法规对发展中国家产生的影响日益增大。为了保证水产品的食用安全和质量，世界渔业发达国家极为重视渔业环境的保护和监测、贝类的净化、有毒物质的检测技术和有害物质残留量限量标准等的研究，陆续制定了有关的法规和标准。将GAP、GMP、HACCP等现代食品安全控制体系引入水产品加工业中，建立了从养殖、加工、销售至消费的水产品全程安全和质量控制体系，极大地提高了水产食品的安全性。

美国负责水产品及其原料质量安全的管理和协作机构主要有食品药品管理局（Food and Drug Administration，FDA）、环境保护局（U.S Environmental Protection Agency，EPA）、美国农业部农业研究服务署（Agricultural Research Service of United States Department of Agriculture，USDA - ARS）、动植物卫生检疫局（Animal and Plant Health Inspection Service，APHIS）、国家海洋渔业局（National Marine Fisheries Service，NMFS）等，其中，NMFS隶属于商业部，实施义务性水产品检验和等级计划，以确保水产品的质量安全（水产品加工的相关规定为FDA的管辖范围）。美国现有水产品质量分级标准27项之多，主要规定了冻鱼、冻鱼片/鱼片、块冻鱼、贝类、虾类等产品的分级，美国还将这些标准纳入了《联邦法规》农业篇，使标准的制定和采用有法可依，无论是国内市场还是进出口农产品都要严格进行分级和标识，产品需符合相应的分级要求，与HACCP法规保证水产品质量卫生安全一样严格。

欧盟 1970 年制定发布了《欧共体理事会规则第 2455/70 号——一些新鲜和冷藏鱼的共同市场标准》，其中，包括了少数鱼产品依据鲜度和规格的等级划分。以后，每 1～2 年进行修订补充，标准内容越来越详细、越科学，直到 1976 年被《欧共体理事会规则第 103/76 号——一些新鲜和冷藏鱼的共同市场标准》替代，而后为了适应市场发展和贸易改变，又被 1996 年修订的市场标准替代。1976 年制定的标准中水产品质量分级的内容较简单，仅制定了 11 种海水鱼的销售标准，包括鲜度和规格 2 个分级要素，鲜度分别从外观、状态和气味 3 个方面进行规定，再具体到皮、眼、鳃、肌肉等要素，最终将水产品分为特级、A 级、B 级和不合格产品。1996 年修订版较1976 版更先进，首先是标准中规定的水产品种类增多，包括海产鱼、甲壳类、头足类和贝类 4 大类，而且产品形态也不是仅限于新鲜和冷藏产品，还包括熟制品。分级要素同样包括鲜度和规格 2 个要素，各种产品鲜度又从不同方面进行定，分为极优、A、B 等级和未达标，但没有对螃蟹、大扇贝和欧洲峨螺 3 类产品进行鲜度分级。鱼类的规格分级大多是按照"条/kg 或 kg/条"，而虾、蟹、扇贝和螺类产品则是根据外壳的宽度进行分级，并且制定最小规格限制，而且规则分别对适用的每一种产品进行规格等级划分。

加拿大水产品质量管理实行双部门负责制，即加拿大农业与农业食品部下属的加拿大食品检验局（Canadian Food Inspection Agency，CFIA）和渔业与海洋部（Department of Fisheries and Ocean，DFO）共同管理其水产品质量安全。而前者主要负责市场贸易管理，提供专业的市场发展支持，包括水产品加工厂的登记、进口水产及水产加工品检查、药残检测、监督和加强法规建设等；后者负责未进入市场的水产品管理，即水产养殖管理。加拿大水产品质量的监督管理由 CFIA 依据《水产品检验规则》和《食品和药品法规》进行，涉及的产品大类有鲜鱼或冷冻鱼、罐装产品、盐渍或香料腌制鱼类、干制水产品等。《水产品检验规则》中的每一类产品又按不同种属进行细分，其中，表示程度的术语如美国标准，也较为严密和先进。另外，CFIA 还制定了单独的水产品标准和卫生安全标准，产品描述与 CAC、美国相似，偏向于缺陷的定义和量化。

日本负责水产品质量安全管理的机构有内阁府食品安全委员会、厚生劳动省和农林水产省等。内阁府食品安全委员会于 2003 年 7 月 1 日成立，主要职能是对食品安全实施检查和风险评估，根据各类风险评估结果，分别指导厚生劳动省和农林水产省有关部门开展工作；厚生劳动省的职责范围是根据食品安全委员会的风险评估，制定食品、食品添加剂和残留农药等的规格和标准并不断完善；农林水产省负责水产品质量及安全卫生的机构是水产厅和消费安全局，两者职责分别偏重于行业生产管理和消费者利益保护。

4. 重视加工贮运装备开发，以高新技术和装备促进水产食品的产品创新　在国外发达国家，以海水鱼类为对象的前处理机械发展较快，在洗鱼、分级、去鳞、去头、剖腹、去内脏、采肉、切片等各个环节都已实现了机械化处理，并采用了计算机自动控制技术，能自动调整刀的位置、切入深度，以达到较高的出肉率。美国、北欧、日本等海水水产业发达国家的水产品加工率达到60%～90%，其加工利润率日本为113%，美国为91%。以生物技术、膜分离技术、微胶囊技术、超高压技术、新型保鲜技术、微波技术、超微粉碎技术、酶工程技术、重组织化技术等为代表的高新技术，在水产品深加工中得到广泛应用，大大提高了水产品加工业的技术含量和产品附加值，开发生产出许多新颖、优质的水产食品，不仅满足了人们对水产品营养丰富、味美可口的要求，而且可满足21世纪人们对食用方便、健康安全、不同消费层次和不同消费个性的需求（冯晓敏，2009）。以鱼糜和海藻胶等为原料，生产色、香、味俱佳的高档人造蟹肉、贝肉、鱼翅、鱼子等产品，越来越受消费者的青睐。

（二）国际水产加工业的发展趋势

国外水产品加工业已经成为食品行业中重要的制造业和出口创汇行业，是国民经济的重要增长点。发达国家由于工业化和城市化开始早、程度高、科学技术进步快，因而水产品工业发展起步早、水平高，同时积累了不少经验。用新原理、新技术，新工艺、新材料实现了食品中先进技术在水产加工领域的应用，水产加工机械、产品品种齐全，机械化、自动化程度很高，不仅使得加工企业的生产效率大大提高，而且保证产品质量稳定、统一、可靠和产品标准化、系列化。国外水产加工机械一般具有动力、燃料及水消耗少的优点。

1. 水产品保鲜与保活运输技术与装备水平提升，促进了国际水产品食用比例和鲜活销售比例的提高 2009年全球水产品14 459.9万t，其中，食用水产品12 177.2万t、非食用水产品2 282.7万t，鲜售食用水产品5 700.1万t，水产品加工量8 759.8万t。与2000年相比，食用水产品产量占总产量的比例大幅增加（从76.3%增至84.2%），且鲜售食用水产品比例略有上升（从37.6%升至39.4%）、水产品加工比例则稍有降低（从62.4%降至60.6%）。

2. 水产品加工技术创新，促进了水产品精深加工和综合利用水平的提高 大型水产加工企业都比较注重研发投资，企业科研投资一般占销售额的2%～3%。同时，政府鼓励水产品的研发投资。加拿大政府就有专门的研发投资税收优惠政策。国外水产加工过程基本实现了计算机自动控制、检测和调整。水产品加工技术革新，体现在包装技术、新式产品、高效加工控制系统、自动分级系统等。2009年，全球冷冻水产品3 479.3万t、腌制（腌熏）制品1 241.4万t、罐头制品1 756.4万t、鱼粉1 791.7万t和其他加工品491.0万t，占加工水产品的比例分别为39.7%、14.2%、20.1%、20.4%和5.6%。与2000年相比，全球冷冻水产品、腌制（腌熏）制品、罐头制品等加工产品明显增加，而鱼粉加工量显著减产（减产达31.9%）。

3. 产品品种创新 方便化、功能化、多样化和个性化的水产食品研究开发成为时尚，合成水产食品受到青睐。人们对水产品除要求食用简便、营养丰富、味美可口外，同时，逐步追求对人体具有某些独特的功效，以满足 21 世纪人们对健康关注程度加大、生活节奏加快、消费层次多样化和个性化发展的要求。为适应消费习惯的变化，水产方便食品和即食水产品生产开发速度将加快，如鲜罗非鱼、鱼香肠等。以鱼糜和海藻胶等为原料，生产合成色、香、味俱佳的高档人造蟹肉、贝肉、鱼翅和鱼子等产品，越来越受消费者的青睐。根据消费方式改变，方便、健康和多样化的产品大量涌现，实现产品创新的速度快。美国、加拿大等国的水产品加工业一方面引入不同民族风味的水产加工，另一方面积极推出便捷水产品，如"保鲜水产品""全餐配备""速配水产品""即食水产品"等，以及健康食品，包括低脂、低盐、低糖等产品。

4. 国家和地区经济和国际水产品贸易的发展，促进了发展中国家水产品加工比例的提高 2000—2009 年期间，发达国家的水产品总产量、食用水产品产量、水产品加工量呈下降趋势，而发展中国家却呈快速增加的趋势。在这 10 年期间，发达国家的水产品总产量、食用水产品产量及饲用水产品产量分别减产 13.6%、5.3% 和 39.5%，水产品加工量从 2 946.0 万 t 下降至 2 616.3 万 t，但加工比例却从 92.1% 上升至 94.7%；而发展中国家的水产品总产量、食用水产品产量分别增加 24.7%、37.4%，饲用水产品产量下降 17.3%（其中鱼粉减产 29.0%），发展中国家的水产品加工产量从 4 885.8 万 t 增加至 6 137.4 万 t，增幅 25.62%。由此可见，尽管发展中国家水产品加工量大幅增加，但水产品加工比例仍大大低于发达国家的；发达国家鲜销水产品比例小，绝大部分产品是加工制成品。

5. 精深加工的高附加值产品发展迅速 从海洋生物和水产加工废弃物中提取天然产物尤其是生物活性物质，是国外广泛关注的课题。由于海洋中的生物种类特别多，很多是陆地上所没有的，而且这些生物生活在高盐度的环境中，有些还生活在高压、高温或寒冷的极端环境下，使得海洋生物含有许多结构特殊、功能特异的生物活性物质，包括特异蛋白质、酶类、氨基酸、活性多肽、具有高度活性的脂类和类脂物、维生素、色素、核酸、有机酸、毒素等。现在，世界上在海洋生物中已经发现了 3 000 多种生物活性物质。另外，国外水产品加工企业都从环保和经济效益两个角度对加工原料进行全面综合利用。如日本企业利用水产品加工中废弃物所开发制成降压肽、鱼皮胶原蛋白、鱼精蛋白等已作为产品进入市场。

二、国外水产品保鲜贮运技术发展现状及趋势

（一）鱼类品质评价方法的研究进展

对于水产品而言，原料的鲜度决定了最终产品的质量。没有单一的方法可以完美地评价鱼体的鲜度，每种方法都有其各自的优缺点。图 7-2 为系列用于鱼类鲜度或品质评价的感官、非感官及统计分析方法（Alasalvar et al.，2011）。

1. 感官评价方法的研究进展 尽管过去几十年内仪器分析技术发展迅速，但在

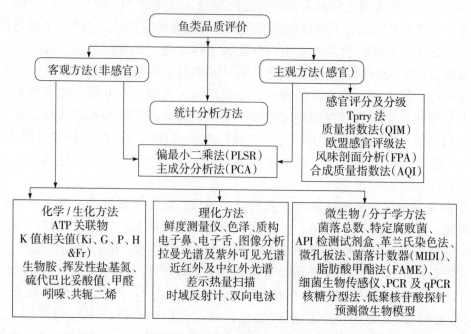

图 7-2 鱼类品质评价方法

评价鱼类及其相关制品的品质时最常用的方法依旧是感官方法，即根据原料鱼的某些特征（体表、眼睛、鱼鳃、质构等）进行评价。现有的感官评价方法，通常需要针对不同的鱼种做一些调整来提高准确性，如 Sveinsdottir 等（2003）使用一种质量指数法（quality index method，QIM）来评价大西洋鲑鱼的品质，QIM 法也被广泛应用于各种鱼类鲜度的评价。因此，有学者建议将 QIM 方法作为鱼类感官评价的统一方法。但是，QIM 等感官方法是根据原料鱼的特征进行评价的，然而在加工过程中，鱼体的一些形态特征被破坏。QIM 法在评价不同贮藏加工条件下鱼体品质时的可行性，还需进一步的研究。

2. 生化指标评价方法的研究进展 水产品品质评价常用的生化指标有三磷酸腺苷（adenosine triphosphate，ATP）及其降解产物、K 及相关值、三甲胺、挥发性盐基氮、硫代巴比妥酸值、生物胺等（Alasalvar et al.，2002）。近年来，一些研究采用动态顶空分析气质联用、静态顶空分析气质联用、气相嗅闻、固相微萃取和电子鼻等技术来分析水产品产生的特定气味，建立一个可操作的模型来预测其感官响应值（Grigor et al.，2002）。Jónsdóttir 等（2008）在研究烟熏鲑时，发现这些气相色谱技术分析得出的挥发性成分与货架期的相关性优于菌落总数。但是这些方法由于设备昂贵，使用复杂，在实际生产中并未得到广泛应用。

3. 理化指标评价方法的研究进展 越来越多的仪器分析技术被用来评价水产品的品质，如紫外—可见光谱、近红外、中红外、图像分析、差示热量扫描、质构、核磁共振等。这些方法一般具有迅速无损伤的特点，可以实现在线监测。除了上述之外，一些最新的技术也被应用于水产品的品质评价，如拉曼光谱、介电特性、电子舌、双向电泳分析等。Gil 等（2008）在研究海鲷鲜度时，分析了电子鼻检测结果与化学指标（包括生物胺、pH、微生物、TVB-N）的相关性，发现所有的判定系数均大于 0.95。Olafsdottir 等（2004）提出了一种合成质量指数法（artificial quality index，AQI），将不同仪器分析得出的结果整合到一起，发现 AQI 在预测鱼体鲜度时可以媲美 QIM 法。

4. 微生物指标评价方法的研究进展 水产品中微生物污染一般是来自其肠道、体表、鳃等部位。微生物的变化与鱼类的栖息地（水体、温度、饲养方式等）、贮藏条件及后续加工等紧密相关。通常，将 10^6 cfu/g 作为菌落总数（total viable count，TVC）和好氧菌总数（aerobic plate count，APC）的上限（Alasalvar et al.，2011）。但也有研究指出，菌落总数与鱼体鲜度的相关性较差（Olafsdottir et al.，1997）。在某一温度、气体环境、盐含量和水分活度等条件下，特定腐败菌（specific spoilage organisms，SSO）增长繁殖最快，并且其代谢产物也是造成鱼体异味的主要原因。因此，特定腐败菌的数量及其代谢产物的含量，也可以用来评价水产品的货架期（Dalgaard，2000）。微生物学方法通常耗时久，从而催生了一系列快速的微生物检测技术，包括 API（analytic products INC，用于微生物检测）检测试剂盒、革兰阴性/阳性微孔板、脂肪酸甲酯检测法。

5. 统计分析方法的研究进展 为了从庞杂的实验数据中获得水产品品质最真实的信息，必须要借助合适的统计分析方法。由于生物体系的复杂性，简单的线性回归不足以揭示其变化规律，而多变量统计分析方法可以很好地解决这一难题。常用的多变量统计分析方法，主要有主成分分析法（principal componentsregression，PCR）和部分最小二乘法（partial least squares regression，PLSR）。Nilsen 等（2005）测定了鳕的可见光谱，并且用主成分分析法和部分最小二乘法来预测感官分值，认为该方法可以在实际生产中使用。Karoui 等（2007）使用主成分分析和判别因子分析相结合的方法，在傅里叶变换中红外光谱的基础上建立了模型来区分新鲜和解冻的牙鳕鱼片。

（二）鱼类贮藏过程中品质劣变机制的研究进展

1. 鱼体的自溶 鱼类捕获致死后，由于酶的作用体内发生一系列化学和生化变化。有报道指出，自溶会使得早期贮藏的鱼类组织结构特性发生变化，但不会产生特征腐败味。即便鱼体初始微生物负荷较小，自溶仍然会造成鱼体品质下降，影响其货架期。冷藏和冷冻鱼体中的自溶引起的主要变化如表 7-2 所示。自溶造成最主要的影响是组织结构变化，并且产生次黄嘌呤和甲醛。随着自溶进一步进行，鱼体发生肉质软化、腹部破坏、血水流出等一系列变化。在鱼肉和内脏中存在大量的蛋白酶，这些酶引起宰后鱼体贮藏加工中发生降解。另一方面，鱼肉蛋白的自溶会产生肽类和游离的氨基酸，引起微生物的生长和生物胺的形成，最终导致鱼体腐败。腹部破损，是由于小肠中的蛋白酶渗漏到腹部肌肉中造成的。

表7-2　冷藏或冷冻鱼体中自溶引起的主要变化

酶	底物	影响
糖酵解酶	糖原	乳酸生成，pH 降低
核苷酸降解酶	ATP、ADP、AMP、IMP	逐渐形成次黄嘌呤
组织蛋白酶	蛋白，肽类	组织软化
胰蛋白酶、羧肽酶	蛋白，肽类	腹部破损
钙蛋白酶	肌原纤维蛋白	组织软化
胶原酶	结缔组织	组织软化，出现间隙
氧化三甲胺脱甲基酶	氧化三甲胺	甲醛生成

2. 鱼体氧化腐败　脂肪氧化，是深海多脂鱼类（马鲛鱼、鲱等）品质劣化的主要原因之一。脂肪氧化包括三个阶段：链引发、链增长和链终止。链引发阶段，体系在催化剂（热、金属离子、辐射等）作用下形成自由基，这些自由基与氧作用形成氧自由基；在链增长阶段，氧自由基与其他脂质分子反应，形成氢过氧化物和新的自由基；当这些自由基互相反应时即发生了链终止。氧化通常发生在脂肪酸的双键部位，而鱼类脂肪富含多不饱和脂肪酸因此极易氧化。鱼体中脂肪氧化有酶促和非酶促两种类型，酶促氧化时，脂肪酶分解甘油酯形成游离脂肪酸，导致酸败，降低了鱼油的品质。脂肪酶可能来自鱼体本身也可能来自嗜冷微生物。鱼体中脂肪水解酶主要是甘油酯酶、磷脂酶 A_2 及磷脂酶 B（Audley et al.，1978）。非酶促氧化，是由血色素物质（血红蛋白、肌红蛋白和细胞色素）催化生成氢过氧化物造成的。鱼类脂肪水解形成的游离脂肪酸与肌浆蛋白和肌原纤维蛋白作用，导致其变性。Undeland 等（2005）报道，鱼肉中脂肪氧化与高度促氧化的血红蛋白有关。

3. 鱼体微生物腐败　鲜活鱼体肌肉组织内部是不含菌的，但其体表、鳃及肠道内会有大量微生物存在。新捕获的鱼体微生物，构成取决于其生长水域微生物的组成。鱼体微生物包括假单胞菌、产碱杆菌、弧菌和微球菌等（Gram et al.，2000）。当鱼体贮藏条件不合适时，微生物会迅速生长繁殖，进一步侵入肌肉组织。微生物的生长和代谢，是鱼体腐败的主要原因。对于冷藏的鱼体，耐冷的革兰氏阴性菌（假单胞菌属和希瓦氏菌属）是造成腐败的主要微生物（Gram et al.，2000）。

（三）鱼类保藏技术的进展

水产品保藏技术，大多是通过控制温度、水分活度、微生物及氧气等达到保藏目的。目前，水产品主要以低温贮藏保鲜为主，也有学者提出了一些新的贮藏方法，并开展了相关的研究。

1. 低温保鲜　在水产品保鲜技术中，以低温保鲜应用最广泛。低温保鲜常用的方法有冰藏保鲜、冷海水保鲜、微冻保鲜和冻藏保鲜等，这些方法对鱼体品质的影响已开展了较系统的研究。

（1）冰藏保鲜　冰藏保鲜以冰为冷却介质，使鲜鱼温度降低至接近冰点进行贮藏。冰鲜鱼的质量最接近鲜活鱼的生物特性，是新鲜水产品保鲜运输中使用最普遍的技术。Losada 等（2005）指出，与传统的薄片冰保藏方法相比，冰浆贮藏可以有效地抑制竹䇲鱼的品质下降，货架期由薄片冰法的 5 天延长到冰浆法的 15 天。并且冰浆贮藏对脂肪的水解和氧化的抑制效果明显，可以应用于高脂鱼类的保鲜。

（2）冷海水保鲜　冷海水保鲜是用 $-1\sim0℃$ 的冷却海水浸渍或喷淋水产品的保鲜方法，多用于渔船和罐头厂。冷海水冷却速度快，批处理量大，不需层鱼层冰堆放，劳动强度低。而且能减少由于冰块挤压导致的鱼体机械损伤，但其需要制冷和载冷设备，船舱的水密、隔热及耐腐蚀等制作要求也相对较高。Erikson 等（2011）对大西洋鲑的加工和销售阶段进行了模拟研究，通过比较不同冷却处理的保鲜效果，指出加工时用冷海水预冷，而销售时宜用冰浆冷藏。

（3）微冻保鲜　微冻保鲜是将水产品温度降到略低于其细胞汁液的冻结点，并在该温度下进行贮藏。在微冻状态（$-2\sim3℃$）下，鱼体的部分水分发生冻结，水分活度降低，微生物的细胞汁液因部分结冰而浓缩，其细胞的生理生化过程发生改变。一些细菌开始死亡，大部分嗜冷菌也受到了抑制，几乎不能繁殖。这使得鱼类能在较长时间内保持鲜度，而不发生腐败变质。微冻与冰藏相比较，能延长货架期 $1.5\sim2$ 倍。Olafsdóttir 等（2006）报道，微冻（$-1.5℃$）与冷藏（$0.5℃$）相比，可以延长 3 天的货架期，微冻条件下发光杆菌的总数显著低于冷藏条件，但产硫化氢（H_2S）细菌的数量并未明显减少。

（4）冻藏保鲜　冻藏保鲜是使水产品温度降到更低，使水产品的大部分水冻结，然后在相应的温度下贮藏，从而达到长期保藏的目的。Balev 等（2011）研究了真空包装对俄罗斯鲟在 $-18℃$ 冻藏 12 个月期间脂质类型的影响，中性脂肪及磷脂的含量随着贮藏时间的延长而下降，游离脂肪酸含量增加，可能是极性和非极性的脂类水解造成的。而在贮藏过程中胆固醇含量及磷脂类型并未发生显著变化，也几乎不受包装方式的影响。

除此之外，还有超级快速冷却、玻璃化转移等新型保鲜技术。超级快速冷却的活鱼直接放入 $-10℃$ 盐水中，这种方法将鱼的致死及初期的急速冷却同时实现，可以最大限度地抑制鱼体死后的生化变化，但盐水冻结对鱼肉的盐度有影响；低温玻璃化保鲜，是指使鱼体处在部分甚至完全玻璃化状态下，从而增强贮藏稳定性。关于这些方法如何应用在水产品保鲜，有大量的研究工作需要开展。

2. 化学保鲜　借助各种化学成分的杀菌或抑菌作用，单独或制备成制剂与其他方法相结合的保鲜方法，主要分为腌制、烟熏及添加保鲜剂三类。

（1）腌制　腌制法的保鲜原理是，利用食盐等溶液的渗透脱水作用，使鱼体水分降低，从而破坏鱼体微生物和酶的活力达到保鲜目的。Jónsdóttir 等（2011）研究得出对鳕鱼进行预腌，可以改善产品的外观（亮度值增大，黄度降低），风味也更加柔和。

（2）烟熏 烟熏保鲜利用熏烟中的酚、醇、醛、有机酸等多种具有防腐作用的化合物并与加热处理结合使用，以杀灭鱼体中的微生物。Duedahl‑Olesen 等（2010）测定了 180 种烟熏鱼制品中的多环芳烃（Polycyclic aromatic hydrocarbons，PAH），发现烟熏鲱和马鲛鱼中 PAH 含量最高，而间接烟熏的鲑鱼中 PAH 含量最低。越接近鱼体表面，PAH 含量越高。

（3）添加保鲜剂 传统的化学保鲜剂，如山梨酸、山梨酸钾等存在着残留及安全性问题而引起人们的担忧；而采用天然无毒的生物源保鲜剂，在延长鱼类货架期的同时可以提高安全性，已成为鱼类保藏技术的发展趋势。目前，应用较为广泛的生物保鲜剂有壳聚糖、茶多酚、乳酸链球菌素、鱼精蛋白和酶类等。El‑Hanafy 等（2011）比较了不同浓度的冷冻绿茶提取物对延长罗非鱼货架期的作用，指出 4% 的绿茶提取物为最适添加量。Mohan 等（20120）研究了壳聚糖涂膜对冰藏印度沙丁鱼的保鲜效果，涂膜组较未涂膜组鱼肉的持水力及质构特性更好，1% 和 2% 的壳聚糖涂膜处理，使得鱼体的货架期分别延长至 8 天和 10 天，而未涂膜的鱼体货架期仅为 5 天。

3. 气调包装 气调包装（modified atmosphere packaging，MAP）是指在包装中充入单一气体或一定比例混合的气体，气调包装应用范围十分广泛。气调包装主要通过降低包装内的氧气浓度而提高二氧化碳和氮气的浓度，再辅以冷藏的手段，延长鱼贝类的货架期。气调包装可以有效地延长鱼类制品的货架期，与原料的新鲜程度、温度、气体成分和比例、气料比以及包装材料紧密相关。商业上普遍使用的气调气体主要有二氧化碳、氧气和氮气，也可以添加痕量的其他气体，如一氧化碳、二氧化氮、一氧化氮、二氧化硫、乙烷和氯气等。除此之外，氦气、氩气、氙气等惰性气体在气调包装中也越来越受到关注。然而考虑到安全性、消费者的反应、法律法规以及成本等问题，痕量添加其他气体的气调方式没有得到广泛应用。根据产品本身及生产消费的需要，通常使用二氧化碳、氧气和氮气不同的组合方式及配比进行气调包装。一些学者对气调包装不同鱼类制品的保藏效果进行了研究，得出白鱼及贝类零售包装最佳气调方式为二氧化碳/氧气/氮气（40∶30∶30）；而多脂鱼和熏制鱼则为二氧化碳/氮气（60∶40）（Anonymous，1985）。

4. 臭氧保鲜技术 臭氧水处理可以有效地减少微生物数量，而且处理后没有明显的毒素残留，是一种比较安全有效的食品保藏方法。一些学者研究了臭氧处理对鱼类感官品质及货架期的影响。臭氧分子及其分解物对微生物胞内酶、核酸及其他细胞成分有破坏作用，因而可以有效地破坏微生物（包括细菌、病毒、真菌）。Campos 等（2006）报道，使用冰和臭氧处理结合的方式，可以减少贮藏鱼体中厌氧菌、耐冷菌的数量。有报道指出，臭氧水处理抑菌的效果具有选择性，在鱼体冷藏前 6 天内观察到产氧化三甲胺的微生物明显减少。Gelman 等（2005）研究了臭氧处理对罗非鱼鱼肉的保鲜效果，结果表明，5℃ 和 0℃ 处理后的鱼体货架期，比对照组分别延长了 3 天和 12 天。有报道指出，4℃ 下贮藏的虹鳟鱼片（Nerantzaki et al.，2005）经过 90min 臭氧水（1mg/L）浸泡处理，可以有效地降低 TVB‑N 的含量，而延长产品的货架期。

5. 紫外线辐射保鲜技术　紫外辐射根据波长不同分为三类：①UV‑A，也称近紫外，波长范围从 315～400nm；②UV‑B，也称中紫外，波长范围从 280～315nm；③UV‑C，也称远紫外，波长范围从 100～280nm。UV‑C 与 UV‑A 和 UV‑B 相比，杀灭微生物的效果更好。因为，254nm 的紫外光可以破坏 DNA 中一些化学键，从而防止大多数微生物的生长和繁殖。一般而言，微生物对紫外辐照的抵抗能力的顺序为：革兰氏阴性＜革兰氏阳性＜酵母＜包子＜霉菌＜病毒。Dunn 等（1995）指出，脉冲紫外光处理可以显著减少虾类微生物的数量而延长货架期。Ozer 等（2006）研究表明，经过一定强度脉冲紫外光的处理，鲑鱼片中大肠杆菌 O157 和单增李斯特氏菌减少了约 90%。但许多研究报道指出，紫外辐照对产品的化学特性及感官都有一定的副作用，易产生如酸败味、油腻味和腥臭味等不良风味。

6. 超高压技术　超高压处理（high pressure processing，HPP），是指利用 100～1 000MPa 的静水压在 0～100℃ 对食品进行处理，处理时间因物料的特性而异。超高压技术可以杀灭微生物和钝化酶活力，现已广泛应用于各类食物中。革兰氏阴性菌对超高压处理比较敏感。Erkan 等（2011）研究指出，2℃ 下贮藏的冷熏鲑经超高压处理后（250MPa，3℃，5min；250MPa，25℃，10min），货架期可以由原来的 6 周延长到 8 周。超高压处理对食品的品质有一定的影响，Marshall 等（2006）研究了 150～600MPa 处理对海豚鱼和罗非鱼脂肪氧化的影响，结果表明，当处理压力达到 550MPa 时，罗非鱼的脂肪氧化程度有轻微的上升。

三、国外水产品加工技术发展现状及趋势

（一）国外水产品加工技术发展现状

目前，全球水产总量已达 1.3 亿 t，其中，约 70% 作为原料用于生产水产食品。这些产品中供人类直接食用的最主要形式仍然是鲜品（占 53.7%）；其次，为经过冷冻加工的冻品（占 25.7%）；然后是罐头制品（占 11.0%）和腌制品（占 9.6%）。非直接食用部分（约 29%）主要是用于生产鱼粉和鱼油。国外淡水鱼加工产品，主要是整条冻鱼、冻鱼片、鲜鱼片、腌熏制品、罐头制品、鱼糜制品和烤鱼片等。随着水产品产量的不断提高，除一部分就地鲜销之外，大都需进行保鲜，长期保藏，并加工制造成各类食品、饲料和工业、医药等用品。

1. 贮运加工技术及装备、工艺水平状况　近年来，许多学者利用不同的方法对水产动物的保活运输技术及有关基础研究做了一系列工作，取得了一些研究成果。日本很早即开展了对活鱼运输设备及容器的研究，20 世纪 70 年代中期便得到了推广应用；1988 年，日本海产品空运量达 10 万 t，同年新西兰将鲷保活 10h，运输到日本获得成功；至 90 年代，日本开始研制集装箱运输活鱼及活鱼运输袋。山根氏利用冰温技术的原理，研究开发出生态冰温无水活运的全新技术，不仅能较长时间的无水运输

活鱼，而且能使鱼变得美味，受到人们的瞩目。活虾的运输，也成为养殖业增加经济效益的一个重要方式。水产动物活运的方式，主要有低温法、增氧法和麻醉法。从应用范围来看，增氧法多适用于淡水鱼类；麻醉法仅限于亲鱼、鱼苗；低温法应用则较广泛，如鱼虾蟹贝等的保活运输。随着社会发展，现代的贮藏与流通技术日趋重要，开发水产品的保活、保鲜和精深加工，开发高技术含量和高附加值的产品，广辟水产品流通渠道是今后水产品加工发展的趋势。国外一些发达国家都十分重视水产品加工机械和设备的研发和生产，这些先进的生产设备，为优质水产品的生产奠定了基础。近年来，一些高新技术如低 F 值［在一定温度下杀灭一定浓度微生物所需加热的时间（min），通常指在 120℃加热致死状态，是加热杀菌的致死值，可用来衡量杀菌强度］杀菌技术、栅栏技术、超微粉碎技术及相关设备等，在水产品加工领域都得到广泛应用。

2. 水产品包装技术 随着人们生活质量的日益提高，对鲜活水产品的需求量不断增加。以目前国内外市场看，鲜度较好的水产品不仅价格高，且销势也旺。由此可见，不论高档还是低值水产品，其鲜活度是最主要的质量指标，也是决定其价格的主要因素。因此，充分发挥包装的保鲜功能，提升水产品的经济价值，是当前水产业所面临的重要课题。近年来，国际上对水产品保鲜包装的研发十分重视，其新技术不断涌现。国外的食品包装技术用得最多的还是真空包装和充气包装，日本的二氧化碳充气包装已广泛用于烤鱼肉、水产加工品等，保藏期比低温保藏可延长 5 倍左右。国外小包装鱼品的冻结，主要采取接触式平板冻结机冻结、液氮喷淋冻结以及螺旋式吹风冻结等。对于小批量、低产量的高档水产品，开发其保鲜包装更具有增值价值。目前，国际上对水产品的保鲜包装比较重视，新的保鲜包装方法较多，现介绍如下：

（1）**鱼类保鲜** 美国发明了一种鱼类保鲜法：将刚捕到的鱼装入塑料袋，袋内注入混合气体（其中二氧化碳 60%、氧气 21%、氮气 19%），密封包装后，放入普通仓库内。4 周后，鱼类的外观和味道都没有改变，就像刚捕到的一样。

（2）**活鱼罐头** 日本市场上新出现了一种活鱼罐头，做法是将活鱼用一种麻醉液浸泡至昏迷状态后装入罐头，2 天之内不会死。烹调前，只要取出罐头内的鱼放入清水中，10min 左右鱼就会苏醒。这种活鱼罐头携带方便，清洁卫生，味道鲜美。

（3）**鱼虾速冻真空包装技术** 缅甸一家食品厂制作出鱼虾速冻产品。该产品经真空密封杀菌等处理，耐久存、卫生、可口。豆瓣鱼、麻辣鱼因价钱便宜，是缅甸家庭中的必备之物，但如果加工处理方法不当，不但味臭，还会令人毫无食欲。目前引进国外实物料理装罐技术，先经净化处理，再配料制作，杀菌真空包装，可算是替代罐头食物的速冻食品。真空包装不仅为厂家及消费者省去成本，还能抵制空气侵入，达到长时间的保存效果，具有广阔的市场。

（4）**鱼片热封可揭罐盖包装技术** 美国皇冠控股有限公司最近研制出一种新的鲭鱼片包装技术——热封可揭罐盖技术。在饮料生产中，为了满足消费者的方便要求，拉环被广泛使用在食品行业。皇冠公司可揭盖新技术的可揭盖带有一层薄铝箔，热封在硬钢或铝环上，通常这是一个卷边环以适应双层封口工艺。盖上有一个小拉环，很容易揭起罐盖。拉环外层铝箔同内层聚丙烯薄膜的复合材料表面可上光印字。这种可揭罐盖开盖迅速、容易、安全。

3. 水产品干制技术　干燥工艺是很多水产品加工中必不可少的，随着淡水渔业的发展，人民生活的提高，以及对食品卫生、质量的要求，国内外水产食品的干制加工，正以人工干燥方法逐渐代替天然干燥方法，干燥技术的发展很快，已从最初的空气流干燥逐渐发展出冷冻干燥、微波、红外干燥。葡萄牙阿尔波城市中专门干制加工干鳕鱼方面的工厂，有设置多达8条洞道的洞道式烘干房，每条洞道长13m，每天加工量可达50t。其干制品的含水率为43%～45%干制品质量良好，洞道进口处的低温低湿气流温度为27℃、相对湿度为40%，出口处的发热湿气相对湿度为70%。在美国，冷冻干燥技术因其不破坏制品的营养价值也已得到广泛使用。在日本，从1975年就开始有鱼类远红外干燥设备专利的报道。随着科技的进步，微波技术也发展起来。由于微波干燥加热均匀，热效率高，制品质量好，但是同时设备费用大，运行费用大限制其发展，水产品干制加工报道不多，主要用于工农业各个部门。

鱼及肉制品的冻干技术始于20世纪30年代，40年代初年英国学者提出了用冷冻干燥方法进行鱼及肉制品处理的技术。到了1961年，英国开始了鱼及肉制品冻干的研究，在综合运用了当时各国和本国研究成果的基础上公布了自己新的实验结果，结果充分证明，真空冷冻冻干法用于鱼及肉制品，是获得优质鱼及肉制品的一种非常有效的方法。到1965年，全球范围内已有冻干鱼及肉制品厂50多家。70年代美国有冻干鱼及肉制品生产厂40多家，欧洲各国也差不多是这个数字。产量增加也很快，仅从美国统计，几十年时间里产量有了大幅增长。1985年，日本有25家鱼及肉制品冻干公司。

一直以来，国外冻干技术不断发展。目前，鱼及肉制品的品种之多，已超过所有传统的加工方法，如罐头加工贮藏方法及其他热干方法贮存制品，某些品种已经近乎完全占有了市场。例如，美国现在销售的快餐鱼及肉制品中，冻干品已经占40%～50%；欧洲和美国销售的速溶咖啡中，冻干品比例也达到了40%～70%。冻干品产量增长很快，冻干鱼及肉制品在民用鱼及肉制品中已确立了稳固的地位，冻干品在很多特别是发达国家中已经达到了相当高甚至是普及的水平。

4. 水产品腌制技术　腌制是一种历史悠久的加工和保藏方法。目前，在大多数国家的水产贮藏加工业中仍占有一定的地位。水产品的食盐腌制，是腌制加工中最具代表性的一种。腌制工艺按照用盐方式的不同，可分为干腌法、湿腌法和混合腌制法3种；按加盐量的多少，可分为重腌制和淡腌制2种；按腌制温度的不同，可分为常温腌制法和低温腌制法。腌制可以降低鱼片的水分活度，抑制微生物的生长，形成良好的风味，同时，伴随着复杂的物理、化学和生物反应。除了食盐的内渗和水分的迁移外，鱼肉还会在内源酶和微生物的作用下发生蛋白质分解和脂肪氧化，使得产品的质构和风味发生变化，逐渐形成腌腊制品的特殊风味。而鱼肉的可溶性成分也会在腌制过程中逐渐析出，导致鱼肉营养成分的丢失。腌制过程中所采用的腌制方法、腌制条件，会对产品的最终质量、盐含量、水分含量、质构、得率以及风味等产生较大的影响。Jónsdóttir 等（2011）研究得出对鳕进行预腌，可以改善产品的外观（亮度值增大，黄度降低），风味也更加柔和。

5. 水产品熏制技术 在德国、法国、美国等国家，很早就采用烟熏香味料进行禽制品的快速熏制；在日本，早在 19 世纪 30 年代烟熏香味料就在市场上公开出售；英国在 20 世纪 70 年代初也致力于烟熏香味料的研究制备。目前，世界上先进国家生产的熏制产品基本上都是采用液熏技术，其中，美国烟熏香味料的年用量约达 1 万 t，日本年用量约 700t。而我国于 1984 年才开始进行烟熏香味料的研制。1987 年被全国食品添加剂标准化技术委员会审定为允许使用的食品用香料，但是由于烟熏香味料的品种单一、生产厂家很难保证熏材的来源和质量及推广宣传力度不够等原因。使得液熏技术主要用于肉类产品的熏制中，整体还处于推广应用的阶段，若能加快烟熏香味料新品种的研制步伐，并将其推广应用于鱼类、贝类等水产品的熏制。便可有效地提高水产品的附加值。目前，美国约 90% 的烟熏食品由液熏法加工，烟熏液的用量每年达 10 000t；日本年用量达 700t。中国仍处于推广应用阶段，潜在的年需求量将达 200t。因此，液熏技术在水产品加工中的应用具有十分广阔的前景。

（二）国外水产品加工技术发展趋势

1. 精深加工成为世界水产品加工行业发展的一个重要方向 精深加工是实现水产资源增值的重要途径，随着海洋资源的日益减少，采用现代食品工程高新技术与集成，对现有水产资源进行深度开发利用已成为必然选择，高加工率和高附加值成为发达国家水产品加工行业发展的一个显著特点，世界上发达国家的水产品加工比例已高达 75% 以上，加工技术和装备水平先进。

2. 功能性水产制品逐渐兴起，更加注重产品的营养与功能 随着全球经济的快速发展以及人们生活水平的日益提高，人们对食品的营养与功能提出了更高要求，特别是随着畜禽类食物安全问题的频繁出现，使得开发水产类功能性食品成为研究热点。通过生物、化学和物理技术开发的富含 $\omega-3$ 多不饱和脂肪酸（EPA、DHA）、活性肽、牛磺酸等活性组分的具有降压、降脂、增强免疫等功能的水产制品日益增多，如美国康宝莱（Herbalifeline）深海鱼油、胶原蛋白活性肽等产品已在国际市场上畅销。

3. "全利用" "零废弃" 成为重要发展趋势 随着人口的持续增长和耕地面积的逐渐减少，水产资源已成为世界优质食品和生物制品的重要来源。世界各国正竞相致力于从水产资源中获得更多安全、优质的食品、生物制品的技术研究与产品开发。为了提高资源利用率，日本等水产加工发达国家早在 1998 年就率先实施了 "全鱼利用计划"，并于 1999 年首次提出了 "水产零排放" 发展思路，对水产加工废弃物进行再利用。随着水产品加工技术和装备水平的不断提高，目前日本的全鱼利用率已达到97%～98%，而国内对水产资源的利用率相对较低。

4. 水产品的质量与安全成为世界各国关注的重点　食品安全直接关系到人类的健康、国际贸易以及社会稳定。近年来，随着食品安全事件的不断暴发，以及各国为了本国利益对进口水产品所设置的各种技术壁垒，使得水产品的质量与安全日益成为各国研究的重点。水产品中的生物危害和农残、药残等化学危害的预防、控制和消除等技术，成为世界各国研究的重中之重，并陆续制定相关法律法规和安全技术标准。

5. 世界水产食品的开发研究正朝着多样化和个性化方向发展　为了满足 21 世纪人们生物节奏加快，消费层次多样化和个性化发展的要求，方便水产品、速冻水产品、微波水产品、保鲜水产品、休闲水产品、合成水产品、健康水产饮料和水产调味品等成为世界各国水产品发展的重点。

6. 高新技术在水产品加工中得到广泛应用　近几年，水产品加工技术水平取得了较大提高，一些高新技术如生物技术、微波技术、挤压技术、超微粉碎技术、膜分离技术、冷杀菌技术等已逐渐应用于水产品加工中，呈现出深层次、多系列的淡水产品精深加工态势（李学鹏，2011）。

四、国外加工综合利用技术发展现状及趋势

在过去的 20 年里，人们已从经济、社会和环境意识层面来认识水产品加工副产物的合理利用问题，在许多国家，水产品加工副产物的利用已成为一个重要的工业，除鱼粉工业外，水产加工副产物已广泛用于保健食品、医药制品、化妆品、特种动物饲料和肥料等领域。因鱼粉、鱼油等生产技术已相对成熟，目前有关水产品加工副产物综合利用技术的研究，主要集中在如何利用鱼鳞和鱼皮提取胶原蛋白、利用鱼蛋白质制备功能性多肽、利用内脏提取内源蛋白酶类等方面。

（一）胶原蛋白的生产技术

胶原蛋白广泛存在于动物体内，占动物体内蛋白质总量的约 30%，具有较广泛的工业用途。胶原蛋白的传统制备原料是牛和猪的皮革和骨骼。水产品加工副产物如鱼皮、鱼骨、鱼鳞及鱼鳍也含有大量的胶原蛋白，目前已成为胶原蛋白的有效来源，并部分替代了哺乳动物来源的胶原蛋白。多位学者分别研究了从鱼鳞、鱼皮和鱼骨中提取胶原蛋白的方法，不同来源的水产类胶原蛋白的特性见表 7-3。

从表 7-3 可知，目前主要采用酸法（盐酸、乙酸、乳酸和柠檬酸等）、酶法（胃蛋白酶、胰蛋白酶）和酸酶结合法生产鱼鳞、鱼皮、鱼骨胶原蛋白。以鱼皮为原料生产胶原蛋白时，需要先脱出脂质；以鱼鳞为原料时，则需要先脱出其中的灰分，然后采用酸法或者酶法提取胶原蛋白。采用酸法提取胶原蛋白变性程度较低，更接近天然

表 7-3 不同来源的水产类胶原蛋白的特性

来源	类型或组成	分子量 (ku)	变性温度 (℃)	提取方法和产率 (%)	参考文献
狭鳕鱼皮	Ⅰ型胶原蛋白		24.6	酸法	M Y Yan et al.，2008
褐篮子鱼、舵鱼鱼皮	Ⅰ型胶原蛋白		28	酸法，产率 3.4~3.9	I Bae et al.，2008
虹科鱼皮	Ⅰ型胶原蛋白		33	酸法，产率 5.3~5.7	I Bae et al.，2008
海参	Ⅰ型胶原蛋白 α1 链三聚体	135	57	胃蛋白酶法	F X Cui et al.，2007
草鱼皮	α1 和 α2 链		28.4	胰蛋白酶法，产率 46.6	Y Zhang et al.，2007
大眼鲷鱼皮	Ⅰ型胶原蛋白含有 α1 和 α2 链	111~120	31.5~32.5	酸法和胃蛋白酶法产率 19.79	S Nalinanon et al.，2007
鳕鱼皮				盐酸产率 18、乳酸和乙酸 90、柠檬酸 60	E Skierka & M Sadowska，2007
红鲑鱼鱼皮、鱼鳞、鱼骨	Ⅰ型胶原蛋白，保持三股螺旋结构		分别为 16.1、17.7 和 17.5	酸法（乙酸），提取率分别为 47.5、6.8 和 10.3	L Wang et al.，2008
罗非鱼皮	异三聚体结构		32.0	酸法（乙酸），产率 39.4	S K Zeng et al.，2009
鲤鱼皮、鱼鳞、鱼骨	Ⅰ型胶原蛋白，含有 α1 和 α2 链	116	28	分别为 41.3、1.35、1.06	R Duan et al.，2009
鲢鱼皮	Ⅰ型胶原蛋白，含有 α1、α2、α3 链		29	酸法	J J Zhang et al.，2009
金枪鱼背部鱼皮	Ⅰ型胶原蛋白，含有 α1 和 α2 链			胃蛋白酶法，产率 27.1	J W Woo et al.，2008
斑点叉尾鲴鱼皮	Ⅰ型胶原蛋白，含有 α1 和 α2 链		32.5	酸法，产率 25.8 酶法，产率 38.4	H Y Liu et al.，2007

状态，而酶法的产率高、提取耗时短；将酸法和酶法结合，即酸浸泡处理后加酶水解提取，可明显提高胶原蛋白的产率。从不同种类鱼中提取的胶原蛋白的性质有一定差异，但从同种鱼类的不同部位提取的胶原蛋白的组成和机构相同或相似。水产品胶原蛋白较哺乳动物胶原蛋白的变性温度低，主要在 15~30℃，其中，亚基氨基酸含量一般在 20%~30%（Woo et al.，2008；Zhang et al.，2009；Zeng et al.，2009），胶原蛋白中甘氨酸含量在 30% 以上；酸性条件下其溶解度较高，盐含量高于 2%~4% 时溶解能力剧烈下降（Woo et al.，2008；Zeng et al.，2009）。不同来源的鱼类胶原蛋白的变性温度不同，可能与鱼类所处环境温度不同有关。

（二）鱼类明胶的生产技术

胶原蛋白添加一定的增塑剂加热可形成明胶，由于其良好的成膜能力及安全性，可用于食品的可食用涂膜，其研究主要集中在成膜的机械特性、热特性及其膜对食品干耗、光照、氧化的抵抗作用。明胶成膜的机械特性，主要与氨基酸组成、分子量分布等因素有关。鱼类明胶多以鱼皮为原料生产，不同种类的鱼皮制得的鱼类明胶的凝胶特性等明显差异，且易受加工工艺和添加物料的影响。较高蛋白含量的膜较厚且机械特性较好，但水蒸气透过性较低，无甘油时膜较易碎，添加甘油使其流动性较好，提高甘油含量可使体系的转变温度和转变热焓降低。明胶易受内源性金属蛋白酶和丝氨酸蛋白酶作用而引起降解（Jongjareonrak et al.，2006；Intarasirisawat et al.，2007），因此，添加乙二胺四乙酸（ethylene diamine tetraacetic acid，EDTA）和大豆胰蛋白酶抑制剂，可抑制明胶成分降解。鱼皮明胶的提取制备一般采用氢氧化钙处理后的热水提取或酸提取方法（Cho et al.，2006；Liu et al.，2008），使用过氧化氢溶液漂白可改善明胶色泽，并可提高其凝胶强度和乳化性、起泡性等功能特性（Aewsiri et al.，2009）。

（三）内源蛋白酶类的制备技术

水产品内脏特别是消化道相关器官中存在消化酶类，因此，可利用鱼内脏制备胰蛋白酶、胰凝乳蛋白酶和胃蛋白酶等内源性蛋白酶。目前，已经从斑点绯鲹鲣肠道和幽门垂囊、鳜幽门垂囊、大盖巨脂鲤内脏、狭鳕幽门盲囊、鲫肝胰腺、沙丁鱼内脏、鲟和鲤骨骼肌、白鲢肌肉和金枪鱼脾脏等副产物中，分离出胰蛋白酶 A、胰蛋白酶 B、胰凝乳蛋白酶 A、胰凝乳蛋白酶 B、焦磷酸酶、亮氨酸氨肽酶、组织蛋白酶等内源性蛋白酶，其特性见表7-4。

表7-4 从不同原料中提取得到的内源性蛋白酶的特性

原料	酶类型	适宜条件	分子量（ku）	激活/抑制因子	参考文献
斑点绯鲹鲣肠道和幽门垂囊	胰蛋白酶类	pH9.0，55℃	24.5	铝、锌、汞、铜、镉有抑制作用	A A G Souza et al.，2007
鳜幽门垂囊	胰蛋白酶 A、胰蛋白酶 B	pH8.5，35℃ pH8.5，40℃	21 21.5	胰蛋白酶抑制剂抑制、铁、锌、锰、铜、铝、钡、钴抑制、钙、镁离子激活	B J Lu et al.，2008
大盖巨脂鲤内脏	胰蛋白酶			表面活性剂下稳定	T S Esposito et al.，2009
狭鳕幽门盲囊	胰蛋白酶	pH8.0，50℃	24	丝氨酸蛋白酶抑制剂	H Kolodziejska et al.，2008

（续）

原料	酶类型	适宜条件	分子量（ku）	激活/抑制因子	参考文献
鲫肝胰腺	胰凝乳蛋白酶A、胰凝乳蛋白酶B	pH7.5，40℃ pH8.0，50℃	28 27	丝氨酸蛋白酶抑制剂 钙、镁离子稍可激活，锰、镉、铜、铁离子不同程度抑制	F Yang et al.，2009
沙丁鱼内脏	胰蛋白酶	pH8.0，60℃	25	胰蛋白酶抑制剂、PMSF抑制 锌、镁离子抑制	A Bougatef et al.，2007
鳙	焦磷酸酶	pH8.0，50℃	50	镁离子激活、过量时抑制 低浓度EDTA激活，高浓度时抑制	R C Gao et al.，2008
鲤骨骼肌	亮氨酸氨肽酶	pH7.0，35℃	100 105	EDTA、EGTA、邻二氮菲抑制 锰、镁、钡离子稍激活，钴、铜、锌、钙、亚铁离子抑制	B X Liu et al.，2008
白鲢肌肉	组织蛋白酶	pH5.0，55℃	30	二硫苏糖醇、半胱氨酸激活 E-64、PMSF、抑肽酶A抑制 锌、铜、钴、镍、亚铁离子抑制	H Liu et al.，2006
金枪鱼脾脏	胰蛋白酶	pH8.5，65℃	24	大豆胰蛋白酶抑制剂、TLCK、EDTA抑制	S Klomklao et al.，2006

　　鱼类内脏中的蛋白酶的提取工艺大多类似，先将原料用缓冲液破碎、静置萃取、离心或压滤分离出粗酶液，经硫酸铵沉淀后再采用葡聚糖凝胶过滤层析、离子交换层析、凝胶过滤层析、高效液相色谱等手段，进行分离纯化得到纯化组分。对不同原料鱼提取的胰蛋白酶的氨基酸序列分析结果表明，不同品种的鱼内脏中提取的胰蛋白酶具有同源性，且与鱼类的分布相关，如狭鳕幽门盲囊提取的胰蛋白酶与其他寒带鱼类同源性较高（85%～100%），高于温带鱼类（75%～90%）、热带鱼类（75%～85%）和哺乳动物（60%～65%）（Kishimura et al.，2008）。鱼类内脏蛋白酶在高于50℃时不稳定，寒带鱼类来源的酶热稳定性较温带和热带鱼类差，添加钙离子可提高大多数鱼类内脏蛋白酶的热稳定性。

（四）蛋白质的酶解与活性肽的生产技术

　　以水产品加工副产物为原料，利用商品酶制剂或从鱼内脏中提取的蛋白酶的可控酶解作用生产鱼蛋白肽或功能肽，是水产品加工副产物高效利用领域的研究热点。由于这一方法处理能力大、生产速度较快、对原料类型要求低且加工工艺适于大规模工业生产，已成为水产品副产物加工利用的有效手段。国外学者已分别以大麻哈鱼肉蛋白、凡纳滨对虾头部废弃物、牙鳕鱼肉、军曹鱼皮明胶、沙丁鱼头部和内脏、蓝鳕、褐虾蛋白、草鱼肌肉、罗非鱼肉蛋白、金枪鱼肝脏、狗鲨脑组织为原料，利用复合蛋白酶、碱性蛋白酶、菠萝蛋白酶、木瓜蛋白酶、胰酶、胰蛋白酶、胰凝乳蛋白酶、Cryotin‐F、风味蛋白酶、中性蛋白酶、沙丁鱼内脏提取酶等可控酶解作用，开发出风味增强剂、乳化剂、免疫调节、抗氧化活性、血管紧张素转化酶（antiotensin iconcerting enzyme，ACE）抑制活性、促进内分泌细胞 STC‐1 胰肽酶释放、抗DNA 损伤活性、刺激性神经肽等蛋白肽（表 7‐5）。

表 7‐5　不同原料蛋白质的酶解产物的功能特性

来源	水解酶	分子量（u）	生物活性或功能特性	参考文献
大麻哈鱼肉蛋白	复合蛋白酶	100～860	免疫调节促进淋巴细胞增殖	R Y Yang et al.，2009
凡纳滨对虾头部废弃物	内源酶自溶水解		风味增强剂	W H Cao et al.，2008
牙鳕鱼肉	碱性蛋白酶		乳化剂	R P Aguilar et al.，2008
军曹鱼皮明胶	菠萝蛋白酶、木瓜蛋白酶胰酶、胰蛋白酶	6 500～700	抗氧化活性	J L Yang et al.，2008
沙丁鱼头部和内脏	碱性蛋白酶、胰凝乳蛋白酶、沙丁鱼内脏提取酶	500～1 000	ACE 抑制活性	A Bougatef et al.，2008
蓝鳕、褐虾蛋白		1 000～1 500	促进内分泌细胞 STC‐1 胰肽酶释放	B Cudennec et al.，2008
草鱼肌肉	复合蛋白酶	966.3	抗氧化活性	J Y Ren et al.，2008
罗非鱼肉蛋白	Cryotin‐F、风味蛋白酶	<10ku	ACE 抑制活性	S Raghavan & H G Kristinsoon，2009
金枪鱼肝脏	风味蛋白酶、碱性蛋白酶、复合蛋白酶、中性蛋白酶	1 000～3 000	ACE 抑制活性抗 DNA 损伤活性	J Y Je et al.，2009
狗鲨脑组织		1 563	刺激性神经肽	Y S Cho et al.，2009

鱼蛋白肽具有不仅具有良好的营养补充作用，而且具有许多功能活性。从表 7‐5 可知，大多具有生理功能活性的鱼蛋白肽的摩尔质量均在 3 000u 以内，在实际生产

中已采用超滤、纳滤等手段进行分离纯化，以开发纯度高、附加值高的产品。但也有报道证明，鱼蛋白酶解产物的生理功效要比分离得到的单一组分的高，不同分子量的组分可能起到协同作用，因此，也有直接用酶解所得到的鱼蛋白肽（混合物）生产保健食品的。

（五）重组蛋白的提取技术

鱼糜加工产生的废水中仍含有大量的蛋白质，鱼类加工废弃鱼骨和鱼皮上也不可避免的残留有鱼肉，但往往未被利用即当做废弃物处理，带来较大的浪费和污水处理负担。为减少水产品加工污水中的蛋白质排放，可利用连续欧姆加热使蛋白质凝固沉淀，可将鱼糜加工废水中 60％蛋白质回收利用（Kanjanapongkul et al.，2009）。利用碱溶、等电点沉等方法可从中提取重组鱼类肌肉蛋白质，实验室中一般将经初步除杂后调节体系 pH 至蛋白质等电点，经离心等分离得到目标蛋白质，再进行后续纯化处理，但实际生产中离心是连续生产的瓶颈问题；添加不同层面电荷和分子量的絮凝剂，可使蛋白质絮凝沉淀，以满足连续、大规模生产的需要，但加入絮凝剂的安全问题尚需进一步研究（Taskaya&Jacztnski，2009）。提取后的鱼蛋白的热特性、黏弹性、质构特性发生了较大变化，其功能特性减弱，用于重组织化食品加工时需要额外添加相应的结构功能成分，以重塑较好的口感（Taskaya et al.，2009）。

（六）鱼粉和鱼油等加工技术

饲用鱼粉、鱼油加工是水产品加工副产物最直接和最早使用的一种利用方式，2010 年全球鱼粉产量 1 500 万 t，其中，大约有 36％的鱼粉是用水产加工副产物生产的（FAO，The State of World Fisheries And Aquaculture 2012）。将水产品加工副产物接种微生物发酵也是一种可行的综合利用方法，利用不同原料可发酵生产鱼酱（Xu et al.，2008），制备乙醇等（Galvez et al.，2009）。以鱼皮为原料，采用有机溶解萃取和索氏抽提等方法可提取鱼油，采用己烷、石油醚等作为提取溶剂时，鱼油得率可达 62％（干重）（Aryee et al.，2009）。以虾头和虾壳等为原料，利用酶法水解可制备类胡萝卜素—蛋白复合物，可作为类胡萝卜素源使用（Babu et al.，2008）。

第三节　战略选择

一、发展现代加工业的必要性

（一）发展现代加工业是有效开发淡水鱼类资源、提高淡水鱼类资源产品附加值的需要

我国是世界第一渔业大国。据联合国粮食及农业组织（Food and Agriculture Organization，FAO）数据显示，我国当代水产养殖生产量占全球67.46%，占前100位国家总和的76.31%，淡水养殖占水产养殖的61%。现阶段全国大宗淡水养殖产量占水产养殖的41.67%，大宗淡水鱼类产业占有重要比重。国家渔业产值达5 000亿元，淡水养殖2 560亿元（占比52%），大宗成鱼至少是877亿元，渔业从业达1 000万人，人均收入高出农民收入2 000元。此外，大宗淡水鱼类产业还具有一定的国家战略贡献和不可替代地发挥改善水域生态的作用。然而，在大宗淡水鱼类加工业方面发展明显滞后，淡水鱼加工水平弱，加工企业普遍规模小，新产品研发能力不足，技术与装备现代化程度不高，淡水鱼加工副产品利用率不高，淡水鱼产品附加值低，不能满足多样化的需求。数据显示，2010年，我国大宗淡水鱼类产量为1 623万t，占淡水鱼类的69.2%。从加工产量来看，2010年，我国海产品加工量达1 347万t，占总加工量的48%；而淡水鱼加工量仅为274万t，占10%，相差很大。产量大，加工量小，说明产品附加值低。中国淡水鱼养殖世界前列，总产量很大，发展加工业的基础不错，但现在淡水鱼加工整体滞后于淡水鱼的养殖。因此，发展现代加工业对于丰富鱼类资源利用、提高资源价值方面起到很重要的作用，也是很紧迫的需求。

（二）发展现代加工业是基于淡水鱼类资源丰富的营养价值、改善国民食物构成、提高生活水平的需要

在我国主要农产品肉、鱼、蛋、奶中，水产品产量占31%，而大宗淡水鱼产量占我国鱼产量的50%，在市场水产品有效供给中起到了关键作用。大宗淡水鱼满足了国民摄取水产动物蛋白的需要，提高了国民的营养水平。大宗淡水鱼几乎100%是满足国内的国民消费（包括港、澳、台地区），是我国人民食物构成中主要蛋白质来源之一，在国民的食物构成中占有重要地位。大宗淡水鱼作为一种高蛋白、低脂肪、营养丰富的健康食品，具有健脑强身、延年益寿、保健美容的功效。发展大宗淡水鱼类加工业，对提高人民生活水平、改善人民食物构成、提高国民身体素质等方面发挥了积极的作用。除此之外，大宗淡水鱼对调整农业产业结构、扩大就业、增加农民收入、带动相关产业发展、保障粮食安全、满足城乡居民消费等方面发挥了重要作用。

（三）发展现代加工业是有效促进大宗淡水鱼加工副产物的高效利用、提高淡水鱼资源利用率和产业效益的需要

随着我国淡水鱼、特别是白鲢等大宗低值淡水鱼加工量的增加，每年都会产生大量的水产品加工废弃物。2011年，我国淡水水产品加工305.14万t，实际消耗淡水产品原料457.27万t，大约产生152.13万t副产品。以白鲢为原料加工冷冻鱼糜时，采肉率只有25%～30%，还有70%～75%的鱼头、鱼骨、鱼皮、鱼鳞以及鱼内脏等成为副产品；在冷冻鱼片、风味休闲鱼加工中，原料利用率分别只有40%

和 60%，还有 60% 和 40% 的鱼体成为副产品，而目前这些加工副产物除被加工成动物饲料鱼粉和鱼油外，很少做其他开发利用。因此，在研究清楚这些副产物的原料特性的基础上，集成现代生物技术和食品工程新技术，建立现代化的鱼类胶原产品、超细微化鱼骨、功能性鱼蛋白肽、微胶囊化粉末鱼油等产品的清洁联产工艺，就可大规模、高效地加工转化大宗淡水鱼加工副产物，实现加工副产物的资源化，这对促进产业集群发展、提高淡水鱼资源利用率和产业效益、保护生态环境等具有重大意义。

二、战略定位

由于我国淡水鱼加工产业规模总体较小，自主创新能力较弱，产品核心竞争力不强；原料综合利用率整体较低，生态环保意识仍有待提高；分散的家庭式生产方式难以保证产品质量和加工原料稳定性，产业发展后劲不足；现代物流体系尚未建立，国内淡水鱼加工品的消费氛围尚未形成。因此，要加快实施淡水鱼精深加工，立足国家和渔业对水产食品安全和食品营养健康的重大战略需求，围绕渔业产业链体系构建及价值链提升，针对淡水鱼原料特性、水产品加工技术、水产品加工装备、水产品质量与安全等产业关键技术领域，强化淡水鱼加工产业基础与前沿技术研究、关键技术集成与示范，推动科技成果转化，加快科技创新平台和创新人才队伍建设，把保障淡水鱼产品安全有效供给、促进农渔民增收作为首要任务，以淡水鱼精深加工和产业集聚发展为主攻方向，以科技创新为重要支撑，以体制机制创新为动力，加快转变淡水鱼加工业发展方式，促进产业优化升级，进一步提高市场竞争力和渔业综合效益。

转变观念，以水产品加工业为中心，构建水产品加工业技术创新与服务体系，从产业体系建设的高度，推进淡水鱼养殖、加工与贮运（物流）业的同步发展，依托大专院校或科研院所，建立公共研发平台和产业创新中心，构建以市场为导向、以企业为核心、产学研相结合的技术创新体系和技术服务体系，推进淡水鱼加工业的产业升级。

现代渔业是集养殖、加工与物流业于一体的产业集群。过去我们一直将水产品养殖、加工、贮运销售人为的分隔，将养殖业作为渔业的产中环节，而将水产品加工业作为产后环节，导致人们对水产品加工业在渔业中的作用认识不足，忽视水产品加工业对原料的需求。我们必须转变传统观念，充分认识水产品加工业在现代渔业中的巨大作用，同步推动养殖、加工与贮运（物流）技术研发，构建集养殖、加工、流通业于一体的淡水鱼产业技术体系，统筹安排渔业生产、水产品加工和销售，才能保障水产品加工企业所需原料鱼的周年均衡供给以及捕获水产品的及时加工和保鲜。将大力推进淡水鱼加工业发展，作为加快建设现代渔业的重要环节来抓；将大力推进淡水鱼加工业发展，作为促进农民就业增收和保障水产品有效供给的有效途径来抓；将大力推进淡水鱼加工业发展，作为丰富城乡居民生活、提升人民生活水平的重要措施来抓；将大力推进淡水鱼加工业发展，作为农村渔区城镇化的重要支撑来抓（图7-3）。

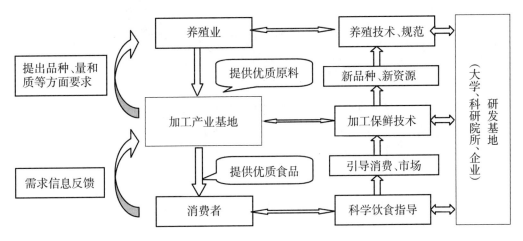

图7-3　水产品加工业技术创新与服务体系结构、功能图

三、战略目标

以大宗淡水鱼产业技术体系加工研究室为技术依托，整合其他淡水鱼加工技术研发单位和企业技术创新力量，构建我国大宗淡水鱼加工业技术创新和技术服务体系，大力推动淡水鱼产业化示范基地建设，在全国范围内选择和支持8～10个大中型水产品加工企业建设水产品加工园区，形成包括苗种繁育与健康养殖业、水产品加工业、冷链物流业和生态旅游与休闲渔业在内的产业集群。在水产品加工园区，建设生鲜及其调理制品生产区、冷冻鱼糜及其制品生产区、方便熟食与风味休闲水产食品生产区、生化制品及保健品生产区和冷链物流区；在加工企业周边建设优质鱼原料基地，开展优良苗种繁育和健康养殖；在加工企业及其周边并结合健康养殖基地，开发休闲渔业、体验渔业与生态旅游业。

淡水鱼加工业要以促进渔业经济发展、带动农民增收、解决剩余劳动力就业为目标，以国内外市场需求为导向，以产业化经营为依托，以淡水鱼精深加工为企业发展方向，优先发展产业关联度广、附加值高、技术含量高、规模效益显著、区域优势明显的大型加工企业，培育一批在国内和国际市场上竞争力强的淡水鱼加工龙头企业，切实提高加工淡水鱼的市场占有率和竞争力，有效解决淡水鱼产品的结构性、季节性过剩等矛盾，逐步形成适合不同区域的淡水鱼产品生产和加工工业带，促进我国淡水鱼加工业和渔业经济结构的战略性调整，实现可持续发展和全面建设小康社会的战略目标（图7-4）。

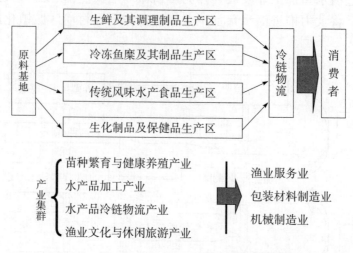

图 7 - 4　水产品加工园区的产业链构成及其相互关系

四、发展重点

淡水鱼加工业产业发展要因地制宜，发挥资源、经济、市场和技术等方面的区域比较优势，发展有优势和有特色的淡水鱼加工业，提倡加工与原料基地结合，上下游产品相衔接，养殖、加工与流通一体化，合理布局。针对市场需求和消费需求特点，合理投资、科学规划、分步骤、积极稳妥地从事淡水鱼加工业，根据淡水鱼资源现状，开展多层次、多系列的水产品精深加工，加强技术集成与示范，开发环境友好型生产技术，优化产品结构，提高产品的档次和质量，满足不同层次、品味消费者的需求，拉动水产养殖的深度发展。通过提高水产品综合利用水平，延伸渔业产业链，建立水产品优质化、标准化和产业化生产模式。

（一）大宗低值淡水鱼加工新产品开发与产业化

以白鲢、草鱼等大宗低值淡水鱼为原料，研究大宗淡水鱼原料特性、加工产品品质及其相关性，开发鱼蛋白凝胶质构调控技术、冷冻鱼糜生产新技术、方便熟食产品杀菌技术、冷冻调理食品保鲜技术、风味休闲食品干燥技术、营养保健食品生物酶解技术、传统特色食品的生物发酵技术，开发系列适合市场消费需求的淡水鱼食品、饲用品和生物制品（夏文水，2009）。

1. 方便熟食食品产品开发与产业化生产技术　以淡水鱼为原料，应用腌制、油炸、糟醉、熏制酱制、杀菌等技术开发适合开袋即食、有长货架期的菜肴类、休闲类方便熟食鱼食品，适合家庭、旅游的快速、方便、卫生和安全的需求。

2. 冷冻调理产品开发与产业化生产技术　以淡水鱼为原料，通过对水产品宰杀分割后，采用鱼肉贮藏保鲜技术、腥味脱除技术、熏制酱制技术等加工关键技术集成，开发以大宗淡水鱼肉为主要原料的系列易加工食用的调理水产食品，适合家庭、宾馆、餐饮服务业的快速、方便、卫生和安全的需求。

3. 淡水鱼鱼糜及鱼糜制品开发与产业化生产技术　以鲢、草鱼等为原料，通过生物交联和酶交联技术，提高鱼糜得率，降低鱼糜生产成本，改善鱼糜口感，开发淡水鱼鱼糜、鱼圆、鱼丸、鱼糕、鱼豆腐等系列鱼糜制品、鱼肉猪肉复合凝胶制品及其调理食品、重组织化风味鱼制品，适合家庭、宾馆、餐饮服务业的快速、方便、卫生和安全的需求。

4. 传统特色腌糟淡水鱼制品生产技术升级改造　对各地具有地方特色的腌腊糟制工艺进行技术改造，应用协同快速腌制技术、真空快速腌制技术和生物增香技术开发适合我国消费习惯和符合中国人口味的系列风味的具有传统特点的淡水鱼腌腊、糟醉制品，适合家庭、宾馆、餐饮服务业的快速、方便、卫生和安全的需求（罗扬，2010）。

5. 风味休闲鱼制品开发与产业化生产技术　以大宗低值淡水鱼为原料，集成应用油炸、干燥技术、挤压膨化技术、成型技术、真空包装技术，开发口感脆、风味好的鱼粒、鱼脯、脆香鱼片、鱼排等新型重组产品，这些产品具有食用方便、口感好，适合旅游、休闲产品，产品附加值高。

6. 营养健康鱼蛋白粉开发与产业化生产技术　以淡水鱼肉或鱼肉蛋白为原料，通过酶解、分离提取、干燥等技术，或以加工取肉后的淡水鱼骨架进行高温蒸煮、分离、焙烤和超微粉碎等技术开发适合不同年龄群的系列高档淡水鱼肉粉和含钙鱼蛋白粉产品，可代替目前市场上的部分奶粉和蛋白粉，同时又可在各类食品中作为配料得到广泛的应用，具有较好的市场前景。该产品可开发的种类多，应用范围广，具有较大的市场容量。

（二）淡水鱼物流关键技术开发与产业化

1. 鲜活水产品的保活储运技术　研究运前处理、贮运条件等对鲜活水产品应激反应、代谢和存活率的影响，开发鲜活水产品的保活贮运技术；研究冷却方式、水温、供氧量、放置密度（鱼水比）和水循环量等对鲜活水产品的存活率及肌肉品质的影响，开发鲜活水产品低温充氧运输装置；建立适应不同品种的鲜活淡水水产品的保活储运技术体系。

2. 生鲜水产品的贮运保鲜技术　研究不同生鲜水产品（宰杀、分割、洗净）的热特性以及宰杀条件、包装方式和贮运条件对生鲜水产品品质变化和货架期的影响，开发生鲜水产品的新型保鲜技术及装备，建立生鲜水产品的加工、贮运、销售等过程的保鲜技术体系。

（三）加工副产品的高效利用技术研究与示范

1. 补钙、降血压肽及生产技术　评价采肉后剩余鱼体营养，研究微粒化、鱼浆的酶解与脱腥、复配等方法和工艺参数对产品色、风味、营养及功能特性的影响，开发鱼体低温微粒化、酶解脱腥技术，生产具有补钙、降血压功能的健康食品。

2. 低变性鱼鳞胶原蛋白及其生产技术　研究不同鱼种鱼鳞中胶原蛋白特性及其含量随季节和鱼龄变化的规律，萃取剂种类、浓度和提取条件对鱼鳞胶原蛋白提取率和变性程度的影响，建立高得率、低变性鱼鳞胶原蛋白生产新工艺。

3. 复合鱼蛋白肽（氨基酸）、动物饲料及其生产技术　研究蛋白酶制剂种类、内源酶和酶制剂配比、酶解条件以及干燥方式和条件对鱼头、鱼内脏中蛋白质水解度、氮收率及产品组成的影响，利用鱼内脏中组织蛋白酶等，开发生产复合鱼蛋白肽（氨基酸）、动物饲料。

4. 鱼味香精基料开发及生产技术　以淡水鱼头和下脚料为原料，经过高温蒸煮、打浆、酶解、美拉德反应等加工技术生产鱼味香精基料。

战略对策篇

ZHANLUE DUICE PIAN

第八章 产业可持续发展面临的问题与瓶颈

第一节 资源环境问题

我国幅员辽阔，内陆江河湖泊纵横交错，大宗淡水鱼产业发展的资源基础丰厚。我国内陆水域总面积约 1 760 多万 hm²，其中，河流 666.7 万 hm²，湖泊 666.7 万 hm²，水库 200 多万 hm²，池塘 200 多万 hm²。这些水域绝大部分处于亚热带和温带，气候温和，雨量充沛，适合鱼类增养殖，也是我国国土生态系统的重要组成部分。多样的自然地理和气候条件，孕育了多样的水生生物资源。我国内陆水域共有鱼类 800 余种，主要经济鱼类约有 40 余种。青鱼、草鱼、鲢、鳙是我国的四大淡水鱼，鲤、鲫、团头鲂、鳊、中华绒螯蟹、青虾、河蚌等亦是经济价值较高的品种。近年来，我国淡水养殖品种多样化的趋势越来越明显。丰富的天然鱼类资源是水产养殖业取之不尽的品种资源，也是我国成为世界上第一大淡水渔业国家的重要物质基础和根源，它使我国众多的"鱼米之乡"人民富裕、生活安康，也养育了积淀深厚的渔业文化。但随着经济社会发展，人与资源之间的关系日趋紧张，我国内陆淡水资源和生态环境系统不断受到人类经济活动的破坏，水域环境污染严重，渔业资源呈现衰退趋势，进而成为大宗淡水鱼类产业发展的瓶颈之一。

一、我国水域生态环境状况不容乐观，渔业资源萎缩

随着经济社会快速发展，我国水域开发利用强度不断加大，对水生生物资源造成了破坏，引发了一系列的生态环境问题，具体表现为四个方面。

(一)重要渔业水域污染物超标

根据《2011 年中国环境状况公报》，我国 26 个国控重点湖泊（水库）中，Ⅰ～Ⅲ类、Ⅳ～Ⅴ类和劣Ⅴ类水质的湖泊（水库）比例分别为 42.3%、50.0% 和 7.7%。轻度富营养状态和中度富营养状态的湖泊（水库）占 53.8%；中营养状态的占 46.2%。我国内陆干旱半干旱地区湖泊面临萎缩及水质盐碱化风险，一些湖泊演变成沼泽甚至消亡。有的湖泊水质下降（科技日报，2012 年 2 月 26 日第二版）。

水域污染物超标，在我国各大水域都是一个突出而普遍的问题。2011 年，全国

渔业生态环境监测网对黑龙江流域、黄河流域、长江流域、珠江流域的 79 个重要鱼、虾类的产卵场、索饵场、洄游通道、增养殖区及自然保护区进行监测，监测水域总面积 451.8 万 hm^2。对我国江河天然重要渔业水域的监测显示，总氮、总磷、非离子氨、高锰酸盐指数、石油类、挥发性酚及铜、镉的超标面积占所监测面积的比例分别为 98.8%、20.2%、14.4%、16.8%、3.7%、0.6%、13.9% 和 2.4%，与 2010 年相比，总磷、非离子氨、铜超标范围有所增加，高锰酸盐指数、挥发性酚、石油类和镉的超标范围有不同程度减少（农业部、环境保护部，《2011 中国渔业生态环境状况公报》）。2011 年，我国湖泊、水库重要渔业水域监测面积为 122.6 万 hm^2。总氮、总磷、高锰酸盐指数、石油类、挥发性酚及铜的超标面积占所监测面积的比例分别为 89.9%、89.2%、60.7%、14.5%、0.2% 和 23.4%。与 2010 年相比，总氮、铜超标范围有所增加，总磷、高锰酸盐指数、石油类和挥发性酚超标范围均有不同程度减小。2011 年，全国渔业生态环境监测网对我国部分国家级水产种质资源保护区（淡水）进行监测，监测面积为 360 万 hm^2。结果显示，总氮、总磷、高锰酸盐指数、石油类、铜和非离子氨的超标面积占所监测面积的比例分别为 99.5%、3.0%、16.9%、0.1%、0.9% 和 40.2%。总氮优于评价标准的监测水域数量只占 29.4%。与 2010 年相比，部分超标水域的平均含量有明显升高。滇池国家级水产种质资源保护区平均总氮含量最高（5.66mg/L），其中，最大值超标 20.1 倍。总体上看，我国内陆渔业区域污染超标问题比海域、江河要严重，尤其是总氮、总磷、高锰酸盐指数普遍超标，水环境质量堪忧。

（二）工业污染等问题频发

在内陆重要渔业水域，污染物超标问题比较严重。2011 年，据不完全统计，全国共发生有影响的渔业水域污染事故 680 次，造成直接经济损失 3.68 亿元。2011 年 9 月 18 日，受上游工业废水排放影响，安徽省濉溪县浍河水域发生污染死鱼事故，致使养殖鱼类大量死亡，造成经济损失约 910 万元。2011 年 8 月 27 日至 9 月 3 日，福建省闽江古田段水口库区因水环境突变，造成溶解氧含量急剧下降，发生养殖网箱鱼类死亡事件，造成经济损失约 1.86 亿元。2011 年月 9 日，由于受工厂排污影响，湖南资水新邵段发生死鱼事件，导致死鱼 200 万 kg，造成经济损失约 670 万元。2011 年 8 月，陕西省宝鸡峡信邑沟水库受上游排放污水影响，造成网箱养殖鱼类死亡，经济损失约 825 万元。

（三）一些水域富营养化加剧

随着污染物的增加，近岸、江河、湖泊中氮、磷含量不断升高，水域处于富营养化状态，滇池、太湖等大型湖泊的富营养化趋势没有得到遏制，赤潮、水华现象频发。我国 4 万 hm^2 面积的滇池原本水质清新，但由于变成了昆明市的"下水道"，年入湖污水量达 1.85 亿 t，形成异常富营养化水域，每年蓝藻大量繁殖，致使鱼类大批死亡，滇池的鱼产量成倍下降。10 多年来，各部门对滇池的综合治理已达 56 亿多元，但水质没有好转。2006 年，江苏太湖湖心区平均氮、磷的含量，分别比 1996 年增加 2 倍和 1.5 倍，导致 2007 年太湖大面积蓝藻暴发，水质发黑、变臭。2011 年，太湖蓝藻再度暴发。遥感监测结果显示，2011 年 9 月 24 日太湖蓝藻大面积暴发，覆盖面积约 238km²，占太湖水面总面积的 11.1%。

（四）鱼种资源呈现加速衰退趋势

受兴建水利、围湖造田等工程影响，我国长江水系四大家鱼的洄游通道、栖息和繁殖场所等遭到破坏，过度捕捞、水域污染也导致鱼类天然群体的生境改变，使野生鱼类种质资源遭到破坏，天然资源减少。

一是天然捕捞量逐年递减。由于淡水渔业生态环境遭到破坏，我国长江天然捕捞量由 1954 年的 54 万 t，变为近年来的 10 万 t。20 世纪 60 年代，长江主要经济鱼类产量约占全国总产量的 28%，80 年代下降到 3.9%，目前比例下降到约 1%，"四大家鱼"已不能形成鱼汛。《长江保护与发展报告 2011》显示，70 年代末至 90 年代末，长江中下游捕捞量占全国的 60%～65%，年均捕捞量从 20 万 t 迅速增长到 150 万 t，年均增长近 6.5 万 t；90 年代末至今，产量平稳波动，说明上升势头减缓，资源可持续利用受到威胁。另据长江水产研究所统计，1997—2008 年，长江干流青鱼、草鱼、鲢、鳙鱼四大家鱼鱼苗量从 35.87 亿尾波动性锐减至 1.81 亿尾；2007 年最低，为 0.89 亿尾。2011 年，全国禁渔总结会的数字显示：2011 年长江"四大家鱼"产量仅为历史峰值的 1/300，水生生态资源衰退趋势仍难遏制。江苏省淡水水产研究所在长江的监测情况显示：除去禁捕期，2008—2012 年，捕获量分别为 9.6t、15.4t、11.3t、9t 多和 7t 多，除 2009 年有所增加外，近年处于持续大幅减少中。除了"四大家鱼"外，一些珍贵鱼类基本绝迹或濒临灭绝。

二是伴随水域生态功能退化和天然渔业产量减少，水生生物群落结构也发生明显变化。一是小型化，在河流、水库等淡水水域，渔获物的单个体重明显降低；二是低龄化，渔获物低龄化和性成熟提早的现象日趋严重；三是鱼类性成熟提早，生长速度减缓，抗病能力降低；四是底栖生物量减少，底栖生物是江河天然水域渔业发展的饵料基础，近几十年来，底栖生物量明显降低。如 1998 年，长江口区底栖生物生物量为 4.79g/m²，仅为 1982 年的 11.4%，近年来进一步降至 1.00g/m² 以下。2008 年，江苏省重点湖泊监测表明，底栖动物多样性较低，11% 的监测点处于较丰富状态，78% 的监测点处于一般状况；11% 的监测点处于贫乏状况，且底栖动物（寡毛类）中耐污品种比较多。

二、资源环境问题对渔业生产带来了破坏性影响

水域生态环境污染和资源衰退不仅直接影响渔业的持续发展，对农民增收形成制

约，还影响水产品质量安全，对水生生态系统的生物多样性和水生生物群落的繁衍构成威胁，渔业持续发展的基础大为削弱。

（一）天然种质资源大量减少，优良基因流失

我国四大主要流域鱼类资源丰富，是我国鱼类基因的宝库。丰富的生物资源，为我国淡水渔业，尤其为淡水养殖业的发展奠定了基础。我国水产养殖业所需亲本，都直接或间接来源于天然水域。良好的生态环境有助于天然鱼类的生长和繁衍，也是渔业持续发展的基础。但目前，我国四大家鱼的天然资源在不断减少，野生鱼种的数量下降，直接导致天然基因库中优良基因的流失。目前，我国约有6家水产研究单位存有鱼类精子库，每个精子库保存的种类从十几种到30多种不等，还不到我国淡水和海水鱼类的1%，鱼类消失得太快，连鱼种也留不住。农业部数据显示，目前长江"四大家鱼"从占渔获物的80%降至目前的14%，产卵量也从300亿尾降至目前不足10亿尾，仅为原来的3%。

（二）水域渔业污染事故频发，对渔业造成损失

近年来，渔业水域污染事故频繁发生，不仅污染水域，还造成渔业经济巨大损失。2007年7月2日，受上游工业废水和生活污水排放的影响，安徽浍河五河段8 000hm² 水域受污染，造成天然和人工养殖蟹、草鱼、鲢等鱼类大量死亡，经济损失达965万元。对江苏、湖北的调研表明，工厂和城市生活污水排放，使渔业污染事故明显增加。2008年，江苏省渔业污染事故达226起，直接经济损失约2 460万元。2004—2008年，湖北年渔业水域污染事故从123起增加到233起，直接死亡鱼量从2 400t增加到4 000t。由此引发了许多社会矛盾，影响了渔区社会稳定。

（三）渔业病害增多，对渔业发展、农民增收造成重要影响

"鱼儿离不开水"。水域生态环境出现的诸多问题直接影响鱼类生存，最明显的影响就是水产养殖病害频繁发生，新的流行性病害种类不断出现，导致养殖效益大幅降低。近年来，在大宗淡水鱼中，受病害影响的养殖品种越来越多，受影响的区域和影响的程度不断扩大。而且病害一旦发生，发病区域的水产养殖生产会在相当长的时间内难以恢复。2009年，大宗淡水鱼产业技术体系产业经济功能研究室对江苏省淮安市楚州区和兴化市的调查表明，受环境恶化的影响，该地区的池塘水质明显恶化，使出血病、肠炎、烂鳃病和孢子虫病的发病率变高，肝胆综合病、指环虫病、车轮虫病等发病率上升，甚至出现了一些原因不明的鱼病。病害发生后，养殖户的病害防治费用大幅度提高，养殖成本增加，对渔业效益的影响明显。其次，鱼类死亡量增加，减少了农户收入。加之一些病因一时无法确认，一旦发生，往往造成大面积的"翻塘"现象，养鱼户损失常多达数万元。

(四) 威胁水产品质量安全

对任何一个产业来说，消费者的信任是发展的基础。一旦出现重大食品安全问题，不仅会直接导致消费者购买数量急剧下降，而且可能引发严重的社会问题。水质污染后，鱼类会附集水域中的重金属、石油、农药、有机污染物和生物毒素等污染物，污染物会通过生物富集与食物链传递而危害人类健康和安全。由养殖水域环境引发的水产品质量问题，会大大降低消费者信心，对养殖业长期效益的影响不可估量。消费者对一个产业的信心一旦丧失，在短时间内很难得到恢复。2006 年，先后发生的食用福寿螺引起管圆线虫病、大菱鲆被检出硝基呋喃类代谢物、桂花鱼检出孔雀石绿等事件，一度使消费者对水产品消费的信心大跌。质量安全方面的不足往往被人为放大，严重影响了国内外消费者对相关产品的信任度以及我国水产品的国际形象。

三、影响水域生态环境的主要因素

水域生态环境的变化，主要是由于外部环境条件的变化引起的，但也有渔业自身发展方式的原因。主要的影响来自以下几个方面：

(一) 水质污染对渔业生态环境的影响

大量江河沿岸工矿企业的工业废水和城市排放的生活污水，超过水域自净能力，直接导致水域生态环境的恶化。第一次全国污染源普查表明，592.6 万个普查对象（其中工业源 157.6 万个、农业源 289.9 万个、生活源 144.6 万个）中，各类源废水、废气排放总量分别为 2 092.81 亿 t、637 203.69 亿 m³。主要污染物中，化学需氧量，氨氮，石油类，重金属（镉、铬、砷、汞、铅），总磷，总氮，二氧化硫排放总量，烟尘，氮氧化物分别达到 3 028.96 万 t、172.91 万 t、78.21 万 t、0.09 万 t、42.32 万 t、472.89 万 t、2 320.00 万 t、1 166.64 万 t、1 797.70 万 t。

1. 工业废水排放 根据第一次全国污染源普查，157.55 万家普查对象中，产生工业废水 738.33 亿 t，排放 236.73 亿 t。主要水污染物中，化学需氧量、氨氮、石油类、挥发酚、重金属的产生量分别达到 3 145.35 万 t、201.67 万 t、54.15 万 t、12.38 万 t、2.43 万 t，厂区排放口排放量分别达到 715.1 万 t、30.4 万 t、6.64 万 t、0.75 万 t、0.21 万 t，实际排入环境水域分别达到 564.36 万 t、20.76 万 t、5.54 万 t、0.70 万 t、0.09 万 t。

2. 农业面源污染 289.96 万个农业源普查对象（其中种植业 3.82 万个、畜禽养殖业 196.36 万个、水产养殖业 88.39 万个）中，化学需氧量、总氮、总磷、铜、锌分别达到 1 324.09 万 t、270.46 万 t、28.47 万 t、2 452.09t、4 862.58t。

3. 生活污染源 生活源为 144.56 万个普查对象中，生活污水排放量 343.30 亿吨，生活源废气排放量为 23 838.72 亿 m³。主要水污染物中，化学需氧量、总氮、总磷、氨氮、石油类（含动植物油）分别达到 1 108.05 万 t、202.43 万 t、13.80 万 t、148.93 万 t、72.62 万 t。

（二）水工建筑对渔业生态环境的影响

在我国这样一个水患频繁的国家，兴建水利设施可以防洪除涝、优化配置淡水资源。但水利工程设施兴建，对于鱼种资源也有破坏性影响。

1. 影响鱼类的繁衍　在天然水域，鱼对产卵有比较严格的环境要求。但水工建筑修筑后，往往会破坏这一环境，对鱼类的繁衍产生很大影响。2003 年，我国三峡大坝蓄水后，长江水文环境发生显著变化，鱼类的产卵繁殖和生长栖息场所发生变化。生活在长江中的鲢、鳙、草鱼和青鱼这"四大家鱼"对环境要求严格，其产卵繁殖要在适宜的水温、水流状态中完成，产卵需要河道水流涨水的刺激，但在产卵高峰的 5、6 月，天然情况下产生的小洪峰过程因三峡发电而被调平，因而丧失产卵条件。

2. 断绝鱼类洄游通道，使渔业资源衰退　大坝是拦腰截断江河，阻隔了洄游性鱼类正常的洄游通道，使这些鱼类资源明显衰退，有的种类甚至濒临灭绝。《长江三峡工程生态与环境监测系统报告》显示：2004 年重庆万州江段鱼类天然捕捞量 107t，日均单船产量 1.28kg，分别只有蓄水前 2002 年的 32% 和 28%。鱼类资源的衰竭，也使得以鱼为食的大型珍稀动物江豚、白鳍豚、白鲟等濒临灭绝。中华鲟曾是长江中上游的重要经济鱼类，在长江沿岸分布有数十支专业捕鲟队伍，1971—1975 年，每年在长江中捕获的中华鲟数量稳定在 500 尾左右，约 10 万 kg。1981 年初长江葛洲坝工程截流后，1982 年宜昌市的捕鲟数量比 1981 年同期下降 60%，截流后 3 年，中华鲟幼鱼的资源量即减少 97%。目前，长江干流中的天然中华鲟资源已濒临灭绝。珠江总长 2 200km，上游云南、贵州等省大量开发水电设施，当地的水流已经基本成为不可洄游的库区；而下游的珠江口因为工厂众多，已经成为全国第二大污染水域。长洲坝未建立前，从广州到广西桂平有近 800km 的水域可供珠三角鱼类洄游；而长洲坝的建立，使得这段洄游区仅剩下 300 多 km，而洄游性鱼类一般需要 400km 长的无阻碍洄游通道。根据珠江水产研究所的研究，长洲坝建成后，由于无法洄游，其上游桂平境内的国内第二大四大家鱼产卵场的四大家鱼数量从原先占全体的 30% 缩减至 4%～5%，下游封开、绿水两个广东鲂保护区的广东鲂鱼苗量从 2006 年的 644 亿尾缩减到 2010 年的 287 亿尾。广东鲂曾是广东鱼类的第一品种，粤谚"春鳊秋鲤夏三黎"中的"鳊"就是广东鲂。广东鲂历史上主要出自广东的贺江与西江流域，广西、海南两地少量分布。广西、贺江等处新建水利设施后，目前的广东鲂基本只出现在广东德庆和郁南两县交界的绿水社区以及上游的封开地区。目前，珠江水系列入濒危的鱼类共有 24 科 78 属 92 种，占全国淡水鱼类总数的 11.7%，其中中国特有鱼类 60种。在中国濒危鱼类物种的分布密集区中，珠江水系的北江占第二位，仅次于云贵高原（南方日报，2005 年 12 月 9 日）。珠江 385 种鱼类中，可进行人工繁殖的品种近 30 种，人工增殖来维系珠江鱼类的品种多样性在技术上还不可行。据不完全统计，黄河原有鱼类 150 多种，年捕捞量 70 余万 kg。目前有 1/3 种群绝迹，捕捞量下降 40% 左右。黄河鲤等名贵鱼类在大多数河段绝迹。在鱼类主要摄食区的湖泊，受干流上修建拦江大坝影响，江河流速、流量、水生生物等发生一系列变化，湖泊内鱼类不能进入江河越冬和繁殖，而江河里的幼鱼不能进入湖泊摄食育肥，使江河和湖泊中的鱼类数量减少。湖北省是长江流域捕捞天然鱼苗规模最大、鱼苗产量最高的省份，20 世纪 60 年代年均产江苗 83.3 亿尾，70 年代下降到 29.6 亿尾，80 年代继续下降到 20.7 亿尾，1996 年仅产江苗 10 亿尾。50 年代之前，洪湖常年水面约 6.67 万 hm²，有 90 余种鱼类资源，四大家鱼和鳊、鳡等江河洄游性鱼类和定居生活的鲤、鲫等同为主要渔业对象，洄游性的鲥、银鱼和九洲鲚在一定季节也能形成大规模渔汛；50 年代末洪湖隔堤和新滩口节制闸建成后，洄游性、江河洄游性和河流性鱼类受闸坝阻隔不能入湖，湖内鱼类种类下降到 76 种，洄游性鱼类渔汛消失，江湖洄游性鱼类的渔业群体减少，渔业对象演变为鲤、鲫和乌鳢等湖泊定居性鱼类为主。70 年代洪湖面积缩小，湖泊向沼泽化方向发展。至 80 年代初，仅有鱼类 54 种，并出现严重的资源小型化现象，鲫、黄颡鱼和红鳍鲌等 3 种小型鱼类为主要渔业对象。

3. 导致鱼类生物中毒 鱼类及其他一些生物往往喜欢迎水上溯。在水坝进行蓄水调节或停止发电时，经常会关闸停止放水，污染物会聚集在坝下。当闸门突然开启时，下泄水流将河底沉积物和聚集物掀起，喜溯水的鱼类陷入严重污染的环境中，会中毒致死。

(三) 水土流失和围垦对渔业生态环境的影响

水土流失的失控，垦殖活动的增多，使水生生物生存空间被大量挤占，栖息地及生态环境遭严重破坏，生存条件不断恶化。

20 世纪 80 年代中期以前，长江源头地区水草丰茂，随着长江干、支流上游砍伐森林、开荒种地趋于严重，上游地区出现水土流失，森林覆盖率由 50 年代的 30%～40% 下降到 10%，库区水土流失面积占土地总面积的 58.2%。宜昌以下每年大约 5 亿 t 泥沙冲入长江中下游并导致河道淤积，有效渔业水面大为缩小。1949 年，湖北省有大小湖泊 1 066 个，是名符其实的"千湖之省"，多年来的水土流失、淤积和围湖造田，使 2/3 以上的湖泊消亡，到 1981 年仅存 309 个湖泊。长江沿岸湖泊面积缩小，使鱼类活动空间变小，鱼类的繁殖、洄游、索饵、越冬等生态条件恶化，产量下降。据水文资料统计，长江中游的洞庭湖每年接纳长江干流及湘、资、沅、澧 4 条支流带入的泥沙 1.24 亿 t，平均每年淤高 3.6cm。与 50 年代相比，洞庭湖 80 年代的鱼类繁殖场、索饵场及越冬场分别减少 45%、78.2% 和 50%。无节制的围垦，进一步减少了渔业面积。据不完全统计，近 30 年来，长江中下游被围垦的湖泊面积达 1.14 万 km²，约占 50 年代湖泊面积的 47%。在清朝道光年间，湖南省洞庭湖水面达 6 000 km²，新中国成立初期湖面为 4 350km²，目前仅 2 623km²。江西省鄱阳湖，新中国成立初期湖面为 5 340km²，目前仅 3 900km²。

（四）酷渔滥捕加剧了天然水域渔业资源的衰退

渔业生产大量使用有害渔具、渔法，过度地捕捞产卵亲鱼和幼鱼群体，对鱼类资源造成直接破坏，这也是导致渔业资源衰退的重要因素。据有关部门调查，洞庭湖捕捞网具大部分有带电装置，所有鱼类大小通吃。洄游性鱼类从海里游到长江中上游或从长江中游游到海里产卵、繁殖、生长，需躲过重重"关卡"才能逃生。一些渔民们将单层流刺网改为双层、三层流刺网，且大部分渔民的捕捞网目越来越小，甚至将深水囊网、长江鳗鱼网、底拖网等禁用渔具也派上用场，在江面上设下道道"埋伏"，连长江小杂鱼也成网中之物。

（五）养殖方式不合理

养殖方式不合理，也会破坏水域生态环境。在目前增养殖技术条件下，由于生产操作缺乏严格规范，在封闭或半封闭的增养殖生态系统中，残饵、排泄物、生物尸体、渔用营养物质和渔用药物等，会使得硫化物、残留药物、有机质和还原物质含量升高，有害微生物或噬污生物繁衍，水域营养盐升高，下层水域缺氧，极易形成污染。如果养殖模式不当，片面追求高产，投入水平超过有效负荷后，水域无法实现自净，既影响水产品质量，又造成水域环境污染。不注重病害预防，违规使用违禁药物，还会使水生生物产生抗药性。为保证鱼类生长，我国发布的《渔业水质标准》明确规定，养殖用水必须符合各种理化因子指标。

调研表明，在不少地区，养殖业主片面追求单产，缺乏科学的论证和功能区划，多数采用肥水养殖，形成了大面积、单品种、高密度的养殖格局。长期结构单一的密集养殖，使生态系统能量和物质由于超支而贫乏，造成循环过程紊乱和生态失调，致使某些污损、赤潮和病原生物异常发生，而且由于系统中的生物种群多样性低，食物链短，生态系统的稳定性差，极易引发病害的发生和流行。加之养殖区域排灌水设施不合理，造成养殖水域污染日益严重。

第二节　重大的关键性技术瓶颈问题

我国大宗淡水鱼产业已经进入增长方式转型的关键时期，其高效健康发展有赖于科技进步的有力支持。目前，在大宗淡水鱼产业发展方面的关键环节，存在着一些重大的技术瓶颈问题。解决了这些问题，会使我国大宗淡水鱼类产业发展步入一个新的发展阶段。

一、高效、定向、多性状的现代良种选育技术体系尚未形成

我国大宗淡水鱼类产业可持续发展的基础是水产种业，而种业的核心是良种化

水平，制约良种化水平的关键性技术瓶颈问题是高效、定向、多性状的现代良种选育技术体系的建立，这里包含了基因工程育种、染色体及多倍体育种技术、细胞核移植和细胞融合技术、分子辅助育种技术、转基因技术和 BLUP 育种技术等核心技术。

（一）基因工程育种

基因工程育种是我国科学家率先开展研究的领域，且一直受到国家高技术发展计划的资助。但由于投入较少和基础研究的薄弱，近年来进展较慢，在新的基因启动子、基因表达调控研究方面已落后于发达国家。目前，以模式生物斑马鱼和青鳉鱼为模型的基因表达调控研究进展较为深入。与国外大规模地模式生物鱼类的研究相比，国内有少数实验室可以进行基因的功能分析研究，即清华大学的斑马鱼调控模型和黄海水产研究所的正负检测系统。另外，鱼类胚胎干细胞培养和基因打靶是实现转基因定点整合、提高转基因效率的重要手段，国内在这方面研究还不是特别成熟。

（二）鱼类染色体及三倍体育种技术

鱼类染色体的特点之一是，具有较大的可塑性，易于加倍，这是人工诱导多倍体技术方法的理论基础。不育三倍体鱼生长快的主要原因是不育，由于其具有 3 套染色体，在减数分裂过程中，只有 1/2 的机会产生染色体数为 N 和 2N 的配子，所以其性腺发育受阻，不能生育。目前，诱导的方法主要有温度休克、药物处理、水静压和杂交等。许多多倍体鱼类已应用于生产，取得了明显的经济效益。中国自 20 世纪 70 年代中期开始了鱼类三倍体育种工作，1976 年中国科学院水生生物研究所通过温度休克法，获得了 57% 草鱼三倍体和 40% 四倍体。迄今，已获得草鱼、鲤、鲢、虹鳟、水晶彩鲫、白鲫等 20 余种鱼类三倍体或四倍体试验鱼。

（三）分子标记辅助育种技术

分子标记辅助育种，是利用现代分子生物学技术进行标记辅助育种的一种新技术。它是根据与某一性状或基因紧密连锁的标记的出现，来推断该基因或性状从而进行选育的方法，可以增加选择的准确性，从而大大缩短育种的周期。利用分子标记技术可以筛选优良亲本，鉴定和识别具有某种或某些优良性状的个体，或从混合养殖的种群中鉴定和识别具有某种分子标记的家系。目前，水产养殖生物分子标记的研究主要是通过筛选和目标性状相关联的各种分子标记，从而达到间接辅助选育研究的目的。在水产养殖动物中，与经济性状相关的目标性状大多数是多基因控制的数量性状，因此，通过 QTL 定位是一种比较有效的方法。DNA 分子标记辅助育种技术，在大宗淡水鱼类品种良种培训中还处于起步阶段。

（四）细胞核移植和细胞融合技术

细胞核移植技术，是将细胞核（供体）移植到另一个核细胞的细胞质（受体）中，使受体细胞得以继续分裂和发育的生物技术。中国在鱼类细胞核移植技术的建立、理论和实际应用方面都居世界领先地位。1963年，中国著名生物学家童第周先生率先在金鱼和鳑鲏中进行了同种鱼的细胞核移植，经过2年的摸索，证明细胞核移植工作也可以在鱼类中进行。细胞融合技术是一种将2个具有不同遗传物质的细胞合并为1个杂种细胞的技术，因此也为细胞杂交技术。人工诱导细胞融合方法，主要有病毒诱导法（仙台病毒）、聚乙二醇法、电融合法和激光法等。童第周（1973）和郑瑞珍等（1986）先后用灭火的仙台病毒为融合剂，使金鱼囊胚细胞互相融合。

（五）BLUP 育种技术

20世纪50年代初，美国数量遗传学家 Charles R. Henderson 博士提出了 BLUP 方法，他于1973年又对该法的理论和应用进行了系统阐述。BLUP 法提供了个体所有单个性状的估计育种值，然后在考虑性状间相关和性状的经济重要性的情况下，计算出综合育种值指数，这个结果就是选种选配的重要基础。因此，它具有很大的实用价值，特别是在群体规模很大、群体结构复杂、获得的数据十分不平衡的情况下，可以获得比传统的育种值估计方法更为准确的估计育种值。由于受计算工具的限制，BLUP 法在育种上的应用推迟了20年。

二、养殖设施工程化水平落后，不符合现代水产养殖生态、精准、高效的发展要求

池塘养殖、大水面"三网"养殖、大水面增殖放养，是我国大宗淡水鱼的主要生产方式。池塘养殖是淡水养殖的主体，养殖面积 237.7 万 hm²，占淡水养殖总面积的 42%；养殖产量 1 647.7 万 t，占淡水养殖总量的 70%，产出效率远高于其他生产方式。池塘养殖的集约化、工程化水平相对较高，以"鱼池＋进排水沟渠"为主要基础形式，以增氧机、投饲机、水泵为基本设备配置，以养殖场及生产管理系统为主要组织形式，但是，对应现代渔业的发展条件与现代社会的发展要求，生产方式明显粗放，品质安全与生产效率问题突出。

养殖环境生态化调控手段不足，主要依靠换水、机械增氧和生态制剂，难以抵挡环境水域污染、气候条件变化、池塘老化淤积的侵袭，病害严重，药残难以控制，造成品质安全危机。养殖过程依赖传承的经验，在水质状况、饲喂、摄食、品质管理等环节精准化化程度极低，养殖环境的应激状态、波动过程和无效干预难以控制，产品品质管控乏力。养殖生产资源效率需要提高，单位土地的产出率、水资源的利用率以及养殖尾水富营养物质无机制的排放，不符合现代社会可持续发展的要求，与工业社

会水产养殖模式存在着很大差距；养殖生产机械化、自动化程度需要提高，从业人员老龄化、劳动力成本日益增高的危机以及显现。

大宗淡水鱼养殖产业，迫切需要实施生产方式的转变。转变的途径，就是要按照现代工业化生产的理念，提高生产系统的工程化水平。提高大宗淡水鱼养殖工程化水平，需要解决的关键技术瓶颈主要包括：

(一) 高效生态净化设施构建与设备研发

需要针对池塘养殖不同区域条件、主养品种与养殖方式开展生态变化机制研究，把握主要影响因子变化规律，构建溶氧、碳源、微生物、植物等关键调控模型，建立工程化调控设施，研发调控设备，形成一批可有效实施的池塘生态工程化调控技术。

(二) 以信息化、自动化技术为核心养殖生产精准控制与管理系统构建

需要在实施养殖环境关键因子有效监测的基础上，结合特定养殖环境关键因子生态变化机制，实施养殖水质状况精准判别；在特定养殖方式、饲料营养基础上，建立基于养殖环境、摄食行为和品质管理的主养品种智能化饲喂系统；在养殖环境实时监测、养殖过程档案化管理的基础上，建立养殖产品物联网系统。

(三) 池塘循环水集约化养殖系统设施构建及机械化装备研发

集成应用养殖设施规范化构建技术、养殖环境生态工厂化调控技术、养殖是生产精准化控制与信息化管理技术，针对养殖主产区水域条件与社会发展要求，构建以池塘养殖为主体的养殖小区循环水、集约化系统模式；围绕拉网、起捕、分级、投喂等环节，研发养殖生产机械化装备；建立大宗淡水鱼健康养殖典型模式。

三、病害防控技术体系面临挑战巨大，疫苗、高效绿色渔药等不能满足实践需要

我国大宗淡水鱼产量及产值，近年来一直处于高位平稳运行的状态，现有病害防控技术体系，为保障其稳定供应起到了重要的支撑作用。然而，大宗淡水鱼产业的可持续发展对我国病害防控技术提出了更高的要求，从而为进一步提高产量和水产品质量提供保障。从更高的高度和长远的角度看，现有病害防控技术体系中存在的重大关键性技术瓶颈问题主要表现在：

(一) 新生疫病防控缺乏前期工作基础

大宗淡水鱼的病害问题由来已久，病毒、细菌、真菌和寄生虫等仍然不同程度持续困扰着广大基层养殖户，由于有限种类药物的长期、大量使用，导致了这些病原不同程度地产生了抗药性，因此，防治难度越来越大。然而，更为严重的是一些

以前未曾报道过的病原近几年来在我国也大范围流行，给一些鱼类主养区的养殖户造成了巨额损失。如锦鲤疱疹病毒以前只危害观赏鱼——锦鲤，最近几年在我国北方鲤主养区暴发疾病；同样，以前只危害金鱼的鲤疱疹病毒Ⅱ型，近几年来在我国中东部鲫主养区肆虐。这些新生疾病的前期研究基础薄弱，防控技术研究基本上是空白，因此，目前我国对这些新生疾病的防控措施制定基本是一个试错过程。新生疾病的防控技术需要产、学、研各界集中优势资源，协力攻关，只有有了扎实的前期工作基础，才可能找到有效地疾病防控技术。协同攻关就需要行政主管部门对大宗淡水鱼新生疾病高度重视，在资金划拨、单位协调、人员整合等方面发挥领导和引导作用。新生疾病的出现往往意味着产业发展的巨大风险正在酝酿，没有针对新生疫病的有效前期研究，就不可能提出解决问题的针对性的科学防控措施。

（二）疫苗的基础研究和应用技术不能满足生产实践需要

大宗淡水鱼目前适用的商品化疫苗极其有限，且集中在草鱼一个品种上，主要包括细菌、烂鳃和肠炎三联灭活疫苗及草鱼出血病减毒疫苗，而且这些为数不多的疫苗在广大草鱼养殖区的应用范围还很有限。一方面，由于疫苗研制需要强大的基础研究作为支撑，因此难度较大、耗时漫长；另一方面，由于免疫途径的限制，疫苗免疫过程费时费力、免疫效果因受多种因素的影响经常不稳定，也在客观上影响了疫苗在我国的大面积应用和推广。尽管开发更多的适用疫苗来预防疾病，而不是过度依赖化学药物治病，是大宗淡水鱼健康养殖的长远要求，但是在可预见的将来一段很长的时间内都没有办法实现这个目标。影响疫苗产品供给的主要制约瓶颈在于基础与应用研究还比较薄弱，其中，包括基础理论、研究手段、研制技术、应用技术等都需要突破，如主要致病病原的甄别、宿主的免疫应答模式研究、免疫原的寻找及免疫效果评价、免疫途径的深入研究和使用等方面都需要长期不断地探索和改进。到目前为止，有关草鱼疫苗的基础相对来讲稍好一些，但即使如此，很多基础性数据也非常欠缺；其他大宗淡水鱼品种可以说更是空白。目前，急需解决的问题是什么样的免疫途径最符合大宗淡水鱼的生活习性及养殖特点，使用什么样的免疫原才能达到最佳免疫效果，如何通过有效的产学研结合才能加速疫苗的研发进程，等等。这些问题的解决既要依赖我国鱼病科学工作者的共同努力，更要依赖国家有关主管部门的高度重视和全面部署。然而，不管怎样，这都将是一个漫长的过程。

（三）水产专用高效绿色渔药研制缺乏发展空间

我国是一个养殖大国，也是一个渔药生产和使用大国，目前，药物防治仍然是鱼类疾病防控的主要手段；我国渔药厂家众多，生产的药品种类近200种。然而，可以预见的是，为了保证我国水环境的可持续利用、养殖渔业的可持续发展和水产品质量安全，未来的鱼类养殖必将逐步减少化学投入品的生产和使用，而对高效绿色渔药的需求会逐步增加。但是，迄今为止我国高效绿色渔药的研制进展缓慢，有害渔药甚至禁用药物的替代品尚无一例成功获得产品批文与生产许可。究其原因，主要是我国进行渔药研发的科研队伍太少，而渔药企业普遍生产规模小且不具备研发能力。国内渔药的种类及使用方法基本沿袭兽药的既有模式，没有顾及水生动物的特点和品种差异。现有渔药种类繁多，但属于水产专用的源头创新产品屈指可数。国内针对一些渔药的使用技术及休药期研究逐步系统化，但在药效与新药研发上进展缓慢。这个现状与渔药的研究和使用长期得不到政府和企业重视有关。新渔药的研发需要较多的人力、物力和财力投入，而且绿色环保药物的药效相比较目前的化学药物而言普遍会差一点，渔民用药习惯的转变也会是一个较长的过程，这决定了渔药企业通常缺少这方面的创新动力。

（四）水产品的质量安全隐患缺乏技术手段完全消除

水产品的质量安全问题是全社会关注的焦点，也是大宗淡水鱼类产业技术体系关注的一个重要领域。药物残留问题目前来说，是水产品质量安全诸多影响因素中最重要的一个影响因子。目前，我国实行重点养殖场和水产品交易市场的抽检制度，能有效监管和保障极小一部分水产品的质量安全问题。但是国内绝大多数省份都有养殖水域，多数地方的水产品生产与供应，并没有有效的检验检疫技术保证质量安全。药物残留的快速检测技术和物联网技术的应用尚不普及，水产品的产地检疫制度尚无有效实施，这些都不可避免的留下影响水产品质量安全的隐患。就世界范围而言，要全面实施药物残留的检验也耗时费力，花费巨大，不容易执行。然而，我国国情决定了未来相当长一段时间必须注重渔民的质量安全教育和用药知识培训，开发更多快速筛查技术在生产和消费环节防范药物超标，影响人民身体健康。

四、营养学基础研究滞后，低成本、高效和替代性强的饲料研发不足

水产饲料业，是确保水产养殖业持续较快发展的重要支撑性产业。2011 年，我国水产饲料产量为 1 540 万 t，占商品饲料总量的 9%，为猪饲料的 1/4，同比上年增长 3%。但与水产养殖业的需求增长相比，水产饲料业发展目前面临着原料紧张、原料价格高涨的问题，一些成本低廉但低质的原料进入到饲料原料中，直接威胁渔用配合饲料的营养和质量。因此，目前，降低饲料成本和确保饲料质量，不仅是水产饲料企业和养殖户的客观要求，也是水产科技的一个重大研究课题。

（一）基础数据库的完善

需要对主要养殖动物的不同阶段、不同环境下的营养需求、主要原料消化率、饲料加工工艺等基础数据库的逐步完善，这样才能从鱼类基本的需求角度提高配方水平。

（二）营养素利用的调控过程

对水产动物主要营养物的消化、吸收和代谢的生理生化过程研究，清晰认识水产动物的代谢特征，在科学上可以丰富比较营养生理生化的内容，为研究动物进化与营养代谢的关系提供科学依据；同时，对进一步研究营养生理特征和饲料利用，解决其瓶颈问题提供科学指导。将有利于提高饲料利用效率，解决饲料成本高和废物排放的问题。对不同淡水养殖鱼类代谢、生长等分子调控机制的了解，可提供核心育种鱼类群体和分子辅助育种的技术方案，通过育种途径提高饲料的利用效率。

（三）与养殖模式相适应的饲料配方与投喂技术

我国由于养殖模式差异较大，如何确定不同模式下的营养素供应、如何确定合理的配方和投喂技术，是现代养殖业技术升级的重要内容之一。

五、能实现加工增值、资源综合利用的加工技术仍显薄弱

近年来，我国在冰温和微冻保鲜、速冻加工、鱼糜生物加工、低温快速腌制、糟醉、低强度杀菌和鱼肉蛋白的生物利用等方面取得了系列进展，研发了一批新产品，建立了一批科技创新基地和产业化示范生产线，储备了一批具有前瞻性和产业需求的关键技术，我国淡水鱼加工关键技术和装备水平取得了明显提升。但总体来看，我国大宗淡水鱼加工产业才刚刚起步，产业规模还比较小。在淡水鱼加工业方面，目前最大的技术瓶颈是淡水鱼加工增值问题，每年因加工而产生的副产品数量巨大，如何提高水产品加工副产物的利用效率，已成为淡水鱼加工业的关注重点。

（一）传统淡水鱼食品的工业化生产技术

一些符合我国消费者饮食习惯和深受欢迎的腌熏制品、糟制品、发酵制品以及干制品等特色水产品还多处于小规模作坊式生产，缺乏工业化生产技术，加工产品品种单一，不能满足人们对营养、方便、健康、安全的加工水产品日益增长的消费需求，加工工艺和技术需要更新和升级；亟须解决传统淡水鱼食品工业化生产过程中的生物成熟增香技术、现代发酵技术、低盐快速腌制技术、真空油炸技术、节能干燥技术、低强度杀菌技术、肌间刺工艺化处理技术等及其淡水鱼加工中的集成应用和工程化放大技术，实现传统特色淡水鱼产品的工业化、标准化、规模化生产。

（二）新型鱼糜加工技术

淡水鱼糜生产中，存在耗水量大、废水处理量大，鱼糜凝胶强度低、土腥味重，蛋白易冷冻变性、易凝胶劣化、保质期短等问题，如何以淡水鱼糜为原料，开发食用方便、营养和具有较好风味的高凝胶强度鱼糜系列产品；亟须研究解决骨肉高效分离

技术、节水技术、淡水鱼糜抗冷冻变性技术、脱腥技术、胶凝技术（酶交联、生物发酵、多糖对蛋白质凝胶的增强效应）、重组技术等加工技术，开发适合耐煮和加热的与耐保藏的方便鱼糜制品。

（三）淡水鱼保鲜、贮藏和质量控制技术

大宗淡水鱼鱼肉柔软细嫩，含水量高，微生物多，捕获后鱼体易死亡，死后极易腐败变质，生鲜制品在贮藏过程中品质下降快，大宗淡水鱼原料特性及其与水产食品品质间关系、贮藏方式和条件对生鲜鱼制品品质和菌群变化的影响、加工方式和条件对风味休闲水产品品质的影响、淡水鱼肌原纤维蛋白特性与凝胶质构调控等，是集成和开发水产品原料保障、加工与保鲜、冷链物流、安全控制和溯源等技术的基础。需要能有效控制淡水鱼流通贮藏和加工过程中鱼肉品质、保证产品质量安全的贮运保鲜和质量控制技术，全程掌控生鲜或冷冻调理淡水鱼片贮运加工过程中主要物质的理化特性变化规律，一些不良物质（腥味物质等）的形成和调控机理、微生物菌群及其代谢产物的变化规律，建立完善的生鲜或冷冻调理淡水鱼产品的质量控制与追溯体系，以及淡水鱼及其生鲜制品的快速检测和评价方法。

（四）下脚料综合利用技术

以白鲢等淡水鱼的采肉率仅 25％～30％，而占鱼体 70％～75％的加工下脚料或副产物（内脏、鱼鳞、鱼头、鱼皮等）没有得到有效的利用，这些副产品含有大量的蛋白质、脂肪、灰分等营养物质，目前主要用于加工饲用鱼粉和鱼油，但存在价值低、效益差等问题。解决高值化利用过程中的低温微粒化技术、生物酶解技术、发酵技术、提取分离技术、蛋白改性与重组技术等关键技术，开发具有高附加值的动物蛋白、胶原蛋白、生物多肽、纳米化的鱼骨浆等深加工产品，使淡水鱼资源得到充分利用和最大限度的增值。

（五）鲜活淡水鱼的贮运保活技术

2011 年，我国淡水鱼总产量 2 343.7 万 t，淡水加工产品产量 305.14 万 t，折合原料 457.27 万 t，加工比例 19.51％，有 80％以上的淡水鱼（1 900 万 t）仍以鲜活形式上市销售。鲜活淡水鱼在起捕、转移和运输中，因环境条件的急剧改变，会导致鱼体产生强烈的应激反应，从而降低存活率和鱼体肌肉品质。目前，对养殖过程中鱼体应激反应研究较多，而对捕捞和运输胁迫下的应激机制与调控及其对淡水鱼肌肉品质影响的研究较少，需要建立淡水鱼运输胁迫条件下的应激机制和调控技术。

第三节　科技、推广体制问题

科技是第一生产力，它从根本上决定了一个行业的长期发展潜力和发展水平。

我国大宗淡水鱼产业的持续发展，离不开科技的支持。1958 年，我国水产科学家成功实现池养鲢、鳙在池中人工繁殖，结束了淡水养殖鱼苗单纯依赖捕捞的历史，开创了淡水养鱼新纪元。由于这项技术的应用推广，1962 年全国人工繁殖鲢、鳙鱼苗 10 多亿尾；1987 年，全国人工繁殖鱼苗超过 2 000 多亿尾，比捕捞鱼苗最高纪录的 1957 年 234 亿尾提高近 10 倍，实现了巨大的经济和社会效益。此后，我国科技人员相继突破了草鱼、鲮、鳊、青鱼等鱼类人工繁殖关，使我国淡水鱼类全人工繁殖技术及其理论一直处于国际领先地位。20 世纪 80 年代后，使用人绒毛膜促性腺激素（HCG）和促黄体生成激素释放激素类似物（LRH‐A）作为催产剂，取得较好效果，使淡水鱼类的繁殖技术逐步趋于完善。70 年代以来，我国水产育种科学家相继完成了鲤、鲫杂交和三倍体选育工作，并成功推广了世界上第一个雌核发育养殖品种异育银鲫的养殖，获得了巨大的经济效益。目前，中国青鱼、草鱼、鲢、鳙、鲤、鲫、鳊、鲂等均能进行人工繁殖，人工繁殖的淡水鱼类有几十个品种。目前，中国淡水养殖鱼类苗种 90％来自于人工繁殖，由于人工繁殖种苗问题的解决，有效促进淡水鱼类养殖业发展，我国淡水鱼产量实现大幅度增长。

一、改革以来我国水产科技体制改革成就显著

改革以来，伴随整个农业科技体制改革的推进，我国水产科技体制改革不断深化，取得了显著成就。自 1985 年 3 月中共中央颁布《关于科学技术体制改革的决定》明确科技工作要面向经济主战场的基本方向以来，尽管水产科技事业历经波折，但总体保持了健康发展的趋势，对水产业发展的支持作用越来越明显。尤其是近年来体制基本理顺以后，我国已经建立了比较完整的教育、科研、推广机构体系，科技对水产业科学发展的制成作用越来越明显。根据国家大宗淡水鱼产业技术体系产业经济功能研究室测算，1990—2007 年，我国淡水养殖业的科技进步贡献率平均为 60.87％，说明我国淡水养殖业的科技进步贡献率较高，其中，1990—1997 年和 1998—2007 年的平均值分别为 53.33％和 68.42％，表明我国淡水养殖科技进步贡献率随着时间的变化有了显著的提高。科技进步提高了水产品的利用率和经济效益。特别是 20 世纪 90 年代，池塘大面积综合高产养鱼理论体系和技术体系，大水面"三网"（网箱、网围、网栏）养鱼和资源增殖、施肥综合配套养鱼技术、集约化养殖技术的确立，以及暴发性流行病防治技术的突破，推动了水产养殖业进入新的发展阶段。大黄鱼、鳜、河蟹等一大批水产名优品种的育苗和养殖技术相继取得成功，对发展优质高效渔业起了重要的促进作用，推动了水产养殖业的繁荣，在丰富城乡居民的"菜篮子"中作出了贡献。1990—2007 年淡水养殖业 60.87％的科技进步贡献率，说明我国淡水养殖业的科技进步贡献率较高。分地区来看，东部地区的科技进步贡献率为 68.05％，高于全国平均水平。中部地区和西部地区的科技进步贡献率均低于全国平均。从时间上看，淡水渔业科技进步贡献率总体呈现出增长趋势。

我国水产技术推广体系完备。到 2012 年，我国建立水产技术推广机构示范基地县级站 2 190 个，乡级站 3 267 个；养殖面积县级站 86 728.79hm²，乡级站 51 103.1hm²；育苗水体县级站 7 740 378m³，乡级站 1 561 978m³。2009 年，农业部发布了 10 个渔业主导品种，以渔业科技示范县、健康养殖示范区、水产技术推广示范项目为依托，加大了主推技术和主导品种的推广力度。各省水产技术推广部门和病害防治部门充分利用全国实施水生动物防疫体系建设规划的有利时机，积极组织做好基层水生动物防疫站建设，拓展和强化了相关公益性职能。各级水产技术推广部门积极开展水产养殖规范用药指导工作，不断探索渔药配送制、市场准入制、审核推荐制、处方制等渔药监管机制，组织开展了药品经营质量规范（GSP）的试点。此外，各地强化了对水产养殖病害的监测工作。

二、我国水产科技、推广体制面临的问题

自 20 世纪 80 年代中期以来，水产科技体制改革不断深入，并保持了正确的改革方向。尤其是新一轮的科技体制改革，给水产科技体系注入了新的活力。但总体来看，水产科技体系和推广体制面临多重困难，要解决的问题仍然很多。

（一）基础薄弱，自主创新能力不高

科技之所以如此重要，是因为科技发展具有创新性，在改进装备、创新产品、保证安全、节约成本、提高质量等方面具有不可替代的作用，不断提高产业主体的竞争能力。因此，对提高水产业科技创新能力的重要性要有充分认识。近 20 年来，科技对我国水产业发展的支撑作用明显加强。但与发达国家相比，与行业发展的要求相比，任务艰巨。

创新能力的高低，根本上取决于基础性研究水平和原始创新能力。目前，全国已形成产前、产中、产后不同领域，中央、省、地、县、乡不同层次，集研究、开发、推广、应用为一体的农业科学研究和推广体系。就规模而言，我国的水产科技体系乃至整个农业科技体系当属世界上最大的了。但我国近几十年来的科技进步，主要是改造和利用传统技术、引进发达国家的部分装备和技术，原始创新能力严重不足。就基础研究水平来说，我国大大落后于欧美日发达国家，后劲不足的问题日益显现出来。应用基础研究发展较快，但与发达国家差距仍然不小，科技成果储备明显不足。由于在育种理论及方法上研究不足，我国的鱼类育种工作相当落后，养殖对象绝大多数仍是直接驯化利用野生种。对水生生物繁殖和发育机理方面缺乏系统研究，导致许多重要的优良养殖对象的人工繁殖技术长期难以突破，一直依靠捕捞天然苗种和从国外进口，严重影响了我国水产养殖业的发展。水产养殖配合饲料的研究和开发发展不足，不仅远远不能满足饲料需求，也导致了资源的破坏和浪费。对水产养殖病害的发生机理和传播途径缺乏深入研究和对许多大规模暴发的病害缺乏及时有效的预报和控制措施，导致鱼类和贝类大规模死亡连年发生。我国在药理学、药物安全使用等方面的研

究极为不足，滥用药物的情况严重，导致养殖水产品药物残留状况日益严重。种苗、饲料和病害问题已经成为制约我国水产养殖发展的三大"瓶颈"问题。二是科技成果转化不够。渔业科技向现实生产力转化能力弱、技术成果产业化程度低，依然是制约我国渔业发展的一大障碍。尽管每年都有几百项渔业科技成果问世，但成果转化率只有30%～40%，大部分成果不能转化成为现实生产力。我国在水产业养殖、捕捞、加工、渔船、渔机修造，渔业科教、信息等领域新技术、新设备的应用水平仍然不高，与科技转化不够有密切关系。

（二）体制分割，效率不高

科技不是一个独立起作用的要素，水产科技的作用要通过产业主体、良种、水面、基础设施、产业装备等要素体现。科技发展要经过研究、开发、推广、应用等各个环节，需要贯通相关部门、相关区域的网络来实现。建立一个合理分工而又紧密协作的体系，是科技进步的基础。改革以来，我国水产科技体制已经开始根据市场经济的要求转轨，但体制不顺的问题仍然非常明显，在很大程度上制约了科技作用的发挥。

1. 科技体系与经济分割 从运行机制来看，我国科技体系仍然明显地具有非常强的计划经济遗留下来的特征，由政府组织开展工作。由于政府的层次结构导致其所附属的推广组织，也具有相应的层次结构。在层次结构中，指令及信息传递具有从上到下、逐级传递的特点，而情况汇报及信息反馈即具有从下到上、逐级反馈的特点。同时，在财政分灶吃饭的制度下，每一级组织又隶属于其所在的政府组织，围绕同级政府的工作开展有关业务活动。在这种体制下，农业科技机构的创新活动能否与农业和农民的需求相适应，基本上取决于政府能否把握好农业和农民的需求。但是，由于市场需求千变万化，市场信息的收集和加工工作的滞后，政府实际上很难把握技术使用者的需求，政府采取的行动往往落后于需求的变化。由于科技机构的业务活动是依据政府指令进行的，其提供的技术往往与农户的实时需求相脱节。

邓小平同志早在1985年在全国科技工作会议上明确指出："经济体制，科技体制，这两方面的改革都是为了解放生产力。新的经济体制，应该是有利于技术进步的体制。新的科技体制，应该是有利于经济发展的体制。双管齐下，长期存在的科技与经济脱节的问题，有可能得到比较好的解决。"针对传统农业科技体制的弊端，从20世纪80年代开始，科技体制改革也被提上了日程。1986年7月，农业部制定了《关于农业科技体制改革的若干意见》。此后，秉着"经济建设依靠科学技术，科学技术面向经济建设"的指导方针，早期的农业科技体制改革将重点主要放在放活科技机构与科技人员，加强农业技术开发和培育农业技术市场等方面。20多年来，水产科技体系经历了多轮改革，在解决这一问题方面已经取得了非常明显的进展，但并没有触动机构体系行政化的组织构架，从根本上消除上述科技体制的弊端。尤其是技术推广机构，具有较为严重的行政依附性，没有按照渔业资源的区域布局特点和社会主义市场经济体制去开展技术推广服务工作。

2. 教育、科研、推广体制分割 教育、科研、推广三者有各自的基本功能。教育的基本功能是，培养合格科研、技术开发、技术推广、技术应用的人才；科研的基本功能是，探索未知领域，拿出创新性的成果，开发出生产过程需要的技术；技术推广的基本功能是，将成熟的技术应用到生产过程之中。这三者也是相互紧密联系、相互作用、相互促进的环节。不具备科研能力，不掌握生产技术，教育环节难以实现将最前沿科学技术知识传授给学生。没有高素质的人才，不了解生产需要，科研很难占领前沿阵地，研究方向和重点就会发生偏差。缺乏专门技术和知识，技术推广就缺乏基础。

正因如此，发达国家除了将一部分特殊职能分离专门成立机构，一般尽可能着力建立三者紧密联系的机制，美国、日本等国家通过建立上下一体化机构体系、将科研教学活动下沉的方式，将不同职能统一到一个体系之中。美国、日本、法国、荷兰和新西兰等发达国家的农业推广体系的推广作用极为明显，他们不是把推广工作列为简单的推广，而是把培养和提高农民发现和解决问题的能力，同推广对象紧密结合，深受农民欢迎。同时采取农业教育、科研和推广三位一体的推广方法，加强教育、科研、推广和合作经济组织的联系，加速科技成果的转化。组织的联系，加速科技成果的转化。美国农业科技成果推广率已达到80%，农业科技对农业总产值的贡献率达到75%以上。

我国的教育、科研、推广机构体系的基本构架是在计划经济体制时代建立起来的，一个基本的特征是在各个层次将三者分开设立。在计划经济体制下，通过行政力量可将三者在一定程度上进行连接，这一体制确实曾经发挥了重要作用。但要看到，分割的体制毕竟不合市场经济的要求。目前，除了部分大学具有较强科研能力、能掌握先进技术外，基层的教育机构很难掌握前沿科学技术，培养合格学生的能力差强人意。科研机构的工作主要根据政府部门布置工作、下达课题的情况来确定，很少与生产直接发横联系，研究方向和重点难免发生偏差，也必然产生"僧多粥少"的问题。水产大专院校和科研单位在研究价值取向上，重学术、轻应用，大部分科研项目变成了以获奖为研究目的，没有立足于农村实践、立足于科研成果的转化应用，科技成果多，但有效供给少。技术推广机构，尤其是基层技术推广机构，在行政化特征明显，专业化水平过低，满足不了水产业发展的要求。

3. 机构之间分割 20世纪上半叶，人类产生了一些重大科学发现，产生了一批"种子型"技术，如核技术、激光技术、电子技术和半导体技术等。进入下半叶以来，人类的科技进步基本上是靠开展广泛协作、综合和分化"种子型"技术而取得的。新中国成立以来，我国所取得的重大技术进步，基本上都是依靠建立协作机制取得。对水产业这样一个具体行业来说，科技进步创新能力的强弱，也主要取决于科技分工协作能力。但总体来看，我国科研机构体系整体呈现出小而散的局面。水产业科研机构体系体现得是比较典型的。我国共有地市级以上渔业科研机构127个（其中中央级

10个、省级42个、地市级75个），涉及水产学科的院校10多个。由于这些机构分属不同条块，缺乏统一的规划和指导管理，难以形成合力攻克渔业生产中的关键技术难题，加上行业调控手段有限，省级科研力量和渔业相关院校的作用未能得到充分发挥和体现。

（三）激励不足，缺乏足够活力

在技术创新的发展过程中，科技机构作为新技术成果的供给方，其产权和分配制度特征决定了科技人员向社会提供其科技成果为其带来的利益预期，并由此影响到他们参与农业技术创新活动的动力与活力。

在传统的计划经济体制下，完全按行政方式设置的农业科技机构在产权形式上自然是纯国有化体制。这种制度安排虽然曾经在一些全国性的重大科技攻关中取得过一定的效果，但随着市场经济的逐步发育，却越发表现出对农业技术创新活动的制约。考察其原因，主要是这些改革措施没有真正触动农业科技机构的产权制度安排。在没有建立起将农业科技人员的农业技术创新成果与其切身利益紧密相连的产权关系条件下，农业科技人员和科技机构必然会缺乏为推动农业技术创新而努力进取的动力机制，一个有效率的农业技术创新供给系统也就很难实现。

长期以来，受行政化的影响，水产科技机构缺乏有效的激励与约束机制，使科技人员的绩效与生产活动直接联系。由于没有建立起由服务对象评价制度，科技机构很容易忽视生产的需求，很少考察解决渔业生产实际问题的能力，科技人员缺乏足够深入生产第一线的动力，科技人员的作用难以发挥。

三、基层水产技术推广机构能力低下

基层推广体系直接面对产业主体，其力量强弱直接决定了科技能否有效促进生产发展；直接进入生产过程，其水平高低决定了能否找准生产过程存在的症结；直接与产业主体沟通，其沟通状况决定了能否充分了解产业主体的真实需求。在我国水产经营主体规模小且非常分散的情况下，基层技术推广机构的桥梁作用就更为突出。然而，受发展阶段、财政实力、体制不顺、激励不足等因素的影响，基层水产技术推广机构处于举步维艰的境地。

（一）基层推广机构萎缩

从20世纪90年代起，每次的乡（镇）政府机构改革，农技推广部门都是改革的主要目标，这一局面到今天仍没有改变。早在1999年，国务院（国办发79号文件）为稳定农业技术推广队伍制定了一系列的政策。但是，到2004年，农业部对全国29个省（自治区、直辖市）、98个农业社会化服务体系发展监测县的统计结果表明，51%的县的乡（镇）推广机构改革成综合性的农业服务中心，改革后有近60%的推广机构直接归乡（镇）政府管理，有近30％的推广机构归县乡共同管理，乡（镇）农技推广人员的编制数量比改革前减少37％，由改革前的平均每乡镇23人下降到14.5人，下降幅度大大超过了中央20％的精简幅度，并且推广经费的保障程度也明显下降。我国现有国家水产技术推广专业技术人员27 000余人，加上教育、科研、水产企业、群众组织和渔民技术员等，全国水产技术推广人员不足11万人，占全国渔业人口1 942.2万人的0.57％；而美国的农业技术推广人员占农业人口17％，是我国的30倍；日本的农业技术推广人员，占农业人口的比例也比我国高几十倍。因此，随着推广体系的职能的增加，水产技术推广队伍不仅不应该削减，而应该加强。

据湖南省某乡（镇）政府机构改革试点县反映，2005年的乡（镇）机构改革试点，对水产技术推广站又开了"第一刀和最重的一刀"，实行断奶、脱钩、抽血，有的乡（镇）甚至"拆庙""散人"，绝大多数乡（镇）将农口七站（农技、农机、农经、畜牧、水产、水利、林业）合并成为一个综合站，人财物三权下放，对技术人员实行买断工龄、置换身份、下岗分流，技术推广行政化，人员完全听命于乡（镇）安排，有的非专业人员占岗占编；水产技术推广人员要参与行政中心工作，精力分散，业务工作无保障，有的根本无暇顾及技术推广。乡（镇）政府控制综合站的财产后，在没有有效监督机制的情况下，个别乡（镇）水产站的财产被变卖，由过去的"五有"（有机构、有编制、有专干、有办公场所、有示范基地）变成了"三无"（无机构、无经费、无设备设施），不少县、乡水产站长期处于"找米下锅、无钱养兵"的尴尬境地。

通过调研发现，湖北省省市、县两级推广机构尚不健全，有的虽然有牌子（编制）、有章子，但无经费、无人员，或与生产科、生产股两块牌子，一套人马。例如，荆州市水产技术推广中心成立多年，但一直是水产局生产科代行职能，没有独立。荆门市水产技术推广中心1993年由市编委批准成立，核定自收自支的编制5人，财政从未给过一分钱，其推广职能也是由生产科代行。2002年的乡镇机构改革和农村税费改革，打破了多年来形成的基层水产技术推广体系格局，一是把农口系统的"五站"合并成农业技术服务中心；二是变条块结合受主管部门和乡镇双重领导为以块为主，全部纳入乡镇统一管理。这次改革对湖北省乡镇水产站影响较大，基层农业技术推广事业单位大量精简，推广人员大量减少，且人员变动频繁，造成了基层水产站"人散、网破"的状况。造成这种状况，与地方财政困难、建站目的不明确有关，势必影响新时期的技术推广工作。

从湖南省调查情况看，湖南望城县没有政府部门的水产技术推广机构，县畜牧水产局设水产科3人，乡镇设畜牧水产服务站1人，全县共有3名水产专业技术人员，其他是非专业的。在为渔农提供技术支持方面也只做了咨询服务，政府对水产技术推广体系建设基本没有投入。湖南南县调查发现，由于缺乏专业技术人员的帮助，养殖技术只能以自学实践为主，38.64％的养殖户提出鱼病难控制，渔农获得市场信息只能主要来源于鱼贩及批发市场的经销商，非常希望得到技术专家的指导。

（二）公益性职能没有落实

法律政策对农业技术推广站的公益性职能已有明确规定，政府水产技术推广机构的公益性职能包括法律法规授权的执法和行政管理；关键技术的引进、试验、示范；水产养殖病害的监测、预报、防治和处置；水生动物防疫检疫；水产品生产过程中质量安全的监督与配套服务；水产资源、渔业环境和渔药鱼、饲料的使用监管；水产公共信息服务；渔民的公共培训教育等等。但是，在中央、省、市、县、乡五级构成的政府水产技术推广体系中，现行的法律政策并没有明确界定不同行政层级推广组织的公益性职能，更没有建立起技术推广的核心层级。在现实中这些职能并没有真正落在水产技术推广部门，涉及这些职能的单位很多，政事并没有彻底分开，结果是有利的职能几个部门争着干，无利的职能技术推广部门来承办。由于水产技术推广机构自身的监管实力和手段不强，公益性职能得不到保障，技术推广主体和资源分散后，相应的财政投入不足，政府水产技术推广体系的管理、服务功能萎缩，社会地位下降，技术人员没有安全感。

（三）经费保障不足，技术服务难以到位

我国农业技术力量主要集中在县、乡两级，因此，经费支出的任务也就落在基层政府。我国对农业推广事业的投入资金主要来自两方面，即国家对推广机构的财政拨款和农业技术推广机构创办的一些经济实体的开发创收收入。根据现有政策，公益性职能所需经费要由公共财政承担。但长期以来，我国县乡财政处于整体困难、难以为继的局面，农业技术推广投资受到硬制约。受政策和财力的限制，基层水产技术推广人员经费保障严重不足是一个普遍的现象。一是以工资为基础的保障经费不足。自收自支和差额机构只能为工资和吃饭问题全力组织经营创收，没有精力去为渔村、渔业、渔民提供现代化生产技术。除工资外，乡镇推广人员基本上无法享受各种政策性补贴，浮动工资、大中专毕业生见习期满高套一级工资、专业技术人员职称工资等不能按标准兑现。低下的收入和脆弱的保障不仅严重影响了推广人员的积极性，也越来越难以吸引大专院校毕业学生投身基层渔技推广事业。二是推广活动经费不足。目前多数水产推广机构除工资由财政负担以外，其办公、培训、试验示范、病害测报与环境监测、检疫与防控、实验室建设及运行等经费严重缺乏，使得水产推广体系的网络难以建立，职能功能难以充分发挥作用，影响了水产技术服务工作的正常开展。而县乡地方政府是心有余而力不足。

调研发现，水产主产省湖北省除武汉市水产技术推广中心三项经费（人员经费、业务经费和项目专项经费）都有保障外，其他各级推广站均不同程度存在着经费短缺的现象，包括湖北省水产技术推广中心，财政支持严重不足。"有钱养兵、无钱打仗"，甚至是"无钱养兵"的状况还相当普遍。全省水产技术推广机

构的设备配套严重不足，难以履行检测、检疫等新的职能。按推广机构的工作经费，纳入省级财政预算，以项目的形式支出。湖北省级部门表示，全省水产技术推广的工作经费按照养殖水面类型和面积来测算，湖泊水库大水面按每 $667m^2$ 1 元钱计算，全省 36.47 万 hm^2，需 547 万元；精养水面按每 $667m^2$ 2 元钱计算，全省 30 万 hm^2，需 900 万元，全省共需推广工作经费 1 447 万元。但实际情况是目前政府对水产技术体系建设的投入严重不足，如湖北省水产技术推广中心，作为全省水产技术推广体系的龙头，核编 25 人，其中全额拨款 15 人，经费自筹 10 人。2008 年财政拨人员经费 28.95 万元，编制内人均人员经费不足 1.16 万元，无办公经费。据湖南和湖北两地的调查，跟技术推广有关的省、市、县水产品质量安全检测机构和病害防治机构建设、良种建设、品种结构、品种改良、品牌建设、品种改良、水产品检验检测、适用技术培训等都是地方认为最急需投入的项目。推广机构基础条件差，设备配套严重不足，经费短缺，阻碍了技术推广工作的开展。

（四）专业人员匮乏

由于水产技术推广队伍没有建立起公开、公平、公正的竞争制度，加之推广人员的待遇偏低，有能力的技术人员转产转业，人才流失严重。市级以上的水产技术推广机构的队伍状况相对较好，而县级和县级以下的队伍状况令人担忧。技术人员文化素质较低，尤其是乡（镇）级水产站的人员问题更为突出，推广人员知识老化，更新慢，降低了推广工作的质量，而新知识新技术新操作培训严重滞后，很难适应新的公益性职能和技术性工作对水产技术推广人员的要求。特别是乡镇机构改革后，技术推广人员流动性大，调换频繁，非专业人员充塞到技术推广部门，使基层推广队伍中人员素质参差不齐，从而降低了推广工作的质量，降低了服务水平，严重影响了我国水产技术推广工作的水平和质量。

第四节　投入问题

渔业作为农业的一个组成部门，也是基础性产业，在当前的经济社会发展阶段，其具有一定的弱质性。主要体现为四点：一是渔业对自然资源高度依赖，自然风险大；二是渔业生产周期长，在近乎完全竞争的市场中，供给调整能力相对滞后，生产者面临较大的市场风险；三是渔业产品在整个农产品中所占比例不高，渔业产值在 GDP 中的份额不大；四是我国渔业经营规模小，基础设施条件薄弱，抗冲击或风险的能力差，弱质性突出。只有大力提高经营规模和加大基础设施建设，才能继续提高渔业的产量和质量。目前，我国农村优质资源（资金和人才等要素）由农业单向外流，使农业与农村的各项建设事业缺乏应有的经济支持和人才支持。在发展现代渔业的过程中，渔业出现的问题很大程度上源于投入的严重不足。

一、近年来我国渔业财政支持不断加大，但总量少、种类少

改革开放初期，由于明确了水面承包经营权和收益权，广大群众投入淡水渔业的热情高涨，各地在短时间内就建起一批商品化鱼池。随着人民生活水平的不断提高，自然水域捕捞已不能满足市场需求，于是采取国家扶持、集体筹集、群众集资的办法，积极开发荒滩、荒水，进行商品鱼养殖基地建设，使得大部分渔场通水、通电、通路，基本形成了养殖、捕捞、饲料、加工、运输一系列配套工程与附属设施，为精养高产、大规模发展渔业商品经济奠定了雄厚的物质基础（丁德富，1990）。商品鱼基地建立后，科研和生产单位重视饲料生产、鱼种放养、鱼病防治等问题，单产不断提高，经济效益显著增加。回顾农村改革开放以来的历程，我国的淡水渔业基本上是在市场推动之下来发展的，政府后续的扶持很少。

（一）新时期我国渔业财政支持逐步增加

进入 21 世纪以来，随着"以工补农、以城带乡"、"多予少取放活"方针的提出和国家公共财政框架的完善，中央财政及地方财政大幅度增加了对农业、农村基础设施建设和社会事业的投入。随着国家财力增强，针对渔业的财政支持覆盖范围不断扩大，投入不断增加。2004 年起，国家对渔民转产专业与渔业资源保护进行支持。2006 年，国务院发布《中国水生生物资源养护行动纲要》后，养护水生生物资源成为国家生态安全建设的重要内容，中央和地方财政大幅度增加增殖放流投入，全国累计投入资金 21 亿元，放流各类苗种 1 090 亿尾。2007 年起实施渔用柴油补贴政策，针对渔业的生产扶持政策投入，由 2004 年的 2.7 亿元增加到 2012 年的 244 亿元，达到 9 倍多。"十一五"时期，各级财政也加大了对渔业的投入，中央财政投入达到 370 亿元，比"十五"增长了 7 倍。"十一五"时期，国家还启动实施了公益性农业行业科研专项和现代农业产业技术体系建设，落实渔业科研经费约 7 亿元。渔业重点领域的科技创新和关键技术的推广应用取得成效，共获得国家级奖励成果 22 项，制定国家和行业标准 382 项。基层水产技术推广体系改革稳步推进，公共服务能力不断增强。启动渔业政策性保险试点，5 年累计承保渔民 323 万人、渔船 25 万艘；推动解决困难渔民最低生活保障和"连家船"渔民上岸定居；渔业柴油补贴、沿海捕捞渔民转产转业等惠渔政策效果显著。总体上看，随着我国强渔惠渔政策力度不断加大，产业基础和民生保障能力不断增强，渔业基础设施条件得到明显改善。

（二）相对于其他产业渔业财政支持政策种类不多，资金总量偏少

我国渔业部门目前享受的国家补贴政策从科目上来看，目前主要为农业专项转移支付项目中的农业资源生态保护项目和农民直接补贴项目这 2 项以及少量的菜篮子产品生产项目。而种植业享受的政策多达 13 项，畜牧业享受的政策达到 7 项。从现代

渔业发展的需要来看,目前的财政支持还存在总量偏少、种类少的问题。

在农业资源生态保护项目中,包括草原生态保护补助奖励和渔民转产转业与渔业资源保护。草原生态保护补助奖励2010年、2011年、2012年分别为2.58亿元、136.6亿元和150.6亿元;而渔民转产转业与渔业资源保护分别为3亿元、3亿元和4亿元。前者在2011年和2012年项目经费总量有一个大幅度的提升,提高幅度达到50~60倍,达到100亿元以上;而后者2010—2012年只增加了1亿元,2012年为4亿元。

在农民直接补贴项目中,种粮农民直补2007—2012年规模始终为151亿元,农资综合补贴2006年以来也有较大幅度提高,从2006年的120亿元达到2012年的1 078亿元,增幅7.98倍;而渔用柴油补贴从2007年的31.78亿元提高到2012年的240亿元,增幅6.55倍。

其次,在菜篮子产品生产项目中,2011年,水产品补助1亿元,共对400个示范园区进行了补助。2012年水产品补助1亿元,从补贴总量和补贴标准来看,水产品都不高。2010—2012年,果蔬茶的补贴标准为50万元,总额分别为6亿元、10亿元和10亿元;畜禽的补贴标准是:猪牛50万元、羊30万元,蛋鸡肉鸡和水产品25万元,总额分别为5亿元、6亿元和6亿元。

第三,在农业大县扶持奖励政策中,产粮大县和生猪调出大县有奖励,从2007年的125亿元和15亿元增加到2012年的280亿元和35亿元,但渔业大县却没有相应的政策。

第四,水产养殖机械中央补贴资金1.9亿元,仅占农机补贴的1.08%(表8-1)。

表8-1 渔业生产扶持政策

单位:亿元

年份	渔用柴油补贴	渔民转产转业与渔业资源保护	种粮农民直补	农资综合补贴
2004		2.7	116	
2005		1.8	131	
2006		1.8	142	120
2007	31.78	1.35	151	276
2008	54.3	1.35	151	716
2009	126.4	3	151	716
2010	104.6	3	151	716
2011	171.7	3	151	835
2012	240	4	151	1 078

注:渔用柴油补贴以3 870元/t为基准价格进行补贴。

数据来源:农业部财务司《中央财政支农政策手册》(2002—2012)。

(三)淡水养殖业支持政策缺乏

从现有的渔业政策来看,渔业柴油补贴、沿海捕捞渔民转产转业等惠渔政策的受惠主体，均为海洋渔业从业人员或是捕捞业从业人员。其中，2006 年中央财政设立渔用柴油补贴政策，主要对符合条件且依法从事国内海洋捕捞、远洋渔业、内陆捕捞及水产养殖并使用机动渔船的渔民和渔业企业给予柴油价格补贴；而在具体生产方式上，使用机动渔船作业的基本为捕捞渔民。

从对水产业的贡献上来看，我国淡水养殖业的贡献很大。2003—2011 年，我国水产品产量从 4 077 万 t 增加到 5 603 万 t，增加幅度为 37.43%。水产品产量增加，主要源于养殖业得到较快发展。2003—2011 年，我国海水产品养殖产量、淡水产品养殖产量分别从 1 095.9 万 t、1 530.9 万 t 增加到 1 551.3 万 t、2 471.9 万 t，增加幅度分别为 41.56%、61.47%。2011 年，水产品养殖产量占总产量的比重为 71.81%。但在政策支持方面，淡水养殖业却一直处于不利的地位，仅在一些经济较为发达的主产省市如江苏省、上海市、湖北省等出台了一些扶持政策。

(四) 与现代渔业的发展不相适应

随着我国渔业供给水平提高和市场变化，进入 20 世纪 90 年代以后，我国渔业的比较效益开始出现下降。与此同时，我国人口增加和消费水平提升迫切需要渔业提质增效，提高质量安全水平；其次，伴随水生生物资源衰退和水域生态环境恶化，养护资源和保护环境的难度加大；第三，渔业基础设施薄弱和科技创新应用能力较低；第四，传统渔民失水问题严重，禁休渔等生态保护措施得不到有效的补偿。要持续推进渔业经济的发展，使渔业经济内部结构与市场经济发展相适应，必须要发挥渔业政策的带动作用和投资的引导。目前来看，我国关于渔业的综合性文件是在 1997 年，此后再也没有出台过针对渔业的综合性文件和政策，目前，中央对农业的一些不同政策也不包括渔业。要解决渔业的问题，没有国家层面的指导思想和方针政策，没有完善的投入机制是不行的。

目前，国家财政支农力度明显加大，但仍然不能适应建设现代农业的需要。而在农业中，渔业获得的支持就更少。财政支渔资金占国家财政支持农业资金的比重不足 3%，与渔业占农业总产值比重的 10% 很不相称。水产养殖业在国家支渔资金中的比重更低，还不到 10%，而养殖产量占渔业总产量的比重近 70%。财政支持不足，使得淡水渔业的发展受到很大制约。根据产业经济功能研究室的 2009 年的一项调查，养殖户反映最多的渔业基础设施建设问题是，鱼塘需要改造、道路差、水质差和电力不足等。在 1 995 个选项当中，其中，鱼塘需要改造回答最多为 643 个，占总样本量的 32.23%；其次为道路差和水质差两个选项，分别为 478 个和 458 个，分别占总样本量的 23.95% 和 22.95%；再次是电力不足，为 333 个，占总样本量的 16.69%。在主要的渔业基础设施投入中，养殖户进行鱼塘改造投入的比重最高，占到 1 359 个样本的 57.83%；其次为清淤，占 30.97%；第三为进排水系统建设，占 19.42%；第四为道路建设，占 15.08%。从投入资金的规模来看，户均鱼塘改造投入的资金为 31 030.04 元，其次是清淤投入，户均水平为 8 853.43 元；道路建设的发生比重虽然不高，但是户均投入却达到 10 725.12 元。这说明，在渔业基础设施投入方面，养殖户的投入排序是池塘改造、清淤、进排水系统建设和道路建设。但根据样本调查，养殖户在这方面获得的补贴很少。样本户进行渔业设施建设获得的补贴水平整体偏低，无一项超过 5%。其中，进行过进排水系统建设的样本户中，仅有 3.41% 的样本户获得补贴；进行过道路建设的样本户中，仅有 3.07% 的样本户获得补贴。786 户进行过鱼塘改造的样本户中，仅有 68 户获得补贴，所占比重为 8.65%。进行过清淤的样本户中，仅有 5.22% 的样本户获得补贴。样本户增氧机投入获得政府补贴的比例为 2.38%，补贴总额占投入总额的比重为 3.56%。除江苏省有 11.81% 的养殖户表示在购置增氧机的过程中获得补贴外，其他地方只有个别养殖户获得补贴。购置投饵机获得的补贴更少，仅有 0.96% 的购置户获得补贴，补贴总额占投入总额的比重仅为 1.22%。购置发电机养殖户获得补贴的比例为 1.25%，补贴总额占投入总额的比重仅为 1.24%。购置水泵养殖户获得补贴的比例为 1.14%，补贴总额占投入总额的比重仅为 4.64%。

二、金融支持不足

在健全的淡水渔业支持保护体系中，金融支持也是一个重要的方面。加快构建包括金融政策在内的渔业扶持政策体系，促进渔业走上健康稳定持续的现代化发展之路，是促进农业发展、农民增收的重要内容。目前，从宏观政策层面来看，淡水渔业金融支持总体具备了加快发展的基础，但在具体微观层面来看，发展不足仍是一个突出问题。

(一) 养殖户资金需求和缺口非常大

农村金融需求受到压抑是制约农村经济发展的重要因素，在渔业中同样如此。根据产业经济功能研究室 2009 年的调查，认为自身具备足够的投入能力的养殖户占 29.43%，从资金量来看，这部分养殖户的户均自有资金达到 8 万元。其中，39.75% 的养殖户自有资金投入在 1 万～5 万元，24.5% 的养殖户自有资金投入在 5 万～10 万元，自有资金在 10 万元以上的占 25.55%。总体来看，养殖户自有资金差异较大。而另一方面，养殖户的资金需求非常强烈，缺口非常明显。样本调查表明，57.10% 的养殖户有资金缺口，户均资金需求缺口为 7.66 万元。其中，资金需求缺口低于 5 万元的占 52.61%，缺口在 5 万～10 万元的占 19.95%，10 万元以上的占 27.44%。养殖户的资金缺口，主要体现在池塘改造、添置养殖设备和购买新苗种，样本户的回答比例分别为 34.63%、23.42% 和 21.95%。养鱼的投入较大，在自有资金不足的情况下，资金需求强烈。

(二) 贷款难问题普遍

从调查来看，养殖户选择的借贷渠道依次为农信社、亲朋无息借贷、民间有息借贷和农业银行。从借贷渠道来看，亲朋无息借贷和农村信用社的比重较高，分别为34.68%和34.88%；其次为民间有息借款，占总借贷额度的比重为16.48%；再次为农业银行贷款，比重为11.76%。总体来看，养殖户借款额度多半分布在5万元以下。

近年来，正规贷款的比重有所回升，正规金融对农村的供给加大。但亲友借款，仍然是农村非常重要的金融供给渠道。调查发现，民间借款是养殖户最为主要的资金来源，其次是农村信用社和农业银行。但目前，农业银行对单个主体借款额度较大，但覆盖面非常小。调查发现，养殖户的借款期限基本上是在1～3年。

801个样本户中，认为借款不方便的占75.03%。调查表明，贷款难仍然是非常普遍的现象。贷款难主要体现在手续复杂、额度小、期限短和利率高等方面。在885个回答选项当中，其中手续烦、附加条件多回答最多，占全部选项的44.51%，占总样本的28.99%；其次为没有较好的人际关系，为248个，占全部回答选项的28.02%，占总样本的18.24%；再次是贷款额度小和利率高两个选项，分别为169和168个，分别占全部回答选项的19.10%和18.98%，占总样本的12.43%和12.36%。养殖户贷款难，与农村金融机构体系不健全、经营成本高、风险大、缺乏资金、业务品种少等都有关系，但政府支持不足、政策性金融服务不到位、对商业性金融机构支农责任的政策不明确有着密切的关系。解决养殖户贷款难问题，加大政府的支持力度是一个重要前提。

三、保险服务需求得不到满足

渔业是个高风险行业。渔业保险是保险组织为渔业从业者在水产养殖、捕捞、加工、储运等生产经营过程中，对遭受自然灾害以及意外事故所造成的经济损失提供经济补偿的一种保险。目前，我国政策性渔业保险发展滞后，针对渔业生产、加工设施设备的渔船保险、渔业码头保险等渔业生产资料的保险，针对渔业从业者开设的雇主责任保险和渔民人身意外伤害保险刚刚启动，但针对水产养殖开设的水产养殖保险还没有，不能满足养殖户的需要。

（一）养殖风险较大，部分渔民损失沉重

在淡水养殖业中，病害是最为突出的灾害。课题组的调查表明，1 359个样本户中，常见鱼病主要以出血病、烂鳃病和肠炎为主。遭遇过出血病和烂鳃病的分别占样本量的27.22%和22.14%；肠炎占样本量22.07%；出血性败血症、孢子虫病、小瓜虫病和真菌性疾病分别为10.30%、5.96%、4.93%和4.85%。调查发现，每户的鱼病损失多数在5 000元以下。其中，出血病占总损失的比重为28.48%，次均损失为4 841.73元；其次为肠炎，占总损失的比重为13.98%，次均损失为2 932.32元；烂鳃病占总损失的9.95%；出血性败血症和孢子虫病分别占总损失的9.96%和9.12%，次均损失为4 474.32元和7 085.18元。从户均损失来看，损失最大的是淋巴囊肿病，

次均损失8 993.75元；其次是孢子虫病，户均7 085.18元；再次为出血病和出血性败血症，分别为4 841.73元和4 474.32元。出血病在大宗淡水鱼生产大省湖北省的发生比重最高，达到52.75%，即超过一半的湖北样本户报告发生过此病，烂鳃病爆发率为45.27%。肠炎的发生率较高的是湖北省和广东省，分别为44.09%和31.95%。江苏省39.87%的样本户2008年都遭遇过出血病的影响，户均经济损失为5 691.97元。2008年，据江西省水产病害监测报告，细菌性鱼病和寄生虫病是主要病害，分别占43%和24%，全省水产养殖病害造成约6.2亿元的经济损失。

此外，养鱼户还要面临冰冻灾害、水灾等自然灾害风险。1 359个样本户中，回答遭受"冰冻灾害"占11.62%；遭受"水灾"的占15.08%；"风灾"占1.91%；"雹灾"占0.22%；其他灾害占8.24%。自然灾害带来的损失情况是：冰冻灾害损失户均损失24 424.57元，占总损失的53.51%，户均损失41 694.3元；水灾损失户户均损失18 152.1元，占总损失的30.22%。冰冻灾害损失差异较大，在5 000元以内和10 000元以上都有较为集中分布，水灾损失主要集中在5 000元以内。江苏省样本户2008年遭受水灾的比重约为19%，水灾给渔户造成的损失户均达12 395.83元。可见，我国水产养殖业的发展非常需要建立相应的风险保障机制，来降低和分担自然灾害对渔业生产造成的人员和经济损失。

(二)渔业保险尚未覆盖淡水养殖业

党的十七届三中全会的决定要求："发展农村保险事业，健全政策性农业保险制度，加快建立农业再保险和巨灾风险分散机制。"2007年到2012年9月，中央财政已累计拨付农业保险保费补贴资金360亿元，带动农业保险累计提供风险保障逾2.3万亿元。2012年10月，中央财政提前下达部分2013年农业保险保费补贴预算指标56.6亿元，对15个品种进行补贴。目前，全国有22家保险公司经营农业保险。2007—2011年的5年间，全国农业保险的保费收入累计超过600亿元，为5.8亿户次农户提供农业风险保障资金1.78万亿元，向7 000多万农户支付保险赔款超过400亿元。此外，探索农业巨灾风险分散机制也取得一定进展。总体来看，自2007年我国开始进行政策性农业保险试点以来，我国政策性保险的险种不断增加，农业保险覆盖范围不断扩大，国家对保费补贴的比例不断提高。但是，高风险的淡水养殖业（整个渔业情况都是如此）多年来一直存在保险体系支持缺失的问题。与其他种养业相比，淡水养殖业生产具有高风险，应该得到农业保险的支持。而目前，政策性农业保险保费补贴不包含水产养殖业，这对于分散水产养殖的风险十分不利。

从渔业保险整体情况来看，现在渔业保险范围仅局限于海上渔船和船员，淡水养殖业未得到渔业保险的保障。因自然灾害导致的淡水鱼塘塘基崩塌，养殖成鱼、鱼苗逃逸，养殖设施损毁等等均无法给予补偿。国内开展水产养殖保险规模最大的政策性农业保险公司上海安信保险公司淡水养鱼保险，仅承保台风、暴雨、雷电等自然灾害所致泛塘和溃塘及漫塘损失，费率为2%，附加恶劣气候泛塘、水质污染中毒、他人投毒损失责任的费率为 10%，覆盖面有限。对于数量较大的我国淡水养殖户来说，面临各类风险时，他们是唯一的承担者。

（三）保险市场供需矛盾突出

从调查情况来看，淡水养殖户的保险需求强烈，对养鱼保险期望高，希望购买养鱼保险的养鱼户占 84.45%。其中，明确表示希望购买鱼病保险、冰冻灾害保险、水灾损失保险的养殖户分别占样本户的 41.50%、9.79% 和 13.32%。而养鱼户实际养鱼保险购买率非常低，仅占 0.6%；没有购买养鱼保险的占 99% 以上。

从供给层面来看，我国渔业保险供给严重不足。在 1 314 个样本户中，购买养鱼保险的仅 8 户。目前，由于高风险的渔业一直没有被纳入政策性保险范围，加之水产养殖保险标的的多样性和养殖方式的多样性，以及风险高、损失大、定损难、赔付率高等问题，保险机构对渔业保险的积极性较低。从渔民保费承受能力看，目前我国养殖户规模不大，保费支付能力低。国内外经验表明，开展水产养殖必须有政府的政策支持或保费补贴。开展水产养殖保险除极少数完全商业化经营外，其他的都有政府介入，政府有的以保费补贴、有的以颁布行政指令和行业规则、有的靠政府的权威处于中间协调等，采取政府主导，保险公司参与的方式来分摊风险。

目前，我国个别经济较发达的省份已经在推进政策性渔业保险。2009 年，江苏省政策性渔业保险试点工作启动，补贴覆盖全省海洋渔民、渔船和内河渔船；省财政把政策性渔业保险专项资金列入正常性预算，实行多保多补，补贴总额上不封顶；明确协会及其办事机构负责实施全省政策性渔业保险试点工作。2011 年，省财政进一步加大对政策性渔业互助保险补贴力度，提高了渔民风险保障水平，雇主责任险保险金额从 20 万元提高到 60 万元。2012 年，江苏省渔业政策性保险保费补贴范围进一步加大，在全国率先将内陆渔民人身平安互助保险纳入政策性渔业保险试点，实现江苏省渔业政策性保险财政保费补贴政策的全覆盖，内陆渔民 8 万多艘渔船、30 万内陆渔民的人身平安险全部纳入省政策性保险财政补贴范围。三年来，全省累计入保渔民 37 万人（次）、入保渔船 2 万艘（次）、实现保费收入 15 280 万元，为全省渔民群众提供了高达 310 亿元的风险保障。

第五节　市场问题

淡水养殖业的关联产业在进入 21 世纪后都获得了发展，对于推动整个行业经济增长起到了重要的作用。实践表明，产业化的不断发展和产业组织方式的创新，对促进淡水渔业向现代渔业转变，提高科技水平，优化结构，促进农民增收等起到了明显的作用。但我国淡水渔业仍然带有明显的传统农业特征，目前，淡水渔业产业链条被分割成制种、供种、生产、加工、流通、消费等相对独立的体系，这些体系之间目前还没有有效的利益联结机制，整个产业链条当中各个行业的发展很不平衡，产业之间的断裂问题严重，市场波动频发，加工业发展明显滞后，市场体系很不完善，产业化水平较低，制约着产业体系作用的发挥和效果的显现，影响到淡水渔业的持续发展。这些都充分表明淡水渔业内部正面临着严峻的形势，迫切需要提高整个产业链条的产业化水平和竞争力，以保证发展的持续性、稳定性。

一、大宗淡水鱼产业的产业化水平低、加工业发展滞后

从产业规模来看，大宗淡水鱼生产区域广、市场规模大，在养殖产品市场中比较稳定。目前，我国大宗淡水鱼数量已经达到 1 786.9 万 t，产业遍及全国，可以说是一个较大的产业。但从长时段来看，大宗淡水鱼产业存在年际间市场价格波动、养殖收益不高、加工业发展滞后、产业化水平低、市场基础设施薄弱和信息不对称等问题。整体上看，这个产业目前的生产主体主要是小规模、分散的养殖户，其生产的产品多为普通消费者所消费的低值水产品。随着数量不断扩张，进入 20 世纪 90 年代以后，大宗淡水鱼产业发展已基本可以满足国内需求，随之供求矛盾开始出现，养殖户的养殖效益出现下降，由此而不得不根据市场变化和消费需求进行结构调整和进行多种混合养殖。由于大宗淡水鱼长期以来一直多为鲜销，使得其产业化发展速度不快，目前产业化水平仍不高，大宗淡水鱼增值率低，相应的龙头企业少、规模小，市场竞争力不强，企业和农户之间的利益连接关系十分松散。

(一) 加工率较低，加工深度不够

近年来，我国水产加工产值占渔业经济总产值总比例稳步提高。到 2012 年为 3 147.68 亿元，占渔业经济总产值的 18.2%，比上年提高了 0.3 个百分点；但比 2008 年的 18.96% 还略低，尚未超过 1/5。精深加工的比例则更低。2012 年，我国的淡水渔业产量占渔业产量的比重是 48.65%，但淡水产品中加工的比重还比较低，淡水产品的加工率为 17.77%，比上年提高 0.8 个百分点，与 2008 年相比提高了 6 个百分点。

我国淡水鱼加工大都为传统作坊式，机械化程度低，新开发的鱼糜制品品种单一，加工工艺水平低，加工深度不够。目前，我国淡水鱼加工存在加工副产品多，鱼、鳞、内脏、鱼皮、骨刺等为 50%～70%，利用率甚低，大量的副产物被作为肥料或废弃物丢掉，造成资源浪费。由于淡水鱼加工技术落后、利润薄，使我国淡水鱼加工品仅占总产量的 3% 左右，很大程度上抑制了淡水渔业经济的发展。

目前，大宗淡水鱼加工业发展滞后，加工水平低，科技含量不足，产品附加值低，不能满足多样化需求；缺少了加工环节的大宗淡水鱼养殖业，基本上还停留在养殖与活鱼鲜销的阶段，生产受市场波动影响十分大。加工企业普遍规模小，研发能力不足，技术与装备现代化程度不高、新产品少、产品营销策略有待创新。目前，普通消费者的收入水平仍不高，消费不起高价值的加工产品，超市销售的水产品中，很少

有淡水鱼加工产品（鱼糜制品、罐头制品除外）和分割产品。

（二）淡水鱼加工技术落后

长期以来，在淡水产品加工业业内存在着四大尚未得到解决的难题：一是原料的综合利用率还有待提高。目前，我国鱼加工原料利用率低，仅为37％左右；鱼糜加工的采肉率只有30％左右；而大多数企业的加工下脚料，基本没有得到利用。以鲢为例，鲢鱼糜得率只有25％左右，生产1t鱼糜需要4t鲢原料。2008年，某企业鲢收购价为2 800～3 400元/t，鱼糜的价格为1.5～2.0万元/t，鱼的宰杀（三去）费用为300元/t鱼，水电费用为1 000元/t（罗永康，2009）。如果再加上其他的经营费用，则生产1t鱼糜的利润并不高。目前，鲢生产鱼糜后的副产物（内脏、鱼鳞、鱼鳃、鱼头、鱼皮、鱼骨等）没有得到充分利用，而是以很低的价格提供给了鱼粉生产企业，这使得鲢鱼糜生产的经济效益很低。一些企业反映，鱼加工后的废弃物难处理，不但浪费了资源，同时影响环境。因此，如何以大宗淡水鱼宰杀后的副产品为原料，消化大量加工废弃物，提高鱼加工原料利用率，开发具有较高附加值和市场前景的淡水鱼副产物深加工产品，提高经济价值，这方面的加工技术和产品开发是企业所急需的。二是成本控制技术的开发。首先是劳动力节约型加工机械缺乏。对于水产加工企业来说，加工工序中，消耗劳力多、人工费用较高的工序是鱼的剖杀、去鳞、去鳃、去内脏等工序，这些工序劳动强度大，在目前人工比较缺乏、工资成本逐年增加的情况下，降低此方面费用已经成为企业的迫切需要，企业十分需要开发鱼体分割设备。此外，风干鱼生产企业还反映，目前，人工低温风干的成本较高，希望降低干燥成本，提高经济效益，开发干燥效率高、成本低的干燥技术和装备。其次，在冷冻过程中，如何较好地控制其产品品质的同时，有效地控制其生产成本，以及如何开发能在常温状态下保存的水产加工品，既便于保存又减少存储费用也是企业面临的难题，这方面的水产品加工贮藏、流通及品质控制方法十分需要。三是企业对鱼糜蛋白的新用途开发和鱼的调理产品的需求大。淡水鱼的蛋白质特点不同于海水鱼，如何提高淡水鱼糜产品的品质及产品冻藏中的稳定性，是企业比较迫切需要的技术。此外，为满足人们对水产品的新的消费需求，企业还有必要开发鱼糜蛋白的新用途、开发各类鱼的调理加工产品。四是企业获得加工技术难。企业希望获得新产品、新技术，开发食用方便、营养和具有较好风味的淡水鱼系列产品，但是不知道技术来源，说明在淡水产品加工业方面的产学研结合十分薄弱。企业规模较小，创新能力不足固然是一个因素，但企业自身缺乏研发力量，"拿来主义"、跟市场的意识严重。此外，我国水产加工业基础性的技术储备缺乏，科研成果转化周期长，企业技术创新缺乏政策扶持，与水产加工业发展要求有一定差距。

（三）淡水加工业开拓市场难，产品附加值和利润率低

目前，加工淡水产品的企业多为中小企业，规模不大，开发的产品主要是传统产

品；以初级加工为主，精深加工、技术含量高的产品少，产品附加值和利润率低；企业以个体私营为主，龙头企业少、质量参差不齐；产品主要在国内销售，出口产品少。受消费习惯和产品形式等因素制约，我国大宗淡水鱼等鲤科鱼类主要以满足国内需求为主，出口量较小，海关统计中只有活鲤出口的相关数据。从出口流向看，主要是中国香港、日本、中国澳门、韩国、俄罗斯、朝鲜等周边地区和国家。不仅鲤科鱼类出口不理想，整个淡水产品的出口局面都没有真正打开，这显然与我们鲤科鱼类第一生产大国和淡水渔业大国的地位不相适应。

很多加工企业反映，消费者的收入水平、消费习惯、市场因素是制约企业发展的重要因素。企业认为，目前，普通消费者的收入水平不高，消费不起高价值的加工产品，另一方面，他们认识不到水产品的营养保健作用，这方面的营养知识存在不足，此外，在食鱼方面传统习惯文化的影响很大。消费市场对于水产加工品的接受度仍不高，使得我国水产加工业受到市场波动影响很大。2007 年以来，受金融危机影响，一批水产加工企业生产遇到困难，经营难以为继。企业反映，国家应给予水产品加工企业更多的优惠政策，在水产加工业发展的初级阶段应给予各方面的支持。

二、水产饲料业目前面临原料短缺和饲料价格攀升问题

中国是世界水产养殖大国，养殖产量占世界水产养殖总产量的 70％，水产饲料的生产、消费也位居世界首位。目前，在产业链条中，水产饲料业居于前端。目前水产饲料业发展规模不足、品种品质不稳、产品不适应市场需求等，使水产养殖业环节供求问题随之产生。

(一) 发展规模不够

目前，我国人工配合饲料的普及率不足 40％，水产饲料的市场缺口每年高达 2 000 余万 t。以水产配合饲料占饲料总量 5％计算，中国使用配合饲料生产的水产品产量约占养殖产量的 10％，与国际先进水平有着相当大的差距。在饲料工业支撑体系建设上，目前远远不能适应养殖结构、养殖模式日益多元化的需求。饲料添加剂生产起步晚，产品开发主要仿造国外现有产品。目前中国的饲料机械厂有数百家，但与国际先进水平相比尚有距离，不少水产饲料生产厂家的关键设备仍需依靠进口，生产的饲料数量、品种、质量还难以满足水产养殖业快速发展之需。

(二) 技术水平较低

中国水产饲料行业起步晚、投入不足、研究基础薄弱，发展水平远远滞后于发达国家。在水产动物营养研究方面，我国比发达国家晚 40 年。人工配合饲料和新产品的研发对于推动水产养殖业的发展具有重要意义，但从目前的情况来看，中国人工配

合饲料的普及率不高，推广率还不足 1/3，这与中国水产养殖大国的地位极不相称。配方技术是水产饲料发展的重要基础，改进配方不仅能更广泛地利用营养成分，而且能够大量节约成本，降低环境负荷。日本、挪威、美国等渔业发达国家养殖的鲑、鳟、鲆鲽鱼和鲤饲料系数已达 1.0～1.3 的水平，其他鱼类及甲壳类的饲料系数在 1.5～1.8。我国对鱼、虾等水产品营养需求的研究还远远不够，基本数据空白或残缺不齐。由于技术上盲点很多，水产饲料业配方粗糙，仍处于初级阶段。目前，我国只有部分品种的饲料系数总体水平达到 1.8。我国的饲料添加剂绝大多数是矿物盐和氯化胆碱，而技术含量较高的氨基酸、维生素等产品生产能力较低，与发达国家的差距非常大。

由于养殖者以小农为主，经营比较分散。养殖户普遍缺乏对于饲料营养要求、主要饲养品种的水产品营养、饲料成分使用、构成、制造以及适宜的养殖方法研究等方面的实用信息。养殖户粗放利用饲料，进一步加剧了我国饲料的紧张程度。而且，这种养殖方式可能对环境造成污染。

（三）原料供应严重不足

从我国的原料供应情况来看，满足市场需要存在客观困难。作为饲料重要蛋白源的鱼粉，我国年产量不高，自产鱼粉不足 10 万 t，且质量不稳定，大量鱼粉从国外进口。2009 年，我国进口鱼粉 130.8 万 t，占世界鱼粉总产量的 1/5 以上、世界鱼粉贸易总量的 1/4 以上。随着中国水产饲料工业规模的扩大，饲料企业生产所需的豆粕、玉米等原材料将越来越依赖进口。据专家测算，目前，中国饲料工业蛋白饲料短缺 1 000 万 t，能量饲料短缺 3 000 万 t。

由于原料供求格局总体比较紧张，原料价格相对较高。由于不同企业进货时间不同，所在区域位置也有很大差异，原料质量高低不一，不同企业进货价格差异较大。总体来说，企业的进货价格较高。由于国家采取了强有力的调控措施，实行了最低收购价政策，粮食生产稳定发展，粮食价格相对稳定，玉米、玉米蛋白粉、小麦等的价格稳定。但由于国际粮食价格飙升，粮食价格和饲料粮价格也存在很大的上涨压力。由于我国大豆生产规模不能满足自给的需要，大豆和豆粕价格基本上由国际市场决定，价格比较高，有 6 家企业所进豆粕价格达到 4 000 元/t。鱼粉本是非常好的饲料原料，但是鱼粉的价格快速上涨。2008 年，样本企业中有 10 家的鱼粉进货价格达到或者超过 8 000 元/t。2009 年，鱼粉的涨幅非常大，超过了 11 000 元/t，创历史新高。

由于缺乏原料，水产饲料业的发展受到根本性制约。受全球渔业自然资源衰退的影响，世界鱼粉产量逐年下降。在这样的情况下，大量进口必然对国际市场价格产生明显影响，饲料生产成本快速提高，并容易受到国外原料垄断企业的控制。为稳固饲料业发展基础，美国等发达国家已经开始广泛利用传统天然饲料以外的营养成分。为避免鱼粉使用困难的问题，开发新的蛋白源成为中国水产养殖业发展必须面对和解决的首要问题。

(四) 饲料的质量安全控制水平亟待提高

从饲料企业自身来说，提高质量安全水平是符合其长期利益的。因此，规范经营的企业一般会尽可能加强管理和控制。样本企业多数为规模较大的农业产业化龙头企业，比较注重质量安全问题，但目前的隐患仍然非常大。不少企业对自给产品的质量安全状况，并没有足够的把握。

三、渔药行业研发能力不足、滞后于鱼病防控形势

在快速增长的过程中，我国渔药行业研发能力薄弱、与市场和水产养殖业发展需求不相匹配的问题越来越突出，渔药行业自身发展的一些问题也在逐步暴露。

(一) 近年来鱼病频发，渔药行业发展程度不够

尽管我国渔药产业得到迅速发展，基本上形成了种类多、品种全的生产格局，但总体来看，渔药产业的发展水平仍然明显不够。2012 年，鱼病损失为 361 449.41 万元，相当于当年水产产值的 0.4%；渔药产值 116 648.64 万元，占渔业经济总值的 0.07%。因此，通过发展渔药产业在减轻鱼病经济损失方面的潜力还非常大。

目前，我国渔药行业处于发展的初级阶段，药品种类不断增加，结构日趋完善。但从水产养殖业发展的角度来看，渔药发展还存在不足和潜力：

一是水产养殖结构和养殖模式的改变，对于渔药产业的影响越来越大。在解决了水产产品供给之后，水产业结构调整的情况开始出现，由于集约化增长方式和生产结构改变（新的养殖品种的采用），目前，整个水产业对渔药产业的需求开始向着专用型、多样化、预防性等方面发展，这需要渔药行业因时而动，在整个研发方向上相应做出调整。

二是水产品质量安全，对渔药产业提出了更高的要求。近年来，食品安全问题广受关注。食品安全问题处理不当，将会直接影响到一个行业的兴衰。对于渔药行业来说，这些要求直接提出了一个问题，就是如何将目前以直接防治为主的水产养殖业病害防控模式转变为以预防为主的病害防控模式，如何开发低毒、环保、安全的渔药，如何在水产水产经营者中推行健康养殖的理念，如何确保渔药的使用不是过度的而是合理的，如何确保相应的渔药使用技术可以到达养殖者。渔药产品结构不尽合理。以有机磷和菊酯类农药为原料制备的所谓鱼用杀虫剂以及被作为鱼用消毒剂的漂白粉、三氯异氰尿酸、二氯异氰尿酸钠、溴氯海因等氯制剂在渔药中占有相当高的比例，而一些在鱼类传染性疾病防治中已经被证明有效的抗生素类口服药剂、免疫激活剂、微生态制剂等渔药所占的比例则非常低，还不能满足水产养殖业生产发展的实际需要。一些出口型的水产养殖加工企业特别关注渔药的效果、质量和环保情况。

三是当前水产动物疫病活跃、流行趋势明显，一些病原发生变异，对渔药行业形成严峻的挑战。目前，在我国，鱼病已成为困扰水产养殖者的重大问题。传统的鱼病，尤其是肠炎、出血病、肝胆综合征、草鱼综合征与寄生虫病等问题没有得到很好解决，需要提高渔药质量。以草鱼为例，据全国水产技术推广总站 2006 年的统计，在我国云南、湖北、江苏、江西、广东五省，草鱼出血病的发病率超过 5%。广东草鱼发病率和死亡率最高，11 个省发病率超过 20%；湖南鲢、鳙发病率最高，13 个省发病率超过 15%；河南鲤发病率最高，11 个省发病率超过 15%；福建鲫发病率最高，13 个省发病率超过 15%。我国各大宗淡水鱼因病害造成的年经济损失合计 40 亿元，占所有鱼类病害损失的 74%。一些新出现的渔病不仅危害大，流行性强，而且病因不明。广东省锦鲤疱疹病毒病流行情况，2002 年为 3 例、2003 年 10 例、2004 年 20 例、2005 年 30 多例，此外，鲤春毒血症、传染性造血器官坏死病等暴发性流行病已经开始流入我国。尤其需要重视的是，很多鱼病已经对渔药产生了抗性，经常出现用药后鱼大量死亡的现象。这些情况都说明，渔药产业正面临严峻的形势，需要寻求新的突破口。目前，出血病、寄生虫病、肝肠疾病、小瓜虫病、草鱼烂鳃病等较难治疗，一旦暴发，养殖户会出现成批死鱼的情况，渔药也不管用。

（二）生产经营企业实力薄弱，研发能力严重滞后

与日趋严峻的形势相比，我国渔药行业发展还仅处于起步阶段。我国兽（渔）药制药企业数量众多，目前全国有 1 500 多家兽药生产企业，但具有核心竞争力的企业非常少，渔药生产企业的规模小。无论是在资金的投入，还是在厂房的设计、生产设备、工艺流程等方面都是相当简陋和落后。我国渔药药品种类多，但渔用化学药物主要为仿制、改进，真正从事实体化学品的研究极少，大部分渔药直接或间接地来源于人药、兽药，至今尚未形成自主产品系列。此外，我国专用渔药种类少，对禁用渔药替代品的研究未能及时跟上，导致孔雀石绿等禁用渔药继续使用的现象仍存在。另外，随着耐药菌的大量出现，抗生素的研究速度已无法解决日趋复杂的耐药性问题。

（三）市场竞争激烈，渔药市场亟待规范

目前，我国渔药行业内部"群雄逐鹿"，生产厂家之间的竞争、经销商之间的竞争十分激烈，经营不规范的现象大量存在，动物用药领域问题严重。目前，渔药行业存在的问题主要有：

第一，渔药研发与生产不能满足养殖行业发展的需要。目前，中国具备化学合成、药理毒理和市场等方面知识的高精尖人才非常少，渔药生产基本上是仿照人用药进行，生产企业往往规模很小，经营手段和方式也比较简单。整个渔药研发、生产与销售行业还处于初级阶段。由于行业准入门槛低和渔药经销行业缺乏有效管理，制药企业要获得竞争优势，主要靠降低成本，不少不具备生产资质的中小企业在进行生产与销售。不少企业为获取利润，不惜牺牲药品质量，甚至生产假冒伪劣产品；小而多

的售卖假劣渔药的无证经销商则摊薄了渔药销售行业的利润，侵害了正规经销商和养鱼户的合法权益。

第二，渔药销售网络不健全，厂家与供货商向经销商提供的服务较单一，养殖户赊账导致资金周转困难，现代化的交易方式应用较少。

(四) 渔药产品专用化不够，不能满足养鱼户的具体需求

养鱼户普遍不仅希望渔药高效、低残留、价格合理，也希望渔药易于使用、符合当地养殖水质与渔业生产习惯，但目前渔药剂型与包装规格种类偏少，尚不能全面满足养鱼户的需求。对湖南、广州等地的调研显示，渔药使用方法复杂是养鱼户反映的突出问题。对山东的调研也反映出一些外省正规厂家生产的渔药，在山东部分水域使用时疗效有限，不同地区养殖用水与土壤的含氧量、酸碱度、矿物质含量等理化指标差异，对药效影响十分明显。农业部对山东济宁微山湖等地的调研中，渔药经销商的店铺中未发现有渔药称量器材对外销售；所销售渔药的规格偏大，每个包装通常可供几亩到十几亩养殖水面使用，很容易剂量过大。

(五) 用药不科学、不规范的现象普遍

目前，使用化学药物仍是防治水生动物病害最直接和最有效的手段之一，但化学药物存在的最主要问题就是毒性和残留。在水产养殖者中，用药不科学、不规范的现象大量存在。有的过分追求养殖密度；有的滥用抗生素、杀虫药；有的不重视水质改良、修复；还有的不讲科学，只凭借传统经验，就症状论病因，就症状论处方。这些渔药使用方面的问题，主要有由以下原因造成的：

一是用药知识不足。一半的渔药经销商只会一些简单的兽（渔）医临床知识，渔药知识非常有限。有些经销商是从扩大药物销量的目的出发，并不完全对症下药。而水产养殖者文化程度不高，用药知识缺乏，往往是凭一知半解和经验用药，为获得疗效，加大渔药使用量和使用频率的情况很多见。

二是违法违规。一些水产养殖场受经济利益驱动，使用国家明令禁止的违禁药品。如个别黄鳝养殖户使用性激素"催肥"；不法水产商使用孔雀石绿等毒性化工品充当保鲜剂（周勍，2009）。渔药滥用一方面会导致病原体产生抗药性，增加今后的鱼病防治难度；另一方面导致水产品与环境中药残积累超标，严重影响水产品质量安全、人体健康和生态环境安全。而我国在制订残留限量、休药期、给药剂量及用药规范等方面的资料缺乏，这是导致渔药使用存在盲目性的一个原因。

四、流通主体尚未充分发育，基础设施薄弱

经过30余年的发展，我国已经形成了流通主体多元化的格局，活跃了水产品市场，但小规模流通主体的经营能力和水平仍然比较低，流通环节的利益难以实现合理

分配,不利于流通业和整个水产业的持续健康发展。产业经济功能研究室在湖南开展的案例调研表明,0.5kg淡水鱼从渔民手中出售到城市零售市场,各环节的利润总额为0.759元,其中,渔民养殖环节利润占总利润的28%,运销环节占66%,批发环节占到6%。生产者在整个产业链中分享的利益过低。分析原因,主要有三个方面:

(一)专业化的流通主体尚未成为主力军,养殖户自己的流通主体没有充分发育

目前,我国水产品批发市场中从事水产品运销的商人90%~95%是个体商贩,经营行为仍然具有明显的"提篮小卖"的特征。水产品批发商是流通环节中话语权相对较高的群体,但他们在购销关系中的地位也不高。调研数据显示,批发商与供货方有稳定购进关系的占78.95%,而与购货方有稳定关系的只占一半,而且这种购销关系大多以口头协议形式确立,94.74%的批发商在交易价格上要随行就市,有最低收购价的仅占7.89%。

流通环节中直接面对消费者的个体小商贩的经营情况更不乐观,个体商贩是初级的流通主体。由于投入能力低、设备条件差、技术含量低、掌握信息不充分,质量安全控制水平低、经营成本较高、销售渠道狭窄、销售半径短、行为同质性强、经营风险大,难以适应大流通的要求。目前,个体商贩经营活动不很稳定,赢利水平较低,监管难。

而养殖户自我组织的直接参与流通环节的中介组织还不多。目前,我国养殖户单个行为能力低,不了解市场行情,销售量小,水产品生产后主要直接卖给个体商贩、流通企业、饭店等,谈判能力很弱。在水产品价格上涨的时期,往往大部分利润被中间商拿走;在水产品市场价格低迷时期,又成为风险的最终承担者。

(二)市场基础设施薄弱、政策支持不足

近年来,水产品市场基础设施建设取得了一定进步,但建设投入水平仍较低,影响了市场功能充分发挥。目前,全国有5 000多家农产品批发市场,大部分综合性批发市场都经销水产品,且水产品交易额比重呈上升趋势。从地域上来看,中西部地区市场发育落后。专业性水产品批发市场,80%以上在产地市场,且多集中在东部沿海省市和中部有淡水主产区,而销地市场不到20%,难以实现水产品的快速流通。从城乡分布来看,市场资源配置偏向大中城市,城市市场设施条件较好,农产品配送、零售网络比较健全,而农村地区市场建设投入大大低于城市,导致城乡市场规模差距呈继续扩大趋势,农村消费市场开发水平仍然较低。总体来看,覆盖全国的水产品市场网络尚未形成。除此之外,市场的基础设施十分滞后。

一是市场的水电系统、道路、场地、排污等基础设施落后。不论城市还是农村,零售市场"以街为市、以路为集"的特征明显。由于农村流通设施建设未纳入基础设施建设盘子进行专门安排,农村市场的硬件条件更为落后。目前,农村人均商业面积仅约为城市的1/10,场地面积限制了市场发展。城市中的水产品批发市场基础设

建设也不理想。在卫生、污物处理设施方面，批发市场普遍达不到环保要求，一些市场的排污设施没有和市政污水管道相连通。

二是很多水产市场的冷链设施配备只有保鲜、贮藏设施，检验检测体系不健全。多数水产品市场中要么没有水产品质量安全检验检测的设备仪器，要么设备仪器老化落后，甚至无法使用。该市场的水产品质量检测方面相当落后。水产品进场无需任何证明，只是通过目测进行病害检测，没有产品的专业检验检测系统。市场认为，水产品质量检验检测系统属于公益性设施，应该由政府投资。

水产品低温仓储、冷链运输系统条件比较落后。产品从生产领域进入流通领域后，运输、贮藏、保管等任一个环节停留时间过长或保鲜不好，都会引起产品腐烂、变质和自然损耗。有些鱼类死亡后，会产生毒素，容易危及人的健康。由于消费者对其色泽和保鲜等要求很高，鲜活水产品的流通效率要高。而实现活品、鲜品和冻品的高效流通，必须有良好的物流条件。国外保鲜产业是以高度发达的工业为基础的，生鲜产品从采收-商品化处理-运输-贮藏-销售整个过程基本在冷链（冷藏库或气调库）中进行的。欧美国家进入冷链系统的农产品比例为85％左右。目前，我国水产品仓储、冷链运输系统很不发达，仍以常温物流或自然物流为主，未能形成统一运作的物流网络体系，使得水产品的销售半径较短，损失量较大。目前，我国进入冷链系统的水产品仅为20％左右，水产品在流通环节成本高、损失大。经纪人调查显示，目前的淡水鱼运输方式以活鱼运输为主，占95.3％，冷链运输的比例仅为2.37％。有资料表明，我国鲜活农产品流通成本占销售成本的达到60％左右甚至更多，而发达国家物流成本控制在10％左右。国外超市生鲜农产品经营的毛利在20％左右，而国内不到10％。

三是市场信息化建设滞后，软硬件配套水平满足不了信息采集、传播、共享的需要。水产品信息化发育程度较低，增加了交易成本。根据调研，批发市场缺乏现代电子技术手段，没有电子化记录台账，食品安全信息公示仍以市场公告栏为载体。使用电子显示屏的，也做不到信息实时更新。一般而言，如果物流业比较发达，地区差价就较小，反之则较大。与其他农产品相比，水产品的鲜活消费形式和易腐烂特点决定了其流通半径较小，从而拉大了地区差价。经纪人的平均销售半径仅为393.53km，从品种看，大宗淡水鱼的销售距离较短；名特优品种多销往大城市，运输距离相对长。

四是政策支持不足。在市场发展的政策扶持方面目前相对缺乏，也没有运营建设方面的政策优惠。市场表示当前发展急需资金和政策。从市场对升级改造的资金来源的排序来看，首先是希望财政支持，其次为银行贷款，再次是通过合伙集资来获得。而资金投入的流向，则以水产品质量检测系统为先，再为卫生系统。市场负责人认为，政府资金投入应重点向这两个领域倾斜。市场负责人还表示，当前水产品批发市场建设中最急需的是仪器设备投入和水电价优惠政策。

(三) 交易方式仍比较落后，流通现代化程度较低

虽然水产品流通配送、连锁经营、拍卖交易、电子商务等新型交易方式在我国已经得到一定程度的发展，但这些交易方式还处于起步阶段，所占比重也不高。整体上来看，我国水产品交易方式仍比较落后。大宗淡水鱼仍主要采用面对面的交易方式，小规模、大群体的特征比较明显。而水产品批发市场基本都采取对手交易方式，网上交易，拍卖交易、标价交易、委托代理交易等现代交易手段基本没有使用。在发达国家，生鲜产品主要通过连锁超市销售。如在美国和德国，农产品的 95％通过超市或食品店销售，日本的这一比例达到 70％。我国水产品连锁经营处于初步发展阶段，且主要在大中城市和发达地区。在多数小城镇和乡村，这种新型的农产品经营方式尚未充分发育。

目前，批发市场的结算手段和物流配送落后。所有的交易目前仍是现金结算，结算手段比较落后。因经营的全部为活鱼，几乎都采取活鱼运输形式，第三方物流配送的意识和手段都比较落后。

五、淡水渔业的社会化服务体系不健全

根据课题组 2009 年对 35 个水产重点县市区 2004—2008 年的养鱼户的调查，养殖户为 265 844 户，其中小规模户为 240 671 户，占 90.51％。规模小本身并不是弱点，但客观上需要健全的服务体系提供完善的服务。

对小规模的养殖户来说，参加合作社是其适应大市场的根本出路。但从现实的情况来看，水产养殖专业合作社很少，养鱼户的组织化程度不高。一些合作经济组织没有规范的章程，宗旨模糊，职责不清，加上机构设置不合理，管理制度不完善，民主氛围不够，致使内部缺乏活力。有的合作经济组织虽然有章程，但不是按章程办事，处于放任自流状态。现有合作经济组织的服务能力低，带动能力弱，市场竞争力不强。在鱼苗、饲料、渔药供应和产品销售方面，水产养殖户高度依赖于经销商和鱼贩。

从调查情况来看，养殖户对于社会化服务有着紧迫需求。在 1 359 户养鱼户中，"非常需要"市场信息的占 89.58％；"非常需要"鱼苗或饲料服务的占 89.58％；"非常需要"养殖技术服务的占 92.16％；"非常需要"鱼病防治服务的占 92.05％；"非常需要"渔机服务的占 77.81％；"非常需要"信贷保险服务的占 69.71％。而且，养殖户对技术专家的需求非常强烈。在 2 665 个选项中，要求技术专家"进行具体的养殖技术指导，随时诊断"的占 35.49％；要求技术专家"提供好的鱼种信息"和"提供市场上卖得价钱高的品种"的分别占 22.21％和 17.29％；要求提供"池塘改造技术"的占 9.71％。

在大宗淡水鱼生产中，则主要以养殖户和鱼贩子之间的口头协议为主。在实践

中，鱼贩子与养殖户并不签订购销合同，也不明确收购价格，两者之间的关系还简单地停留在购与销的商品交换关系阶段，这种情形下的公司和农户都没有把对方视为是同一个利益共同体内的成员。实际上，两者之间的利益联结机制是及其松散的。在双方的意识和需求都没有达成一致的情况下，就会产生大量的机会主义行为。目前，我国水产品市场价格波动较频繁，由于各个利益主体是独自面对市场的，并没有形成"利益共享、风险均沾"的机制，各个利益主体只考虑自己的利益，不能面对较大的市场风险。

第九章　中国大宗淡水鱼产业政策研究

第一节　产业政策演变

20 世纪 80 年代中期，基于当时渔业发展情况和资源衰退的现实，以及《联合国海洋法公约》的新规定，我国确立了以养为主的渔业发展方针，对渔业结构进行了重大调整。1986 年我国颁布《渔业法》，从法律体制上调整了中国延续数十年的以海洋捕捞为主的渔业经济政策。2000 年修订后的新《渔业法》，进一步规范了水产养殖业健康发展、实行捕捞限额制度，为渔业可持续发展奠定了法律基础。党的"十六大"以来，中央把"三农"问题放在经济社会发展全局的突出位置，支持"三农"力度不断加大，在支持渔业发展、保护渔民合法权益等方面也取得了积极的进展。

一、改革开放之前产业政策概况

我国养鱼历史悠久。新中国成立以后，迅速建立了领导渔业生产发展的组织机构，制定了发展水产的方针政策，采取积极措施恢复和发展水产业。1950 年 2 月，首届全国渔业会议在北京召开。会议制定了"以恢复为主"的渔业生产方针，在工作上，大力引导扶持个体渔民走合作经济的道路；对国营渔业实现"集中领导、分散经营"；制定了"斤鱼斤粮"，即使鱼价低于肉价等于粮食的鱼价政策。这些政策措施对指导生产和供给起到很好的作用（《当代中国水产》，1991）。1953 年，第三届全国水产会议提出新的工作方针为"稳步地、有重点地发展海洋渔业，扩大淡水养殖面积，加强国营企业的经营管理，提高捕鱼量，更进一步开展渔业生产互助合作，改进技术，提高单位面积产量，开展爱国丰产竞赛运动；组织公私力量，搞好加工运销工作，为增加水产品产量而奋斗"。在"一五"计划期间，水产部门增建大型风帆船和进行机帆船试验、加强渔业汛期组织领导，保护水产资源繁殖，扩大放养面积，大力发展水产养殖。1953—1957 年，主要渔区累计贷款 19 577 万元。此外，还制定了多种经济并存、自由购销等政策，活跃了市场。此后，在农业合作化浪潮下，渔区也广泛开展互助合作，但也遗留了一些问题。

改革开放之前，我国养殖业经历了一个高速发展的过程。20 世纪 50 年代开始，各地大兴农田水利建设，大大提高了我国淡水养殖的可养水面。1954—1978 年，尽管水产养殖面积的变化具有明显的波动性，但总体呈现快速增长态势，从 37.6 万 hm^2 增加到 272.28 万 hm^2，24 年间增加了 6.24 倍。"大跃进"时期，淡水养殖从南而北迅速推开。1958 年，淡水养殖水面曾猛增到 142.88 万 hm^2，比 1957 年的 100 万 hm^2 增加了 42.88 万 hm^2，增长了 42.88%。1977 年 11 月，农林部在北京市召开了有关商品鱼基地建设的座谈会，决定采取民办公助、鱼钱挂钩的办法，在全国主要渔业产区洞庭湖、鄱阳湖、太湖、洪泽湖、珠江三角洲等地建设十大商品鱼基地。会后，各地都选取水面较多、基础较好的县市发展商品鱼基地。

在新中国成立以来到农村改革开放的这一段时间内，我国淡水养殖产量虽也曾受政策变化影响一度大起大落。1978 年以前，在水产品由国有水产供销企业独家垄断经营的体制下，水产品实行统购统销，价格的确定均向城市消费者倾斜，结果造成水产品价格长期低于其生产价格，也不及猪肉价格的 1/2，这直接影响到渔民发展养殖生产的积极性。其次，在"大跃进"浮夸风的影响下，不考虑生物资源再生产能力和物质技术水平等，一味追求高产，造成资源破坏，人民公社"一大二公"和"平均主义"的分配思想更是影响了群众生产积极性；1959—1961 年期间，国家粮食极度紧张，许多地方围湖造田、填塘种粮，迫使水产养殖业萎缩；1959 年开始，国内市场副食品供应严重缺乏，为增加捕捞量，水产部提出大量应急性措施，冲破了原有的夏秋鱼类繁殖生长盛期实行禁渔区、禁渔期的水产资源保护规定，这对资源的破坏是显著的；1961 年，我国淡水捕捞量由 1957 年的 61.4 万 t 减少到 52.86 万 t，减少 14%。

尽管有各种因素影响，但总体上看，这一阶段的淡水养殖产量还是呈增加趋势。1954—1978 年，我国淡水养殖产量从 277 959t 增加到 760 468t，24 年间增加 2.73 倍。其中，1954—1959 年的短短 5 年间就增长了 1.14 倍。此后淡水养殖业发展进入谷底，直到 1971 年，淡水养殖产量才增加到 617 846t，超过 1959 年的水平。1974 年，我国淡水养殖产量突破 70 万 t，1978 年达到 760 468t。

二、农村改革开放到"十六大"之前的渔业政策情况

党的十一届三中全会以后，我国淡水渔业发展进入真正的"黄金期"。农村改革开放为淡水养殖业发展带来了空前的活力，淡水养殖面积继续大量增加。1985 年，我国淡水养殖面积的增长幅度一度达到 13.2%。到 1988 年，淡水养殖面积为 389.50 万 hm^2，比 1978 年增长 43.05%。此后，养殖面积连续两年有所下降，但增长的总趋势没变。到 2005 年，增加到 585.05 万 hm^2。2008 年，我国淡水养殖面积为 497.10 万 hm^2，比 2006 年增加 17.07%。到 2011 年，淡水养殖面积达到 572.86 万 hm^2，与 1954 年的淡水养殖面积 37.6 万 hm^2 相比，增长 14.23 倍。农村改革开放后，我国淡水养殖产量快速提高，到 1991 年，淡水养殖产量为 457.02 万 t，比 1978 年增加 4.0 倍，年均增长速度达到 14.79%。尤其是单产水平，呈现出节节攀升态势，年均增长速度为 9.44%。此后，淡水养殖业进入一个高速增长时期。到 1997 年，淡水养殖产

量达到一个新的高峰，为 1 228.99 万 t，比 1991 年增长 1.69 倍，年均增长 17.92％。经历了前期的高速增长阶段以后，此后的淡水养殖业进入了一个相对平稳的发展阶段。2008 年，淡水养殖产量为 2 072.50 万 t，比 1991 年增长 68.63％，年均增长 4.87％。与上一个阶段相比，这一个阶段的增长速度大幅度下降，但仍然呈现较快发展态势。

总结农村改革开放以来到党的"十六大"召开之前的淡水渔业政策，与之前的产业政策相比，有以下的一些突出变化和特点：

一是改革放活，充分调动渔民发展生产的积极性。针对前一个阶段出现的水面利用不充分，持续加大海洋捕捞能力造成水产资源被破坏，海淡水养殖业发展缓慢，只注意国家和集体办场，群众积极性没有充分调动，水产品市场供应严重不足等问题，中共中央国务院接连召开全国性会议，明确发展水产业的方针和政策。1982 年 3 月，召开全国淡水渔业工作会议，会议明确了落实养鱼水面使用权，完善生产责任制等有关政策。此后，在改革、开放、搞活政策的指导下，国营、集体、个人一起发展养鱼。1985 年，中共中央、国务院发布《关于放宽政策、加速发展水产业》的指示。文件明确提出：中国渔业发展以养殖为主，养殖、捕捞、加工并举，国营、集体、个人一起上。在政策方面，文件做了几项突破性的重大决定：在生产关系上，承认养殖业承包大户及捕捞业以船为基本核算单位的合法性；在商品流通上规定水产品价格全部放开，实行市场调节；在经营体制上要求打开渠道，规定产供销、渔工商、内外贸可以综合经营；还肯定了发展远洋渔业的方针。1981 年起，对淡水产品的收购开始松绑，对淡水养鱼采取恢复、开拓、提高三结合原则，在成交养鱼的基础上建设稳产高产商品鱼基地。党的十一届三中全会召开以后的一系列方针政策的调整，鱼塘被承包到户，责、权、利规定很明确，使广大渔民的养鱼积极性被进一步调动起来。国家和地方政府都把发展水产品生产提到重要议事日程，商品鱼基地建设、池塘养鱼、湖泊水库大水面开发、稻田养鱼、坑凼养鱼、网箱养鱼等迅速兴起，放养面积增多，小水面与大水面、深水域与浅水域、精养与集约化饲养齐头并进，各种水产养殖蓬勃发展，生产持续稳定增长，中国水产业进入新的发展阶段。

二是水产品价格放开，引入市场机制。1984 年，我国水产品流通放开，可自由上市，多渠道经营，进一步推动了淡水渔业发展。此后，水产品价格出现回归性上涨。1978—1984 年，水产品平均收购价格指数为 138.93（以 1978 年为 100），零售价格指数为 120.93；1985—1999 年，水产品平均收购价格指数为 569.84，零售价格指数为 479.13（张健，2009）。水产品价格放开后，政策因素的影响日益趋弱，供求关系成为决定性的因素。质量、替代品价格等的变化等，也会对水产品价格产生一定影响。在这一时期，随着人口的增加、人口平均年龄的提高、收入水平的变化，水产品需求快速增加。

三是恢复淡水水产资源的政策。1979 年，国务院正式颁布水产资源繁殖保护条例。各地的淡水渔业渔政管理机构相继恢复，一些地方恢复或增建湖泊管理机构，加强管理，恢复渔业生产秩序，取缔酷鱼滥捕的渔具渔法，改变天然资源衰退状况。1979 年，国务院批转国家水产总局的报告，指出要严禁围湖填塘，要退田还湖、退耕还渔。此外，还注意设置鱼类洄游通道。1979 年，国务院环保领导小组、国家计委、国家经委和国家水产总局联合颁布《渔业水质标准》，对因污染水域造成鱼类资源伤害的，要负经济赔偿责任并限期治理。

四是完善渔业法律法规。1978 年以来，渔业法制建设得到大力加强，立法、执法和普法工作全面展开，渔业进入一个有法可依、违法必究、依法治渔的时期。1978 年 3 月 16 日，国务院决定成立国家水产总局。国家水产总局成立后，修改完善了 1964 年试行的《水产资源繁殖保护条例（草案）》，补充了奖惩、组织领导和监督实施等条款。此后，21 个省（自治区、直辖市）颁布了实施细则。淡水渔业省份对重要河流、湖泊、水库规定禁渔区、禁渔期或实行"封湖"、"封库"制度。1979 年，国家水产总局颁发《渔业许可证若干问题的暂行规定》，捕捞业从业者须向渔政管理部门申请领取许可证后方能进行生产。1986 年 1 月 20 日，国家颁布了《中华人民共和国渔业法》，并于同年 7 月 1 日施行。渔业法对养殖业、捕捞业、增殖和保护渔业资源以及渔业管理做出具体规定，鼓励发展水产养殖业，积极增殖渔业资源，保护渔业生产者合法权益；鼓励发展外海和远洋渔业，限制内陆水域和沿岸近海捕捞强度。

到 20 世纪 90 年代中后期，我国水产品已经越过了短缺时代。在供给不断增加的情况下，市场竞争日益激烈，导致养殖效益的波动非常大。这个基本格局的形成，对我国淡水养殖业产生了深刻的影响。此外，不断衰退的渔业资源与日益增长的需求之间也形成新的矛盾。在此背景下，淡水渔业面临增长方式转变和提质增效。90 年代之后，我国大宗淡水鱼产业发展进入稳定期，与此同时，淡水经济鱼类发展很快，休闲渔业兴起，成为渔业经济发展的新亮点。

三、21 世纪以来我国发展现代渔业的政策演化

从发展历程来看，在新世纪之前，我国淡水养殖业发展已经进入了调整期，这是社会经济发展的必然要求。今后的大宗淡水鱼生产发展，必须解决好数量和质量、保障性品种和多样化品种、发展方式转变等问题，遵守资源节约、环境友好和可持续发展理念，坚持以建设现代渔业为目标，围绕渔业增效、渔民增收，加快转变增长方式。

（一）政府财政支持力度增加

建设渔业现代化，离不开政策的科学引导和政府的投入支持。进入 21 世纪以来，中央财政和地方财政对渔业的投入逐年扩大，鼓励渔业发展的支持范围也在逐步扩大。2002—2005 年，中央财政对渔业的投入基本上略高于 10 亿元，渔业投入

占农业投入的比例在 0.5％ 左右。2006 年起，中央财政对渔业的投入显著增加，达到 37.06 亿元，占农业投入的比例首次超过 1％，为 1.05％。此后，中央财政对渔业的投入每年增加，从 2002 年的 10.67 亿元增加到 2012 年的 246 亿元，增加了 235.33 元，年均增长 36.86％。渔业投入占农业投入的比例，从 2002 年的 0.56％ 迅速上升到 2008 年的 2.21％，此后，2009—2012 年的 4 年间，中央财政对渔业的投入占农业投入的比例基本不超过 2.0％。通过政府补贴和财政投入，水产良种繁育、病害防治、水产品质量管理、渔业资源养护、水产科研、渔港和渔业安全、渔业执法装备体系建设和渔业柴油补贴等方面得到重点加强，解决了行业发展中的一些困难（表 9-1）。

表 9-1　中央财政对渔业的投入

单位：亿元、％

年份	2002	2003	2004	2005	2006	2007	2008	2009	2010	2011	2012
中央财政对渔业投入	10.67	11.96	12.73	10.8	37.06	61.3	131.8	130.2	108.4	177.7	246
中央财政对农业投入	1 906	2 144	2 626	2 975	3 517	4 318	5 955	7 253	8 580	10 419	12 287
渔业投入占农业投入比例	0.56	0.56	0.48	0.36	1.05	1.42	2.21	1.80	1.26	1.71	2.0

注：表中 2009—2012 年中央财政对渔业投入数据，为笔者根据渔用柴油补贴、渔民转产转业与渔业资源保护、菜篮子工程中水产品、现代农业产业技术体系 5 个涉渔专项经费的加总计算而得。

数据来源：历年《中国渔业年鉴》、《中国统计年鉴》和《中央财政支农政策手册》（2002—2012）。

（二）我国渔业补贴政策框架逐渐清晰

目前，我国渔业补贴的主要形式包括四大类：①直接的财政转移，如用于养殖业的科研或品种改良资金补贴、渔业管理补贴、远洋渔业开发新渔场补贴、开拓国际市场或"走出去办企业"的前期补贴等；②税收优惠，包括燃油税、关税、增值税和特产税等；③贷款贴息，如渔业企业技改、新产品开发贷款贴息、养殖贷款贴息、水产龙头企业贷款贴息等；④一般性政策或计划，包括渔船或捕捞许可证的赎回补贴、捕捞渔民转业转产补贴、渔民教育培训和渔业科技推广投资、检疫防疫及质量控制补贴、水产养殖补贴、渔港建设补贴、海洋渔业开发和科研补贴等。这些政策和项目的实施，发挥了重要的调控、引导和支撑作用，促进了渔业各项工作的开展，渔业公共服务和渔政执法装备水平有了一定提高，一些重要渔业资源得到保护和恢复，渔民生产生活得到一定改善，为渔业经济稳步发展提供了有力的支撑。

对大宗淡水鱼产业而言，可以享受的补贴主要包括几个方面：

1. 渔用柴油涨价补贴　渔业柴油补贴政策是党中央、国务院出台的一项重要强渔惠渔政策，是渔业历史上获得的资金规模最大、受益范围最广、对渔民最直接的中央财政补助，是中央"三农"政策在渔业的具体体现。2006—2012 年，中央财政共下达渔业柴油补贴资金 728.78 亿元，占全部补贴资金的 81.66%，在几个补贴行业中资金量位居首位。需要说明的是，在淡水渔业中，只有淡水捕捞渔船可以享受到这一政策，一般的淡水养殖业很少能享受该政策。

2. 渔业资源保护和转产转业财政项目 大宗淡水鱼涉及此项目的为其中的水生生物增殖放流。该项目以省及计划单列市为单位安排资金，对水生生物资源衰退严重或生态荒漠化严重水域，以及放流技术成熟、苗种供应充足、增殖效果明显、渔民受益面大的品种，在增殖放流资金安排上给予重点支持。

3. 以船为家渔民上岸安居工程 1965 年我国调查统计，全国有淡水连家渔船渔民 12 万户、60 余万人，劳动力和产量约占淡水专业捕捞劳动力和捕捞产量的一半以上。此后，国家曾推广上海嘉定县的淡水连家船社会主义改造经验，要求各省加快这项工作。1967 年，水产部在嘉定县召开第二次全国连家渔船社会主义改造座谈会。到 1976 年，60% 以上渔民实现了陆上定居。1977 年年底，我国宣布全国连家渔船社会主义改造基本完成。但实际上，到 2012 年，我国仍有以船为家渔民约 7.3 万户、26.9 万人，分布在大江大河、湖泊水库，重点在长江和珠江流域（沿海也有少部分）。此外，有 1.6 万户、5.7 万人在岸上租房居住，6 万户、26 万人在岸上有住房，但人均不足 15m²。2010 年 12 月 21 日，回良玉副总理在中央农村工作会议讲话中提出，要"推进以船为家渔民上岸安居工程"。国务院办公厅《关于落实 2011 年中央"三农"政策措施分工的通知》明确，由农业部牵头落实这项工作。2011 年 6 月，由住房和城乡建设部、农业部、发展改革委、国土资源部联合向国务院呈送了"关于推进以船为家渔民上岸安居的报告"。经国务院领导批示同意，2013 年，全国"以船为家渔民上岸安居工程"正式启动，无房户每户补助 2 万元，危房户改造住房每户补助 7 500 元。住建部和农业部现已开始进行以船为家渔民摸底登记。而在此之前，湖南、广东、安徽、广西等省（自治区）均已自筹资金开展和推动了这一工作。

4. 渔业互助保险保费补贴 "十六大"以来，在中央出台一系列推动农业政策保险发展的指导意见背景下，渔业保险的探索步伐不断加快。2008 年 5 月，农业部正式启动渔业互助保险中央财政保费补贴试点工作。试点险种确定为渔船全损互助保险和渔民人身平安互助保险，中央财政分别补贴保费的 25%，渔民人身平安互助保险最高补贴保险金额每人 20 万元。渔船全损互助保险试点区域为辽宁省、山东省、江苏省、福建省、广东省、海南省部分重点渔区。渔民人身平安互助保险试点区域为浙江省岱山县。其中，2009 年 8 月，江苏省在渔业政策性保险正式启动，省财政对参加渔业保险试点的投保渔民给予投保保费 25% 的补贴基础上，为有效控制经营风险，确保渔业政策性保险试点工作达到预期目标，探索出了一种新型保险组织模式，将渔业互助保险年度保费"打包"再保险，即渔业互助保险巨灾超赔再保险。

5. 发展水产养殖业的补贴 ①水产养殖机械补贴。2008 年，农业部和财政部预拨下达 2008 年农机具购置补贴款 40 亿元。与 2007 年相比，补贴资金规模扩大的同时，扩大了农机具购置补贴种类。其中，增氧机、投饵机和清淤机 3 类水产养殖机械首次纳入补贴目录。②水产良种补贴。水产良种补贴的起步是，2006 年的《水产养殖业增长方式行动实施方案》中提出要"开展国家级水产原良种场运行机制调研，探讨水产良种补贴方法"。2007 年，农业部水产健康养殖及水产良种补贴政策调研组奔赴各地进行调研取证，一些地方的水产良种补贴已经启动，但大多数涉及的是经济价值较高的淡水鱼类。内蒙古呼和浩特市水产管理站在全市 4 个旗县、34 个水产养殖户中开展"送水产良种下乡"活动，累计送出德黄鲤等水产良种补贴 200 万尾。③养殖基地补贴。山东省深入推进养殖池塘标准化建设工程，计划用 5～8 年时间，整理改造老旧鱼塘 23.33 万 hm^2，新开发鱼塘 10 万 hm^2，形成 33.33 万 hm^2 现代渔业生产基地。仅 2007 年、2008 年两省级财政投入就达 3 000 余万元，改造池塘 0.8 万 hm^2，新开发池塘 0.13 万 hm^2。

6. 渔业贷款贴息 ①渔业救灾复产贷款贴息。2008 年 2 月，广东省江门市财政安排 200 万元贷款贴息补助专项资金，按受灾经济损失比例分配给各市、区，各市、区政府按不少于 1∶1 的比例配套专项资金，支持辖区内因 2008 年初寒冷天气造成严重损失的水产养殖户（场）救灾复产。贷款期限由农信社和受灾水产养殖户根据需要和实际生产周期自行确定，贴息贷款补助期限为 1 年。在贴息期内，农信社按照国家有关利率政策，按照"就低不就高"的原则确定利率。各市、区应根据经审核确认的本辖区受灾水产养殖户贴息总额和市、县（市、区）两级政府安排的贴息资金总额来安排贴息比例：当受灾水产养殖户贴息总额小于或等于两级政府安排的贴息资金总额时，实行全额贴息；当受灾水产养殖户贴息总额大于两级政府安排的贴息资金总额时，则按比例实行部分贴息。2008 年 10 月，广东省阳江市出台了渔业复产贴息贷款工作方案，支持遭受台风"黑格比"重创的渔业救灾复产。市本级财政安排补助专项资金 1 500 万元，专项用于辖区内受灾户，尤其是"全倒户"、养殖受灾（损失 10 万元以上）大户和大船（60 匹马力以上）船主的恢复生产性贷款，符合条件的，可由市、县（市、区）财政按 7∶3 的比例给予 1 年期贷款贴息。在贴息期内，农信社按照国家有关利率政策，按照"就低不就高"的原则确定利率，农发行按照国家规定的基准利率计息。2009 年 7 月，福建省清流县发放贴息贷款助养鱼户渡难关。特大洪灾发生后，县政府决定由"清流溪鱼"发展协会担保，依托清流农行"惠农卡"这一载体，采取三户或四户联贷方式，并由县财政支付利息，给予每户受灾养鱼专业户 5 万元的 3 年授信贷款。②渔业企业技改、新产品开发贷款贴息，养殖贷款贴息，水产龙头企业贷款贴息等。2009 年，福建省根据《福建省水产产业化龙头企业认定和运行监测管理暂行办法》相关规定，认定 77 家企业为省 2009—2010 年度水产产业化龙头企业。这些企业将在两年内享受到 10 万元的贷款贴息补贴，并享受一系列重点扶持政策。湖北省洪湖市出台多项政策推动水产加工业发展，从 2009 年起，对符合该市水产品加工业发展方向的重点投资项目，实行财政贷款贴息和有偿扶持相结合，首次固定资产投资超过 2 000 万元，属于贷款建设的项目，实行全额贷款贴息，贴息期 1～3 年。2006 年，海南省海口市出台《海口市本级财政支农贷款贴息资金管理暂行办法》，对区域内从事水产品培育、生产、加工和流通等项目的个人、企业及其他组织提供财政支农贷款贴息资金。养殖面积达 0.67hm² 以上的水产养殖专业户，可获得不超过 50 万元的财政支农贷款年贴息资金，养殖面积达 3.33hm² 以上的企业及其他组织可获得的财政支农贷款年贴息资金不超过 100 万元，贴息期限为 1～3 年。

7. 税收优惠　为支持引进和推广良种，加强物种资源保护，发展优质、高产、高效渔业，我国在"十一五"期间对用于培育、养殖以及科学研究与实验的进口鱼种（苗）免征进口环节增值税。为降低 2008 年南方地区发生的低温雨雪冰冻灾害给水产养殖业造成的重大损失，2008 年度增加"其他鱼苗及其卵"免税计划 4 000 万尾（粒）。

（三）渔业基础设施和科研投入不断加大

为提高渔业设施装备水平，增强渔业综合生产能力，改善渔民生产生活条件，近年来，我国加大了渔业基本建设投入力度和科研投入力度。

1. 渔业基本建设投入增加　我国渔业基本建设投资项目有 7 项，其中有 6 项涉及淡水渔业，而与大宗淡水鱼产业相关的有：①水产良种工程建设项目，为了向现代渔业不断提供新品种，1998 年开始中央财政扶持建设水产良种工程建设项目，重点建设水产原良种场，主要开展水产原良种培育、繁殖、提高水产良种覆盖率和苗种质量，开展原种推广；②水生动物防疫项目，主要建设内容包括县级水生动物防疫站、水生动物疫病实验室、病原库建设等；③渔港项目，渔港项目原来不包括内陆，后来增加了内陆重点渔港建设，以改善渔港面貌和为渔船提高安全避风条件；④农业综合开发项目，建设内容为水产养殖基地和苗种繁育基地；⑤"菜篮子"产品生产项目，重点建设农业部水产健康养殖示范场，开展养殖基础设施改造，实施标准化养殖，加强质量安全管理，提高养殖综合生产能力和质量安全水平，保障大中城市优质水产品供给。到 2011 年，农业部水产健康养殖示范场数量已经累计达到 2 610 个。

2. 加大渔业科研和水产技术推广方面的公共投入　2008 年起始，现代农业产业技术体系建设专项在财政部、农业部的共同支持下启动。这一专项涉及种植业品种、畜牧业品种和 5 个水产品种，其中，国家大宗淡水鱼产业技术体系在水产中是最大的一个体系，汇集了全国 25 个岗位科学家和 26 个综合试验站（2011 年进入"十二五"后综合试验站数目扩大到 30 个）。2008—2010 年，国家大宗淡水鱼产业技术体系年度经费为 2 560 万元，"十一五"期间经费合计为 7 680 万元；到"十二五"期间，年度经费增加为 2 180 万元，预计"十二五"总经费 13 200 万元。该体系设置 6 个功能研究室，分别为育种、养殖模式与工程、饲料与营养、病害防控、加工和产业经济，真正实现了产学研结合。

在水产技术推广方面，2012 年渔业的基层农业技术推广体系改革与建设的补助达到 2 亿元以上，占补助总额的 10％左右（赵兴武，2013）。

3. 渔业科研和推广系统的公益性改革 以中国水产科学研究院为代表的渔业科研机构通过了科技体制改革，实行"开放、流动、竞争、协作"的运行机制，在承担国家 973 重点基础规划项目、国家海洋 863 项目、自然科学基金项目等方面取得了突破性进展，随着高层次人才的培养和使用效率的提高，人才结构也得到了改善。渔业科研和水产技术推广机构的自主创新能力大大提高，为产业发展提供了强有力的科技支撑。

（四）完善渔业管理制度建设

1. 完善养殖证制度 完善水域滩涂养殖确权制度，稳定养殖承包经营权，调动经营主体投入的积极性；保护重要渔业水域资源，控制征用或占用规模，制定水域滩涂征用或占用补偿办法，妥善安置渔（农）民，保障渔（农）民合法权益。十届全国人大五次会议通过的《物权法》规定了"使用水域、滩涂从事养殖、捕捞的权利"，第一次在我国民事基本法律中明确了渔业养殖权和捕捞权，这是我国渔业法制建设史上的一件大事，进一步稳定和完善了渔业基本经营制度。

2. 创新捕捞许可制度 加强船网等主要生产要素监管，切实控制捕捞强度；建立注册验船师队伍，强化渔船检验和报废制度；积极探索市场经济条件下捕捞配额管理的有效机制和途径。

3. 健全水产品质量安全监管制度 积极开展无公害基地认定和无公害水产品认证工作，不断推进建立大中城市批发市场水产品准入制度；建立水产养殖官方兽医制度、执业兽医制度及水产养殖用药处方制度，完善水产养殖病害测报预警、水产品药残和贝类有毒有害物质监控体系，提高养殖生产全程的质量监控能力；落实养殖用药记录、养殖生产日志等"五项制度"，在积极探索新的渔药管理制度的基础上，建立完善水产品质量监管机制，强化公共危机应急反应能力，切实保证水产品质量安全。

4. 加强渔业资源和水域生态环境保护 为加强渔业资源的有效保护和合理利用，我国成功实施伏季休渔和长江禁渔制度，加强对禁渔区、禁渔期、封湖区的管理，严厉打击电、毒、炸鱼等破坏渔业资源的违法行为；不断加大水生生物资源增殖放流投入力度和规模。2006 年 2 月国务院颁布《中国水生生物资源养护行动纲要》，从国家层面和战略高度提出了我国水生生物资源养护工作的指导思想、基本原则、奋斗目标以及需要开展的重大行动和保障措施，使水生生物资源养护工作步入一个新阶段。

第二节　产业政策存在问题

我国是大宗淡水鱼生产和消费大国。改革开放以后，我国淡水渔业在经历了一个长期快速发展以后，进入了一个新的发展阶段。从生产能力来看，我国不仅已经成为世界上最大的淡水渔业大国，而且基本上实现了比较充裕的供应，吃鱼难的问题已经基本得到解决。但我国淡水渔业发展的基础条件薄弱，资源与环境的刚性约束不断增强；结构性矛盾日益突出、市场体系不完善以及产业化程度不高；渔业支撑体系薄弱，渔业基础设施与环境设施及保障体系建设等方面仍相对滞后；渔业生产经营方式不适应现代渔业发展的需要、行业组织化程度低。这些均对淡水渔业的持续稳定发展形成了非常明显的制约。因此，应制定积极的渔业支持政策，引导渔业经济增长方式的第二次转变，全面提升渔业的发展质量和效益。

一、发展基础条件薄弱

发展基础条件薄弱，是我国淡水渔业发展面临的突出问题。尽管我国地域辽阔，水面较多，但相对我国巨大的人口数量来看，资源仍然显得不够，人均资源占有量还较低。在基础设施建设方面，长期以来，我国在很大程度上是在吃改革开放以前的老本，投入的人力物力和财力远远不能适应渔业发展的需要，在一些地方，生产能力甚至出现了下降的现象。

(一) 饲料供应不足，蛋白质来源严重不足

庞大的淡水养殖业，需要有饲料业的相应发展的支撑。我国水产配合饲料使用率较低，作为饲料重要蛋白源的鱼粉年产量不高，且质量不稳定，鱼粉来源紧张，需要大量进口。已做饲料源使用的各种饼粕类以及肉骨粉、羽毛粉、肝末粉、血粉等的开发技术储备不足。在我国，随着人口增加和消费结构的改变和饲料工业规模的扩大，饲料粮短缺已经成为常态，豆粕、玉米等原材料将越来越依赖进口，资源缺乏是困扰我国饲料工业持续发展的重大问题。

由于缺乏原料，水产饲料业的发展受到根本性制约。受全球渔业自然资源衰退的影响，世界鱼粉产量逐年下降。而大量进口必然对国际市场价格产生明显影响，引起饲料生产成本快速提高，并容易受到国外原料垄断企业的控制。

(二) 品种繁育体系尚不健全，种质退化问题严重

优质种苗是淡水渔业健康养殖的基础，直接影响水产品质量和效益。自1972年召开的全国水产育种会议以来，我国进入了鱼类育种新阶段，30多年来，采用杂交育种、群体选育、细胞工程等技术手段，截至2008年年底，全国通过审定的淡水养殖鱼类新品种共34个，其中杂交种有14个，选育种20个；从具体品种来说，共有鲤品种18个、鲫品种10个、团头鲂品种1个、罗非鱼品种4个、虹鳟品种1个，其中，鲤、鲫占了82％以上，罗非鱼占11％。但与淡水渔业发展的要求相比，育种以及繁育体系建设严重滞后，对渔业生产效率和产品质量的提高形成了重要制约。

1. 优质种苗供应不足　我国对优质水产种苗的生产和开发重视不够、投入不足，生产能力落后，人工培育良种供应不足。我国大多数水产种苗生产采用传统孵化方式，很多养殖品种一直处于自然繁育的野生状态、品种提纯复壮工作比较滞后。水生

动物生长环境的地域性较强和初生个体较小,难以建立集约化分子育种体系,这些都直接影响了淡水水产种质资源储备与改良。

2. 种质混杂、退化与病害现象时有发生 不少种苗场缺乏严格的科学管理,操作规程不规范,造成苗种质量低和种质退化。种苗质量不高,在高密度养殖过程中还极易暴发疫病。

3. 野生种质资源面临威胁 过度捕捞和生态破坏对野生种质资源的破坏十分严重,一些鱼类的产卵场消失,自然界中的水生动物种类与种群数量减少,许多优良性状退化,濒危物种增多,对遗传多样性造成影响。

(三)基础设施条件落后,发展后劲明显不足

基础设施条件薄弱,不仅是我国农业面临的重大制约,也是淡水养殖业面临的重大制约。大宗淡水鱼产业基础设施落后,综合利用效率低,抗御自然灾害能力弱。现有的大多数养殖场池塘老化、设施落后、进排水不合理、病菌滋生病害多发、综合生产能力显著下降,严重不符合现代渔业建设的要求。我国有 246.67 多万 hm² 养殖池塘,目前有 133.33 万 hm² 出现不同程度的淤积坍塌、灌排不畅等老化现象,其中,急需改造的主要承担大宗淡水鱼养殖的池塘近 66.67 万 hm²。

目前,各个水产主产省的鱼塘大都是 20 世纪 80 年代开挖兴建的,目前已经普遍老化。如湖北省 60% 的鱼池淤塞老化、进排水和配套设施不完善。在河南,一些标准塘原来水深 2.5~3m,因年久失修,很多塘的水深目前只有 1~1.5m。池底淤泥过厚,导致水产养殖病害频频发生,综合生产能力下降。课题组对 1 359 个样本户的调查表明,基础设施建设的局面不容乐观。在四项主要的渔业设施投入中,养殖户进行鱼塘改造、清淤、进排水系统建设、道路建设的比例分别为 57.83%、30.97%、19.42% 和 15.08%。超过一半的水产养殖户认为,渔业基础设施及其配套设施建设落后制约了水产养殖业的可持续发展。

二、产业体系尚不健全,整体发展水平亟待提高

实践表明,产业化的不断发展和产业组织方式的创新,对促进淡水渔业向现代渔业转变,提高科技水平,优化结构,促进农民增收等起到了明显的作用。但我国淡水渔业仍然带有明显的传统农业特征,加工业发展明显滞后,市场体系很不完善,产业化水平较低,制约着产业体系作用的发挥和效果的显现。

(一)产业化水平低

我国水产加工企业整体实力还不强,加工水平较低,带动农户经济和区域经济发展的能力不强,难以很好发挥产业化"龙头"的导向作用和带动作用。一是企业规模小。我国淡水加工企业中规模以上企业不多,有相当一部分还停留在小的手工作坊式

的经营。从江苏、湖北、江西、湖南、河南、四川 6 省情况来看，规模以上的水产加工企业只占被调查省份水产加工企业合计数的 30.4%。在淡水渔业主产区，有些主产县甚至没有水产加工企业。二是加工率低，加工深度不够。2008 年，我国淡水渔业产量占渔业产量的比重为 47%，但淡水产品加工比重非常低，淡水产品的加工率还不到 10%。我国淡水产品基本上是以鲜销为主，用于加工的淡水产品为 323.34 万 t，占我国淡水产品总量的 14.1%。淡水鱼加工大都为传统作坊式，机械化程度低，鱼糜制品品种单一，加工工艺水平低。淡水鱼加工副产品鱼、鳞、内脏、鱼皮、骨刺等利用率甚低，资源浪费严重。目前，我国鱼加工原料利用率仅 37%，鱼糜加工的采肉率 30% 左右，出口鮰鱼片的成品率只有 40%。绝大多数企业的加工下脚料，基本没有得到利用。由于加工技术落后，利润薄，使我国淡水鱼加工品仅占总产量的 3% 左右，很大程度上抑制了淡水渔业经济的发展。三是企业普遍缺乏新产品的研发能力。我国淡水产品加工企业的综合实力不强，具备自主研发能力的加工企业少，科研投入不足，因而，大多数企业的产品雷同，产品更新慢，企业只能生产低档次产品，在低端市场上竞争。四是利益联结机制不紧密。产业化组织的生命力在很大程度上取决于与农户利益结合的紧密程度。目前，在淡水渔业产业链条当中，农户与公司、企业、协会、农民合作经济组织等产业化经营组织之间的联系比较松散，简单的商品买卖关系较多，结成利益共同体的情况还不多见。由于没有形成"利益共享，风险均沾"的机制，农户和其他经济组织不能共同承担市场风险，产业化组织优势就难以发挥。

（二）淡水渔业经济中各行业发展不均衡

围绕着淡水养殖业的其他产业，在进入 21 世纪后虽然都获得了发展，对于推动整个行业经济增长起到了重要的作用，但是整个产业链条当中各个行业的发展很不平衡，产业之间的断裂问题越来越严重，已经开始影响到淡水渔业的持续发展。

目前，淡水渔业产业链条被分割成制种、供种、生产、加工、流通、消费等相对独立的体系。这些体系之间目前还没有有效的利益连接机制。因此，饲料价格攀升、品种品质不稳、加工产品不适应消费市场需求等问题的出现，就会随之传导到水产养殖业环节，供求问题随之产生。例如，水产饲料业目前面临的原料短缺问题、淡水加工业面临的开拓市场难，产品以初级加工为主，精深加工、技术含量高的产品少，产品附加值和利润率低的问题，以及渔药行业的研发能力不足、产品专用性不够和滞后于鱼病防控形势，乃至淡水渔业的社会化服务不足等问题，这些都充分表明淡水渔业内部正面临着严峻的形势，迫切需要提高整个产业链条的竞争力，以保证发展的持续性、稳定性。

（三）社会化服务体系不健全

生产者在苗种、技术、饲料、水产品加工销售等环节中的社会化服务需求越加强烈。但是目前能进村到户、到达塘边的技术指导和服务仍很少，基层水产技术推广机构资金短缺、设备落后问题明显，服务能力有限，难以提供全方位的服务。目前，大宗淡水鱼养殖合作社少，养鱼户组织化程度不高。小规模农户独立面对市场，生产和销售中缺乏组织和指导，具有很大的盲目性，与社会化大市场难以有效对接，导致渔农增产不增收。

根据课题组 2009 年对 35 个水产重点县市区 2004—2008 年的养鱼户的调查，养殖户为 265 844 户。其中，小规模户为 240 671 户，占 90.51%。规模小本身并不是弱点，但客观上需要健全的服务体系提供完善的服务。

对小规模的养殖户来说，参加合作社是其适应大市场的根本出路。但从现实的情况来看，水产养殖专业合作社很少，养鱼户的组织化程度不高。一些合作经济组织没有规范的章程，宗旨模糊，职责不清，加上机构设置不合理，管理制度不完善，民主氛围不够，致使内部缺乏活力。有的合作经济组织虽然有章程，但不是按章程办事，处于放任自流状态。现有合作经济组织的服务能力低，带动能力弱，市场竞争力不强。在鱼苗、饲料、渔药供应和产品销售方面，水产养殖户高度依赖于经销商和鱼贩。

从调查情况来看，养殖户对于社会化服务有着紧迫需求。在 1 359 户养鱼户中，"非常需要"市场信息的占 89.58%；"非常需要"鱼苗或饲料服务的占 89.58%；"非常需要"养殖技术服务的占 92.16%；"非常需要"鱼病防治服务的占 92.05%；"非常需要"渔机服务的占 77.81%；"非常需要"信贷保险服务的占 69.71%。而且，养殖户对技术专家的需求非常强烈。在 2 665 个选项中，要求技术专家"进行具体的养殖技术指导，随时诊断"的占 35.49%；要求技术专家"提供好的鱼种信息"和"提供市场上卖得价钱高的品种"的分别占 22.21% 和 17.29%；要求提供"池塘改造技术"的占 9.71%。

三、质量安全控制体系不完善，潜在隐患不容忽视

总体来说，我国水产品的安全性是有保证的。但污染和质量安全问题在供应链的每个环节都有可能出现。我国的主要淡水渔业生产经营主体是小规模分散的农户和个体经营者，很难有部门能够做到全程监管、指导和进行控制，这也是目前确保淡水产品质量安全所遇到的一大难题。在强烈逐利动机的作用下，加上科技基础薄弱、经营主体知识不足，确保水产食品安全面临的形势非常严峻。正因为如此，抗生素、激素等有害物质残留、重金属污染、微生物及其代谢物的污染等问题时有发生。

（一）产地环境污染加重，水体污染不容忽视

总体来看，我国的水域环境污染比较严重，并继续呈恶化趋势。各种养殖水域周边的陆源污染、船舶污染等对养殖水域的污染越来越重，严重破坏了养殖水域的生态

环境。近年来，有些水域突发性污染事故越来越多，对水产养殖构成严重威胁，水产养殖已经成为环境污染的直接受害者。仅 2007 年，全国共发生内陆渔业水域污染事故 1 369 次，污染面积约 5.88 万 hm²。养殖业自身对水域的污染也不容忽视。我国过密养殖的现象越来越多，单位面积的饲料、药物及其他投入品使用量大幅度增加，很容易超出水体环境阈值。

（二）过程控制体系不健全，污染容易发生

我国绝大多数水产养殖户是分散的小规模户，而且养殖过程非常复杂，大多数养殖户对污染物残留、微生物污染等引起的后果和问题严重性实际上并没有足够的认识。在水产品加工流通过程中，由于技术不过关、设施条件不足、安全意识不强、质量安全控制体系不健全等原因，二次污染的现象时有发生。一些企业和商贩出于降低成本、延长保质期、增强对消费者的吸引力等目的，还有意使用违禁药物。目前，我国尚未建立起完整的全国水产品"投入品记录"、"养殖记录"、"加工记录"、"销售记录"信息系统。有关法律要求企业"应当建立"记录，但缺乏必要的硬性约束；"质量回溯信息系统"缺少强制性的法律支持。信息收集发布制度还不完善，客观上使得溯源管理难以实现。

（三）病害防治体系不健全，渔药管理体系不健全

近年来，我国池塘养殖病害频发、新的流行性病害种类不断出现，受影响的区域和受影响的程度不断扩大，不仅增加了养殖成本，还造成越来越严重的经济损失。由于水产病害防治体系不健全，遇到鱼病，养殖户为确保药物的有效性，往往存在超量用药。

目前，我国对渔药实行的是"双头管理"制度，即渔药生产与流通归兽医行政部门管理，水产养殖中的渔药使用归渔业主管部门管理。由于体制分割，渔药的生产和使用很容易出现真空。被调查企业反映，现行渔药 GMP 与 GSP 认证规定缺乏对渔药有别于其他兽药特殊性的考虑，国家标准不准确，造成市场上假药劣药横行。在渔药使用方面，由于缺乏指导，相当部分农户为确保防治病害达到效果，在缺乏足够知识的情况下，违禁或超标准用药。

（四）法规与技术标准仍不适应需要，监管和引导能力仍然不足

我国《食品安全基本法》生效以后，在食品安全方面的法律体系框架已经基本形成。但目前大量关于操作层面的实施条例和实施细则还没有出台，不同部门出台的具体规章制度甚至存在相互冲突的现象，以及存在执法能力弱、对违法违规行为处罚轻等问题。科学标准是制定法律法规和采取监管行动的基础。而我国食品安全标准体系建设面临科学依据不足、可操作性不强、标准体系不完善等问题，在监管过程中，科学依据不足。

我国检验检测整体水平比较落后，低水平重复建设情况普遍。我国检验检测硬件设施大为改善，但我国风险分析基础薄弱，我国研究和开发整体水平偏低，检验检测技术比较落后，先进检测设备高度依赖于进口。目前，相当部分检验检测机构没有实现正常的运转，队伍整体素质不高。从检测体系的构成来看，我国主要是政府机构的强制性检测检验，而从业者自身的检验监测意识还不够，缺乏相应的要求。

认证体系不健全。我国认证认可体系建设起步晚。目前，我国的食品认证认可机构分属于不同的部门，多头管理、多重标准、重复认证、重复收费的问题已经出现。认证认可机构的行政化色彩过于浓厚，专业人才匮乏、权威性不够。

信息共享机制不完善。目前，缺乏一套完全公开化、透明化的信息披露机制，广大消费者获取和了解相关信息的渠道缺乏，对水产品质量安全的社会监督不利。

四、科技支撑严重不足，公益性职能尚未落实

改革开放以来，科技进步提高了水产品的利用率和经济效益，直接推动了优质高效渔业发展，为丰富城乡居民的"菜篮子"作出贡献。但是，我国近几十年来水产方面的科技进步，主要是改造和利用传统技术、引进发达国家的部分装备和技术，原始创新能力严重不足，育种、病害和渔药、饲料营养、加工技术等均存在滞后现象，科技成果储备明显不足。与发达国家相比，与行业发展的要求相比，基础研究薄弱的问题非常突出。

1986年7月，农业部制定了《关于农业科技体制改革的若干意见》。此后，农业科技体制改革重点主要放在放活科技机构与科技人员，加强农业技术开发和培育农业技术市场等方面。20多年来，水产科技体系经历多轮改革，但没有触动机构体系行政化的组织构架，科技体制弊端丛生，科研机构的行政依附性依然存在。很多国家级、省级科研院所不是按照渔业资源的区域布局特点和市场经济体制去开展科研和技术推广服务工作，科研机构的工作要根据政府部门布置工作、下达课题的情况来确定，与生产实际脱节严重。大部分科研项目变成以发表文章和获奖为目的，科研成果看似很多，但为生产实践所采用的少，科技成果存在有效供给不足的问题。由于水产科研机构体系小而散，缺乏统一规划和指导管理，难以形成合力攻克关键技术难题，省级科研力量和相关院校的作用未能充分发挥。由于没有建立起由服务对象评价制度，科技机构忽视生产需求，科技人员缺乏深入生产第一线的动力。

基层水产技术推广机构的作用没有得到充分发挥，是当前我国水产科技体系中最为突出的问题。与很多发达国家重视农业技术推广工作不同，我国的历次机构改革不断削弱了基层技术推广体系，目前的基层水产技术推广机构萎缩，没有工作经费、专业人员短缺、行政依附特征明显，满足不了水产养殖业发展的要求。受发展阶段、财政实力、体制不顺、激励不足等因素的影响，基层水产技术推广机构公益性职能没有

落实，处于举步维艰的境地。公益性职能所需经费应由公共财政承担，但多数渔业主产县困难，农业技术推广投资受到硬约束，推广活动经费不足，一些推广机构办公用房得不到保障，培训、试验示范、病害测报与环境监测、检疫与防控、实验室建设及运行等经费严重缺乏，影响了水产技术服务工作的正常开展。由于待遇偏低，没有建立起公开、公平、公正的竞争制度，导致推广人才流失严重。乡镇机构改革更是冲击了原有的队伍，使基层推广队伍中人员素质参差不齐，严重影响了服务质量和水平。据湖南和湖北两省调查，跟技术推广有关的省、市、县水产品质量安全检测机构和病害防治机构建设、良种建设、品种结构、品种改良、品牌建设、品种改良、水产品检验检测、适用技术培训等都是地方认为最急需投入的项目，但是由于水产技术推广机构基础条件差，设备配套严重不足，经费短缺，根本无力在这些项目方面有所作为。

五、政策性支持不足，大宗淡水鱼产业难以稳定发展

在改革开放初期，由于明确了水面承包经营权和收益权，群众投入淡水渔业的热情高涨，在短时间内就建起一批商品化鱼池。但是，此后，淡水渔业就基本上是在市场推动之下来发展的，政府的扶持很少。目前，国家财政支农力度明显加大，但仍然不能适应建设现代农业的需要。渔业获得的支持更少。财政支渔资金占国家财政支持农业资金的比重不足3％，与渔业占农业总产值比重的10％很不相称。水产养殖业在国家支渔资金中的比重更低，还不到10％，而养殖产量占渔业总产量的比重已超过70％。财政支持不足，使得淡水渔业的发展受到很大制约。与其他农业行业相比，大宗淡水鱼养殖户尚未获得与农民平等的惠农政策；养殖户普遍存在资金问题；渔业保险补贴政策覆盖范围有限，渔业互助保险政策需要加快落实。

（一）财政对渔业投入总量有限，支持体系不完善

总体而言，渔业政策在很长一段时间里往往都是作为特定时期中央或地方农业政策及其他短期宏观目标的配套措施出现的，因此缺乏长远性、整体性规划，体现在渔业主管机构几经变迁；在法制上，没有相关的法律约束和规范各级政府行为；渔业经费年际间存在波动，并一直在绝对量和相对量上都很低。

1. 渔业还没有形成一个相对独立的支持政策体系 多年来，我国对渔业的支持主要是补贴方式，而在综合开发、水产科技、病害防治、技术推广等生产发展方面的投入明显不足。以2002年为例，中央对渔业的财政投入，仅有7.69％用于综合开发，4.59％用于水产科技，0.36％用于病害防治，0.19％用于技术推广，四者加起来所占比例也仅为12.83％。投入不足使得渔业科技创新进程缓慢，创新能力不强，尤其是基础研究和应用基础研究薄弱，许多制约渔业发展的关键技术问题长期得不到解决；基层水产技术推广体系"人散、线断、网破"；大规模的渔民科技培训工作未真

正开展，渔民科技文化素质相对低；渔业病害防治和质量安全控制体系尚不健全。

2. 我国渔业补贴制度本身不完善 首先，补贴制度不健全。目前，随着国家对粮农、生猪生产者补贴力度的加大，渔民的不满情绪有增加。一些传统渔民反映，他们承包的鱼塘享受不到补贴，反而是一些村里的基本农田改挖成鱼塘倒有种粮直补，渔民质疑"同样是农民，为什么不能享受到同样的权利"？伴随着农业税费减免，我国渔业的相关税费也大都免除，但与农业不同的是，渔业没有种粮补贴和农业综合生产资料补贴，补贴的差距使得各级水产部门以及渔户都迫切提出惠农政策的平等问题。现有的渔用柴油补贴政策作为渔业内资金规模最大的补贴，是对持机动捕捞渔船、养殖船进行的补贴，然而对以池塘养殖、稻田河沟养殖、其他小水面养殖的养殖户来说，他们生产活动中并不需要机动船舶，因此也享受不到相关补贴。但从统计数据和调查数据来看，近年来，我国水产养殖的成本收益率有所下降。2008 年对 2 024 个样本户的调查表明，有 35.57% 的养殖户处于亏损状态。而导致亏损的最主要的因素，就是大宗淡水鱼产品价格下滑和饲料价格上涨。但是，这些养鱼户并未享受到国家的相关补贴政策的支持。

3. 补贴在品种之间存在严重不均衡，反而造成一些产业出现问题 如近年来，我国广东、广西、海南以及湖北、湖南的长江流域、洞庭湖等地积极推广罗非鱼养殖。10 年来我国罗非鱼产量以平均每年 13.4% 左右的速度递增，是第三大水产品出口品种。由于许多地方政府盲目鼓励发展罗非鱼养殖，使得一时间罗非鱼产能过剩，遭遇金融危机时，使这条曾被称为"21 世纪最有前途的一条鱼"面临巨大危机。

4. 渔业补贴种类繁多，结构不合理 我国渔业补贴面广、分散，很多有利于渔业发展的补贴的作用很难集中发挥，补贴效果差。

5. 渔业补贴政策与渔业管理目标存在矛盾的现象时有发生 例如，渔用柴油涨价补贴主要是给船东，渔船功率越大，获得的补贴越多。而实际上，一些深水流网、钓等作业渔船，耗油不多、杀伤力较小、利于保护资源。因此，现行的渔用柴油涨价补贴政策有可能延缓部分耗油多、杀伤力大、破坏性强的渔船的拆解，不利于渔业发展方式的转变。

(二) 贷款难，结构调整难以开展

养鱼的投入较大，在自有资金不足的情况下，资金需求强烈。在 1 427 个养鱼户中，回答有资金缺口的为 776 个，占全部养鱼户的 57.10%，资金需求总缺口为 62 407 630 元，户均资金需求缺口为 80 422.20 元。其中，资金需求缺口在 0 万～5 万元的为 503 家，占全部养鱼户的 35.2%；资金需求缺口在 5 万～10 万元的为 157 家，占全部养鱼户的 11.0%；资金需求缺口 10 万元以上的为 116 家，占全部养鱼户的 8.1%。从资金需求方面来看，主要为改造池塘、添置养殖设备、购买新苗种和饲料等。样本户中，有 44.22% 的户认为借款不方便。

实证研究表明，资金不足是水产养殖户面临发展困难的制约之一。而只有真正

农民自己的金融机构，才会愿意贷款给农民。目前，我国农民专业合作社开展互助金融服务受到严格限制。养殖户贷款难，与农村金融机构体系不健全、经营成本高、风险大、缺乏资金、业务品种少等都有关系，但政府支持不足、政策性金融服务不到位、对商业性金融机构支农责任的政策不明确有着密切的关系。解决养殖户贷款难问题，加大政府的支持力度是一个重要前提。

（三）养殖风险较大，部分渔民损失沉重

在淡水养殖业中，病害是最为突出的灾害。课题组的调查表明，样本养殖户2008 年出血病、烂鳃病、肠炎、出血性败血症、孢子虫病、小瓜虫病、真菌性疾病、溃疡综合病、淋巴囊肿病和藻类性疾病的发病率分别为 27.22%、22.14%、22.07%、10.3%、5.96%、4.93%、4.85%、2.72%、2.35% 和 2.28%。江苏省39.87% 的样本户，2008 年都遭遇过出血病的影响，平均每户经济损失 5 691.97 元。在江苏省楚州区，出血病、肠炎和烂鳃病的发病率分别为 60.34%、56.14% 和57.89%，带来的损失平均在 2 000 元左右，出血性败血症、白斑病、颤抖病这样的鱼病，虽然发病率不高，但带来的损失严重，多的可以达到 1 万~2 万元。2008 年，江西全省的水产养殖病害造成的经济损失约在 6.2 亿元左右。据江西省水产病害监测报告，细菌性鱼病和寄生虫病是主要病害，分别占 43% 和 24%。

此外，养鱼户还要面临冰冻灾害、水灾、旱灾等自然灾害风险。样本户中，回答遭受"冰冻灾害"占 11.62%；遭受"水灾"占 15.08%；"风灾"占1.91%；"雹灾"占 0.22%；其他灾害占 8.24%。自然灾害带来的损失情况是：有 246 人次的损失在 0~5 000 元；有 76 人次在 5 000~10 000 元；182 人次在 1万元以上。江苏省样本户 2008 年遭受水灾的比重约为 19%，水灾给渔户造成的损失户均达 12 395.83 元。楚州区的调查显示，2008 年报告遭受水灾的养殖户占比 35%，平均损失 6 409 元，损失最大的达到 2 万元；2008 年有 19.3% 的养殖户遭遇风灾，平均损失 1 950 元，最高损失 4 000 元。可见，我国水产养殖业的发展非常需要建立相应的风险保障机制，来降低和分担自然灾害对渔业生产造成的人员和经济损失。但我国的渔业保险供给严重不足。在样本户中，购买养鱼保险的仅 8 户。从 1 314 户的回答情况来看，有 1 103 户希望购买养鱼保险，占样本户的83.94%。目前，保险机构对渔业保险的积极性较低。在许多地区，商业保险公司已经退出当地的渔业保险市场。尚存的商业性渔业保险，仅限于渔船船东雇主责任险和大型渔船的渔船保险。

保险补贴是许多国家渔业补贴政策的重要组成部分。总体上看，我国渔业保险跟不上现代渔业发展的要求。我国是一个渔业灾害严重的国家，渔业保险补贴已成为渔民的迫切要求，这不仅关系到渔业的健康稳定发展，更关系到渔民的生命财产安全。我国虽出台了相关的渔业保险补贴政策，但只有部分省市有试点，离全国性的普惠补贴还有一定距离。

（四）养殖权尚不稳定，部分渔民缺乏长期预期

经过长期探索，我国已经建立了渔业养殖权的基本制度框架，但稳定这一基本制度的基础尚不牢固，制度本身仍需要完善。

1. 所有者主体不明确　按照我国现行法律规定，农村土地除国家所有外，均为集体所有。但对国家所有的，到底是哪一级政府有权代表国家行使所有权，法律并没有做出明确的规定；对集体所有的，集体经济组织成员资格并不明确；部分水域、滩涂的权属，仍存在争议。这三个问题不解决，各地操作比较混乱，容易出现真正产权主体的权利受到侵害的现象。

2. 土地及养殖水面承包经营权不稳定　集体所有水域上的养殖渔业权是"土地承包经营权"的一种具体实现方式，其法律属性是用益物权，应适用物权法关于土地承包经营权的保护规定。然而，自 20 世纪 80 年代实行家庭联产承包责任制以来，80%的村进行过承包调整，且调整频率非常高。对 812 个养鱼户的调查表明，有 231 个认为期限短，所占比重为 28.44%。土地承包经营权调整频繁，制约了水产养殖户投入积极性。

3. 土地及养殖水面承包经营权流转有待规范　一些乡村组织出于利益动机，以"土地流转"、"规模经营"、"农业产业化"、"农业现代化"等名义收回养殖户承包经营权。在 874 个有效样本中，遇到随意收回鱼塘情况的为 60 户。有些流转给外商、企业的农户承包地或水面的租期过长，有的长达 70 年。由于缺乏规范管理和完善的流转服务，水面流转不规范的现象较多。对 812 个养殖户的调查表明，有 192 个认为纠纷增多，所占比重达到 23.64%。

4. 养殖渔业权补偿制度有待完善　随着《物权法》的颁布，以及近两年中央一号文件对农民权益保护的强化和具体化，水域滩涂征用补偿制度得到完善。然而，近年来各地渔业水域滩涂占用补偿中存在的征用程序不透明、补偿标准较低、分配不规范不合理等问题仍然比较常见，难以实现养殖户生活水平不降低、长远生计有保证。

5. 管理服务体系尚不健全　主要表现在登记制度尚未建立，权证发放不统一，核发养殖使用证的主体与法律规定不一致，养殖使用证的内容、申领的条件和程序没有规定或者规定的不够具体，养殖证制度执行不够得力和违规发放现象并存，仲裁制度不完善等。管理服务体系尚不健全，不利于水产养殖基本经营制度的稳定。

第三节　产业政策发展趋势

在"十二五"期间以至 2020 年，我国现代渔业发展面临重大机遇，国家强农惠农富农力度不断加大，渔业科技创新能力不断增强，渔业产业组织体系不断完善。但是，今后现代渔业发展也面临更加严峻的形势：资源与环境约束日益严重，水产品质量和安全问题日益突出，渔民增产增收和转产转业难度日益增大，渔业发展空间被日

益挤占等。必须站在我国经济发展全局的高度、社会发展与稳定的总体角度、未来国际渔业发展的全球视角，充分认识发展现代淡水渔业在国家粮食安全、农民增收、生态环境等方面不可替代的重要作用。在产业政策方面，应进行顶层设计、科学规划、分步实施，全面推进现代渔业建设，转变渔业发展方式。

根据产业特征，建立适应市场经济体制的体制机制，是淡水渔业持续稳定发展的基本前提。进入 21 世纪，淡水渔业政策在适应资源环境变化和供求关系变化等新形势方面还不完善，应进一步完善淡水渔业发展的长效机制，确保渔民经济权利，促进淡水渔业科学发展。从长远来看，我国淡水渔业发展政策将会有几个新的变化。

一、国家财政支持力度会不断加大

近年来，财政对渔业的投入不断增加，对改善渔业生产条件、提高渔业综合生产能力、增加渔民收入起到了重要作用。但总体来看，与渔业产值在农林牧渔总产值的比重已占到 10％左右的现实相比，财政支渔资金明显不足。今后，应根据现代渔业发展需要和根据财政能力增长情况，加大财政对渔业的支持力度。总体上，渔业支持应向扩大规模、优化补贴结构、重点向渔业研发、支持落后地区发展、渔业环境保护、水产品质量和安全控制、渔业保险和渔民社会保障、改善渔民共同生产条件等方面倾斜。

对淡水渔业，要重点支持渔业基础设施建设、提升科技支撑能力、构建水产养殖自然风险防范系统、加大养殖水域环境保护力度、加强水产品批发市场建设和信息化建设、推进水产养殖证制度建设、加大原良种补贴力度，鼓励养殖主体打造品牌、瞄准高端消费市场，选择经济价值较高的养殖品种进行标准化生产，加快合作经济组织发展、提升产业化水平等。对水产品加工业，要重点支持提高水产品综合利用率、发展水产品精深加工业、推进产业化经营、完善水产品质量管理体系，支持水产加工业技术创新等。要通过支持建设质量标准体系和检验检测体系，发展无公害水产品、绿色水产品、特色水产品的生产和加工、重点培育优势行业和龙头企业等。

在国家财政投入方面，要视地方经济发展水平、发展品种和建设内容等情况区别对待。对品种上，要区分市场保障性和市场调节性，重点扶持市场保障性的鲢、鳙、草鱼等品种，对其他品种的发展以政府引导、市场化运作为主，财政适当补助。对建设内容，要区分公益性和开发性。属公益性的建设，要以财政支持为主，建设单位自筹为辅；属开发性的，要以建设单位投入为主，国家适当补助。对支持区域，要区分经济发达省份和经济欠发达省份，对中西部地区适当予以倾斜。

二、科技支撑力度会持续加强

一是加强科技创新体系建设。加快建立以重点水产科研院所和大学为主体的知识创新体系。再建5~8个部级重点实验室，在原有的部级重点实验室中争取2~3个升级为国家重点实验室。对重点水产院校，通过对原有实践基地的强化和优先发展，使其成为省（市）级的"产、学、研"基地，以促进科技成果转化。以国家级和部级重点实验室作为科技孵化平台，组建国家重点实验室（工程类）、行业工程（技术研究）中心或技术创新中心，建立以水产品加工流通企业等产业主体为主的技术创新体系。鼓励水产技术推广人员以技术、资金入股从事经营性服务，领办、联办各类专业协会、服务实体、渔业科技示范园（区），组建股份制的渔业科技企业、渔业中介服务组织等。

二是加强科技创新。水产科研重点是解决良种、病害防控、饲料、养殖模式等方面的科技问题。创新水产育种技术，培育出更多的优良品种，大幅提高养殖生产能力和良种化水平。以研发水产疫苗和禁用渔药替代品等为重点，提高水生动物防疫水平；加强水生动物重大疫病的监测、预警、诊断与检测技术研究。以降低成本、营养合理为目标，加强渔用配合饲料开发技术的研究，不断提高主要养殖品种配合饲料的利用率，降低饲料系数，减少排放。以水产健康养殖关键技术研究为重点，按照资源节约、环境友好、高产高效的要求，开展养殖容量、水域可承载能力、生态修复技术研究，创新各类品种健康养殖技术模式，全面提高集约化养殖水平、机械化装备水平和节能减排水平。以大宗水产品综合加工利用技术研究为重点，切实解决技术组装配套问题，提高水产品加工水平。

三是切实加强对基层推广机构公益性职能的支持。细化落实各级政府、相关部门在水产业领域的公益性职能。科学测算、合理确定各行业公益性推广人员编制，确保在一线工作的技术人员不低于技术人员总编制的2/3，专业技术人员占总编制的比例不低于80％。切实解决一些地方公益性农业技术推广机构人员编制与经营性服务人员混岗混编的问题，完善人员聘用制度。强化县级水产技术推广组织的建设，加强县级科技机构对乡镇水产技术推广机构和人员的管理和协调能力。推行跨乡镇设置区域站模式，部分乡镇可由县级渔技推广机构派出机构或人员。加强县乡两级办公、实验等用房修缮，配置分析、诊断、监测设备和交通工具。筹集专门的资金有计划有重点地创办一批渔业科技示范基地、实用水产技术培训基地。完善多元化的技术服务体系。深入组织实施"科技入户工程"，加强新型渔民科技培训，促进渔业科技成果转化和新品种、新技术、新产品的推广应用。支持渔民专业合作社、渔业技术协会、渔业龙头企业及科研院校等提供各种形式的服务。

四是加强水生动物防疫体系建设。"十一五"以来，我国启动并建成了一批县级水生动物疫病防治站和重点实验室，为提高疫病防控能力发挥了积极作用。但是，水生动物疫病防治任务艰巨，现有防疫体系的覆盖面太小，因此，要以县级水生动物防疫站建设为基础，以主要水生动物疫病参考实验室、重点实验室、省级水生动物疫病预防控制中心建设为重点，切实加快水产动物防疫体系建设，逐步构建预防监测能力强、范围广、反应快、经费有保障的水生动物防疫体系。

五是大力发展水产专业职业技术教育。统筹职业教育发展与普通教育发展，统筹中等职业教育与高等职业教育发展，统筹教育与科研、技术推广事业的发展。到了目前这个发展阶段，我国已经具有能力对种植业、林业、畜牧业、水产业等方面的专业实行免费教育。今后，不仅要对中等职业教育实行免费，对高等教育中种植业、畜牧业和水产业也应当实行免费。建立以政府为主导的多渠道投入机制，加大职业教育投入。

三、国家将越来越强化对渔业金融保险的支持力度

一是构建充满活力的农村金融机构体系。强化银行机构的社会责任，鼓励支持商业银行到县域开展贷款业务。进一步推进农村信用社改革，发挥其支农主力军的作用。大力发展农村新型金融机构、农村资金互助合作社和小额贷款公司。积极探索发展资金互助合作社的发展，并在适当时候对《农民专业合作社法》进行修改，或者专门制定发展农村合作金融的法律法规。

成立专门支持农业的政策性金融机构。可以考虑通过拓展农业发展银行的业务范围，将其真正办成服务"三农"的专业化政策性银行，努力成为政策性金融服务"三农"的骨干和支柱。要将渔业开发、渔业基础设施建设、渔业科技推广、渔村环境建设、水产业流通市场建设等纳入中国农业发展银行的支持范围，增强渔业发展后劲。

可以考虑成立专门的渔业保险公司经营各类渔业养殖险，同时允许经营渔船险、渔民家财险和意外险等相关产品。加快保险公司进入农村的步伐，鼓励大保险公司与乡镇和村级经济组织合作开发渔业保险业务，建立驻村保险服务网络。

二是完善金融扶持政策。①增加农村信贷资金来源。根据农林牧渔增加值占GDP的比重，确定信贷资金用于农业的比例；与县域人口数量占全国人口数量挂钩，大幅度提高信贷资金用于县域的比例。进一步完善差别存款准备金制度，降低存款准备金率，按照涉农金融业务比例进行动态调整。增加支农再贷款额度，降低再贷款利率。放宽涉农业务贷款利率限制，提高农村利率市场化水平。②提高涉农贷款业务的收益水平。针对不同类型的涉农贷款，制定不同的增量奖励标准，完善涉农贷款增量奖励政策。对涉农金融业务实行税费优惠政策。可以考虑免除农村中小金融机构和符合条件的小额贷款公司营业税。调整涉农金融机构所得税政策，对农户小额贷款给予所得税优惠。免除农业类贷款业务的监管费。③完善农业保险支持政策。将渔业保险纳入农业保险费用补贴范围。加快建立巨灾风险分散机制，防止因大面积发生水生动物病害和价格波动过大产生的风险。运用财政、税收等手段，支持和促进农业保险发展。继续完善对保险公司经营的政策性农业保险给予保费补贴和经营管理费的补贴办法。

三是改善农村金融发展的基础条件。鼓励专业性担保机构、水产龙头企业或者地方政府为养殖户提供贷款担保。但要明确，在渔业主产区，养殖户的养殖权不能作为

抵押。对于养殖户的机械、设施等，则可以作为抵押物。加强农村金融人才队伍建设和业务硬件条件建设。

四是建立与农村金融业务相适应的监管体制。根据农业生产、农户行为等本身的特点，建立与城市业务不同的监管标准、程序、方式、方法。对吸收存款的农村银行业金融机构实施审慎性监管，对不吸收存款的小额贷款组织等农村非银行金融机构实施非审慎监管。可以将新型农村金融机构、小额贷款公司、民间资金互助组织的监管权力和监管责任下放到省一级，由各地根据情况进行决策。要根据各地的实际需要，扩大县域金融监管队伍。

四、稳定和保护养殖权应成为各级政府的重要职责

一是明确水面所有权主体。对于所有权仍存在争议的，应尽快明确其所有权。对于所有权不明确，但集体已在开发使用的水域、滩涂，其所有权应确认给集体所有。对水域、滩涂的所有权进行公示和确认。对于确认给集体所有的水域、滩涂，发给所有权证书。对于确认给国家所有的滩涂和水域，则必须要明确代表国家行使所有权的地方政府层级。

二是稳定养殖权。承包给渔民个人的国有滩涂或水域，应赋予渔民长久的承包经营权。建立健全登记、公示制度和档案制度，推进和规范养殖证发放。

三是规范养殖权流转。在依法、自愿、有偿的前提下，养殖权可以以转包、转让、租赁、互换、入股等形式流转。健全流转管理服务体系，制定政策咨询、流转信息收集发布、流转合同管理、流转合同鉴证、流转登记备案、流转收益评估、流转用途审查、档案管理、纠纷调处、经营权证管理等制度。开发水域滩涂流转信息服务系统。加强渔业水域滩涂价值评估研究，提供价格参考。尽快制定农村土地承包纠纷仲裁机构组织制度和仲裁程序制度，克服机构设置与仲裁程序的随意性，确保仲裁的公正、公平。为保持渔户的长远生计、稳定农村的基本经济社会结构，在专业养殖区域，不鼓励工商企业进入；对以养为生的养殖户，不允许养殖权抵押。

四是完善水域滩涂占用补偿制度。严格界定公益性和经营性用地，逐步缩小征地范围。完善征地补偿机制，确保被征地渔民生活水平不降低，长远生计有保障。

五、着力构建现代淡水渔业产业体系

发展现代渔业，一要通过积极发展生态健康的水产养殖业、可持续的捕捞业、先进的水产品加工流通业，提高传统产业发展水平，促进传统产业内部优化升级；二要通过努力发展环境友好的增殖渔业和文化多元的休闲渔业等新兴产业，拓展渔业发展空间，塑造渔业经济新增长点。通过"升传拓新"，着力构建以水产养殖业、增殖渔业、捕捞业、加工业和休闲渔业为核心的现代渔业产业体系。着力建设稳定供给的大

众渔业、特殊需要的高端渔业、增效增收的休闲渔业、资源养护的回放渔业产业体系。

（一）生态健康的水产养殖业

水产养殖业是发展现代渔业的支柱产业，要坚持"以养为主"，通过加快推进标准化健康养殖，科学合理拓展养殖空间，强化疫病防治和质量安全监管，推动传统水产养殖业向生态健康水产养殖业升级。一要加快推进标准化健康养殖。加快水产养殖标准化创建，推广应用健康养殖标准和养殖模式。发展与水产养殖业相配套的现代苗种业，加强水产新品种选育，提高水产原良种覆盖率和遗传改良率，不断调整优化养殖品种结构和区域布局。积极推广安全高效人工配合饲料。促进水产养殖向集约化、良种化、设施化、标准化、循环化、信息化发展。二要科学合理调整拓展养殖空间。探索建立基本养殖水域保护措施，推动建立渔业水域滩涂占用补偿制度。稳定池塘养殖面积，进一步挖掘池塘养殖潜力。支持工厂化循环水养殖。加大低洼盐碱地、稻田等宜渔资源开发力度。三要强化疫病防控和质量安全监管。加快水生动物疫病防控体系建设，加强重大水生动物疫病监控，积极推动水产苗种产地检疫工作，探索无规定疫病水产养殖场建设，落实渔业乡村兽医登记制度，推进渔业执业兽医和官方兽医队伍建设。坚持水产品质量安全专项整治和长效机制建设两手抓，加大监督抽查力度，强化检打联动，推动建立水产品质量安全可追溯、产地准出和市场准入制度，探索开展水产品质量安全风险评估。

（二）可持续的捕捞业

捕捞业受资源和环境影响最显著，面对内陆主要江河生物资源的衰退趋势，必须通过严格控制捕捞强度，促使捕捞业走可持续的发展道路。一要加快建立内陆水域捕捞渔船控制制度。完善渔船管理和捕捞许可制度，切实加强渔船建造管理，规范渔船检验、登记和流转管理。推进渔船渔机和渔具标准化。合理调整捕捞作业结构和渔船、渔具规模。加快制订捕捞渔具准用目录，建立健全渔具标准和重要经济鱼类的最小可捕标准，规定最小网目尺寸，制定各种渔具的限制使用措施。探索渔具渔法准入、渔业资源网格化管理等新的资源管理制度和措施。重点应该是结合休渔探索建立合理的捕捞季节、捕捞强度、可捕品种、可捕规格、可捕数量等标准体系和制度，保护好休渔禁渔效果。

（三）先进的水产品加工流通业

水产品加工流通业是现代渔业建设的关键领域，要通过促进加工业优化升级，推进现代物流体系建设，拓展国内外市场空间，完善和延伸渔业产业链，实现水产品价值增值。

一要促进加工业优化升级。依托资源禀赋和区位优势，以自主创新和品牌建设为核心，培植壮大一批装备先进、管理一流、带动力强的水产品加工龙头企业，积极推进水产品加工园区建设，促进水产品加工业集群式发展。积极发展精深加工，加大低值水产品和加工副产物的高值化开发利用，提高产品附加值。鼓励加工业向药物、功能食品等领域延伸。

二要推进现代物流体系建设。加快水产品批发市场和冷链系统建设，实现产地和销地的市场、冷链物流有效对接。强化水产品市场信息服务，积极培育大型水产网络交易平台，引导开展水产品电子商务，推动单一的传统营销方式向多元化现代营销方式转变。加快产地准出和市场准入制度建设。

三要拓展国内外市场空间。充分利用"两种资源、两个市场"，增强企业品牌建设和市场拓展意识，加大市场推介力度，扩大品牌宣传范围，积极发展消费引导型加工业，努力引领和扩大水产品国内市场消费。

(四) 环境友好的增殖渔业

增殖渔业是为应对不断加剧的水域资源和环境危机，通过增殖放流，恢复和养护渔业资源和环境，具有明显的公益性。在当前主要渔业生产水域资源和环境呈现总体衰退趋势的情况下，要加快发展增殖渔业，使其成为渔业产业体系中的关键领域。

一要积极开展增殖放流。落实《全国水生生物增殖放流总体规划（2011—2015年)》，依据水域生态环境、资源状况和养护需求，合理确定增殖放流的功能定位，科学确定增殖放流品种和规模。稳步发展湖泊水库滤食性、草食性、杂食性鱼类增殖，改善水域生态环境，提高水域生产力。开展珍稀物种放流，保护水生生物多样性。完善增殖放流技术规范，提高增殖放流苗种质量，加强放流效果监测评估。合理规划和布局增殖业，固定和规范增殖放流行为，对增殖放流效果进行跟踪调查和科学评价。

(五) 文化多元的休闲渔业

休闲渔业立足渔业产业特性，满足人民多元的精神文化需求，契合经济发展趋势，前景广阔。要积极拓展渔业的休闲娱乐功能，立足各地独特的文化传统，丰富休闲渔业发展模式，扩大休闲渔业产业规模，打造渔业经济新的增长点。

一要丰富休闲渔业发展模式。围绕城乡一体化进程和新农村建设，结合养殖基地、渔港、海洋牧场等渔业设施及增殖放流等渔业活动，积极发展文化娱乐型、都市观赏型、竞技体育型、观光体验型、展示教育型等多元化、精品化现代休闲渔业。通过观赏鱼大赛、垂钓比赛、渔业饮食文化节、放鱼节、开渔节以及渔业科普、美术摄影等活动形式，不断挖掘、传承、弘扬、创新与渔业相关的观赏文化、餐饮文化、民俗文化。

二要扩大休闲渔业产业规模。按照因地制宜、合理规划、形成特色、示范带动的要求，以市场为导向，加大休闲渔业资源整合力度，加强知名休闲渔业品牌创建，打造生产标准化、服务集约化、功能多样化的现代休闲渔业产业集群。扩大观赏鱼产业规模，加快观赏展示和交易市场建设，加大休闲渔业中公益性设施的投入扶持力度，强化对休闲渔业合作组织和行业协会的管理与支持，健全休闲渔业技术服务体系。

第四节　战略思考及政策建议

渔业在农业中最早实行市场化改革，但渔业整体而言，仍是高风险的弱质产业。当前，我国渔业发展所面临的主要问题基本都是公共性和社会性的问题，如维护渔民权益、加强渔业基础设施建设、推进水产养殖健康发展等，都需要强化国家的政策扶持，需要加大公共财政的支持。特别是水产养殖，是我国渔业发展的主攻方向，也是未来保障水产品增产主要来源，更需要有一套完整清晰的产业政策框架作为行动的指针。

一、战略思考

经过 30 多年的持续快速发展，我国已成为世界第一水产养殖大国。淡水渔业为国民提供了高效率的优质蛋白食物，对确保食物安全作出了重要贡献。然而，随着城乡居民收入水平、消费水平、消费结构的转变，水产品供给的压力将长期存在，淡水养殖的发展任务仍然非常重。

（一）促进我国淡水渔业发展的基本思路

基本思路应该是：按照高产、优质、高效、生态、安全的要求，以突破饲料供给不足、种质退化、基础设施条件脆弱三大瓶颈制约为基础，以优化养殖结构、提升渔业产业化水平、加强质量安全控制、提高养殖户组织化程度、强化科技支撑为重点，以加大财政支持力度、健全支持保护制度、加强金融保险服务、保护养殖权、加强政府监管为保障，提高单位面积产出率、资源利用率、劳动生产率，确保到 2020 年淡水养殖业产出能力基本满足城乡居民消费需求、渔民人均纯收入比 2008 年翻一番，走出一条具有中国特色的淡水渔业发展道路。

（二）基本原则

促进淡水渔业的持续稳定健康发展，要坚持以下几个基本原则：

一是以市场为导向和政府扶持相结合。在我国大农业中，渔业是最早市场化的产业。在市场机制的主导作用下，生产要素按市场规则流动和组合，为渔业发展创造了良好的体制环境和激励机制，充分调动和发挥了渔业生产流通各个环节参与者的积极性和创造性，促进了渔业的快速发展。实践证明，市场化是我国淡水渔业快速发展的主要推动力量之一。以市场机制主导淡水渔业资源配置，有利于引导经济资源的合理流动，有利于提高资源配置的效率。近十几年的实践表明，仅靠市场调解，渔业发展容易大起大落，政府的支持、引导和强化服务，是淡水渔业稳定、持续、健康发展的必要条件。尤其在解决种苗供应、技术指导、信息服务、风险防控、质量安全控制、金融服务等方面，政府的作用必不可少。建立淡水渔业持续稳定健康发展的机制，既要区分政府和市场的作用，避免政府的不合理干预；又要切实履行政府职责，确保公共服务到位。目前，政府监管缺位、监管手段有限，生产过程、生产资料市场和产品市场还存在不少隐患。加强政府监管、完善监管方式、提高监管效率，是政府行使职能的重要内容。

二是坚持稳定大宗品种和发展名优新品种相结合。常规的大宗水产品养殖能起到稳定市场供应，为国民提供充足的物美价廉的大宗水产品的作用。这类产品供求数量大，养殖技术成熟，在提供水产品有效供给、保障食物安全方面起到基础性作用，是食物构成中主要的动物蛋白质来源之一，是水产养殖业的重中之重。大宗产品的数量稳定是对保障食物安全的重要贡献。大宗品种的价格比较稳定，有利于渔民收入稳定增长。名特优新产品生产主要满足了国民日益增长的多样化消费需求。这类产品供应量小，目标消费群体的收入水平相对较高，市场价格高，在促进农民增收方面的效果更快。这些品种的养殖在满足不同消费阶层需求，调整品种结构、提高养殖效益、增加农民收入方面发挥着重要的作用。此外，还有一类主要针对出口的水产品养殖，在淡水产品中主要是罗非鱼、斑点叉尾鮰、克氏原螯虾、河蟹等。但要看到，这类产品的价格波动较大，也容易出现亏损。要在稳定发展大宗品种生产的基础上，合理引导名特优新品种的发展。

三是整体推进与抓产业链条薄弱环节相结合。淡水渔业向现代渔业发展，必须是整体水平的提高，在整个产业链条中任何一个环节出现"短板"情况，都会制约整个行业的发展。当前，种质退化、饲料供应不足、技术到不了养殖户手上等问题，已经成为淡水养殖业的瓶颈制约。要采取切实有效的措施，突破瓶颈，是淡水养殖业进入一个新的发展阶段。同时，要大力提升产业化水平，增强对养殖业的带动能力。要在池塘改造、金融保险支持等方面采取切实有效的举措，为淡水养殖业提供较好的发展条件。

四是坚持数量增长与加强水产品质量安全相结合。为满足城乡居民日益增长的需要，确保淡水养殖业规模的扩大是必要的。但近年来一系列的食品安全事件表明，一旦出现重大食品安全事故，将严重打击消费者信心，削弱整个产业的发展基础。要建设现代渔业，就必须转变渔业发展方式，加大食品安全控制力度，积极探索科学有效的质量安全控制模式。

（三）重点任务

1. 改善基本发展条件，强化基础设施建设　首先，大力发展饲料产业。

一是加强研究开发能力。从我国目前的情况来看，水产饲料业的科技基础薄弱，应着力加大水产饲料研发的投入。要提升淡水养殖业在国家科技重大专项、国家高技术研究发展计划、国家重点基础研究计划、国家科技支撑计划、科技基础条件平台建设、政府引导类计划、国际科技合作计划、国家重点实验室计划等国家科技计划中的地位，从基础研究、基础性应用研究、开发性研究等多个方面，加大向水产饲料研发的倾斜力度。各地可以根据当地产业特色，设立有地方特色的研究项目。在水产业发展规模较大的地方，要设立水产饲料研发基金。要针对水产饲料业的薄弱环节强化基础和应用研究，强化那些营养和经济价值较高的养殖品种的研究，为饲料和添加剂产品开发提供基础。积极培育和扶持有竞争力的科技型龙头企业，充分调动企业研发的积极性。支持企业与科研院所、大专院校联合，建立各类技术创新联合体，不断提升创新能力。

二是在饲料营养来源方面实现重点突破。加强蛋白质代谢与调控机理研究，为拓展蛋白质来源、降低对鱼粉的依赖程度提供基础。开发高能饲料、环保饲料、膨化饲料、开口饲料、添加剂及鱼油等，开发营养性和非营养性添加剂、微生态制剂等新型产品。与土水资源丰富的国家合作，启动一批饲料生产合作项目。

三是加强对养殖户的技术服务。要根据养殖户的需求，健全基层公益性机构体系，提高服务能力和效率。同时，要利用饲料企业、专业合作社、经销商、个体经营户等各类社会化服务体系的现有力量，加强饲料技术服务。

四是加大对饲料行业的支持力度。为促进饲料企业的创新，可以考虑适当减免水产饲料生产企业所得税。加大对饲料企业的金融支持力度，通过涉农贷款税收优惠、定向费用补贴、增量奖励等办法，为饲料企业争取信贷提供支持。要重点支持开发多种原料的饲料企业的支持。

五是加强对饲料行业的监管。修订《饲料和饲料添加剂管理条例》，完善新饲料和饲料添加剂审定机制，强化全程监管，加大处罚力度。充分利用风险评估技术，提高标准的科学性和可操作性。

其次，完善品种繁育体系。在国家公共财政的扶持下，我国已经建成一批国家级的水产原良种场、引育种中心。但由于水产养殖业对良种的需求量大，体系建设投入大，目前的良种生产能力远不能适应养殖业发展需要，必须加快原良种场和扩繁场建设，提高良种保种、供种能力和良种覆盖率，满足养殖生产需要。

在鱼种培育技术方面，鱼苗育种技术的进步是提升养殖产量、增强抗病能力、改善养殖水平的重要渠道。长期以来，我国淡水鱼育种技术发展比较滞后，严重制约了养殖效益的提升。在调研中发现，许多养殖户都希望能够养殖抗病害能力强、生长速度快，而且适合消费者口味的水产品品种，以提高水产养殖业的市场竞争力。要采用常规育种与分子育种等现代生物技术结合，提高种苗繁育与生产能力。更加注重多性状的同步选育与现有名优品种的提纯，培育抗病害、抗缺氧、生长快的新品种。加快建立分子育种平台，改进提纯现有品种。研究探索基因育种新技术对人体与生态环境的影响。

继续实施增殖放流等生态补偿与恢复措施，加大对水生动物栖息地与物种资源的保护力度。继续研究分子育种与基因工程育种等先进技术在珍稀淡水水生生物资源保护方面的应用，探索利用野生物种资源改进提高现有苗种质量。

第三，加强水域基础设施建设。对 1 359 个样本户的调查表明，渔业基础设施建设最为突出的问题是"鱼塘改造"、"道路"和"水质"。47.3%的样本户认为鱼塘需要改造；35.1%的样本户认为鱼塘周边的道路交通设施较差，需要加强；33.7%的样本户认为水质差；24.5%的样本户提出电力不足问题。湖南、辽宁、湖北、江苏和河南的"鱼塘需要改造"问题最为突出，分别占比 63.21%、52.54%、52.36%、44.23%和39.76%；在湖北、湖南、广东对"水质差"的反映也很突出，分别占46.85%、45.08%和43.20%；在四川，"电力不足"的问题反映最突出，占比44.85%；在各调查省市中，"鱼塘改造"都是首要问题。

为解决基础设施问题，不少养殖户进行了投入。但是，他们自身的投入能力毕竟有限，政府承担部分甚至主要投入责任是必不可少的条件。但从实际状况来看，政府承担的责任非常有限。在鱼塘改造方面，仅有8.65%的投入户获得补贴；户均获得补贴3 183.28 元，仅占户均投入的10.26%。在清淤方面，仅有5.22%的投入户获得补贴；户均获得补贴为 356.1 元，仅占户均投入的4.02%。在进排水系统建设方面，仅有3.41%的投入户获得了补贴；户均获得补贴为 508.67 元，仅占户均投入的20.74%。在道路建设方面，仅有3.07%的投入户获得了补贴；户均获得补贴551.70元，仅占户均投入的5.14%。调查表明，四成以上的养殖户购置了增氧机、水泵、渔网、投饵机等常规设施，获得的补贴水平整体偏低，无一项超过5%。

面对水产业发展受到的制约越来越明显，而经济社会发展对渔业发展的要求越来越高的局面，加强基础设施建设和改善渔业装备条件已经显得越来越迫切。我国已经进入走中国特色渔业现代化道路的关键时刻，政府必须承担应有的责任，将加大对水产业基础设施建设投入力度作为建设现代渔业的重要内容。当前，要将加快鱼塘标准化改造作为首要任务。中央财政尽快启动标准化池塘改造财政专项，由中央财政给予引导性补贴支持，以组织和调动地方各级财政、社会力量和群众自筹，加大对老旧池塘的改造投入，以稳定池塘养殖面积，提高养殖单产，增强水产养殖综合生产能力，增加水产品有效供给，使水产养殖业在保障食物安全方面发挥更大作用。建议在2015 年前通过中央财政转移支付，地方和群众配套、自筹的方式，完成对老化严重的 66.67 万 hm^2 养殖池塘的改造任务。同时，要将其他建设内容也尽快纳入公共财政覆盖范围。要加大财政支持和引导力度，大力开展"一事一议"，鼓励和支持农民广泛参加基础设施建设。

2. 稳定提高产量，优化养殖结构 一是要以提高单产为主提高产量。1961—2006 年，随着世界人均水产品消费量从 9.0kg 增加到 16.7kg。2006 年，日本的人均水产品消费量高达67kg。据估计，到 2020 年，世界水产品的总消费量将达到 1.28亿 t，比 1997 年增长 41%左右，其中，发展中国家增幅高达 57%。根据课题组的预测，至 2015 年，我国城市和农村的人均水产品消费量分别为 24.7kg 和 11.1kg，是

2008 年的 2.14 倍。而根据 20 世纪 90 年代以来我国鱼类消费结构特征来看，淡水鱼消费所占比重还有上升的趋势。而在淡水渔业中，捕捞产量已经没有什么增加产量的空间，只有提高淡水养殖产量，才能满足消费需求。

从我国淡水养殖的实际情况来看，增加养殖面积有一定的空间。在水面资源比较丰富的地方，如江苏、浙江、安徽、江西、湖北、黑龙江等地方，可养水面较大，还可以进一步挖掘。目前在我国，发展稻田养鱼还有较大潜力。但要看到，在不少地方，目前的水面是围湖形成的，围湖养殖对生态构成了很大压力，有些应该实行退渔还湖。因此，从总体布局来看，既要加大对可养水面的利用率，但不宜走平面发展的道路。

从现有水面的现有单产水平来看，淡水养殖的单产水平明显偏低。2008 年，池塘的平均单产 667m² 为 453.66kg，而课题组的调查表明，有 30% 以上的池塘养殖户的单产 667m² 水平达到 1 000kg 以上，可见提高池塘单产的潜力仍然很大。与池塘养殖相比，其他水面养殖目前的单产水平更低，2008 年，湖泊、水库、河沟养殖的单产 667m² 仅为 100.99kg、103.91kg、184.21kg，增产潜力还是很大的。因此，提高淡水养殖产量根本的出路在于走集约化经营的道路。要通过科学采用养殖模式，提高单位面积投入水平，提高资源利用率，使单产水平上升一个新的台阶。

二是要不断调整和优化品种结构。受消费结构多元化的影响，养殖结构多元化的趋势将不断体现。其中一个突出的特征，就是淡水甲壳类产品得到快速发展。在淡水甲壳类产品中，虾和河蟹的增长是主要因素。从近期来看，这两类产品的消费增长还有较大空间。课题组的样本户调查表明，罗非鱼、河蟹、黄颡鱼、斑点叉尾鮰和克氏原螯虾等品种的发展较快，也颇受市场欢迎。但在不同地区，养殖结构的选择存在明显差异。因此，适应市场的需要，主动引导养殖户开展结构调整，形成了因地制宜、各具特色、优势突出、结构合理的水产养殖发展布局。总体来看，名特优品种的市场价格较高，养殖户往往可以获得更高的收益。但调查也表明，每个品种有各自的生物学特性，实现成功养殖并非易事。因此，引导养殖户进行结构调整，政府需要在养殖示范、种苗供应、技术指导、病害防治、市场营销等方面提供周到细致的服务，降低养殖风险。在调整结构的过程中，要充分尊重养殖户意愿，加强示范，逐步引导，避免采取强制手段推行。

要积极探索挖掘淡水渔业的多种功能，因地制宜发展休闲渔业、观赏渔业、水产服务业，拓展水产业发展空间，大力发展第二三产业。

三是走集群化和品牌化道路。产业集群，是指某一特定产业大量聚集于某一特定地区形成有竞争优势的产业集合体。产业集群是产业地理集中的表现，随着生产规模的扩大，交易规模也随之扩大，从而形成了一个比较完整的物流和信息流网络。由于这个网络能够大幅度降低企业生产成本和交易成本，大量的资金和人才就被吸纳进去，经营主体和规模快速增加，技术创新和管理创新也随之加快，整个产业也随之得到迅速发展。由于集群化发展具有多方面的优势，对于提高一个地区的经济竞争力往往具有决定性的作用。

从一些地方的实践来看，水产养殖走集群式发展道路的潜力非常大。江苏省兴化市集中力量重点扶持河蟹和青虾养殖取得显著成效，样本户中有54%选择养蟹。由于形成了"学有对门、比有同行"的创新氛围，养殖户很快就系统掌握了河蟹养殖技术。目前，该市获得"中国河蟹养殖第一市"称号，发展了"泓膏"、"板桥"、"金香来"等一大批知名品牌，大大提高了养殖效益。如江西省推进以"一条鱼一个产业"为核心和"一县一品、数县一板块"的产业格局，突出发展鮰、鳗、珍珠、虾蟹、龟鳖五大水产业，取得积极成效。

树立品牌，对一个地方淡水养殖业的发展具有非常重的促进作用。而集群式发展，往往为打造地方品牌奠定良好基础。在专业化养殖形成规模的地区，要积极开展原产地认证，通过推介会、水产品节等形式，扩大知名度和社会影响力，推动各地积极创造特色渔业品牌。

3. 推进产业化发展，提高组织化水平　一是大力发展加工业，增强带动能力。加工业的发展可以形成稳定的市场、增加附加值，对养殖业具有非常重要的带动作用。尽管淡水渔业加工业近年获得了较快发展，但总体来说，我国淡水渔业加工业的发展非常滞后。2008年，淡水产品加工率为14.68%，比水产品加工率低18.77个百分点。这固然有淡水产品本身以鲜销为主有关，但扶持不足，也是淡水渔业加工不足的重要原因。加大产业政策支持力度，大力发展淡水渔业加工业，是我国淡水养殖跃上新台阶的必要条件。一要加强新型产品的研制与开发。淡水鱼本身存在内源酶、多刺、含水量高、蛋白质含量低等特点，与海水产品加工有很大差异。目前，世界上淡水产品加工技术是一个极为薄弱的领域。我国作为世界上最大的淡水渔业国家，只能主要依靠自主创新开发淡水水产品加工技术。要针对淡水产品本身的特点，开发专门的加工技术。从近期看，要力争在解决淡水鱼加工综合利用、加工过程中的蛋白质冷冻性和鱼肉中泥土异味和脱腥等问题方面取得突破。淡水产品的原料总量为2 297.32万t，加工量仅占产量的8.7%。二要推进标准化生产。制定并执行科学统一的产品质量标准，推行标准化生产。支持加快企业质量控制体系建设，帮助企业通过HACCP认证、ISO9000国际标准认证等，形成一批国内外广泛认可的知名企业。三要加大对水产品加工企业的产业政策支持力度。首先，积极拓宽金融融资渠道，鼓励农村信用合作社和农业银行等正规金融机构加大对水产加工业的支持，特别是对深加工企业给予贷款优惠。对给予加工企业贷款的金融机构，减免部分营业税或直接予以免税；对提供较低贷款利率的金融机构，其提供给农产品加工企业的贷款额达到一定数额后，可减免部分企业所得税。其次，对水产加工企业进行税收支持。改革现行税制，将以农产品为原料的加工产品列入农产品征税范围，按13%的税率征税，并允许按13%计提进项抵扣，以减轻加工企业税收负担。对目前的农产品对初、深加工在环节上进行重新界定，使其更具科学性。对经营规模大、精深加工程度高、加工生产高新技术产品以及出口产品等企业实行一次性抵扣固定资产进项税额，鼓励企业增加固定资产的投资。提高农产品出口退税率。对中小型农产品加工企业可给予一定期限的所得税减免，新办农产品加工企业进行技术改造、购买国产设备的投资，可按规定比例享受抵免企业所得税的政策优惠，对于农产品加工企业引进的先进技术设备，免征进口关税和进口环节增值税；同时，根据农产品加工业地区发展实际的不同，可以着重对中西部地区给予更大的税收优惠。扩大企业所得税的税收优惠，支持农产品加工企业向规模化、产业化发展，推动农产品向深加工和高附加值方向延伸。此外，要加大对加工企业改扩建的财政支持力度。要积极加工企业建立行业协会，加强协会在指导企业发展的作用，支持协会统一开拓国际市场。

二是大力发展现代流通业，开拓营销市场。一是科学规划，优化布局。进一步加强批发市场建设，完善发展规划，大中城市应重点培育和完善发挥骨干作用的全国性或区域性批发市场。在中西部地区发展一批辐射范围广、带动力强的水产品专业批发市场，在综合批发市场上要向水产品有所倾斜。要将扩大县域消费作为开拓市场的重点，在小城市和小城镇大力加强水产品批发市场建设。要以万村千乡工程、新网工程等工程为依托，加强水产品向农村配送的能力。要根据产销有机衔接的要求，在集中产区搞好产地批发市场规划，在销地将批发市场规划纳入城乡建设的统一规划。进一步规范集贸市场，提升农产品零售市场档次。逐步实现对现有集贸市场的升级改造，将集中配送等现代物流方式引入农产品集贸市场；培育专业的集贸市场商户，树立个体声誉意识；发展专业的农产品流通经纪人队伍和物流配送公司。二是增加投入，完善市场基础设施。中央及地方财政每年都应安排一定的预算内拨款，中央和地方政府要加大力度，以资本金注入、投资补助、贴息等方式，支持农产品市场的信息系统、农药残留检测系统、低温冷藏冷链设施、电子统一结算以及道路、场地、污染处理等基础设施建设。加强市场信息体系建设，为交易主体提供及时、准确、全面的信息。在农村地区和中西部地区，中央应该承担更多的责任。鼓励社会资本、企业等多渠道社会资金投入农产品市场体系建设。三是支持现代流通主体发展，形成流通多元化新格局。鼓励渔民以专业合作社的方式直接进入流通环节。加快培育大型流通企业集团。进一步放开搞活中小农产品流通企业。加强培训和业务指导，继续培育农村经纪人、农产品运销专业户和农村各类流通中介组织。四是大力发展现代流通方式，提高流通效率。要充分发挥批发市场独特作用，推广供应链管理模式，形成批发市场与零售店之间配送—销售—消费的有机链条。着力发展连锁超市，提升零售市场发展层次。发展拍卖市场，完善农产品价格显示机制。加快发展电子网络商务，提高流通效率。五是完善市场服务，加强市场监管。对涉及农产品市场体系建设的有关法规、政策等进行清理，消除不利于农村商品市场体系建设的各种政策性障碍。加快制定、补充和完善与有关法律、法规配套的条例、实施细则，使法律、法规更有可操作性。要完善行政执法、行业自律、舆论监督、群众参与相结合的市场监管体系，防止出现监管真空。严格实施农产品质量安全市场准入制度。严厉打击制假售假、商业欺诈等违法行为，维护和健全市场秩序。继续完善农产品绿色通道的有关收费政策，降低农产品流通费用。

三是大力发展合作经济组织，提高组织化程度。淡水养殖业的大多数从业者是分散的小规模水产养殖户，和大市场有着天然的鸿沟。走合作化道路，是养殖户进入大市场的必由之路。为帮助合作社的发展，世界上很多国家，尤其是发达国家，都对合作给予财政、税收、金融、科技、储运、培训等方面的支持。为了支持、引导农民专业合作社的发展，我国 2006 年颁布了《农民专业合作社法》，并于 2007 年 7 月 1 日起施行，这标志着我国农民的组织化进入了一个新的时期。近几年来，我国农民合作社发展很快。要根据《农民专业合作社法》的要求，落实各项政策措施，为农民专业合作社的发展提供良好的环境和条件。

（1）实行税收减免 《农民专业合作社法》第五十条规定："农民专业合作社享受国家规定的对农业生产、加工、流通、服务和其他涉农经济活动相应的税收优惠。支持农民专业合作社发展的其他税收优惠政策，由国务院规定。"但从实际情况来看，国家专门的税收优惠政策尚未出台。目前，农民专业合作社的登记是以企业的形式在工商部门登记的，农民加入合作社后还要按照企业的要求缴税，所得税、营业税等税费负担反而重了。因此，要加快出台专门针对农民专业合作社的税费减免政策，减轻农民负担。

（2）加大金融支持力度 为帮助合作社获得资金支持，很多国家给农民合作经济组织提供贷款支持。日本的做法是非常典型的。在日本，短中期贷款一般由农协系统金融机构负责，政策性金融由日本政策金融公库负责。为解决农民贷款难和农协资金不足的问题，日本采取了强有力的支持政策。1924 年，日本就出资 1 500 万日元支持设立产业组合中央金库。为实现自立，农林中金于 1950 年增资 28 亿日元，其中政府出资 20 亿日元，并扩大了债券发行范围。二战后，农协经营普遍出现困难。为确保农业资金的需要，从 1948 年开始就采用农业票据制度，由农林中央金库向日本银行贴现获得资金。目前，财政资金向金融机构以低息委托保管，金融机构按其 4 倍的金额按照低息放贷。为降低农协的贷款成本，政府还给予补贴和利息补助。2006 年，政府给予农林渔业金融公库的补贴金达到 1 833 亿日元。中央和都道府县都建立了针对农业贷款的利息补助制度，农协和农业者的贷款利率一般不超过 2%。从美国、德国、加拿大、韩国等国家的情况来看，对合作社的贷款需求，都有专门支持政策。解决我国农民专业合作社资金不足问题，需要有政策突破：允许农民专业合作社开展金融业务，要有条件地允许其吸收社员的存款。通过发展联合设的形式，形成类似农村信用社的组织构架，提高其提供金融服务的能力。

（3）加大财政支持力度 对合作社进行生产、加工、流通等基础设施建设、购置渔业机具、水产品加工设备、兴建仓库，开展信息、技术培训、质量标准与认证、市场营销等服务进行适当的财政补贴，加大对农业贷款的贷款贴息。中央专门制定针对农业贷款贴息的政策，地方各级政府可以根据当地实际情况，筹集专门资金为包括渔民在内的农民贷款贴息，切实降低农民的贷款成本。支持农民专业合作社开展合作保险。在一些发达国家，如德国、法国、意大利、日本，国家财政对合作社管理费用有较高比例的补贴。建议我国也设立该项补贴，可根据合作社规模、养殖规模等标准进行补贴，补贴也可直接用于对专业管理人员的工资支付。

（4）规范内部治理机制　第一，建立规范的内部决策制度。民主管理是合作经济组织的生命力所在。完善组织的民主管理机构，建立与健全社员大会、社员代表大会、理事会和监事会等机构，进一步明确其权力与责任，要充分发挥监事会和广大社员的监督作用，对合作社决策的制定、执行进行严格监督。重大问题的决策要淡化个人权威，进行"一人一票"的集体决策。第二，健全管理制度。建立健全人事、劳动、财务、物资、营销等各项管理规章制度并严格执行，制定社务公开、财务公开制度，提高组织透明度。第三，建立合理的利益分配机制。在产权明晰的基础上，采取按交易额返利和按股权分红相结合的办法，创新利益分配机制。尤其是龙头企业或大户领办的合作社，更要解决好利益分配问题。第四，建立利益风险保障机制。提取一部分利润作为风险金或通过与商业保险公司建立风险保障金，保障组织及会员的收益。第五，建立积累机制。要从当年盈余中提取必要的公积金，避免分光吃净，提高向心力。

（5）加强对渔业专业合作社规范化建设的指导服务工作　结合水产养殖实用技术培训，宣传产业政策、市场理论及法律法规、合作社基本理论、合作社精神，为水产养殖发展培养高级技术人才和管理人才。帮助合作社完善内部管理制度，进一步加强管理队伍建设，帮助合作社做好发展规划。

4. 建立全程控制机制，完善质量安全控制体系　要以消费者健康为基本出发点，坚持以科学为基础、以预防为主、信息公开和污染源可溯等原则，探索覆盖供应链各个环节的控制模式，建立"从水体到餐桌"的控制机制。

一是减少投入品污染隐患。在渔药上，一要理顺管理体制。原先兽医行政部门对渔药生产销售环节的监管职能划归水产、渔政等渔业执法部门，实现由渔业执法部门负责对从渔药原料、渔药产销直到使用的整个渔药产业链进行全程监管。可以考虑在省级以下对渔药监督管理工作实行垂直管理。实施专门的渔药残留监控计划，建立残留例行监测和专项监控相结合的制度。二要加强行业管理。参照人药和兽药的管理，推广 GMP 在渔药生产中的运用。以推行 GMP、GSP 强制认证为契机，通过产业政策提高行业门槛和集中度，淘汰不达标企业和经营户，逐步向渔药定点生产与销售过渡。加大渔药市场整治力度，防止违法违规生产销售渔药和坑农害农现象的发生。在养殖基地强制推行禁药列表，扩大水产品养殖记录、加工记录与销售记录试点范围。加强对养鱼户、养殖场用药情况以及水产品仓储、运输、批发与零售等环节的管理，严厉打击违法用药和使用其他化工品行为。加强兽医与渔业行政执法队伍建设。三要加强渔药服务力度。推行官方渔医与执业渔医制度，对渔医实行执业资格认证，推行渔药处方制度，培养一批合格的"渔医"。组织鱼病防治技术力量为养鱼户服务，培训执业渔医。开展淡水养殖鱼类免疫。推行渔药补贴。对农民加大科学用药的宣传和培训。四要加大对新渔药的研究开发力度和支持力度。加大新渔药产品的研发经费的扶持，建议设立渔药产业创新基金。开展渔药残留控制基础科学研究工作。重点加强应用性研究工作，开发出拥有自主知识产权的高效低毒低残留药物药品。鼓励和支持鼓励产学研联合开展研发工作，保护企业的知识产权。

二是饲料和饲料添加剂。建立健全饲料标准体系及检测体系。积极绿色环保无公害饲料。要积极借鉴国际经验，推广运用 GMP 管理体系，实现饲料生产环境、原料采集、加工、包装、储藏、运输、销售、使用全过程的控制。促进水产饲料企业向无公害、绿色、环保饲料生产转变。加强饲料行业自律。对生产不合格水产饲料的企业，要加大处罚力度甚至取缔从业资格。

（1）推行过程控制

一是保护产地环境。应完善修订相应的农业和环境法规，建立健全农业可持续发展的法律实施保障体系，修订和完善农业环境标准体系，严格依法行政，加强执法监督，切实保证可持续发展的各项法律制度得以实施；完善农业环境信息系统，开展农业环境监测，进行农业环境敏感性分析。科学设置农业环境预警，设置预警等级，适时启动农业部门与环保部门的联合行动预案；建立部门沟通与对话机制，保证信息畅通。

二是大力推广健康养殖模式。水产健康养殖要求品种结构搭配合理，投入和养殖产量相适应，水产养殖业、种植业、禽畜饲养业有机结合，通过养殖系统内部废弃物的循环再利用，达到最佳的环境生态效益和经济效益。第一，科学制定渔业发展规划，加强水域环境监测和评估。各地要因地制宜编制养殖水域滩涂规划，保护水产养殖业发展空间。实行养殖水域滩涂规划备案制度，维护规划的严肃性，防止掠夺式开发和经营。加强养殖水域生态环境监测力度，定期发布水质监测预警预报信息。建立和实施水产养殖环境影响可行性评估制度。探索有效模式，对小型养殖进行环境影响评估。第二，合理控制水体负荷。作为水体系统食物链（网）的顶级生物，鱼类生物多样性越丰富，系统就越稳定。要保持鲢、鳙等滤食性鱼的养殖数量，保持合理的养殖结构，充分发挥水产养殖的生态功能，尤其是在治理水域富营养化方面的积极作用。但养殖密度过大，则可能破坏水域环境。为了实现最大可持续养殖产量，要科学地确定养殖水域各养殖品种的投放数量，将投入控制在水体承载能力范围以内。第三，合理使用投入品。以防为主，加强鱼病防治。制定养殖品种疫病用药配比标准，规范水产养殖防疫用药标准，促进科学合理用药。制定和推广科学的养殖饲料选用标准，科学量化投饵数量，改进投饵方式。降低环境负荷的饲料开发。目前，日本学者从饲料蛋白质及热量的变换和环境负荷之间的关系出发，正在研发环境负荷降低型配合饲料，并取得明显进展。要根据我国国情，加强这类饲料的开发，并加强推广应用。第四，加强污水处理。要提出明确要求，制定专门规划，加大投入力度，开发应用污水处理技术。要鼓励各地积极探索开发适宜的污水处理模式，及时总结各地的经验并予以推广。

三是鼓励企业开展 HACCP 认证。制定并执行科学统一的产品质量标准。目前，我国只有少数养殖企业建立并通过了 HACCP 认证。要加强 HACCP 示范区建设，增强其带动作用。支持加快企业质量控制体系建设。在企业中实行先进的质量管理方法、积极通过 HACCP 认证、ISO9000 国际标准认证等，提升产品档次和质量水平。

四是实行规范的市场准入制度，完善食品溯源管理。出台专门的市场准入法律法规；建立部门间的协调机制与协调机构，明确实施各类食品市场准入制度的具体职能部门及其分工。对水产品来说，要加强农业、质检、工商、海关等部门的合作，对鲜销水产品、加工水产品、进口水产品的市场准入实行无缝管理。积极探索实施水产品追溯管理的途径，建立水产品生产经营记录制度、索票证制度。探索建立一套科学完整的食品召回体系。

（2）**完善支撑体系** 继续完善监管体制。强化地方对食品安全监管的统一和协调。完善行业协会功能，充分发挥行业组织的自律作用。鼓励消费者组织和媒体开展深入广泛的监督工作。完善政策法规和加强执法能力建设。对行之有效的条例、暂行规定、通知等法规，应选择时机，上升为法律。扩大执法部门检查权，加强执法监督。完善标准体系。专门制定食品安全标准发展规划，形成重点突出，国家标准、行业标准相互协调，基础标准、产品标准、方法标准和管理标准配套的食品标准新体系。结合国家食品污染物监测网络的建设，加强对水产食品的化学和生物污染物的连续主动监测。要结合产地认证制度，建立健全产地水域环境监测网络。结合食品污染物检测网络建设，加强水产品污染物检测。结合国情建立国家食品认证标准，建立统一、规范的食品认证认可体系。加强部门间信息共享，建立国家间风险管理信息及时互报和共商机制。

第十章　中国大宗淡水鱼产业可持续发展的战略选择

第一节　战略意义

当前我国总体上已进入以工促农、以城带乡的发展阶段，进入加快改造传统农业、走中国特色农业现代化道路的关键时刻，进入着力破除城乡二元结构、形成城乡经济社会发展一体化新格局的重要时期。中央高度重视"三农"问题，始终把"三农"工作作为全党工作的重中之重。大宗淡水鱼产业是国民经济基础性和保障民生的关键产业，产业关联度高、涉及面广、吸纳就业能力强、劳动技术密集，在服务"三农"、壮大区域经济、促进就业、扩大内需、保障国民营养健康与食品质量安全等方面发挥重要作用。

一、大宗淡水鱼产业可持续发展，对保障
我国粮食安全具有重要战略意义

大宗淡水鱼主要包括青鱼、草鱼、鲢、鳙、鲤、鲫、鲂7个品种，这七大品种是我国主要的水产养殖品种，其养殖产量占我国水产养殖产量的较大比重，是我国食品安全的重要组成部分，也是主要的动物蛋白质来源之一，在我国人民的食物结构中占有重要的位置。据2012年统计资料显示，全国淡水养殖总产量2 644.5万t，而上述7种鱼的总产量1 786.9万t，占全国淡水养殖总产量的67.5%。其中，草鱼、鲢、鲤、鳙、鲫产量均在245万t以上，分别居我国鱼类养殖品种的前五位。美国著名生态经济学家布朗先生高度评价我国的淡水渔业，认为在过去的二三十年，"中国对世界粮食安全的贡献是计划生育和淡水渔业"。而大宗淡水鱼养殖业是"淡水渔业"的最重要组成部分，占淡水产品产量的63%。据测算，2030年，我国人口总量将达到16亿，比现在增加3亿。水产品是一种优质动物性蛋白质来源，对解决我国粮食安全具有重要战略意义。目前，水产养殖已经超过捕捞渔业成为水产品的重要来源，已经提供1/5的动物蛋白。随着我国人口和经济的增长，人们对水产品的需求量也逐渐扩大，预计到2030年，我国水产总产量需要再增加1 000多万t。近几年，世界范围内的海洋捕捞产量在持续下降，甚至出现负增长。我国由于近海资源衰退，远洋发展

受限,渔业捕捞产量提高幅度不会很大。将来的水产品增量主要需要依靠发展水产养殖产业来实现,而大宗淡水鱼养殖业将发挥重要作用(图10-1、图10-2)。

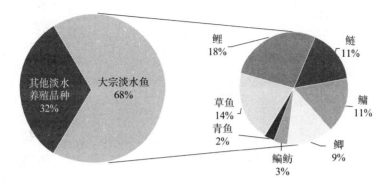

图10-1 2012年大宗淡水鱼与淡水养殖产品的产量比较

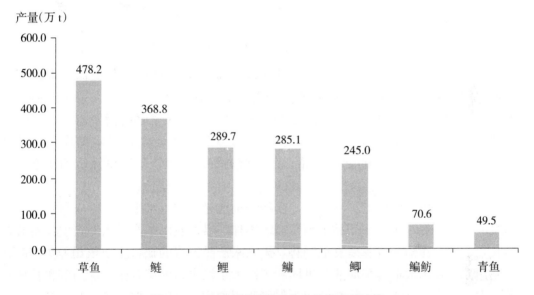

图10-2 2012年大宗淡水鱼各种类产量比较

目前,大宗淡水鱼的主产区主要集中在湖北、江苏、湖南、广东、江西、安徽、山东、四川、广西、辽宁等省(自治区)(图10-3)。消费市场也主要满足国内消费,包括香港、澳门、台湾地区。在我国主要农产品肉、鱼、蛋、奶中,大宗淡水鱼所占比例约为16%。"民以食为先,食以安为先",食品的安全已成为当今社会广泛关注的焦点。由于海水污染的日趋严重,海水产品中的"嘌呤"物等以及最近日本海水产品的"核辐射污染"事件,使得海水产品的消费信誉受到严重损害。大宗淡水鱼是我国公认的最安全的水产品,由于养殖技术成熟,病害防控措施有力,迄今没有发现重大质量安全事件,在消费者心目中享有良好的信誉。

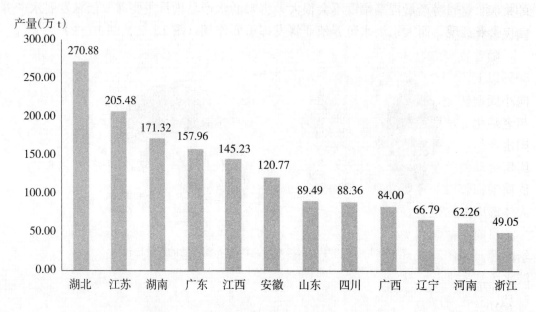

图 10-3　2012 年大宗淡水鱼主产省份产量比较

　　另外，我国大宗淡水鱼产品市场价格都比较低廉，有些产品甚至比一般蔬菜价格还低。近年来，我国猪肉、禽蛋等动物性食品价格大幅上涨时，大宗水产品价格却保持相对稳定，有效平抑了物价，满足了部分中低收入家庭的消费需求，得到社会的普遍肯定。特别是 2013 年 4 月"禽流感"暴发以来，大宗淡水鱼作为一种高蛋白、低脂肪、营养丰富的健康食品，已成为老百姓"菜篮子"里优质动物蛋白的重要来源。

　　随着我国人民生活质量不断提高、食物结构优化、收入水平上升、农村居民向城市居民的转化，将对优质水产品的消费需求更加旺盛；我国水产品人均消费量将会持续增长，全球海洋渔业资源呈衰退趋势，未来水产品消费的缺口主要依赖养殖产品补充。利用高新技术改造传统渔业，巩固和提高大宗淡水鱼的综合生产能力和单位面积产量，大宗淡水鱼已成为并将继续成为保障我国食物安全的重要支撑。

二、大宗淡水鱼产业可持续发展，对保障人类健康具有重要战略意义

　　大宗淡水鱼满足了国民摄取水产动物蛋白的需要，提高了国民的营养水平。大宗淡水鱼几乎 100% 是满足国内的国民消费（包括港、澳、台地区），是我国人民食物构成中主要蛋白质来源之一，在国民的食物构成中占有重要地位。发展大宗淡水鱼养殖业，对提高人民生活水平，改善人民食物构成，提高国民身体素质等方面发挥了积极的作用。大宗淡水鱼作为一种高蛋白、低脂肪、营养丰富的健康食品，具有健脑强身、延年益寿、保健美容的功效。发展大宗淡水鱼养殖业，增加了膳食结构中蛋白质

的来源，为国民提供了优质、价廉、充足的蛋白质，提高了国民的营养水平，对增强国民身体素质有不可忽视的贡献。

随着我国综合国力的进一步增强，城镇化、工业化进程加快，城镇化率提高到50％以上。"十二五"期间，我国城镇人口将超过农村人口，人民生活水平从温饱型向小康型转变，人们的消费习惯和结构发生明显变化，我国水产品消费人群的年轻化与老龄化、消费习惯的社会化与方便化、消费追求从吃饱到安全健康的变化，导致我国水产品产品种类要多样化以满足不同层次消费者，产品形式要求方便化以解决个体厨房劳动的社会化，产品功能要求功能化已通过合理膳食达到保健作用。淡水鱼作为优质动物蛋白的重要来源，消费需求将显著增加，淡水鱼在改善人们生活质量、增进人体健康方面也将发挥越来越重要的作用。

目前，我国淡水鱼养殖产量和规模已多年位居世界第一，有效解决了水产品的供给问题。水产品质量安全关系人民群众的身体健康，关系行业发展的兴衰成败。通过淡水鱼精深加工，从淡水鱼中获得更多安全、优质的食品和具有特殊生理功能的生物制品，对有效改善城乡居民的膳食结构，保障淡水鱼食用安全和营养健康具有重要意义。由此可见，发展大宗淡水鱼现代加工业，以加工稳定和带动养殖产业，稳定和提高大宗淡水鱼价格、增加渔民收入，实现大宗淡水鱼产业可持续发展，对保障优质蛋白质供给，满足人民日益增长的水产品消费需求，保障人民的身体健康，改善人们生活水平具有重要的现实和战略意义。

三、大宗淡水鱼产业可持续发展，对繁荣农村经济具有重要战略意义

大宗淡水鱼养殖业已从过去的农村副业，转变成为农村经济的重要产业和农民增收的重要增长点，对调整农业产业结构、扩大就业、增加农民收入、带动相关产业发展等方面发挥了重要作用。2011年，全国渔业产值为7 884亿元，其中，淡水养殖和水产苗种的产值合计达到4 145亿元，占到渔业产值的52％。根据当年平均价格的不完全计算，2011年大宗淡水鱼成鱼的产值是1 078亿元，占渔业产值的13.7％。现在渔业从业人员有1 458万人，其中，约70％是从事水产养殖业。2011年，渔民人均纯收入达10 011元，高于农民人均纯收入3 034元（2011年我国农民人均纯收入6 977元）。大宗淡水鱼养殖的发展，还带动了水产苗种繁育、水产饲料、渔药、养殖设施和水产品加工、储运物流等相关产业的发展，不仅形成了完整的产业链，也创造了大量的就业机会。

但由于淡水鱼加工保鲜技术落后，导致淡水鱼的销售受到地域限制，"压塘"现象严重，产品附加值低，渔农增产不增收，严重制约了我国渔业的持续发展和农村经济的繁荣稳定。淡水鱼加工业作为渔业生产的延续，对于整个渔业的发展起着桥梁纽带作用，开展淡水鱼加工与综合利用关键共性技术及产业化研究，开发高附加值和高

科技含量的精深加工产品，实现淡水鱼的大幅增值，拓展产业链，可大幅拉动淡水养殖渔业的深度发展，增加农民收入，促进我国渔业的健康持续发展。淡水鱼加工不仅是实现淡水渔业产业化经营、优化渔业结构的重要内容，而且是推进我国农业现代化、农村工业化、实现渔业增效、渔农增收、繁荣农村经济的重要途径。

发展现代大宗淡水鱼加工业，是推进内陆水产品加工业集群发展的需要，对推动我国渔业结构调整和均衡发展、提升内陆渔业产业综合经营效益具有重要作用。大宗淡水鱼产业能够高效转化粮食、吸纳农村富余劳动力、拉动农村经济发展，已成为农业农村经济中重要的支柱产业和富民产业。

四、大宗淡水鱼产业可持续发展，对发展低碳经济和建设节约型社会具有重要战略意义

大宗淡水鱼养殖业在提供丰富食物蛋白的同时，又在改善水域生态环境方面发挥了不可替代的作用。我国大宗淡水鱼养殖是节粮型渔业的典范，因其食性大部分是草食性和杂食性鱼类，甚至以藻类为食，食物链短，饲料效率高，是环境友好型渔业。另外，大宗淡水鱼多采用多品种混养的综合生态养殖模式，通过搭配鲢、鳙等以浮游生物为食的鱼类，来稳定生态群落，平衡生态区系。通过鲢、鳙的滤食作用，一方面可在不投喂人工饲料的情况下生产水产动物蛋白，另一方面可直接消耗水体中过剩的藻类，从而降低水体的氮、磷总含量，达到修复富营养化水体的目的。因此，近年来鲢、鳙成为我国江河湖库主要的放流鱼类，在修复生态环境方面发挥了重要作用。

大力发展低碳经济，对于保护生态环境，加快建设资源节约型、环境友好型社会具有重要意义。应用创新技术与创新机制，通过低碳经济模式与低碳生活方式，实现经济社会可持续发展，越来越成为人们的普遍共识。美国、英国、日本等发达国家纷纷将低碳经济作为抢占未来国际市场的制高点和战略目标，制定了一系列政策促进本国低碳经济的发展。推进养殖结构调整和渔业生产方式转变，开发循环水精养模式将使养殖密度加大，养殖水循环利用，以解决水产养殖生产与生态环境保护的矛盾，建立生产与环境相协调的高效、生态、健康、可持续发展的现代渔业生产体系，使节约能源、实现低碳环保渔业成为可能，为养殖业发展带来较好的经济效益、生态效益和社会效益；开发适用的高值化利用技术，对低值鱼类或鱼鳞、鱼皮、鱼骨、鱼内脏等加工下脚料进行综合利用，开发高附加值和高技术含量的系列食品和生物制品，使资源得到充分、合理的利用，实现"全鱼加工"和"废弃物零排放"，将为我国建设资源节约型社会和发展循环经济提供重要保障。

因此，发展现代生态渔业和精深加工业，降低资源消耗、环境污染和生产成本，不断提高渔业的资源产出率和劳动生产率，不仅是我国当前加快发展现代淡水渔业的重要内容，而且是优化渔业结构、实现产业增值增效、发展低碳和建设节约型社会的有效途径。

第二节　战略定位

坚持以科学发展观为指导，以富民强渔为目标，从事关现代渔业发展的全局性、战略性、关键性问题着手，以转变大宗淡水鱼产业发展方式为主线，以改革和创新为动力，大力推进大宗淡水鱼产业高效规模化、生产标准化、经营产业化、组织合作化、服务社会化，更加注重一二三产业协调发展，形成大宗淡水鱼繁育、养殖、加工、销售纵向一体化的完整产业链和技术体系，构建生产安全、质量安全、生态安全的保障体系和强渔惠渔政策扶持体系，实现大宗淡水鱼产业可持续发展。

一、加快基础设施建设，提高大宗淡水鱼养殖综合生产能力

除了按照国家已批复的水产良种繁育和水生动物防疫建设规划，加强对公益性、基础性、区域性基础设施的建设外，建议：一是开展大宗淡水鱼养殖基础设施和支持体系普查工作，全面摸清大宗淡水鱼养殖业的基本状况，为制定养殖业发展规划，指导养殖业发展提供科学依据；二是针对目前养殖业较为突出的问题，建议中央财政尽快启动标准化池塘改造财政专项，由中央财政给予引导性补贴支持，以组织和调动地方各级财政、社会力量和群众自筹，加大对老旧池塘的改造投入，以稳定池塘养殖面积，提高养殖单产，增强水产养殖综合生产能力，增加水产品的有效供给，使水产养殖业在保障我国粮食安全方面发挥更大作用。目前，全国 256.67 万 hm^2 养殖池塘，大都出现不同程度的淤积坍塌、进排不畅等老化现象，其中，亟须改造的主要承担大宗淡水鱼养殖的池塘有近 133.33 万 hm^2。建议尽快通过中央财政转移支付，地方和群众配套、自筹的方式，完成对老化严重的 133.33 万 hm^2 大宗淡水鱼养殖池塘的改造任务，以保障大宗淡水鱼产业可持续发展。

二、强化支撑体系建设，提高大宗淡水鱼养殖业发展的保障能力

一是强化水产良繁体系建设。近 15 年来，在国家公共财政的扶持下，我国建成了一批国家级的水产原良种场、引育种中心。但良种需求量大，体系建设投入的需求也大，目前的良种生产能力远不能适应养殖业发展的需要，必须加快原良种场和扩繁场建设，提高良种保种、供种能力和良种覆盖率，满足养殖生产需要。二是强化水生动物防疫体系建设。"十一五"以来，我国启动并建成了一批县级水生动物疫病防治站和重点实验室，对提高疫病防控能力发挥了积极作用。当前，水生动物疫病防治任务非常艰巨，现有的防疫体系覆盖面太小，难当重任。因此，要以县级水生动物防疫站建设为基础，以主要水生动物疫病参考实验室、重点实验室、省级水生动物疫病预防控制中心建设为重点，切实加快水产动物防疫体系建

设，逐步构建预防监测能力强、范围广、反应快、经费有保障的水生动物防疫体系。三是改革并完善基层水产技术推广体系。按照"强化公益性职能、放活经营性服务"的要求，通过明确职能、理顺体制、优化布局、精简人员、充实一线、创新机制等改革措施，以"五有"为标准进行装备，加快建设乡镇站或区域站、流域站，逐步建立起以国家水产技术推广机构为主导，以渔区经济合作组织为基础，渔业科研、教育等单位和企业广泛参与的多元化的基层水产技术推广体系。四是加快建设水产品质检体系。针对目前只建成了国家级和省级"三合一"中心（病害防治、环境监测、质量检验），不能满足实际需要的现状，必须尽快建设以完善国家、区域、地方（省级、县级）多层次的水产品质量检测机构，提高对水产品质量的检测和监管能力。

三、完善政策保障支持体系，增强大宗淡水鱼养殖业发展后劲

一是加快实施水产良种推广补贴政策。借鉴农业良种补贴办法，对大宗淡水鱼新品种的亲本更新和良种推广实施政策性补贴。二是加快实施水产养殖业政策性保险。目前，我国水产养殖业的商业性保险工作已经破冰，但从水产养殖业整体情况看，政策性保险工作仍处于初始阶段。因此，建议加快推进水产养殖业政策性保险实施工作，以增强水产养殖业化解自然灾害等各项风险的能力，减少养殖者的经济损失。三是进一步明确水产养殖用电、用水和用地同等享受农业用电、用水、用地政策。四是优化金融环境，进一步明确金融企业允许养殖者用取得的水面承包使用权作为抵押物获得贷款，提高水产养殖业使用信贷资金发展生产的能力。五是建立健全长期稳定的大宗淡水鱼加工业保障激励机制。充分利用税收、信贷和财政补贴等手段支持企业技术改造，鼓励企业自主创新，提高市场竞争力。

四、加强科技创新，提高大宗淡水鱼产业科技水平和成果运用能力

以国家大宗淡水鱼产业技术体系为科技创新平台，以农业部淡水渔业重点学科群作为科技孵化平台，通过大型项目实施，进一步加大科研资金的投入。大宗淡水鱼产业技术体系应在"十三五"再增加5～8个科学家岗位，再增设5～10个综合试验站。另外，要将现有的农业部淡水渔业综合实验室争取升级为国家重点实验室。对重点水产院校，通过对原有实践基地的强化和优先发展，使其成为省（市）级的"产、学、研"基地，以促进科技成果转化。水产科研重点是解决良种、病害防控、饲料、养殖模式等方面的科技问题。一是创新水产育种技术，培育出更多的优良品种，大幅提高养殖生产能力和良种化水平。二是以研发水产疫苗和禁用渔药替代品等为重点，提高水生动物防疫水平；加强水生动物重大疫病的监测、预警、诊断与检测技术研究。三是以降低成本、营养合理为目标，加强渔用配合饲料开发技术的研究，不断提高主要

养殖品种配合饲料的利用率，降低饲料系数，减少排放。四是以水产健康养殖关键技术研究为重点，按照资源节约、环境友好、高产高效的要求，开展养殖容量、水域可承载能力、生态修复技术研究，创新各类品种健康养殖技术模式，全面提高集约化养殖水平、机械化装备水平和节能减排水平。五是以大宗水产品综合加工利用技术研究为重点，切实解决技术组装配套问题，提高水产品加工水平。六是大力实施渔业科技入户示范工程，加强新型渔民科技培训，切实提高渔民的素质和科技文化水平，促进渔业科技成果转化和新品种、新技术、新产品的推广应用。

五、进一步加大国家财政支渔力度，提高财政资金的使用效果

建议按照"增加总量，提高两个比重"的目标，加大财政支渔力度。一是大幅增加财政支渔总额，提高渔业在国家财政支持农业中的比重，建议由目前的 3％ 调整到 10％ 左右；二是调整国家财政支渔结构，提高国家财政支渔中大宗淡水鱼养殖业的比重，建议由目前不足 5％ 调整到 20％ 以上；三是调整投资方式，在国家财政投入方面，要视地方经济发展水平、发展品种和建设内容等情况区别对待。对发展品种，要区分市场保障性和市场调节性，重点扶持市场保障性的鲢、鳙、草鱼、鲤、鲫等大宗淡水鱼品种，对其他品种的发展以政府引导、市场化运作为主，财政适当补助。对建设内容，要区分公益性和开发性。属公益性的建设，要以财政支持为主，建设单位自筹为辅；属开发性的建设，要以建设单位投入为主，国家适当补助。对支持区域，要区分经济发达省份和经济欠发达省份，对中西部地区适当予以倾斜。

六、推动体制机制创新，提高养殖业监管和养殖权保障能力

一是强化养殖业管理和保护。完善养殖证制度，保障养殖者权利。根据《物权法》规定，修改或增加有关从事养殖权利取得、登记、期限和保护等方面的条款，切实保护渔业生产者的水域滩涂使用权；进一步明确养殖证登记管理办法，明确发放范围、发放程序和有效期限，对养殖证的流转做出明确规定；建立基本养殖水域保护制度，严格限制养殖水域的征用，制定水域滩涂占用补偿办法，凡征用养殖水面的，按照"征一补一"的原则进行补偿，新建池塘等养殖设施所需费用从池塘占用费中列支。加强水产苗种管理。完善生产许可制度，进一步规范苗种生产管理；严格水产苗种进出口的审批制度，加强苗种生产和引进管理；建立水产苗种的检验、检疫和质量监督制度，保证苗种质量。二是建立健全水生动物防疫管理制度。根据新修订的《动物防疫法》和《兽药管理条例》，建立渔业官方兽医制度，完善重大水生动物疫病监控；建立渔用兽药处方制度和渔业执业兽医制度，渔用处方药须经渔业执业兽医开具诊疗处方后方可购买和使用，从制度上规范养殖用药。

七、加强质量标准认证管理，提高大宗淡水鱼市场竞争能力

一是推进水产养殖标准化进程，努力提高养殖生产标准化水平。要加强水产养殖业标准的制定与修订工作，进一步完善水产养殖业标准体系。要加大标准的宣传与标准化生产示范工作，加快建立标准化生产示范区，扩大标准化生产的影响力和覆盖面。要在水产养殖业中大力推行 GAP（良好农业操作规范）认证，提高标准化生产水平。二是要从源头治理、生产自律、市场准入、科技创新和保障体系等方面，加强水产品质量安全监管能力建设。强化水产品质量安全标准体系、检验检测体系和认证认可体系建设，积极发展无公害农产品、绿色和有机食品；尽快建立产品质量追溯体系和机制，引导和督促养殖者健全质量管理制度；健全完善应急工作机制，提高妥善解决突发事件的能力；理顺并明确渔药和饲料的监管职能，确保对渔药和饲料等投入品的监管到位；完善药物残留监控计划，加大对使用禁用药物的检查力度；加强执法监管，开展水产品质量安全专项执法行动。三是建立完善的淡水鱼加工产品质量安全控制体系，全面提升水产食品质量安全水平。随着我国水产品及其加工业和社会生产的发展与技术的进步，我国已发布了许多项国家和行业标准，并参照国际惯例，开始实行水产品质量认证、产品抽查制度和产品的许可制度，明显地促进了产品的质量改善。但与发达国家相比，我国水产品安全现状不容乐观，水产品安全性已成为渔业可持续发展和水产品出口贸易的"瓶颈"。完善的产品质量保证体系是保证水产食品安全的重要措施。通过研究开发水产品化学、生物危害检测技术、重金属及腥味物质脱除技术及质量控制体系与质量追溯体系，加快建立和完善淡水鱼从原料到成品的产品标准体系和质量安全检验检测体系、质量安全生产的管理体系、市场监督准入制度，要在确保淡水鱼加工产品有效供给的基础上，将质量安全摆在更加突出的位置，逐步与国际通行标准接轨，切实提高质量安全水平。

八、积极推进品种产业化，提高应对市场风险的能力

根据品种特色，要按照"一条鱼一个产业"的理念，加快推进主要养殖品种产业化进程。养殖品种的产业化开发，要建立在良种选育、养殖模式研究、病害防治、饲料筛选、产品加工、市场开拓、产品营销等的基础上。要把龙头企业的发展和专业合作经济组织（渔民专业合作社）、行业协会的组建工作放在推进产业化发展的重要环节来抓。加快培育和扶持龙头企业，提高其带动和辐射能力；要借鉴国内外专业合作经济组织或行业协会建设的经验，加强组建工作，规范运营行为，加大扶持力度，提高其影响力和带动力；同时，要充分调动和发挥中介组织或行业协会自我协调、自我管理、自我约束的作用，规范养殖和经营行为，提高产品质量安全水平。要大力推行"龙头企业＋专业合作经济组织＋农户"的经营模式和"利益共享、风险共担"的经营机制，着力

提高水产养殖业应对市场风险的能力。要大力推动国内外淡水鱼消费。充分利用国际和国内两个市场，根据市场的消费需求，研究开发适销对路的新产品，增加产品种类，以满足不同区域消费者的需求，提高市场占有率，努力引领和扩大水产品内需。增强企业品牌建设和市场拓展意识，加大市场推介力度，扩大品牌宣传范围，巩固传统优势市场，开拓新兴潜力市场，拓展淡水鱼市场空间。

第三节 战略重点

大宗淡水鱼产业可持续发展，要以促进渔业经济发展、带动农民增收、保障营养健康与质量安全为目标，以国内外市场需求为导向，以产业化经营为依托，以淡水鱼精深加工为发展方向，优先发展产业关联度广、附加值高、技术含量高、规模效益显著、区域优势明显的大型基础产业，切实提高淡水鱼市场占有率和竞争力，促进我国淡水渔业经济结构的战略性调整。

当前和今后一个时期，是工业化、信息化、城镇化、农业现代化同步发展的历史阶段，是加快改造传统农业、走中国特色农业现代化道路的关键时期。我们要把现代渔业建设放在突出位置来抓，凝聚各方力量，加快推进步伐，努力使之走在农业现代化的前列。推进现代渔业建设的基本思路是，坚持生态优先、养捕结合、以养为主的方针，以建设现代渔业强国为目标，以保障水产品安全有效供给和渔民持续较快增收为首要任务，以加快转变渔业发展方式为主线，大力加强渔业基础设施建设和技术装备升级改造，健全现代渔业产业体系和经营机制，提高水域产出率、资源利用率和劳动生产率，增强渔业综合生产能力、抗风险能力、国际竞争能力和可持续发展能力，形成生态良好、生产发展、装备先进、产品优质、渔民增收、平安和谐的现代渔业发展新格局。

推进现代大宗淡水鱼产业建设，要针对大宗淡水鱼产业发展的薄弱环节，适应未来发展需要，明确主攻方向。

一、在突出重点生产的同时，做到全面发展

以大众产品消费种类的生产为重点，在满足国内大众水产品消费需求、保障粮食安全的前提下，发展名优珍品养殖、水产品出口贸易和都市渔业。青鱼、草鱼、鲢、鳙、鲤、鲫、鳊是大众消费的最普通品种，应确立为我国淡水养殖发展的保障性主导品种，必须保证生产和供应。对其他常规品种的发展，主要是稳定并适当扩大养殖规模，增加市场供应。在发展养殖生产、保障有效供给的同时，要采取措施逐步提高养殖效益和农民收入。国家财政应在基础设施、良种繁育、环境修复、质量标准以及养殖农民的技术培训等方面给予支持。名优珍品以及都市渔业的发展要遵循自然规律和价值规律，主要通过市场化运作的途径来加以推进。按照规模化、标准化和产业化的

要求，形成多次增值，提高效益。要成熟一个，开发一个，不能一味追求"新、奇、特"，尤其是国外引进种应当慎重。国家财政对于其中涉及的公共基础科研，如种质资源保护、品种选育等也应当给予扶持。为适应市场的需要，必须在提高大宗淡水鱼产品质量、创立自主品牌、协调行业自律等方面下功夫，不断提升市场竞争能力。采取产品多元化和市场多元化的发展战略，满足不同地区、不同市场、不同品种的多样化消费需求，降低市场风险。国家财政应在拓展市场和提高大宗淡水鱼产品竞争力方面给予鼓励支持。

二、大力发展环保型渔业，保护生态环境

正确处理水产养殖与环境保护的关系，大力发展环保型渔业。一是科学规划湖泊和水库中的投饵性网箱养殖规模，凡属生活用水水源的大中型水域水产养殖要逐步退出。退出后的水域可以通过人工增殖放流鲢、鳙等提高捕捞产量，同时改善水质；二是湖泊、水库等大中型水体化肥养鱼要全面停止，畜禽粪便养鱼和沼渣沼液养鱼也要制定限制标准，防止水体富营养化；三是在养殖吃食性鱼类的淡水水域中，要合理搭配放养鲢、鳙，增强减排能力，控制水体富营养化，保护生态环境；四是改造养殖池塘，配套水处理设施装备，提高产量，减少排放，承担水产品市场供应的主体责任；五是建立稳定优质的大宗淡水鱼加工原料供应基地，加快建设无公害淡水鱼生产基地，合理规划，科学布局，建立符合国际标准和国内标准要求的淡水鱼原料基地，为淡水鱼加工产品出口内销提供质量优良、货源充足的加工原料。

三、抓好大宗淡水鱼流通业，提高市场信息化水平

一是要高度重视水产品市场开拓与流通工作，既要注重国际市场的开发，更要注重国内市场的开发，做到既有多元化的产品，又有多元化市场。要创新营销理念，加快发展现代物流业。鼓励和引导企业发展新型流通业态，发展电子商务、连锁、专卖、配送等现代物流业态，扩大产品销售。二是要加快水产品销地批发交易市场和产地专业市场建设，完善市场检验检测和信息网络、电子结算网络等系统。加快建设水产品网上展示购销平台，完善水产品从产地到销区的营销网络。三是加快推广水产品冷链物流体系建设。加快冷链系统建设，实现产地市场和销地市场冷链物流的有效对接。

四、加快发展水产饲料工业，降低养殖成本

我国水产养殖规模大，需要大量的水产养殖饲料。近年来，水产饲料工业在我国发展迅猛，一跃成为我国饲料工业中发展最快、潜力最大的产业，其年产量已突破

1 600多万 t，年均增长率高达 17%，远高于配合饲料 8% 的平均增速。实践证明，饲料与营养的研究是推动饲料工业与养殖业发展的理论基础。目前，饲料已占到养殖成本的 70% 以上，要围绕提高质量、降低成本、减少病害、提高饲料效率和降低环境污染等目标，深入研究水生动物的营养生理、代谢机制、特别是微量营养素的功能，为评定营养需要量、配制各种低成本、低污染、高效实用的饲料以及抗病添加剂和免疫增强剂提供可靠的理论依据，为水产健康养殖创造良好条件。

从动物营养代谢、饲料原料利用、饲料加工工艺和养殖管理等多方面，综合研究水产养殖及产品加工全过程中密切相关的营养学和饲料学的基础理论和技术问题，以提高养殖效益、提供更多水产品、减少环境污染，以保障食物安全、食品安全和环境安全为目标，突破饲料精确配方技术、饲料加工工艺、精确投喂技术和水产品品质调控技术等关键技术。为"资源节约、环境友好、品质优良、经济高效"的水产养殖业发展提供饲料保障。

1. 加快主要养殖种类基础营养参数研究与应用　采取"选择代表种、集中力量、统一方法、系统研究、成果辐射"的战略思路，加速我国水产饲料工业的发展，使我国成为世界水产营养研究中心之一和水产饲料生产大国。

2. 着力开展分子营养学研究与应用　开发精准营养调控技术，实现跨越式发展。加大投入，把基因组学和生物信息学等现代生物技术应用到大宗淡水鱼营养学研究中，积极开展营养基因组学研究，研究营养物质在基因学范畴对细胞、组织、器官或生物体的转录组、蛋白质组和代谢组的影响，探索并阐明水生动物营养学的重要前沿科学问题。

3. 加快饲料利用效率技术研发与应用　研究提高饲料利用效率的方法和技术，通过饲料配方的调整、饲料加工工艺的改善、投喂技术的精准等一系列营养饲料学手段，提高饲料的利用效率。

4. 建立一批新饲料蛋白源研究开发与产业示范基地　开发新的饲料蛋白源，并通过深入研究，努力提高其利用率。一方面通过遗传选育，获得具有分解营养颉颃物质能力的大宗淡水鱼新品系；另一方面通过作物遗传育种，获得营养颉颃物质含量低而营养成分含量高的作物品系。如选育的双低菜籽、高赖氨酸玉米、高蛋白（55%）大豆等。

5. 建立一批饲料添加剂工业体系与产业示范基地　开发水产饲料专用添加剂，如诱食剂、专用酶制剂、氨基酸（如对水产动物来说苏氨酸、精氨酸常常是限制性氨基酸）、替代抗生素的微生态制剂和免疫增强剂等，逐步实现主要饲料添加剂国产化，降低饲料生产成本，提升国产饲料添加剂和水产养殖产品的国际竞争力。

五、加快发展装备业，提高产业发展效率

1. 装备是技术的物化　无论从提高增产潜力还是从提高劳动生产率来看，未来

养殖业发展必须更多地依靠先进适用的养殖设施和装备的运用。加快发展水产养殖装备业，一是要把无污染、低消耗、保证食用安全和高投资回报作为装备科技发展的主要目标；二是要注重设施设备与生态的有机结合，使设备的使用达到节能、节水和达标排放的要求；三是设施设备要满足养殖生产者在操作方便、符合安全生产规范、减轻劳动强度、提高生产效率的要求；四是要通过多种形式在有条件的地区建立设施渔业示范基地，以推广多种新型的养殖装备和技术。

2. 要加快现代化淡水鱼加工装备的研究与应用 目前，我国水产品的大部分加工设备主要依赖于进口，部分装备已能实现仿制，但稳定性差、能耗高。发达国家的海洋水产品加工已形成了完整的生产线，各工序衔接协调，实现了高度机械化和自动化。与发达国家相比，我国的水产品加工总体上还属于劳动密集型产业，机械化水平落后，尤其在水产品前处理机械方面开发较为薄弱。应大力开发自动化、半自动化的鱼类原料处理机械，包括去头、去磷、剖片等机械设备、淡水鱼加工废弃物零排放处理设备，有步骤地对现有淡水鱼加工装备进行自动化、机械化升级改造的同时，开发研制符合企业需求的新型加工装备，全面提高我国淡水鱼加工装备的水平。

六、大力发展水产品加工业，增强产业发展后劲

针对我国大宗淡水鱼产量大、加工比例低、加工技术水平不高、产品科技含量低与产业配套水平低、质量和安全问题多、下脚料利用率低等问题，加大引进、开发淡水鱼保鲜保活、加工新技术、新工艺、新设备，严格执行食品卫生安全法规，执行高标准的市场准入制度，大力推动淡水鱼加工产业化示范基地的建设，扶持优势淡水鱼加工企业的发展壮大，培育一批在国内和国际市场上竞争力强的淡水鱼加工龙头企业，推动整个淡水鱼加工产业的健康发展。

1. 大力发展淡水鱼精深加工 根据国内外市场需求和发展趋势，把握市场供求信息，认准目标市场及主攻方向，调整产业和产品结构，准确定位我国淡水鱼精深加工发展方向和重点，大力发展即食食品、小包装食品、风味休闲食品、方便熟食食品等方便水产食品，以适应现代社会发展对快捷、方便食品的需要。针对水产品资源活性物质含量丰富的特点，重点研发大宗淡水鱼生物资源功效因子的生物活性，淡水鱼功能食品功效因子的工业化高效生产技术；在此基础上，以淡水鱼及其加工副产物为原料，制备具有预防心脑血管病、癌症、动脉硬化等病症及益智延寿、促进生长发育等新型功能食品，推动淡水鱼养殖产业的健康发展。加快技术进步和自主创新能力提升，加快开发、引进、推广新技术、新工艺和新装备，改造传统技术，促进水产品由初级加工向高附加值精深加工转变，由传统加工向采用先进适用技术和现代高新技术加工转变，由资源消耗型向高效利用型转变，由简单劳动密集型向劳动密集与技术密集型转变，提高淡水鱼产品的市场竞争力。

2. 全面树立循环经济的理念 坚持淡水鱼多层次加工、综合利用，确保加工副

产物的合理高效利用。加强鲢等价格低、产量高的大宗鱼类的加工开发研究和加工下脚料开发力度，实现资源循环利用，延长产业链，促进水产品转化增值，促进经济社会的全面协调、可持续发展。淡水鱼加工下脚料富含对人体健康十分有益的蛋白质和人体必需的氨基酸、维生素、矿物质、高度不饱和脂肪酸、多糖类等营养成分，是开发适合老人和儿童食用保健产品的良好原料，对淡水鱼加工产生的头、内脏、骨等废弃物的综合利用，不仅能更有效地提高资源的利用率，降低企业的生产成本，而且可减少对环境的污染。

3. 做大做强淡水鱼加工龙头企业，加强淡水鱼精深加工基地建设　以特色、优质、高附加值、综合利用为重点，优化产品结构，引导企业技术改造，加大运用新技术改造传统产业的力度，引进先进的工艺和设备，培植和引导一批具有活力的水产品加工龙头企业，以优势企业和龙头企业为依托发展水产品精深加工产业园区，建设标准化生产基地，实行产业化经营，着力培育优势、特色淡水鱼精深加工产业，加快产业集聚。

水产品加工产品要着眼于未来和下一代，开发出适合工薪阶层、白领阶层、80后、90后消费的不同系列产品，如厨房食品、微波炉食品和超市食品，推动消费转型，确保水产品拥有合理、稳定的消费群体以及消费量稳定增加。

第四节　战略选择

大宗淡水鱼产业可持续发展要坚持走中国特色农业现代化道路，以转变渔业发展方式为主线，以加快推进现代渔业建设为主攻方向，始终把确保水产品安全有效供给和渔民收入持续较快增长作为首要任务，始终把深化改革扩大开放和加快渔业科技创新作为根本动力，不断完善现代渔业发展的政策和体制机制，着力增强渔业综合生产能力、抗风险能力、可持续发展能力和市场竞争力，努力构建现代渔业产业体系和支撑保障体系，努力实现渔业经济又好又快发展，为全面实现渔业现代化打下坚实基础。大宗淡水鱼产业可持续发展的战略选择包括发展目标、发展方向、发展区域的选择。

一、发展目标

1. 总体目标　在未来的10～20年，把我国由水产养殖大国建设成为现代化的水产养殖强国，其中，大宗淡水鱼产业要起到示范和引领作用。预计到2030年，我国水产总产量需要再增加1 000多万t，其中，300多万t将来自于大宗淡水鱼养殖业。

2. 基本任务　确保水产品安全供给，确保渔农民持续增收，促进养殖业可持续发展，促进农村渔区社会和谐发展。

3. 具体步骤　一是全面改善生产条件，提高技术装备水平，增强综合生产能力。

按照"园林化环境、工业化装备、规模化生产、社会化服务，企业化管理"的标准，规划养殖区域，建设现代养殖场和养殖小区，逐步实现养殖生产条件和技术装备现代化，为水产养殖可持续发展、确保水产品安全供给和农民增收奠定坚实基础。二是全面推进健康、生态养殖，大力发展生态型、环保型养殖业。按照资源节约、环境友好和可持续发展的要求，推广节地、节水、节能、节粮养殖模式，普及标准化养殖技术，提高良种覆盖率，加强水生动物防疫和病害防治，提高养殖产品质量安全水平。三是建立现代水产养殖科技创新体系。将水产养殖科技发展战略纳入国家生物产业发展战略和海洋生物产业发展战略，实施同步均衡发展。以水产养殖发展需求为导向，重点围绕良种培育、健康养殖、疫病防控、资源节约和保护等领域开展科学研究和科技攻关，增强科技创新与应用能力，提高科技成果转化率和科技贡献率。到2015年，实现科技贡献率达60%以上，科技成果转化率达50%以上。到2020年，实现科技贡献率达65%以上，科技成果转化率达40%以上。到2030年，实现科技贡献率达70%以上，科技成果转化率达60%以上。四是建设水产养殖业现代管理体系，保障现代水产养殖业发展。按照市场经济基本规律和依法行政的要求，进一步健全水产养殖管理法律法规，完善养殖权保护制度，创新水产养殖业管理体制和机制，提高管理科学化和现代化水平。

二、发展方向

更新发展理念，转变发展方式，拓展发展空间，提高发展质量，积极推行生态渔业的发展，努力构建资源节约、环境友好、质量安全、可持续发展的现代大宗淡水鱼产业体系。

一是实施标准化生产条件升级改造，配套技术装备，增强抵御自然灾害能力，提高综合生产能力；二是加强原种保护和良种选育，提高苗种质量，保证良种供应；三是开展养殖生态环境工程化控制系统关键设备研究，建立资源节约、环境友好的养殖新模式，提高现代化水产养殖水平；四是构建水产养殖病害预警体系，增强综合防控能力，研究保障水产品质量安全的病害防治新技术；五是扶持养殖和加工龙头企业，突破淡水鱼加工瓶颈，提高大宗淡水鱼养殖产品加工比例与产业化水平。

三、区域布局

发展大宗淡水鱼产业的首要任务是，满足国内居民对水产品的消费需求，保障有效供给，保障食物安全。大宗淡水鱼种类多、数量大、分布广，除高寒、极度干旱地区外，全国各地都具有发展养殖的资源条件。各地都应将大宗淡水鱼作为水产养殖业的发展重点，科学规划，积极发展，确保供给。

我国大宗淡水鱼养殖业通过多年的快速发展，不仅在产量上有了快速的增长，在品种分布上也形成了一定的区域优势。以下为大宗淡水鱼7个品种在全国的优势区域分布。

（1）青鱼　湖北省、江苏省、安徽省、湖南省、江西省、浙江省、广东省、山东省、广西壮族自治区、福建省等地的部分县市。

（2）草鱼　湖北省、广东省、湖南省、江西省、江苏省、广西壮族自治区、安徽省、山东省、四川省、福建省等地的部分县市。

（3）鲢　湖北省、江苏省、湖南省、安徽省、江西省、四川省、广东省、广西壮族自治区、河南省、浙江省等地的部分县市。

（4）鳙　湖北省、广东省、湖南省、江西省、安徽省、江苏省、广西壮族自治区、四川省、山东省、河南省等地的部分县市。

（5）鲤　山东省、辽宁省、河南省、湖北省、黑龙江省、湖南省、河北省、江苏省、广西壮族自治区、江西省等地的部分县市。

（6）鲫　江苏省、湖北省、江西省、安徽省、山东省、广东省、四川省、湖南省、辽宁省、浙江省等地的部分县市。

（7）鳊　江苏省、湖北省、安徽省、湖南省、江西省、广东省、四川省、浙江省、山东省、河南省等地的部分县市。

大宗淡水鱼养殖业主要优势区域，主要分布在长江、黄河、珠江、黑龙江流域等地区，在这些地区形成了我国大宗淡水鱼的优势产业带和优势产业群。对这些地区必须加强养殖水域的保护，加大财政资金对基础设施的投入，加快生态养殖模式的推进，以保证我国大宗淡水鱼产业可持续发展。今后在各品种区域布局上要有所侧重，协调发展。

（1）湖北省、江苏省、安徽省、湖南省、江西省、四川省、浙江省等地以发展青鱼、草鱼、鲢、鳙、鲫、鳊为主。

（2）广东省、福建省、广西壮族自治区、贵州省、云南省等地以发展草鱼、鲢、鳙、鲫、鳊为主。

（3）山东省、辽宁省、河南省、黑龙江省、吉林省、河北省、陕西省、宁夏回族自治区、甘肃省、新疆维吾尔自治区等地以发展鲤、草鱼、鲢、鳙、鲫为主。

北京市、上海市、天津市、重庆市等大城市要把大宗淡水鱼养殖业当作保障城市水产品有效安全供给的工作来抓，要像保护湿地一样保护城郊池塘，使之既可调节小气候、净化空气，又可增加郊区农民的收入。此外，要重点发展都市渔业生产体系，把它作为休闲和传承鱼文化的载体，以满足人民群众对精神文化生活的需求。大宗淡水鱼大部分品种可作为游钓对象，红鲤、彩鲫又可观赏，理应在都市渔业中具有应有的地位。

都市渔业包括水族馆渔业、观赏渔业、游钓渔业、"农家乐"等众多形式。由于水产养殖业具有观赏休闲功能，都市渔业正在迅速发展成为世界渔业产业中的第四大产业（即海洋捕捞业、水产养殖业、水产品加工流通业和都市渔业）。在一些发达国家，如美国，都市渔业（游钓渔业和观赏渔业）的产值在渔业总产值中已占到首位。随着我国经济发展、社会稳定和人民生活水平提高，以满足精神文化需求为主体的都市渔业从 20 世纪 90 年代起步并迅速发展，目前已经形成一定规模，在全国大中城市具有广泛的市场。特别是伴随观赏鱼养殖的发展，水族装潢已进入居民社区和百姓家庭。水产养殖是发展都市渔业中的物质基础，在有条件的地方，可将水产养殖业引入大中城市，加强景观生态学、水族工程学、观赏水族繁殖生态研究，发展都市渔业，丰富人民群众文化生活。

在大多数省会城市、重点地市和具有传统习惯的县市，可建设观赏鱼养殖基地、水族市场。同时，在有条件的各类城市郊区，可利用养殖基地建设集生态旅游、观光、餐饮等为一体的休闲渔业场所。重点发展生态环境优美、交通便利、服务设施配套齐全、安全与卫生等管理规范的休闲渔业基地和渔家乐等。

大宗淡水鱼加工区将主要分布在就近的优势养殖区域，加工区布局要因地制宜，发挥资源、经济、市场和技术等方面的区域比较优势，发展有优势和有特色的淡水鱼加工业，提倡加工与原料基地结合，上下游产品相衔接，养殖、加工与流通一体化，合理布局，逐步形成适合不同区域的淡水鱼产品生产和加工工业带。以水产品加工业为中心，构建水产品加工业技术创新与服务体系，构建水产品加工业产业集群。

构建加工业与物流业组成的产业集群。现代渔业是集养殖、加工与物流业于一体的产业集群。由于过去我们对水产品加工业在渔业中作用的认识不足，一直将养殖业作为渔业的产中环节，而将水产品加工、贮运销售作为产后环节，重视水产养殖业投入而忽视对水产品加工业的投入和支持，导致我国淡水鱼加工业的发展严重滞后于淡水渔业发展的需要，淡水鱼加工企业的实力弱，产品的附加值低，国际市场的竞争力弱。因此，我们必须转变传统观念，充分认识水产品加工业对现代渔业的巨大作用，将水产品加工和物流业作为现代（淡水）渔业的中心环节，打造集大宗淡水鱼养殖业、加工业、流通业于一体的产业集群，统筹安排渔业生产、水产品加工和销售，推进现代渔业发展。

构建水产品加工业技术创新与服务体系。由于我国淡水鱼类加工业起步较晚，水产品加工企业的规模小、研发人员少，企业自身技术创新和产品创新能力弱。因此，我国淡水产品加工行业应依托大专院校或科研院所，建立公共研发平台和产业创新中心，构建以市场为导向，以企业为核心、产学研相结合的技术创新体系和技术服务体系，同步推动水产品原料保障、加工与保鲜、冷链物流、水产品安全控制和溯源技术研发，促进淡水鱼加工业的产业升级。

构建水产品安全监管和溯源技术体系。由于水产品加工企业是直接面对市场的主体，是直接受益者、也是水产品原料的采购者，水产品原料的质量关系到加工水产品的质量和安全，确保水产品安全是水产品加工企业的需要、义务和职责，因此，水产品加工企业就成为保障水产品质量和安全的直接主体。加工企业难于对众多、分散的养殖户进行直接管理，需要通过养殖协会（或合作社）对养殖户进行组织，加工龙头企业再采用订单方式与协会建立合作关系，由加工企业和协会根据国内外相关技术和质量安全要求，制定统一的养殖规范和产品质量标准，由协会负责对养殖户及淡水鱼养殖过程进行编码和日常监管，从而形成加工企业与养殖协会和农户形成利益共享、风险共担的协作机制，应用安全控制、信息管理与溯源技术，形成有效的水产品安全监管机制。

　　总之，通过现代养殖业、都市休闲渔业和现代加工业的合理布局和协调发展，将为大宗淡水鱼产业的可持续发展打下坚实的基础，必将对加快推进现代渔业建设作出新的贡献！

参考文献

安伟，曾令兵，周勇，等 . 2011. 体外抗草鱼呼肠孤病毒药物筛选细胞模型的建立 [J] . 中国兽医科学，9：972 - 978.

柏芸，熊善柏 . 2010. 我国淡水鱼加工业现状，问题与对策 [J] . 湖北农业科学，49（012）：3159 - 3161.

包特力根白乙，姜丹，牟海珍 . 2008. 中国水产加工的发展历程产品形态和需求市场 [J] . 农产品加工学刊，5：69 - 72.

鲍士宝，王璋，许时婴 . 2009. 鮰鱼鱼皮胶原的提取新工艺研究 [J] . 食品科学，10：101 - 105.

曹广斌，蒋树义，刘永，等 . 2005. 双层浮球生物滤器设计及其水产养殖水处理性能试验 [J] . 水产学报，29（4）：578 - 582.

曹振民 . 2012. 几种加工工艺对饲料营养价值的影响 [J] . 养殖与饲料，7：31 - 32.

岑剑伟，李来好，杨贤庆，等 . 2008. 我国水产品加工行业发展现状分析 [J] . 现代渔业信息，23（7）：6 - 9.

岑琦琼，张燕平，戴志远，等 . 2011. 水产品加工干燥技术的研究进展 [J] . 食品研究与开发，32（11）：156 - 160.

曾虹，任泽林，郭庆，等 . 1998. 棉酚在鲤鱼（*Cyprinus carpio*）肝脏中的蓄排规律及其对鲤鱼生长的影响 . 中国水产学会水产动物营养与饲料研究会论文集 [C] . 北京：海洋出版社 .

曾伟伟，王庆，刘永奎等 . 2011. 一株草鱼呼肠孤病毒弱毒株的分离、鉴定及免疫原性初步分析 [J] . 水生生物学报，5：790 - 795.

曾雪峰 . 2013. 淡水鱼发酵对酸鱼品质影响的研究 [D] . 江南大学 .

常青，秦帮勇，孔繁华，等 . 2013. 南极磷虾在水产饲料中的应用 [J] . 动物营养学报，25：256 - 262.

车斌，孙琛，杨德利 . 2006. 中国大陆鱼粉市场状况分析 [J] . 渔业经济研究，4：18 - 21.

陈丙爱，冷向军，李小勤，等 . 2008. 晶体或包膜氨基酸对鲤鱼的作用效果研究 [J] . 水生生物学报，32（5）：774 - 77.

陈丛琳，孙小云，廖兰杰，等 . 2012. 利用抗草鱼 IgM 的单链抗体分析草鱼呼肠孤病毒的免疫原性 [J] . 中国科学：生命科学，12：986 - 992.

陈凡，叶晓勇 . 2002. 河蟹生态养殖技术初探 [J] . 淡水渔业，4：27 - 28.

陈海发 . 2007 - 8 - 20. 休闲渔业得益于战略性发展规划——美国日本成功模式启示录 [EB/OL] . http：// www. ysfri. ac. cn/Newshow. asp - showid＝687＆signid＝25. htm.

陈宏溪，等 . 1986. 鱼类培育细胞核发育潜能的研究 [J] . 水生生物学报，10（1）：1 - 7.

陈俭清，卢彤岩，刘红柏，等 . 2010. 恩诺沙星对嗜水气单胞菌的体外药效学研究 [J] . 水产学杂志，23（1）.

陈建春，叶继丹，王和伟 . 2013. 鱼类补偿生长的研究进展 [J] . 水产学杂志，26：56 - 63.

陈洁，罗丹 . 2011. 中国淡水渔业发展问题研究 [M] . 上海：上海远东出版社 .

陈洁.2003.非贸易关注为什么引起关注缘何成为热点［J］.中国粮食经济，1：37-39.

陈京华，麦康森.2010.不同添加方式植酸酶处理豆粕对牙鲆生长和饲料利用率的影响［J］.水生生物学
　　报，34：481-488.

陈晶，刘友明，熊善柏，等.2007.复合蛋白酶与风味蛋白酶分步水解鱼骨蛋白工艺的优化［J］.华中农
　　业大学学报，26（5）：704-708.

陈晶，熊善柏，李洁等.2006.白鲢鱼骨蛋白酶水解工艺研究［J］.食品科学，11：326-330.

陈俊德，易瑞灶，陈晖.2009.鱼胶原蛋白及其活性肽的研究进展［J］.中国海洋药物，4：52-56.

陈启鎏，等.1998.中国动物志：黏体动物门（黏孢子纲）［M］.北京：科学出版社.

陈全震，曾江宁，廖一波，等.2004.螺旋藻粉在鲍鱼配合饲料中的应用研究［J］.水产科技情报，31：
　　3-6.

陈胜军，王剑河，李来好，等.2007.液熏技术在水产品加工中的应用［J］.食品科学，28（7）：
　　569-591.

成水平.1996.人工湿地废水处理系统的生物学基础研进展［J］.湖泊科学，8（3）：268-273.

程波，张小雨，黄武，等.2009.人工养殖姆鱼鱼皮酶解蛋白粉的营养评价［J］.饲料工业，30（4）：
　　26-28.

程译锋.2008.加工工艺对鲤鱼饲料营养和卫生的影响［J］.无锡：江南大学硕士论文.

迟妍妍，田园园，叶星，等.2011.南方养殖草鱼呼肠孤病毒的分子特性比较及双重PCR检测方法的建立
　　［J］.病毒学报，4：358-365.

崔凯，李海洋，何吉祥.2011.大宗淡水鱼类产业态势及发展对策研究［J］.中国渔业经济，29（4）：
　　24-29.

崔生辉，江涛，李玉伟，等.2000.辐照对几种水产品保藏作用的研究［J］.卫生研究，2：120-122.

戴新明，熊善柏.2004.湖北省淡水鱼加工与综合利用［J］.渔业现代化，2：42-43.

邓记松.2009.超高压处理海珍品保鲜实验研究［D］.大连理工大学.

邓君明，麦康森，艾庆辉，等.2007.鱼类蛋白质周转代谢的研究进展［J］.中国水产科学，14（1）：
　　165-172.

丁俊胄，沈硕，熊善柏，等.2011.微波辅助碱法提取匙吻鲟软骨蛋白-多糖复合物的工艺［J］.水产学
　　报，35（001）：139-144.

丁永良.2009.叶轮增氧机的发明及其对中国池塘养殖的贡献［J］.中国渔业经济，3：90-96.

董桂芳.2009.不同鱼类摄食饲料中蓝藻粉的营养毒理学效应及恢复［D］.武汉：中国科学院水生生物
　　研究所博士学位论文.

董小林.2010.饲料原料品质对长吻鮠和斑点叉尾鮰生长及体色的影响［D］.武汉：中国科学院水生生
　　物研究所博士学位论文.

段振华.2012.水产品干燥技术研究［J］.食品研究与开发，33（5）：213-216.

范红结，陆承平.2000.嗜水气单胞菌菌种的限定代次及保存条件研究［J］.南京农业大学学报，23
　　（4）：89-92.

范露，陈加平，熊善柏，等.2008.球磨处理对鲢鱼骨粉理化特性的影响［J］.食品科学，29（9）：
　　70-73.

范露.2009.鱼蛋白肽螯合钙的制备及特性研究［D］.华中农业大学.

方敏，沈月新，王鸿，等.2004.臭氧水在水产品保鲜中的应用研究［J］.食品研究与开发，25：
　　132-136.

冯锦龙.1996.江苏省水产品批发市场浅谈［M］.中国水产，5：38-39.

冯小敏，解万翠，王维民，等．2009．水产品加工中新技术的应用［M］．"亚运食品安全保障与广东食品产业创新发展"学术研讨会暨 2009 年广东省食品学会年会论文集．广州：279－284．

高红建，张邦辉，王燕波，等．2007．在饲料中添加 DDGS 对异育银鲫生长的影响［J］．饲料工业，28：25－27．

高立海，曲悦，梁海平．2004．水产饲料中棉籽饼粕替代鱼粉的研究进展［J］．水利渔业，24：66－67．

高攀，蒋明，文华，等．2009．不同蛋白能量比饲料对草鱼幼鱼消化酶活性的影响［J］．淡水渔业，39：54－58．

高强，史磊．2008．我国水产品出口增长的影响因素及国际竞争力分析［J］．中国渔业经济，4：52－57．

戈贤平，缪凌鸿．2011．我国大宗淡水鱼产业发展现状与体系研究进展［J］．中国渔业质量与标准，1（3）：22－31．

戈贤平．2010．我国大宗淡水鱼养殖现状及产业技术体系建设［J］．中国水产，5：5－9．

戈贤平，等．2009．大宗淡水鱼 100 问［M］．北京：中国农业出版社．

戈贤平主编．2011．大宗淡水鱼安全生产技术指南［M］．北京：中国农业出版社．

戈贤平主编．2011．大宗淡水鱼安全生产配套技术手册［M］．北京：中国农业出版社．

戈贤平主编．2013．大宗淡水鱼健康养殖百问百答（第二版）［M］．北京：中国农业出版社．

宫明山，逢俊，当代中国丛书编辑部．1991．当代中国的水产业［M］．当代中国出版社．

顾赛红，孙建义，李卫芬．2003．黑曲霉 PES 同体发酵对棉籽粕营养价值的研究［J］．中国粮油学报，2：70－73．

郭闯，陈静，刘训猛，等．2012．间接 ELISA 方法快速检测鲤春病毒（SVCV）的初步研究［J］．金陵科技学院学报，4：79－81．

郭恒斌，曾庆祝．2007．鱼皮胶原蛋白及胶原活性多肽的研究进展［J］．食品与药品，9（8）：43－46．

郭文华．2011．我国水产品加工业的现状与展望［J］．农产品加工，6：10－11．

郭瑶，曾名勇，崔文萱．2006．水产胶原蛋白及胶原多肽的研究进展［J］．水产科学，25（2）：101－104．

郭玉华，刘扬瑞，李钰金．2010．鱼类胶原蛋白及胶原活性多肽的研究进展［J］．中国食品添加剂，3：175－179．

韩冬．2005．长吻鮠投喂管理和污染评估动态模型的研究［D］．武汉：中国科学院水生生物研究所博士学位论文．

郝贵杰，盛鹏程，林锋，等．2013．RT－PCR 检测草鱼呼肠孤病毒的方法研究［J］．集美大学学报（自然科学版），1：8－13．

洪惠，朱思潮，罗永康，等．2011．鳙在冷藏和微冻贮藏下品质变化规律的研究［J］．南方水产科学，7（6）．

侯洪建，王世党，苏海岩，等．2003．对虾养殖技术之三全程利用生物饵料养殖对虾技术探讨［J］．中国水产，7：63－64．

胡红浪．2003．挪威大西洋鲑良种选育的发展历程［J］．中国水产，6：64－65．

胡求光．2009．结构因素、需求变动与中国水产品出口贸易研究［M］．北京：经济科学出版社．

胡笑波，骆乐．2001．渔业经济学［M］．北京：中国农业出版社．

胡云飞．2012．水产动物补偿生长的研究概述［J］．水产养殖，33：29－34．

湖北省水生生物研究所．1973．湖北省鱼病病原区系图志［M］．北京：科学出版社．

户业丽，韩祖晶，胡静，等．2009．人工养殖鲟鱼鱼鳍酶解蛋白粉的营养评价［J］．中国饲料，12：16．

华雪铭，王军，韩斌，等．2011．玉米蛋白粉在水产饲料中应用的研究进展［J］．水产学报，35：

627 - 635.

黄东黎．欧盟补贴政策［EB/OL］．http：//www. iolaw. org. cn/showArticle. asp? id＝3389.

黄河，李军波．2007. 修改与完善〈农业法〉若干法律制度的思考［J］．河北法学，2：23 - 25.

黄琪琳，陈若雯，丁玉琴，等．2009. 鲟鱼头骨多糖的提取及性质研究［J］．食品科学，30（12）：
    135 - 139.

黄祥祺．2008. 改革开放三十年我国水产业发展的政策回顾［J］．中国渔业经济，4：11 - 15.

黄兴宗，李约瑟，中国科学技术史．2008. 生物学及相关技术　发酵与食品科学 Biology and biological
    technology Fermentations and food science. 第 6 卷［M］．北京：科学出版社．

黄艺丹，汪开毓，郑建，等．2010. 鱼类致病性豚鼠气单胞菌单克隆抗体-胶体金检测方法的建立［J］．
    水生生物学报，34（3）．

黄莹．2011. 饲料中黄曲霉毒素 B1 对不同生长阶段异育银鲫的营养毒理学影响［D］．武汉：中国科学院
    水生生物研究所博士学位论文．

黄玉平，翁武银，张希春，等．2011. 鱼皮明胶在鱼糜制品中的应用［C］．厦门：渔业科技创新与发展方
    式转变——2011 年中国水产学会学术年会论文摘要集．

黄紫燕．2011. 外加微生物改善发酵鱼露品质的研究［D］，广州：华南理工大学硕士毕业论文．

霍健聪，邓尚贵，童国忠．2010. 鳕鱼骨钙片的制备及其生物利用［J］．水产学报，34（3）：382 - 388.

霍健聪，邓尚贵，谢超．2009. 带鱼下脚料蛋白多肽亚铁螯合物的制备及抗氧化活性研究［J］．食品工业
    科技，30（4）．

佳民．1997. 关于淡水鱼加工、综合利用的探讨［J］．渔业经济研究，6：44 - 46.

贾敬德．1991. 国外淡水鱼类增养殖进展［J］．现代渔业信息，6：8 - 11.

江津津，黎海彬，陈丽花，等．2013. 不同原料鱼酿造鱼酱油的挥发性风味差异［J］．食品科学，34
    （4）：195 - 198.

江苏省水产局调查组．1987. 从水产商品经济发展的总体上研究淡水鱼生产与流通问题［J］．中国水产，
    4：4 - 5.

江苏吴江县水产冷库．1986. 小型冷库的综合利用与经济效益［J］．冷藏技术，2：29 - 31.

姜光明，蔡春芳，钱彩源，等．2009. 醋酸棉酚对异育银鲫生长、生理及组织结构的影响［J］．饲料研
    究，12：61 - 65.

蒋高中．2009. 20 世纪我国淡水养殖技术对淡水养殖业发展的作用及存在问题初探［J］．南京农业大学学
    报（社会科学版），9（4）：109 - 116.

蒋一珪等．1983. 异源精子在银鲫雌核发育子代中的生物学效应［J］．水生生物学集刊，8（1）：1 - 16.

解绶启，Alfred Jokumsen. 1999. 虹鳟饲料中土豆蛋白替代鱼粉对摄食率、消化率和生长的影响［J］．水
    生生物学报，23：127 - 133.

解绶启．1997. 网箱养殖罗非鱼补充营养的能量学模型估算［D］．武汉：中国科学院水生生物研究所博
    士学位论文．

金红春．2011. 微生物发酵脱毒棉粕及在青鱼养殖上的利用研究［D］．长沙：湖南农业大学硕士学位论
    文．

金利群，李晓庆，李宗通，等．2013. 蛋氨酸羟基类似物的生产工艺及其在动物营养中的应用［J］．动物
    营养学报，25：1 - 9.

金晓航，黄威权，夏永娟，等．2005. 迟缓爱德华菌抗独特型单克隆抗体的制备及鉴定［J］．水生生物学
    报，29（3）：340 - 343.

乐家华．2010. 世界水产养殖业发展现状、趋势及启示［J］．中国渔业经济，6：50 - 55.

雷跃磊.2011.微粒化鱼浆的制备及其应用研究[D].华中农业大学.

冷向军,李小勤,陈丙爱,等.2009.鱼类对晶体氨基酸利用的研究进展[J].水生生物学报,33(1):
    119-123.

冷向军,王冠,李小勤,等.2007.饲料中添加晶体或包膜氨基酸对异育银鲫生长和血清游离氨基酸水平
    的影响[J].水产学报,31(6):743-748.

冷向军,王冠.2005.投饲频率对异育银鲫饲料中添加晶体氨基酸的影响[J].饲料研究,12:50-52.

李斌,唐毅,王志干,等.2011.复方中草药制剂对草鱼肝胆综合征的防治研究[J].南方水产科学,7
    (2):35-41.

李继龙,王国伟,杨文波,等.2009.国外渔业资源增殖放流状况及其对我国的启示[J].中国渔业经
    济,3:111-123.

李家乐.2011.池塘养鱼学[M].北京:中国农业出版社.

李静静.2011.可利用微藻在水产饲料行业中的应用探讨[J].湖南饲料,2:29-31.

李宁求,付小哲,石存斌,等.2011.大宗淡水鱼类病害防控技术现状及前景展望[J].动物医学进展,
    32(4):113-117.

李清.2013.日本水产技术研究和推广概况[J].中国水产,4:33-36.

李思发,蔡完其.2000.团头鲂双向选育研究[J].水产学报,24(2):201-205.

李学鹏,励建荣,李婷婷,等.2011.冷杀菌技术在水产品贮藏与加工中的应用[J].食品研究与开发,
    32(6):173-179.

李雪,罗永康,尤娟.2011.草鱼鱼肉蛋白酶解物抗氧化性及功能特性研究[J].中国农业大学学报,1:
    94-99.

李玉平,任宪刚,毛洪顺,等.2012.草鱼呼肠孤病毒RT-LAMP检测方法的建立[J].畜牧兽医科技
    信息,1:50.

李月红,葛晨霞,王龙涛,等.2011.鲤春病毒血症病毒单克隆抗体制备及鉴定[J].中国预防兽医学
    报,3:242-244.

联合国粮食及农业组织渔业及水产养殖部.2012.世界渔业和水产养殖状况2012[M].罗马.

廖翔华,施鎏章.1956.广东的鱼苗病:一.广东九江头槽绦虫(Bothriocephalus gowkongensis Yeh)的
    生活史、生态及其防治[J].水生生物学报,2(2):129-186.

廖翔华,林鼎,毛永庆.1989.养殖鱼类营养需求研究进展[J].水生生物学报,13:170-186.

林琳.2006.鱼皮胶原蛋白的制备及胶原蛋白多肽活性的研究[D].中国海洋大学.

铃木平光著,赵江译.2008.鱼的神奇药效[M].北京:中国农业出版社.

凌飞.2010.转GH基因表达对鲤抗小瓜虫感染的影响及小瓜虫病的药物防治研究[D].中国科学院水
    生生物研究所.

凌申.2012.美国休闲渔业发展经验对长三角的启示[J].中国水产,6:46-48.

刘宝芹,曾伟伟,王庆,等.2012.草鱼呼肠孤病毒HZ08株FQ-PCR检测方法的建立及应用[J].中
    国水产科学,2:329-335.

刘春花,林明辉,陈道印.2010.草鱼出血病冻干细胞疫苗与三联灭活疫苗在草鱼养殖中的应用[J].江
    西水产科技,3:40-41.

刘春泉,朱佳廷,赵永富,等.2004.冷冻虾仁辐照保鲜研究[J].核农学报,18:216-220.

刘峰,艾庆辉,刘春娥.2011.水产动物微颗粒饲料加工工艺研究进展[J].饲料工业,32:15-17.

刘海侠,刘晓强,张振龙,等.2011.氟苯尼考单剂量腹腔注射和灌服后在鲫体内的药代动力学[J].西
    北农业学报,20(6):54-58.

刘景景.2011.2010 年水产品市场形势分析与展望 [J]. 农业展望, 7 (2): 19-23.

刘景景.2013.2012 年我国水产品市场形势分析与展望 [J]. 中国食物与营养, 19 (2): 45-49.

刘康.2003. 美国休闲渔业现状及发展趋势分析 [J]. 中国渔业经济, 4: 47-48.

刘林,徐诗英,李婧慧,等.2012. 草鱼出血病病毒 VP6 蛋白的原核表达、纯化及免疫效果 [J]. 水产学报, 3: 429-435.

刘晴.2006. 水产饲料发展的现状、问题及对策建议 [J]. 中国水产, (1): 9-11.

刘小龙,杨林,习欠云,等.2010. 菜籽饼粕在水产饲料中的应用研究进展 [J]. 广东饲料, 19: 33-35.

刘晓宁.2007. 鱼头多糖的分离提取,纯化及功能鉴定 [D]. 天津科技大学.

刘晓庆.2013. 抗营养因子钝化处理的两种大豆对不同食性鱼生理生态特征的影响 [D]. 合肥:安徽大学资源与环境工程学院硕士毕业论文.

刘欣,周爱梅,赵力超,等.2007. 海藻糖、乳酸钠对冻藏鳙鱼鱼糜蛋白抗冻效果的影响 [J]. 食品与发酵工业, 33: 60-64.

刘兴国,刘兆普,徐皓,等.2010. 生态工程化循环水池塘养殖系统 [J], 11: 237-244.

刘雅丹.2006. 澳大利亚休闲渔业概况及其发展策略研究 [J]. 中国水产, 3: 78-80.

刘永坚,刘栋辉,田丽霞,等.1999. 草鱼饲料中结晶和包膜赖氨酸的生物效应 [J]. 水产学报, 23 (S1): 51-55.

刘永坚,田丽霞,刘栋辉,等.2002. 实用饲料补充结晶或包膜氨基酸对草鱼生长、血清游离氨基酸和肌肉蛋白质合成率的影响 [J]. 水产学报, 26 (3): 252-258.

刘永奎,王庆,曾伟伟,等.2011. 草鱼呼肠孤病毒 JX-0902 株的分离和鉴定 [J]. 中国水产科学, 5: 1077-1083.

刘振勇,谢友俭.2010 刺激隐核虫生活史的观察 [J]. 福建水产, 1: 46-48.

楼允东.1999. 我国鱼类育种研究五十年回顾 [J]. 淡水渔业, 29 (9): 1-3.

卢黄华,李雨哲,刘友明,等.2011. 草鱼鱼鳞胶原蛋白膜的制备工艺 [J]. 华中农业大学学报, 30 (2): 243-248.

卢卫平,吴维宁.2004. 再论水产电子商务与网上渔市 [J]. 上海水产大学学报, 9: 244-249.

卢香玲.2008. 中草药在渔业生产中的应用与研究 [J]. 中国渔业报, 1: 28.

陆开宏,林霞,钱云霞.2000. 三角褐指藻不同藻株脂肪酸组成的研究 [J]. 中国水产科学, 7: 20-26.

陆泳霖.2013. 我国饲料行业发展形势探讨与展望 [J]. 广东饲料, 22: 16-19.

栾鹏,王瑞雪,王荻,等.2012. 氟苯尼考及氟苯尼考胺在鲤体内的残留 [J]. 水产学杂志, 25 (2): 15-19.

罗琳,薛敏,吴秀峰.2011. 饲料加工工艺及投喂率对鲤鱼生长性能及表观消化率的影响 [J]. 饲料工业, 32: 16-20.

罗扬,刘成国,陈瑶,等.2010. 真空腌制技术及其在食品加工中的应用研究 [J]. 肉类研究, 6: 31-34.

罗永康.2011. 鱼鳞为原料的鱼体自身生物保鲜剂开发取得成功 [J]. 科学养鱼, 6: 42-42.

吕广英.2012. 白鲢鱼骨酶解浓汤的制备及风味增强技术研究 [D]. 华中农业大学.

吕英涛.2008. 鳗鱼内源蛋白酶及低值鱼制备鱼酱油过程中生化特性研究 [D]. 中国海洋大学.

马桂燕.2013.2012 年国内蛋氨酸市场分析 [J]. 中国畜牧业, 7: 50-53.

麦康森,赵锡光,谭北平,等.2001. 我国水产动物营养研究与渔用饲料的发展战略研究 [J]. 浙江海洋学院学报 (自然科学版), 20 (增刊): 1-5.

麦康森.2010.水产动物营养与饲料学 [M].北京:中国农业出版社.

麦康森.2013 水产养殖动物营养与健康饲料工程发展战略研究 [G]//中国工程院"中国水产养殖业可持续发展战略研究"咨询研究课题组.中国水产养殖业 可持续发展战略研究,279-333.

麦康森.2010.中国水产养殖与水产饲料工业的成就与展望 [J].科学养鱼,11:1-2.

美国休闲渔业现状 [EB/OL].2010-07-27.http://www.shac.gov.cn/fwzx/hwzc/scyhy/200712/t20071214_202581.htm

孟昌伟,陆剑锋,张伟伟,等.2011.酶法制备鲴鱼排水解蛋白的工艺优化 [J].肉类工业,3:26-32.

孟庆峰,吕文雪,单晓枫,等.2012.锦鲤疱疹病毒 TaqMan 荧光定量 PCR 快速检测方法的建立及应用 [J],吉林农业大学学报,3:339-342.

缪进康.2011.鱼明胶研究进展 [J].明胶科学与技术,31 (2):51-64.

牛禾,陈炯,史雨红,等.2010.梅氏新贝尼登虫(Neobenedenia melleni)卵黄铁蛋白的 cDNA 克隆、原核表达及抗血清制备 [J].海洋与湖沼,1:121-125.

农业部农产品加工局.2006.2006 年中国农产品加工业发展报告 [M].北京:中国农业科技出版社.

农业部渔业局.2006.中国渔业年鉴 [M].北京:中国农业出版社.

农业部渔业局.2007.中国渔业年鉴 [M].北京:中国农业出版社.

农业部渔业局.2008.中国渔业年鉴 [M].北京:中国农业出版社.

农业部渔业局.2009.中国渔业年鉴 [M].北京:中国农业出版社.

农业部渔业局.2010.中国渔业年鉴 [M].北京:中国农业出版社.

农业部渔业局.2011.中国渔业年鉴 [M].北京:中国农业出版社.

农业部渔业局.2012.中国渔业年鉴 [M].北京:中国农业出版社.

欧阳杰,沈建.2012.淡水鱼加工技术研究进展 [J].肉类研究,26 (7).

潘金培,杨潼,徐恭爱.1979.鲢、鳙锚头鳋的生物学及其防治的研究 [J].水生生物学报,6 (4):377-392.

潘炯华,张剑英,黎振昌,等.1990.鱼类寄生虫学 [M].北京:科学出版社.

潘世玲.2003.鲤、草、鲢、鳙加工冷冻生鱼糜的特性研究 [D].中国农业大学.

潘葳,林虹,宋永康,等.2012.我国水产饲料标准化体系现状、问题及对策 [J].标准科学,1:33-37.

彭章晓,江敏,吴昊,等.2012.伊维菌素在鲫体内的药代动力学 [J].水产学报,36 (3):422-428.

钱曼,武贤壮,邱承光,等.2007.热力法和酶解法提取鱼鳞胶原蛋白的工艺及性质研究 [J].食品工业科技,28 (10):70-72.

钱曼.2008.鱼鳞胶原蛋白的提取及胶原海绵的制备研究 [D].华中农业大学.

乔庆林.1992.世界水产品加工的回顾和展望——浅谈发展我国水产品加工的几点意见 [J].现代渔业信息,2:000.

秦改晓,徐文彦,艾晓辉,等.2012.单剂量口灌阿维菌素在草鱼体内的药动学及残留研究 [J].淡水渔业,42 (4):47-52.

秦改晓,徐文彦,艾晓辉,等.2012 阿维菌素在草鱼体内的药物代谢动力学研究 [J].西北农林科技大学学报(自然科学版),40 (8):13-20.

权向辉,黄冉.2013-6-10.饲料添加剂发展重在安全与创新 [N].中国渔业报,(5).

全国水产技术推广总站编.2010.2009 水产新品种推广指南 [M].北京:中国农业出版社.

任敏政.1994.池塘鱼"八字精养法"[J].农家科技,8:38-39.

阮记明,胡鲲,章海鑫,等.2011.两种水温条件下异育银鲫体内双氟沙星药代动力学比较 [J].上海海洋大学学报，20（6）：858‑865.

山世英．2007.中国水产业的经济分析和政策研究［M］.杭州：浙江大学出版社.

申锋，杨莉莉，熊善柏，等.2010.胃蛋白酶水解草鱼鱼鳞制备胶原肽的工艺优化［J］.华中农业大学学
　　报，29（3）：387‑391.

申锋.2009.草鱼鱼鳞胶原肽的制备及其特性研究［D］.华中农业大学.

沈银武，刘永定，朱运芝，等.1999.利用鱼腥藻作为饲料的研究［J］.水生生物学报，23：425‑433.

盛洪建.2009.理想蛋白模式下西伯利亚鲟日粮中混合蛋白替代鱼粉的研究［D］.北京：中国农业科学
　　院硕士论文.

盛竹梅，马志宏，黄文，等.2012.复方中草药对鲫鱼免疫力的影响［J］.四川农业大学学报.30（4）：
　　463‑467.

宋超，裴丽萍，瞿建宏，等.2012.池塘循环水养殖模式下养殖面积与净化面积的配比关系研究［J］.中
　　国农学通报，28（29）：147‑151.

宋理平，闫大伟，沈晓芝.2005.藻粉在水产饲料上的应用［J］.中国饲料，（17）：21‑23.

苏岚，曾令兵，周勇等.2012.草鱼呼肠孤病毒VP6蛋白在毕赤酵母中表达的初步研究［J］.淡水渔业，
　　6：38‑42.

孙琛，车斌.2005.中国水产品市场与政策［M］.杨凌：西北农林科技大学出版社.

孙森，宋俊梅，张长山.2007.固态发酵技术的研究应用现状［J］.中国食品添加剂，4：54‑58.

孙素凤，路世勇.2006.新时期继续发挥比较优势提高我国水产品国际竞争力［J］.现代渔业信息，11：
　　3‑5.

谭汝成，熊善柏，刘敬科，等.2008.提取条件对白鲢鱼油性质的影响及鱼油脂肪酸组成分析［J］.食品
　　科学，29（2）：72‑75.

谭汝成.2004.腌腊鱼制品生产工艺优化及其对风味影响的研究［D］.华中农业大学.

谭向勇、辛贤等.2001.中国主要农产品市场分析［M］.北京：中国农业出版社.

檀学文，杜志雄.2006.我国渔业科持续发展问题研究［J］.经济研究参考，35：45‑48.

田昌凤，吴宗凡，朱浩，等.2013.太阳能池塘底质改良机运行效果初步研究［J］.渔业现代化，2：
　　6‑11.

田海军，林伟，屈红英.2012.复方中草药对鱼类孢子虫病的防治试验［J］.当代水产，10：74‑75.

佟明彪.欧盟生态标签扩大至食品［EB/OL］.2010‑09‑19.http：//www.ce.cn/cysc/agriculture/gdxw/
　　201009/19/t20100919_20506340.shtml.

童第周，叶毓芬，陆德裕，等.1973.鱼类不同亚科间的细胞核移植［J］.动物学报，19（3）：
　　201‑211.

万建美，孙相俞.2012.饲料原料营养成分分析（2012版）［J］.国外畜牧学（猪与禽），32：19‑24.

王崇.2007.饲料中豆粕替代鱼粉及投喂策略对异育银鲫的影响［D］.武汉：中国科学院水生生物研究
　　所博士学位论文.

王芳，杜帅，罗红宇.2013.金枪鱼碎肉蛋白的酶解工艺研究［J］.粮食科技与经济，1：56‑59.

王芳，熊善柏，张娟，等.2009.提取方法对淡水鱼油提取率及品质的影响［J］.渔业现代化，5：016.

王芳.2009.淡水鱼鱼油的制备及微胶囊化研究［D］.华中农业大学.

王飞宇，洪剑明，靖德兵，等.2009.人工湿地生态系统污水净化研究进展［J］,安徽农业科学，37
　　（12）：5641‑5643，5689.

王福林，张禹辰.2013.国外休闲渔业管理综述［J］.中国渔业经济，1：170‑174.

王辅臣.2012.鳙鱼的慢沉性饲料加工工艺及其对蛋白质适宜需要量的研究［D］.武汉：武汉工业学院

硕士论文.

王高学，赵云奎，申烨华，等.2011.25种植物提取物杀灭鱼类指环虫活性研究［J］.西北大学学报：自然科学版，41（1）：73-76.

王冠，冷向军，李小勤，等.2006.饲料中添加包膜氨基酸对异育银鲫生长和体成分的影响［J］.上海水产大学学报，15（3）：365-369.

王桂堂，王伟俊.2000.范尼道佛吸虫的生活史研究［J］.水生生物学报，24：644-647.

王杭军，叶星，田园园，等.2013.草鱼呼肠孤病毒GCRV-GD108株VP5蛋白功能及免疫原性分析［J］.水产学报，1：109-116.

王红云，高占峰，付才.2004.棉籽饼粕脱毒方法研究进展［J］.河北农业科学，8（1）：67-68.

王吉桥.2001.世界水产业及其养殖业的现状与展望［J］.水产科学，20（1）：33-37.

王静凤，王奕，崔凤霞，等.2007.鱿鱼皮胶原蛋白多肽对B16黑素瘤细胞黑素合成的影响［J］.中国药理学通报，23（9）：1181-1184.

王良发，谢海侠，张金，等.2010.我国淡水鱼类柱形病原柱状黄杆菌的遗传多样性［J］.水生生物学报，34（2）：367-377.

王清印，李杰人，杨宁生主编.2010.中国水产生物种质资源与利用［M］.北京，海洋出版社.

王冉，孙展兵，商庆凯.2005.小球藻粉作为饲料添加剂的营养价值及安全性研究［J］.饲料博览，4：4-7.

王少伟.2012.酒糟鱼加工技术研究［D］.江南大学.

王土，许丹，吕利群.2012.应用dsRNA测序技术检测草鱼呼肠孤病毒的混合感染［J］.上海海洋大学学报，5：756-762.

王卫芳.2006.鱼肉猪肉复合凝胶制品的开发及其影响因素的研究［D］.华中农业大学.

王卫国，任守国，许毅，等.2001.鲤鱼鱼种饲料最佳粉碎粒度的研究［J］.粮食与饲料工业，9：14-16.

王文彬，曾伯平，罗玉双，等.2009.洞庭湖区黄鳝体内新棘衣棘头虫的流行病学调查［J］.湖南农业大学学报：自然科学版，35（4）：403-405.

王小玲，郁建平，范家佑.2012.血根碱抗水霉菌体外活性研究［J］.山地农业生物学报，31（5）：450-453.

王晓东，麦康森，张彦娇，等.2013.双低菜粕中植酸和单宁的黑曲霉发酵降解及条件优化［J］.中国海洋大学学报（自然科学版），43：15-22.

王晓丰，薛晖，丁正峰，等.2012.草鱼呼肠孤病毒RT-PCR检测方法的建立及临床应用［J］.浙江农业学报，2：213-216.

王晓丰，薛晖，丁正峰，等.2012.草鱼呼肠孤病毒逆转录环介导等温扩增检测方法的建立［J］.福建农业学报，5：465-469.

王信苏，汪之和.2006.草鱼鱼鳞胶原蛋白的提取［J］.现代食品科技，22（4）：148-150.

王岩，崔正贺.2003.鱼类补偿生长研究中的几个问题［J］.上海水产大学学报，12：260-264.

王奕.2007.日本刺参胶原蛋白多肽和鱿鱼皮胶原蛋白多肽护肤活性的研究［D］.中国海洋大学.

王玉堂，吕永辉.2011.第一批正式转为国家标准的渔药（概述）［J］.中国水产，8：34-36.

王玉堂.2012.我国设施水产养殖业的发展现状与趋势［J］，中国水产，10：7-10.

王玉堂.2013.疫苗在水产养殖病害防治中的作用及应用前景［J］.中国水产，3：42-45.

王裕玉，石野，杨雨虹，等.2012.肉骨粉在水产饲料中的应用［J］.中国饲料，2：32-35.

温超，吴萍，刘文斌，等.2011.不同孔径筛片粉碎团头鲂饲料对其加工性状、鱼体生长和消化酶活性的影响［J］．中国粮油学报，26：66-70.

乌日琴，陈芳，张艺宜，等．2011.多重 PCR 方法检测锦鲤疱疹病毒基因［J］．中国动物检疫，11：39-43.

吴宝华，郎所，王伟俊，等．2000.中国动物志 扁形动物门单殖吸虫纲［M］．北京：科学出版社．

吴皓，吴盛辉．2008.微生态制剂及其在鱼病防治中的应用［J］．水利渔业，28（1）：14-15，42.

吴慧曼，卢凤君，李晓红，等．2010.我国大宗淡水鱼流通产业链问题研究［J］．中国渔业经济，6：44-49.

吴蒙蒙，李吉方，高海涛．2009.饥饿和补偿生长对红鲫幼鱼生长和体组分的影响［J］．水生态学杂志，2：80-84.

吴晓琛．2008.酸辅助腌制草鱼即食产品的研制［D］．江南大学．

吴越，沈硕，熊善柏，等．2010.匙吻鲟软骨蛋白酶解工艺优化［J］．食品科学，31（22）．

吴祖兴，李婉涛．1999.淡水鱼加工技术研究［J］．肉类工业，2：22-24.

夏素银，董鹰隼，耿超，等．2013.膨化大豆质量鉴定及其在配合饲料中的应用［J］．饲料研究，2：21-25.

夏文水，姜启兴，许艳顺．2009.我国水产加工业现状与进展（上）［J］．科学养鱼，11：2-4.

夏文水，姜启兴，许艳顺．2009.我国水产加工业现状与进展（下）［J］．科学养鱼，12：1-3.

夏秀芳，孔保华．2005.肉制品的烟熏技术［J］．黑龙江畜牧兽医，3.

肖月娟，李润丰，郑立红，等．2010.斑鳠鱼蛋白控制酶解及其酶解物抗氧化活性研究［J］．中国食品学报，5：15.

萧培珍，叶元土，张宝彤，等，2009.棉籽粕的营养价值及其在水产饲料上的应用［J］．饲料工业，30（18）：49-51.

谢超，邓尚贵，霍健聪．2009.带鱼下脚料水解螯合物制备及其功能活性研究［J］．食品科技，11：91-96.

谢平．2003.鲢、鳙与藻类水华控制［M］．北京：科学出版社．

谢正军，俞霄霖，李哲．2010.饲料液体后喷涂技术研究进展［J］．饲料工业，31：1-3.

辛建美．2011.酶解金枪鱼碎肉制备活性肽及其分离的研究［D］．浙江海洋大学．

熊光权，田汉坡．1991.谈谈淡水鱼加工副产物的综合利用［J］．中国水产，12：46.

熊何健，操龙飞，鄢庆枇，等．2013.罗非鱼鱼排蛋白酶解液美拉德反应生香工艺优化研究［J］．中国农学通报，29（5）：58-67.

徐皓，倪琦，刘晃．2008.我国水产养殖设施模式分析［J］．科学养鱼，3：1-2.

徐玲，徐宁迎．2011.2010年国产鱼粉营养成分的比较分析［J］．中国畜牧，47：58-61.

徐诗英，刘林，李婧慧，等．2011.草鱼呼肠孤病毒 VP7 基因核酸疫苗的构建及免疫效果［J］．水产学报，11：1694-1700.

许庆陵，郭恒斌，曾庆祝．2008.鱿鱼皮胶原蛋白制备技术研究［J］．食品研究与开发，29（9）：59-64.

许淑英，李焕林，邓国成，等．1998.草鱼出血病细胞培养一弱毒疫苗的最小免疫量、免疫期和保存期［J］．淡水渔业，28（3）：2-5.

许艳顺．2010.发酵鲢鱼鱼糜凝胶形成及其机理研究［D］．江南大学．

薛敏，吴秀峰，郭利亚，等，2007.脱酚棉籽蛋白在水产饲料中的应用［J］．中国畜牧杂志，43（8）：55-58.

薛勇．2006.鳙鱼鱼糜抗冻变性剂及土腥味脱除方法的研究［D］．中国海洋大学．

薛镇宇.1993.泰国水产养殖业进展 [J].水产科技情报,4：149-152.

严全根.2012.饲料中棉粕替代鱼粉蛋白对不同规格草鱼的影响 [D].武汉：中国科学院水生生物研究所博士学位论文.

杨凤,雷衍之,王仁波,等.2003.皱纹盘鲍自污染及其对幼鲍生长及成活率的影响 [J].大连水产学院学报,18 (1)：1-6.

杨莉莉,申锋,熊善柏,等.2012.木瓜蛋白酶制备草鱼鳞胶原肽的工艺优化及产物特性分析 [J].食品科技,2：61-65.

杨莉莉.2011.鱼鳞胶原肽的分步酶解法制备及其特性研究 [D].华中农业大学.

杨林,贾明秀.2005.从美国加拿大财政支渔政策演变历程看渔业补贴之存在性 [J].中国渔业经济,5：71-73.

杨树奇.2010.军曹鱼鱼皮胶胶原蛋白的提取及其功能特性的研究 [D].广东海洋大学.

杨淞,吴淑勤,李宁求,等.2012.草鱼出血病发生风险半定量评估模型的构建 [J].中国水产科学,3：521-527.

杨武海.1999.关于淡水鱼类加工的探讨 [J].中国水产,3：44-45.

杨先乐,曹海鹏.2006.我国渔用疫苗的研制 [J].水产学报,30 (2)：264-271.

杨先乐,杜森英,曾令兵,等.1986.草鱼出血病细胞培养灭活疫苗研究初步报告 [J].淡水渔业,3：1-5.

杨欣,陈丽仙,吴雅琨,等.2011.动物微生态制剂的发展现状及应用前景 [J].安徽农业科学,39 (7)：4030-4031.

杨严鸥,姚峰,何文平.2005.长吻鮠、异育银鲫和草鱼补偿生长的比较研究 [J].中国水产科学,12：575-579.

杨勇.2004.肉骨粉和家禽副产品粉替代鱼粉饲养不同水生动物的差异及其机制的比较研究 [D].武汉：中国科学院水生生物研究所博士学位论文.

杨振慧,葛均青,刘莛,等.2011.鲤春病毒血症病毒基质蛋白基因的原核表达及多克隆抗体的制备 [J].福建农林大学学报(自然科学版),6：614-617.

杨志刚,陈乃松.2007.环保型水产饲料加工工艺的探讨 [J].粮食与饲料工业,9：31-32.

杨忠丽,吴波,陈运中.2008.鲫鱼皮明胶的提取工艺研究 [J].食品科技,33 (2)：213-215.

杨子江.2008.关于中国渔业改革与发展三十年的对话 [J].中国渔业经济 4：94-112.

姚国成,关欣.2013.世界水产养殖30年发展分析(上)[J].科学养鱼,1：3.

姚宏禄.2010.中国综合养殖池塘生态学研究 [M].北京：科学出版社.

姚磊,孙云云,罗永康,等.2010.冷藏条件下鲫鱼鲜度与其阻抗特性的关系的研究 [J].肉类研究,8：21-25.

叶良.2008.非关税壁垒对我国水产品贸易的影响 [D].上海：上海海洋大学.

叶青,涂宗财,刘成梅.2001.酒糟鱼工业化生产技术 [J].食品与机械,3：25-27.

易治雄.1991.稻田养鱼.饲料营养杂志 [J],1：106-112.

尹文英.1956.中国淡水鱼寄生桡足类鲺科的研究 [J].水生生物学报,2 (2)：209-270.

于涛,申德超,庞芳.2006.棉籽粕脱毒方法的研究进展 [J].山东理工大学学报(自然科学版),20 (4)：88-92.

余佳,荣建华,熊善柏.2010.外源蛋白酶水解白鲢内脏的工艺条件 [J].华中农业大学学报,29 (002)：241-244.

余佳.2009.鲢内脏酶水解工艺及其产物特性的研究 [D].华中农业大学.

余艳玲，2013. 张永德. 越南渔业概况 [J]. 中国水产，3：34-36.

渔市. 2012. 2011年全国水产品进出口贸易情况分析 [J]. 中国水利，3：36-37.

袁飞宇，杨小波，刘成红，等. 2003. 螺旋藻饲养锦鲤的研究 [J]. 水利渔业，23：41-42.

张彩菊，张慜. 2004. 利用美拉德反应制备鱼味香精 [J]. 无锡轻工大学学报，23（5）：11-15.

张德隆，李刚，肖志国，等. 2004. 我国池塘生态养殖的回顾与展望 [J]. 中国渔业经济，2：44-45.

张国琛，毛志怀. 2004. 水产品干燥技术的研究进展 [J]. 农业工程学报，20（4）：297-300.

张建，张小栓，胡涛. 2009. 水产品价格预测建模方法 [M]. 北京：社会科学文献出版社.

张建荣，马俪珍，梁鹏. 2009. 鲶鱼骨蛋白酶解物种抗氧化活性物质的初步分离纯化 [J]. 食品与发酵工业，35（2）：48-52.

张建忠. 2007. 草鱼皮胶原蛋白的制备及性质研究 [D]. 南京：南京农业大学.

张剑英，邱兆祉，丁雪娟，等. 1999. 鱼类寄生虫与寄生虫病 [M]. 北京：科学出版社.

张金凤，曾令兵，张辉，等. 2013. 草鱼呼肠孤病毒逆转录环介导等温扩增（RT-LAMP）检测方法的建立 [J]. 中国水产科学，1：129-136.

张军，李小昱，王为，等. 2007. 用阻抗特性评价鲫鱼鲜度的试验研究 [J]. 农业工程学报，6：44-48.

张丽娜，罗永康，李雪，等. 2011. 草鱼鱼肉电导率与鲜度指标的相关性研究 [J]. 中国农业大学学报，4：153-157.

张琳，丁雅苓，陈建民，等. 2011. 中国鲤鱼春季病毒血症毒株糖蛋白基因的亚克隆表达与纯化 [J]. 中国兽医杂志，7：10-12.

张忙友，王菊肖. 2010. 渔药生产企业发展艰难软肋何在 [J]. 中国水产，2：26-28.

张慜，段振华，汤坚. 2003. 低值淡水鱼加工利用研究进展 [J]. 渔业现代化，3：016.

张慜，张骏. 2006. 国内外低值淡水鱼加工与下脚料利用的研究进展 [J]. 食品与生物技术学报，25（5）：115-120.

张培丽，周爱梅，刘欣，等. 2006. 淡水鱼皮胶原蛋白提取工艺研究（I）[J]. 食品与发酵工业，32（12）：150-153.

张其中，张占会，陈达丽，等. 2010. 水温对多子小瓜虫孵化及幼虫活力的影响 [J]. 生态科学，2：116-120.

张全中，赵元莙，何根林. 2009. 瓶囊碘泡虫成熟孢子的显微及亚显微结构研究 [J]. 动物分类学报，3：531-539.

张松. 2006. 异育银鲫含肉骨粉饲料中磷的利用研究 [D]. 武汉：中国科学院水生生物研究所博士学位论文.

张晓惠，韩云峰. 2007. 浅析世界渔业现状及发展趋势 [J]. 现代渔业信息，10：21-23.

张新民，简康，郭芳芳. 2008. 中国现代渔业发展趋势分析 [J]. 渔业经济研究，5：3-7.

张延序，乔庆林. 1989. 中国水产品加工 [M]. 北京市：农业出版社.

张子华，鄢庆枇，邹文政，等. 2010. 鳗鲡肠道中嗜水气单胞菌的颉颃菌筛选 [J]. 集美大学学报：自然科学版，14（3）：5-11.

章海鑫，胡鲲，阮记明，等. 2013. 异育银鲫体内盐酸双氟沙星血浆蛋白结合律的变化及其药代动力学研究 [J]. 水生生物学报，37（1）：62-69.

赵海英，梁程超，缪锦来，等. 2005. 鳕鱼皮胶原蛋白的制备及其成分分析 [J]. 中国海洋药物，24（5）：30-32.

赵敏. 2006. 饲料中蓝藻粉对不同食性鱼类影响的比较研究 [D]. 武汉：中国科学院水生生物研究所博士学位论文.

赵宗保，华艳艳，刘波．2005. 中国如何突破生物柴油产业的原料瓶颈［J］．中国生物工程杂志，25：1-6.

郑瑞珍，杜淼，高晓鸿，等．1986. 鱼类染色体转移——仙台病毒融合胚胎细胞核移植的初步研究［J］．遗传，8（3）：28-30.

郑卫东，张相国．2000. 当今国内外渔业发展的新特点［J］．中国渔业经济研究，2：12-14.

郑宗林，宋宏斌，赵永志，等．2009. 不同缓释处理氨基酸在异育银鲫饲料中的利用效率研究［J］．饲料工业，30：28-30.

中国人民大学农业经济系 211 项目课题组．2004. 中国农产品流通的制度变迁——制度变迁过程的描述性整理［R］．北京：中国人民大学农业经济系．

中国水产科学研究院．1987. 中国水产资源开发利用的经济问题［M］．北京：海洋出版社．

钟春梅，易翠平，陈永发，等．2012. 鱼露发酵技术的研究进展［J］．包装与食品机械，30（5）：47-51.

钟广贤，王晓清，李俊波，等．2013. 进口 DDGS 替代豆粕对草鱼生产性能的影响［J］．科学养鱼，2：72-74.

仲维玮，文华，蒋明，等．2010. 混合植物蛋白源对罗非鱼幼鱼生长、体组成及表观消化率的影响［J］．华中农业大学学报，29：356-362.

周良星，韩冬，朱晓鸣，等．2013. 限食及恢复投喂对春鲤（*Cyprinus longipectoralis*）幼鱼摄食、生长和鱼体组成的影响［J］．水生生物学报，37：172-176.

周培校，赵飞，潘晓亮，等．2009. 棉粕和棉籽壳饲用的研究进展［J］．畜禽业，8：52-55.

周歧存，肖凤波．2003. 海藻在南美白对虾饲料中的应用研究［J］．海洋科学，27：66-69.

周蔚，樊磊，李保金，等．2006. 小球藻在水产饲料上应用的研究［J］．科学养鱼，3：65.

周勇，曾令兵，范玉顶，等．2011. 草鱼呼肠孤病毒 TaqMan real-time PCR 检测方法的建立［J］．水产学报，5：774-779.

周勇，曾令兵，张辉，等．2013. 鲤疱疹病毒Ⅱ型 TaqMan real-time PCR 检测方法的建立及应用［J］．水产学报，4：607-613.

周志刚．2002. 利用生物能量学模型建立异育银鲫投喂体系的研究［D］．武汉：中国科学院水生生物研究所博士学位论文．

朱晓荣，沈全华，褚秋芬，等．2012. 潜流湿地技术在高密度养殖尾水处理中的应用［J］，水产养殖，33（10）：17-23.

朱永波．2009. 我国鲜活农产品流通渠道现状、问题和对策［D］太原：山西财经大学．

祝博．2013. 2012 年鱼粉市场回顾及 2013 年市场展望［J］．饲料广角，5：20-24.

纵伟，梁茂雨，申瑞玲．2007. 高压脉冲电场技术在水产品加工中的应用［J］．北京水产，1：51-52.

邹佳，蔡婷，罗永康，等．2010 冰鲜鱼和解冻鱼快速无损伤物理检测技术研究［J］．食品与机械，2：47-49.

邹荣婕，徐英江，刘京熙，等．2013. 乙酰甲喹在鲤鱼肌肉组织中的残留消除规律研究［J］．中国农学通报，28：137-141.

ABIDI S F，KHAN M A．2007. Dietary leucine requirement of fingerling Indian major carp，Labeorohita（Hamilton）［J］．Aquaculture Research，38：478-486.

ADAMEK M，SYAKURI H，HARRIS S，et al.，2013. Cyprinid herpesvirus 3 infection disrupts the skin barrier of common carp（Cyprinus carpio L.）［J］．Veterinary Microbiology，162（2-4）：456-470.

AEWSIRI T，BENJAKUL S，VISESSANGUAN W．2009. Functional properties of gelatin from cuttlefish

(Sepia pharaonis) skin as affected by bleaching using hydrogen peroxide [J]. Food Chemistry, 115 (1): 243 - 249.

AHMAD T C, BOYD E. 1988. Design and performance of paddle wheel aerators [J]. Aquacultural Engineering, 7: 39 - 62.

AHMED I. 2007. Dietary amino acid L-threonine requirement of fingerling Indian catfish, Heteropneustes-fossilis (Bloch) estimated by growth and biochemical parameters [J]. Aquaculture International, 15: 337 - 350.

AKINLEYE A O, KUMAR V, MAKKAR H P S, et al., 2012. Jatropha platyphylla kernel meal as feed ingredient for Nile tilapia (Oreochromis niloticus L.): growth, nutrient utilization and blood parameters [J]. Journal of Animal Physiology and Animal Nutrition, 96: 119 - 129.

ALASALVAR C, MIYASHITA K, SHAHIDI F, et al., 2010. Handbook of seafood quality, safety and health applications [M]. Wiley-Blackwell.

ALASALVAR C, TAYLOR T. 2011. Seafoods-technology, quality and nutraceutical applications [M]. Berlin: Springer-Verlag Berlin and Heidelberg GmbH & Co. K.

ALLEN J R M, WOOTTON R J. 1982. Age, growth and rate of food consumption in an upland population of the three-spined stickleback, Gasterosteus aculeatus L [J]. Journal of Fish Biology, 21: 95 - 106.

ANONYMOUS. 1985. Guidelines for the handling of fish packed in a controlled atmosphere [M]. Edinburgh: Sea Fish Industry Authority.

AOKI T, TAKANO T, UNAJAK S, et al., 2011. Generation of monoclonal antibodies specific for ORF68 of koi herpesvirus [J]. Comparative Immunology, Microbiology and Infectious Diseases, 34 (3): 209 - 216.

ARGUE B J, ARCE S M, LOTZ J M, et al., 2002. Selective breeding of Pacific white shrimp (Litopenaeus vannamei) for growth and resistance to Taura Syndrome Virus [J]. Aquaculture, 204 (3 - 4): 447 - 460.

ARYEE A, SIMPSON B K. 2009. Comparative studies on the yield and quality of solvent-extracted oil from salmon skin [J]. Journal of Food Engineering, 92 (3): 353 - 358.

AUDLEY MA, SHETTY KJ, KINSELLA JE. 1978. Isolation and properties of phospholipase A from pollock muscle [J]. Journal of Food Science, 43 (6): 1771 - 1775.

AUSTRENG E, STOREBAKKEN T, AASGAARD T. 1987. Growth rate estimates for cultured Atlantic salmon and rainbow trout [J]. Aquaculture, 60: 157 - 160.

AVARRE J C, SANTIKA A, BENTENNI A, et al., 2012. Spatio-temporal analysis of cyprinid herpesvirus 3 genetic diversity at a local scale [J]. Journal of Fish Diseases, 35 (10): 767 - 774.

AVNIMELECH Y. 2006. Bio-filters: The need for a new comprehensive approach [J]. Aquacultural Engineering, 34: 172 - 178.

AVNIMELECH Y., MOKADY S., SCHROEDER G. L. 1989. Circulated ponds as efficient bioreactors for single-cell protein production [J]. Aquac. -Bamidgeh, 41 (2): 58 - 66.

AZAZA M S, MENSI F, KSOURI J, et al., 2008. Growth of Nile tilapia (Oreochromis niloticus L.) fed with diets containing graded levels of green algae ulva meal (Ulva rigida) reared in geothermal waters of southern Tunisia [J]. Journal of Applied Ichthyology, 24: 202 - 207.

BABU C M, CHAKRABARTI R, SURYA SAMBASIVARAO K R. 2008. Enzymatic isolation of carotenoid-protein complex from shrimp head waste and its use as a source of carotenoids [J]. LWT-Food Science and Technology, 41 (2): 227 - 235.

BAE I, OSATOMI K, YOSHIDA A, et al. , 2008. Biochemical properties of acid-soluble collagens extracted from the skins of underutilised fishes [J] . Food Chemistry, 108 (1): 49 - 54.

BAI SC, KOO JW, KIM KW, et al. , 2001. Effects of Chlorella powder as a feed additive on growth performance in juvenile Korean rockfish, Sebastes schlegeli (Hilgendorf) [J] . Aquaculture Research, 32: 92 - 98.

BAKDERSTON W L, SIEBURTH J M. 1976. Nitrate removal in closed-system aquaculture by columnar denitrification [J] . Applied and environmental microbiology, 32 (6): 808 - 818.

BAKER D H, HAN Y M. 1994. Ideal amino acid profile for chicks during the first weeks post hatching [J] . Poultry Science, 73: 1441 - 1447.

BALEV D, IVANOV G, DRAGOEV S, et al. , 2011. Effect of vacuum - packaging on the changes of Russian sturgeon muscle lipids during frozen storage [J] . European Journal of Lipid Science and Technology, 113 (11): 1385 - 1394.

BARRY A. 1998. Preliminary investigation of an integrated aquaculture-Wetland ecosystem using tertiary treated municipal wastewater in Losangeles County California [J] . Ecology Engineering, 10 (4): 341 - 354.

BASAVARAJU Y, MAIR G C, KUMAR H M, et al. , 2002. An evaluation of triploidy as a potential solution to the problem of precocious sexual maturation in common carp, Cyprinus carpio, in Karnataka, India [J] . Aquaculture, 204: 407 - 418.

BEAZ-HIDALGO P, FIGUERAS M J. 2013. Aeromonas spp. whole genomes and virulence factors implicated in fish disease [J] . Journal of fish diseases, 36: 371 - 383.

BERGMANN S M, KEMPTER J. 2011. Detection of koi herpesvirus (KHV) after re-activation in persistently infected common carp (Cyprinus carpio L.) using non-lethal sampling methods [J] . Bulletin of the European Association of Fish Pathologists, 31 (3): 92 - 100.

BERGMANN S M, SADOWSKI J, KIĚLPIĚSKI M, et al. , 2010. Susceptibility of koi x crucian carp and koi x goldfish hybrids to koi herpesvirus (KHV) and the development of KHV disease (KHVD) [J] . Journal of Fish Diseases, 33 (3): 267 - 272.

BOEHLERT G W, YOKLAVICH M M. 1983. Effects of temperature, ration, and fish size on growth of juvenile black rockfish, Sebastes melanops [J] . Environmental Biology of Fish, 8: 17 - 28.

BOUGATEF A, NEDJAR-ARROUME N, RAVALLEC-PL R, et al. , 2008. Angiotensin I-converting enzyme (ACE) inhibitory activities of sardinelle (Sardinella aurita) by-products protein hydrolysates obtained by treatment with microbial and visceral fish serine proteases [J] . Food Chemistry, 111 (2): 350 - 356.

BOUGATEF A, SOUISSI N, FAKHFAKH N, et al. , 2007. Purification and characterization of trypsin from the viscera of sardine (Sardina pilchardus) [J] . Food Chemistry, 102 (1): 343 - 350.

BROWDY C L, BRATVOLD D, STOCKES A D, et al. , 2001. Perspectives on the application of closed shrimp culture systems [J] . Aquaculture, 20 - 34.

BURFORD M A, THOMPSON P J, McIntosh R P, et al. , 2004. The contribution of flocculated material to shrimp nutrition in a high-intensity, zero-exchange system [J] . Aquaculture, 232 (1): 525 - 537.

CALIK H, MORRISSEY M T, RENO P W. 2002. An H . Effect of High-Pressure Processing on Vibrio parahaemolyticus Strains in Pure Culture and Pacific Oysters [J] . Journal of Food Science, 67:

1506 - 1510.

CAMPOS CARMEN A, LOSADA V, RODR GUEZÓ SCAR, et al. , 2006. Evaluation of an ozone-slurry ice combined refrigeration system for the storage of farmed turbot (Psetta maxima) [J] . Food Chemistry, 97 (2): 223 - 230.

CAO H, XIA W, ZHANG S, et al. , 2012. Saprolegnia pathogen from Pengze crucian carp (Carassius auratus var. Pengze) eggs and its control with traditional Chinese herb [J] . Israeli Journal of Aquaculture, 64: 1 - 7.

CAO W, ZHANG C, HONG P, et al. , 2008. Response surface methodology for autolysis parameters optimization of shrimp head and amino acids released during autolysis [J] .Food Chemistry, 109 (1): 176 - 183.

CHENG L, CHEN C Y, TSAI M A, et al. , 2011. Koi herpesvirus epizootic in cultured carp and koi, Cyprinus carpio L. , in Taiwan [J] . Journal of Fish Diseases, 34 (7): 547 - 554.

CHERRY J A, GOUGH L. 2006. Temporary floating island formation maintains wetland plant species richness: the role of the seed bank [J] . Aquatic Botany, 85 (1): 29 - 36.

CHO C Y, BUREAU D P. 2001. A review of diet formulation strategies and feeding systems to reduce excretory and feed wastes in aquaculture [J] . Aquaculture Research, 32: 349 - 360.

CHO C Y, BUREAU D P. 1998. Development of bioenergetics models and the Fish-PrFEQ software to estimate production, feeding ration and waste output in aquaculture [J] . Aquatic Living Resources, 11: 199 - 210.

CHO C Y. 1992. Feeding systems for rainbow trout and other salmonids with reference to current estimates of energy and protein requirements [J] . Aquaculture, 100: 107 - 123.

CHO SOUNG-HUN, JAHNCKE MICHAEL L, CHIN KOO-BOK, et al. , 2006. The effect of processing conditions on the properties of gelatin from skate (Raja Kenojei) skins [J] .Food Hydrocolloids, 20 (6): 810 - 816.

CHO YOUNG-SOOK, JUNG WON-KYO, LEE SANG-HOON, et al. , 2009. A novel visceral excitatory neuropeptide from the brain tissue of cloudy dogfish (Scyliorhinus torazame) [J] .Food Chemistry, 115 (4): 1306 - 1311.

CHOULIARA I, SAVVAIDIS I N, RIGANAKOS K, et al. , 2005. Shelf-life extension of vacuum-packaged seabream (Sparus aurata) fillets by combinedγ-irradiation and refrigeration: microbiological, chemical and sensory changes [J] . Journal of the Science of Food and Agriculture, 85: 779 - 784.

COLLINS C M, KERR R, MCINTOSH R, et al. , 2010. Development of a real-time PCR assay for the identification of Gyrodactylus parasites infecting salmonids in northern Europe [J] . Diseases of Aquatic Organisms, 90 (2): 135 - 142.

COWEY C B, WALTON M J. 1988. Studies on the up take of (14C) amino acids derived from both dietary (14C) protein and dietary (14C) amino acids by rainbow trout, Salmo gairdneri Richardson [J] . Journal of Fish Biology, 33: 293 - 305.

CUDENNEC B, RAVALLEC-PL R, COUROIS E, et al. , 2008. Peptides from fish and crustacean by-products hydrolysates stimulate cholecystokinin release in STC-1 cells [J] .Food Chemistry, 111 (4): 970 - 975.

CUI FENG-XIA, XUE CHANG-HU, LI ZHAO-JIE, et al. , 2007. Characterization and subunit composition of collagen from the body wall of sea cucumber (Stichopus japonicus) [J] .Food Chemistry, 100

(3)：1120 - 1125.

CUI Y，HUNG S S O. 1995. A prototype feeding-growth table for white sturgeon [J] . Journal of Applied Aquaculture，5：25 - 34.

CUI Y，WOOTTON R J. 1988. Bioenergetics of growth a cyprinid，Phoxinusphoxinus，the effect of ration，temperature and body size on food consumption，fecal production and nitrogenous excretion [J] . Journal of Fish Biology，33：431 - 443.

DA C T，LUNDH T，LINDBERG J E. 2013. Digestibility of dietary components and amino acids in plant protein feed ingredients in striped catfish (Pangasianodon hypophthalmus) fingerlings [J] . Aquaculture Nutrition，19：619 - 628.

DALGAARD P. 2000. Freshness，Quality and Safety in Seafoods. Technical Report for EU-FLAIR FLOW Dissemination Project [M] . Lyngby，Denmark.

DANEK T，KALOUS L，VESEL T，et al. ，2012. Massive mortality of Prussian carp Carassius gibelio in the upper Elbe basin associated with herpesviral hematopoietic necrosis (CyHV - 2) [J] . Diseases of Aquatic Organisms，102 (2)：87 - 95.

DE D，GHOSHAL T K，RAJA R A. 2012. Characterization of enzyme-producing bacteria isolated from the gut of Asian seabass，Latescalcarifer and milkfish，Chanoschanos and their application for nutrient enrichment of feed [J] Aquaculture Research，1 - 8.

DEFOIRDT T，SORGELOOS P，BOSSIER P. 2011. Alternatives to antibiotics for the control of bacterial disease in Aquaculture [J] . Current Opinion in Microbiology，14：251 - 258.

DENSTADLI V，HILLESTAD M，VERLHAC V，et al. ，2011. Enzyme pretreatment of fibrous ingredients for carnivorous fish：Effects on nutrient utilisation and technical feed quality in rainbow trout (Oncurhynchus mykiss) [J] . Aquaculture，319：391 - 397.

DEPARTMENT FAO FISHERIES AND AQUACULTURE. 2012. The State of World Fisheries And Aquaculture 2012 [M] . Food and agriculture organization of the United Nations.

DEPARTMENT OF ANIMAL HUSBANDRY. 2011—2012. Dairying & Fisheries Ministry of Agriculture. Government of India Annual Report India [R] . New Delhi.

DO THI THANH VINH. 2006. Aquaculture in Vietnam：development perspectives，Development in Practice [J] . Development in Practice，16，5：498 - 503.

DONG C，LI X，WENG S，et al. ，2013. Emergence of fatal European genotype CyHV-3/KHV in mainland China [J] . Veterinary Microbiology，162 (1)：239 - 244.

DONG FM，HARDY RW，HAARD NF，et al. ，1993. Chemical composition and protein digestibility of poultry by-product meals for salmonid diets [J] . Aquaculture，116：149 - 158.

DUAN M，ZHANG T L，HU W，et al. ，2011. Behavioral alterations in GH transgenic common carp may explain enhanced competitive feeding ability [J] . Aquaculture，317：175 - 181.

DUAN R，ZHANG J，DU XIUQIAO，et al. ，2009. Properties of collagen from skin，scale and bone of carp (Cyprinus carpio) [J] . Food Chemistry，112 (3)：702 - 706.

DUEDAHL-OLESEN L，CHRISTENSEN JAN H，H JG RD A，et al. ，2010. Influence of smoking parameters on the concentration of polycyclic aromatic hydrocarbons (PAHs) in Danish smoked fish [J] . Food Additives and Contaminants，27 (9)：1294 - 1305.

DUNN J，OTT T，CLARK W. 1995. Pulsed-light treatment of food and packaging [J] . Food Technology，49.

EIDE K E MILLER MORGAN T HEIDEL J R, et al. , 2011b. Results of total DNA measurement in koi tissue by Koi Herpes Virus real-time PCR [J] . Journal of Virological Methods, 172 (1 - 2): 81 - 84.

EIDE K E, MILLER MORGAN T, HEIDEL J R, et al. , 2011a. Investigation of koi herpesvirus latency in koi [J] . Journal of Virology, 85 (10): 4954 - 4962.

EL MATBOULI M, SHIRAKASHI S. 2010. Effect of cadmium on the susceptibility of Tubifex tubifex to Myxobolus cerebralis (Myxozoa), the causative agent of whirling disease [J] . Diseases of Aquatic Organisms, 89 (1): 63 - 70.

EL MATBOULI M, SOLIMAN H. 2011. Transmission of Cyprinid herpesvirus-3 (CyHV-3) from goldfish to naive common carp by cohabitation [J] . Research in Veterinary Science, 90 (3): 536 - 539.

EL - HANAFY AMIRA EBRAHIM ALY, SHAWKY H A, RAMADAN M F. 2011. Preservation of oreochromis niloticus fish using frozen green tea extract: impact on biochemical, microbiological and sensory characteristics [J] . Journal of Food Processing and Preservation, 35 (5): 639 - 646.

EMMERIK M, EDWIN Y, JUAN L, et al. , 2003. Prevention of IHHNV vertical transmission in the white shrimp Litopenaeus vannamei [J] . Aquaculture, 219: 57 - 70.

ERIKSON U, MISIMI E, GALLART-JORNET L. 2011. Superchilling of rested Atlantic salmon: Different chilling strategies and effects on fish and fillet quality [J] . Food Chemistry, 127 (4): 1427 - 1437.

ERKAN NURAY, ÜRETENER GONCA, ALPAS HAMI, et al. , 2011. The effect of different high pressure conditions on the quality and shelf life of cold smoked fish [J] . Innovative Food Science & Emerging Technologies, 12 (2): 104 - 110.

ESP SITO TALITA S, AMARAL IAN PG, BUARQUE DIEGO S, et al. , 2009. Fish processing waste as a source of alkaline proteases for laundry detergent [J] . Food Chemistry, 112 (1): 125 - 130.

EUROPEAN COMMISSION. 2013. Building a Sustainable Future for Aquaculture: a new impetus for the strategy for sustainable development of european aquaculture [R] . Brussels.

FAO YEARBOOK. 2010. Overiew: Major Trends and Issues [R] .

FAO. 2005. Post-harvest changes in fish [C/OL] . FAO Fisheries and Aquaculture Department. http: // www. Fao. org/fishery/topic/12320/en.

FAO. 2012. The State of World Fisheries and Aquaculture [M] .

FERMINA C, RECOMETA R D. 1988. Laval rearing of bighead carp Aristichysnobilis Richardson using different types of feed and their combinations [J] . Aquaculture and Fisheries Management, 19: 283 - 290.

FROST P, NESS A. 1997. Vaccination of Atlantic salmon with recombinant VP2 of infectious pancreatic necrosis virus (IPNV), added to a multivatent vaccine, suppresses viral replication following IPNV challenge [J] . Fish and shellfish Immunology, 7 (8): 609 - 619.

FUCHS W, FICHTNER D, BERGMANN S M, et al. , 2011. Generation and characterization of koi herpesvirus recombinants lacking viral enzymes of nucleotide metabolism [J] . Archives of Virology, 156 (6): 1059 - 1063.

FUJI K, HASEGAWA O, HONDA K, et al. , 2007. Marker-assisted breeding of a lymphocystis disease-resistant Japanese flounder (Paralichthys olivaceus) [J] . Aquaculture, 272: 291 - 295.

GAO RUI-CHANG, XUE CHANG-HU, YUAN LI, et al. , 2008. Purification and characterization of pyrophosphatase from bighead carp (Aristichthys nobilis) [J] . LWT-Food Science and Technology, 41 (2): 254 - 261.

GATLIN III D M, BARROWS F T, BROWNS P, et al., 2007. Expanding the utilization of sustainable plant products in aquafeeds: a review [J]. Aquaculture Research, 38: 551-579.

GELMAN A, SACHS O, KHANIN Y, et al., 2005. Effect of ozone pretreatment on fish storage life at low temperatures [J]. Journal of Food Protection^R, 68 (4): 778-784.

GIL L, BARAT JOS M, ESCRICHE I, et al., 2008. An electronic tongue for fish freshness analysis using a thick-film array of electrodes [J]. Microchimica Acta, 163 (1-2): 121-129.

GOLDMAN J C, CAROM D A, DENNETT M R. 1987. Regulation of gross growth efficiency and ammonium regeneration in bacteria by substrate C: N ratio [J]. Limnology and Oceanography, 1239-1252.

GOMEZ D K, JOH S J, JANG H, et al., 2011. Detection of koi herpesvirus (KHV) from koi (Cyprinus carpio koi) broodstock in South Korea [J]. Aquaculture, 311 (1-4): 42-47.

GRESSEL J, CHEN O, EINBINDER S, et al., 2010. Transgenically domesticating marine micro-algae for biofuel and feed uses: No competition with crops for land and water [J]. Journal of Biotechnology, 150: 16

GÜROY D, SAHIN I, GÜROY B, et al., 2013. Replacement of fishmeal with rice protein concentrate in practical diets for European sea bass Dicentrarchus labraxreared at winter temperatures [J]. Aquaculture Research, 44: 462-471.

HALLETT S L, BARTHOLOMEW J L. 2009. Development and application of a duplex QPCR for river water samples to monitor the myxozoan parasite Parvicapsula minibicornis [J]. Diseases of Aquatic Organisms, 86 (1): 39-50.

HANSEN M J, BOISCLAIR D, BRANDT S B, et al., 1993. Applications of bioenergetics models to fish ecology and management: Where do we go from here? [J]. Transaction of American Fisheries Society, 122: 1019-1030.

HARIKRISHNAN R, BALASUMDARAM C, HEO MOON-SOO. 2010. Herbal supplementation diets on hematology and innate immunity in goldfish against Aeromonas hydrophila [J]. Fish & Shellfish Immunology, 28 (2): 354-361.

HONG HUI, LUO YONGKANG, ZHOU ZHONGYUN, et al., 2012. Effects of different freezing treatments on the biogenic amine and quality changes of bighead carp (Aristichthys nobilis) heads during ice storage [J]. Food Chemistry.

HONG HUI, LUO YONGKANG, ZHOU ZHONGYUN, et al., 2012. Effects of low concentration of salt and sucrose on the quality of bighead carp (Aristichthys nobilis) fillets stored at 4℃ [J]. Food Chemistry, 133 (1): 102-107.

HONG HUI, LUO YONGKANG, ZHU SICHAO, et al., 2012. Application of the general stability index method to predict quality deterioration in bighead carp (Aristichthys nobilis) heads during storage at different temperatures [J]. Journal of Food Engineering, 113 (4): 554-558.

HONG HUI, LUO YONGKANG, ZHU SICHAO, et al., 2012. Establishment of quality predictive models for bighead carp (Aristichthys nobilis) fillets during storage at different temperatures [J]. International Journal of Food Science & Technology, 47 (3): 488-494.

HONJO M N, MINAMOTO T, KAWABATA Z. 2012. Reservoirs of Cyprinid herpesvirus 3 (CyHV-3) DNA in sediments of natural lakes and ponds [J]. Veterinary Microbiology, 155 (2-4): 183-190.

HUSSEIN E, DABROWSKI K, EL-SAIDY D, et al., 2012. Effect of dietary phosphorus supplementation on utilization of algae in the grow-out diet of Nile tilapia Oreochromis niloticus [J]. Aquaculture Research，1-12.（doi：10.1111/are.12102）

IGARASHI I，ALHASSAN A，GOVIND Y，et al. ，2007. Comparative evaluation of the sensitivity of LAMP，PCR and in vitro culture methods for the diagnosis of equine piroplasmosis [J] . Parasitology Research，100 (5)：1165-1168.

INTARASIRISAWAT R，BENJAKUL S，VISESSANGUAN W，et al. ，2007. Autolysis study of bigeye snapper (Priacanthus macracanthus) skin and its effect on gelatin [J] . Food Hydrocolloids，21 (4)：537-544.

J NSD TTIR R SA，ÓLAFSD TTIR GU R N，CHANIE ERIK，et al. ，2008. Volatile compounds suitable for rapid detection as quality indicators of cold smoked salmon (Salmo salar) [J] . Food Chemistry，109 (1)：184-195.

JE JAE-YOUNG，LEE KA-HWA，LEE MI HYUN，et al. ，2009. Antioxidant and antihypertensive protein hydrolysates produced from tuna liver by enzymatic hydrolysis [J] . Food Research International，42 (9)：1266-1272.

JIANG XIONGLONG，CLAUDE E. BOYD. 2006. Relationship between organic carbon concentration and potential pond bottom soil respiration [J] . Aquacultural Engineering，35 (2)：147-151.

JONES A B，PRESTON N P. 1999. Sydney rock oyster，Saccostrea commercialis (Iredale & Roughley)，filtration of shrimp farm effluent：the effects on water quality [J] . Aquaculture Research，30 (1)：51-57.

JONGJAREONRAK A，BENJAKUL S，VISESSANGUAN W，et al. ，2006. Characterization of edible films from skin gelatin of brownstripe red snapper and bigeye snapper [J] . Food Hydrocolloids，20 (4)：492-501.

Jó NSDó TTIR Ró SA，SVEINSDO TTIR KOLBRU N，MAGNU SSON H，et al. ，2011. Flavor and quality characteristics of salted and desalted cod (Gadus morhua) produced by different salting methods [J] . Journal of Agricultural and Food Chemistry，59 (8)：3893-3904.

JU Z Y，FORSTER I P，DOMINY W G. 2009. Effects of supplementing two species of marine algae or their fractions to a formulated diet on growth，survival and composition of shrimp (Litopenaeus vannamei) [J] . Aquaculture，292：237-243.

KADER M A，BULBUL M，KOSHIO S，et al. ，2012. Effect of complete replacement of fishmeal by dehulled soybean meal with crude attractants supplementation in diets for red sea bream，Pagrus major [J] . Aquaculture，350-353：109-116.

KANG K H，KWON J Y，KIM Y M. 2003. A beneficial coculture：charm ablone Haliotis discus Hannai and sea cucumber Stichopus japonicus. Aquaculture，216：87-93.

KANJANAPONGKUL K，TIA S，WONGSA-NGASRI P，et al. ，2009. Coagulation of protein in surimi wastewater using a continuous ohmic heater [J] . Journal of Food Engineering，91 (2)：341-346.

KAROUI R，LEFUR B，GRONDIN C，et al. ，2007. Mid - infrared spectroscopy as a new tool for the evaluation of fish freshness [J] . International Journal of Food Science & Technology，42 (1)：57-64.

KAUSHIK S J. 1998. Nutritional bioenergetics and estimation of waste production in non-salmonids [J] . Aquatic Living Resource，11：211-217.

KEEMBIYEHETTY C N，GATLIN D M. 1992. Dietary lysine requirement of juvenile hybrid striped bass (Morone chrysops × Morone saxatilis) [J] . Aquaculture，104：271-277.

KEMPTER J. KIELPINSKI M，PANICZ R，et al. ，2012. Horizontal transmission of koi herpes virus

（KHV) from potential vector species to common carp [J] . Bulletin of the European Association of Fish Pathologists，32 （6）：212 - 219.

KIESSLING A AND ASKBRANDT S. 1993. Nutritive value of two bacterial strains of single-cell protein for rainbow trout (Oncorhynchus mykiss) [J] . Aquaculture, 109：119 - 130.

KIM H J. 2012. Improved diagnosis of spring viremia of carp by nested reverse-transcription PCR：development of a chimeric positive control for prevention of false-positive diagnosis [J] . Journal of Virological Methods，185 （1）：39 - 42.

KIM M K AND LOVE11 R T. 1995. Effect of overwinter feeding regimen on body weight，body composition and resistance to Edwardsiella ictaluriin channel catfish, Ictaruluspunctatus [J] . Aquaculture. 134：237 - 246.

KISHIMURA H，KLOMKLAO S，BENJAKUL S, et al. , 2008. Characteristics of trypsin from the pyloric ceca of walleye pollock (Theragra chalcogramma) [J] . Food Chemistry, 106 （1）：194 - 199.

KLOMKLAO S，BENJAKUL S，VISESSANGUAN W, et al. , 2006. Purification and characterization of trypsin from the spleen of tongol tuna （Thunnus tonggol) [J] . Journal of Agricultural and Food Chemistry, 54 （15）：5617 - 5622.

KOCOURA M, MAUGER S, RODINA M, et al. , 2007. Heritability estimates for processing and quality traits in common carp （*Cyprinus carpio* L.) using a molecular pedigree [J] . Aquaculture, 270：43 - 50.

KRAUGERUD O F AND SVIHUS B. 2011. Effects of online pretreatment of plant ingredients on processing responses and physical properties in extruded fish feed [J] . Animal Feed Science and Technology, 168：250 - 256.

KROM M D, NEORI A. 1989. A total nutrient budget for an experimental intensive fishpond with circularly moving seawater [J] . Aquaculture, 83 （3 - 4）：345 - 358.

KUCHARCZYK D, TARGONSKA K, HLIWA P, et al. , 2008. Reproductive parameters of common carp (Cyprinus carpio L) spawners during natural season and out-of-season spawning [J] . Reproductive biology, 8 （3）：285 - 289.

KUHN D D, BOARDMAN GD, LAWRENCE AL, et al. , 2009. Microbial floc meal as a replacement ingredient for fish meal and soybean protein in shrimp feed [J] . Aquaculture, 296：51 - 57.

KUHN D D, LAWRENCE A L, BOARDMAN G D, et al. , 2010. Evaluation of two types of bioflocs derived from biological treatment of fish effluentas feed ingredients for Pacific white shrimp, Litopenaeus vannamei [J] . Aquaculture, 303：28 - 33.

LEE N S, JUNG S H, et al. , 2012. In situ hybridization detection of Koi herpesvirus in paraffin-embedded tissues of common carp Cyprinus carpio collected in 1998 in Korea [J] . Fish Pathology, 47 （3）：100 - 103.

LEGGATT R A, BIAGI C A, SMITH J L, et al. , 2012. Growth of growth hormone transgenic coho salmon Oncorhynchus kisutch is influenced by construct promoter type and family line [J] . Aquaculture, 356 - 357：193 - 199.

Li A X, Wang F H, Xie M Q. 2010. A novel protein isolated from the serum of rabbitfish (Siganus oramin) is lethal to Cryptocaryon irritans [J] . Fish & Shellfish Immunology, 29 （1）：32 - 41.

LI M H, ROBINSON E H. 2006. Use of cottonseed meal in aquatic animal diets：A Review [J] . North American Journal of Aquaculture, 68：14 - 22.

LI S F, CAI W Q. 2003. Genetic improvement of the herbivorous blunt snout bream (Megalobrama amblycephala) [J]. NAGA, 26 (1): 20 - 23.

Li W X, Nie P, Wang G T, et al., 2009. Communities of gastrointestinal helminths of fish in historically connected habitats: habitat fragmentation effect in a carnivorous catfish Pelteobagrus fulvidraco from seven lakes in flood plain of the Yangtze River, China [J]. Parasites & Vectors, 2.

LIEVENS B, FRANS I, HEUSDENS C, et al., 2011. Rapid detection and identification of viral and bacterial fish pathogens using a DNA array-based multiplex assay [J]. Journal of Fish Diseases, 34 (11): 861 - 875.

LIM C, WEBSTER C. 2001. Nutrition and Fish Health [M]. Food Products Press, 365.

LIU BING-XIN, DU XUE-LI, ZHOU LI-GEN, et al., 2008. Purification and characterization of a leucine aminopeptidase from the skeletal muscle of common carp (Cyprinus carpio) [J]. Food Chemistry, 108 (1): 140 - 147.

LIU HAI YING, LI DING, GUO SHI DONG. 2008. Extraction and properties of gelatin from channel catfish (Ietalurus punetaus) skin [J]. LWT-Food Science and Technology, 41 (3): 414 - 419.

LIU HAIYING, LI DING, GUO SHIDONG. 2007. Studies on collagen from the skin of channel catfish (Ictalurus punctaus) [J]. Food Chemistry, 101 (2): 621 - 625.

LIU HUAN, YIN LIJUN, ZHANG NAN, et al., 2006. Purification and characterization of cathepsin L from the muscle of silver carp (Hypophthalmichthys molitrix) [J]. Journal of Agricultural and Food Chemistry, 54 (25): 9584 - 9591.

LIU Y, WHIPPS C M, LIU W S, et al., 2011. Supplemental diagnosis of a myxozoan parasite from common carp Cyprinus carpio: Synonymy of Thelohanellus xinyangensis with Thelohanellus kitauei [J]. Veterinary Parasitology, 178 (3 - 4): 355 - 359.

LOPEZ-ALVARADO J, LANGDON C J, TESHIMA S I, et al., 1994. Effects of coating and encapsulation of crystalline amino acids on leaching in larval feeds [J]. Aquaculture, 122: 335 - 346.

LORENZEN Z, ZINER-JENSEN K, MATINUSSEN T, et al., 2000. DNA vaccination of rainbow trout against viral hemorrhagic septicemia virus: A dose-response and time-course study [J]. Journal of Aquatic Animal Health, 12 (3): 167 - 180.

LOSADA V, PI EIRO CARMEN, BARROS-VEL Z J, et al., 2005. Inhibition of chemical changes related to freshness loss during storage of horse mackerel (Trachurus trachurus) in slurry ice [J]. Food Chemistry, 93 (4): 619 - 625.

LU BAO-JU, ZHOU LI-GEN, CAI QIU-FENG, et al., 2008. Purification and characterisation of trypsins from the pyloric caeca of mandarin fish (Siniperca chuatsi) [J]. Food Chemistry, 110 (2): 352 - 360.

LU HAN, LUO YONGKANG, ZHOU ZHONGYUN, et al., 2013. The Quality Changes of Songpu Mirror Carp (Cyprinus carpio) during Partial Freezing and Chilled Storage [J]. Journal of Food Processing and Preservation.

LUND B, BAIRD-PARKER A, GOULD G. W. 1999. Microbiological Safety and Quality of Food [M]. Aspen Publishers Inc., U. S.

LUO Y F, BROWN C L, YANG T B. 2010. Seasonal dynamics of Diplectanum grouperi parasitism on wild versus cultured groupers, Epinephelus spp., and the linkage between infestation and host species phylogeny [J]. Journal of Parasitology, 96 (3): 541 - 546.

LYMBERY A J, DOUP? R G, BENNETT T, et al., 2006. Efficacy of a subsurface-flow wetland using the estuarine sedge to treat effluent from inland saline aquaculture [J]. Aquacultural engineering, 34 (1): 1-7.

MANSOUR N, LAHNSTEINER F, PATZNER R A. 2009. Physiological and biochemical investigations on egg stickness in common carp [J]. Animal reproduction science, 114: 256-268.

MARIE-ANNICK MOREAU, OLIVER T. 2008. CoomesSource: Structure and Organisation of Small-Scale Freshwater Fisheries [J]. Aquarium Fish Collection in Western Amazonia Human Ecology, 36, 3: 309-323.

MARSHALL MAURICE R, KRISTINSSON H, BALABAN M, et al., 2006. Effect of high pressure treatment on omega-3 fatty acids in fish muscle [J]. Final Report (Grant Number NA03NMF4270088), 3-5.

MATRAS M, ANTYCHOWICZ J, CASTRIC J, et al., 2012. CyHV-3 infection dynamics in common carp (Cyprinus Carpio) -Evaluation of diagnostic methods [J]. Bulletin of the Veterinary Institute in Pulawy, 56 (2): 127-132.

MCANDREW B J. 2000. Evolution, phylogenetic relationships and biogeography [M]. In: Tilapias: Biology and Exploitation. (Eds M. C. M. Beveridge and B. J McAndrew). Kluwer Academic Publishers, Fish and Fisheries Series 25, Dordrecht/Boston/London, 1-32.

MEYER K, BERGMANN S M, VAN DER MAREL M, et al., 2012. Detection of Koi herpesvirus: impact of extraction method, primer set and DNA polymerase on the sensitivity of polymerase chain reaction examinations [J]. Aquaculture Research, 43 (6): 835-842.

MICHEL B, LEROY B, STALIN RAJ V, et al., 2010. The genome of cyprinid herpesvirus 3 encodes 40 proteins incorporated in mature virions [J]. The Journal of General Virology, 91 (Pt 2): 452-462.

MICHIO K, KENGO K, YASUNORI K, et al., 2003. Effects of deposit feeder Stichopus japonicus on algal bloom and organic matter contents of bottom sediments of the enclosed sea. Mar. Pollut. Bull. 47: 118-125.

MILLEDGE J. 2011. Commercial application of microalgae other than as biofuels: a brief review [J]. Review of Environmental Scinece Biotechnology, 10: 31-41.

MINAMOTO T, HONJO M N, YAMANAKA H, et al., 2011. Detection of cyprinid herpesvirus-3 DNA in lake plankton [J]. Research in Veterinary Science, 90 (3): 530-532.

MOEN T, BARANSKI M, SONESSON A K, et al., 2009. Confirmation and fine-mapping of a major QTL for resistance to infectious pancreatic necrosis in Atlantic salmon (Salmo salar): Population-level associations between markers and trait [J]. BMC Genomics, 10: 368.

MOHAN CO, RAVISHANKAR CN, LALITHA KV, et al., 2012. Effect of chitosan edible coating on the quality of double filleted Indian oil sardine (Sardinella longiceps) during chilled storage [J]. Food Hydrocolloids, 26 (1): 167-174.

MURAI T, HIRASAWA Y, AKIYAMA T, et al., 1983. Effects of dietary pH and electrolyte concentration on utilisation of crystalline amino acids by fingerling carp [J]. Bulletin of the Japanese Society of Scientific Fisheries, 49: 1377-1380.

NALINANON S, BENJAKUL S, VISESSANGUAN W, et al., 2007. Use of pepsin for collagen extraction from the skin of bigeye snapper (Priacanthus tayenus) [J]. Food Chemistry, 104 (2): 593-601.

NANDEESHA MC, GANGADHARA B, MANISSERY JK, et al., 2001. Growth performance of two Indian major carps, catla (Catla catla) and rohu (Labeo rohita) fed diets containing different levels of Spirulina platensis [J] . Bioresource Technology, 80: 117 - 120.

NATIONAL OCEANIC AND ATMOSPHERIC ADMINISTRATION (NOAA) . 2011. Fisheries of the U-nited States [R], Silver Spring, MD.

NATIONAL RESEARCH COUNCIL (NRC) . 1993. Nutrient requirement of fish. In Nutrient Requirement of Domestic Animals, No. 16 [M] . Washington, D C: The National Academies Press, 114.

NATIONAL RESEARCH COUNCIL (NRC) . 2011. Nutrient requirements of fish and shrimp [M] . Washington, D C: The National Academies Press, 376.

NENGAS I, ALEXIS M N, DAVIES S J. 1999. High inclusion levels of poultry meals and related by prod-ucts in diets for gilthead seabream Sparusaurata L [J] . Aquaculture, 125: 119 - 129.

NERANTZAKI A, TSIOTSIAS A, PALEOLOGOS EVANGELOS K, et al. , 2005. Effects of ozonation on microbiological, chemical and sensory attributes of vacuum-packaged rainbow trout stored at 4±0. 5℃ [J] . European Food Research and Technology, 221 (5): 675 - 683.

NG W K, HUNG S S O, HEROLD M A. 1996. Poor utilization of dietary free amino acids by white stur-geon [J] . Fish Physiology Biochemistry, 15 (2): 131 - 142.

NG W K, HUNG S S O. 1995. Estimating the ideal dietary indispensable amino acid pattern for growth of white sturgeon, Acipenser transmontanus (Richardson) [J] . Aquaculture Nutrition, 1: 85 - 94.

NILSEN H, ESAIASSEN M. 2005. Predicting sensory score of cod (Gadus morhua) from visible spectros-copy [J] . LWT-Food Science and Technology, 38 (1): 95 - 99.

NITAYAVARDHANA S, KHANAL S K. 2010. Innovative biorefinery concept for sugar-based ethanol in-dustries: Production of protein-rich fungal biomass on vinasse as an aquaculture feed ingredient. Biore-source Technology, 101: 9078 - 9085.

NOGA E J, ZAHRAN E. 2010. Evidence for synergism of the antimicrobial peptide piscidin 2 with antipara-sitic and antioomycete drugs [J] . Journal of Fish Diseases, 33 (12): 995 - 1003.

NOVEL P, PORTA J M, B? JAR J, et al. , 2010. PCR multiplex tool with 10 microsatellites for the Eu-ropean seabass (Dicentrarchus labrax) —Applications in genetic differentiation of populations and parental assignment [J] . Aquaculture, 308: S34 - S38.

OLAFSDOTTIR G, LAUZON H L GNE L, MARTINSD TTIR EMIL AA, et al. , 2006. Evaluation of shelf life of superchilled cod (Gadus morhua) fillets and the influence of temperature fluctuations during storage on microbial and chemical quality indicators [J] . Journal of Food Science, 71 (2): S97 - S109.

OLAFSDOTTIR G, MARTINSD TTIR E, OEHLENSCHL GER J, et al. , 1997. Methods to evaluate fish freshness in research and industry [J] . Trends in Food Science & Technology, 8 (8): 258 - 265.

OLAFSDOTTIR G, NESVADBA P, DI NATALE CORRADO, et al. , 2004. Multisensor for fish quality determination [J] . Trends in Food Science & Technology, 15 (2): 86 - 93.

OLIVA-TELES A, GONCALVES P. 2001. Partial replacement of fishmeal by brewers yeast (Saccaromyces cerebisiae) in diets for sea bass (Dicentrarchus labrax) juveniles [J] . Aquaculture, 202: 269 - 278.

OMAR S S, MERRIFIELD D L, KÜ HLWEIN H, et al. , 2012. Biofuel derived yeast protein concentrate (YPC) as a novel feed ingredient in carp diets [J] . Aquaculture, 330 - 333: 54 - 62.

ORGANIZATION FOOD AND AGRICULTURE. 2009. FAO yearbook: Fishery and Aquaculture Statistics [M] . Renouf Publications Co. , Ltd.

OZER NIL P, DEMIRCI ALI. 2006. Inactivation of Escherichia coli O157: H7 and Listeria monocytogenes inoculated on raw salmon fillets by pulsed UV - light treatment [J] . International Journal of Food Science & Technology，41（4）：354－360.

P REZ-G LVEZ RA L，CHOPIN C，MASTAIL MAX，et al.，2009. Optimisation of liquor yield during the hydraulic pressing of sardine（Sardina pilchardus）discards［J］. Journal of Food Engineering，93（1）：66－71.

PACHECO-AGUILAR R，MAZORRA-MANZANO M A，RAM REZ-SU REZ J C. 2008. Functional properties of fish protein hydrolysates from Pacific whiting（Merluccius productus）muscle produced by a commercial protease［J］. Food Chemistry，109（4）：782－789.

PADHI A，VERGHESE B. 2012. Molecular evolutionary and epidemiological dynamics of a highly pathogenic fish rhabdovirus，the spring viremia of carp virus（SVCV）［J］. Veterinary Microbiology，156：54－63.

PARES-SIERRA G，DURAZO E，PONCE M A，et al.，2012. Partial to total replacement of fishmeal by poultry by-product meal in diets for juvenile rainbow trout（Oncorhynchus mykiss）and their effect on fatty acids from muscle tissue and the time required to retrieve the effect［J］. Aquaculture Research，1－11.（DOI：10.1111/are.12092）.

PASPATIS M，MARAGOUDAKI D，KENTOURI M. 2000. Self-feeding activity patterns in gilthead sea bream（Sparus aurata），red porgy（Pagrus pagrus）and their reciprocal hybrids［J］. Aquaculture，190：389－401.

PENCZAK T，GALICKA W，MOLINSKI M，et al.，1982. The enrichment of a mesotrophic lake by carbon，phosphorus and nitrogen from the cage aquaculture of rainbow trout，Salmo gairdneri［J］. Journal of Applied Ecology，371－393.

PIACKOVA V，FLAJSHANS M，POKOROVA D，et al.，2013. Sensitivity of common carp，Cyprinus carpio L.，strains and crossbreeds reared in the Czech Republic to infection by cyprinid herpesvirus 3（Cy-HV-3；KHV）［J］. Journal of Fish Diseases，36（1）：75－80.

PONGMANEERAT J，WATANABE T，TAKEUCHI T，et al.，1993. Use of different protein meals as partial or total substitution for fish meal in carp diets［J］. Nippon Suisan Gakkaishi，59：1249－1257.

PRADEEP P J，SRIJAYA T C，PAPINI A，et al.，2011. Effects of triploidy induction on growth and masculinization of red tilapia Oreochromis mossambicus（Peters，1852）× Oreochromis niloticus（Linnaeus，1758）［J］. Aquaculture，344－349：181－187.

QIAN X，CUI Y，XIONG B，et al.，2000. Compensatory growth，feed utilisation and activity in gibel carp，following feed deprivation［J］. Journal of Fish Biology，56：228－232.

RAGHAVAN S，KRISTINSSON HORDUR G. 2009. ACE-inhibitory activity of tilapia protein hydrolysates［J］. Food Chemistry，117（4）：582－588.

RAMIREZ-SUAREZA J C. 2006. Effect of high pressure processing（HPP）on shelf life of albacore tuna（Thunnus alalunga）minced muscle［J］. Innovative Food Science & Emerging Technologies，7：19－27.

RAMOFAFIA C，FOYLE T P，BELL J D. 1997. Growth of juvenile Actinopyga mauritiana（Holothuroidea）in captivity. Aquaculture，152：119－128.

REN JIAOYAN，ZHAO MOUMING，SHI JOHN，et al.，2008. Purification and identification of antioxidant peptides from grass carp muscle hydrolysates by consecutive chromatography and electrospray ionization-mass spectrometry［J］. Food Chemistry，108（2）：727－736.

RICKER W E. 1979. Growth rates and models［M］// Hoar W S，Randall D J and Brett J R. Fish Physiology，Vol. 8. London：Academic Press，678－743.

ROBERT ARLINGHAUS, STEVEN J COOKE, FELICIA C COLEMAN, er al. , 2005. Global Impact of Recreational Fisheries. Science [J], New Series, 307, 5715 (11): 1561 - 1563.

SALEH M, SOLIMAN H, SCHACHNER O, et al. , 2012. Direct detection of unamplified spring viraemia of carp virus RNA using unmodified gold nanoparticles [J] . Diseases of Aquatic Organisms, 100 (1): 3 - 10.

SALHI M, BESSONART M. 2012. Growth, survival and fatty acid composition of Rhamdiaquelen (Quoy and Gaimard, 1824) larvae fed on artificial diet alone or in combination with Artemia nauplii [J] . Aquaculture Research, 44: 41 - 49.

SCOATT D. 2001. Bergenetal design principles for ecological engineering [J] . Ecological Engineering, 18 (2): 201 - 210.

SEGOVIA-QUINTERO M A, REIGH R C. 2004. Coating crystalline methionine with tripalmitin-polyvinyl alcohol slows its absorption in the intestine of Nile tilapia, Oreochromis niloticus [J] . Aquaculture, 238: 355 - 367.

SELLARSA M J, WOOD A T, DIXON T J, et al. , 2009. A comparison of heterozygosity, sex ratio and production traits in two classes of triploidPenaeus (Marsupenaeus) japonicus (Kuruma shrimp): Polar Body I vs II triploids [J] . Aquaculture, 296: 207 - 212.

SHAN H, OBBARD J. 2001. Ammonia removal from prawn aquaculture water using immobilized nitrifying bacteria [J] . Applied microbiology and biotechnology, 57 (5 - 6): 791 - 798.

SHAO L, SUN X, FANG Q, et al. , 2011. Antibodies against outer-capsid proteins of grass carp reovirus expressed in E. coli are capable of neutralizing viral infectivity [J] . Virology Journal, 8: 347.

SHOEMAKER C A, KLESIUS P H, DRENNAN J D, et al. , 2011. Efficacy of a modified live Flavobacterium columnare vaccine in fish [J] . Fish and shellfish Immunology, 30 (1): 304 - 308.

SILVA J, DAIRIKI K, CYRINO J E P. 2013. Digestibility of feed ingredients for the striped surubim Pseudoplatystoma reticulatum [J] . Aquaculture Nutrition, 19: 491 - 498.

SINDILARIU P D, SCHULZ C, REITER R. 2007. Treatment of flow-through trout aquaculture effluents in a constructed wetland [J] . Aquaculture, 270 (1): 92 - 104.

SKIERKA E, SADOWSKA M. 2007. The influence of different acids and pepsin on the extractability of collagen from the skin of Baltic cod (Gadus morhua) [J] . Food Chemistry, 105 (3): 1302 - 1306.

SOLIMAN H, EL-MATBOULI M. 2010. Loop mediated isothermal amplification combined with nucleic acid lateral flow strip for diagnosis of cyprinid herpes virus-3 [J] . Molecular and Cellular Probes, 24 (1): 38 - 43.

SOMMERSET I, KROSSOY B, BIERING E, et al. , 2005. Vaccine for fish in aquaculture [J] . Expert Review of Vaccine, 4 (1): 89 - 101.

SRENSEN M. 2012. A review of the effects of ingredient composition and processing conditions on the physical qualities of extruded high-energy fish feed as measured by prevailing methods [J] . Aquaculture Nutrition, 18: 233 - 248.

SOUZA ANA AG, AMARAL IAN PG, SANTO ALB RICO R ESP RITO, et al. , 2007. Trypsin-like enzyme from intestine and pyloric caeca of spotted goatfish (Pseudupeneus maculatus) [J] . Food Chemistry, 100 (4): 1429 - 1434.

STADLANDER T, KHALIL W K B, FOCKEN U, et al. , 2013. Effects of low and medium levels of red alga Nori (Porphyra yezoensis Ueda) in the diets on growth, feed utilization and metabolism in intensively fed Nile tilapia, Oreochromis niloticus (L.) [J] . Aquaculture Nutrition, 19: 64 - 73.

STEVEN T, Paul R A, Michael D G, et al., 1999. Aquaculture sludge removal and stabilization within created wetlands [J] . Aquaculture Engineering, 18 (4): 81 - 92.

SUAREZ G, SIERRA JC, EROVA T E, et al., 2010. A type Ⅵ secretion system effector protein, VgrG1, from Aeromonas hydrophila that induces host cell toxicity by ADP ribosylation of actin [J] . Journal of Bacteriology, 192 (1): 155 - 168.

SVEINSDOTTIR K, HYLDIG G, MARTINSDOTTIR E, et al., 2003. Quality Index Method (QIM) scheme developed for farmed Atlantic salmon (Salmo salar) [J] . Food Quality and Preference, 14 (3): 237 - 245.

TAKAGI S, SHIMENO S, HOSOKAWA H, et al., 2001. Effect of lysine and methionine supplementa- tion to a soy protein concentrate diet for red sea bream Pagrus major [J] . Fisheries Science, 67 (6): 1088 - 1096.

TASKAYA L, JACZYNSKI J. 2009. Flocculation-enhanced protein recovery from fish processing by-prod- ucts by isoelectric solubilization/precipitation [J] . LWT-Food Science and Technology, 42 (2): 570 - 575.

TASKAYA LATIF, CHEN YI-CHEN, JACZYNSKI JACEK. 2009. Functional properties of proteins re- covered from silver carp (Hypophthalmichthys molitrix) by isoelectric solubilization/precipitation [J] . LWT-Food Science and Technology, 42 (6): 1082 - 1089.

TESHIMA S, KANAZAWA A AND KOSHIO S. 1990. Effects of methionine-enriched plastein supple- mented to soybean-protein based diets on common carp Cyprinus carpio and tilapia Oreochromis niloticus [C] .//The Second Asian Fisheries Forum. pp. 279 - 282. Asian Fisheries Society, Manila, Philip- pines, 279 - 282.

TILLER D R, BADRINARAYANAN H, ROSTAI R, et al., 2002. Constructed wetlands as recirculation filters in lage-scale shrimp aquaculture [J] . Aquacultrual Engineering, 26: 81 - 109.

TU F P, CHU W H, ZHUANG X Y, et al., 2010. Effect of oral immunization with Aeromonas hy- drophila ghosts on protection against experimental fish infection [J] . Letters in Applied Microbiology, 50: 13 - 17.

UNDELAND I, HALL G, WENDIN K, et al., 2005. Preventing lipid oxidation during recovery of func- tional proteins from herring (Clupea harengus) fillets by an acid solubilization process [J] . Journal of Agricultural and Food Chemistry, 53 (14): 5625 - 5634.

VANDEPUTTE M, KOCOUR M, MAUGER S, et al., 2004. Heritability estimates for growth-related traits using microsatellite parentage assignment in juvenile common carp (Cyprinus carpio L) [J] . Aqua- culture, 235: 223 - 236.

VANDEPUTTEA M, ROSSIGNOL M, PINCENT C. 2011. rom theory to practice: Empirical evaluation of the assignment power of marker sets for pedigree analysis in fish breeding [J] . Aquaculture, 314: 80 - 86.

VON BERTALANFFY L. Quantitative laws in metabolism and growth [J] . The Quarterly Review of Biol- ogy, 1957, 32: 217 - 231.

WANG K Y, YAO L, DU Y H, et al., 2011. Anthelmintic activity of the crude extracts, fractions, and osthole from Radix angelicae pubescentis against Dactylogyrus intermedius in goldfish (Carassius auratus) in vivo [J] . Parasitology Research, 108 (1): 195 - 200.

WANG LIN, AN XINXIN, YANG FANGMEI, et al., 2008. Isolation and characterisation of collagens from the skin, scale and bone of deep-sea redfish (Sebastes mentella) [J]. Food Chemistry, 108 (2): 616 - 623.

WANG Q, ZENG W, LIU C, et al., 2012. Complete genome sequence of a reovirus isolated from grass carp, indicating different genotypes of GCRV in China [J]. Journal of Virology, 86 (22): 12466.

WANG T, LI J, LIU L. 2013. Quantitative in vivo and in vitro characterization of co-infection by two genetically-distant Grass carp reoviruses [J]. The Journal of General Virology.

WATANABE T, AOKI H, WATANABE K, et al., 2001. Quality evaluation of different types of non-fish meal diets for yellow tail [J]. Fisheries Science, 67: 461 - 469.

WHITEMAN K W, GATLIN D M III. 2005. Evaluation of crystalline amino acid test diets including pH adjustment with red drum (Sciaenopsocellatus) and hybrid striped bass (Moronechrysops× Moronesaxatilis) [J]. Aquaculture, 248: 21 - 25.

WILLIAMS K, BARLOW C AND RODGERS L. 2001. Efficacy of crystalline and protein-bound amino acids for amino acid enrichment of diets for barramundi/Asian seabass (Lates calcarifer Bloch) [J]. Aquaculture Research, 32 (1): 415 - 429.

WILSON R P, HARDING D E, GARLING D L. 1977. Effect of dietary pH on amino acid utilization and the lysine requirement of fingerling channel catfish [J]. The Journal of Nutrition, 107 (1): 166 - 170.

WOLFUS G M. GARCIA D K. ALCIVAR-WARREN A. 1997. Application of the microsatellite technique for analyzing genetic diversity in shrimp breeding programslJJ [J]. Aquaculture, 152 (1 - 4): 35 - 47.

WOO JIN-WOOK, YU SUNG-JAE, CHO SEUNG-MOCK, et al., 2008. Extraction optimization and properties of collagen from yellowfin tuna (Thunnus albacares) dorsal skin [J]. Food Hydrocolloids, 22 (5): 879 - 887.

WYBAN J A, SWINGLE J S, SWEENEY J N, et al., 1992. Development and commercial performance of high health shrimp using specific pathogen free (SPF) broodstock Penaeus vannamei [M]. //Wyban J. Proceedings of the Special Session on Shrimp Farming. Baton Rouge, LA USA: World Aquaculture Society: 254 - 259.

XI B W, XIE J, ZHOU Q L, et al., 2011. Mass mortality of pond-reared Carassius gibelio caused by Myxobolus ampullicapsulatus in China [J]. Diseases of Aquatic Organisms, 93 (3): 257 - 260.

XIE S, JOKUMSEN A. 1998. Effects of dietary incorporation of potato protein concentrate and supplementation of methionine on growth and feed utilization of rainbow trout [J]. Aquaculture Nutrition, 4: 183 - 186.

XIE S, JOKUMSEN A. 1997. Incorporation of potato protein concentrate in the diets for rainbow trout: effect on feed intake, digestion, growth and feed utilization [J]. Aquaculture Nutrition, 3 (4): 223 - 226.

XIE S, JOKUMSEN A. 1997. Replacement of fish meal by potato protein coincentrate in the diets for rainbow trout (Oncorhynchus mykiss): growth, feed utilization and body composition [J]. Aquaculture Nutrition, 3: 65 - 69.

XIE S, ZHU X, CUI Y et al., 2001. Compensatory growth in the gibel carp following feed deprivation: temporal patterns in growth, nutrient deposition, feed intake and body composition [J]. Journal of Fish Biology, 58 (4): 999 - 1009.

XU WEI, YU GANG, XUE CHANGHU, et al., 2008. Biochemical changes associated with fast fermentation of squid processing by-products for low salt fish sauce ［J］. Food Chemistry, 107 （4）: 1597 - 1604.

XUE R, LIU L, CAO G, et al. , 2013. Oral vaccination of BacFish-vp6 against grass carp reovirus evoking antibody response in grass carp ［J］. Fish &. Shellfish Immunology, 34 （1）: 348 - 355.

YAN L, GUO H, SUN X, et al. , 2012. Characterization of grass carp reovirus minor core protein VP4 ［J］. Virology Journal, 9: 89.

YAN MINGYAN, LI BAFANG, ZHAO XUE, et al. , 2008. Characterization of acid-soluble collagen from the skin of walleye pollock （Theragra chalcogramma）［J］. Food Chemistry, 107 （4）: 1581 - 1586.

YAN Q, XIE S, ZHU X, et al. , 2007. Dietary methionine requirement for juvenile rockfish, Sebastes schlegeli ［J］. Aquaculture Nutrition, 13 （3）: 163 - 169.

YANG FENG, SU WEN-JIN, LU BAO-JU, et al. , 2009. Purification and characterization of chymotrypsins from the hepatopancreas of crucian carp （Carassius auratus）［J］. Food Chemistry, 116 （4）: 860 - 866.

YANG JING-IONG, HO HSIN-YI, CHU YUH-JWO, et al. , 2008. Characteristic and antioxidant activity of retorted gelatin hydrolysates from cobia （Rachycentron canadum） skin ［J］. Food Chemistry, 110 （1）: 128 - 136.

YANG RUIYUE, ZHANG ZHAOFENG, PEI XINRONG, et al. , 2009. Immunomodulatory effects of marine oligopeptide preparation from Chum Salmon （Oncorhynchus keta） in mice ［J］. Food Chemistry, 113 （2）: 464 - 470.

YE X, TIAN Y Y, DENG G C, et al. , 2012. Complete genomic sequence of a reovirus isolated from grass carp in China ［J］. Virus Research, 163 （1）: 275 - 283.

YOKOYAMA H, YANAGIDA T, FREEMAN M A, et al. , 2010. Molecular diagnosis of Myxobolus spirosulcatus associated with encephalomyelitis of cultured yellowtail, Seriola quinqueradiata Temminck &. Schlegel ［J］. Journal of Fish Diseases, 33 （12）: 939 - 946.

YUAN J, SU N, WANG M, et al. , 2012. Down-regulation of heme oxygenase-1 by SVCV infection ［J］. Fish &. Shellfish Immunology, 32 （2）: 301 - 306.

YUASA K, KURITA J, KAWANA M, et al. , 2012. Development of mRNA-specific RT-PCR for the detection of koi herpesvirus （KHV） replication stage ［J］. Diseases of Aquatic Organisms, 100 （1）: 11 - 18.

ZARATE D D AND LOVELL R T. 1997. Free lysine （L-lysine HCl） is utilized for growth less efficiently than protein-bound lysine （soybean meal） in practical diets by young channel catfish （Ictalurus punctatus）［J］. Aquaculture, 159: 87 - 100.

ZARATE D D, LOVELL R T AND PAYNE M. 1999. Effects of feeding frequency and rate of stomach evacuation on utilization of dietary free and protein-bound lysine for growth by channel catfish Ictalurus punctatus ［J］. Aquaculture Nutrition, 5: 17 - 22.

ZENG SHAO-KUI, ZHANG CHAO-HUA, LIN HONG, et al. , 2009. Isolation and characterisation of acid-solubilised collagen from the skin of Nile tilapia （Oreochromis niloticus）［J］. Food Chemistry, 116 （4）: 879 - 883.

ZHANG J Y, YOKOYAMA H, ANG J G, et al. , 2010. Utilization of tissue habitats by Myxobolus wulii Landsberg &. Lom, 1991 in different carp hosts and disease resistance in allogynogenetic gibel carp: redescription of M. wulii from China and Japan ［J］. Journal of Fish Diseases, 33 （1）: 57 - 68.

ZHANG JUNJIE, DUAN RUI, TIAN YUANYONG, et al. , 2009. Characterisation of acid-soluble collagen from skin of silver carp (Hypophthalmichthys molitrix) [J] . Food Chemistry, 116 (1): 318 - 322.

ZHANG L, LUO Q, FANG Q, et al. , 2010. An improved RT-PCR assay for rapid and sensitive detection of grass carp reovirus [J] . Journal of Virological Methods, 169 (1): 28 - 33.

ZHANG LIANGZI, ZHAO SIMING, XIONG SHANBAI, et al. , 2013. Chemical structure and antioxidant activity of the biomacromolecules from paddlefish cartilage [J] . International journal of biological macromolecules, 54: 65 - 70.

ZHANG Q L, YAN Y, SHEN J Y, et al. , 2013. Development of a reverse transcription loop-mediated isothermal amplification assay for rapid detection of grass carp reovirus [J] . Journal of Virological Methods, 187 (2): 384 - 389.

ZHANG YAN, LIU WENTAO, LI GUOYING, et al. , 2007. Isolation and partial characterization of pepsin-soluble collagen from the skin of grass carp (Ctenopharyngodon idella) [J] . Food Chemistry, 103 (3): 906 - 912.

ZHANG ZHENGMAO, ZHAO SIMING, XIONG SHANBAI. 2013. Molecular properties of octenyl succinic esters of mechanically activated Indica rice starch [J] . Starch - St? rke.

ZHANG ZHENGMAO, ZHAO SIMING, XIONG SHANBAI. 2010. Synthesis of octenyl succinic derivative of mechanically activated Indica rice starch [J] . Starch - St? rke, 62 (2): 78 - 85.

ZHANGY,? VERLAND M, XIE S, et al. , 2012. Mixtures of lupin and pea protein concentrates can efficiently replace high-quality fish meal in extruded diets for juvenile black sea bream (Acanthopagrus schlegeli) [J] . Aquaculture, 354 - 355: 68 - 74.

ZHONG C R, SONG Y L, WANG Y P, et al. , 2013. Increased food intake in growth hormone-transgenic common carp (Cyprinus carpio L) may be mediated by upregulating agouti-related protein [J] . General and comparative endocrinology.

ZHONG C R, SONG Y L, WANG Y P, et al. , 2012. growth hormone transgene effects on growth performance were inconsistent among offspring derived from different homozygous transgenic common carp (Cyprinus carpio L) [J] . Aquaculture, 356 - 357: 404 - 411.

ZHU SICHAO, LUO YONGKANG, HONG HUI, et al. , Correlation between electrical conductivity of the gutted fish body and the quality of bighead carp (Aristichthys nobilis) heads stored at 0 and 3℃[J] . Food and Bioprocess Technology: 1 - 8.

ZHU X M, XIE S Q, LEI W, et al. , 2004. Compensatory growth and food consumption in gibel carp, Carassius auratus gibelio, and long snout catfish, Leiocassis longirostris, experiencing cycles of feed deprivation and re-feeding [J] . Aquaculture, 241: 235 - 247.

ZHU X, XIE S, LEI W, et al. , 2005. Compensatory growth in the Chinese long snout catfish, Leiocassis longirostris following feed deprivation: Temporal patterns in growth, nutrient deposition, feed intake and body composition [J] . Aquaculture, 248: 307 - 314.

ZHU Z Y, et al. , 1985. Novel gene transfer into the fertilized eggs of goldfish (Carassius auratus) [J] . Z. Angew. Ichthyol. , 1: 31 - 34.

中国种子
标准化概论

ZHONGGUO ZHONGZI BIAOZHUNHUA GAI

欢迎登录：中国农业出版社网站
www.ccap.com.cn